高职高专建筑工程技术专业系列教材

建筑施工技术

张保兴 主编

中国建材工业出版社

图书在版编目(CIP)数据

建筑施工技术/张保兴主编．—北京：中国建材工业出版社，2010.5
（高职高专建筑工程技术专业系列教材）（2020.8重印）
ISBN 978-7-80227-693-2

Ⅰ.①建… Ⅱ.①张… Ⅲ.①建筑工程-工程施工-施工技术-高等学校：技术学校-教材 Ⅳ.①TU74

中国版本图书馆CIP数据核字(2010)第046929号

内 容 简 介

本教材按照《高等职业教育——建筑工程技术专业教育标准和培养方案及主干课程教学大纲》的要求编写。主要内容包括土方工程、地基处理及深基础工程、砌筑工程、混凝土结构工程、预应力混凝土工程、结构安装工程、装饰工程、防水工程等内容，同时还介绍了深基坑支护与开挖、大直径扩底灌注桩基础、逆做法施工技术、钢框胶合板模板、滑模、爬模、泵送混凝土、水下混凝土、大体积混凝土、喷射混凝土、无粘结预应力、整体预应力结构、中小型砌块砌筑工程、玻璃幕墙施工等新工艺、新材料和新方法。

在论述基础理论和方法的同时，重视基本技能的训练与实践性教学环节，力求叙述简明、通俗易懂，并编入具体、完整的工程实例和典型的例题。为了便于教学，每章后面附有思考题与习题，以利学生及时复习和巩固已学知识。

本书按照国家最新规范编写，可作为土建类各专业高职高专教材，也可作为应用型本科和相关专业工程技术人员的参考书。

建筑施工技术
张保兴　主编

出版发行：中国建材工业出版社
地　　址：北京市海淀区三里河路1号
邮　　编：100044
经　　销：全国各地新华书店
印　　刷：北京雁林吉兆印刷有限公司
开　　本：787mm×1092mm　1/16
印　　张：23.25
字　　数：590千字
版　　次：2010年5月第1版
印　　次：2020年8月第6次
书　　号：ISBN 978-7-80227-693-2
定　　价：69.00元

本社网址：www.jccbs.com.cn
本书如出现印装质量问题，由我社发行部负责调换。联系电话：(010) 88386906

序　言

2009 年 1 月，温家宝总理在常州科教城高职教育园区视察时深情地说："国家非常重视职业教育，我们也许对职业教育偏心，去年（2008 年）当把全国助学金从 18 亿增加到 200 亿的时候，把相当大的部分都给了职业教育。职业学校孩子的助学金比例，或者说是覆盖面达到 90%以上，全国平均 1500 元到 1600 元，这就是国家的态度！国家把职业学校、职业教育放在了一个重要位置，要大力发展。在当前应对金融危机的情况下，其实我们面临两个最重要的问题，这两个问题又互相关联，一个问题就是如何保持经济平稳较快发展而不发生大的波动，第二就是如何保证群众的就业而不致造成大批的失业，解决这两个问题的根本是靠发展，因此我们采取了一系列扩大内需，促进经济发展的措施。但是，我们还要解决就业问题，这就需要在全国范围内开展大规模培训，培养适用人才，提高他们的技能，适应当前国际激烈的产业竞争和企业竞争，在这个方面，职业院校就承担着重要任务。"

大力发展高等职业教育，培养一大批具有必备专业理论知识和较强的实践能力，适应生产、建设、管理、服务岗位等第一线需要的高等职业应用型专门人才，是实施科教兴国战略的重大决策。高等职业教育院校的专业设置、教学内容体系、课程设置和教学计划安排均应突出社会职业岗位的需要、实践能力的培养和应用型的教学特色。其中，教材建设是基础和关键。

《高职高专建筑工程技术专业系列教材》是根据最新颁布的国家和行业标准、规范，按照高等职业教育人才培养目标及教材建设的总体要求、课程的教学要求和大纲，由中国建材工业出版社组织全国部分有多年高等职业教育教学体会与工程实践经验的教师编写而成。

本套教材是按照三年制（总学时 1600～1800）、兼顾二年制（总学时 1100～1200）的高职高专教学计划和经反复修订的各门课程大纲编写的。共计 11 个分册，主要包括：《建筑材料与检测》、《建筑识图与构造》、《建筑力学》、《建筑结构》、《地基与基础》、《建筑施工技术》、《建筑工程测量》、《建筑施工组织》、《高层建筑施工》、《建筑工程计量与计价》、《工程项目招投标与合同管理》。基础理论课程以应用为目的，以必需、够用为尺度，以讲清概念、强化应用为重点；专业课程以最新颁布的国家和行业标准、规范为依据。反映国内外先进的工程技术和教学经验，加强实用性、针对性和可操作性，注意形象教学、实验教学和现代教学手段的应用，加强典型工程实例分析。

本套教材适用范围广泛，努力做到一书多用。既可作为高职高专教材，又可作为电大、职大、业大和函大的教学用书，同时，也便于自学。本套教材在内容安排和体系上，各教材之间既是有机联系和相互关联的，又具有独立性和完整性。因此，各地区、各院校可根据自身的教学特点择优选用。

本套教材的参编教师均为教学和工程实践经验丰富的双师型教师。为了突出高职高专教育特色，本套教材在编写体例上增加了“上岗工作要点”，引导师生关注岗位工作要求，架起了“学习”和“工作”的桥梁。使得学生在学习期间就能关注工作岗位的能力要求，从而使学生的学习目标更加明确。

我们相信，由中国建材工业出版社出版发行的这套《高职高专建筑工程技术专业系列教材》一定能成为受欢迎的、有特色的、高质量的系列教材。

赵宝江

2009年7月

前　言

建筑施工技术是建筑工程技术专业和土建类其他相关专业的职业技术课程，主要研究和讲述建筑工程中各主要工种的施工工艺、技术、方法和机械设备等，在培养学生独立分析问题和解决建筑工程施工中有关技术问题的基本职业能力方面起着非常重要的作用。

本书既讲述常规施工做法，又介绍建筑工程施工的新技术、新工艺，根据建设部“建筑施工技术”课程的教学大纲要求和国家现行的各种设计和施工规范来讲述有关的施工技术，主要讲述了土方工程，地基处理及深基础工程，砌筑工程，混凝土结构工程，预应力混凝土工程，结构安装工程，装饰工程，防水工程等内容，同时也介绍深基坑支护与开挖，大直径扩底灌注桩基础，逆做法施工技术，钢框胶合板模板、滑模、爬模，泵送混凝土，水下混凝土，大体积混凝土，喷射混凝土，无黏结预应力，整体预应力结构，中小型砌块砌筑工程，玻璃幕墙施工等新工艺、新材料和新方法。

本书体系完整，内容齐全，叙述简练，语言流畅，图文并茂，通俗易懂；以培养学生实践能力和动手能力为特点，选取完整的工程实例，以便于实际应用和参考。本书除作为高职高专院校建筑工程技术专业教材外，也可作为土建类其他相关专业的职业技术人员业务学习的参考书。

本书由张保兴主编。第1章由陕西省建筑职工大学翟文燕编写，第2、4、6章由长安大学张保兴编写，第3、9章由西安航空工业高等专科学校党伟编写，第5章由陕西省建筑职工大学田芳编写，第7、8章由长安大学郑天旺编写。全书由张保兴统稿和修改。

本书在编写过程中，参考了《建筑施工技术》《建筑施工》《建筑技术》等杂志和书籍，在此，特表示衷心的感谢！对为本书付出辛勤劳动的编辑同志们表示衷心感谢！

由于编写人员的水平有限，时间仓促，有不妥之处望读者予以指正。

编　者

2010年1月

目　录

第1章　土方工程…… 1
1.1　概述 …… 1
1.1.1　土方工程特点 …… 1
1.1.2　土的工程分类与现场鉴别方法 …… 2
1.1.3　土的工程性质 …… 4
1.2　场地平整 …… 6
1.2.1　场地平整的施工顺序 …… 6
1.2.2　场地设计标高的确定 …… 6
1.2.3　土方工程量的计算 …… 9
1.3　土方边坡与深基坑支护…… 14
1.3.1　土方边坡及其稳定性…… 14
1.3.2　浅基坑（槽）支撑…… 18
1.3.3　基坑支护结构…… 19
1.4　土方施工中的排水与降水…… 30
1.4.1　地面排水…… 31
1.4.2　集水井降水（明沟排水）…… 31
1.4.3　井点降水…… 33
1.5　土方工程的机械化施工…… 45
1.5.1　推土机…… 45
1.5.2　铲运机…… 46
1.5.3　单斗挖土机…… 47
1.6　土方的填筑与压实…… 50
1.6.1　土料的选用与处理…… 50
1.6.2　填土方法…… 50
1.6.3　压实方法…… 50
1.6.4　影响填土压实的因素…… 51
1.6.5　填土压实的质量检查…… 52
1.7　土方开挖…… 53
1.7.1　土方工程的准备与辅助工作…… 53
1.7.2　定位放线…… 53
1.7.3　基坑（槽）开挖…… 54
1.7.4　深基坑土方开挖…… 54
1.7.5　地基验槽…… 55
1.8　土方工程常见的质量事故及防治…… 56
1.8.1　场地积水…… 56
1.8.2　土方出现沉陷现象…… 57

1.8.3 边坡塌方 …… 57
1.8.4 填方出现橡皮土 …… 57
1.9 土方工程质量标准与安全技术 …… 57
1.9.1 土方工程质量标准 …… 57
1.9.2 安全技术 …… 58
1.10 土方工程施工方案实例 …… 59
1.10.1 工程概况 …… 59
1.10.2 基坑支护及地下水处理方案的优化和选择 …… 60
1.10.3 深基坑支护结构体系设计与施工 …… 61
1.10.4 地下水治理设计与施工 …… 62
1.10.5 土方开挖及信息化施工 …… 63
复习思考题 …… 63
练习题 …… 64
第2章 地基处理及深基础工程 …… 66
2.1 地基处理 …… 66
2.1.1 换土垫层法 …… 68
2.1.2 重锤夯实法 …… 69
2.1.3 强夯法 …… 70
2.1.4 灰土挤密桩法 …… 72
2.1.5 振冲法 …… 73
2.1.6 深层密实法 …… 76
2.2 深基础工程 …… 77
2.2.1 桩基础 …… 78
2.2.2 沉井（箱）基础 …… 103
2.2.3 地下连续墙 …… 106
2.2.4 多层地下建筑结构的逆做法施工 …… 109
2.3 桩基础工程施工方案例题 …… 111
2.3.1 钻孔灌注桩施工方案实例 …… 111
复习思考题 …… 113
第3章 砌筑工程 …… 115
3.1 砌筑用脚手架及垂直运输 …… 115
3.1.1 砌筑用脚手架 …… 115
3.1.2 垂直运输设施 …… 120
3.2 砌筑材料 …… 121
3.2.1 砖 …… 121
3.2.2 石 …… 121
3.2.3 砌块 …… 122
3.2.4 砂浆 …… 122
3.3 砖砌体施工 …… 122
3.3.1 材料要求及施工机具的准备 …… 122
3.3.2 砖墙砌筑施工工艺 …… 123

3.3.3 砖砌体的质量要求及保证措施 …… 126
3.4 砌块砌筑 …… 128
3.4.1 砌块安装前的准备工作 …… 128
3.4.2 砌块安装工艺 …… 130
3.5 砌筑工程冬季施工 …… 131
3.5.1 材料及质量要求 …… 131
3.5.2 掺盐砂浆法 …… 132
3.5.3 冻结法 …… 132
3.6 砌筑工程的质量与安全保证措施 …… 132
3.6.1 常见的质量通病 …… 132
3.6.2 砌筑工程质量保证措施 …… 133
3.6.3 砌筑工程安全施工保证措施 …… 133
3.7 砌筑工程施工方案实例 …… 134
3.7.1 工程概况 …… 134
3.7.2 主体结构施工方案 …… 134
复习思考题 …… 136
第4章 混凝土结构工程 …… 137
4.1 模板工程 …… 137
4.1.1 模板的基本要求及分类 …… 138
4.1.2 模板的构造 …… 138
4.1.3 现浇构件中常用的模板 …… 151
4.1.4 模板的拆除 …… 153
4.2 钢筋工程 …… 155
4.2.1 钢筋的分类及现场验收 …… 156
4.2.2 钢筋的冷加工 …… 157
4.2.3 钢筋的连接 …… 161
4.2.4 钢筋的配料 …… 169
4.2.5 钢筋的代换 …… 172
4.2.6 钢筋加工的其他工作 …… 174
4.2.7 钢筋安装 …… 174
4.3 混凝土工程 …… 176
4.3.1 混凝土的配料 …… 176
4.3.2 混凝土的搅拌 …… 180
4.3.3 混凝土的运输 …… 182
4.3.4 混凝土的浇筑 …… 186
4.3.5 混凝土的密实成型 …… 192
4.3.6 混凝土的养护 …… 194
4.3.7 混凝土的质量检查 …… 196
4.3.8 混凝土常见缺陷的处理 …… 196
4.4 混凝土冬季施工 …… 197
4.4.1 混凝土冬季施工原理 …… 197

4.4.2 混凝土冬季施工的措施 …… 198
4.4.3 混凝土冬季施工的方法 …… 198
4.5 钢筋混凝土工程施工的安全技术 …… 201
4.5.1 钢筋加工安全技术措施 …… 201
4.5.2 模板施工安全技术措施 …… 201
4.5.3 混凝土施工安全技术措施 …… 202
4.6 钢筋混凝土工程施工方案实例 …… 203
4.6.1 某单层工业厂房杯形基础施工方案 …… 203
4.6.2 钢筋混凝土梁模板拆除方案 …… 204
复习思考题 …… 205
练习题 …… 205
第5章 预应力混凝土工程 …… 207
5.1 概述 …… 207
5.1.1 预应力的特点 …… 207
5.1.2 预应力钢筋种类及要求 …… 208
5.1.3 预应力对混凝土的要求 …… 209
5.1.4 预应力混凝土分类 …… 209
5.2 先张法施工 …… 209
5.2.1 施工设备与张拉工具 …… 209
5.2.2 先张法施工工艺 …… 213
5.3 后张法施工 …… 217
5.3.1 锚具与张拉机械 …… 217
5.3.2 预应力筋的制作 …… 222
5.3.3 后张法施工工艺 …… 224
5.3.4 先张法和后张法的比较 …… 230
5.4 无黏结预应力施工工艺 …… 231
5.4.1 无黏结筋 …… 231
5.4.2 无黏结预应力筋的铺设 …… 231
5.4.3 锚具及端部处理 …… 232
5.5 电热张拉法 …… 232
5.5.1 预应力筋伸长值的计算 …… 233
5.5.2 电张法施工设备 …… 233
5.5.3 电张法施工工艺 …… 234
5.6 预应力混凝土质量检查与安全措施 …… 235
5.6.1 常见的质量事故及处理 …… 235
5.6.2 预应力混凝土质量检查 …… 241
5.6.3 预应力混凝土安全措施 …… 241
5.7 预应力混凝土工程施工方案实例 …… 243
5.7.1 工程概况 …… 243
5.7.2 施工工艺流程 …… 243
5.7.3 质量控制标准及要求 …… 244

5.7.4 工程验收资料 …… 245
5.7.5 安全注意事项 …… 245
复习思考题 …… 245
练习题 …… 246
第6章 结构安装工程 …… 247
6.1 起重机械 …… 247
6.1.1 履带式起重机 …… 248
6.1.2 汽车式起重机 …… 250
6.1.3 轮胎式起重机 …… 251
6.1.4 塔式起重机 …… 251
6.1.5 桅杆式起重机 …… 259
6.2 索具设备 …… 260
6.2.1 钢丝绳 …… 260
6.2.2 卷扬机 …… 261
6.2.3 滑轮组 …… 262
6.2.4 吊具 …… 263
6.2.5 锚碇 …… 263
6.3 单层工业厂房结构安装 …… 264
6.3.1 构件安装前的准备工作 …… 264
6.3.2 构件安装工艺 …… 267
6.3.3 结构安装方案 …… 276
6.3.4 构件安装中的允许偏差 …… 286
6.3.5 单层工业厂房安装实例 …… 287
6.4 装配式大板建筑安装 …… 291
6.4.1 墙板制作、运输和堆放 …… 291
6.4.2 墙板的安装方案 …… 292
6.4.3 墙板安装工艺 …… 293
6.5 升板法施工 …… 295
6.5.1 提升设备 …… 296
6.5.2 升板法施工工艺 …… 298
复习思考题 …… 304
练习题 …… 304
第7章 装饰工程 …… 305
7.1 抹灰工程 …… 305
7.1.1 抹灰的分类与组成 …… 305
7.1.2 一般抹灰施工 …… 306
7.1.3 装饰抹灰施工 …… 307
7.2 饰面板（砖）工程 …… 310
7.2.1 饰面材料的选用和质量要求 …… 310
7.2.2 饰面板的安装 …… 310
7.3 铝合金与玻璃幕墙 …… 313

7.3.1 铝合金吊顶施工 …… 313
7.3.2 铝合金门窗 …… 313
7.3.3 玻璃幕墙 …… 314
7.4 地面工程 …… 317
7.4.1 整体地面 …… 317
7.4.2 板块地面 …… 320
7.4.3 木地板施工 …… 321
7.5 涂料、刷浆和裱糊工程 …… 323
7.5.1 涂料工程 …… 323
7.5.2 刷浆工程 …… 326
7.5.3 裱糊工程 …… 327
复习思考题 …… 329
第8章 防水工程 …… 330
8.1 屋面防水工程 …… 330
8.1.1 卷材防水屋面 …… 331
8.1.2 涂膜防水屋面 …… 337
8.1.3 刚性防水屋面 …… 339
8.2 地下防水工程 …… 341
8.2.1 防水混凝土 …… 341
8.2.2 水泥砂浆防水层 …… 345
8.2.3 卷材防水层 …… 346
8.3 卫生间防水 …… 348
8.3.1 渗漏现象及原因 …… 348
8.3.2 卫生间防水施工 …… 349
8.3.3 卫生间渗漏的处理 …… 351
8.4 防水工程常见质量事故及处理 …… 352
8.4.1 卷材防水工程常见的质量事故与处理 …… 352
8.4.2 涂膜防水工程常见的质量事故与处理 …… 353
8.4.3 刚性防水工程常见的质量事故与处理 …… 354
8.5 防水工程施工方案实例 …… 354
8.5.1 工程概况 …… 354
8.5.2 屋面构造层次 …… 354
8.5.3 施工工艺流程 …… 355
8.5.4 质量要求 …… 355
8.5.5 劳动组织与安全 …… 356
复习思考题 …… 357
参考文献 …… 358

第1章 土方工程

重 点 提 示

【职业能力目标】

通过本章学习，达到如下目标：现场鉴别土的种类；能进行边坡的稳定分析，掌握质量事故预防以及根治方法；进行土方工程施工方案设计。

【学习要求】

掌握土的工程分类与性质、土方的种类和鉴别；掌握土方工程量计算方法；掌握土方放坡及熟悉土壁支撑的形式；了解基坑开挖的要求及注意事项；掌握基坑排水方法及了解轻型井点降水的工作原理；了解常用土石方工程的施工机械性能和选用；掌握土方开挖和回填的方法；熟悉土方工程施工的质量要求与安全措施。

1.1 概 述

土方工程是建筑工程施工中主要分部工程之一，它包括土的开挖、运输、填筑与弃土、平整与压实等主要施工过程，以及清理场地，测量放线，施工排水、降水和土壁支撑等准备工作和辅助工作。在建筑工程中，常见的土方工程有：场地平整、基坑（槽）开挖、地坪填土、路基填筑及基坑回填土等。

1.1.1 土方工程特点

土方工程施工往往具有工程量大、劳动繁重和施工条件复杂等特点。如大型建设项目的场地平整，土方工程量可达数百万立方米以上，施工面积达数平方公里，施工期很长；土方工程施工又受气候、水文、地质、地下障碍物等因素的影响较大，难以确定的因素也较多，有时施工条件极为复杂。因此，在组织土方工程施工前，应详细分析与核对各项技术资料（如地形图、工程地质和水文地质勘察资料、原有地下管道、电缆和地下构筑物资料及土方工程施工图等），进行现场调查并根据现有施工条件，制定出以技术经济分析为依据的施工组织设计。这个设计应做到：

(1) 根据工程条件，选择适宜的施工方案和效率较高、费用较低的机械进行施工。

(2) 合理调配土方，使总的施工工程量最少。

(3) 合理组织机械施工，保证机械发挥最大的使用效率。

(4) 安排好运输道路、排水、降水、土壁支撑等一切准备及辅助工作。

(5) 合理安排施工计划，尽量避免雨季施工。

(6) 保证施工质量，对施工中可能遇到的问题，如流砂现象、边坡稳定等进行技术分析，并提出解决措施。

(7) 有确保安全施工的措施。

1.1.2 土的工程分类与现场鉴别方法

1.1.2.1 土的工程分类

土的种类繁多，其分类法也很多，如按土的沉积年代、颗粒级配、密实度等分类。施工中按土的开挖难易程度将土分为八类，见表1-1。

表1-1 土的工程分类

土的分类	土的名称	可松性系数		开挖方法及工具
		K_s	K'_s	
一类土（松软土）	砂；亚砂土；冲积砂土层；种植土；泥炭（淤泥）	1.08～1.17	1.01～1.03	能用锹、锄头挖掘
二类土（普通土）	粉质黏土；潮湿的黄土；夹有碎石、卵石的砂；种植土；填筑土及亚砂土	1.14～1.28	1.02～1.05	用锹、锄头挖掘，少许用镐翻松
三类土（坚土）	软及中等密实黏土；重亚黏土；粗砾石；干黄土及含碎石、卵石的黄土、粉质黏土；压实的填筑土	1.24～1.30	1.05～1.07	主要用镐，少许用锹、锄头挖掘，部分用撬棍
四类土（砂砾坚土）	重黏土及含碎石、卵石的黏土；粗卵石；密实的黄土；天然级配砂石；软泥灰岩及蛋白石	1.26～1.35	1.06～1.09	整个用镐、撬棍，然后用锹挖掘，部分用楔子及大锤
五类土（软石）	硬质黏土；中等密实的页岩；泥灰岩；白垩土；胶结不紧的砾岩；软的石灰岩	1.30～1.40	1.10～1.15	用镐或撬棍、大锤挖掘，部分使用爆破方法
六类土（次坚石）	泥岩；砂岩；砾岩；坚实的页岩；泥灰岩；密实的石灰岩；风化花岗岩；片麻岩	1.35～1.45	1.11～1.20	用爆破方法开挖，部分用风镐
七类土（坚石）	大理岩；辉绿岩；玢岩；粗、中粒花岗岩；坚实的白云岩、砂岩、砾岩、片麻岩、石灰岩，风化痕迹的安山岩、玄武岩	1.40～1.45	1.15～1.20	用爆破方法
八类土（特坚石）	安山岩；玄武岩；花岗片麻岩；坚实的细粒花岗岩，闪长岩、石英岩、辉长岩、辉绿岩、玢岩	1.45～1.50	1.20～1.30	用爆破方法

注：K_s——最初可松性系数；
K'_s——最终可松性系数。

1.1.2.2 土的现场鉴别

（1）碎石土现场鉴别方法

①卵（碎）石：一半以上的颗粒超过20mm，干燥时颗粒完全分散，湿润时用手拍击表面无变化，无黏着感觉。

②圆（角）砾：一半以上的颗粒超过2mm（小高粱粒大小），干燥时颗粒完全分散，湿润时用手拍击表面无变化，无黏着感觉。

（2）砂土现场鉴别方法

①砾砂：约有1/4以上的颗粒超过2mm（小高粱粒大小），干燥时颗粒完全分散，湿润时用手拍击表面无变化，无黏着感觉。

②粗砂：约有一半的颗粒超过0.5mm（细小米粒大小），干燥时颗粒完全分散，但有个别胶结在一起，湿润时用手拍击表面无变化，无黏着感觉。

③中砂：约有一半的颗粒超过0.25mm，干燥时颗粒基本分散，局部胶结但一碰就散，湿润时用手拍击表面偶有水印，无黏着感觉。

④细砂：大部分颗粒与粗粒米粉近似，干燥时颗粒大部分分散，少量胶结，部分稍加碰撞即散，湿润时用手拍击表面有水印，偶有轻微黏着感觉。

⑤粉砂：大部分颗粒与细米粉近似，干燥时颗粒大部分分散，部分胶结，稍有压力可分散，湿润时用手拍击表面有显著翻浆现象，有轻微黏着感觉。

在对颗粒粗细进行分类时，应将鉴别的土样从表1-1中颗粒最粗类别逐级查对，当首先符合某一类的条件时，即按该类土定名。

（3）黏性土的现场鉴别

①黏土：湿润时用刀切切面光滑，有黏刀阻力。湿土用手捻摸时有滑腻感，感觉不到有砂粒，水分较大，很黏手。干土土块坚硬，用锤才能打碎；湿土易黏着物体，干燥后不易剥去。湿土捻条塑性大，能搓成直径小于0.5mm的长条（长度不短于手掌），手持一端不易断裂。

②粉质黏土：湿润时用刀切切面平整、稍有光滑感。湿土用手捻摸时稍有滑腻感，感觉到有少量砂粒，有黏滞感。干土土块用力可压碎；湿土易黏着物体，干燥后易剥去。湿土捻条有塑性，能搓成直径为2～3mm的土条。

（4）粉土的现场鉴别

湿润时用刀切切面稍粗糙、不光滑。湿土用手捻摸时有轻微黏滞感，感觉到砂粒较多。干土土块用手捏或抛扔时易碎；湿土不易黏着物体，干燥后一碰即掉。湿土捻条塑性小，能搓成直径为2～3mm的短条。

（5）人工填土的现场鉴别

无固定颜色，夹杂有砖瓦碎块、垃圾、炉灰等，夹杂物显露于外，构造无规律；浸入水中大部分变为稀软淤泥，其余部分为砖瓦、炉灰，在水中单独出现；湿土搓条一般能搓成直径3mm土条，但易断，遇有杂质很多时就不能搓条，干燥后部分杂质脱落，故无定形，稍微施加压力即行破碎。

（6）淤泥的现场鉴别

灰黑色有臭味，夹杂有草根等动植物遗体，夹杂物经仔细观察可以发觉，构造常呈层状；浸入水中外观无显著变化，在水中出现气泡：湿土搓条一般能搓成直径3mm土条（至少长30mm），容易断裂，干燥后体积显著收缩，强度不大，锤击时呈粉末状，用手指能捻碎。

（7）黄土的现场鉴别

黄褐两色的混合色，有白色粉末出现在纹理之中，夹杂物常清晰可见，构造有肉眼可见的垂直大孔；浸入水中即行崩散而成散状颗粒，在水面上出现很多白色液体；湿土搓条与正常粉质黏土类似，干燥后强度很高，用手指不易捻碎。

（8）泥炭的现场鉴别

深灰或黑色，夹杂有半腐朽的动植物遗体，其含量超过60%，夹杂物有时可见，构造无规律；浸入水中极易崩碎变为稀软淤泥，其余部分为植物根、动物残体渣滓悬浮于水中；湿土搓条一般能搓成1～3mm土条，干燥后大量收缩，部分杂质脱落，故有时无定形。

1.1.3　土的工程性质

土一般由土颗粒（固相）、水（液相）和空气（气相）三部分组成，这三部分之间的比例关系随着周围条件的变化而变化，三者间比例不同，反映出土的物理状态不同，如干燥、稍湿或很湿，密实、稍密或松散。这些指标是最基本的物理性质指标，对评价土的工程性质，进行土的工程分类具有重要意义。

土的三相物质是混合分布的，为阐述方便，一般用三相图表示（图 1-1），三相图中把土的固体颗粒、水、空气各自划分开来。

图中符号：

m——土的总质量（$m=m'_s+m'_w$），kg；

m'_s——土中固体颗粒的质量，kg；

m'_w——土中水的质量，kg；

V——土的总体积（$V=V_s+V_w+V_n$），m^3；

V_n——土中空气体积，m^3；

V_s——土中固体颗粒体积，m^3；

V_w——土中水所占的体积，m^3；

V_V——土中孔隙体积（$V_V=V_n+V_w$），m^3。

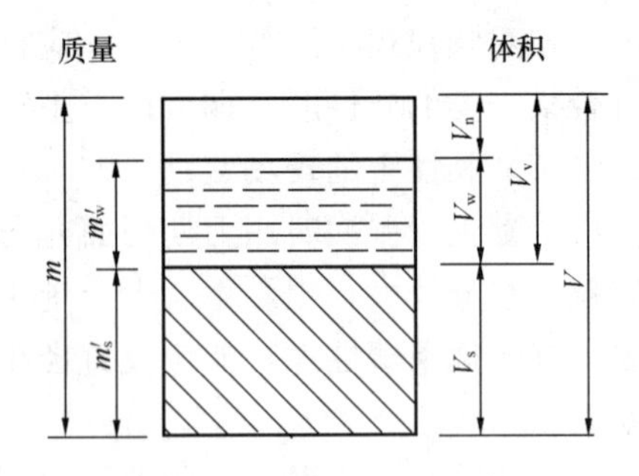

图 1-1　土的三相示意图

土的工程性质对土方工程施工有直接影响，也是进行土方施工设计必须掌握的基本资料。土的工程性质主要有如下内容。

1.1.3.1　土的可松性

土的可松性是指自然状态下的土，经开挖后，其体积因松散而增大，以后虽经回填压实，仍不能恢复的特性。土的可松性程度用可松性系数表示，即

$$K_s=\frac{V_2}{V_1};\tag{1-1a}$$

$$K'_s=\frac{V_3}{V_1}\tag{1-1b}$$

式中　K_s——最初可松性系数；

K'_s——最终可松性系数；

V_1——土在自然状态下的体积，m^3；

V_2——土经开挖后的松散体积，m^3；

V_3——土经回填压实后的体积，m^3。

可松性对土方量的平衡调配，确定场地的设计标高，计算运土机具的数量、土方机具的生产率及弃土的容积、填方所需的挖方体积等均有很大影响。各类土的可松性系数参考值见表 1-1。

1.1.3.2　土的密度

（1）土的天然密度

是指土在天然状态下单位体积的质量，简称密度，用 ρ 表示，通常用环刀法测定。一般黏土的密度约为 1800～2000kg/m^3，砂土约为 1600～2000kg/m^3，可按下式计算：

$$\rho=\frac{m}{V}\tag{1-2}$$

式中　ρ——土的天然密度，kg/m^3；

m——土的总质量，kg；

V——土的体积，m^3。

（2）土的干密度

是指单位体积土中，固体颗粒所占的质量，用 ρ_d 表示，通常用环刀法和烘干法测定。可按下式计算：

$$\rho_d = \frac{m_s}{V} \tag{1-3}$$

式中 ρ_d——土的干密度，kg/m^3；

m_s——土中的固体颗粒的质量，kg；

V——土的体积，m^3。

干密度在一定程度上反映了土颗粒排列的紧密程度，它作为填土压实质量的控制指标。土的干密度越大，表明土越密实。在土方填筑时，常以土的干密度来控制土的夯实标准。

1.1.3.3 土的含水量

土的含水量是指土中所含的水与土的固体颗粒间的质量比，它反映了土的干湿程度，用 w 表示，可按下式计算：

$$w = \frac{m_w}{m_s} \times 100\% \tag{1-4}$$

式中 m_w——土中水的质量，kg；

m_s——土中固体颗粒经温度为 105℃烘干后的质量，kg。

通常情况下 $w \leqslant 5\%$ 的为干土；$5\% < w \leqslant 30\%$ 的为潮湿土；$w > 30\%$ 的为湿土。

1.1.3.4 土的渗透系数

水流通过土中孔隙难易程度的性质，称为土的渗透性。土中水的渗流运动常用著名的达西定律来描述，即地下水在土中的渗流速度与水头差成正比，与渗流路径长度成反比。其表达式为：

$$\nu = K\frac{\Delta h}{L} = KI \tag{1-5}$$

式中 ν——地下水渗流速度，m/d；

Δh——渗流路程两端的水头差；

L——渗流路径长度，m；

K——渗透性系数，表示每昼夜水在土中渗流的长度，m/d；

I——单位渗流路径长度的水头差，亦称水力坡度。

根据土的渗透系数不同，可分为透水性土（如砂土）和不透水性土（如黏土），一般土的渗透系数见表 1-2。

表 1-2 各类土的渗透系数（K）参考值

土的名称	渗透系数 K（m/d）	土的名称	渗透系数 K（m/d）
黏　土	＜0.005	中　砂	5.00～20.00
粉质黏土	0.005～0.10	均质中砂	35～50
粉　土	0.10～0.50	粗　砂	20～50
黄　土	0.25～0.50	圆砾石	50～100
粉　砂	0.50～1.00	卵　石	100～500
细　砂	1.00～5.00	无填充物卵石	500～1000

对于重大工程，宜采用现场抽水试验测出渗透性系数。

1.1.3.5 土的含水量

土的含水量（w）

是指土中所含的水与土的固体颗粒间的质量比，用百分数表示，即

$$w=\frac{m_w}{m_s}\times 100\% \tag{1-6}$$

式中 m_w——土中水的质量，kg；

m_s——土中固体颗粒经温度为105℃烘干后的质量，kg。

1.2 场地平整

建筑工程施工前，首先应进行施工准备工作，即达到“三通一平”。“一平”就是指场地平整，在施工区域内，对原有地形、地物进行拆迁清除、削高填洼，改造成设计要求的场地形状。场地平整工作，主要有确定场地的设计标高，计算施工高度、挖填方工程量，确定挖填区土方调配，选择土方施工机械，拟定施工方案。

1.2.1 场地平整的施工顺序

场地平整的施工顺序有三种方法可供选择。

（1）先平全场，后挖基坑。该法的特点是工作面开扩，工种干扰少，便于大型土方机械展开，但工期较长。适用于场地高差较大，填挖土方量很大的情况。

（2）先挖基坑（槽），后平场地。该法的特点是减少重复填挖量，工程进度快，适用于地形平坦、填方量大的场地。

（3）边平场地，边挖基坑。该法的特点是边进料、边平整、边开挖分区进行施工，适用于工程紧的工程。

1.2.2 场地设计标高的确定

1.2.2.1 确定标高的原则和方法

场地设计标高是进行场地平整和土方量计算的依据，合理选择场地设计标高，对减少土方量、提高施工速度具有重要意义。

选择设计标高时，应考虑以下因素：

（1）满足生产工艺和运输条件的要求；

（2）场地内的挖方、填方应尽可能达到相互平衡，以降低运费；

（3）满足场区排水要求，有一定泄水坡度；要考虑最高洪水位的影响。

场地设计标高的确定属全局规划问题，应由设计单位、甲乙双方以及有关部门协商解决。当场地设计标高无设计文件特定要求时，可按场区内“挖填土方量平衡法”经计算确定，并可达到土方量最少、费用低、造价合理的效果。

1.2.2.2 初步计算场地设计标高

（1）划分方格网

将场地划分成边长为 a 的若干个方格。a 的取值依地形复杂程度和计算精度要求由高到低分别为10m、20m、30m、50m，一般取 a＝20m。场地设计标高计算简图如图1-2所示。

（2）标注各方格角点的地面标高

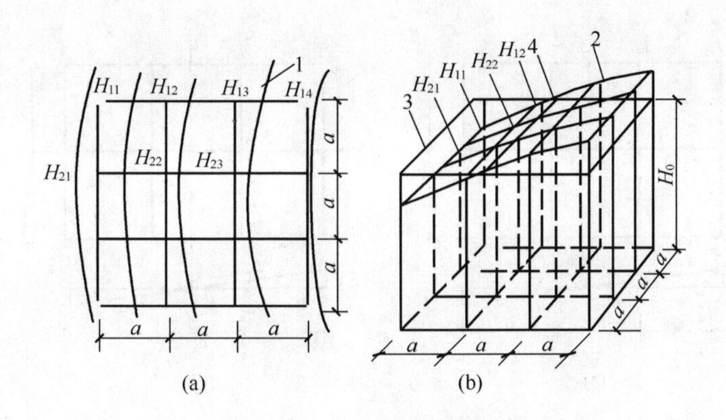

图 1-2　场地设计标高计算示意图

(a) 地形图上划分方格；(b) 设计标高示意图

1—等高线；2—自然地面；3—设计标高平面；4—自然地面与设计标高平面的交线（零线）

将方格网各角点的地面标高标在图上。场内任意一角点地面标高 H_{in}，可根据等高线用插入法求得或在实地测量。

(3) 初步确定场地设计标高 H_0

按照挖填平衡的原则，场地设计标高可按下式计算：

$$Na^2H_0 = \sum_{i=1}^{n}\left(a^2\frac{H_{i1}+H_{i2}+H_{i3}+H_{i4}}{4}\right)$$

即

$$H_0 = \frac{1}{4N}\sum_{i=1}^{n}(H_{i1}+H_{i2}+H_{i3}+H_{i4}) \tag{1-7}$$

式中　H_0——所计算场地的设计标高，m；

N——方格数；

H_{i1}、H_{i2}、H_{i3}、H_{i4}——第 i 个方格四个角点的原地形标高，m。

如图 1-2 所示，11、14 号等角点为一个方格独有；12、13 号等角点为两个方格共有；22、23 号等角点为四个方格所共有。按式（1-7）计算 H_0 的过程中，类似 11 号角标高仅加一次，类似 12 号角点的标高需加两次，类似 22 号角的标高需加四次。这种在计算中被应用的次数在测量上的术语称为“权”，它反映了各角点标高对计算结果的影响程度。考虑各角点标高的“权”重，式（1-7）可改写成更便于计算的形式：即

$$H_0=\frac{1}{4N}(\Sigma H_1+2\Sigma H_2+3\Sigma H_3+4\Sigma H_4) \tag{1-8}$$

式中　H_1——一个方格独有的角点标高；

H_2、H_3、H_4——分别表示二、三、四个方格所共有的角点标高。

按式（1-8）得到的设计平面为一水平的挖填方相等的场地，实际场地均应有一定的泄水坡度。因此，应根据泄水要求计算出实际施工时所采用的设计标高。

根据场地的情况，可以采用单向泄水和双向泄水方式，如图 1-3 所示。考虑泄水坡度后，场内任意一点的设计标高按下式计算：

$$H'_n = H_0 \pm L_x \times i_x \pm L_y \times i_y \tag{1-9}$$

式中　H'_n——场地内任意角点的设计标高；

L_x，L_y——分别为计算角点沿 $x-x$，$y-y$ 方向距场地中心线的距离；

i_x，i_y——分别为计算角点沿 x，y 方向的泄水坡度。

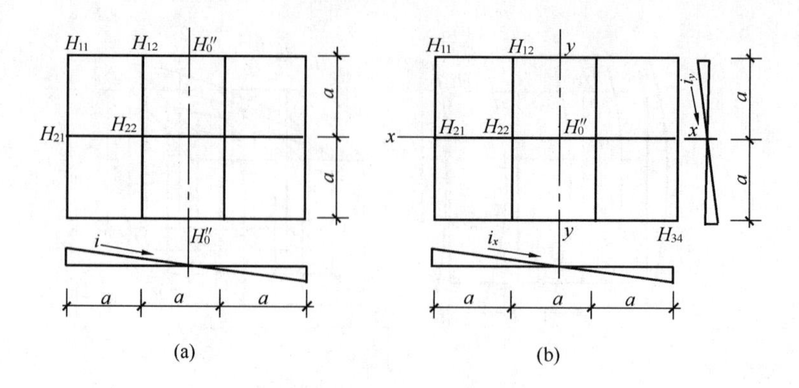

图 1-3　场地泄水坡度示意图

（a）单向排水；（b）双向排水

“±”——计算角点比 H_0 高时取“+”，反之取“－”。

（4）计算各角点的施工高度 h_i

$$h_i = H'_n - H_n \tag{1-10}$$

若 h_i 为正值，则该点为填方，h_i 为负值则该点为挖方。

1.2.2.3　设计标高的调整

实际工程中，对计算所得的设计标高，还应考虑下列因素进行调整。这项工作，在完成土方量计算后进行。

（1）土的可松性影响

由于土的可松性会造成填土的多余，所以需相应地提高设计标高。如图 1-4 所示，设 Δh 为土的可松性引起设计标高的增加值，则设计标高调整后的总挖方体积为：

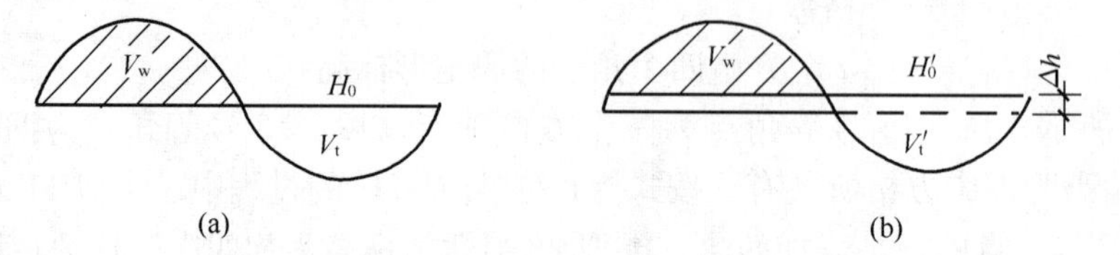

图 1-4　设计标高调整计算示意图

（a）理论设计高度；（b）调整设计高度

$$V'_w = V_w - F_w \Delta h$$

总填方体积为：

$$V'_t = V'_w K'_s = (V_w - F_w \Delta h) K'_s$$

此时，填方区的标高也应与挖方区一样，提高 Δh，即：

$$\Delta h = \frac{V'_t - V_t}{F_t} = \frac{(V_w - F_w \Delta h) K'_s - V_t}{F_t}$$

对上式移项，整理得（当 $V_t = V_w$）：

$$\Delta h = \frac{V_w (K'_s - 1)}{F_t + F_w K'_s} \tag{1-11}$$

故考虑土的可松性后，场地设计标高应调整为：

$$H'_0 = H_0 + \Delta h \tag{1-12}$$

（2）考虑借土或弃土的影响

由于场地内大型基坑挖出的土方、修筑路堤填高的土方，以及从经济角度比较，将部分挖土就近弃于场外或部分填方就近场外取土等，均会引起挖填土方量的变化。

为简化计算，场地设计标高的调整可按下列近似公式确定，即：

$$H''_0 = H'_0 \pm \frac{Q}{Na^2} \tag{1-13}$$

式中 Q——按初步设计标高平整后多余（+）或不足（−）的土方量；

N——场地方格数。

1.2.3 土方工程量的计算

在土方工程施工之前，通常要计算土方的工程量。但土方工程的外形往往很复杂，不规则，要得到精确的计算结果很困难。一般情况下，都将其假设或划分成一定的几何形状，并采用具有一定精度而又和实际情况近似的方法进行计算。

1.2.3.1 基坑（槽）和路堤的土方量计算

基坑（槽）和路堤的土方量可按立体几何中的拟柱体（由两个平行的平面做底的一种多面体）体积公式计算，如图 1-5 所示。即

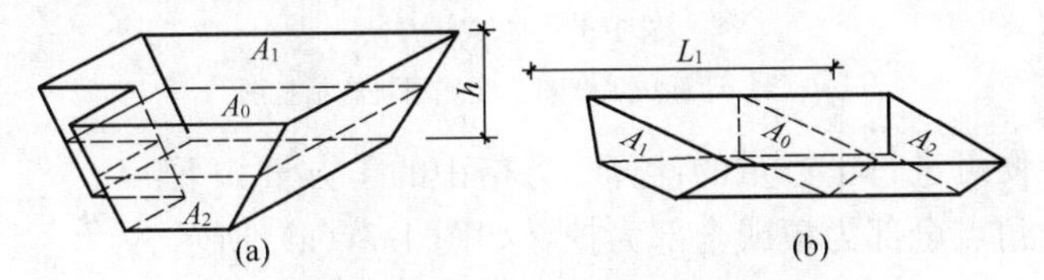

图 1-5 基坑、基槽土方量计算简图

（a）基坑土方量计算；（b）基槽土方量计算

$$V = \frac{1}{6}h(A_1 + 4A_0 + A_2) \tag{1-14}$$

式中 h——基坑深度，m；

A_1、A_2——基坑上下两底面面积，m^2；

A_0——基坑中部截面面积，m^2。

基槽土方量计算，可设其长度方向分段计算。

如该段内基槽横截面形状、尺寸不变时，其土方量即为该段横截面的面积乘以该段基槽长度。总土方量为各段土方量之和。

如该段内横截面的形状、尺寸有变化时，可近似地用拟柱体的体积公式计算，即；

$$V_i = \frac{1}{6}L_i(A_i + 4A_{0i} + A'_i) \tag{1-15}$$

式中 V_i——第 i 段土方量，m^3；

L_i——第 i 段长度，m；

A_i、A'_i——第 i 段两端横截面面积，m^2；

A_{0i}——第 i 段中截面面积，m^2。

1.2.3.2 场地平整土方量计算

在场地设计标高确定后，需平整的场地各角点的施工高度即可求得，然后按每个方格角点的施工高度算出填、挖土方量，并计算场地边坡的土方量，这样即可得到整个场地的填、

挖土方总量。

计算前先确定“零线”的位置，有助于了解整个场地的挖、填区域分布状态。

零线，即挖方区与填方区的交线，在该线上，各点施工高度为 0。零线的确定方法是：在相邻角点施工高度为一挖一填的方格边线上，用计算法求出零点（0）的位置，如图 1-6（a）所示。将各相邻的零点连接起来即为零线。

在实际工作中，为省略计算，常采用图解法直接求出零点，如图 1-6（b）所示，用尺子在各角上标出相应比例，用尺子相连，与方格相交点即为零点位置，此法比较方便，同时可避免计算和查表出错。

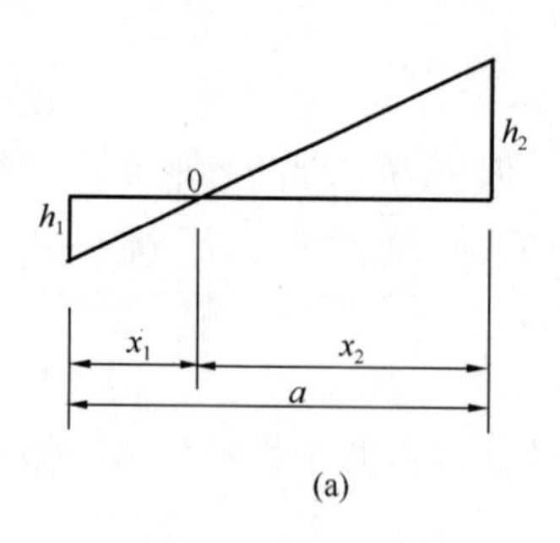

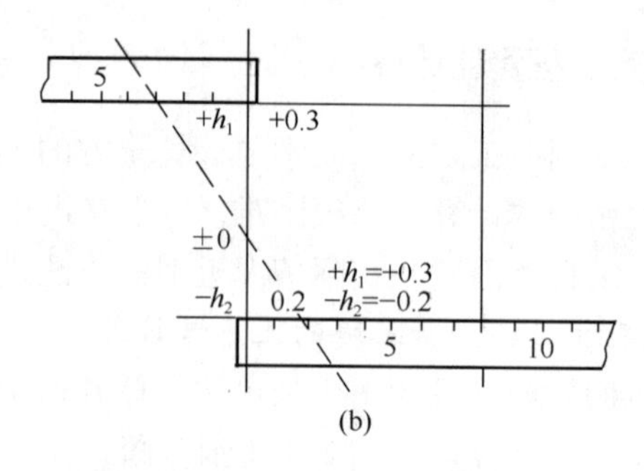

图 1-6　求零点方法

（a）计算法示意图；（b）图解法示意图

零线确定后，便可进行土方量的计算。方格中的土方量如下：

（1）方格四个角点全部为填或全部为挖，如图 1-7（a）所示。

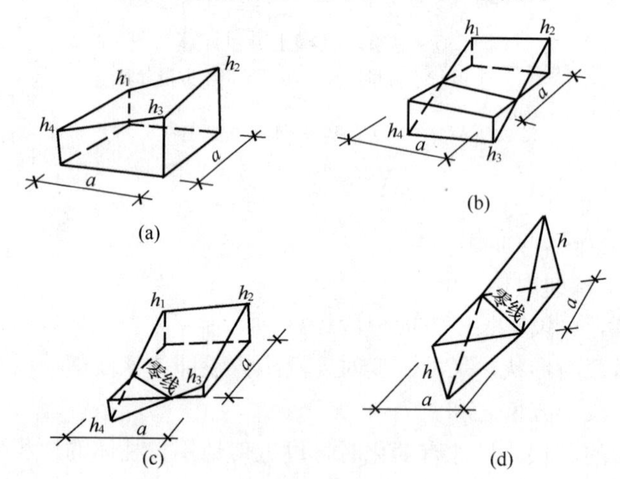

图 1-7　由方格网与零线分割成挖或填的土方四种几何体积形状

（a）全填或全挖；（b）两填两挖；（c）一填三挖（或三填一挖）；（d）一挖一填

$$V_i = \frac{a^2}{4}(h_1 + h_2 + h_3 + h_4) \tag{1-16}$$

式中　　V_i——挖方或填方体积，m^3；

h_1、h_2、h_3、h_4——方格四个角点的施工高度（即挖填高度），计算时均取绝对值，m。

（2）方格四个角点，两个是挖方，两个是填方，如图 1-7（b）所示。

$$V_{wi} = \frac{a^2}{4}\left(\frac{h_1^2}{h_1 + h_4} + \frac{h_2^2}{h_2 + h_3}\right) \tag{1-17}$$

$$V_{ti}=\frac{a^2}{4}\left(\frac{h_3^2}{h_2+h_3}+\frac{h_4^2}{h_1+h_4}\right) \tag{1-18}$$

(3) 方格的三个角点为挖方，另一角点为填方时，如图 1-7（c）所示。

填方部分土方量为：

$$V_{ti}=\frac{a^2}{6}\times\frac{h_4^3}{(h_1+h_4)(h_3+h_4)} \tag{1-19}$$

挖方部分土方量为：

$$V_{wi}=\frac{a^2}{6}(2h_1+h_2+2h_3-h_4)+V_{ti} \tag{1-20}$$

反过来，方格的三个角点为填方，另一角为挖方时，其挖方部分土方量按式（1-19）计算，填方部分土方量按式（1-20）计算。

（4）方格的一个角点为挖方，一个角点为填方，另两个角点为零点时（零线为方格的对角线）如图 1-7（d）所示。其挖（填）土方量为：

$$V_i=\frac{1}{6}a^2h \tag{1-21}$$

（5）四周边坡土方量计算

场地四周边坡土方量计算，可将边坡划分为两种近似的几何形体，即三角棱锥体和三角棱柱体分别计算，如图 1-8 所示。然后将各分段计算的结果相加，求出边坡土方的挖、填方土方量。

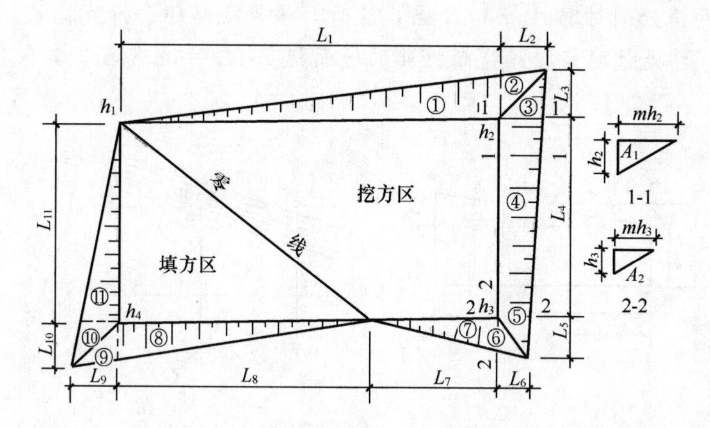

图 1-8　场地边坡土方量计算图

①三角棱锥体

$$V=\frac{1}{3}\left(\frac{m_1h^2}{2}L\right)=\frac{1}{6}m_1h^2L \tag{1-22}$$

式中　m_1——边坡坡度系数；

h——计算角点施工高度，m；

L——三角棱锥体长度，m^3。

②三角棱柱体

$$V=\frac{A_1+A_2}{2}L=\frac{m_1}{4}(h_2^2+h_3^2)L \tag{1-23}$$

h_2、h_3——三角棱柱体两端角点施工高度，m；

L——三角棱锥体长度，m。

(6) 统计总挖、填土方量

$$V_w = \sum V_{wi}，V_t = \sum V_{ti} \tag{1-24}$$

1.2.3.3 场地平整土方量计算例题

【例 1-1】 某建筑场地地形图，如图 1-9 所示，方格网 $a=20m$，土质为粉质黏土，设计排水坡度 $i_x=2‰$、$i_y=3‰$，不考虑土的可松性对设计标高的影响，试确定场地各方格的角点设计标高，并计算挖、填土方量。

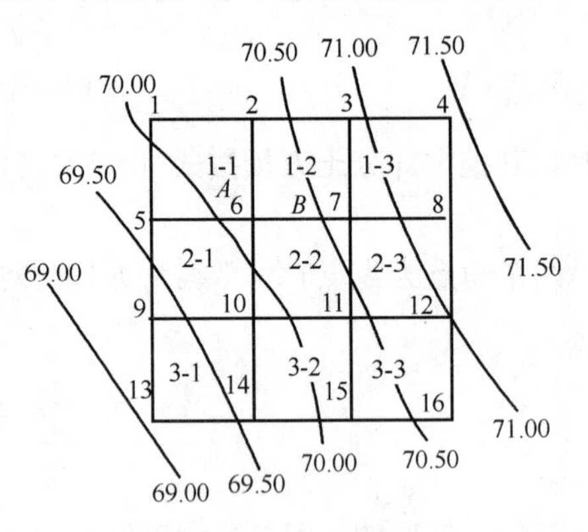

图 1-9 某建筑场地地形图和方格网布置

【解】 (1) 计算各方格角点的地面标高

各方格角点的地面标高，可根据地形图上所标等高线，假定两等高线之间的地面坡度按直线变化，用插入法求得。如求角点 4 的地面标高 H_4，由图 1-10 (a) 有：

$$h_x : 0.5 = x : l$$

则

$$h_x = \frac{0.5}{l}x$$

$$H_x = 44.00 + h_x$$

为了避免繁琐的计算，通常采用图解法（图 1-10b）。用一张透明纸，上面画 6 根等距离的平行线。把该透明纸放到标有方格网的地形图上，将 6 根平行线的最外边两根分别对准 A 点和 B 点，这时 6 根等距离的平行线将 A、B 之间的 0.5m 高差分成 5 等分，于是便可直接读得角点 4 的地面标高 $H_4=44.34m$。其余各角点标高均可用图解法求出。

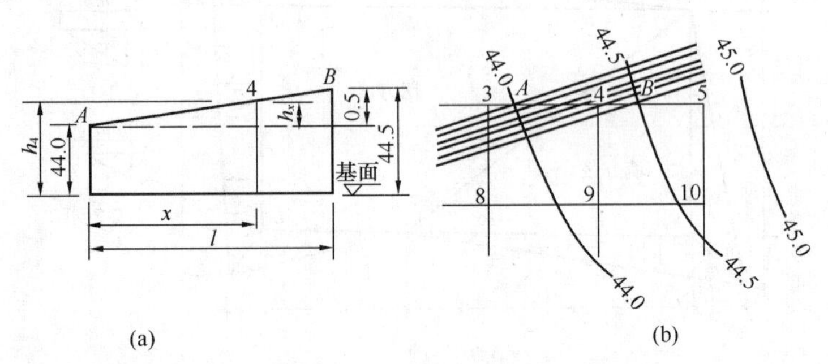

图 1-10 插入法简图

(a) 插入法简图；(b) 图解法简图

以图 1-9 角点 6 的地面标高为例。A、B 两点的标高分别为 70.00m 和 70.50m，用比例尺在图 1-9 上量出角点 6 距 A 点的距离 $x=8m$，AB 长为 24m，则角点 6 的地面标高为：

$$h_6 = \frac{70.50 - 70.00}{24} \times 8 = 0.17 \text{（m）}$$

$$H_6 = 70.00 + 0.17 = 70.17 \text{（m）}$$

依此类推，可求出各角点地面标高，计算结果如图 1-11 所示。

(2) 计算场地设计标高 H_0

$$\sum H_1 = 70.09 + 71.43 + 70.70 + 69.10 = 281.32 \text{（m）}$$

$$2\sum H_2 = 2 \times (70.40 + 70.95 + 71.22 + 70.95 + 70.20 +$$

69.62+69.37+69.71）=1124.82（m）

$4\sum H_4=4\times(70.17+70.70+70.38+69.81)=1124.24$（m）

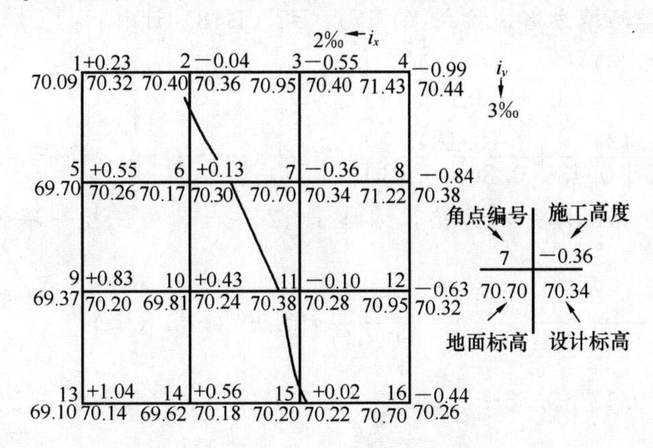

图 1-11　各方格角点的设计标高及施工高度

由式（1-8）：

$$H_0=\frac{\sum H_1+2\sum H_2+4\sum H_4}{4N}$$

$$=\frac{281.32+1124.82+1124.24}{4\times 9}=70.29\text{（m）}$$

（3）根据泄水坡度计算角点设计标高

场地中心点定为 H_0，按式（1-9）计算各方格角点的设计标高：

$$H_1=H_0-30\times 2‰+30\times 3‰=70.29-30\times 2‰+30\times 3‰=70.32\text{（m）}$$

$$H_2=H_0-10\times 2‰+30\times 3‰=70.36\text{（m）}$$

$$H_5=H_0-30\times 2‰+10\times 3‰=70.26\text{（m）}$$

其余各角点标高算法同上，计算结果如图 1-11 所示。

（4）按式（1-10）计算各方格角点的施工高度

角点 1：$h_1=70.32-70.09=+0.23$（m）

角点 2：$h_2=70.36-70.40=-0.04$（m）

其余各角点标高算法同上，计算结果如图 1-11 所示。

所求得的施工设计为“+”时，该点为填方；为“−”时，该点为挖方。

（5）确定零点画出零线

按照图 1-6 所示方法计算零点位置，连接各相邻零点的连线即为零线（挖、填方区的分界线），如图 1-11 所示。

（6）计算土方量

方格 1—3、2—3 是四个角点全部为挖方；方格 2—1、3—1 是四个角点全部为填方，这四个方格的土方量按式（1-16）计算：

$$V_{1-3}^{w}=\frac{400}{4}(0.55+0.99+0.84+0.36)=274\text{（m}^3\text{）（−）}$$

$$V_{2-3}^{w}=\frac{400}{4}(0.36+0.84+0.63+0.10)=193\text{（m}^3\text{）（−）}$$

$$V_{2-1}^{t}=\frac{400}{4}(0.55+0.13+0.43+0.83)=194\text{（m}^3\text{）（+）}$$

$$V_{3-1}^{t}=\frac{400}{4}\ (0.83+0.43+0.56+1.04)\ =286\ (m^3)\ (+)$$

方格2—2为两挖两填方格，按式（1-17）、式（1-18）计算：

$$V_{2-2}^{w}=\frac{400}{4}\left[\frac{(0.36)^2}{0.36+0.13}+\frac{(0.10)^2}{0.10+0.43}\right]=28.3\ (m^3)\ (-)$$

$$V_{2-2}^{t}=\frac{400}{4}\left[\frac{(0.43)^2}{0.10+0.43}+\frac{(0.13)^2}{0.36+0.13}\right]=38.3\ (m^3)\ (+)$$

方格1—1、3—2为三填一挖方格，方格1—2、3—3为三挖一填方格，按式（1-19）、式（1-20）计算：

$$V_{1-1}^{w}=\frac{400}{6}\times\frac{(0.04)^3}{(0.13+0.04)\ (0.23+0.04)}=0.09\ (m^3)\ (+)$$

$$V_{1-1}^{t}=\frac{400}{6}\ (2\times0.13+0.55+2\times0.23-0.04)\ +0.09=82.09\ (m^3)\ (+)$$

$$V_{1-2}^{t}=\frac{400}{6}\frac{(0.13)^3}{(0.04+0.13)\ (0.36+0.13)}=1.76\ (m^3)\ (+)$$

$$V_{1-2}^{w}=\frac{400}{6}\ (2\times0.04+0.55+2\times0.36-0.13)\ +1.76=83.09\ (m^3)\ (-)$$

$$V_{3-2}^{w}=\frac{400}{6}\times\frac{(0.10)^3}{(0.02+0.10)\ (0.43+0.10)}=1.05\ (m^3)\ (-)$$

$$V_{3-2}^{t}=\frac{400}{6}\ (2\times0.02+0.56+2\times0.43-0.10)\ +1.05=91.72\ (m^3)\ (+)$$

$$V_{3-3}^{t}=\frac{400}{6}\times\frac{(0.02)^3}{(0.10+0.02)\ (0.44+0.02)}=0.01\ (m^3)\ (+)$$

$$V_{3-3}^{w}=\frac{400}{6}\ (2\times0.10+0.63+2\times0.44-0.02)\ +0.009=112.68\ (m^3)\ (-)$$

将计算出的土方量汇总如下：

总挖方量：

$$\sum V_{w}=0.09+83.09+274.00+28.30+193.00+1.05+112.68=692.21\ (m^3)$$

$$\sum V_{t}=82.09+1.76+194.00+38.30+286.00+91.72+0.01=693.88\ (m^3)$$

1.3 土方边坡与深基坑支护

土方工程施工过程中，土壁的稳定，主要是依靠土体的内摩擦力和黏结力来保持平衡，一旦土体在外力作用下失去平衡，就会出现土壁坍塌，即塌方事故，不仅妨碍土方工程施工，造成人员伤亡事故，还会危及附近建筑物、道路及管线的安全，后果严重。

为了防止土壁坍塌，保持土体稳定，保证施工安全，土方工程施工中，对挖方和填方的边缘，均做成一定坡度的边坡。由于条件限制不能放坡或为了减少土方工程量而不放坡时，可设置土壁支护结构，以确保施工安全。

1.3.1 土方边坡及其稳定性

1.3.1.1 边坡坡度

边坡坡度以挖方深度 H 与放坡宽度 B 之比表示，即

$$基坑边坡坡度=\frac{H}{B}=1:m$$

式中 $m=\dfrac{B}{H}$，称为坡度系数。

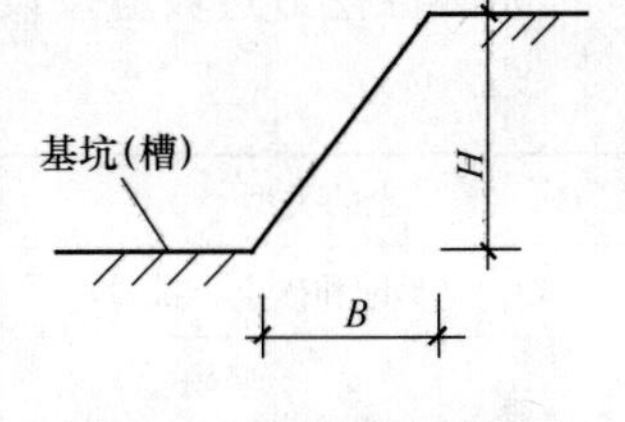

图 1-12　边坡的表示方法

边坡坡度应根据土质、开挖深度、开挖方法、边坡留置时间的长短、边坡附近的各种荷载状况及排水情况、气候条件等因素确定。边坡可做成直线形、折线形或阶梯形，如图 1-13 所示。

根据现行《土方和爆破工程施工及验收规范》的规定，当地质条件良好，土质均匀且地下水位低于基坑（槽）或管沟底面标高时，挖方边坡可作直立壁而不加支撑，但深度不宜超过下列规定：

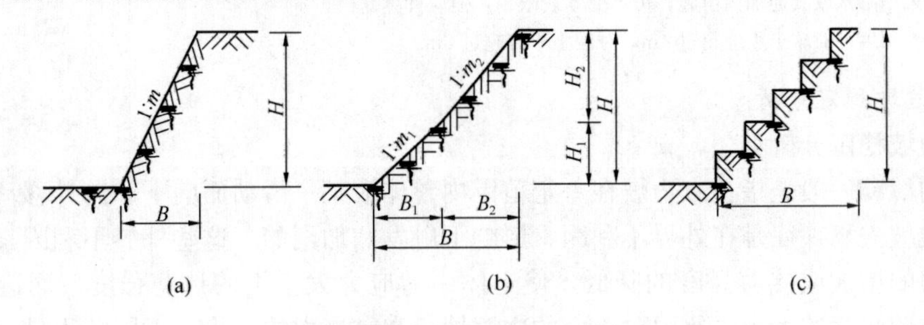

图 1-13　土方边坡

（a）直线形放坡；（b）折线形放坡；（c）阶梯形放坡

密实、中密的砂土和碎石类土（充填物为砂土）	1.0m；
硬塑、可塑的粉土及粉质黏土	1.25m；
硬塑、可塑的黏土和碎石类土（充填物为黏性土）	1.5m；
坚硬的黏土	2.0m。

挖方深度超过上述规定时，应考虑放坡或做成直立壁加支撑。

当地质条件良好，土质均匀且地下水位低于基坑、槽或管沟底面标高时，挖方深度在 5m 以内不加支撑的边坡的最陡坡度应符合表 1-3 规定。

表 1-3　深度在 5m 内的基槽（坑）边坡的最陡坡度（不加支撑）

土的类型	边坡坡度（高：宽）		
	坡顶无荷载	坡顶有静荷载	坡顶有动荷载
中密的砂土	1∶1.00	1∶1.25	1∶1.50
中密的碎石类土（充填物为砂土）	1∶0.75	1∶1.00	1∶1.25
硬塑的粉土	1∶0.67	1∶0.75	1∶1.00
中密的碎石类土（充填物为黏土）	1∶0.50	1∶0.67	1∶0.75
硬塑的粉质土、黏土	1∶0.33	1∶0.50	1∶0.67
老黄土	1∶0.10	1∶0.25	1∶0.33
软土（经井点降水后）	1∶1.00	—	—

注：1. 静载指堆土或材料等，动载指机械挖土或汽车运输作业等。静载或动载距挖方边缘的距离应保证边坡或直立壁的稳定，堆土或材料应距挖方边缘 0.8m 以外，高度不超过 1.5m。

2. 当有成熟施工经验时，可不受本表限制。

永久性挖方边坡应按设计要求放坡。对临时性挖方边坡值应符合表 1-4 规定。

表 1-4　临时性挖方边坡值

土的类型		边坡坡度（高∶宽）	土的类型		边坡坡度（高∶宽）
砂土（不饱和砂土、粉砂）		1∶1.25～1∶1.5			
一般黏性土	坚硬	1∶0.75～1∶1	碎石类土	充填坚硬、硬塑黏性土	1∶0.5～1∶1
	硬塑	1∶1～1∶1.25		充填砂土	1∶1～1∶1.5
	软	1∶1.50 或更缓			

注：1. 设计有要求时，应符合设计标准。

2. 如采用降水或其他加固措施，可不受本表限制，但应计算复核。

3. 开挖深度，对软土不应超过 4m，对硬土不应超过 8m。

1.3.1.2　边坡稳定分析

（1）边坡稳定分析

边坡的滑动一般是指土方边坡在一定范围内整体沿某一滑动面向下和向外移动而丧失其稳定性。边坡失稳往往是在外界不利因素影响下触发和加剧的。这些外界不利因素往往导致土体剪应力的增加或抗剪强度的降低，使土体中剪应力大于土的抗剪强度，而造成滑动失稳。土体抗剪强度的大小主要取决于土的内摩擦角和黏聚力的大小。不同的土具有不同的物理、力学性质，其土体的抗剪强度亦均有不同。

为了防止基坑边坡坍塌，除保证边坡大小与坡顶上荷载符合规定要求外，在施工中还必须做好地面水的排除，并防止地表水、施工与生活用水等浸入基坑边坡。基坑内的降水工作，应持续到地下结构施工完成，坑内回填土完毕为止。在雨季施工时，更应注意检查基坑边坡的稳定性，必要时，可适当放缓边坡坡度或设置支护结构，以防塌方。

引起土体剪应力增加的主要因素有：坡顶堆物、行车；基坑边坡太陡；开挖深度过大；雨水或地面水渗入土中，使土的含水量增加而造成土的自重增加；地下水的渗流产生一定的动水压力；土体竖向裂缝中的积水产生侧向静水压力等。

引起土体抗剪强度降低的主要因素有：土质本身较差或因气候影响使土质变软；土体内含水量增加而产生润滑作用；饱和的细砂、粉砂受振动而液化等。

由于影响基坑边坡稳定的因素甚多，在一般情况下，开挖深度较大的基坑，应对土方边坡作稳定分析，即在给定的荷载作用下，土体抗剪切破坏应有一个足够的安全系数，而且其变形不应超过某一允许值。

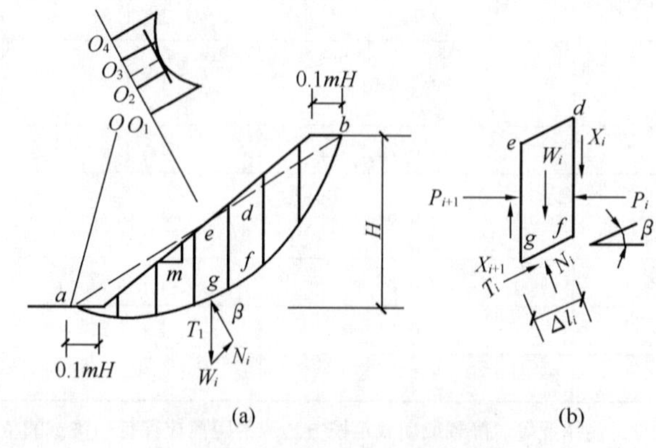

图 1-14　基坑边坡的稳定分析

（a）土坡剖面；（b）作用于 i 土条上的力

边坡稳定分析方法很多，如条分法、摩擦圆法、极限分析法等。

下面简述条分法的计算方法：

条分法的基本假定是：滑动面近似于圆柱形；当内摩擦角 $\varphi \geqslant 30^\circ$ 时，滑动面通过坡脚；在计算中当作平面问题看待。

计算时，按比例绘出边坡剖面，如图 1-14 所示。任选一圆心 O，以 Oa 为半径作圆弧，ab 为滑动面，将滑动面以上土体分成若干个竖向等宽条带（不少于4～5条）。设土条自重（包括土条顶面的荷载）为W_i，为简化计算，以土条侧面上的法向力P_i、P_{i+1}和剪力X_i、X_{i+1}的合力相平衡，则作用于滑动面f_g上的法向反力N_i和剪力T_i分别为

$$N_i = W_i\cos\beta_i \tag{1-25}$$

$$T_i = W_i\sin\beta_i \tag{1-26}$$

构成滑阻力的还有黏聚力C_i，则滑动面ab上的总滑动力矩为

$$TR=R\sum T_i=R\sum W_i\sin\beta_i \tag{1-27}$$

滑动面ab上的总阻滑力矩为：

$$T'R=R\sum(W_i\cos\beta_i\tan\varphi_i+C_il_i) \tag{1-28}$$

边坡稳定安全系数K为

$$K=\frac{T'R}{TR}=\frac{\sum(W_i\cos\beta_i\tan\varphi_i+C_il_i)}{\sum W_i\sin\beta_i} \tag{1-29}$$

如果有地下水，则需考虑孔隙水压力μ_i的影响，则按下式计算边坡稳定安全系数

$$K=\frac{\sum[(W_i\cos\beta_i-\mu_il_i)\ \tan\varphi'_i+C'_il_i]}{\sum W_i\sin\beta_i} \tag{1-30}$$

式中 K——边坡稳定系数，一般取1.25～1.43；

l_i——分条的圆弧长度；

φ_i——分条土的内摩擦角，度；

β_i——分条土的坡角，度；

R——滑动面以O为圆心的圆弧半径，m；

T——滑动面上总滑动力，kPa；

T'——滑动面上总阻滑力，kPa；

C'_i、φ'_i——为有效内聚力和有效内摩擦角，kPa、度；

μ_i——分条土的空隙水压力。

由于滑动圆弧是任意选定的，所以上述计算结果不一定是最危险的，因此还必须对其他滑动圆弧（不同圆心位置和不同半径）进行计算，直至求得最小安全系数。而最小安全系数对应的滑弧即为最危险滑弧。根据经验，最危险滑弧中心在ab线的垂直平分线上。这样，只需在此垂直平分线上取若干点作为滑弧圆心，按上述方法分别计算，即可求得最小的安全系数。对于一级基坑（$H>15$m），$K=1.43$；二级基坑（$8\text{m}\leqslant H\leqslant 15$m），$K=1.30$；三级基坑（$H<8$m）$K=1.25$。

（2）边坡防护

当基坑放坡开挖时，考虑到施工期间，基坑边坡受到气候季节变化和降雨、渗水、冲刷等的作用，会使边坡土质变松，土内含水量增加，土的自重加大，导致土体抗剪强度降低而土体内的剪应力增强，造成边坡坍塌或产生不利于边坡稳定的影响，因此在基坑放坡施工中，为保护边坡面稳定与坚固，通常可采取下列措施，对边坡坡面加以防护。

①薄膜覆盖护坡

在已开挖的边坡上铺设塑料薄膜，而在坡顶及坡脚处采用编织袋（草袋）装土（砂）压边，并在坡脚处设置排水沟，如图1-15所示。此法可用于防止雨水对土质边坡冲刷而引起的塌方。

②堆砌土（砂）袋护坡

当各种土质边坡有可能发生滑坍失稳时，可采用装土（砂）的编织袋（或草袋）堆置于坡脚或坡面，如图 1-16 所示，使其具有反压作用，加强边坡抗滑能力，增强边坡稳定性。

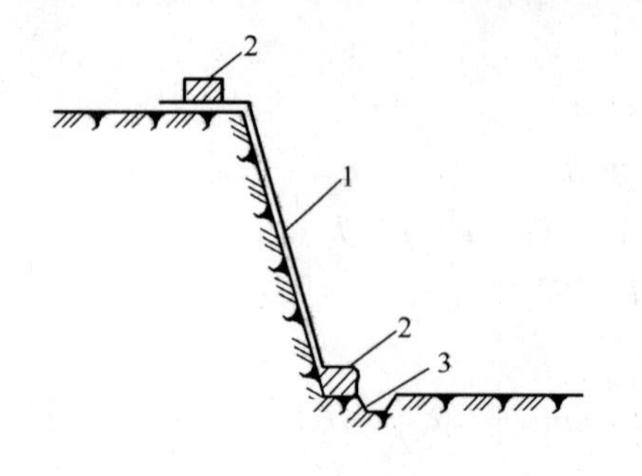

图 1-15 薄膜护坡

1—薄膜；2—土袋；3—排水沟

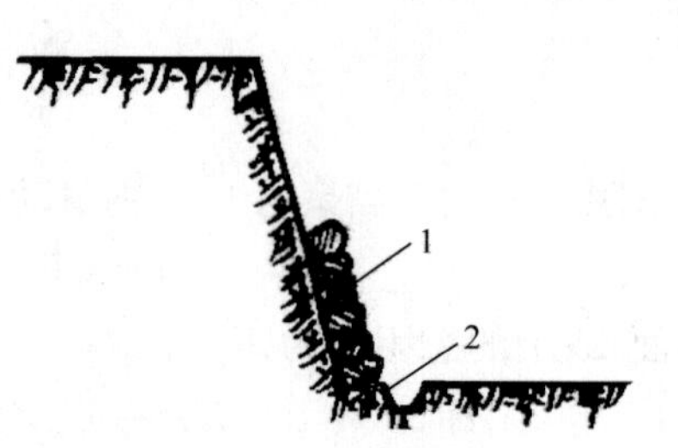

图 1-16 堆方袋护坡

1—土袋；2—排水沟

③浆砌片石护坡

对各种土质边坡，为增强边坡稳定与坚固，防止滑塌，可采用浆砌片石护坡。坡度应小于1∶0.5。竖直边坡，当高度不大时，也可采用红砖砌筑护坡。

1.3.2 浅基坑（槽）支撑

基槽（坑）或管沟开挖时，如果土质或周围场地条件允许，采用放坡开挖，往往是比较经济的。但是，在建筑物稠密的地区施工，有时不允许按规定的坡度进行放坡，或深基槽（坑）开挖时，放坡所增加的土方量过大，就需要用设置土壁支撑的施工方法，以保证土方开挖顺利进行和安全，并减少对相邻已有建筑物的不利影响。

开挖基槽（坑）或管沟常用的钢（木）支撑有横撑式支撑和锚碇式支撑等。

（1）横撑式支撑

在开挖狭窄的基槽（坑）或管沟时，可采用横撑式支撑，如图 1-17 所示。

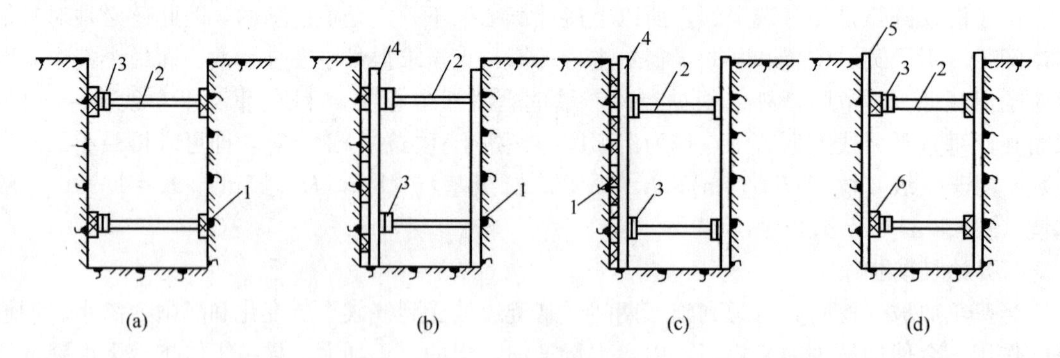

图 1-17 横撑式支撑

(a) 间断式水平支撑；(b) 断续式水平支撑；(c) 连续式水平支撑；(d) 连续式垂直支撑

1—水平挡土板；2—横撑木；3—木楔；4—竖楞木；5—垂直挡土板；6—横楞木

采用横撑式支撑时，应随挖随撑，支撑牢固。施工中应经常检查，如有松动变形等现象时，应及时加固或更换。支撑的拆除，应按回填土顺序，依次进行。多层支撑拆除时，应按自下而上的顺序，在下层支撑拆除并回填土完成后才能拆除上层的支撑。拆除支撑时，应防止附近建筑物和构筑物等产生下沉和破坏，必要时应采取妥善的保护措施。

(2) 锚碇式支撑

当基坑宽度较大时，横撑自由长度（跨度）过大而稳定性不足或采用机械挖土基坑内不允许有水平支撑阻拦时，则可设置锚碇式支撑（图 1-18），即用拉锚来代替横撑，锚桩应设置在土体破坏棱体范围以外，以保证锚碇不失去应有的作用。

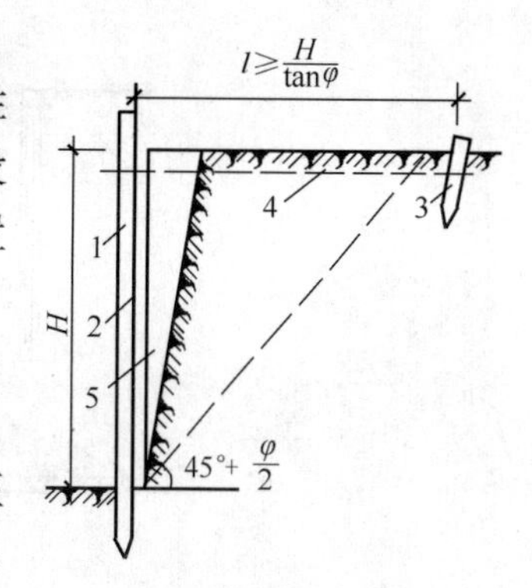

图 1-18　锚碇式支撑

1—柱桩；2—挡土板；3—锚桩；4—拉杆；5—回填土；φ—土的内摩擦角

1.3.3　基坑支护结构

基坑支护结构主要承受基坑土方开挖卸荷时所产生的土压力、水压力和附加荷载产生的侧压力，起到挡土和止水作用，是稳定基坑的一种施工临时挡墙结构。

1.3.3.1　支护结构类型

非重力式支护结构根据不同的开挖深度和不同的工程地质与水文地质等条件，可选用悬壁式支护结构或设有撑锚体系的支护结构。悬壁式支护结构由挡墙和冠梁组成；设有撑锚体系的支护结构由挡墙、冠梁和撑锚体系三部分组成。

(1) 挡墙的种类

挡墙主要起挡土和止水作用。其种类很多，下面主要介绍常用的几种：

①钢板桩

钢板桩是由带锁口的热轧型钢制成。常用的截面形式有平板型、波浪型（亦称拉森式）板桩等（图 1-19）。钢板桩通过锁口连接、相互咬合而形成连续的钢板桩挡墙，除可起挡土作用外，还有一定止水作用。

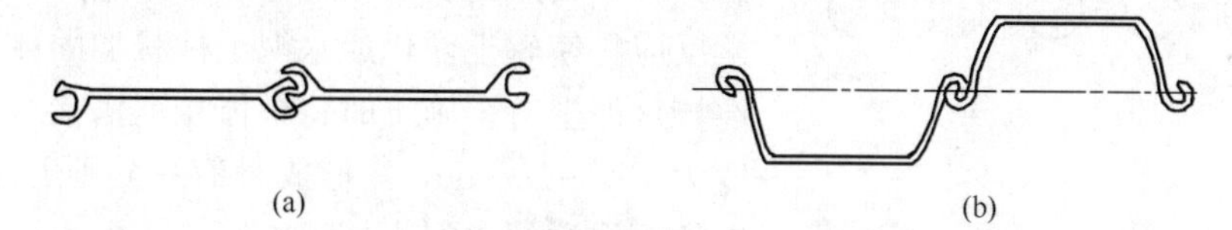

图 1-19　常用的钢板桩截面形式

(a) 平板型板桩；(b) 波浪型板桩（拉森板桩）

钢板桩施工时，由于一次性投资较大，目前多以租赁方式租用，施工完后拔出归还，故成本较低，在软土层施工速度快，且打设后可立即组织土方开挖和基础施工，有利于加快施工进度，但在砂砾层及密实砂土中则打设施工困难。钢板桩的刚度较低，一般当基坑开挖深度为 4～6m 时就需设置支撑（或拉锚）体系。它适用于基坑深度不太大的软土地层的基坑支护。

②挡土灌注桩

挡土灌注桩作为支护结构的挡墙，其布置方式，视有无挡水要求，通常可采用连续式排列、间隔式排列和交错相接排列等形式，如图 1-20 所示。连续式排桩在目前施工中还难以做到相切，桩与桩之间仍会有间隙，挡水效果差。因此，连续式和间隔式排桩档墙只能挡土，不能挡水，仅用于无挡水要求或已采取降水措施的基坑支护。

当有挡水要求，又没有采取降水措施时，除可采用交错式排桩挡墙外，通常多采用连续式或间隔式排桩外面加深层搅拌水泥土桩（或水泥旋喷桩）组成止水帷幕（图 1-21a）等组

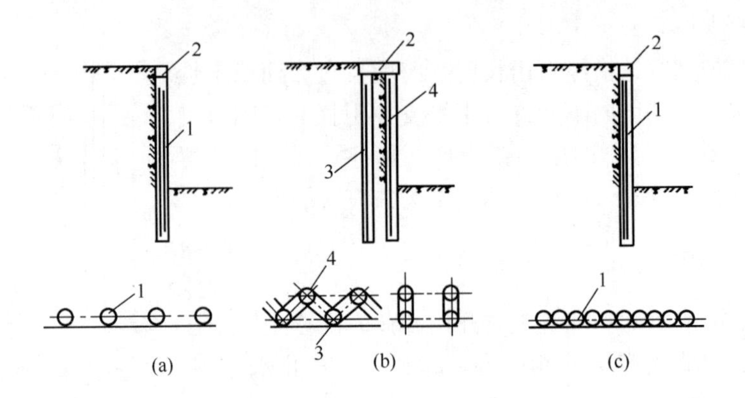

图 1-20　挡土灌注桩支护

(a) 间隔式；(b) 交错式；(c) 连续式

1—挡土灌注桩；2—连续梁（圈梁）；3—前排桩；4—后排桩

合支护结构，既挡土又止水。

排桩式挡墙又具有平面布置灵活，施工工艺简单，成本低，无噪声，无挤土，对周围环境不会造成危害等优点。但挡墙是由单桩排列而成，所以整体性较差，因此，使用时需在单桩顶部设置一道钢筋混凝土圈梁（亦称冠梁）将单桩连成整体，以提高排桩挡墙的整体性和刚度。排桩式挡墙多用于较弱土层中两层地下室及其以下的深基坑支护。

③深层搅拌水泥土桩

深层搅拌水泥土桩，采用水泥作为固化剂，通过深层搅拌机械，在地基土中就地将原状土和固化剂强制拌合，利用土和固化剂之间所产生的一系列物理化学反应，使软土硬化成水泥土柱状加固体，称为深层搅拌水泥土桩。施工时将桩体相互搭接（通常搭接宽度为 150～200mm），形成具有一定强度和整体结构性的深层搅拌水泥土挡墙，简称水泥土墙。

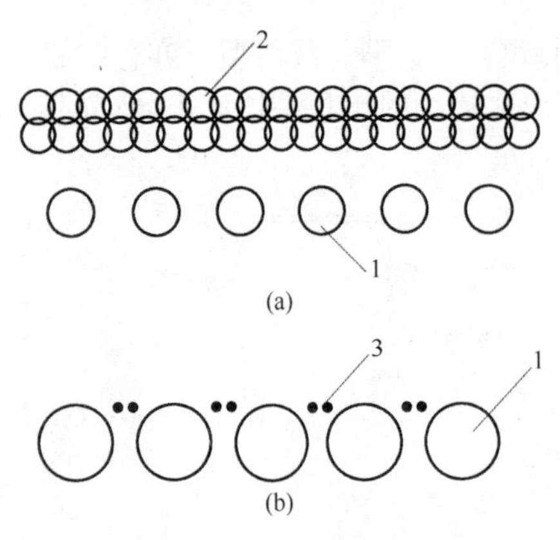

图 1-21　挡土兼止水挡墙形式

(a) 灌注桩加搅拌水泥土桩（或水泥旋喷桩）；(b) 灌注桩加压密注浆

1—灌注桩；2—水泥土桩（或旋喷桩）；3—压密注浆

水泥土墙属于重力式支护结构，如图 1-22 所示，它利用其自身重力挡土，维护支护结构在侧向土压力和水压力等作用下的整体稳定。同时由于桩体相互搭接形成连续整体，可兼作止水结构。

根据土质条件和支护要求，搅拌桩的平面布置可灵活采用壁式、块式或格栅式等（图 1-23）。用格栅式布置时，水泥土与包围的天然土共同形成重力式挡墙，维持坑壁稳定。在深度方面，桩长可采用长短结合的布置形式，以增加挡墙底部抗滑性能和抗渗性，是目前最常用的一种形式。

水泥土墙即可挡土，又能形成隔水帷幕，施工时振动小，噪声低，对周围环境影响不大，施工速度快，造价低。但水泥土墙抗拉强度低，重力式水泥土墙宽度往往比较大，尤其是采用格栅式时墙宽可达 4～5m，实际施工时，要求周边有较宽的施工场地。

水泥土墙特别适用于软土地基，开挖深度不大于 6m 的基坑支护。

深层搅拌桩施工在第 2 章介绍。

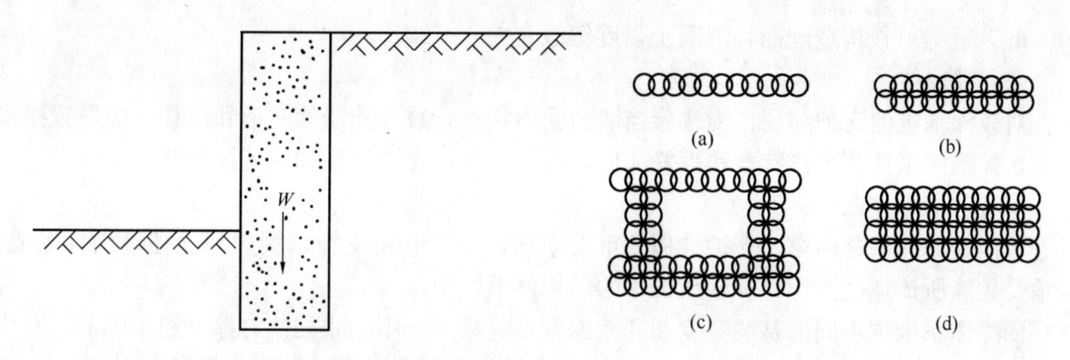

图 1-22　水泥土重力式支护结构示意图

图 1-23　深层搅拌桩平面布置方式
（a）、（b）壁式；（c）格栅式；（d）实体式

④地下连续墙

地下连续墙系沿拟建工程基坑周边，利用专门的挖槽设备，在泥浆护壁的条件下，每次开挖一定长度（一个单元槽段）的沟槽，在槽内放置钢筋笼，利用导管法浇筑水下混凝土，即完成一个单元槽段施工（图 1-24）。施工时，每个单元槽段之间，通过接头管等方法处理后，形成一道连续的地下钢筋混凝土墙，简称地下连续墙。基坑土方开挖时，地下连续墙既可挡土，又可挡水，也可作为建筑物的承重结构。

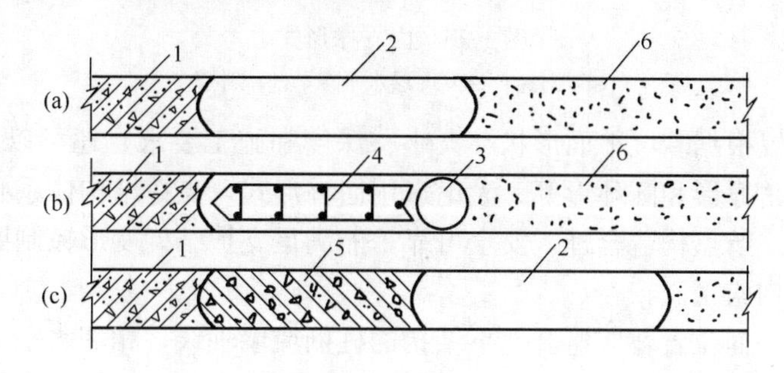

图 1-24　地下连续墙施工过程示意图
（a）单元槽段开挖沟槽；（b）在槽内放入接头管和钢筋笼；（c）浇筑槽内混凝土
1—已浇好混凝土的槽段；2—开挖的槽段；3—接头管；4—钢筋笼；
5—新浇筑的混凝土槽段；6—待开挖的槽段

地下连续墙整体性好，刚度大，变形小，施工时噪声低，振动小，无挤土，对周围环境影响小，比其他类型挡墙具有更多优点，但成槽需专用设备，施工难度较大，工程造价高。适用于地下水位高的软土地基，或基坑开挖深度大，且与邻近的建筑物、道路等市政设施等相距较近时的深基坑支护。

地下连续墙施工在第 2 章中介绍。

（2）冠梁

在钢筋混凝土灌注桩挡墙、水泥土墙和地下连续墙顶部设置的一道钢筋混凝土圈梁，称为冠梁，也称为压顶梁。

冠梁施工前，应将桩顶与地下连续墙顶上的浮浆凿除，清理干净，并将外露的钢筋伸入冠梁内，与冠梁混凝土浇筑成一体，有效地将单独的挡土构件连系起来，以提高挡墙的整体性和刚度，减少基坑开挖后挡墙顶部的位移。冠梁宽度不小于桩径或墙厚，高度不小于

400mm，冠梁可按构造配筋，混凝土强度等级宜大于 C20。

（3）撑锚体系

对较深基坑的支护结构，为改善挡墙的受力状态，减少挡墙的变形和位移，应设置撑锚体系，撑锚体系按其工作特点和设置部位，可分为坑内支撑体系和坑外拉锚体系。

①坑内支撑体系

坑内支撑体系是内撑式支护结构的重要组成部分。它由支撑、腰梁和立柱等构件组成，是承受挡墙所传递的土压力、水压力等的结构体系。

内撑体系根据不同的基坑宽度和开挖深度，可采用无中间立柱的对撑（图 1-25a）、有中间立柱的单层或多层水平支撑（图 1-25b）；当基坑平面尺寸很大而开挖深度不太大时，可采用斜撑（图 1-25c）。

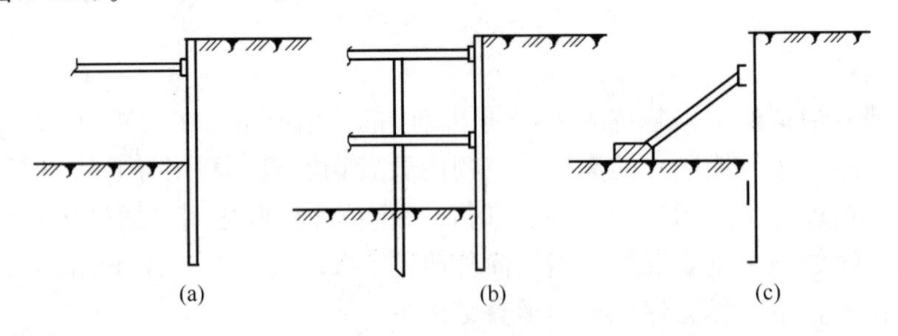

图 1-25　内支撑形式

（a）对撑；（b）两层水平撑；（c）斜撑

水平支撑的布置根据基坑平面形状、大小、深度和施工要求，还可以设计成多种形式。常用的有井字形、角撑形和圆环形等。无论采用何种形式，支撑结构体系必须具有足够的强度、刚度和稳定性，节点构造合理，安全可靠，能满足支护结构变形控制要求，同时要方便土方开挖和地下结构施工。

水平支撑轴线平面位置，应避开地下结构的柱网或墙轴线，相邻水平支撑净距一般不小于 4m。

立柱应布置在纵横向水平撑的交点处，并避开地下结构柱、梁与墙的位置。立柱间距一般不大于 15m。其下端应支撑在较好的土层中。

斜撑宜对称布置，水平间距不宜大于 6m，斜撑与基坑底面之间的夹角，一般不宜大于 35°，在地下水位较高的软土地区不宜大于 26°，并与基坑内预留土坡的稳定坡度相一致。

斜撑的基础与挡墙之间的水平距离应大于基坑的深度。当斜撑长度大于 15m 时，宜在斜撑中部设置立柱。

斜撑底部的基础应具备可靠的水平力传递条件，一般有以下几种做法：

a. 在斜撑底部应设计专用承台，或利用工程桩承台作为斜撑基础。基坑两侧对应的斜撑基础之间填筑毛石混凝土或另设置压杆，以抵抗斜撑底部的水平分力。

b. 允许利用地下室的钢筋混凝土底板或基坑底整体铺设的混凝土垫层，作为斜撑基础。

支撑体系按其材料分，主要有钢支撑（钢管、型钢等）和钢筋混凝土支撑。钢支撑安装拆除方便，施工速度快，可周转使用。可以施加预压力，有效控制挡墙变形。但钢支撑的整体刚度较弱，钢材价格较高。

钢筋混凝土支撑可设计成任意形状和断面，这种支撑体系整体性好，刚度大，变形小，可靠度高，节点处理容易，价格比较便宜。但施工制作时间较长，混凝土浇筑后还要有养护期，不像钢支撑，施工完毕立即可以使用。因此，其工期长，拆除较难，采用爆破方法拆除，有时对周围环境有所影响，工程完成后，支撑材料不能回收。

这里必须指出：土质越差，基坑越深，则支撑结构的质量、安全保证体系越显得重要。因此，在进行坑内支撑体系设计与施工时，必须认真、慎重从事，特别注意防止因支撑结构的局部失效，而导致整个支护结构的破坏，给工程带来损失。

②坑外拉锚体系

坑外拉锚体系由受拉杆件与锚固体组成。根据拉锚体系的设置方式及位置不同，通常可分为两类：

a. 水平拉杆锚碇

它是沿基坑外地表水平设置的，如图 1-26 所示，水平拉杆一端与挡墙顶部连接，另一端锚固在锚碇上，用于承受挡墙所传递的土压力、水压力和附加荷载产生的侧压力。拉杆通过开沟浅埋于地表下，以免影响地面交通，锚碇位置应处于地层滑动面之外，以防止坑壁土体整体滑动时引起的支护结构整体失稳。

拉杆通常采用粗钢筋或钢绞线。根据使用时间长短和周围环境情况，事先应对拉杆采取相应的防腐措施，拉杆中间设有紧固器，将挡墙拉紧之后即可进行土方开挖作业。

此法施工简便，经济可行，适用于土质条件较好，开挖深度不大，基坑周边有较开阔施工场地时的基坑支护。

b. 土层锚杆

它是沿坑外地层设置的，如图 1-27 所示，锚杆的一端与挡墙连结，另一端则为锚固体，锚固在坑外的稳定地层中。挡墙所承受的荷载通过锚固体传递给周围土层，从而发挥地层的自承能力。

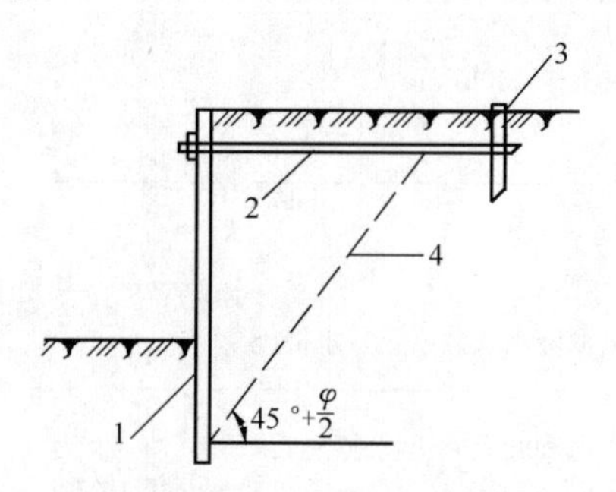

图 1-26 锚碇式支护结构

1—挡墙；2—拉杆；

3—锚旋桩；4—主动汽动面图

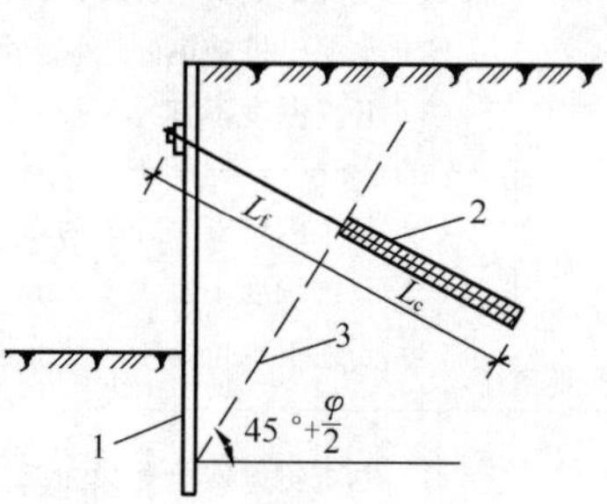

图 1-27 锚杆式支护结构

1—挡墙；2—土层锚杆；3—主动滑动面；

L_f—非锚固段长度；L_c—锚固段长度

对于深基坑支护采用锚杆代替支撑，施工时使坑内没有支撑的障碍，从而改善了坑内工程的施工条件，大大提高土方开挖和地下结构工程施工的效率和质量。

土层锚杆适用于基坑开挖深度大，而地质条件为砂土或黏性土地层的深基坑支护。当地质太差或环境不允许时（建筑红线外的地下空间不允许侵占或锚杆范围内存在着深基础、管沟等障碍物）不宜采用。

1.3.3.2 *支护结构的选型*

支护结构的选型应满足下列基本要求：

①符合基坑侧壁安全等级要求，确保坑壁稳定，施工安全；

②确保邻近建筑物、道路、地下管线等的正常使用；

③要方便于土方开挖和地下结构工程施工；

④应做到经济合理、工期短、效益好。

基坑支护结构选择，应根据上述基本要求，并综合考虑基坑实际开挖深度、基坑平面形状和尺寸、地基土层的工程地质和水文地质条件、施工作业设备和挖土方案、邻近建筑物的重要程度、地下管线的限制要求、工期及造价等因素，经技术经济比较后优选确定。基坑支护结构设计应根据表 1-5 选用相应的侧壁安全等级及重要性系数。

表 1-5 基坑侧壁安全等级及重要性系数

安全等级	破坏后果	r_0
一级	支护结构破坏、土体失稳或过大变形对基坑周边环境及地下结构施工影响很严重	1.10
二级	支护结构破坏、土体失稳或过大变形对基坑周边环境及地下结构施工影响一般	1.00
三级	支护结构破坏、土体失稳或过大变形对基坑周边环境及地下结构施工影响不严重	0.90

注：有特殊要求的建筑基坑侧壁安全等级可根据具体情况另行确定。

基坑支护结构形式及其适用条件见表 1-6。

表 1-6 基坑支护结构选型表

支护结构形式	适用条件
排桩或地下连续墙	（1）适用于基坑侧壁安全等级为一、二、三级； （2）悬臂式结构在软土场地中不宜大于 5m； （3）当地下水位高于基坑底面时，宜采用降水，排桩加截水帷幕或地下连续墙
水泥土墙	（1）基坑侧壁安全等级为二、三级； （2）水泥土桩施工内地基土承载力不宜大于 150kPa； （3）开挖深度不宜大于 6m
土钉墙	（1）基坑侧壁安全等级为二、三级； （2）基坑深度不宜大于 12m； （3）当地下水位高于基坑底面时，宜采取降水或截（止）水措施
逆作拱墙	（1）基坑侧壁安全等级为二、三级，淤泥和淤泥质土场地不宜采用； （2）施工场地应满足拱墙矢跨比大于 1/8； （3）基坑深度不宜大于 12m （4）地下水位高于基坑底面时，宜采取降水或截水措施
放坡	（1）基坑侧壁安全等级宜为三级； （2）施工场地应满足放坡条件； （3）可独立或与其他结构形式结合作用； （4）当地下水位高于坡脚时，宜采取降水措施

注：根据具体情况和条件，采用上述支护结构形式和组合。

1.3.3.3 支护结构的破坏形式与设计要求

（1）支护结构的破坏形式

桩墙式支护结构的破坏形式包括强度破坏和稳定性破坏，如图 1-28 所示。

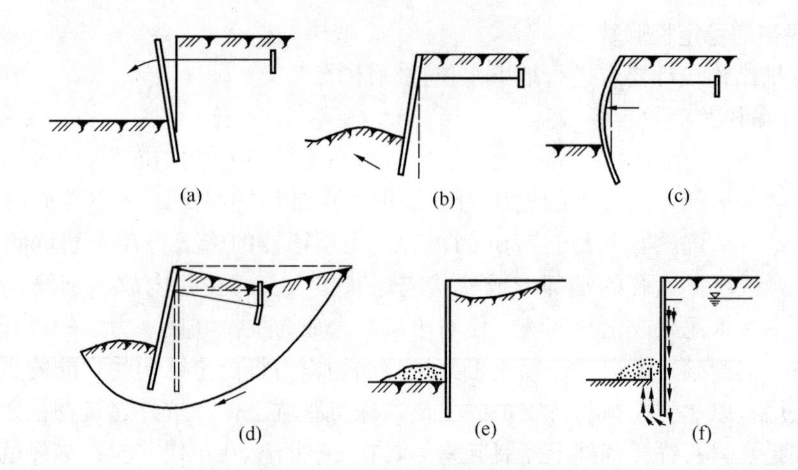

图 1-28　桩墙式支护结构的破坏形式

(a) 拉锚破坏或支撑压曲；(b) 底部走动；(c) 平面变形过大或弯曲破坏；
(d) 墙后土体整体滑动失稳；(e) 坑底隆起；(f) 管涌

桩墙式支护结构强度破坏形式如图 1-28 (a)、(b)、(c) 三种形式。

①拉锚破坏或支撑压曲

过多地增加了地面荷载引起的附加荷载；或土压力过大、计算有误，引起拉杆断裂，或锚固部分失效、腰梁（围檩）被破坏；或内部支撑断面过小受压失稳。为此需计算拉锚承受的拉力或支撑荷载，正确选择其截面或锚固体。

②支护墙底部走动

当支护墙底部入土深度不够，或由于挖土超深、水的冲刷等原因都可能产生这种破坏。

③支护墙的平面变形过大或弯曲破坏

墙后无意地增加大量地面荷载或挖土超深等都可能引起这种破坏。为此需正确计算其承受的最大弯矩值，以此验算支护墙的截面。

平面变形过大会引起墙后地面过大的沉降，亦会给周围的建筑物、道路、管线等造成损害。在城市中心建筑物和公共设施密集地区施工，这方面的控制十分重要，有时支护结构的截面即由它控制。

桩墙式支护结构稳定性破坏形式见图 1-28 (d)、(e)、(f)。

(2) 支护结构的设计要求

在设计支护结构时，为保证基坑侧壁的稳定和邻近建筑物与市政设施等的正常使用，根据承载能力极限状态和正常使用极限状态的要法度，基坑支护应按下列规定进行计算和验算。

①基坑支护结构均应进行承载能力极限状态的计算，其内容应包括：

a. 根据基坑支护形式及其受力特点进行土体稳定性计算；

b. 基坑支护结构的受压、受弯、受剪承载力计算；

c. 当有锚杆或支撑时，应对其进行承载计算和稳定性验算。

②对于安全等级为一级及对支护结构变形有限定的二级建筑基坑侧壁，尚应对基坑周围环境及支护结构变形进行验算。

③地下水控制验算，其内容应包括：

a. 抗渗透稳定验算；

b. 基坑底突涌稳定性验算；

c. 根据支护结构设计要求进行地下水位控制计算。

1.3.3.4　*土层锚杆支护*

土层锚杆（又称土锚杆）一端插入土层中，另一端与挡土结构拉结，借助锚杆与土层的摩擦阻力产生的水平抗力抵抗土的侧压力来维护挡土结构的稳定。该类支护适用于土质较好，非软土场地、基坑深度不大于12m的工程。土层锚杆的施工是在深基坑侧壁的土层钻孔至要求深度，或再扩大孔的端部形成柱状或球状扩大头，在孔内放入钢筋、钢管或钢丝束、钢绞线，灌入水泥浆或化学浆液，使与土层结合成为抗拉（拔）力强的锚杆。在锚杆的端部通过横撑（钢横梁）借螺母连接或再张拉施加预应力将挡土结构受到的侧压力，通过拉杆传给稳定土层，以达到控制基坑支护的变形，保持基坑土体和坑外建筑物稳定的目的。

土层锚杆是在岩石锚杆基础上发展起来的，在20世纪50年代前岩石锚杆就在隧道衬砌结构中应用。1958年，德国首先在深基坑开挖中用于挡土墙支护，锚杆进入非黏性土层。在我国，锚杆技术最早用于地铁工程，20世纪80年代初开始用于高层建筑深基坑支护。

（1）锚杆技术优点

使用锚杆技术主要有以下优点：

①用锚杆代替内支撑，它设置在围护墙背后，因而在基坑内有较大的空间，有利于挖土施工；

②锚杆施工机械及设备的作业空间不大，因此可为各种地形及场地所选用；

③锚杆的设计拉力可由抗拔试验来获得，因此可保证设计有足够的安全度；

④锚杆可采用预加拉力。以控制结构的变形量；

⑤施工时的噪声和振动均很小。

（2）土层锚杆的构造与类型

①土层锚杆的构造

土层锚杆由锚头、拉杆和锚固体三部分组成。

a. 锚头。锚头由锚具、台座、横梁等组成。

b. 拉杆。拉杆采用钢筋、钢管或钢绞线制成。

c. 锚固体。锚固体由锚筋、定位器、水泥砂浆锚固体组成。水泥砂浆将锚筋与土体联结成一体形成锚固体。

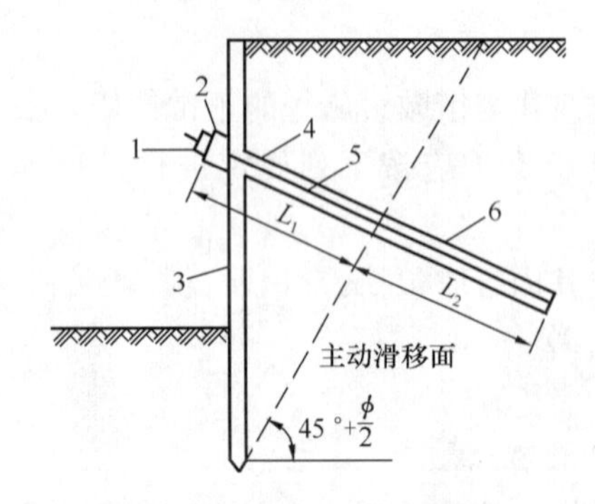

图1-29　钻孔灌浆锚杆

1—锚具；2—定位板；3—挡土板；4—钻孔；5—拉杆；6—锚固体；L_1—自由段；L_2—锚固段

根据土体主动滑移面，整个锚杆分为锚固段和非锚固段。非锚固段又称自由段，处于可能滑动的不稳定的地层中，可以自由伸缩，其作用是将锚头所受荷载传至锚固段。锚固段则处于稳定的地层中，锚固段与周围土层结合，把荷载分散到周围稳定的土体中去。土层锚杆的构造，如图1-29所示。

②土层锚杆的类型

a. 一般灌浆锚杆。钻孔后放入拉杆，灌注水泥浆或水泥砂浆，养护后形成的锚杆。

b. 高压灌浆锚杆。钻孔后放入拉杆，压力灌筑水泥浆或水泥砂浆，养护后形成的锚杆。压力作用使水泥浆或水泥砂浆进入土壁裂缝固结，可提高锚杆抗拔力。

c. 预应力锚杆。钻孔后放入拉杆，对锚固段进行一次压力灌浆，然后对拉杆施加预应力锚固，再对自由段进行灌浆所形成的锚杆。预应力锚杆穿过松软土层锚固在稳定土层中，可减小结构的变形。

d. 扩孔锚杆。采用扩孔钻头扩大锚固段的钻孔直径，形成扩大的锚固段或端头，可有效地提高锚杆的抗拔力。

土层锚杆根据支护深度和土质条件可设置一层或多层。当土质较好时，可采用单层锚杆；当基坑深度较大、土质较差时，单层锚杆不能完全保证挡土结构的稳定，需要设置多层锚杆。土层锚杆通常会和排桩支护结合起来使用，如图 1-30 所示。

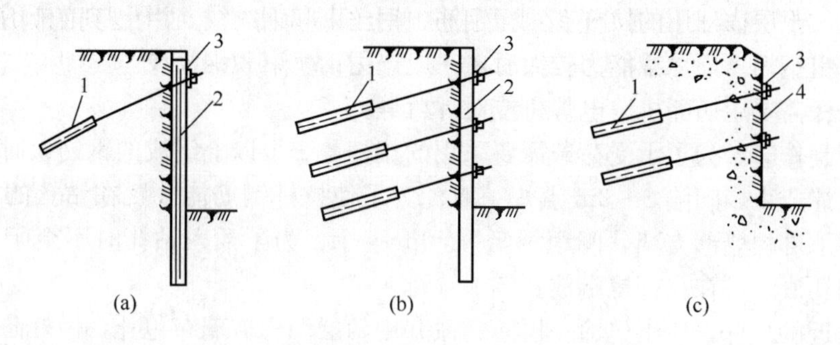

图 1-30 土层锚杆支护形式

(a) 单锚支护；(b) 多锚支护；(c) 破碎岩土支护

1—土层锚杆；2—挡土灌注桩或地下连续墙；3—钢横梁（撑）；4—破碎岩土层

(3) 土层锚杆的布置

为了不使锚杆引起地面隆起，最上层锚杆的上面要有必要的覆土厚度。即锚杆的向上垂直分力应小于上面的覆土重量。最上层锚杆一般需覆土厚度不小于 4～5m；锚杆的层数应通过计算确定，一般上下层间距 2.0～5.0m，水平间距 1.5～4.5m，或控制在锚固体直径的 10 倍。锚杆一般宜与水平呈 15°～25°倾斜角。锚杆的尺寸：锚杆的长度应使锚固体置于滑动土体外的好土层内，通常长度为 15～25m，其中锚杆自由段长度不宜小于 5m，并应超过潜在滑裂面 1.5m；锚固段长度一般为 5～7m，有效锚固长度不宜小于 4m。

(4) 土层锚杆的施工

①施工工艺

土层锚杆施工过程，包括钻孔、安放拉杆、灌浆和张拉锚固，如图 1-31 所示。在墓坑开挖至锚杆埋设标高时，按图示施工顺序进行，然后循环进行第二层等的施工。

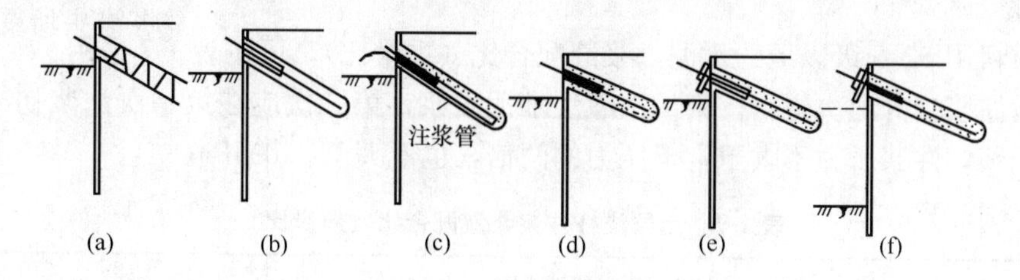

图 1-31 锚杆施工顺序示意图

(a) 钻孔；(b) 插放钢筋或钢绞线；(c) 灌浆；(d) 养护；(e) 安装锚头，预应力张拉；(f) 挖土

②施工要点

a. 钻孔

土层锚杆的钻孔工艺，直接影响土层锚杆的承载能力、施工效率和整个支护工程的成本。

土层锚杆钻孔用的钻孔机械，有旋转式钻孔机、冲击式钻孔机和旋转冲击式钻孔机三类。我国目前在土层锚杆钻孔中常用的钻孔机械，一部分是从国外引进的土层锚杆专用钻机，一部分是利用我国常用的地质钻机和工程钻机加以改装用来进行土层锚杆钻孔，如XU-300型、XU-600型、XJ-100型和SH-30型钻机等。

b. 锚拉杆的制作与安放

作用于支护结构（钢板桩、地下连续墙等）上的荷载是通过拉杆传给锚固体，然后再传给锚固土层的。土层锚杆用的拉杆有：粗钢筋、钢丝束和钢绞线。当土层锚杆承载能力较小时，一般采用粗钢筋；当承载能力较大时，一般选用钢丝束和钢绞线。

制作锚拉杆需要用切断机、电焊机或对焊机等。

用粗钢筋制作时。为了承受荷载需要采用的拉杆是2根以上组成的钢筋束时，应将所需长度的拉杆点焊成束，间隔2～3m点焊一点。为了使拉杆钢筋能放置在钻孔的中心以便插入，可在拉杆下部焊船形支架，间距1.5～2.0m一个。为了插入钻孔时不至于从孔壁带入大量的土体到孔底，可在拉杆尾端放置圆形锚靴。

在孔口附近的拉杆，应事先涂一层防锈漆并用两层沥青玻璃布包扎，做好防锈层。

国内常用钢绞线锚索，一般钢绞线由3，5，7，9根成索。钢绞线的制作是通过分割器（隔离件）组成，其距离为1.0～1.5m，如图1-32所示。

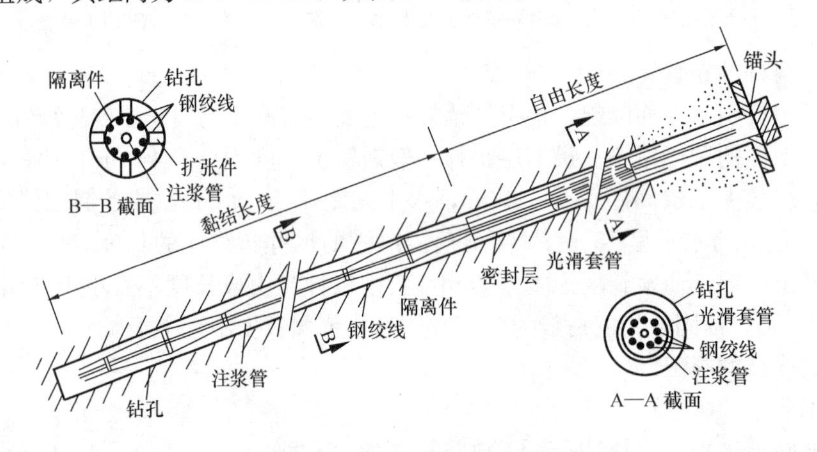

图1-32　多股钢绞线锚杆示意图

c. 灌浆

灌浆材料用32.5级以上的水泥，浆液配合比（重量比），可按表1-7采用。

锚固段注浆应分两次进行，第一次灌注水泥砂浆，第二次应在第一次注浆初凝后进行，压注纯水泥浆，注浆压力不大于上覆压力的两倍，也不大于8.0MPa。

表1-7　土层锚杆注浆浆液配合比（质量比）

<table>
<tr><th>注浆次数</th><th>浆　液</th><th>42.5级硅酸盐水泥</th><th>水</th><th>砂（d<0.5mm）</th><th>早强剂</th></tr>
<tr><td>第一次</td><td>水泥砂浆</td><td rowspan="2">1</td><td rowspan="2">0.4</td><td>0.3</td><td rowspan="2">0.035</td></tr>
<tr><td>第二次</td><td>水泥浆</td><td>—</td></tr>
</table>

d. 预应力张拉

锚固体强度达到75%的水泥砂浆设计强度时，可以进行预应力张拉。

为避免相邻锚杆张拉的应力损失，可采用“跳张法”，即隔一拉一的方法；

正式张拉前，应取计拉力的10%～20%对锚杆预张拉1～2次，使各部位接触紧密，杆体与土层紧密，产生初剪；

正式张拉应分级加载，每级加载后恒载3min记录伸长值。张拉到设计荷载（不超过轴力），恒载10min，若再无变化，可以锁定。

锁定预应力以设计轴力的75%为宜。

e. 防腐处理

土层锚杆属临时性结构，宜采用简单防腐方法。锚固段采用水泥砂浆封闭防腐，锚筋周围保护层厚度不得小于10mm；自由段锚筋涂润滑油或防腐漆，外部包裹塑料布进行防腐处理；锚头采用沥青防腐。

1.3.3.5　土钉支护

（1）土钉墙支护的概念

土钉墙支护是在基坑开挖过程中，将较密排列的细长杆件土钉置于原位土体中，并在坡面上喷射钢筋网混凝土面层。通过土钉、土体和喷射混凝土面层的共同工作，形成复合土体。土钉墙支护充分利用土层介质的自承力，形成自稳结构，承担较小的变形压力，土钉承受主要拉力，喷射混凝土面层调节表面应力分布，体现整体作用。同时，由于土钉排列较密，通过高压注浆扩散后使土体性能提高。在实际施工中是边开挖边支护。施工快捷简便，经济可靠，得到广泛的应用。土钉墙支护如图1-33所示。

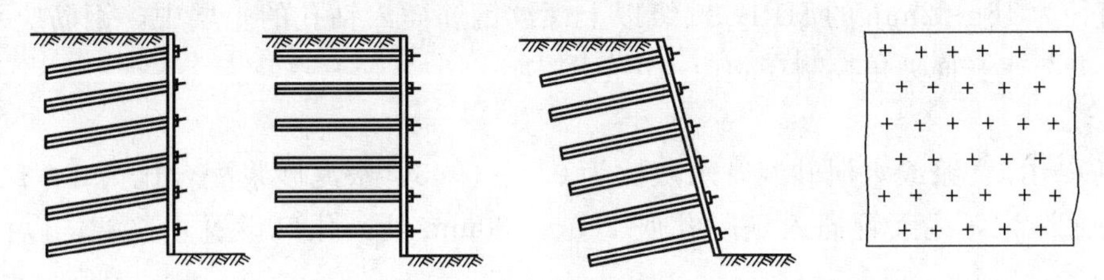

图1-33　土钉墙支护简图

（2）土钉支护的特点

①土钉与土体形成复合土体，提高了边坡整体稳定和承受坡顶荷载能力，增强了土体破坏的延性，利于安全施工。

②土钉支护位移小，约20mm，对相邻建筑物影响小。

③设备简单，易于推广。

④经济效益好，成本低于灌注桩支护。

土钉墙支护适用于地下水位以上或人工降水后的黏性土、粉土、杂填土及非松散砂土和卵石土等。对于淤泥质土、饱和软土应采用复合型土钉墙支护。土钉体及面层构造如图1-34所示。

（3）土钉支护的构造

①土钉采用直径为16～32mm的HRB335级以上的螺纹钢筋，长度为开挖深度的0.5～1.2倍，间距为1～2m，与水平面夹角一般为10°～20°。

②钢筋网采用直径为6～10mm的HPB235级钢筋，间距150～300mm。

③混凝土面板采用喷射混凝土，强度等级不低于C20，厚度80～200mm，常用100mm。

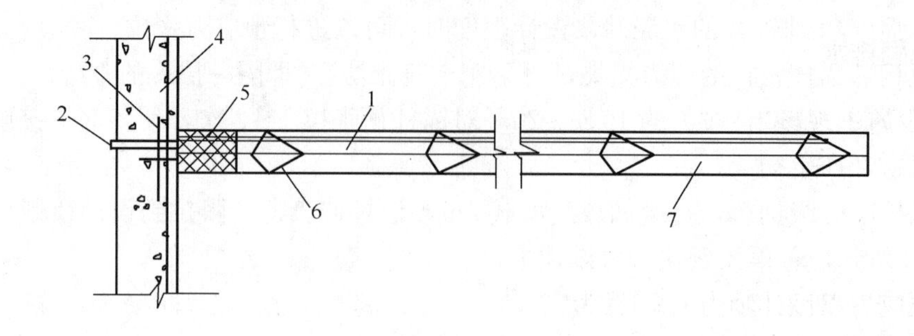

图 1-34　土钉体及面层构造

1—土钉钢筋；2—注浆排气管；3—井字钢筋（或垫板）；4—喷射混凝土面层（配钢筋网）；
5—止浆塞；6—土钉钢筋对中支架；7—注浆体

④注浆采用强度不低于 20MPa 的水泥净浆。

⑤承压板采用螺栓将土钉和混凝土面层有效地连接成整体。

（4）土钉支护的施工

土钉支护施工工序为定位、成孔、插钢筋、注浆、喷射混凝土。

①成孔

采用螺旋钻机、冲击钻机、地质钻机等机械成孔，钻孔直径为 70～120mm。成孔时必须按设计图纸的纵向、横向尺寸及水平面夹角的规定进行钻孔施工。

②插钢筋

将直径为 16～32mm 的 HRB335 级以上螺纹钢筋插入钻孔的土层中，钢筋应平直，必须除锈，并与水平面夹角控制在 10°～20°范围内。

③注浆

注浆采用水泥浆或水泥砂浆，水灰比为 0.4～0.45，水泥砂浆配合比为 1∶1 或 1∶2。利用注浆泵注浆，注浆管插入到距孔底 250～500mm 处，孔口设置止浆塞，以保证注浆饱满。

④喷射混凝土

喷射注浆用的混凝土应满足如下技术性能指标：混凝土的强度等级不低于 C20，其水泥强度等级宜用 42.5 级，水泥与砂石的质量比为 1∶4～1∶4.5，砂率为 45%～55%，水灰比为 0.4～0.45，粗集料碎石或卵石粒径不宜大于 15mm。

混凝土的喷射分两次进行。第一次喷射后铺设钢筋网，并使钢筋网与土钉牢固连接。在此之后再喷射第二层混凝土，并要求表面平整、湿润，具有光泽，无干斑或滑移流淌现象。喷射混凝土面层厚度为 80～200mm，钢筋与坡面的间隙应大于 20mm。喷射完成后终凝 2h 后进行洒水养护 3～7d。

1.4　土方施工中的排水与降水

开挖低于地下水位的基坑时，地下水会不断渗入坑内。雨季施工时，地面水也会流入坑内。如果不将坑内的水及时排除，不但会使施工条件恶化，而且更严重的是被水泡软化，会造成边坡塌方和坑底地基土承载能力下降。因此，在基坑开挖前和开挖时，做好施工排水和降低地下水位工作，保持土体干燥是十分必要的。这项工作应持续到基础工程施工完毕进行回填后才能停止。

1.4.1 地面排水

有不少施工现场（特别是山区施工），由于缺乏排水总体规划和设施，以致雨期中排水紊乱，对施工生产影响很大。所以施工前应搞好施工区域内场地地面排水系统，在规划时要注意与自然排水和已有的排水设施相适应。为了减少施工费用，应先做好永久排水设施，便于施工现场排水使用。山坡应做截水沟或植被护坡，坡脚排水。

场地排水一般采用泄水坡、疏水沟、排水沟或截水沟，将地面水排出现场，或阻止场外水流入施工场地。场地排水不得破坏附近建筑物或构筑物的地基和挖填方的边坡，截水沟至填方坡脚应有适当距离，沟内最高水位应低于坡脚至少 0.3m。排水沟和截水沟的纵向坡度、横断面、边坡坡度和出水口应符合下列规定：

①纵向坡度应根据当地地形和允许流速确定，一般不应小于 3‰，平坦地区不应小于 2‰，沼泽地区可减至 1‰。

②排水沟和截水沟仅在施工期内使用，其横断面尺寸应根据施工期间内的最大流量确定，最大流量应根据当地气象资料，查出历年来在这段期间的最大降雨量，再按其汇水面积计算。

③边坡坡度应根据土质和沟的深度确定，一般为 1∶0.7～1∶1.5，岩石边坡可适当放陡坡。

④出水口应设置在远离建筑物或构筑物的低洼地点、场地边缘或场外，并应保证排水畅通。排水沟、沟的出水口处应防止冻结。

1.4.2 集水井降水（明沟排水）

集水井降水是在基坑或沟槽开挖时，在坑底的周围或中央开挖排水沟，使水在重力作用下流入集水井内然后用水泵抽出坑外，如图 1-35 所示。

（1）集水井设置

四周的排水沟及集水井一般应设置在基础范围 0.4m 以外，地下水流的上游。基坑面积较大时，可在基础范围内设置盲沟排水。根据地下水量、基坑平面形状及水泵能力，集水井每隔 20～40m 设置一个。

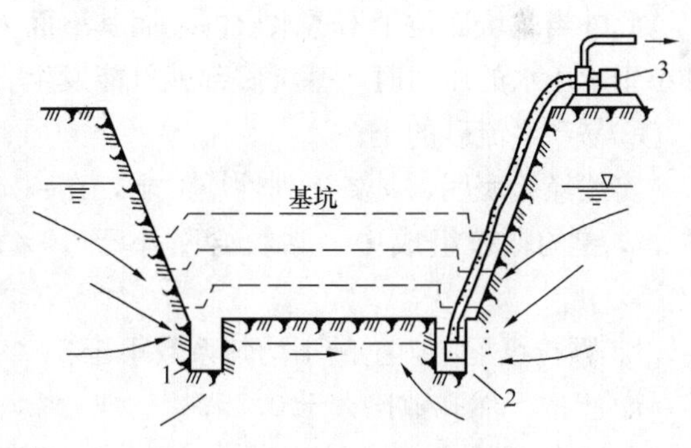

图 1-35 集水井降水

1—排水沟；2—集水坑；3—水泵

集水井的直径或宽度，一般为 0.7～0.8m。其深度随着挖土的加深而加深，要经常低于挖土面 0.8～1.0m，排水沟底宽一般不小于 300mm；沟底纵坡一般不小于 3%。井壁可用竹、木等简易加固。当基坑挖至设计标高后，井底应低于坑底 1～2m，并铺设碎石滤水层，以免在抽水时将泥砂抽出，并防止井底的土被搅动。

集水井降水方法比较简单、经济、对周围影响小，因而应用较广。但当涌水量较大、水位差较大或土质为细砂或粉砂，有产生流砂、边坡塌方及管涌等可能时，往往采用强制降水的方法，即井点降水，人工控制地下水流的方向、降低地下水位。

（2）流砂的产生及防治

当基坑（槽）挖土至地下水水位以下时，而土质又是细砂或粉砂，有采用集水井法降水，有时坑底下面的土会形成流动状态，随地下水一起流动涌入基坑，这种现象称为流砂现象。发生流砂现象时，土完全丧失承载能力，使施工条件恶化，难以达到开挖设计深度。严重时会造成边坡塌方及附近建筑物下降、倾斜、倒塌等。总之，流砂现象对土方施工和附近建筑物有很大危害。

①流砂产生的原因

水在土中渗流时受到土颗粒的阻力，从作用与反作用定律可知，水对土颗粒也作用一个压力，叫做动水压力，当基坑底挖至地下水位以下时。坑底的土就受到动水压力的作用。如果动水压力等于或大于土的浸水重度时，土粒失去自重处于悬浮状态，能随着渗流的水一起流动，带入基坑边发生流砂现象。动水压力原理图如图 1-36 所示。

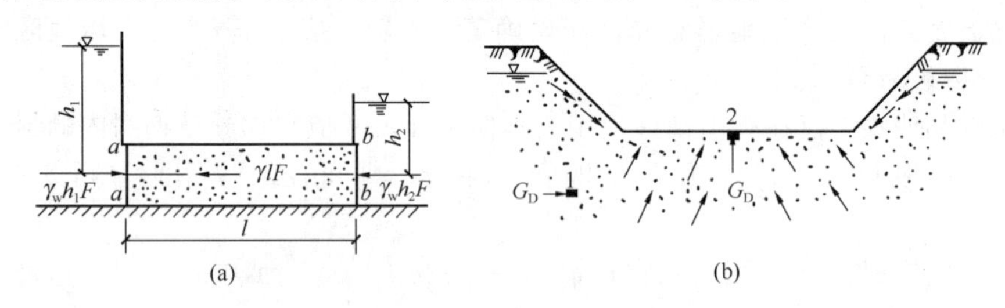

图 1-36　动水压力原理图

（a）水在土中渗流时作用在土体上的力；（b）动水压力对土的影响

1、2—土粒

当地下水位愈高，坑内外水位差愈大时，动水压力也就愈大，越容易发生流砂现象。实践经验是：在可能发生流砂的土质处，基坑挖深超过地下水位线 0.5m 左右，就要注意流砂的发生。

此外当基坑底位于不透水层内，而其下面为承压水的透水层，基坑不透水层的覆土的重量小于承压水的压力时，基坑底部就可能发生管涌现象。

②易产生流砂的土

实践经验表明，具备下列性质的土，在一定动水压力作用下，就有可能发生流砂现象。

a. 土的颗粒组成中，黏粒含量小于 10％，粉粒（颗粒为 0.005～0.05mm）含量大于 75％；

b. 颗粒级配中，土的不均匀系数小于 5；

c. 土的天然孔隙比大于 0.75；

d. 土的天然含水量大于 30％。因此，流砂现象经常发生在颗粒细、均匀、松散、饱和的非黏性土中。

③流砂的防治

是否出现流砂现象的重要条件是动水压力的大小和方向。在一定的条件下土转化为流砂，而在另一些条件下（如改变动水压力的大小和方向），又可将流砂转变为稳定土。流砂防治的具体措施有：

a. 抢挖法。即组织分段抢挖，使挖土速度超过冒砂速度，挖到标高后立即铺竹筏或芦席，并抛大石块以平衡动水压力，压住流砂，此法可解决轻微流砂现象。

b. 打板桩法。将板桩打入坑底下面一定深度，增加地下水从坑外流入坑内的渗流长度，以减小水力坡度，从而减小动水压力，防止流砂产生。

c. 水下挖土法。不排水施工，使坑内水压力与地下水压力平衡，消除动水压力，从而防止流砂产生。此法在沉井挖土下沉过程中常用。

d. 人工降低地下水位。采用轻型井点降水等，使地下水的渗流向下，水不致渗流入坑内，又增大了土料间的压力，从而可有效地防止流砂形成。因此，此法应用广且较可靠。

e. 地下连续墙法。此法是在基坑周围先浇筑一道混凝土或钢筋混凝土的连续墙，以支承土壁、截水并防止流砂产生。地下连续墙法在第 2 章中介绍。

此外，在含有大量地下水土层或沼泽地区施工时，还可以采取土壤冻结法。

1.4.3 井点降水

井点降水就是在基坑开挖前，预先在基坑四周埋设一定数量的滤水管（井），在基坑开挖前和开挖过程中，利用抽水设备，通过井点管抽出地下水，使地下水位降低到坑底以下。井点降水能有效地克服流砂现象。稳定基坑边坡，降低承压水位防止坑底隆起和加速土的固结，使位于天然地下水位以下的基础工程能在较干燥的施工环境中进行。井点降水的作用，如图 1-37 所示。

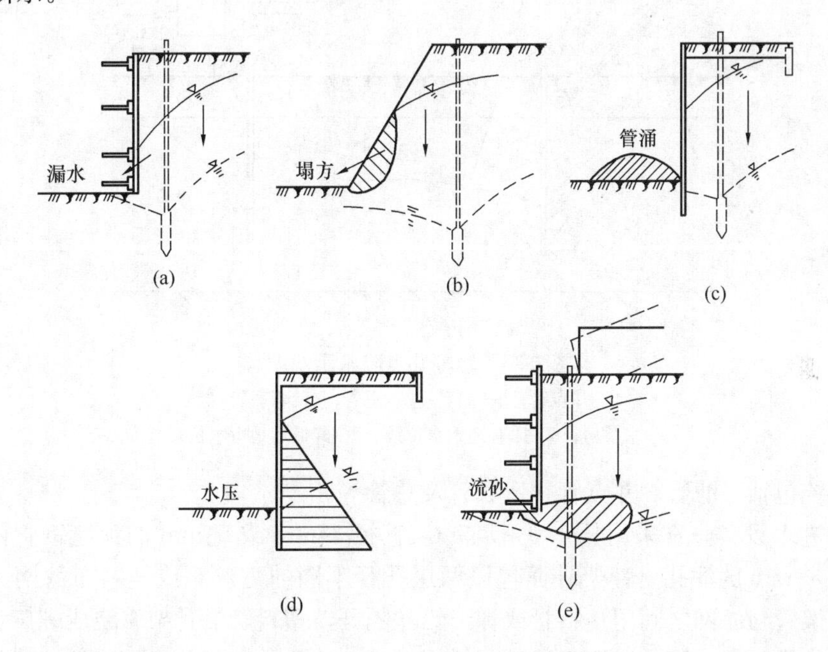

图 1-37 井点降水的作用

（a）防止涌水；（b）使边坡稳定；（c）防止土的上冒；（d）减少横向荷载；（e）防止流砂

井点降水法按其系统的设备、吸水方法和原理的不同，可分为轻型井点、喷射井点、电渗井点、管井井点和深井井点等。各种井点有其适用范围，可参考表 1-8 选用。但是应根据技术经济和节能比较后确定。在各类井点中，轻型井点属于基本类型，应用也比较广，故做重点阐述。

（1）轻型井点降水

①轻型井点设备及工作原理

轻型井点设备由管路系统和抽水设备组成，如图 1-38 所示。

表 1-8　各种井点的适用范围

井点类型	土层渗透系数（m/d）	降低水位深度（m）	适　用　土　质
一级轻型井点	0.1～50	3～6	黏质粉土，砂质粉土，粉砂，含薄层粉砂的粉质黏土
二级轻型井点	0.1～50	6～12	同上
喷射井点	0.1～5	8～20	同上
电渗井点	<0.1	根据选用的井点确定	黏土，粉质黏土
管井井点	20～200	3～5	砂质粉土，粉砂，含薄层粉砂的黏质粉土，各类砂土，砾砂
深井井点	10～250	>15	同上

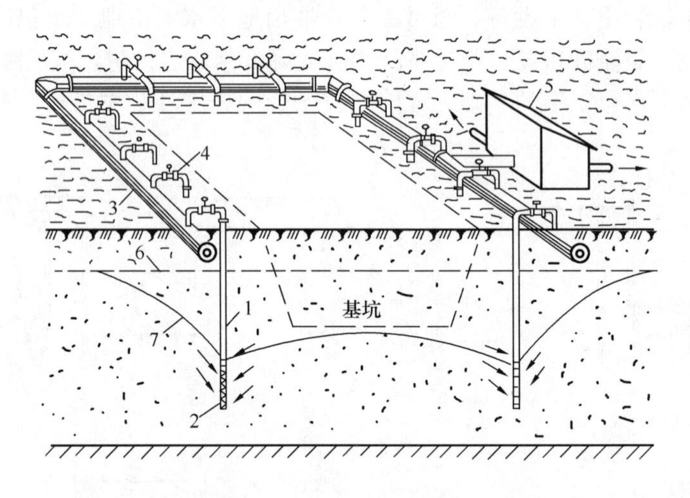

图 1-38　轻型井点降水示意图

1—井点管；2—滤管；3—总管；4—弯联管；

5—水泵房；6—原有地下水位线；7—降低后地下水位线

管路系统包括：滤管、井点管、弯联管及总管等。

滤管为进水设备，常采用长 1.0～1.5m，直径 38mm 或 51mm 的无缝钢管，管壁钻有直径为 12～19mm 的滤孔。骨架外面包以两层孔径不同的生丝布或塑料布滤网。为使流水畅通，在骨架管与滤网之间用塑料管或梯形铅丝隔开，塑料管沿骨架管绕成螺旋形。滤网外面再绕一层粗铁丝保护网，滤管下端为一铸铁塞头，滤管上端与井点管连接。滤管构造如图 1-39 所示。

井点管为直径 38mm 或 51mm、长 5～7m 的钢管。井点管的上端用弯联管与总管相连。弯联管用塑料透明管、橡胶管或钢管制成。每个弯联管均安装阀门，以便检修井管。集水总管为直径 100～127mm 的无缝钢管，每段长 4m，其上装有与井点管连接的短接头，间距 0.8m 或 1.2m。

抽水设备是由真空泵、离心泵和水气分离器（又叫集水箱）等组成，其工作原理如图 1-40 所示。抽水时先开动真空泵 19，将水气分离器 10 内部抽成一定程度的真空，使土中的水分和空气受真空吸力作用而吸出，经管路系统，再经过滤箱 8（防止水流中部分细砂进入离心泵引起摩损）进入水气分离器 10。水气分离器内有一浮筒 11，能沿中间导杆升降。当进入水气分离器内的水多起来时，浮筒即上升，此时即可开动离心泵 24，在水气分离器内水和空气向两个方向流去，水经离心泵排出，空气集中在上部由真空泵排出。为防止水进入真空泵（因为真空泵为干式），水气分离器顶装有阀门口，并在真空泵与进气管之间装一副水气分离器 16。为对真空泵进行冷却，特设一个冷却循环水。

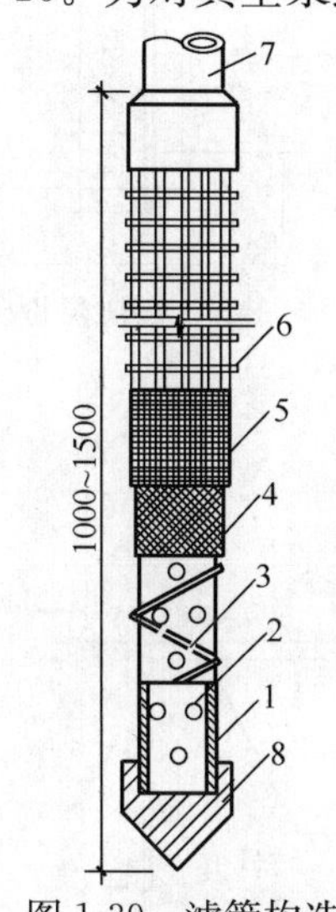

图 1-39　滤管构造

1—钢管；2—管壁上的小孔；3—缠绕的塑料管；4—细滤网；5—粗滤网；6—粗钢丝保护网；7—井点管；8—铸铁头

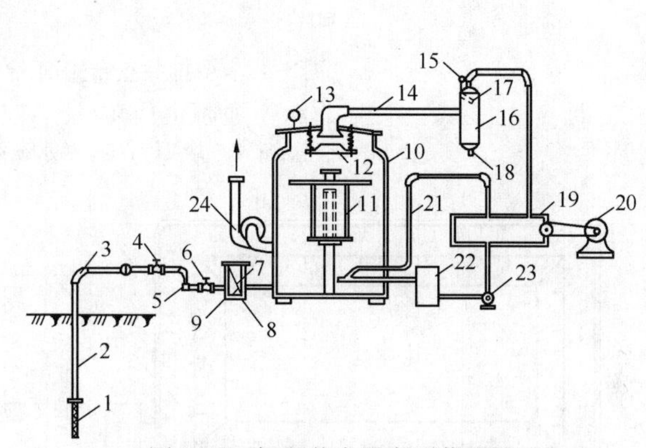

图 1-40　轻型井点设备工作原理

1—滤管；2—井点管；3—弯管；4—阀门；5—集水总管；6—闸门；7—滤管；8—过滤箱；9—淘沙孔；10—水气分离器；11—浮筒；12—阀门；13—真空表；14—进水管；15—真空计；16—副水气分离器；17—挡水板；18—放水口；19—真空泵；20—电动机；21—冷却水管；22—冷却水箱；23—循环水泵；24—离心水泵

一套抽水设备的负荷长度（即集水总管长度）为 100～120m。常用的 W5、W6 型干式真空泵，其最大负荷长度分别为 100m 和 120m。

②轻型井点布置

轻型井点布置要根据基坑平面形状与尺寸、基坑深度、土质、地下水位高低及流向、降水深度要求等因素确定。

平面布置：当基坑或沟槽宽度小于 6m，且降水深度不超过 5m 时，可采用单排井点，并布置在地下水的上游一侧，两端延伸长度不小于槽宽为宜，如图 1-41 所示。如宽度大于 6m 或土质不良、渗透系数较大时，宜采用双排井点，布置在基坑的两侧。当基坑面积较大时，宜采用环形井点，如图 1-42 所示。考虑运输设备入口，一般在地下水位的下游方向应不封闭。井点管距离基坑壁一般可取 0.7～1.0m，以防局部发生漏气。井点管间距可为 0.8m、1.2m、1.6m，由计算或经验确定。井点管在总管四角部位应适当加密。

高程布置：轻型井点降水深度，考虑设备的水头损失后，一般不宜超过 6m。井点管的埋置深度 H，可按下式计算

$$H \geqslant H_1 + h + IL \tag{1-31}$$

式中　H_1——井点管埋设面至基坑底面的距离，m；

h——基坑底面至降水后的地下水位线的最小距离，一般取 0.5～1.0m；

I——水力坡度，根据实测，对环形井点或双排井点取 1/10～1/15；对单排井点取 1/4；

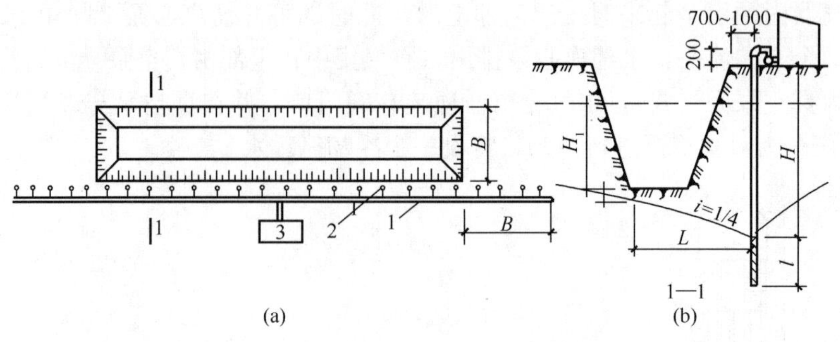

图 1-41　单排井点布置简图

（a）平面布置；（b）高程布置

1—总管；2—井点管；3—抽水设备

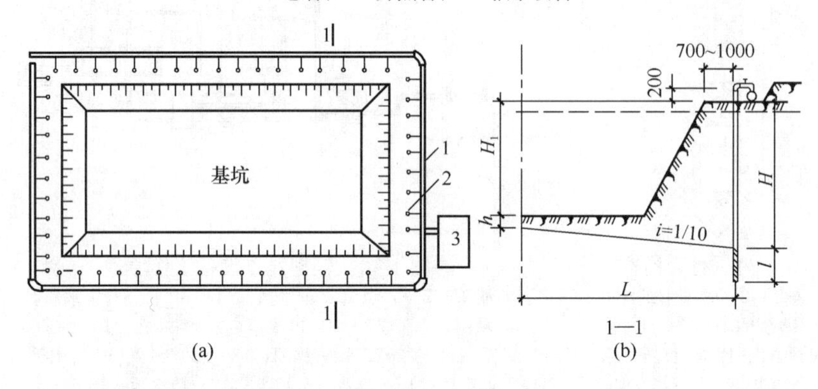

图 1-42　环形井点布置

（a）平面布置；（b）高程布置

1—总管；2—井点管；3—抽水设备

L——井点管中心至基坑中心的短边距离，m。

此外，确定井管埋设深度时，还应考虑到井管一般要露出地面 0.2m 左右。

如算出的 H 值大于井管长度，地下水位如距离地面较深，则可设法降低总管的标高，使其接近地下水位。否则，表示一级井点达不到规定的降水深度，应改用二级井点，如图 1-43 所示。亦可采用喷射井点。

③轻型井点的计算

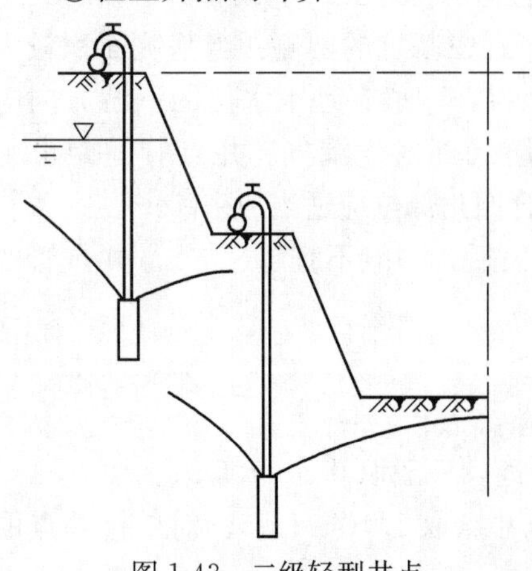

图 1-43　二级轻型井点

a. 水井分类

井点系统的计算是以水井理论为依据的。水井根据井底是否到达不透水层，分为完整井和非完整井。井底到达不透水层的称为完整井，如图 1-44（a）、（c）所示；否则为非完整井，如图 1-44（b）、（d）所示。根据地下水有无压力，水井又分为承压井和无压井。当水井布置两层不透水层之间充满水的含水层内，因地下水有一定的压力，该井称为承压井，如图 1-44（c）、（d）所示；若水井布置在潜水层内，此种地下水无压力，这种井称为无压井，如图 1-44（a）、（b）所示。

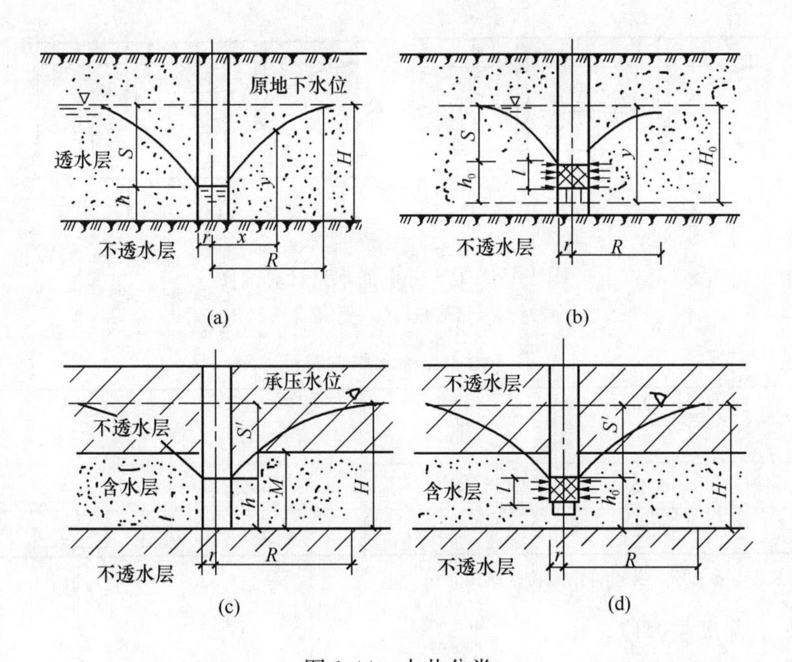

图 1-44　水井分类

(a) 无压完整井；(b) 无压非完整井；(c) 承压完整井；(d) 承压非完整井

b. 涌水量计算

无压完整井群井井点涌水量计算简图如图 1-45（a）所示，计算公式为

$$Q = 1.366K \frac{(2H - S)S}{\lg R - \lg X_0} \tag{1-32}$$

式中　Q——井点系统的涌水量，m^3/d；

K——土的渗透系数，m/d，可由实验室或现场抽水试验确定；

H——含水层厚度，m；

S——基坑中心的水位降低值，m；

R——抽水影响半径，m，$R=1.95S\sqrt{HK}$；

X_0——基坑假想半径，m，对于矩形基坑其长度与宽度之比不大于 5 时，可按下式计算

$$X_0 = \sqrt{\frac{A}{\pi}};$$

A——环形井点系统包围的面积，m^2。

对无压非完整井井点系统涌水量计算，考虑地下水位从侧面和底面流入，计算简图如图 1-45（b）所示，涌水量比完整井增大，其涌水量按下式计算

$$Q = 1.366K \frac{(2H_0 - S)S}{\lg R - \lg X_0} \tag{1-33}$$

式中　H_0——抽水影响深度，可按表 1-9 查取，当算得的 H_0 大于实际含水层厚度 H 时仍取 H 值。

对承压完整井环形井点涌水量计算，计算简图如图 1-46（a）所示，按下式计算

$$Q = 2.73K \frac{MS}{\lg R - \lg X_0} \tag{1-34}$$

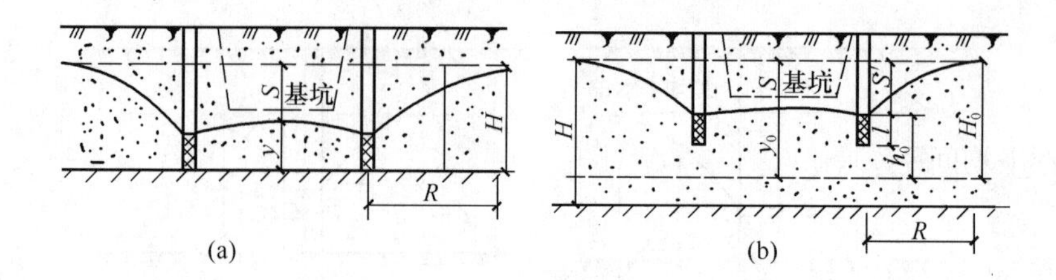

图 1-45　无压井点涌水量计算简图

(a) 无压完整井；(b) 无压非完整井

表 1-9　抽水影响深度

项　　次	$\frac{S'}{S'+l}$	H_0	项　　次	$\frac{S'}{S'+l}$	H_0
1	0.2	1.3 $(S'+l)$	3	0.4	1.3 $(S'+l)$
2	0.3	1.3 $(S'+l)$	4	0.5	1.3 $(S'+l)$

注：l—滤管长度，m；S'—井点管内水位降落值，m。

式中　M——不含水层厚度，m。

对承压非完整井环形井点涌水量计算，计算简图如图 1-46（b）所示，按下式计算

$$Q = 2.73K\frac{MS}{\lg R - \lg X_0} \times \sqrt{\frac{M}{1+0.5r}} \times \sqrt{\frac{2M-l_1}{M}} \tag{1-35}$$

式中　l_1——井点管进入含水层的深度，m；

r——井点管的半径，m。

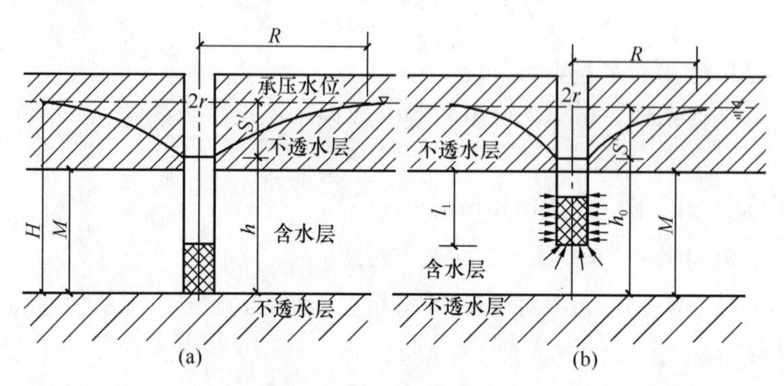

图 1-46　承压井点涌水量计算简图

(a) 承压完整井；(b) 承压非完整井

c. 单根井点管最大出水量计算

单根井点管最大出水量可按下式计算

$$q = 65\pi dl\sqrt[3]{K} \tag{1-36}$$

式中　q——单根井点管的最大出水量，m^3/d；

d——滤管直径，m；

l——滤管长度，m。

d. 井点管数量及平均间距确定

所需井点管根数 n 按下式确定

$$n = m \times \frac{Q}{q} \tag{1-37}$$

式中　m——井点备用系数，考虑堵塞等因素，一般取1.1。

井点管平均间距D按下式确定

$$D = \frac{L}{n} \tag{1-38}$$

式中　L——总管长度，m。

实际采用的井点管间距还应考虑以下因素：

D应不大于$15d$，否则相邻井点管相互干扰大，出水量会显著减少。

当K值较小时，D不宜取得较大，否则水位降落时间将很长。

靠近河流处，D宜适当减小。

D值应与总管上接头尺寸相适应。即尽可能采用0.8m，1.2m，1.6m或2.0m。

最后，根据实际采用的D，来确定井点管根数。

④轻型井点抽水设备选择

对于真空泵抽水设备，干式真空泵采用较多，常用型号为W_5型、W_6型。采用W_5型泵时，总管长度一般不大于100m。采用W_6型泵时，总管长度一般不大于120m。真空泵在抽水过程中所需的最低真空度h_k，可按下式计算

$$h_k = 10 \times (h + \Delta h) \tag{1-39}$$

式中　h_k——最低真空度，Pa；

h——降水深度，m；

Δh——水头损失，包括进入滤管的水头损失、管路阻力损失及漏气损失等，可近似取1.0～1.5m。

真空泵在抽水过程中的实际真空度，应大于所需的最低真空度，但应小于使水气分离器内的浮筒关闭阀门的真空度，以保证水泵连续而又稳定地排水。

对于水泵，一般选用单级离心泵，其型号根据流量、吸水扬程与总扬程确定。水泵的流量应比基坑涌水量增大10%～20%，水泵的吸水扬程，要大于降水深度和各项水头损失之和，总扬程应大于吸水扬程与出水扬程之和。多层井点系统中，下层井点的水泵应比上层井点的总扬程要大，以免需要中途接力。

一般情况下，一台真空泵配一台水泵作业，当土的渗透系数K和涌水量Q较大时，也可配两台水泵。

⑤轻型井点的施工

轻型井点的施工，大致包括下列几个过程：准备工作、井点系统的埋设、使用及拆除。

a. 准备工作包括井点设备、动力、水源及必要材料的准备，排水沟的开挖，附近建筑物的标高观测以及防止附近建筑物沉降措施的实施。

b. 井点系统埋设

井点系统埋设的程序是：先排放总管，再埋设井点管，用弯联管将井点与总管接通，然后安装抽水设备。

井点管的埋设一般用水冲法进行，并分为冲孔与埋管两个过程，如图1-47所示。

冲孔。选用起重设备将冲管吊起并插在井点的位置上，然后开动高压水泵，将土冲松，冲管则边冲边沉。冲孔直径一般为300mm，以保证井管四周有一定厚度的砂滤层，冲孔深

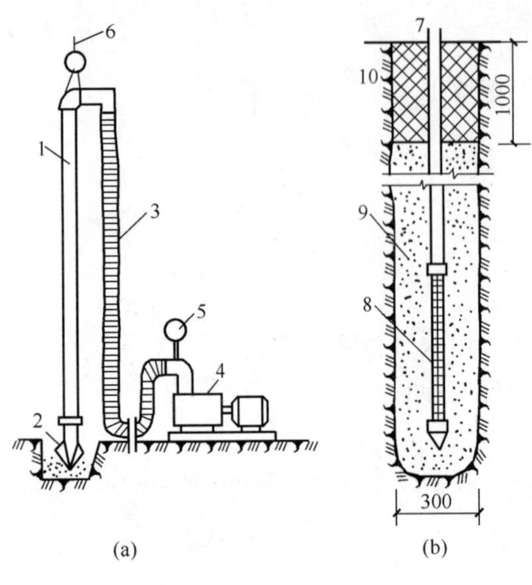

图 1-47 井点管埋设

(a) 冲孔；(b) 埋管

1—冲管；2—冲嘴；3—胶皮管；4—高压水泵；5—压力表；6—起重机吊钩；7—井点管；8—滤管；9—填砂；10—黏土封口

度宜比滤管底深 0.5m 左右，以防冲管拔出时，部分土颗粒沉于底部而触及滤管底部。

埋管。冲好孔后，立即拔出冲管，插入井点管，并在井点管与孔壁之间迅速填灌砂滤层，以防孔壁塌土。砂滤层的填灌质量是保证轻型井点顺利抽水的关键，一般宜先用干净粗砂，填灌均匀，并填至滤管顶上 1～1.5m 后，须用黏土封口，以防漏气。

井点系统全部安装完毕后，需进行试抽，以检查有无漏气现象。开始抽水后一般不希望停抽。时抽时止，滤网易堵塞，也容易抽出土粒，使水混浊，并引起附近建筑物由于土粒流失而沉降开裂。正常的排水是细水长流，出水澄清。

抽水时需要经常检查井点系统工作是否正常，以及检查观测井中水位下降情况，如果有较多井点管发生堵塞，影响降水效果时，应逐根用高压水反向冲洗或拔出重埋。

⑥轻型井点系统设计计算示例

【例 1-2】 某高层住宅楼地下室形状及平面尺寸如图 1-48 所示，其地下室地板的底面标高为－5.90m，天然地面标高为－0.50m。根据地质勘探报告，地面至－1.80m 为杂填土，－1.80m 至－9.60m 为细砂层，－9.60m 以下为粉质黏土，地下常水位标高为－1.40m，经试验测定，细砂层渗透系数 K＝6.8m/d。因场地紧张，基坑北侧直立开挖（有支护结构挡土，不放坡），其余三边放坡开挖，边坡采用 1∶0.5，为施工方便，坑底开挖平面尺寸比设计平面尺寸每边放出 0.5m。试确定轻型井点系统的布置并计算之。

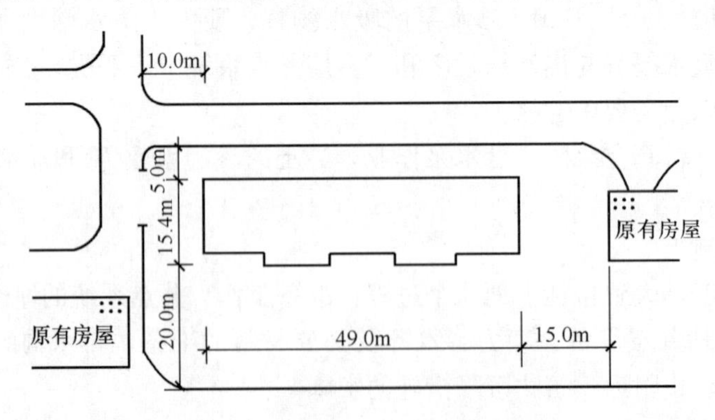

图 1-48 某地下室现场平面图

【解】

(1) 轻型井点布置

根据本工程条件，轻型井点系统采用环型布置，如图 1-49 所示。

总管直径选用 127mm，布置于天然地面上，基坑上口尺寸为 55.4m×19.1m，即

$$(49+2\times0.5+2\times2.7)\times(15.4+2\times0.5+2.7)=55.4\text{m}\times19.1\text{m}$$

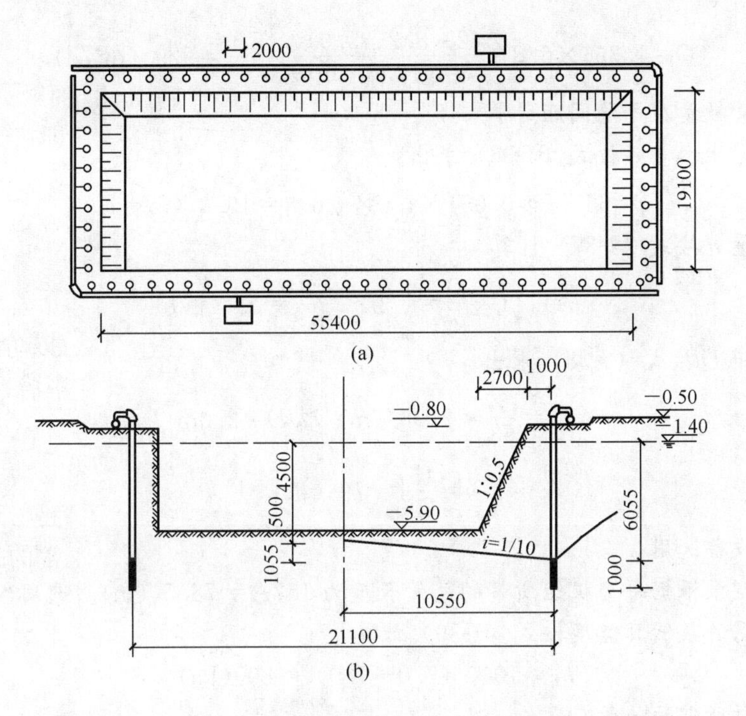

图 1-49　某工程基坑轻型井点系统布置

(a) 平面布置；(b) 高程布置

井点管距坑壁为 1.0m，则总管长度为

$$2\times[(55.4+2\times1.0)+(19.1+2\times1.0)]=157(\text{m})$$

井点管长度选用 7.0m，直径为 51mm，滤管长度为 1.0m，井点露出地面 0.2m，基坑中心要求的降水深度 S 为

$$S=5.90-1.40+0.50=5.0\ (\text{m})$$

井点管所需的埋置深度为

$$H=5.9-0.5+0.5+21.1\div2\times\frac{1}{10}=6.955>7.0-0.2=6.8\ (\text{m})$$

将总管埋置于地面下 0.3m 处，即先挖 0.3m 深的沟槽，然后在槽底铺设总管，此时井点管所需长度为

$$6.955-0.30+0.20=6.855<7.0\ (\text{m})\ \text{满足要求。}$$

抽水设备根据总管长度选用两套，其布置位置与总管的划分范围如图 1-49 所示。

(2) 涌水量计算

按无压非完整井考虑，含水层有效高度 H_0 按表 1-9 计算

$$\frac{S'}{S'+l}=\frac{6.055}{6.055+1.0}=0.86$$

$$H_0=1.88\times(6.055+1.0)=13.3>9.6-1.4=8.2\ (\text{m})$$

取 $H_0=8.2\text{m}$

抽水影响半径 $R=1.95\times5.0\times\sqrt{8.2\times6.8}=72.8\ (\text{m})$

环形井点的假想半径 $X_0=\sqrt{\frac{21.1\times57.4}{\pi}}=19.6\ (\text{m})$

基坑涌水量 Q 按式 (1-33) 求出

$$Q=1.366\times6.8\times\frac{(2\times8.2-5.0)\times5.0}{\lg72.8-\lg19.6}=929\ (m^3/d)$$

（3）井点管数量及平均间距计算

单根井点管出水量 q 按式（1-36）求出

$$q=65\times\pi\times0.051\times1.0\times\sqrt[3]{6.8}=19.3\ (m^3/d)$$

井点管数量 n 按式（1-37）计算

$$n=1.1\times\frac{Q}{q}=1.1\times\frac{929}{19.3}=53\ (根)$$

井点管间距 D 按式（1-38）求出

$$D=\frac{157}{53}=2.96\ (m)\ 取\ D=2.0m$$

则

$$n=\frac{157}{2.0}=79\ (根)$$

（4）抽水设备选用

①选择真空泵根据每套机组所带的总管长度为 157/2=78.5（m）。选用 W_5 型干式真空泵。真空泵所需的最低真空度按式（1-39）计算

$$h_k=10\times(7.0+1.0)=80\ (Pa)$$

②选择水泵所需的流量 Q

$$Q=1.1\ \frac{929}{2}\div24=21.3\ (m^3/h)$$

水泵的吸水扬程 H_s

$$H_s\geqslant7.0+1.0=8.0\ (m)$$

水泵的总扬程由于本工程出水高度低，只要吸水扬程满足要求，则不必考虑总扬程。根据水泵所需的流量与扬程，选择 2B19 型离心泵（$Q=11\sim25m^3/h$，$H_s=6.0\sim8.0m$）即可满足要求。

（2）喷射井点降水

当基坑开挖深度大于 6m 时，土层渗透系数比较小，小于 0.1～2.0m/d，用多级轻型井点降水已不经济，可采用喷射井点，降水深度可达 20m。

喷射井点的设备是由喷射井管、高压水泵及进排水管路系统组成，如图 1-50 所示。喷射井管由内管和外管组成，在内管下端装有喷射扬水器与滤管相连。在高压水泵作用下，高压水（0.7～0.8MPa）经外管与内管之间的环形空间及扬水器侧孔流向喷嘴，因喷嘴处截面突然缩小，压力水经喷嘴以高速喷入混合室，该室因压力下降，造成一定真空度。此时，地下水被吸入混合室并与高压水混合，流经截面逐渐扩大的扩散管，流速减低，压力升高，沿内管上升经排水总管排入集水池内，沉淀后，部分用水泵排走，部分供高压水泵压入井管内循环使用。井点管间距，一般采用 2～3m，每套喷射井点宜控制在 20～30 根井管，其高压水泵采用流量为 50～80m/h 的多级高压水泵。

（3）电渗井点降水

对于渗透系数很小（$K<0.1m/d$），含水量大，压缩性、稳定性差的黏性土层中，特别是淤泥或淤泥质黏土中采用轻型井点和喷射井点降水效果很差，宜采用电渗井点降水。

电渗井点是以原有的井点管作为阴极，用直径为 25mm 的钢筋或其他金属材料作阳极，通以直流电，随着阳离子向阴极移动，带动水的流动，以加速地下水向井点管的渗流，如图

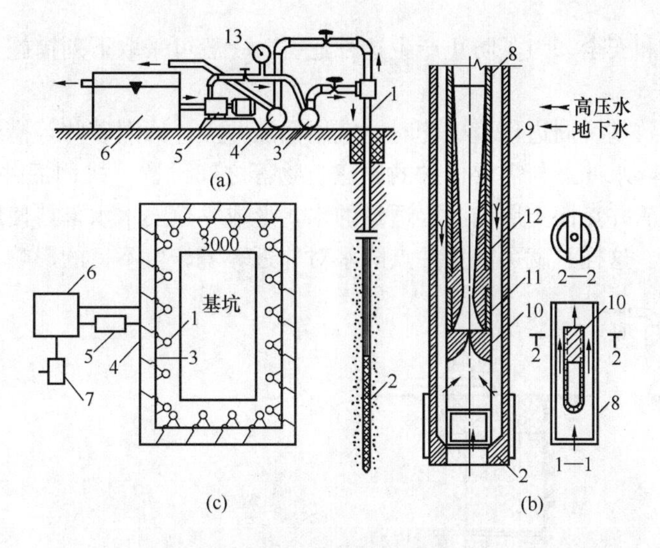

图 1-50　喷射井点系统

（a）喷射井点设备简图；（b）喷射扬水器详图；（c）喷射井点平面布置图

1—喷射井管；2—滤管；3—进水总管；4—排水总管；5—高压水泵；6—集水池；
7—水泵；8—内管；9—外管；10—喷嘴；11—混合室；12—扩散管；13—压力表

1-51 所示。阴、阳极的数量宜相等，必要时阳极数量可多于阴极数量。阳极垂直埋设在井点管的内侧，埋深一般较井点管深约 500mm，露出地面 200～400mm。阴、阳两极应保持一定距离，严禁相碰。

采用轻型井点时，两极间距 0.8～1.0m；采用喷射井点时，为 1.2～1.5m，工作电压不宜大于 60V，土中通电时的电流密度宜为 0.5～1.0A/m。

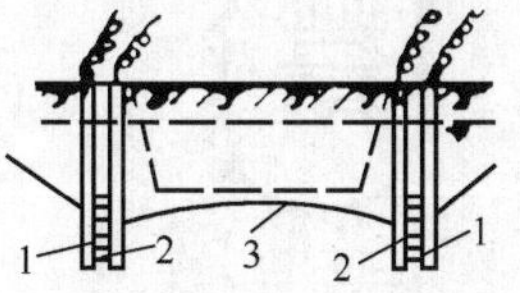

图 1-51　电渗井点布置

1—井点管（阴极）；
2—钢筋（阳极）；
3—地下水降水曲线

（4）管井井点降水

管井井点是沿基坑周围每隔一定距离 20～50m 设置一个直径为 150～250mm 的钢管，每个管井内单独设一台水泵不断抽水，用来降低地下水位，如图 1-52 所示。管井的沉没可采用泥浆护壁钻孔法。用泥浆护住井壁，以防塌方。井孔钻成后进行清孔，然后下井管并随即用粗砂或砾石填充作为过滤层。管井的深度为 8～15m。井内水位降低可达 6～10m。管井计算，可参考轻型井点计算方法。

井管一般采用 200mm 以上钢管，过滤部分可采用钢筋焊接骨架、外缠镀锌铁丝并包滤网。采用离心式水泵或潜水泵抽水。当采用离心水泵时，吸水管常用直径为 50～100mm 的胶皮管或钢管，底部装有逆止阀。

管井井点宜用于土的渗透系数大于 20m/d，地下水量大的土层。

（5）深井井点降水

深井泵为非真空抽水。当降水深度大，管井井点采用一般的离心泵和潜水泵不能满足降水要求时，可将水泵放入井管内，依靠水泵的扬程把地下水提送到地面上。其主要设备为深井泵与深水潜水泵。降低水位可达 15m 以上。

（6）井点降水对邻近环境的影响及预防措施

井点降水时，在其影响半径范围内，地下水位下降，形成降水漏斗曲线，土层中的含水量减少，使土体产生固结，因而会引起周围地面不均匀沉降，影响邻近建筑物、道路和管网等设施的正常使用和安全。为了防止产生这种危害，一般可采取下列措施：

① 回灌井点法

当降水可能导致基坑周边环境破坏时，宜用回灌井点、回灌砂井等措施。

回灌井点是在降水井点与需要保护的原建筑物等之间设置一排回灌井点（图 1-53），在降水的同时，从回灌井点向土层内灌入适量的水，形成一道隔水水幕，使原建筑物下的地下水位基本保持不变。这样，就可防止井点降水对邻近环境产生不良的影响。

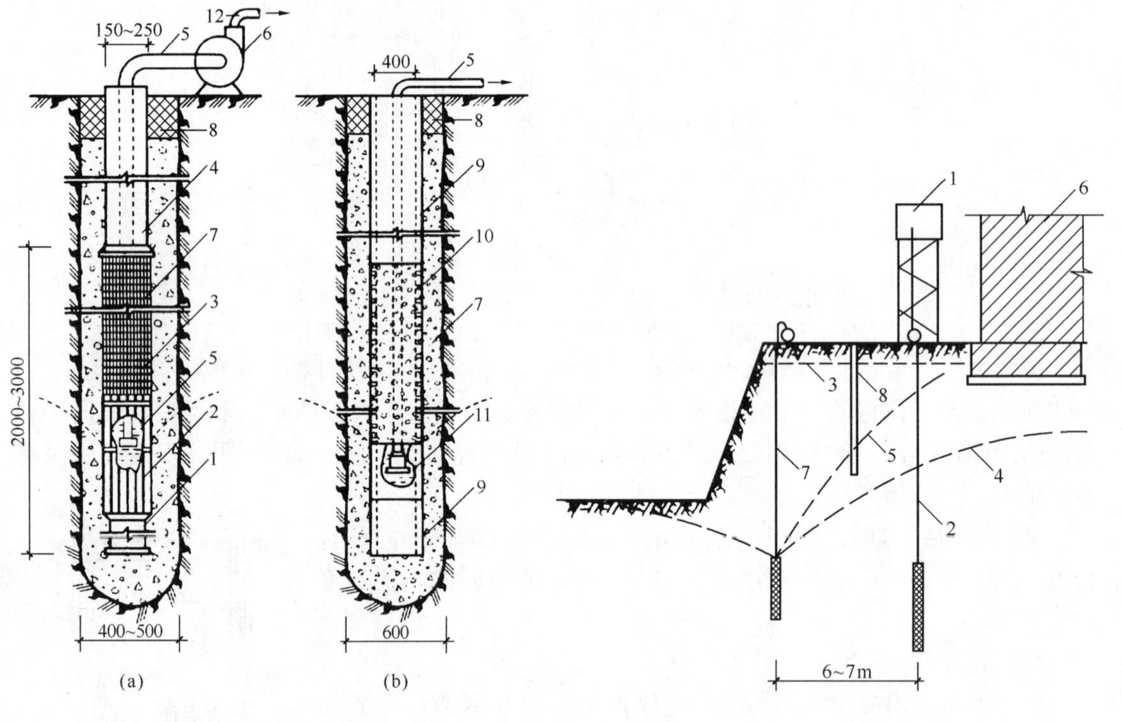

图 1-52　管井井点系统

（a）钢管管井；（b）混凝土管管井

1—沉砂管；2—钢筋焊接骨架；3—滤网；4—管身；5—吸水管；6—离心泵；7—小砾石过滤层；8—黏土封口；9—混凝土实壁管；10—混凝土过滤管；11—潜水泵；12—出水管

图 1-53　回灌井点示意图

1—回灌水箱；2—回灌井点；3—原地下水位；4—降水曲线；5—回灌后降水曲线；6—已有建筑物；7—降水井点；8—水位观测井

因灌井点的间距应与降水井点相适应，回灌井点的埋设深度，一般控制在稳定降水曲面线以下 1m，且位于渗透性较好的土层中，滤管长度应大于降水井的滤管长度，回灌井点的埋设方法和质量要求与降水井点相同，回灌与降水应同步进行。为确保回灌效果，回灌井点与降水井点之间的距离，一般不小于 6m，因灌水箱架空高度一般为 3～4m，使之具有一定压力，以利回灌。每根回灌井点应设置阀门，以调节灌水量。

在回灌井点两侧应设置若干个水位观测井，监测水位变化，调节控制两井的运行，调节回灌水量，以达到预期效果。注意回灌水量不超过原来水位标高。

②设置止水帷幕法

在降水井点区的基坑四周与需要保护的原有建筑物之间设置一道封闭的止水帷幕，使坑外地下水的渗流路径延长，从而使原建筑物下的地下水位基本保持不变。止水帷幕的做法，可结合基坑支护结构方案或单独设置。常用的有深层搅拌法、压密注浆法与冻结法等。

③减缓降水速度法

减缓井点的降水速度，可防止土颗粒随水流流出。具体措施包括：加长井点，调小离心泵阀，根据土的颗粒粒径改换滤网，加大砂滤层厚度等。

1.5 土方工程的机械化施工

土方工程的施工过程包括：土方开挖、运输、普探及处理问题土、填筑与压实等，应尽量采用机械施工，以减轻繁重的体力劳动和提高施工速度。

1.5.1 推土机

(1) 推土机特点及适用范围

推土机是土方工程施工的主要机械之一，由拖拉机和推土铲组成。按铲的操纵方式可分为索式和液压式；按行走装置可分为履带式和轮胎式。常用的推土机型号有 T_3—100、T—120、T—180、T—220、TL—180、上海—120A 等数种。T—180 型推土机如图 1-54 所示。

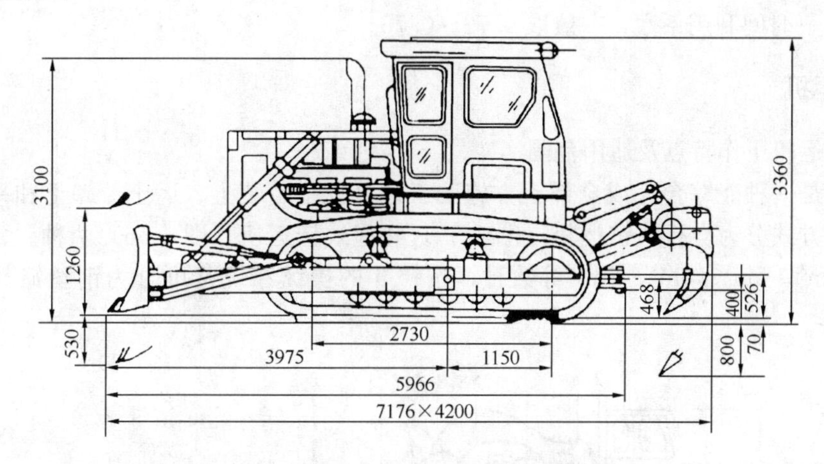

图 1-54　T—180 型推土机外形图

推土机操纵灵活，运转方便，所需工作面较小、行驶速度快、易于转移，能爬 30°左右的缓坡，应用范围较广。

推土机适用于开挖一至三类土。多用于平整场地，开挖深度不大的基坑，移挖、回填土方，推筑堤坝以及配合挖土机集中土方、修路开道等。

推土机作业以切土和运土为主，切土时应根据土质情况，尽量采用最大切土深度在最短距离 6～10m 内完成，以便缩短低速行进的时间，然后直接推运到预定地点。上下坡坡度不得超过 35°，横坡不得超过 10°。推土机经济运距在 100m 以内，效率最高的运距为 60m。

(2) 推土机的有效作业方法

①槽形推土

推土机多次在一条作业线上工作，使地面形成一条浅槽，以减少从铲刀两侧散漏。这样作业可增加推土量。

②并列推土

在大面积场地平整时，可采用多台推土机并列作业。通常两机并列可增大推土量15%～30%；三机并列推土可增加 30%～40%。并列推土送土运距宜为 20～60m。

③下坡推土

在斜坡上方顺下坡方向工作。一般提高生产率 30%～40%，但推土坡度应在 15°以内。

（3）推土机的生产效率计算

推土机的生产效率为

$$Q_d = 8Q_h K_B \tag{1-40}$$

$$Q_h = \frac{3600q}{T_V K_s} \tag{1-41}$$

式中 Q_d——台班生产率，m^3/台班；

Q_h——推土机生产率，m^3/h；

T_V——从推土机开始到将土运到填土地点的延续时间，s；

q——推土机每次推土量，m^3；

K_s——土的最初可松性系数，见表 1-1；

K_B——时间利用系数，一般取 0.72～0.75。

1.5.2 铲运机

（1）铲运机工作特点及适用范围

铲运机是一种能综合完成全部土方施工工序（挖土、装土、运土、卸土和平土）的机械。按行走方式分为自行式铲运机（图 1-55）和拖式铲运机（图 1-56）两种。常用的铲运斗容量为 $2m^3$、$5m^3$、$6m^3$、$7m^3$ 等数种，按铲斗的操纵系统又可分为钢丝绳和液压操纵两种。

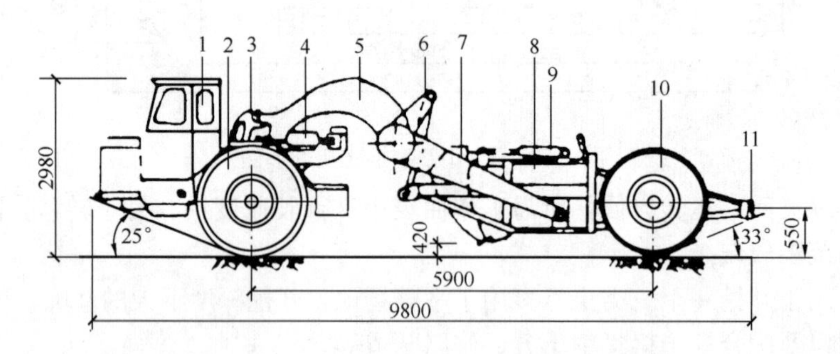

图 1-55 CL_7 型自行式铲运机

1—驾驶室；2—前轮；3—中央框架；4—转向油缸；5—辕架；
6—提斗油缸；7—斗门；8—铲斗；9—斗门油缸；10—后轮；11—尾架

铲运机操纵简单，不受地形限制，能独立工作，行驶速度快，生产效率高。

铲运机适于开挖一类至三类土，常用于坡度 20°以内的大面积挖方、填方、平整土方，大型基坑开挖和堤坝填筑等。

（2）铲运机的运行路线和作业方法

铲运机运行路线和施工方法视工程大小、运距长短、土的性质和地形条件等而定。其运行路线可采用环形路线或 8 字路线，如图 1-57 所示。适用运距为 60～1500m，当运距为

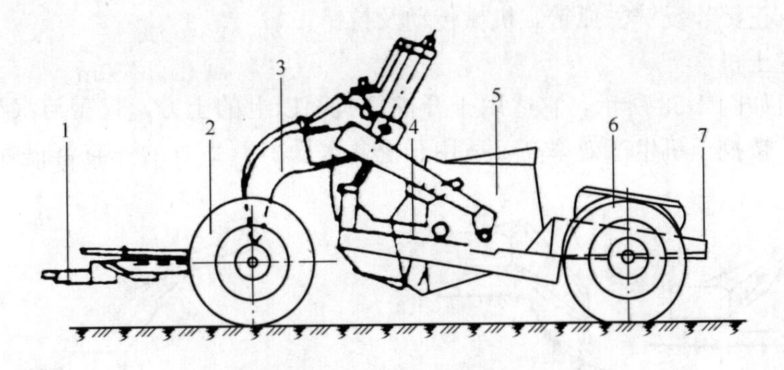

图 1-56 G6—2.5 拖式铲运机

1—拖把；2—前轮；3—辕架；4—斗门；5—铲斗；6—后轮；7—尾架

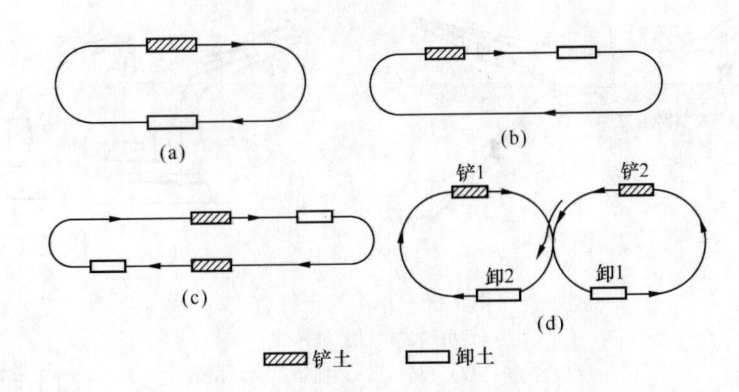

图 1-57 铲运机运行路线

(a)、(b) 环形路线；(c) 大环形路线；(d)“8”字形路线

200～350m 时效率最高。作业方法可用下坡铲土、跨铲法、推土机助铲法等，以充分发挥其效率。

(3) 铲运机的生产效率计算

铲运机的生产效率为：

$$Q_d = 8Q_h K_B \tag{1-42}$$

$$Q_h = \frac{3600qK_c}{T_c K_s} \tag{1-43}$$

式中 Q_d——台班生产率，m^3/台班；

Q_h——铲运机生产率，m^3/h；

T_c——从挖土开始到卸土完毕的循环延续时间，s；

q——铲斗容量，m^3；

K_c——铲斗装土的充盈系数，一般砂土为 0.75，其他土为 0.85～1.0；

K_s——土的最初可松性系数，见表 1-1；

K_B——时间利用系数，一般取 0.65～0.75。

1.5.3 单斗挖土机

单斗挖土机按行走方式分为履带式和轮胎式两种。按工作方式可分为机械式和液压式两种。工作装置有正铲、反铲、抓铲，机械传动及拉铲。

(1) 正铲挖土机

正铲挖土机如图 1-58 所示，它适用于开挖停机面以上的土方，且需与汽车配合完成整个挖运工作。正铲挖土机生产效率高，适用开挖含水量小于 27%的一类至四类土。

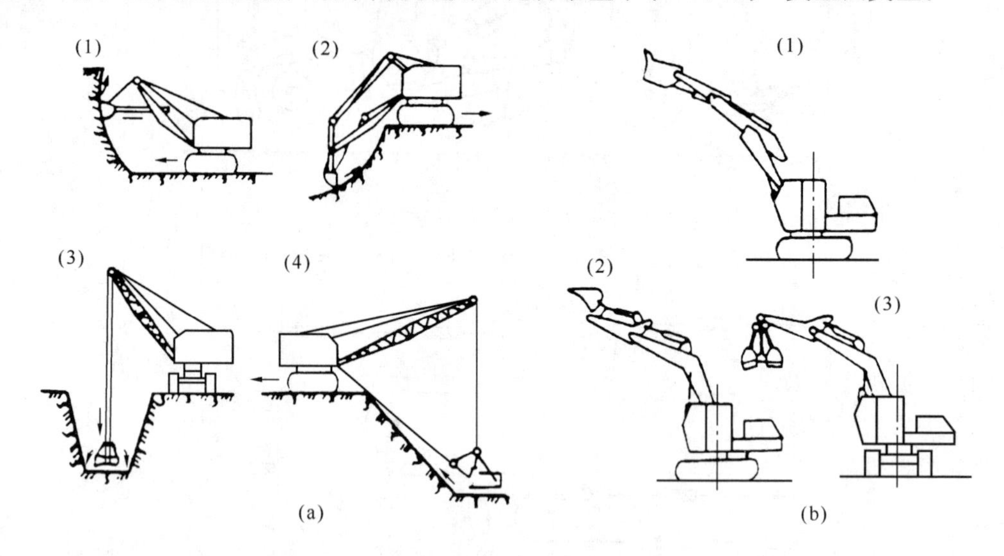

图 1-58　单头挖土机

(a) 机械式；(b) 液压式

(1) 正铲；(2) 反铲；(3) 抓铲；(4) 拉铲

正铲的开挖方式根据开挖路线与汽车相对位置的不同分为：正向开挖，侧向装土；正向开挖，后方装土两种，如图 1-59 所示。

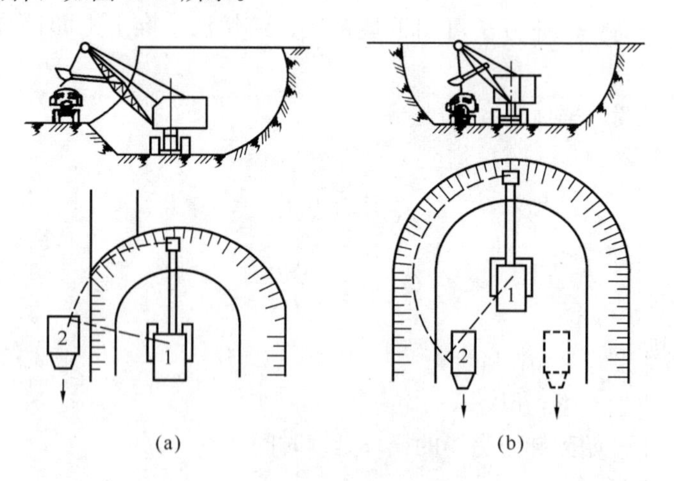

图 1-59　正铲挖土机作业方式

(a) 侧向卸土；(b) 后方卸土

1—正铲挖土机；2—自卸汽车

正铲的生产率主要决定于每斗的装土量和每斗作业的循环持续时间。为了提高其生产率，除了工作面宽度必须装满土斗的要求外，还要考虑开挖方式和运土机械配合的问题，尽量减少回转角度，缩短每个工作循环的延续时间。

(2) 反铲挖土机

反铲适用于开挖一类至三类土。主要用于开挖停机面以下的土方，最大挖土深度4～6m，经济合理的挖土深度2～4m。反铲也需配备运土汽车进行运输。

(3) 拉铲挖土机

拉铲适用于一类至三类土。可开挖较大基坑（槽）和沟渠，挖取水下泥土，也可用于填筑路基、堤坝等。拉铲能开挖停机面以下的土。

拉铲挖土时，依靠土斗自重及拉索拉力切土，卸土时斗齿朝下，利用惯性，较湿的黏土也能卸净。

(4) 抓铲挖土机

抓铲挖土机适用于开挖较松软的土。对施工面狭窄而深的基坑、深槽、深井采用抓铲效果理想。抓铲还可用于挖取水中淤泥，装卸碎石、矿渣等松散材料。抓铲也可采用液压操纵抓斗作业。

(5) 挖掘机生产效率及机具数量计算

①挖掘机生产效率计算

单斗挖掘机台班生产率可按下式计算

$$Q_d = \frac{8 \times 3600}{t} q \frac{K_c}{K_s} K_B \tag{1-44}$$

式中 Q_d——台班生产率，m^3/台班；

t——从挖掘机每次循环作业延续时间，即每挖一斗的时间，s；

q——挖土机斗容量，m^3；

K_c——土斗的充盈系数，一般为0.85～1.1；

K_s——土的最初可松性系数，见表1-1；

K_B——时间利用系数，一般取0.6～0.8。

②挖掘机需用数量计算

挖掘机需用数量N(台)，应根据土方量和工期要求按下式计算

$$N_1 = \frac{Q}{Q_d} \times \frac{1}{TCK_1} \tag{1-45}$$

式中 Q——土方量，m^3；

Q_d——挖土机生产率，m^3/台班；

T——工期、工作日；

C——每天工作班数；

K_1——时间利用系数，一般取0.8～0.9；

③运土汽车配备数量计算

运土汽车数量应保证挖土机连续工作，需用自卸汽车台数N_2，按下式计算

$$N_2 = \frac{Q}{Q_1} \tag{1-46}$$

式中 Q——土方量，m^3；

Q_1——自卸汽车生产率，m^3/台班。

1.6　土方的填筑与压实

1.6.1　土料的选用与处理

填方土料应符合设计要求，保证填方的强度和稳定性，如设计无要求时，应符合下列规定：

（1）碎石类土、砂石和爆破石渣（粒径不大于每层铺厚2/3）可用于表层下的填土。

（2）含水量符合压实要求的黏性土，可作各层填土。

（3）碎块草皮和有机质含量大于8%的土，仅用于无压实要求的填方。

（4）淤泥和淤泥质土，一般不能用作填土，但在软土或沼泽地区，经过处理含水量符合压实要求，可用于填方中的次要部位。

填土应严格控制含水量，施工前应进行检验，当土的含水量过大，应采用翻松、晾晒、风干等方法降低含水量，或采用换土回填、均匀渗入干土或其他吸水材料、打石灰桩等措施；如含水量偏低，则可预先洒水湿润。

1.6.2　填土方法

填土可采用人工填土和机械填土。

人工填土一般用手推车运土，人工用铁锹、耙等工具进行填筑，由最低部分开始由一端向另一端自下而上分层铺填。

机械填土可用推土机、铲运机或自卸汽车进行。用自卸汽车填土，推土机推开推平。采用机械填土时，可利用行驶的机械进行部分压实工作。

填土必须分层进行，并逐层压实。特别是机械填土，不得居高临下，不分层次，一次推倒填筑。

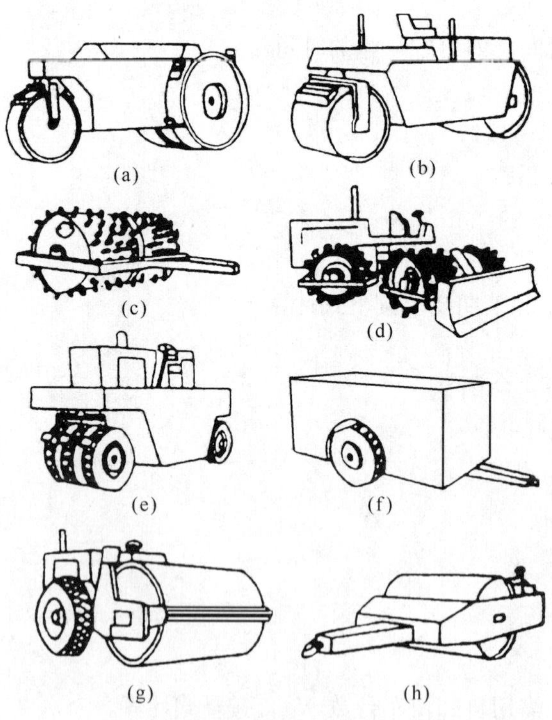

图1-60　碾压机械

（a）自行式三轮光面碾；（b）自行式二轴串联光面碾；（c）拖式羊足碾；（d）自行式四轮凸块碾；（e）自行式轮胎碾；（f）拖式轮胎碾；（g）铰接式轮胎驱动振动碾；（h）拖式振动碾

1.6.3　压实方法

填的压实方法有碾压、夯实、振动压实等几种。

碾压适用于大面积填土压实工程。碾压机械有平碾压路机、羊足碾和汽胎碾。常用碾压机械如图1-60所示。

夯实主要用于小面积填土，可以夯实黏土或非黏性土。夯实机械有夯锤、内燃夯土机和蛙式打夯机等。

振动压实主要用于路基压实，采用的机械主要是振动压路机。

1.6.4 影响填土压实的因素

填土压实质量与许多因素有关，其中主要影响因素为：压实功、土的含水量和每层铺土厚度。

(1) 压实功影响

填土压实后的重力密度与压实机械在其上所施加的功有一定关系。土的重力密度与所消耗的功的关系见图 1-61。当土的含水量一定，在开始碾压时，土的重力密度急剧增加，待到接近土的重力密度时，压实功虽然增加很多，而土的重力密度则变化很小。实际施工中，对不同种类的土、根据选择的压实机械和密实度要求选择合理的压实遍数。此外，松土不宜用重型碾压机械碾压，否则土层有强烈的起伏现象，效率不高。如果先用轻型碾压机械压实，再用重碾压实效果则较好。

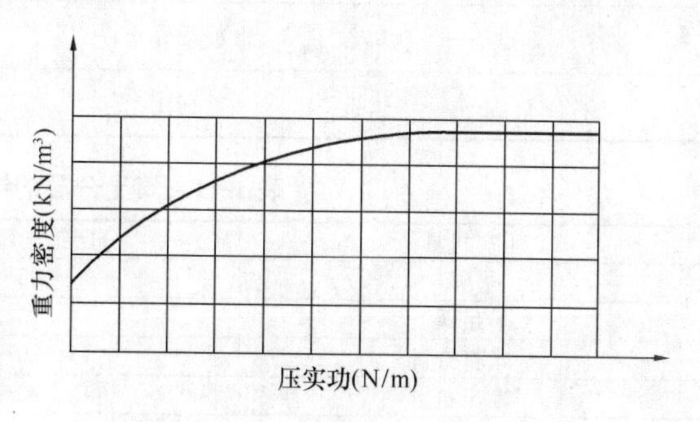

图 1-61　土的重力密度与压实功的关系

(2) 含水量的影响

在同一压实功条件下，填土的含水量对压实质量有直接影响；较为干燥的土，由于土颗粒之间的摩阻力较大而不易压实。当土具有适当含水量时，水起了润滑作用，土颗粒之间的摩阻力减小，从而易压实。每种土壤都有其最佳含水量。土在这种含水量的条件下，使用同样的压实功进行压实，所得到的重力密度最大。各种土的最佳含水量和所能获得的最大干密度，可由击实试验取得。土的含水量与对其压实质量的影响如图 1-62 所示。施工中，土的含水量与最佳含水量之差可控制在－4%～＋2%范围内。土的最佳含水量和最大干密度参考数见表 1-10。

(3) 铺土厚度的影响

土在压实功的作用下，压应力随深度增加而逐渐减小，如图 1-63 所示。其影响深度与压实机械、土的性质和含水量等有关。铺土厚度应小于压实机械压土时的有效作用深度。还应考虑最优土层厚度。铺得过厚，难以达到密实要求；铺得过薄也难以压实。最优的铺土厚度应能使土方压实而机械功耗费最少。

填土的铺土厚度及压实遍数可参考表 1-11 选择。

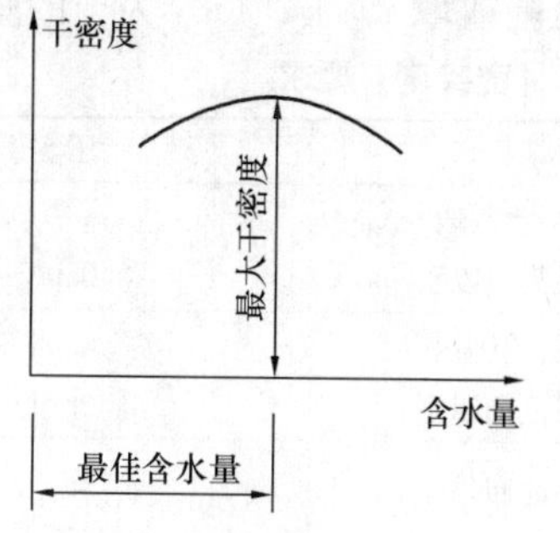

图 1-62　土的含水量与对其压实质量的影响

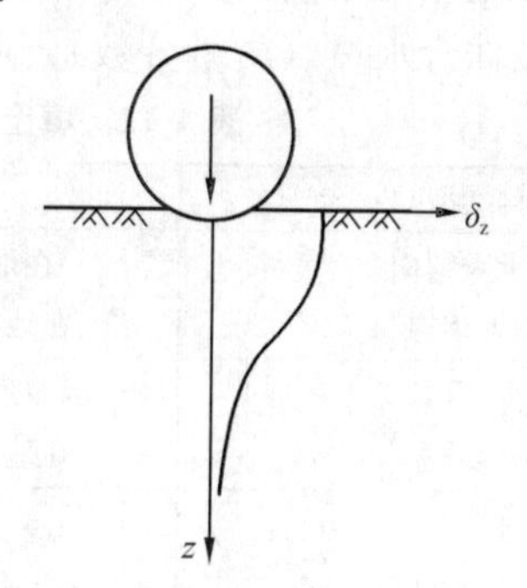

图 1-63　压实作用沿深度的变化

表 1-10　土的最佳含水量和最大干密度参考数

项　　次	土的种类	变动范围	
		最佳含水量（%）（重量含量）	最大干密度（t/m^3）
1	砂土	8～12	1.80～1.88
2	黏土	19～23	1.58～1.70
3	粉质黏土	12～15	1.85～1.95
4	粉土	16～22	1.61～1.80

表 1-11　填土分层的铺土厚度和压实遍数

压实机具	分层铺土厚度（mm）	每层压实遍数（遍）
平碾	25～30	6～8
羊足碾	20～35	8～16
蛙式打夯机	20～25	3～4
推土机	20～30	6～8
拖拉机	20～30	8～16
人工打夯	≤20	3～4

注：人工打夯时，土块粒径不应大于 50mm。

1.6.5　填土压实的质量检查

填土压实后应达到一定的密实度要求。填土的密实度要求和质量指标常以压实系数 λ_c 表示，即

$$\lambda_c = \frac{\text{实际干密度 } \rho_d}{\text{最大干密度 } \rho_{dmax}} \tag{1-47}$$

实际干密度的要求，一般由设计根据结构性质、使用要求以及土的性质确定，若未作规定时，可参考表 1-12 数值。

压实填土的最大干密度 ρ_{dmax} 宜采用击实试验确定。当无试验资料时，可按下式计算

$$\rho_{dmax} = \eta \frac{\rho_w d_s}{1 + 0.01 w_{op} d_s} \tag{1-48}$$

式中　η——经验系数，黏土取 0.95，粉质黏土取 0.96，粉土取 0.97；

ρ_w——水的密度，t/m^3；

d_s——黏土相对密度；

w_{op}——最佳含水量（质量分数），可按当地经验或取 w_p+2（w_p 为土的塑性）。

表 1-12　填土压实系数 λ_c（密实度）要求

结构类型	填土部位	压实系数 λ_c
砌体承重结构和框架结构	在地基主要持力层范围内	>0.96
	在地基主要持力层范围以下	0.93～0.96
简支结构和排架结构	在地基主要持力层范围内	0.94～0.97
	在地基主要持力层范围以下	0.91～0.93
一般工程	基础四周或两侧一般回填土	0.9
	室内地坪、管道、地沟回填土	0.9
	一般堆放物件场地回填土	0.85

填土压实后的实际干密度 ρ_d，可采用环刀法取样。其取样组数为：基坑回填每 20～50m² 取样一组（每坑不少于一组）；基槽或管沟回填每层按长度 20～50m 取样一组；室内回填每层按 100～500m² 取样一组；场地平整填方每层 400～900m² 取样一组，取样部位应在每层压实后的下半部。

填土压实后的实际干密度，应有 90％以上符合设计要求，其余 10％的最低值与设计值的差，不大于 0.08g/cm²，且应分散，不得集中。

1.7 土方开挖

1.7.1 土方工程的准备与辅助工作

场地平整后，应进行建（构）筑物的定位放线、基坑排水与降水、基坑开挖、土方边坡及土壁支撑，基础完工后，再进行回填与压实。

1.7.2 定位放线

（1）龙门板的设置房屋角桩位置定好后，应把角桩之间的轴线位置引测至基槽以外的龙门板上。龙门板设置的工序为：在建（构）筑物四角及墙（柱）两端边线以外约1～1.5m 处钉龙门桩→在龙门桩上测设±0.000 标高线→钉龙门板→用经纬仪将墙、柱轴线投到龙门板顶面并钉小钉标明→在轴线延长线上打入控制桩→检查轴线钉的间距（相对误差不应超过 1/2000）→将墙、柱和基槽宽度标在龙门板上→拉线撒出基槽开挖线。

（2）基坑（槽）的放线依据龙门板标定的基础底面尺寸，埋置深度、土质和地下水位情况及施工要求，确定挖土边线，进行基坑的放线。

当基坑不放坡不加支撑时，基础底面尺寸就是放灰线尺寸；当不放坡加支撑和留工作面时，基底每边应留出工作面的宽度，一般为 30～60cm，每边加 10cm 为支撑所需的尺寸；放坡时，应考虑工作面宽度及放坡上口放线宽度，在地面上撒出灰线，并标出基础挖土的界线。

（3）基槽（坑）开挖中的深度控制

在地面上放出灰线以后，即可进行基槽的开挖。当控制到离基底 30～50cm 深时，应及时用水准仪抄平，打上水平桩，作为挖槽（坑）深度的依据。用水准仪抄平的方法如图1-64所示。

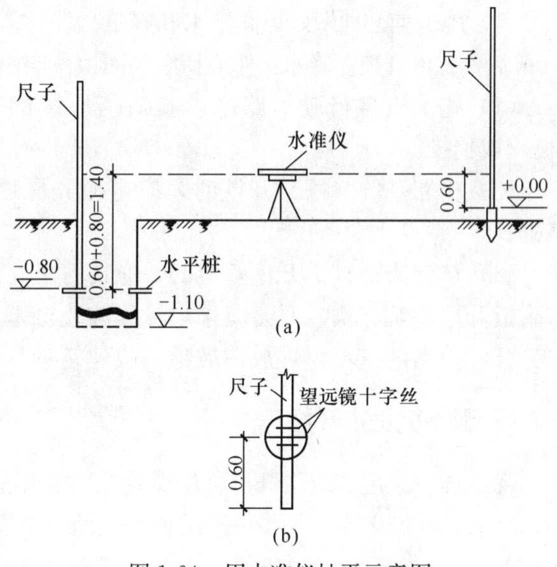

图 1-64　用水准仪抄平示意图

（a）水平桩测设示意图；（b）读数方法示意图

测量时，将水准仪架设在适当的位置，在水准控制点上或龙门板上立水准尺，用水准仪读一数值，例如 60cm，若基础底埋深为－1.10m 水准桩准备钉在－80cm 处（即在±0.00 标高以下 80cm 处），距槽底尚有 30cm。由图 1-64 上可算出水准尺底部位于－80cm 处时，尺子的读数为 1.40m。测设时，将水准尺立在基槽土壁处，并沿土壁上下移动，当水准仪的读数为 1.40m，将水平桩紧靠尺子底部打入土壁即可。通常水平桩沿基槽每隔3～4m钉设一个。

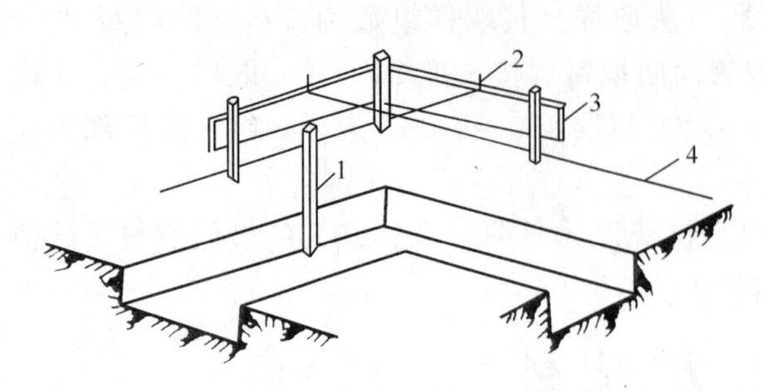

图1-65　根据龙门板用尺子检查开挖深度

1—尺；2—轴线钉；3—龙门板；4—线绳

由于龙门板顶面高度，大多为室内地坪高度±0.00m，因此一般是利用龙门板直接测量开挖深度。在龙门板顶面拉上线，用尺子直接量开挖深度，如图1-65所示。

1.7.3　基坑（槽）开挖

土方开挖应遵循“开槽支撑，先撑后挖，分层开挖，严禁超挖”的原则。

开挖基坑（槽）按规定的尺寸合理确定开挖顺序和分层开挖深度，连续地进行施工，尽快地完成。因土方开挖施工要求标高、断面准确，土体应有足够的强度和稳定性，所以在开挖过程中要随时注意检查。挖出的土除预留一部分用作回填外，不得在场地内任意堆放，应把多余的土运到弃土地区，以免妨碍施工。为防止坑壁滑坡，根据土质情况及坑（槽）深度，在坑顶两边一定距离（一般为1.0m）内不得堆放弃土，在此距离外堆土高度不得超过1.5m，否则，应验算边坡的稳定性。在桩基周围、墙基或围墙一侧，不得堆土过高。在坑边放置有动载的机械设备时，也应根据验算结果，离开坑边较远距离，如地质条件不好，还应采取加固措施。为了防止基底土（特别时软土）受到浸水或其他原因的扰动，基坑（槽）挖好后，应立即做垫层或浇筑基础，否则，挖土时应在基底标高以上保留150～300mm厚的土层，待基础施工时再行挖去。如用机械挖土，为防止基底土被扰动，结构被破坏，不应直接挖到坑（槽）底，应根据机械种类，在基底标高以上留出200～300mm，待基础施工前用人工铲平修整。挖土不得挖至基坑（槽）的设计标高以下，如个别处超挖，应用与基土相同的土料填补，并夯实到要求的密实度。如用原土填补不能达到要求的密实度时，应用碎石类土填补，并仔细夯实。重要部位如被超挖时，可用低强度等级的混凝土填补。

在软土地区开挖基坑（槽）时，尚应符合下列规定：

（1）施工前必须做好地面排水和降低地下水位工作，地下水位应降低至基坑底以下0.5～1.0m后，方可开挖。降水工作应持续到回填完毕；

（2）施工机械行驶道路应填筑适当厚度的碎石或砾石，必要时应铺设工具式路基箱（板）或梢排等；

（3）相邻基坑（槽）开挖时，应遵循先深后浅或同时进行的施工顺序，并应及时做好基础；

（4）在密集群桩上开挖基坑时，应在打桩完成后间隔一段时间，再对称挖土。在密集群桩附近开挖基坑（槽）时，应采取措施防止桩基位移；

（5）挖出的土不得堆放在坡顶上或建筑物（构筑物）附近。

1.7.4　深基坑土方开挖

深基坑应采用“分层开挖，先撑后挖”的开挖方法。图1-66为某深基坑分层开挖的实例。在基坑正式开挖之前，先将第①层地表土挖运出去，浇筑锁口圈梁，进行场地平整和基坑降水等准备工作，安设第一道支撑（角撑），并施加预顶轴力，然后开挖第②层土到－4.50m。再安设第二道支撑，待双向支撑全面形成并施加轴力后，挖土机和运土车下坑在第二道支撑上部

（铺路基箱）开始挖第③层土，并采用台阶式、“接力”方式挖土，一直挖到坑底。第三道支撑应随挖随撑，逐步形成。最后用抓斗式挖土机在坑外挖两侧土坡的第④层土。

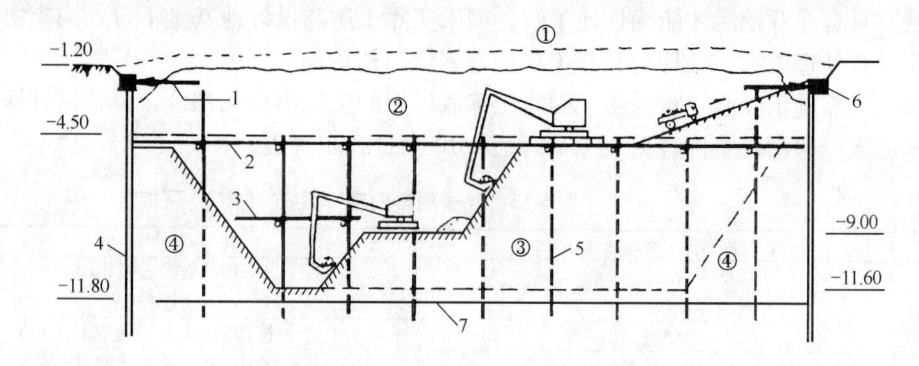

图 1-66　深基坑开挖示意

1—第一道支撑；2—第二道支撑；3—第三道支撑；4—支护桩；5—主柱；6—锁口圈梁；7—坑底

深基坑开挖过程中，随着土的挖除，下层土因逐渐卸载而有可能回弹，尤其在基坑挖至设计标高后，如搁置时间过久，回弹更为显著。如弹性隆起在基坑开挖和基础工程初期发展很快，它将加大建筑物的后期沉降。因此，对深基坑开挖后的土体回弹，应有适当的估计，如在勘察阶段，土样的压缩试验中应补充卸荷弹性试验等。还可以采取结构措施，在基底设置桩基等，或事先对结构下部土质进行深层地基加固。施工中减少基坑弹性隆起的一个有效方法是把土体中有效应力的改变降低到最少。具体方法有加速建造主体结构，或逐步利用基础的重量来代替被挖去土体的重量。

深基坑土方工程，具有开挖深度大、土方挖方量大、土方开挖与基坑支护工况密切相关等特点。因此，在基坑土方开挖之前，应编制详细的土方开挖方案，并做好施工准备工作。

土方开挖应遵循先撑后挖的原则，即挖土至支撑（锚杆）标高，一定要待支撑（锚杆）加设并起作用后，再继续向下开挖，挖土方式一定要与支护结构的设计工况吻合。土方开挖宜分层、分段、对称地进行，使支护结构受力均匀，特别是在软土地区，要控制相邻开挖段的土方高差，防止因土方高差过大，产生推力使工程桩产生位移和变形。进行二层或多层开挖时，挖土机和运土汽车需下至基坑内施工，故在适当部位需留设坡道，以便运土汽车上下，坡道两侧有时需加固。挖土期间基坑严禁大量堆载，地面堆载数量绝对不允许超过设计支护结构时采用的地面荷载。土方开挖前要先降水后开挖，降水深度宜控制在坑底以下500～1000mm。基坑开挖时，挖方机械禁止直接压过支护结构的支撑杆件，必须跨越时，支撑杆件底部用土方填实，并用走道板架空。

深基坑开挖后，由于地基卸载，土体中压力减少，土的弹性效应将使基坑底面产生一定的回弹变形（隆起）。为了防止深基坑挖土后土体回弹、变形过大，施工中要设法减少土体中有效应力的变化，减少暴露时间，并防止地基浸水。因此，在基坑开挖过程中和开挖后，均应保证井点降水正常进行，并在挖至设计标高后，尽快浇筑垫层和底板。必要时，可对基础结构下部土层进行加固。

1.7.5　地基验槽

基槽（坑）挖至基底设计标高后，必须通知勘察、设计部门会同验槽。经处理合格后签证，再进行基础工程施工。这是确保工程质量的关键程序之一。验槽的目的在于检查地基是否与勘察设计资料相符合。

一般设计依据的地质勘察资料取自建筑物基础的有限几个点，无法反映钻孔之间的土质变化曲线，只有在开挖后才能确切地了解。如果实际土质与设计地基土不符，则应由结构设计人提出地基处理方案，处理后经有关单位签署后归档备查。

验槽主要靠施工经验观察为主，而对于基底以下的土层不可见部位，要辅以钎探、夯音配合共同完成。验槽观察内容见表 1-13，表 1-14 为钎孔布置表。

表 1-13　验槽观察内容

观察项目		观察内容
槽壁土层		土层分布情况及走向
重点部位		柱基
整个槽底	槽底土质	是否挖到老土层上（地基持力层）
	土的颜色	是否均匀一致，有无异常过干过湿
	土的软硬	是否软硬一致
	土的虚实	有无振颤现象，有无孔穴声音

表 1-14　钎孔布置表

槽宽（cm）	排列方式	钎探深度（m）	钎探间距（m）
80～100	中心一排	1.5	1.5
100～200	两排错开 1/2 钎孔间距，距槽边 20cm	1.5	—
200 以上	梅花形	1.5	1.5

地基开挖至设计标高后，应由施工单位、设计单位、监理单位或建设单位、质量监督部门等有关人员共同到现场进行检查，鉴定验槽，核对地质资料，检查地基土与工程地质勘察报告、设计图纸要求是否相符，有无破坏原状土结构或发生较大的扰动现象。一般用表面检查验槽法，必要时采用钎探检查或洛阳铲探检查，经检查合格，填写基坑（槽）隐蔽工程验收记录，及时办理交接手续。

表面检查验槽法：

（1）根据槽壁土层分布情况和走向，初步判明全部基底是否挖至设计要求的土层。

（2）检查槽底是否已挖至原（老）土，是否需继续下挖或进行处理。

（3）检查整个槽底土的颜色是否均匀一致；土的坚硬程度是否一样，是否有局部过松软或过硬的部位；是否有局部含水量异常现象，走在地基上是否有颤动感觉等。若有异常，要进一步用钎探检验并会同设计等有关单位进行处理。

1.8　土方工程常见的质量事故及防治

1.8.1　场地积水

（1）场地积水现象

某工程在建筑场地平整过程中或平整完成后，场地范围内高低不平，局部或大面积出现积水。

（2）处理方法

已积水的场地应立即疏通排水和采用截水设施，将水排除。场地未做排水坡度或坡度过小，应重新修坡；对局部低洼处，应填土找平、碾压、夯实至符合要求，避免再次积水。

1.8.2 土方出现沉陷现象

（1）回填土沉陷现象

填土沉陷，造成室外散水坡空鼓下沉，建筑物基础积水，甚至导致建筑物结构下沉。

（2）原因分析

①夯填之前未认真处理，回填土后受到水的浸湿出现沉陷；

②回填土不进行分层填夯，使回填质量得不到保证；

③回填土干土颗粒较大较多，回填达不到密实度的要求。

（3）处理方法

基坑（槽）回填土沉陷造成墙脚散水空鼓，如混凝土面层尚未破坏，可填入碎石，侧向挤压捣实；若面层已经裂缝破坏，则应视面积大小或损坏情况，采取局部或全部返工。局部处理可用锤、凿将空鼓部位打去，填灰土或黏土、碎石混合物夯实后再作面层。因为填土沉陷引起结构物下沉时，应会同设计部门针对情况采取加固措施。

1.8.3 边坡塌方

（1）现象

在挖方过程中或挖方后，基坑（槽）边坡土方局部或大面积坍塌或滑坡。

（2）处理方法

对沟坑（槽）塌方，可将坡脚塌方清除作临时性支护措施，如堆装土编织袋或草袋、设支撑、砌砖石护坡墙等；对永久性边坡局部塌方，可将塌方清除，用块石填砌或回填二八灰或三七灰嵌补，与土接触部位做成台阶搭接，防止滑动；或将坡顶线后移；或将坡度改缓。

1.8.4 填方出现橡皮土

（1）填方出现橡皮土现象

橡皮土又称为弹簧土，打夯时体积不能压缩，受击区下陷而周围鼓起，形成软塑状态。

（2）原因分析

在含水量过大的腐殖土、泥炭土、黏土、粉质黏土等原状土上进行回填土或采用这种土进行回填工程时，容易出现橡皮土，尤其在混杂状态下进行填土工程，由于原状土被扰动，颗粒之间的毛细孔遭到破坏，水分不容易渗透和散发。

（3）橡皮土的处理

夯拍后会使地基土变成踩上去有一种颤动的感觉，即“橡皮土”。在这种情况下，不能继续压实，可采用晾槽或掺白灰粉的办法降低土的含水量，如果地基土已出现颤动，可用碎砖或石块挤紧，也可将橡皮土挖除，挖除后用灰土或级配砂石回填。

1.9 土方工程质量标准与安全技术

1.9.1 土方工程质量标准

（1）柱基、基坑、基槽和管沟基底的土质，必须符合设计要求，并严禁扰动。

（2）填方的基底处理，必须符合设计要求或施工规范规定。

（3）填方柱基、基坑、基槽、管沟回填的土料必须符合设计要求和施工规范要求。

(4) 填方和柱基、基坑、基槽、管沟的回填，必须按规定分层夯压密实。取样测定压实后土的干密度，90%以上符合设计要求，其余10%的最低值与设计值的差不应大于0.08g/cm^3，且不应集中。

土的实际干密度可用环刀法测定。其取样组数：柱基回填取样不少于柱基总数的10%，且不少于5个；基槽、管沟回填每层按长度20～50m取样一组；基坑和室内填土每层按100～500m^2取样一组；场地平整填土每层按400～900m^2取样一组，取样部位应在每层压实后的下半部。

(5) 土方工程的允许偏差和质量检验标准，应符合表1-15，表1-16的规定。

表1-15 填土工程质量检验标准

<table>
<tr><th rowspan="3">项</th><th rowspan="3">序</th><th rowspan="3">项 目</th><th colspan="5">允许偏差或允许值（mm）</th><th rowspan="3">检验方法</th></tr>
<tr><th rowspan="2">柱基、基坑、基槽</th><th colspan="2">挖方场地平整</th><th rowspan="2">管沟</th><th rowspan="2">地（路）面基层</th></tr>
<tr><th>人工</th><th>机械</th></tr>
<tr><td rowspan="2">主控项目</td><td>1</td><td>标高</td><td>−50</td><td>±30</td><td>±50</td><td>−50</td><td>−50</td><td>用水准仪检查</td></tr>
<tr><td>2</td><td>分层压实系数</td><td colspan="5">按设计要求</td><td>按规定方法</td></tr>
<tr><td rowspan="3">一般项目</td><td>1</td><td>表面平整度</td><td>20</td><td>20</td><td>30</td><td>20</td><td>20</td><td>用2m靠尺和楔形塞尺检查</td></tr>
<tr><td>2</td><td>回填土料</td><td colspan="5">按设计要求</td><td>取样检查或直观鉴别</td></tr>
<tr><td>3</td><td>分层厚度及含水量</td><td colspan="5">按设计要求</td><td>用水准仪及抽样检查</td></tr>
</table>

表1-16 土方开挖工程质量检验标准

<table>
<tr><th rowspan="3">项</th><th rowspan="3">序</th><th rowspan="3">项 目</th><th colspan="5">允许偏差或允许值（mm）</th><th rowspan="3">检验方法</th></tr>
<tr><th rowspan="2">柱基、基坑、基槽</th><th colspan="2">挖方场地平整</th><th rowspan="2">管沟</th><th rowspan="2">地（路）面基层</th></tr>
<tr><th>人工</th><th>机械</th></tr>
<tr><td rowspan="3">主控项目</td><td>1</td><td>标高</td><td>−50</td><td>±30</td><td>±50</td><td>−50</td><td>−50</td><td>用水准仪检查</td></tr>
<tr><td>2</td><td>长度、宽度(由设计中心线向两边量)</td><td>+200
−50</td><td>+300
−100</td><td>+500
−150</td><td>+100</td><td>—</td><td>用经纬仪和钢尺检查</td></tr>
<tr><td>3</td><td>边坡坡度</td><td colspan="5">按设计要求</td><td>观察或用坡度尺检查</td></tr>
<tr><td rowspan="2">一般项目</td><td>1</td><td>表面平整度</td><td>20</td><td>20</td><td>50</td><td>20</td><td>20</td><td>用2m靠尺和楔形塞尺检查</td></tr>
<tr><td>2</td><td>基本土性</td><td colspan="5">按设计要求</td><td>观察或土样分析</td></tr>
</table>

1.9.2 安全技术

(1) 基坑开挖时，两人操作间距应大于2.5m，多台机械开挖，挖土机间距应大于10m。挖土应由上而下，逐层进行，严禁采用挖空底脚（挖神仙土）的施工方法。

(2) 基坑开挖应严格按要求放坡。操作时应随时注意土壁变动情况，如发现有裂纹或部分坍塌现象，应及时进行支撑或放坡，并注意支撑的稳固和土壁的变化。

(3) 基坑（槽）挖土深度超过3m以上，使用吊装设备吊土时，起吊后，坑内操作人员应立即离开吊点的垂直下方，起吊设备距坑边一般不得少于1.5m，坑内人员应戴安全帽。

(4) 用手推车运土，应先铺好道路。卸土回填，不得放手让车自动翻转。用翻斗汽车运土，运输道路的坡度、转弯半径应符合有关安全规定。

(5) 深基坑上下应先挖好阶梯或设置靠梯，或开斜坡道，采取防滑措施，禁止踩踏支撑上下。坑四周应设安全栏杆或悬挂危险标志。

(6) 基坑（槽）设置的支撑应经常检查是否有松动变形等不安全迹象，特别是雨后更应加强检查。

(7) 坑（槽）沟边 1m 以内不得堆土、堆料和停放机具，1m 以外堆土，其高度不宜超过 1.5m。坑（槽）、沟与附近建筑物的距离不得小于 1.5m，危险时必须加固。

1.10 土方工程施工方案实例

某工程地质水文条件复杂，是深基坑工程。深基坑工程施工涉及土方开挖、支护结构设计、地下水治理、周边环境安全保护等，故需要综合考虑，确保施工安全、环境安全的同时尽量节省资金，加快施工进度。

1.10.1 工程概况

某大厦位于武汉市繁华的商业地段，南北宽 68.5m，东西长 2.5m，地下室建筑面积 $18147m^2$，基坑一次性开挖面积 $9250m^2$。该工程地质条件差，上层滞水地下水位高，不透水层下部承压水极为丰富，且与长江水位有水力联系。基坑四周房屋紧临道路，并且地下管网密布，施工现场非常狭窄，土方开挖量大，使基坑支护及开挖具有很大的难度和风险。

该工程由 38 层主楼和 10 层裙楼两部分组成，地下室分为二层和三层，平面呈不规则状。该建筑北临中山大道，与中山大道相距 11m，南靠清芬一路，相距 0.8m，东临桥西商厦，相距 14.2m，西靠新华影院，相距仅 2.6m。桥西商厦为桩基础，设有护坡桩；新华影院为木桩基础，基础回填土层较厚；中山大道和清芬一路均是汉口的主要交通要道。该工程地处闹市中心，周边建筑及环境保护要求高，现场非常狭窄，如图 1-67 所示。

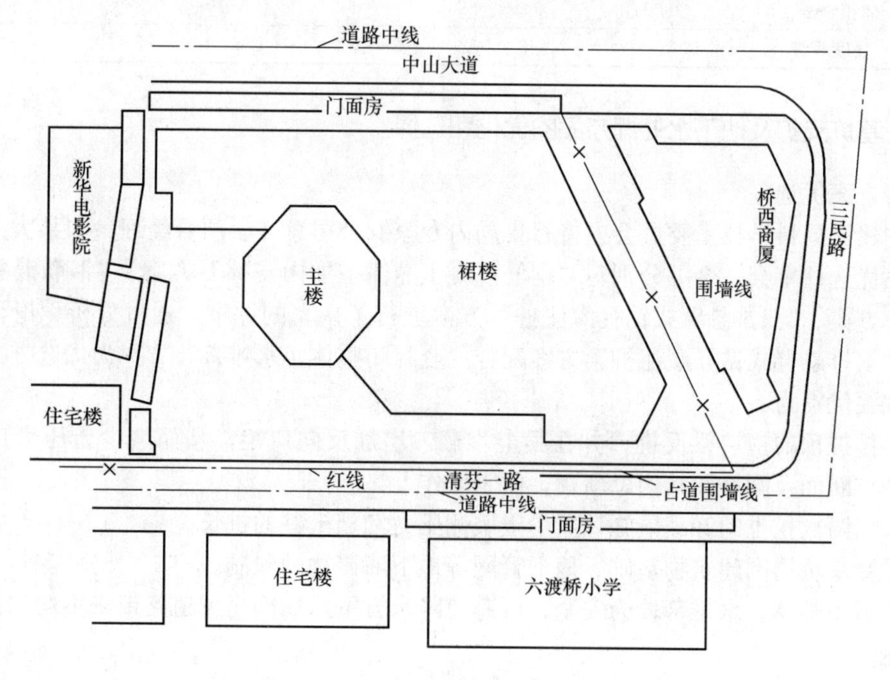

图 1-67　某大厦地下室周边环境情况示意图

该建筑场地地质土层情况如表1-17。

表1-17　场地土层分布状态表

层　数	层厚（cm）	土质	状　　态
Ⅰ	6.0～7.8	人工填土层，由煤渣、碎砖瓦、砂和淤泥质土混杂而成	松散，湿～很湿
Ⅱ	0.8～5.3	黏土层，由黏土和粉土组成	软塑～可塑，湿～很湿
Ⅲ	0.66～3.6	粉质黏土层	软塑～可塑，湿～很湿
Ⅳ	0.55～3.40	粉质黏土类粉细砂	软塑～塑硬
Ⅴ	6.70～12.00	粉细砂	稍密～中密
Ⅵ	14.40～21.60	粉细砂夹黏土	稍密～中密，饱和

Ⅵ层以下依次为细、中、粗砾砂夹卵石层—卵面层—岩基层。地下水分为上层滞水和承压水两种，上层滞水主要存在于人工填土层中，接受大气降水和地表水渗透补给。承压含水层顶板为粉质黏土，含水层厚45m，承压水静止水位埋深4.8m，标高19.6m。

地下室建筑结构特征，见表1-18。

表1-18　该大厦地下室建筑和结构主要特征

<table>
<tr><td>建筑面积（m²）</td><td colspan="2">18147</td><td colspan="2">占地面积（m²）</td><td colspan="3">7000</td></tr>
<tr><td rowspan="2"></td><td colspan="2" rowspan="2">主　楼</td><td colspan="5">裙　　楼</td></tr>
<tr><td colspan="2">①～③</td><td colspan="3">③～（23）</td></tr>
<tr><td>坑底标高</td><td colspan="2">−13.3</td><td colspan="2">−11.7</td><td colspan="3">−11.7</td></tr>
<tr><td>层数</td><td colspan="2">2</td><td colspan="2">2</td><td colspan="3">3</td></tr>
<tr><td>楼层</td><td>1</td><td>2</td><td>1</td><td>2</td><td>1</td><td>2</td><td>3</td></tr>
<tr><td>层高（m）</td><td>5.4</td><td>5.1</td><td>5.4</td><td>5.5</td><td>3</td><td>3.8</td><td>4.1</td></tr>
<tr><td>底板厚度（m）</td><td colspan="2">2.7</td><td colspan="5">0.7</td></tr>
<tr><td>底板混凝土体积（m³）</td><td colspan="2">3800</td><td colspan="5">3670</td></tr>
<tr><td>底板混凝土强度等级</td><td colspan="2">C35，S8</td><td colspan="5">C35，S8</td></tr>
</table>

1.10.2　基坑支护及地下水处理方案的优化和选择

（1）方案优选

由中建三局科学技术委员会主持召集局内专家及公司总工、项目经理参加某大厦深基坑支护方案优选评审会，会上分别对“钢筋混凝土灌注桩加内支撑”方案、“钢筋混凝土灌注桩锚拉”方案、“双排悬臂式钻孔灌注桩”方案进行了认真的评审，通过分析、论证，在会上确认“双排悬臂式钻孔灌注桩”方案配合“全封闭整体止水帷幕”方案为优选方案。

其主要优点为：

①内排桩顶的锁口梁反挑，并在梁上堆载，增加反向弯矩，从而减少土压力产生的弯矩，减少桩断面及配筋，其构思新颖，便于操作。

②采用两次挖土的卸载措施，减少土壤侧压力和挡土桩的桩长。

③不受基坑周围建筑物基础、地下管网等地下障碍物的限制。

④全封闭整体止水帷幕较为安全，可避免降水方案给周围房屋道路带来不均匀沉降、开裂等问题。

（2）方案的再次优化

某大厦因受资金影响，施工进度一直缓慢，只完成了支护桩、工程桩和竖向帷幕的施工。需再次优化方案，改进内容为：

①将原方案的悬臂支护改为桩锚支护，取消了原方案内排桩上加红砖压重。

②对靠近基坑的新华影院基础采取花管注浆软托换，并配合在该处的基坑内采用一层内支撑和加锚杆加固的综合技术措施。

③桥西商厦一侧，外排桩采用短锚杆加固和三排水平花管注浆加固土体的综合技术措施。

④将原方案的坑底“全封底水平隔水帷幕”改为“半封半降”的综合治理方案。

1.10.3 深基坑支护结构体系设计与施工

设计人员针对基坑周边环境条件进行分段设计，支护主要采用桩锚支护体系，局部地段采取加设内支撑，配合花管注浆加固土体，花管注浆对临近房屋基础软托换，调整锚杆长度等措施。

(1) 支护主要采用双排钻孔灌注桩，呈外高内低设置，外排桩桩径 ϕ1000mm，间距 1.3m，桩顶标高－0.7m，内排桩桩径 ϕ200mm，间距 0.5m，桩顶标高－6.70m。外排桩桩长 15.2m，内排桩桩长有 19.1m、22.1m、22.6m 不等，靠新华影院一侧采用单排桩加内支撑，桩径 ϕ1500mm，间距 1.73m。桩混凝土 C30。支护桩布置如图 1-68、图 1-69 所示。锚杆均采用 ϕ25mm 螺纹钢。

(2) 中山大道侧（*AB* 段），清芬一路侧（*CD* 段），外排桩采用一桩一锚，锚杆标高－4.20m，锚杆长 19m。内排桩锚杆标高－6.35m，锚于锁口梁上，锚杆长度 16m，对应于外排桩二桩之间的空当处设置。内外排桩的锚杆均采用 3ϕ25mm 螺纹钢。

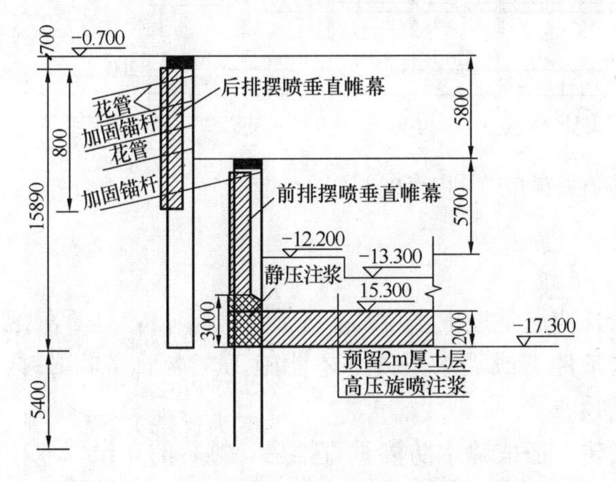

图 1-68　桥西商厦一侧支护及防渗布置图

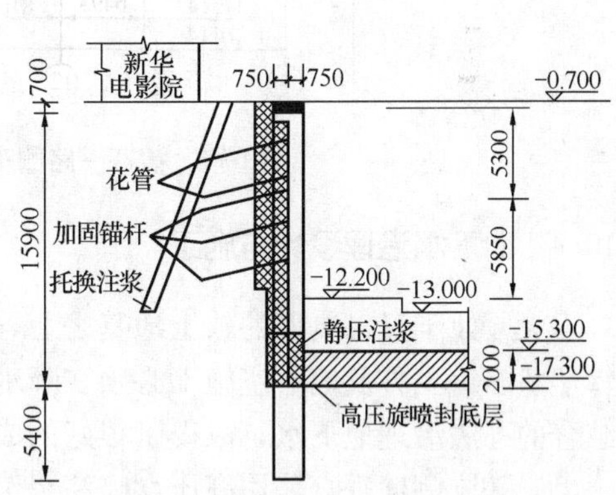

图 1-69　新华影院一侧支护及软托换图

(3) 桥西商厦侧（*BC* 段）考虑桥西商厦护坡桩的因素，外排桩采用一桩一锚的短锚方式，锚杆标高－4.20m，锚杆长度 7.6m，采取二次全程注浆加固，另在－1.7m、－2.9m、－5.4m 标高上设三排水平向花管注浆加固土体。内排桩锚杆布设及标高－6.35m，锚于锁口梁上，锚杆长度 11.4m，用 2ϕ25mm 螺纹钢，如图 1-68 所示。

(4) 新华影院一侧（*HA* 段），由于距离基坑太近，为解决新华影院对基坑开挖将形成过大超载，加固新华影院基础以下厚层回填土层及此处现场平面尺寸受限等问题，采取了以下综合技术处理措施。

①设 1.5m 直径的单排支护桩。

②在支护桩外侧布置两排垂直向的花管注浆，长度 10m，孔距 1.2m，排距 1m。在支护桩内侧的－2.95m、－4.15m、标高上设二排水平向花管注浆，长度分别为 7m、6m，形成对新华影院基础的托换，如图 1-69 所示。

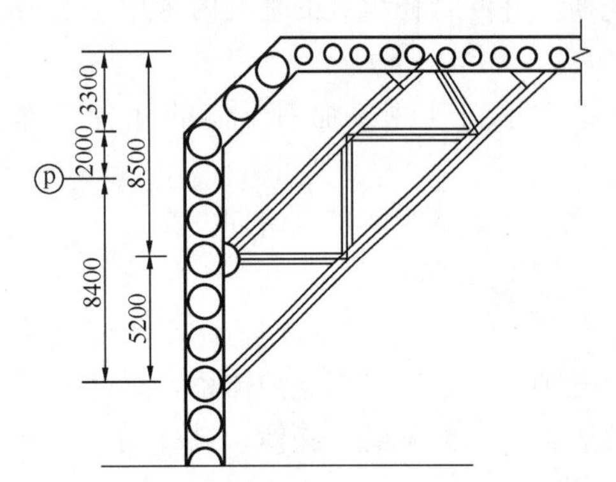

图 1-70 靠新华影院处坑内局部内支撑布置图

③在此处基坑两内角上设置上层内支撑，采用 ϕ609mm×14mm，ϕ426mm×9mm 的无缝钢管组成，标高－1.4m，如图 1-70 所示。

④在－4.7m、－6.7m、－8.50m 标高处设一桩一锚加固，锚杆长 25m，采用 3ϕ28mm 螺纹钢。

(5) 清芬一路（*EK* 段），因现场平面尺寸所限，支护桩布置于地下车道的两侧，采取分层开挖，分次施工，并加设内支撑作加固，内支撑采用 ϕ609mm×14mm，ϕ426mm×9mm 的无缝钢管组成，标高－0.7m，如图 1-71 所示。

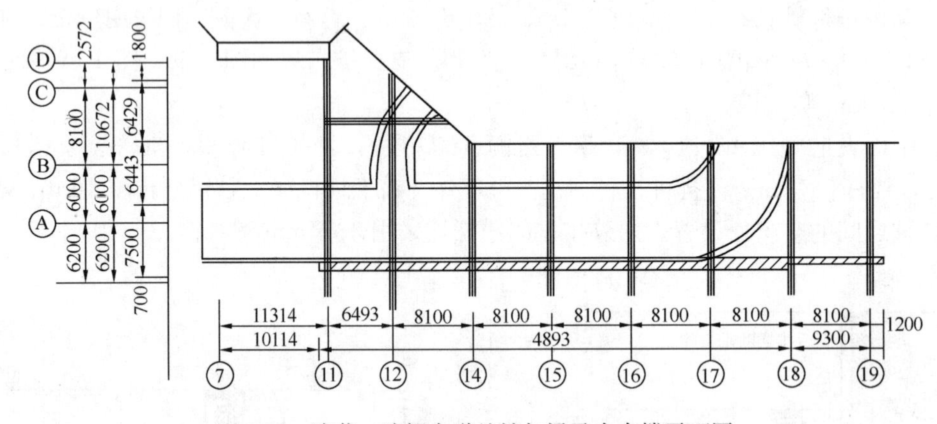

图 1-71 清芬一路侧车道处锁扣梁及内支撑平面图

1.10.4 地下水治理设计与施工

本大厦处于汉口典型的软土地基之上，其特点是地下水位高，土层含水丰富，处于湿饱和软塑状态。土方及地下室施工必须在降水条件下或隔水条件下才能施工。本工程采用封、降结合的办法治理地下水，取得了很好的成效。

(1) 基坑侧壁垂直采用高压摆喷注浆工艺，形成隔水防渗垂直帷幕，帷幕的布设采取在外排桩外侧设一道，顶标高－1.2m，底标高－9.20m，摆喷有效长度 8m，主要隔绝上层滞水，在内排桩外侧设一道，顶标高－7m，底标高－17.3m，摆喷有效长度 10.3m。主要隔绝基坑底部坑壁可能出现的侧涌。

(2) 基坑坑底水平方向采取高压旋喷注浆工艺封底，配合减压降水的综合方案。封底厚度为 2m，在封底层的顶面至基坑底留 2m 厚配重土层，使基坑开挖后还剩有 4m 厚的不透水覆盖层。

(3) 垂直帷幕与水平封底层在支护桩的连接处采取静压注浆，使基坑形成整体的全封闭防渗帷幕。

(4) 在基坑底形成 4m 厚的相对不透水层后，设置 13 口减压降水井进行降水，设置 4 口备用井作为应急使用。降水井直径 650mm，井深 45m。达到预期的降水效果。

1.10.5 土方开挖及信息化施工

土方开挖采取分层开挖，与预应力锚杆，花管注浆施工安排穿插施工作业，并按施工组织设计要求控制每次挖土深度。在开挖方向和顺序上先挖坑边的土层，然后再挖基坑中部的土层，使锚杆施工、花管注浆等工作尽早进入，加快了施工进度。在锚杆施工成孔时，上部土层中含水量特别大，以至插入锚杆后，无法进行正常注浆，故采取在孔口设一根塑料管，再用土工布封堵孔口，使孔口的水从塑料管中排除，再分三次注浆的方法进行施工。

在地下室施工期间，对环境及支护体系进行监测，监测信息反映，支护桩顶最大位移小于50mm。周围建筑物沉降值为9～44mm，部分监测值超过了警戒值，由于在施工过程中及时地采取了一些相应的技术措施，故未出现险情。

上岗工作要点

土方施工必须根据土方工程面广量大、劳动繁重、施工条件复杂等施工特点，尽可能采用机械化与半机械化的施工方法，以减轻劳动强度，提高劳动生产率。

通过本章学习，对下述重点内容要求做到真正理解和掌握。

(1) 土方工程施工时，做好排除地面水、降低地下水位、为土方开挖和基础施工提供良好的施工条件，这对加快施工进度，保证土方工程施工质量和安全，具有十分重要的作用。

降低地下水位方法有许多种，要能根据具体条件正确选择应用。尤其在地下水位较高、土质是细砂或粉砂土的情况下，当基坑开挖采用集水坑降水时，要注意流砂的发生及采取相应的具体防治措施。

在井点降水方法中，重点对轻型井点降水的布置与施工部分，即对轻型井点所用设备及其工作原理、轻型井点施工与使用等内容，一定要弄懂。

(2) 采用土方机械进行土方工程的挖、运、填、压施工中，重点是土方的填筑与压实。

要能正确选择地基回填土的填方土料及填筑压实方法。能分析影响填土压实的主要因素，掌握填土压实质量的检查方法。

(3) 深基坑开挖时，要能根据具体条件正确选择支护结构的类型，了解支护结构稳定性验算。

复习思考题

1. 试述土的组成。

2. 试述土方工程的内容及施工特点。

3. 试述土的基本工程性质、土的工程分类及其对土方施工的影响。

4. 试述基坑及基槽方量的计算方法。

5. 试述土的可松性及其对土方施工有什么影响?

6. 土的工程性质有哪些? 对施工各有何影响?

7. 试述土壁边坡的作用，留设边坡的原则，影响边坡大小的因素及造成边坡塌方的原因。

8. 试述场地平整土方量计算的步骤和方法。

9. 为什么对场地设计标高 H_0 要进行调整？

10. 土方调配应遵循哪些原则？调配区如何划分？

11. 双向排水、设计标高的计算公式是什么？

12. 分析流砂形成的原因以及防治流砂的途径和方法。

13. 试述人工降低地下水位的方法及适用范围，轻型井点系统的布置方案和设计步骤。

14. 试述推土机、铲运机的工作特点、适用范围及提高生产率的措施。

15. 试述单斗挖土机有哪几种类型？其工作特点和适用范围，正铲、反铲挖土机开挖方式有哪几种？如何选择？

16. 试述选择土方机械的要点。如何确定土方机械和运输工具的数量？

17. 填土压实有哪几种方法？各有什么特点？影响填土压实的主要因素有哪些？怎样检查填土压实的质量？

18. 试述土的最佳含水量的概念，土的含水量和控制干密度对填土质量有何影响？

19. 在什么情况下对场地设计标高要进行调整？

20. 土方调配时，怎样使土方运输量最小？

21. 试述井点降水的类型及适用范围？

22. 如何进行轻型井点系统的平面布置与高程布置？

23. 轻型井点的井点管沉设与井点系统安装时，应该如何保证施工质量？

24. 常用支护结构挡墙形式有几种？如何应用？

25. 试分析边坡塌方的原因和预防塌方的措施？

26. 试述常用的土方机械类型、工作特点及适用范围？

27. 地基回填土的土料应如何选择？填筑时有哪些要求？

28. 常用支护结构支撑形式有几种？如何应用？

29. 重力式支护结构稳定性验算的内容有哪些？如何验算？

30. 土方填筑宜用哪些土料？如何填筑？

31. 常用的压实方法有几种？用哪些机械压实？

练　习　题

1. 建筑物外墙采用条形基础，基础及基坑断面尺寸如图 1-72 所示。地基土为粉质黏土，边坡坡度为 1：0.33，K_s＝1.30，K'_s＝1.05，计算 50m 长的回填土量和弃土量。

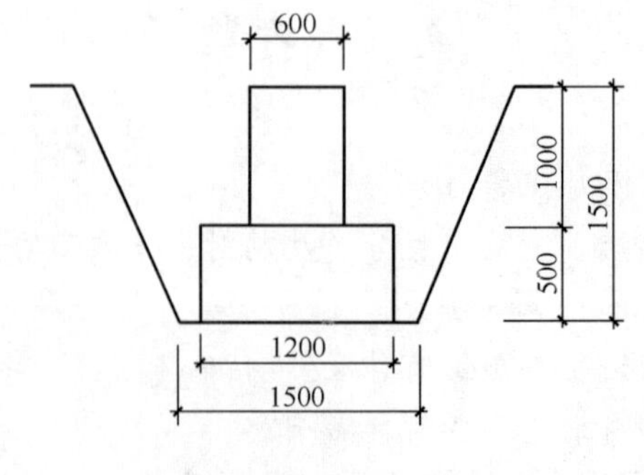

图 1-72　习题 1 图

2. 已知场地平整后的地面标高为 225.00m，基槽底的标高为 222.00m，宽度为 2m，土质为硬塑的粉质黏土，用人工挖土并将土抛于基槽上边，试确定基槽上口宽度，并绘出基槽的平面图和横截面图。

3. 某管沟的中心线如图 1-73 所示，AB 相距 30m，BC 相距 20m，土质为黏土。A 点的沟底设计标高为 260.00，沟底纵向坡度从 A 到 C 为 4‰，沟底宽 2m，现拟用反铲挖土机挖土，试计算 AC 段的土方量。

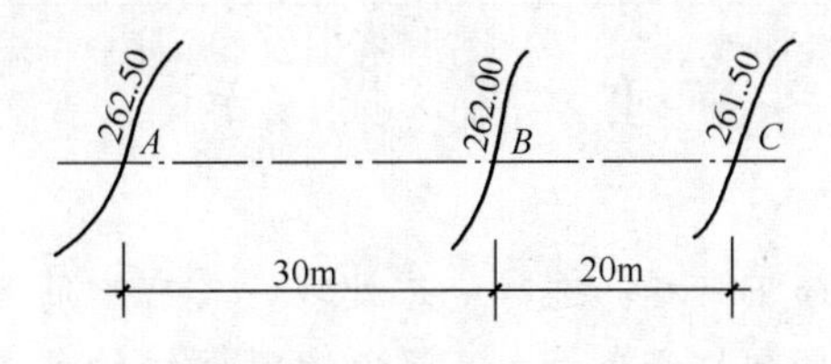

图 1-73　习题 3 图

4. 一建筑场地方格网及角点地面标高如图 1-74 所示，方格网边长 30m，双向泄水坡度 $i_x=i_y=3‰$，试计算填、挖方土方量。

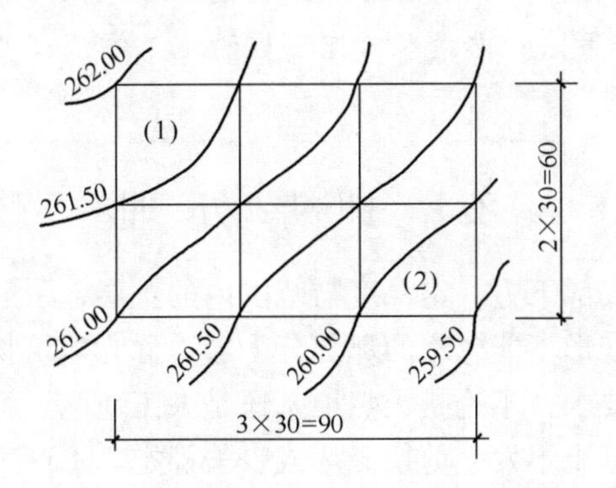

图 1-74　习题 4 图

5. 一基础底部尺寸为 30m×40m，埋深为−4.50m，基坑底部尺寸每边比基础底部放宽 1m，地面标高为±0.000m，地下水位为−1.000m。已知−10.000m 以上为黏质粉土，渗秀系数为 5m/d，−10m 以下为不透水层。基坑开挖为四边坡，边坡坡度 1∶0.5。用轻型井点降水，滤管长度为 1m，井点管直径 50mm。求：

(1) 确定该井点系统的平面与高程布置；

(2) 对该井点系统进行降水计算。

第2章 地基处理及深基础工程

重 点 提 示

【职业能力目标】

通过本章学习，达到如下目标：进行地基处理，具有钢筋混凝土预制桩和灌注桩施工的能力；对钢筋混凝土预制桩和套管成孔混凝土灌注桩的施工常出现的一些质量问题的处理。

【学习要求】

了解地基的加固方法；掌握钢筋混凝土预制桩和灌注桩的施工方法，质量事故产生的原因，预防措施和根治方法；熟悉人工挖孔桩的施工方法；熟悉基础工程施工的质量检查验收标准与安全措施。

2.1 地基处理

地基是指建筑物基础底部下方一定深度与范围内的土层，一般把地层中由于承受建筑物全部荷载而引起的应力和变形不能忽略的那部分土层，称为建筑物的地基。

建筑物对地基的基本要求：不论是天然地基还是人工地基，均应保证具有足够的强度和稳定性，在荷载作用下地基土不发生剪切破坏或丧失稳定，不产生过大的沉降或不均匀的沉降变形，以确保建筑物的正常使用。

软弱的地基必须经过技术处理，才能满足工程建设的要求。对于土质良好的地基，当其难以承受建筑物全部荷载时，也同样需要对地基进行加固处理。经处理达到设计要求的地基称为人工地基，反之则称为天然地基。

地基处理是指为了提高地基承载力，改善其变形性质或渗透性质而采取的人工处理地基的方法。地基处理不仅应满足工程设计要求，还应做到因地制宜、就地取材、保护环境和节约资源等。

建筑物（构筑物）地基加固处理前，必须掌握以下资料：

（1）岩土工程勘察资料，当提供资料不能反映被加固地基土性状和工程性质时，为了地基处理的有效性，必须进一步做专门的施工勘察，全面了解地基土形状及工程性质。

（2）为了做到施工不扰民和环境保护，地基处理前必须获得临近建筑物和地下设施类型、分布及结构质量情况，有针对性地做好保护措施。

（3）地基处理工程设计图纸、设计要求及需达到的标准、检验手段。

（4）为了确保地基处理加固工程的质量，应在正式施工前进行试验段施工，论证设计设定的施工参数及加固效果。为验证加固效果所进行的载荷试验，其施加的载荷应不低于设计载荷的2倍。

（5）地基处理所用的砂、石子、干渣、水泥、土工合成材料、石灰、粉煤灰、素土等原材料的质量，与地基处理后的加固效果密切相关，因此保证原材料质量的检验项目、批量和检验方法，应符合国家现行材料检验标准的规定。

地基处理的方法很多，见表 2-1。本节介绍几种常用的地基处理方法。

表 2-1 地基处理方法

<table>
<tr><th>序号</th><th>地基处理方法</th><th>地基处理原理</th><th colspan="2">施工手段</th><th>适用范围</th></tr>
<tr><td rowspan="8">1</td><td rowspan="8">排水固结法</td><td rowspan="8">软黏性土地基在荷载作用下，土中孔隙水排出，孔隙比减小，地基固结变形，超静水压力消散，土的有效应力增大，地基土强度提高</td><td colspan="2">堆载预压法</td><td>软黏土地基</td></tr>
<tr><td rowspan="3">砂井法</td><td>袋装砂井</td><td rowspan="4">透水性低的软弱黏性土</td></tr>
<tr><td>塑料排水板</td></tr>
<tr><td>塑料管</td></tr>
<tr><td colspan="2">砂井堆载预压法</td></tr>
<tr><td colspan="2">降低地下水位法</td><td>饱和粉细砂地基</td></tr>
<tr><td colspan="2">真空预压法</td><td>软黏土地基</td></tr>
<tr><td colspan="2">电渗法</td><td>饱和软黏土地基</td></tr>
<tr><td rowspan="7">2</td><td rowspan="7">振密、挤密法</td><td rowspan="7">采用一定的手段，通过振动、挤压使地基土体孔隙比减少，强度提高</td><td colspan="2">表面压实法</td><td>浅层疏松黏性土、松散砂性土、湿陷性黄土及杂填土</td></tr>
<tr><td colspan="2">重锤夯实法</td><td>天然含水量接近于最佳含水量的浅层土</td></tr>
<tr><td colspan="2">强夯法</td><td>非黏性土、杂填土、非饱和黏性土及湿陷性黄土等</td></tr>
<tr><td colspan="2">振冲、挤密法</td><td>砂性土，小于 0.005mm 的黏粒<10%</td></tr>
<tr><td colspan="2">土桩和灰土桩</td><td>湿陷性黄土、人工填土、非饱和黏性土</td></tr>
<tr><td colspan="2">砂桩</td><td>松砂地基或杂填土</td></tr>
<tr><td rowspan="7">3</td><td rowspan="7">置换及拌入法</td><td rowspan="7">以砂、碎石等材料置换软弱地基，或在部分土体内掺入水泥、石灰等形成加固体，与未加固部分形成复合地基，从而提高地基承载力，减小压缩量</td><td colspan="2">垫层法</td><td rowspan="2">浅层地基处理</td></tr>
<tr><td colspan="2">开挖置换法</td></tr>
<tr><td colspan="2">振冲置换法（碎石桩）</td><td>软弱黏性土地基</td></tr>
<tr><td colspan="2">高压喷射注浆法（旋喷桩）</td><td>黏性土、冲填土、粉细砂、砂砾石等地基</td></tr>
<tr><td colspan="2">深层搅拌法</td><td rowspan="2">软弱黏性土</td></tr>
<tr><td colspan="2">石灰桩法</td></tr>
<tr><td colspan="2">褥垫法</td><td>地基软土层深浅不一</td></tr>
<tr><td rowspan="4">4</td><td rowspan="4">灌浆法</td><td rowspan="4">用气压、液压或电化学原理把某些能固化的浆液注入各种介质的裂缝或孔隙，以改善地基物理力学性质</td><td colspan="2">渗入灌浆法</td><td rowspan="4">砂及砂砾地基、湿陷性黄土地基、黏性土地基</td></tr>
<tr><td colspan="2">劈裂灌浆法</td></tr>
<tr><td colspan="2">压密灌浆法</td></tr>
<tr><td colspan="2">电动化学灌浆</td></tr>
<tr><td rowspan="4">5</td><td rowspan="4">加筋法</td><td rowspan="4">通过在土层中埋设强度较大的土工聚合物、拉筋、受力杆件等，达到提高地基承载力，减少沉降的目的</td><td colspan="2">土工聚合物</td><td>软弱地基，或用作反滤、排水和隔离材料</td></tr>
<tr><td colspan="2">锚固技术（土钉墙）</td><td>天然地层或人工填土</td></tr>
<tr><td colspan="2">加筋土</td><td>人工填筑的砂性土</td></tr>
<tr><td colspan="2">树根桩法</td><td>软弱黏性土、杂填土</td></tr>
<tr><td rowspan="2">6</td><td rowspan="2">冷热处理法</td><td rowspan="2">通过人工冷却，使地基冻结，或在软弱黏性土地基的钻孔中加热，通过焙烧使周围地基减少含水量，提高强度，减少压缩性</td><td colspan="2">冻结法</td><td>饱和的砂土或软黏性土层中的临时性措施</td></tr>
<tr><td colspan="2">烧结法</td><td>软黏土、湿陷性黄土</td></tr>
</table>

2.1.1 换土垫层法

换土垫层法是先将基础底面以下一定范围内的软弱土层挖去，回填强度较高、压缩性较低并且没有侵蚀性的材料，如灰土、素土、中粗砂、碎石石屑、矿渣等材料，并分层夯实，形成垫层的地基处理方法。换土垫层法适用于淤滞、淤泥质土、湿陷性黄土、素填土、杂填土等各类浅层软弱地基处理，对于松填土、暗沟、暗塘、古井、古墓或拆除旧地基的坑穴，均可采用此法进行地基处理。这种方法能就地取材，不需要特殊的机械设备，施工简便，既能缩短工期，又能降低造价，对解决荷载较大的中小型建筑物的地基问题比较有效，因此应用较为普遍。下面以灰土垫层为例，介绍换土垫层法施工。

灰土垫层是用石灰和黏性土拌合均匀，然后分层夯实而成。采用体积配合比一般用 2∶8 或 3∶7（石灰∶土），其 28d 强度可达 100Pa 左右。

2.1.1.1 材料要求

灰土的土料，宜用粉质黏土，不宜使用块状黏土和砂质黏土，不得含有松软杂质，并应过筛，其颗粒不宜大于 15mm。石灰宜用新鲜的消石灰，其颗粒不得大于 5mm。

2.1.1.2 施工要点

（1）施工前应验槽，将积水、淤泥清除干净，等干燥后再铺灰土。

（2）灰土施工时，应适当控制其含水量，以用手紧握土料成团，两指轻捏能碎为宜，如土料水分过多或不足时，可以晾干或洒水润湿。施工含水量宜控制在最优含水量 $w_{op}\pm2\%$ 的范围内。灰土应拌合均匀，颜色一致，拌好后应及时铺好夯实。铺土应分层进行，每层铺土厚度可参照表 2-2 确定。

表 2-2 灰土最大虚铺厚度

项次	夯实机具	质量（t）	厚度（mm）	备　注
1	石夯、木夯	0.04～0.08	200～250	人力送夯，落距 400～500mm
2	轻型夯实机械	—	200～250	蛙式或柴油打夯机
3	压路机	机重 6～10	200～300	双轮

（3）每层灰土的夯打遍数，应根据设计要求的干密度在现场试验确定。采用碾压、振密或夯实方法时，一般夯打（碾压）不少于 4 遍。

（4）垫层底面宜设在同一标高上，不得在柱基、墙角及承重门窗墙下接缝，上下相邻两层灰土的接缝间不得小于 50cm，接缝处的灰土应充分夯实。当灰土垫层地基高度不同时，应作成阶梯形，每阶宽度不少于 50cm。

（5）在地下水位以下的基槽、坑内施工时，应采取排水措施，使在无水状态下施工。入槽的灰土，不得隔日夯打。夯实后的灰土 3d 内不得受水浸泡。

（6）灰土打完后，应及时进行基础施工，并及时回填土，否则要做临时遮盖，防止日晒雨淋。刚打完毕或尚未夯实的灰土，如遭受雨淋浸泡，则应将积水及松软灰土除去补填夯实；受浸湿的灰土，应在晾干后再使用。

（7）冬季施工时，不得采用冻土或夹有冻土块的土料作灰土，并应采取有效的防冻措施。

2.1.1.3 质量检查

施工过程中应检查分层铺设的厚度，分段施工时上下两层的搭接长度，夯实时加水量、夯实遍数、压实系数。每铺好一层，用环刀取样，测定其干密度。质量标准可按压实系数λ_c鉴定，一般为0.93～0.95；检查点的数量按《建筑地基基础工程施工质量验收规范》(GB 50202—2002）中的有关规定执行。用贯入仪检查时，应先进行现场试验，以确定贯入度的具体要求。

2.1.2 重锤夯实法

重锤夯实法是利用起重机械将重锤提升到一定高度，自由下落，重复夯打击实地基，使地基受到压密加固的地基处理方法。该法适用于地下水位0.8m以上稍湿的黏性土、砂土、湿陷性黄土、杂填土和分层填土地基。但当夯击对邻近建筑物有影响时，或地下水位高于有效夯实深度时，不宜采用。重锤表面夯实的加固深度一般为1.2～2.0m，湿陷性黄土地基经重锤表面夯实后，透水性有显著降低，其计算强度可提高30%。

2.1.2.1 机具设备

重锤夯机具设备主要有夯锤和起重机械。

夯锤形状为截头圆锥体，可用C20钢筋混凝土制作，其底部可采用20mm厚钢板，以使重心降低。夯锤重量一般为1.5～3t，锤底直径一般为0.7～1.5m。夯锤构造如图2-1所示。

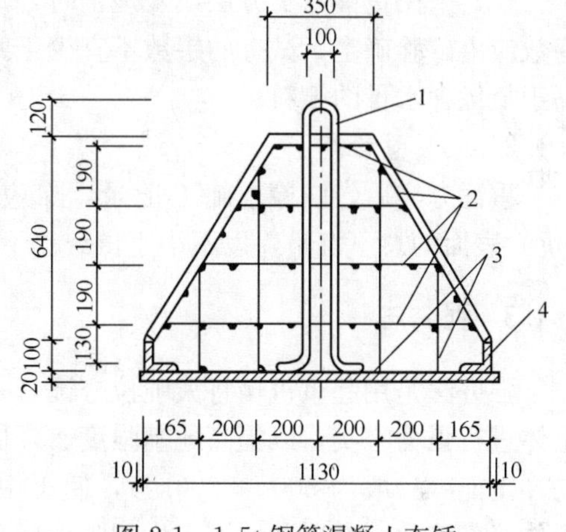

图2-1 1.5t钢筋混凝土夯锤

1—吊环；2—钢筋网ϕ8网格100×100；3—锚钉；4—角钢100×100×10

起重机械可采用履带式起重机，也有的用自制的桅杆式起重机或龙门式起重机。

2.1.2.2 施工要点

（1）地基重锤夯实前，应在现场进行试夯，选定夯锤重量、底面直径和落距，以便确定最后下沉量及相应的最少夯击遍数和总下沉量。

最后下沉量是指重锤最后两击平均每击土面的沉落值。对黏性土和湿陷性黄土取10～20mm；对砂土取5～10mm。

（2）基槽（坑）的夯实范围应大于基础底面，每边应比设计宽度加宽0.3m以上，以便于底面边角夯打密实。

（3）槽、坑边坡应适当放缓。夯实前，槽、坑底面应高出设计标高，预留土层的厚度可为试夯时的总下沉量再加50～100mm。

（4）试夯及地基夯实时，必须使土保持在最优含水量范围内。

土的最优含水量一般由室内击实试验确定。工地简易鉴定的方法是，用手捏紧后，松手土不散，易变形而挤不出水，抛在地上即呈碎裂，此时为土最优含水量的一般状态。

当土的表层含水量过大，夯打成软塑状时，可采取铺撒吸水材料（如干土、碎砖、生石灰等)，换土或其他有效措施处理。当土的含水量低于最优含水量2%以上时，夯前基坑应加水至最优含水量。加水时，水应均匀注入，待水全部渗入地基一昼夜后，检验土的湿度不超过最优含水量时，方可进行夯打。

（5）在大面积基坑或条形基槽内夯打时，应一夯挨一夯顺序进行，如图2-2（a）所示。在一次循环中同一夯位应连夯两下，下一循环的夯位，应与前一循环错开1/2锤底直径，落锤应平衡，夯位应准确。

在独立柱柱基基坑内夯打时，一般采用先周边后中间，如图 2-2（b）所示，或先外后里的跳打法进行，如图 2-2（c）所示。当采用桅杆式起重机或龙门式起重机夯打时，可采用如图 2-2（d）所示的顺序，以提高工效。

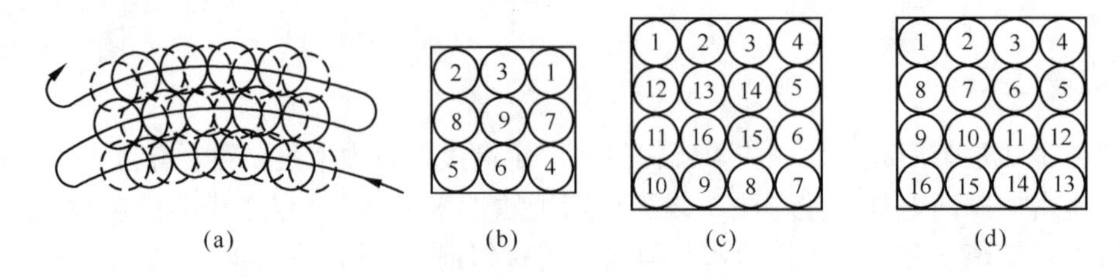

图 2-2　夯打顺序

(a) 夯位搭接示意；(b) 先周边后中间；(c) 先外后里跳打法；(d) 逐排打法

（6）采用重锤夯实分层填土地基时，每层的虚铺厚度一般以相当于锤底直径为宜。夯击遍数应由试验确定，试夯的层数不宜少于两层。分层填土时，应尽量取用含水量相当于或略高于最优含水量的土料。

2.1.2.3　质量检查

重锤夯实后，应检查施工记录，除应符合试夯最后下沉量的规定外，并应检查基槽（坑）表面的总下沉量，以不小于试夯总下沉量的 90%为合格。

2.1.3　强夯法

强夯法是用起重机械将大吨位夯锤（一般 8～40t）吊起，从 6～30m 高处自由落下，对土体进行强力夯实，以提高地基强度、降低地基的压缩性的地基处理方法。强夯法是用很大的冲击能（一般为 500～8000kJ），使土中出现冲击波和很大的应力，迫使土中孔隙压缩，土体局部液化，夯击点周围产生裂隙形成良好的排水通道，土体迅速固结。

强夯法适用于处理碎石土、砂土、低饱和度的粉土与黏性土、湿陷性黄土、素填土和杂填土等地基的深层加固。当强夯施工所产生的振动对邻近建筑物或设备产生有害影响时，应设置检测点，并采取挖隔振沟等隔振和防振措施。

2.1.3.1　机具设备

强夯法的主要设备包括夯锤、起重设备、脱钩装置等。

夯锤宜用铸钢或铸铁制作，如条件所限，则可用钢板外壳内浇筑钢筋混凝土。夯锤底面有圆形或方形，一般采用圆形。锤的底面积大小取决于表面土质，对于砂土一般为 2～4m^2；黏性土为 3～4m^2；淤泥质土为 4～6m^2。夯锤中宜设置若干个上下贯通的气孔，以减少夯击时的空气阻力。

起重设备一般采用自行式起重机，起重能力应大于 1.5 倍锤重，并需设安全装置，防止夯击时臂杆后仰。

吊钩采用自动脱钩装置，操作时将夯锤挂在脱钩装置上，当起重机将夯锤吊到既定的高度时，利用吊机上副卷扬机的钢丝绳吊起锁卡焊合件，自由下落进行强夯。

2.1.3.2　强夯法技术参数

强夯法加固地基要根据现场的地质情况、工程的具体要求和施工条件，根据经验或通过试验选定有关技术参数。强夯法技术参数包括：单击夯击能、夯击点布置及间距、夯击遍数、两遍之间的间歇时间、强夯加固范围及深度等。

(1) 单击夯击能

单击夯击能是锤重与落距的乘积，应根据地基土类别、结构类型、荷载大小和要求处理的深度等综合考虑，并通过现场试夯确定。

(2) 夯击点布置及间距

根据基础的形式和加固要求而定。对于大面积地基可采用梅花形或正方形网格排列；对条形基础夯点可成行布置；对于独立基础夯点宜单点布置或成组布置，如图 2-3 所示。在基础下面必须布置有夯点。

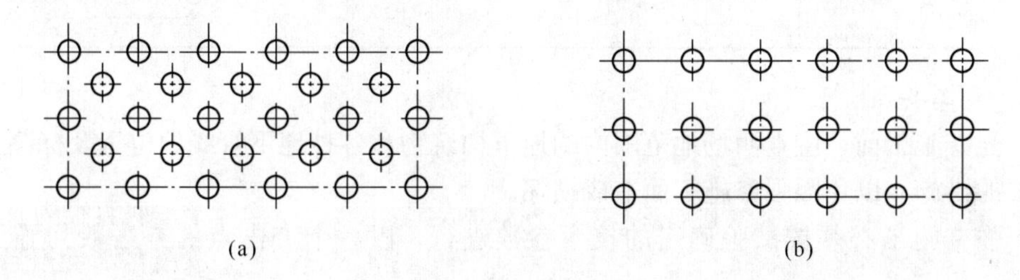

图 2-3　夯点布置

(a) 梅花形布置；(b) 方形布置

夯点间距一般根据基础布置、加固土层的厚度和土质情况而定。加固土层厚、土质差、透水性弱、含水量高的，夯点间距宜大。一般为 7～15m；加固土层薄、透水性强、含水量低、砂质土，间距可为 5～10m。一般第一遍夯点的间距要取得大些，以便夯击能向深部传递。

按上所选形式和间距布置的夯击点，依次夯击完成为第一遍，第二次选用已夯点间隙，依次补点夯击为第二遍，以下各遍均在中间补点，最后一遍为低能满夯，使夯印彼此搭接，所用能量为前几遍的 1/4～1/5，以加固前几遍夯点之间的松土和被振松的表土层。

(3) 夯击遍数

夯击遍数应根据地基土的性质确定，可采用点夯 2～3 遍，对于渗透性较差的细颗粒土，必要时夯击遍数可适当增加，最后再以低能量满夯两遍。满夯可采用轻锤或低落距多次夯击，落印搭接。

(4) 两遍之间的间隙时间

两遍夯击之间应有一定的间隙时间，间隙时间取决于强夯产生的间隙水压力的消散。当缺少实测资料时可根据地基土的渗透性确定，对于渗透性较差的黏性土地基，间隔时间不应小于 3～4 周；对渗透性好的地基可连续夯击。

(5) 强夯加固范围

强夯加固范围应大于建筑物基础范围。每边超出基础外缘的宽度宜为设计深度的 1/2～2/3，并不小于 3m。

(6) 有效加固深度

有效加固深度应根据现场试夯或当地经验确定。在缺少试验资料或经验时可按表 2-3 预估。

根据初步确定的强夯参数，提出强夯试验方案，进行现场试夯。应根据不同土质条件待试夯结束一至数周后，对试夯场地进行检测，并与夯前测试数据进行对比，检验强夯效果，确定工程采用的各项强夯参数。

表 2-3 强夯法的有效加固深度

单击夯击能（kN·m）	碎石土、砂土、等粗颗粒土	粉土、黏性土、湿陷性黄土等细颗粒土
1000	5.0～6.0	4.0～5.0
2000	6.0～7.0	5.0～6.0
3000	7.0～8.0	6.0～7.0
4000	8.0～9.0	7.0～8.0
5000	9.0～9.5	8.0～8.5
6000	9.5～10.0	8.5～9.0
8000	10.0～10.5	9.0～9.5

2.1.3.3 施工要点

（1）强夯施工前，应查明场地范围内的地下构筑物和各种地下管线的位置及标高等，并采取必要的措施，以免因强夯施工而造成损坏。

（2）强夯施工必须按试验确定的技术参数进行，以各个夯击点的夯击数为施工控制依据。

（3）夯击时，夯锤应保持平稳，夯位准确，如错位或坑底倾斜过大，宜用砂土将坑底整平，才能进行下一次夯击。最后一遍的场地平均夯沉量必须符合设计要求。

（4）雨天施工时，夯击坑内或夯击过的场地内积水必须及时排除。冬期施工，首先应将冻土击碎，然后再按各规定的夯击数施工。

2.1.3.4 质量检验

（1）检查施工过程中的各项测试数据和施工记录，不符合设计要求时应补夯或采取有效措施。

（2）检验方法宜根据土性选用原位测试（如标准贯入试验、静力触探或轻便触探等方法）和室内土工试验。检验点数，每个建筑物的地基不少于3处，检验深度和位置按设计要求确定。

（3）强夯处理后的地基竣工验收承载力检验，应在施工结束后间隔一定时间方能进行，对于碎石土或砂土地基，应在施工结束后间隔1～2周进行检验；粉土和黏性土地基间隔2～4周后进行检验。

2.1.4 灰土挤密桩法

灰土挤密桩法是将利用横向挤压成孔设备成孔，使桩间土得以挤密。用灰土（2∶8或3∶7灰土）填入桩孔内分层夯实形成土桩，并与桩间土形成复合地基的地基处理方法。该法适用于处理地下水位以上的湿陷性黄土、素填土以及填土地基，处理后地基承载力可以提高一倍以上，同时具有节省大量土方，降低造价2/3～4/5，施工简便等优点。当地基的含水量大于24%、饱和度大于65%时，不宜选用灰土挤密桩。

2.1.4.1 一般要求

桩身直径一般为300～450mm；深度为5～15m；平面布置多按等边三角形排列，桩距（D）按有效挤密范围，一般取2.5～3.0倍桩直径，排距0.866D；地基的挤密面积应每边超出基础宽0.2倍；桩顶一般设0.5～0.8m厚的灰土垫层。

2.1.4.2 施工要点

（1）施工前应在现场进行成孔、夯填工艺和挤密效果试验，以确定分层填料厚度、夯击次数和夯实后干密度等要求。

(2) 灰土的土料和石灰质量要求及配制工艺要求同灰土垫层。填料的含水量超出最优值±3%时，宜进行晾干或洒水润湿。

(3) 桩施工一般采取先将基坑挖好，预留 20～30cm 土层，然后在坑内施工灰土桩，基础施工前再将已搅动的土层挖去。桩的成孔应按设计要求、成孔设备、现场土质和周围环境等情况，选用沉管（振动、锤击）或冲击等方法。成孔垂直度偏差应小于 1.5%，孔径偏差不大于 50mm，桩孔中心点的偏差不宜超过桩距设计值的 5%。

(4) 桩的施工顺序应先外排后里排，同排内应间隔 1～2 孔，以免因振动挤压造成相邻孔产生缩孔或塌孔。成孔达到要求深度后，应立即夯填灰土。填孔前应先清底夯实、夯平、夯击次数不少于 8 次。

(5) 桩孔应分层回填夯实，每次回填厚度 350～400mm。夯实可用人工或简易机械进行。人工夯实，使用重 25kg 带稀薄杆的预制混凝土锤，用三人夯击；机械夯实可用简易夯实机或链条传动摩擦轮提升的连续夯实机。锤采用倒抛物线型锥体或尖锥体，用铸钢制成，锤重不宜小于 100kg，最大直径比桩孔直径小 50～120mm。一般落锤高度不小于 2m，每层夯击不少于 10 锤。施打时，逐层以量斗定量向桩孔内下料，逐层夯实。如采用连续夯实机，则将灰土用铁锹随着夯实机不间断的夯击，一铲一铲均匀地向桩孔下料、夯实。桩顶应高出设计标高约 15cm，挖土时将高出部分铲除。

(6) 如孔底出现饱和软弱土层时，可采取加大成孔间距，以防由于振动而造成已打好的桩孔内挤塞；当孔底有地下水流入，可采用井点抽水后再回填灰土或可向桩孔内填入一定数量的干砖渣和石灰，经夯实后再分层填入灰土。

(7) 雨季或冬季施工，应采取防雨或防冻措施，防止灰土受雨水淋湿或冻结。

2.1.4.3 质量检查

(1) 对一般工程，主要检查施工记录、检查全部处理深度内桩体和桩间土的干密度。对重要工程，除检测上述内容外，还应测定全部处理深度内桩间土的压缩性和湿陷性。

(2) 灰土挤密桩夯填的质量采取随机抽样检查。抽样检查的数量，对一般工程不应少于桩孔总数的 1%；对重要工程不应少于桩总数量的 1.5%。

(3) 抽查方法有下列几种：

①用轻便触探检查“检定锤击数”，以不小于试夯时达到的数值为合格。

②用洛阳铲在桩孔中心挖土，然后用环刀取出夯击土样，测定其干密度；必要时，可通过开剖桩身，从基底开始沿桩身深度每米取夯实土样，测定干密度。测出的干密度应不小于规定值。

2.1.5 振冲法

振冲法是在振冲器水平振动和高压水的共同作用下，使松砂土层振密，或在软弱土层中成孔，然后回填碎石等粗颗粒材料形成桩柱，并和原地基土组成复合地基的地基处理方法。该法适用于处理加固松散砂土地基（对黏性土和人工填土地基，经试验证明加固有效时，方可使用）。对于颗粒含量不大于 10%的中、粗砂土地基，则利用振冲器的振动和水冲过程，使粗砂土结构重新排列挤密，孔隙比可大大减小，相对密度显著增加，因而可不必另加砂石填料（称振冲挤密法）。

振冲法与其他地基加固法比较，可节约钢材、水泥、木材，且施工简单，加固期短，可因地制宜，就地取用碎石、砂子、卵石、矿渣等填料，费用低廉。因此，振冲法是一种适合我国国情的快速加固地基的方法。

2.1.5.1 施工机具

主要机具有振冲器、起重机械、水泵及供水管道、加料设备和控制设备等。

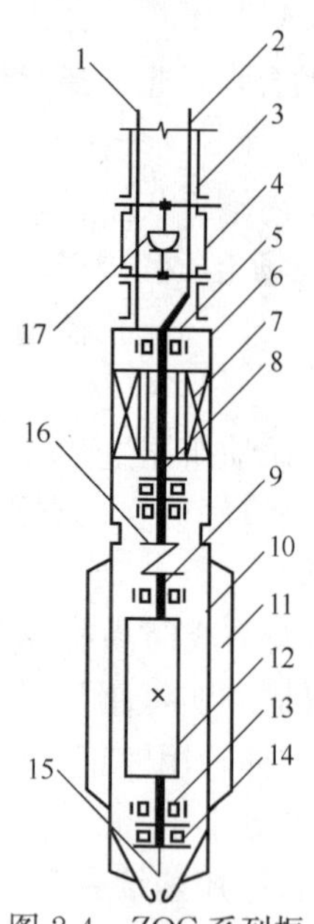

图 2-4 ZQC 系列振冲器构造示意图

1—电缆；2—水管；3—吊管；4—减振器；5—电机电板；6—潜水电机；7—转子；8—电机轴；9—中空轴；10—壳体；11—翼板；12—偏心体；13—向心轴承；14—推力轴承；15—射水管；16—联轴节；17—万向节

振冲器为立式潜水电机直接带动一组偏心块组成，产生一定频率和振幅的水平向振力的专用机械。压力水通过振冲器空心竖轴从下端喷口喷出，其构造如图 2-4 所示。用附加垂直振动式或附加垂直冲击式的振冲器则效果更好。

起重设备用履带式起重机或自制起重机具，起重能力根据加固深度和施工方法选定。当振冲深度不大于 18m 时，一般选用起重能力 8～15t 即可满足。

水泵及供水管道选用供水压力 0.6～0.8MPa，供水量 20～30m³/h 的水泵。

控制设备，控制电流操作台，附有 150A 以上容量的电流表（自动记录电流表）、500V 电压表等。

加料设备可采用起重机吊斗加料或翻斗车加料，其能力必须符合施工要求。

2.1.5.2 施工要点

（1）施工前应先在现场进行振冲试验，以确定其成孔施工合适的水压、水量、成孔速度及填料方法、达到土体密实电流值和留振时间等。

（2）振冲前，应按设计图定出冲孔中心位置并编号，施工时应复查孔位和编号，并做好记录。

（3）振冲器用履带式起重机或卷扬机悬吊，振冲头对准冲孔点，开动振冲器，打开水源和电源，检查水压、电压和振冲器空载电流，一切正常后开始振冲器喷水，如图 2-5（a）所示。

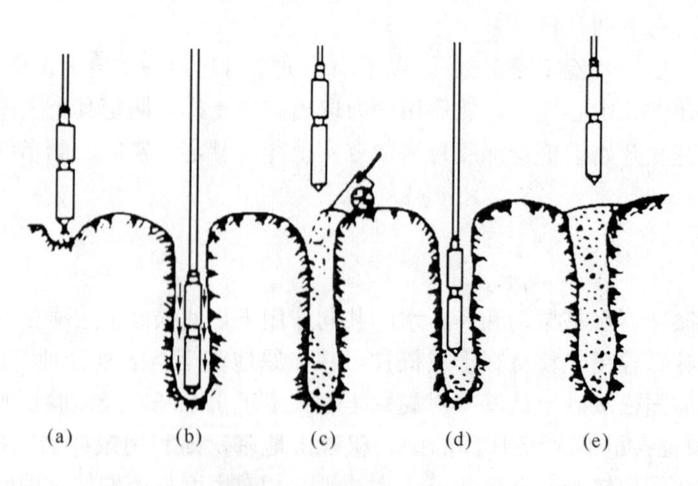

图 2-5 碎石桩制桩步骤

（a）定位；（b）振冲器下沉；（c）加填料；（d）振密；（c）成桩

（4）振冲器以其自身重量和在振动喷水作用下，以1～2m/h的均匀速度徐徐沉入土中，每沉入0.5～1.0m，宜在该段高度悬留振冲5～10s扩孔，待孔内泥浆溢出时再继续沉入，即形成直径0.8～1.2m的孔洞。当下沉达设计深度时，振冲器应在孔底适当留振并减小射水压力（一般保持0.1MPa），以便排除泥浆进行清孔，如图2-5（b）所示。

也可将振冲器以1～2m/min的均匀速度连续沉至设计深度以上30～50cm，然后以3～5m/min的均匀速度提出孔口，再同法沉至孔底，如此反复1～2次，达到扩孔目的。

（5）进行加料振密。将振冲器提出孔口，往孔内加倒一次料，把振冲器沉入孔内的填料中进行振密，如图2-5（c）、（d）所示，如此提出振冲器、加料、沉入振冲器振密，反复进行直至桩顶，每次加料高度为0.5～0.8m孔高。但此法效率较低，且竖向振密程度不够均匀。因此，如在砂性土中制桩时，振冲器可不提出孔口，采用边振边加料的方法。填料可连续添加，直到此深度处的桩体密实电流达到规定值后，才将振冲器上提30～50cm，继续加料振密，如此反复进行直至桩顶。如图2-5（e）所示。

在振密过程中，宜小水量的喷水补给，以降低孔内泥浆密度，有利于填料下沉，使填料在水饱和状态下，便于振捣密实。

（6）填料应选择不溶于地下水或不受侵蚀影响的碎（卵）石、粗砂、矿渣及破碎的废混凝块等性能稳定的粒料。其最大粒径不宜大于50mm较合适。粒径过大，在边振边填施工中难以落入孔内，加固效果差；粒径过细，由于颗粒太轻，在孔内泥浆中沉入速度太慢，也不容易振密。填料含泥量不宜大于5%，且不得含有土块粒。级配必须符合设计要求。

（7）利用原地砂土振密法施工时，其施工顺序定位、振冲成孔与碎石桩法相同。待振冲器接近加固深度时（在设计深度以上30～50cm），减小水压，继续使振冲器下沉至加固深度以下50cm处，并留振10～15s，然后以1～2m/min的速度提升振冲器，每提高30～50cm，留振10～15s，并观察电机工作的电流变化，当电流达到密实电流时即为合适留振时间，再继续上提、留振，直至地面。

（8）振冲施工，可在原地面造孔，也可在基坑（槽）开挖后在坑（槽）内造孔。地表有硬层（如旧基础、旧路基或冻结层等）时，应先挖孔再振冲，以减少振冲器的碰撞和磨损。

振冲造孔方法可按表2-4选用。

（9）振冲地基表面0.1～1.0m范围内密实度较差，一般应予挖除，应加填碎石进行夯实或压路机碾压密实。

表2-4　振冲孔方法的选择

造孔方法	步　　骤	优缺点
排孔法	由一端开始，依次逐步造孔到另一端结束	易于施工，且不易漏掉孔位，但当孔位较密时，后打的桩易发生倾斜和移位
跳打法	同一排孔采取隔一孔，造一孔	先后造孔影响小，易保证桩的垂直度，但防止漏掉孔位，并应注意桩位准确
帷幕法	先造外围2～3圈排孔，然后造内圈（排）。采用隔圈（排）造一圈（排）或依次向中心区造孔	能减少振冲能量的扩散，振密效果好，可节约桩数10%～15%，大面积施工时应注意防止漏掉孔位和保证其位置准确

2.1.5.3　质量检查

（1）检查施工各项施工记录，如有遗漏或不符合规定要求的桩或振冲点，应补做或采取有效的补救措施。

（2）振冲施工结束后，除砂土地基外，应间隔一定时间后方可进行检查。对粉质黏土地基间隔时间可取3～4周，对粉土地基可取2～3周。

（3）桩位偏差不得大于0.2d（d为桩孔直径）。

（4）常用每根桩的填料为桩体质量检验的标准，一般每米桩体直径达到0.8m以上，所需碎石量为0.6～0.7m^3，土质差填料应多一些。

（5）振冲桩的施工质量检验可采用单桩荷载试验，检验数量为桩数的0.5%，且不少于3根。对碎石桩体检验可用重型动力触探进行随机检验。对桩间土的检验可在处理深度内用标准贯入、静力触探等进行检验。

2.1.6 深层密实法

深层密实法常采用深层搅拌法，即使用水泥浆作为固化剂的水泥土搅拌法，简称湿法。适用于加固饱和软黏土地基，还可用于构建重力式支护结构。

2.1.6.1 深层搅拌法的基本原理

深层搅拌法是利用水泥浆作为固化剂，通过特制的深层搅拌机械，在地基深处就地将软土和固化剂（浆液）强制搅拌，利用固化剂和软土之间所产生的一系列物理、化学反应，使软土硬结成具有整体性、稳定性和一定强度的地基。

2.1.6.2 施工工艺及施工要点

水泥土搅拌桩的施工工艺流程，如图2-6所示。

（1）就位

起重机（或塔架）悬吊深层搅拌机到达指定桩位，使水泥喷浆口对准设计桩位，并使导向架与地面垂直。

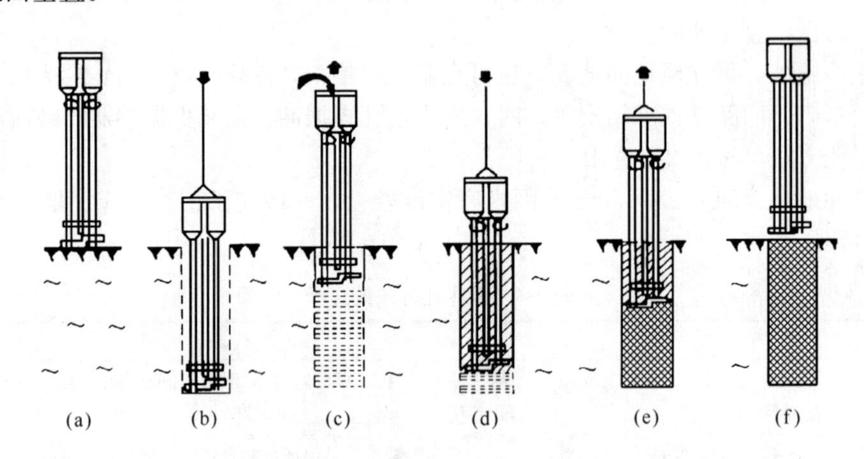

图2-6 深层搅拌桩施工工艺流程

(a) 就位；(b) 预搅下沉；(c) 喷浆搅机提升；(d) 重复搅拌下沉；(e) 重复搅拌提升；(f) 完毕

（2）预搅下沉

启动搅拌机电机，放松起重机钢丝绳，使搅拌机在自重和转动力矩作用下沿导向架边搅拌切土边下沉，下沉速度可由电动机的电流监测表和起重卷扬机的转速控制，工作电流不应大于70A。

（3）制备水泥浆

待深层搅拌机下沉到设计深度后，开始按设计配合比拌制水泥浆，压浆前，将拌好的水泥浆通过滤网倒入集料斗中。

(4) 喷浆搅拌机提升

深层搅拌机下沉到设计深度后，开启灰浆泵，将水泥浆压入地基中，并且边喷浆，边旋转搅拌头，同时严格按照设计确定的提升速度提升深层搅拌机。

(5) 重复搅拌下沉和喷浆提升

重复步骤 (3)、(4)，当深层搅拌机第二次提升至设计桩顶标高时，应正好将设计用量的水泥浆全部注入地基土中，如未能全部注入，应增加一次附加搅拌，其深度视所余水泥浆数量而定。

(6) 清洗管路

每隔一定时间（视气温情况及注浆间隔时间而定），清洗管路中的残余水泥浆，以保证注浆顺利，不堵管。清洗时，用灰浆泵向管路中压入清水进行。

2.1.6.3 水泥土搅拌桩施工质量检查与控制

(1) 桩位准确，桩体垂直

放线桩位与设计位置误差不得大于 20mm，桩机就位与桩位的误差不得大于 50mm，成桩后与设计位置误差应小于 100mm。

为保证搅拌桩垂直于地面，桩机就位后，导向架的垂直度偏差不得超过 1%，应加强检查。

(2) 水泥浆不得离析

水泥浆要严格按设计的配合比拌制（一般水灰比为 0.4～0.6），制备好的水泥浆停置时间不宜过长（<2h），不得有离析现象。

(3) 确保水泥搅拌桩强度和均匀性

搅拌机搅拌下沉时，应控制下沉速度（一般不超过 0.7m/min），以保证使软土充分搅碎。如下沉困难，可由输浆管适量冲水，以加速搅拌机下沉，但在喷浆前，须将输浆管中的水排清，同时应考虑冲水对桩体质量的影响。

施工时，要严格按设计要求控制喷浆量和搅拌提升速度（一般不超过 0.5m/min）。输浆时，应连续供浆，不允许断浆。如因故断浆，应将搅拌机下沉到断浆点以下 0.5m 处再喷浆提升。

(4) 确保加固体的连续性

相邻桩的施工间隔不得超过 24h，否则应采取技术措施保证加固体的连续性（俗称接头处理）。

2.2 深基础工程

当作为地基的土层软弱，建筑物为高层建筑、上部荷载很大的工业建筑或对变形与稳定有严格要求的一些特殊建筑，无法采用浅基础时，则经过技术经济比较后可采用深基础。

深基础是指桩基础、墩基础、沉井（箱）基础、地下连续墙等，其中桩基础应用最广。深基础不但可选用较好的深部土层来承受上部荷载，还可利用深基础周壁的摩擦阻力来共同承受上部荷载，因而其承载力高、变形小、稳定性好，但其施工技术复杂、造价高、工期长。

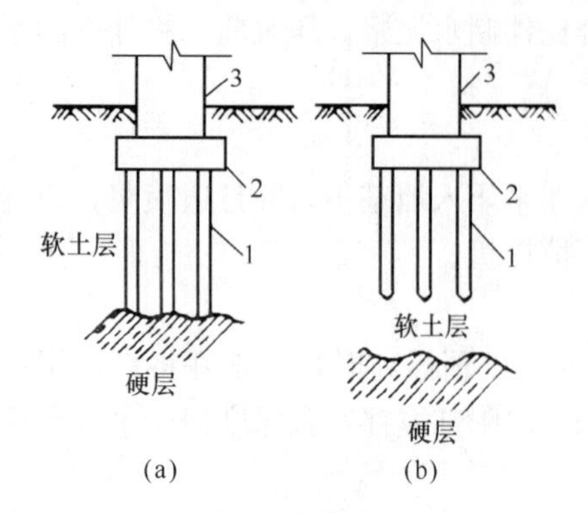

图 2-7 桩基础

(a) 端承桩；(b) 摩擦桩

1—桩；2—承台；3—上部结构

2.2.1 桩基础

桩基础是一种常用的深基础形式，它是由若干根沉入土中的单桩，顶部用承台或梁联系起来的一种基础形式，如图 2-7 所示。

按桩的受力情况，桩分为摩擦桩和端承桩两类。前者桩上的荷载主要由桩侧摩擦力承受；后者桩上的荷载主要由桩端阻力承受。

按桩的施工方法不同，桩分为预制桩和灌注桩两类。预制桩是在工厂或施工现场制作的各种材料和形式的桩（如钢筋混凝土、钢管桩、型钢桩等），然后用沉桩设备将桩沉入土中。沉桩方法有锤击沉桩、振动沉桩、静压桩等。灌注桩是在施工现场的桩位就地成孔，然后在孔中安放钢筋骨架，再浇筑混凝土成桩。成孔方法有泥浆护壁钻孔、套管成孔、干作业成孔及人工挖孔等。

钢筋混凝土预制桩（含预应力钢筋混凝土桩）施工速度快，适用于穿透的中间层较软弱或夹有不厚的砂层、持力层埋置深度及变化不大、地下水位高、对噪声及挤土影响无严格限制的地区；灌注桩适用于严格限制噪声、振动、挤土影响、持力层起伏较大的地区。

2.2.1.1 钢筋混凝土预制桩施工

钢筋混凝土预制桩能承受较大的荷载，坚固耐久，施工速度快，但对周围环境影响较大，是我国广泛应用的桩型之一。常用的为钢筋混凝土方形实心断面桩和圆柱体空心断面桩，预应力混凝土桩正推广应用。

钢筋混凝土方桩断面尺寸一般为 200～550mm。单根桩或多节桩的单节长度，应根据打桩架的高度、制作场地和装卸能力而定，一般在 27m 以内。多节桩如用电焊或法兰接桩时，节点的竖向位置尚应避开土层中的硬夹层。如在预制厂制作，桩长不宜超过 12m；如在现场预制，桩长不宜超过 30m。混凝土强度等级不宜低于 C30。桩身配筋与沉桩方法有关，锤击沉桩的纵向钢筋配筋率不宜小于 0.8%，压入桩不宜小于 0.5%，但压入桩的桩身细长时，桩的纵向钢筋配筋率不宜小于 0.8%。桩的纵向钢筋配筋直径不小于 14mm，桩身宽度或直径大于或等于 350mm 时，纵向钢筋配筋不应少于 8 根。箍筋直径 6～8mm，间距不大于 200mm，在桩顶和桩尖应加强箍筋。

钢筋混凝土圆柱体空心管桩，是以离心法在工厂生产的，通常都施加预应力，桩径多为 400mm 和 500mm，壁厚为 80～100mm，每节长度 8～12m 不等，主筋 10～20 根，外面绕以螺旋 ϕ6mm 箍筋，混凝土强度等级不低于 C30，各节段之间的连接可用焊接或法兰螺栓连接。下节桩底端可设桩尖，亦可以是开口的。由于用离心法成型，混凝土中多余的水分由于离心力而甩出，故混凝土致密、强度高，抵抗地下水和其他类腐蚀的性能好。

（1）钢筋混凝土预制桩的预制、起吊、运输和堆放

1）桩的预制

钢筋混凝土预制桩多数在打桩现场或附近就地预制，较短的桩亦可在预制厂生产。

为节省场地，现场预制桩多采用重叠法，间隔制作。重叠层数取决于地面允许荷载和施工条件，一般不宜超过 4 层，上下层之间、邻桩之间、桩与底模模板之间应做好隔离层。如图 2-8 所示。

①钢筋混凝土桩现场预制的制作程序

现场布置→场地地基处理、整平→浇筑场地地坪混凝土→支模板→绑扎钢筋、安装吊环→浇筑混凝土→混凝土养护至30%强度拆模板，再支上层模板、涂刷隔离剂→重叠生产浇筑第二层桩混凝土→养护至100%强度→起吊、运输、堆放→沉桩。

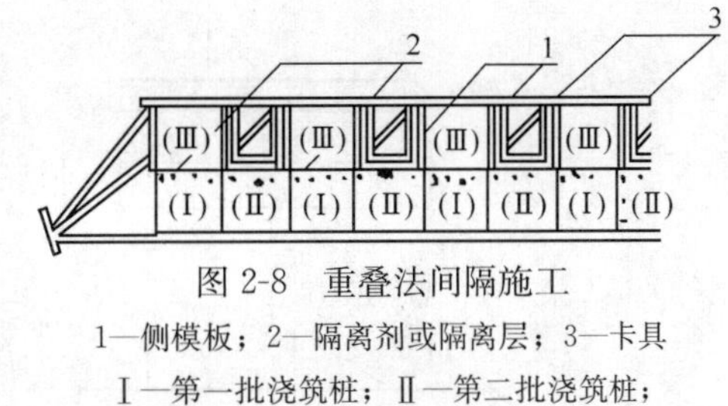

图 2-8　重叠法间隔施工

1—侧模板；2—隔离剂或隔离层；3—卡具

Ⅰ—第一批浇筑桩；Ⅱ—第二批浇筑桩；

Ⅲ—第三批浇筑桩

②桩的制作注意事项

a. 预制场地必须平整夯实，不应产生浸水湿陷和不均匀沉降。

b. 必须保证钢筋位置正确，桩尖应对准纵轴线，纵筋长度不够时应采用对焊焊接，几根主筋的接头位置应按规范要求相互错开。纵向钢筋顶部保护层不应过厚。

c. 桩混凝土强度等级不应小于C30，并用机械拌制，用于锤击法沉桩的预制桩，混凝土粗集料应用5～40mm的碎石或碎卵石，坍落度不得大于6cm。

d. 桩混凝土浇筑应由桩顶向桩尖连续浇筑捣实，严禁中断。上层桩或邻桩的浇筑，应在下层桩或邻桩混凝土达到设计强度的30%以后方可进行。接桩的接头处要平整，使上下桩能互相贴合对准。

e. 浇筑完毕后应覆盖洒水养护不少于7d，如采用蒸汽养护时，在蒸养后尚应适当自然养护数天，待混凝土强度达到设计强度后方可使用。

表 2-5　预制桩制作允许偏差

桩　型	项　目	允许偏差（mm）
钢筋混凝土实心桩	横截面边长	±5
	桩顶对角线之差	10
	保护层厚度	±5
	桩身弯曲矢高	≤0.1%桩长，且≤20
	桩顶中心线	10
	桩顶平面对桩中心线的倾斜	≤3
	锚筋预留孔深	0～±20
	浆锚预留孔深	5
	浆锚预留孔径	±5
	锚筋孔的垂直度	0.01
	直径	±5
钢筋混凝土管桩	管壁厚度	−5
	抽心圆孔中心线对桩中心线	5
	桩尖中心线	10
	下节或上节的法兰对桩中心线的倾斜	2
	中节桩两个法兰对桩中心线倾斜之和	3

2）桩的起吊、运输和堆放

①混凝土预制桩强度达到设计强度70%后方可起吊，达到100%后方可进行运输。如提前吊运，必须采取措施并经验算合格后，方可进行。桩在起吊和搬运时吊点应符合设计规定，如无吊环，设计又未作规定时，应符合起吊弯矩最小的原则，按图2-9所示的位置捆绑。在吊索与桩身接触处应加衬垫，以免损坏棱角。起吊时应平稳提升，避免摇晃撞击和振动。

②桩的运输应根据打桩进度和打桩顺序确定，一般情况采用随打随运的方法以减少二次搬运。长距离运输，可采用平板拖车或轻轨平板车。长桩搬运时，桩下要设置活动支座。经

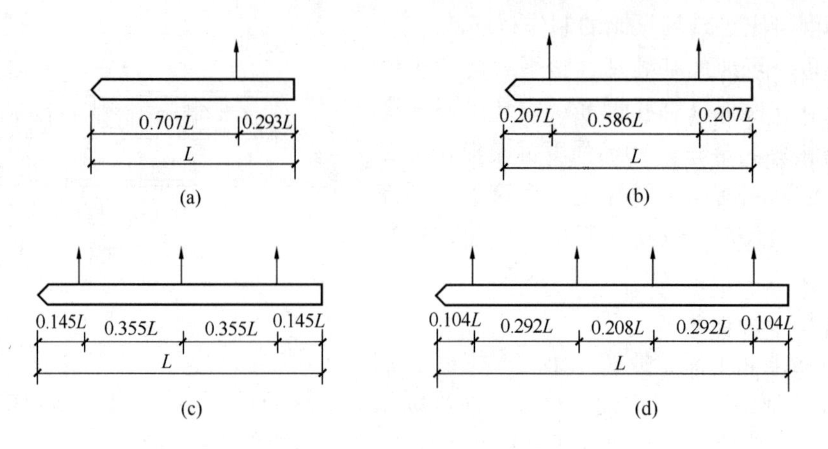

图 2-9 吊点的合理位置

(a) 1个吊点；(b) 2个吊点；(c) 3个吊点；(d) 4个吊点

过搬运的桩，还应进行质量复查。

③桩堆放时，地面必须平整、坚实，垫木间距应与吊点位置相同，各层垫木应位于同一垂直线上，堆放层数不宜超过4层，不同规格的桩应分别堆放。

(2) 钢筋混凝土预制桩的沉桩

钢筋混凝土预制桩的沉桩方法有：锤击法、静力压桩法、振动法和水冲法等。

1) 锤击沉桩

锤击沉桩也称打入桩，是利用桩锤下落产生的冲击能量将桩沉入土中。锤击沉桩是钢筋混凝土预制桩最常用的沉桩方法，该法施工速度快，机械化程度高，适应范围广，现场文明程度高，但施工时有噪声污染和振动等公害，对市中心和夜间施工受到限制。

①打桩设备及选用

打桩设备包括桩锤、桩架及动力装置三部分。

a. 桩锤类型

桩锤是将桩打入土中的主要机具，有落锤、单动汽锤、双动汽锤和柴油锤。

落锤。落锤一般由生铁铸成，利用锤本身的重量自高处落下产生的冲击力将桩打入土中。落锤重量为1～5t，构造简单，使用方便，提升高度可随意调整，打桩速度慢（6～20次/min)，效率低，对桩的损伤较大。适于在黏土和含砾石较多的土中打桩。

单动汽锤。单动汽锤的冲击部分是汽缸，动力为蒸汽或压缩空气。其工作原理是由蒸汽或压缩空气的压力将汽缸上举，到达顶端时排汽，汽缸自由下落冲击桩顶沉桩。单动汽锤重1.5～15t，落距较小，不易损坏桩头，打桩速度和冲击力均较落锤大（20～80次/min)，效率较高，适用于各种桩在各类土中沉桩。

双动汽锤。双动汽锤的冲击部分是活塞杆，靠活塞杆的自重和蒸汽或压缩空气向下的推力，共同作用于桩头，增加桩锤的夯击能量。锤重为0.6～6t，冲击频率高（100～200次/min)。汽锤适用于打各种材料、种类的桩，当采用压缩空气时，双动汽锤可在水下打桩。

柴油锤。柴油锤分为导杆式和筒式两种。柴油锤实际上是一种单缸内燃机，其工作原理是利用燃油爆炸产生的力，推动活塞上下往复运动进行沉桩。其冲击部分是上下运动的活塞。首先利用机械能将活塞提升到一定的高度，然后迅速自由下落，这时汽缸中的空气被压缩，温度剧增，同时柴油通过喷嘴喷入汽缸中点燃爆炸，其作用力将活塞上抛，反作用力将桩击入土中。这样，活塞不断下落、上抛，循环进行，将桩沉入土中。柴油锤锤重 0.22～18t，每分钟锤击 40～70 次。柴油锤构造简单、轻巧，易搬动转移，不需外部供应能源。但在过软的土中由于贯入度过大，燃油不能爆发，桩锤反跳不起来，会使工作循环中断。另一个缺点是噪声和空气污染的公害，故在城市中施工受到一定限制。多用于打大型钢筋混凝土桩和钢管桩。

b. 桩锤的选用

桩锤的类型应根据施工现场的情况、机具设备的条件及工作方式和工作效率进行选择；然后根据现场工程地质条件、桩的类型、密集程度及施工条件来选择桩锤重。可参考表 2-6 选择，也可按锤冲击能量选择锤重，用下式计算

表 2-6　选择锤重参考表

锤型		柴油锤（kN）					蒸汽锤（单动，kN）		
		18	25	32	40	70	30～40	70	100
锤型资料	冲击部分重	18	25	32	46	72	30～40	55	90
	锤总重	42	65	72	96	180	35～45	67	110
锤冲击力		～2000	1800～2000	3000～4000	4000～5000	6000～10000	～2300	～3000	3500～4000
常用冲程（m）		1.8～2.3					0.6～0.8	0.5～0.7	0.4～0.6
适用的桩规格	预制方桩、管桩的边长或直径（cm）	30～40	35～45	40～50	45～55	55～60	35～45	40～45	40～50
	钢管桩直径（cm）	40			60	90			
黏性土	一般进入深度（m）	1～2	1.5～2.5	2～3	2.5～3.5	3～5	1～2	1.5～2.5	2～3
	桩尖可达到静力触探 p_2 平均值（MPa）	3	4	5	>5	>5	3	4	5
砂土	一般进入深度（m）	0.5～1	0.5～1	1～2	1.5～2.5	2～3	0.5～1	1～1.5	1.5～2
	桩尖可达到标准贯入击数 N 值	15～25	20～30	30～40	40～45	50	15～25	20～30	30～40
岩石（软质）	桩尖可进入深度（m）强风化		0.5	0.5～1.0	1～2	2～3		0.5	0.5～1
	桩尖可进入深度（m）中等风化			表层	0.51	1～2			表层
每 10 击锤的常用控制贯入度（cm）		2～3			3～5	4～8	3～5		
设计单桩极限承载力（kN）		400～1200	800～1600	1600～2000	3000～5000	5000～10000	600～1400	1500～3000	2500～4000

注：1. 适用于预制桩长度 20～40m，钢管桩长度 40～60m，且桩尖进入硬土层一定深度。不适用于桩尖处于软土层的情况。

2. 标准贯入击数 N 值为未修正的数值。

3. 本表仅供选锤参考，不能作为设计确定贯入度和承载力的依据。

$$E \geqslant 0.025P \tag{2-1}$$

式中　E——锤的一次冲击动能，kN·m；

　　P——设计单桩竖向极限承载力标准值，kN。

并应以下式复核

$$K=(M+C)/W \tag{2-2}$$

式中　M——桩锤重力，kN；

　　C——桩重力，kN；

　　W——桩锤一次冲击能，kN·m；

　　K——桩锤适用因数，双动和柴油锤 $K \leqslant 5.0$；单动汽锤 $K \leqslant 3.5$；落锤 $K \leqslant 2.0$。

c. 桩架的选择

桩架的作用是支持桩身和桩锤，在打桩过程中引导桩的方向，并保证桩锤能沿着所要求方向冲击的打桩设备。常用桩架基本有两种：一种是沿轨道或滚杠行走移动的多功能桩架，另一种是装在履带式底盘上可自由行走的桩架。

多功能桩架。多功能桩架由立柱、斜撑、回转工作台、底盘及传动机构等组成。它的机动性和适应性较大，在水平方向可作360°回转，导架可伸缩和前后倾斜。底盘下装有铁轮，可在轨道上行走。这种桩架可用于各种预制桩和灌注桩施工。缺点是机构较庞大，现场组装和拆卸、转运较困难。如图2-10所示。

履带式桩架：履带式桩架以履带式起重机为底盘，增加了立柱、斜撑、导杆等。其行走、回转、起升的机动性好，使用方便，适用范围广，亦称履带式打桩机。适应各种预制桩和灌注桩施工，如图2-11所示。

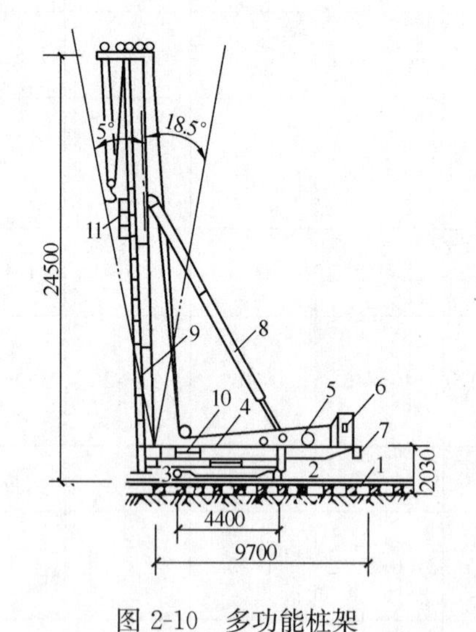

图2-10　多功能桩架

1—枕木；2—钢轨；3—底盘；4—回转平台；5—卷扬机；6—司机室；7—平衡配重；8—撑杆；9—挺杆；10—缆绳；11—桩锤与桩帽

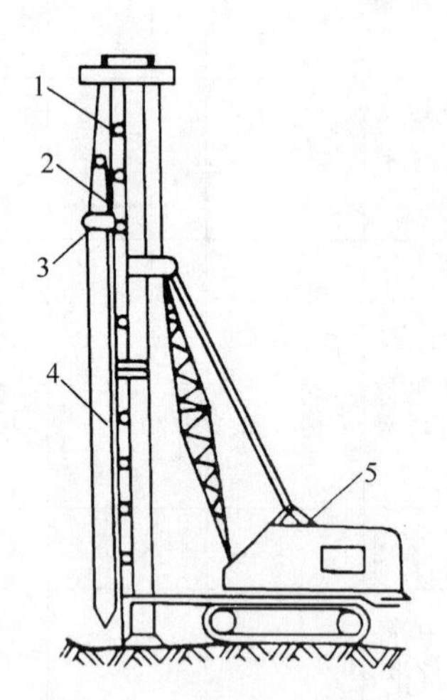

图2-11　履带式桩架

1—导架；2—桩锤；3—桩帽；4—桩；5—吊车

d. 动力设备

打桩机械的动力装置及辅助设备主要根据选定的桩锤种类而定。落锤以电源为动力，再配置电动卷扬机、变压器、电缆等；蒸汽锤以高压饱和蒸汽为驱动力，配置蒸汽锅炉、蒸汽绞盘等；汽锤以压缩空气为动力源，需配置空气压缩机、内燃机等；柴油锤以柴油为能源，桩锤本身有燃烧室，不需外部动力设备。

②打桩施工

a. 打桩前准备工作

打桩前应做好下列准备工作：

清除妨碍施工的地上和地下的障碍物。

平整施工场地。

定位放线。

设置供电、供水系统。

安装打桩机。

桩基轴线的定位点，应设置在不受打桩影响的地点，打桩地区附近需设置不少于两个水准点。在施工过程中可据此检查桩位的偏差以及桩的入土深度。

b. 打桩顺序的确定

打桩时，由于桩对土体的挤密作用，先打入的桩受水平推挤而造成偏移和变位，或被垂直挤拔造成浮桩；而后打入的桩则难以达到设计标高或入土深度，造成土体隆起和挤压，截桩过大。所以群桩施打时，为了保证工程质量和进度，防止周围建筑物破坏，打桩前应根据桩的密集程度、规格、长短和桩架移动是否方便来正确选择打桩顺序。常用的打桩顺序如图 2-12 所示。

当桩较密集时（桩中心距不大于 4 倍桩边长或桩径），应由中间向两侧对称施打或有中间向四周打，如图 2-12（a）、(b)。这样打桩时土体由中间向两侧或四周均匀挤压，易于保证施工质量，当桩数较多时，也可采用分区段施打。

当桩较稀疏时，（桩中心距大于 4 倍桩边长或桩径），可采用上述两种打桩顺序，也可采用由一侧向单一方向施打的方式，即逐排打设，如图 2-12（c）所示，或由两侧同时向中间施打，如图 2-12（d）所示。逐排打设，桩架单方向移动，打桩效率高，但打桩前进方向一侧不宜有防侧移、防振动的建筑物、构筑物、地下管线等，以防土体挤压破坏。

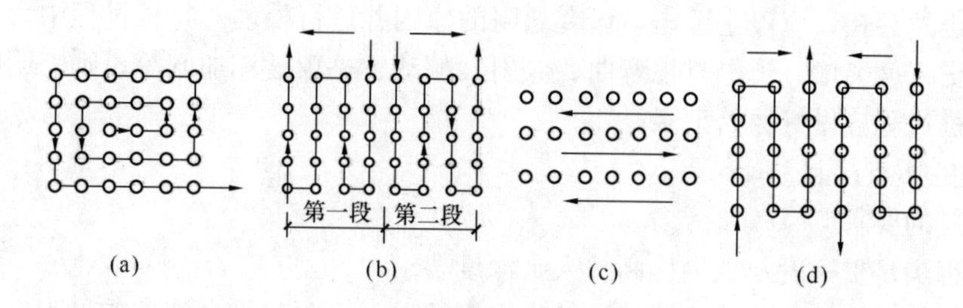

图 2-12　打桩顺序

(a) 自中部向四周打设；(b) 由中间向两侧打设；(c) 逐排打设；(d) 从两侧向中间施打

当桩规格、埋深、长度不同时，宜按先大后小、先深后浅、先长后短的顺序施打。当一侧毗邻建筑物时，由毗邻建筑物处向另一方向施打。当桩头高出地面时，桩机宜采用往后退打，否则可采用往前顶打的方法。

c. 沉桩方法

沉桩过程如下：

场地准备→桩位定位→桩架移动和定位→吊桩和定桩→打桩→接桩→送桩→截桩等。

在桩架就位后，将桩锤和桩帽吊起，然后将桩吊成垂直状态送入导杆内，对准桩位中心，缓缓放下插入土中，垂直度偏差不得超过0.5%，桩位允许偏差不得超过表2-7规定。桩就位后，在桩顶安上桩帽，然后放下桩锤轻轻压住桩帽。桩锤、桩帽和桩身中心线应在同一垂直线上。在桩的自重和锤重作用之下，桩向土中沉入一定深度而达到稳定，这时再校正一次桩的垂直度，即可进行打桩。在桩锤与桩帽、桩帽与桩之间应加设弹性衬件，如硬木、麻袋、草垫，桩帽或送桩帽与桩顶周围四周应有5～10mm的间隙以防损伤桩顶。

表2-7　预制桩位置的允许偏差

序　号	项　目	允许偏差（mm）
1	盖有基础梁的桩 （1）垂直基础梁的中心线 （2）沿基础梁的中心线	 100＋0.01H 150＋0.01H
2	桩数为1～3根桩基中的桩	100
3	桩数为4～6根桩基中的桩	1/2桩径或边长
4	桩数大于16根桩基中的桩 （1）最外边的桩 （2）中间桩	 1/3桩径或边长 1/2桩径或边长

注：H为施工现场地面标高与桩顶设计标高的距离。

打桩宜重锤低击。开始打桩时，桩锤的落距应较小，一般为0.6～0.8m，待桩入土一定深度（约1～2m），桩尖不易产生偏移时，可适当增大落距，并逐渐提高到规定的数值，连续锤击。根据实践经验，落距在一般情况下，单动汽锤以0.6m左右为宜。柴油锤不超过1.5m，落锤以不超过1.0m为宜。

打桩时速度应均匀，锤击间歇的时间不应过长。在打桩过程中应经常检查打桩架的垂直度，如偏差超过1%，则需及时纠正，以免打斜。打桩时应观察桩锤的回弹情况，如回弹较大，则说明桩锤太轻，不能使桩下沉，应及时予以更换。随时注意贯入度的变化情况，当贯入度骤减，桩锤有较大回弹时，表明桩尖遇到障碍，此时应将锤击的落距减小，加快锤击。如上述现象仍然存在，应停止锤击，研究遇阻的原因并进行处理。打桩过程中，如突然出现桩锤回弹、贯入度突增，锤击时桩弯曲、倾斜、颠动、桩顶破坏加剧等，则表明桩身可能已经破坏。打桩过程应做好原始记录。

d. 打桩的质量控制

打桩质量的要求

一是能否满足贯入度及桩尖标高或入土深度要求；

二是桩的位置偏差是否在允许范围之内。钢筋混凝土预制桩允许偏差见表2-7。

打桩的控制原则是：

桩端（指桩的全断面）位于一般土层时，经控制桩端设计标高为主，贯入度可作参考；桩端达到坚硬、硬塑的黏土、中密以上的粉土、碎石类土、砂土、风化岩石时，以贯入度控制为主，桩端标高可作参考；贯入度已达到而桩端标高未达到时，应继续锤击3阵，按每阵10击的贯入度不大于设计规定的数值加以确认。必要时施工控制贯入度应通过试验与有关单位会商确定。

贯入度是指每锤击一次桩的入土深度，而在打桩过程中常指最后贯入度，即最后一击桩的入土深度。实际施工中一般是采用最后10击桩的平均入土深度作为其最后贯入度。测量最后贯入度应在下列正常情况下进行：桩锤的落距符合规定；桩帽和弹性衬垫等正常；锤击没有偏心；桩顶没有破坏或破坏处已凿平。

e. 送桩、接桩

桩基础一般采用低承台桩基，即承台底标高位于地面以下。为了减短预制桩的长度可用送桩的办法将桩打入地面以下一定的深度。应用钢送桩器放于桩头上，锤击送桩器将桩送入土中。这时，送桩器的中心线应与桩身中心线吻合一致方能进行送桩，送桩深度一般不宜超过 2m。

若需要的桩较长，当采取分节打桩时，需在现场进行接桩。接长混凝土桩的方法有：焊接法、法兰接法和浆锚法等。

焊接法：焊接法接桩一般在距地面 1m 左右进行。将上节桩吊起，对准后用电焊点焊固定连接角钢，如有间隙用铁片垫实焊牢。然后进行对角分段焊接。节点在焊接前要清除预埋件表面的污泥杂物。焊缝应连续饱满，焊时最好两人对称进行，以减少变形和残余应力。焊接节点构造如图 2-13 所示，焊接法接桩适用于各类土层。

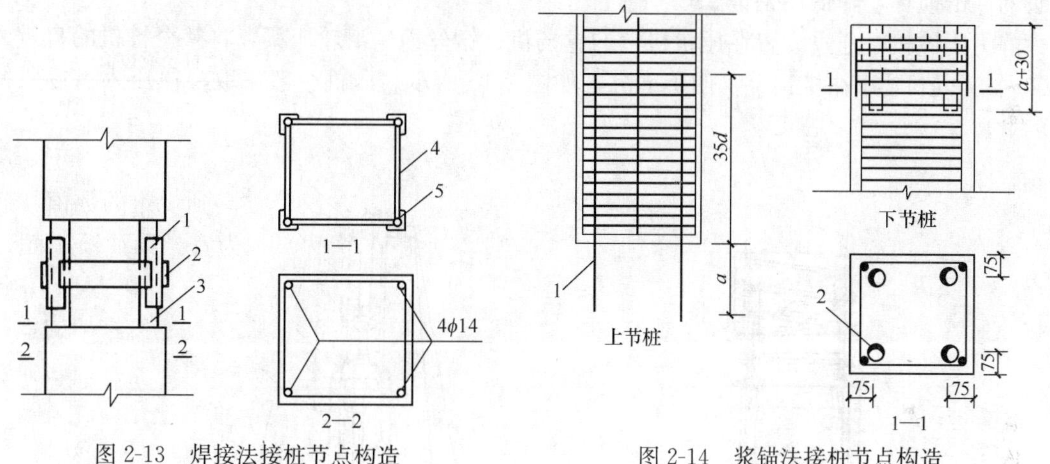

图 2-13　焊接法接桩节点构造

1—4∟50×5 长 200（拼装角钢）；2—4—100×300×8（连接钢板）；3—4∟63×8 长×150（与立筋焊接）；4—ϕ12（与∟63×8 焊牢）；5—主筋

图 2-14　浆锚法接桩节点构造

1—主筋；2—锚筋孔

浆锚法：浆锚法接桩节点构造如图 2-14 所示。接桩时，首先将上节桩对准下节桩，使 4 根锚筋插入锚筋孔（孔径为锚筋直径的 2.5 倍），下落上节桩身，使其结合紧密。然后将桩上提约 200mm（以 4 根锚筋不脱离锚筋孔为度），此时，安设好施工夹箍（由 4 块木板，内侧用人造革包裹 40mm 厚的树脂海绵块而成），将熔化的硫磺胶泥注满锚筋孔和接头平面上，然后将上节桩下落，当硫磺胶泥冷却并拆除施工夹箍后，即可继续加荷施压。

硫磺胶泥是一种热塑冷硬性胶结材料，是由胶结材料、细集料、填充料和增韧剂熔融搅拌混合而成。其质量配合比（%）为：

硫磺∶水泥∶粉砂∶聚硫 780 胶＝44 ∶ 11 ∶ 41 ∶ 1

为保证硫磺胶泥锚接桩质量，应做到：锚筋应刷清并调直；锚筋孔内应有完好螺纹，无积水、杂物和油污；接桩时接点的平面和锚筋孔内应灌满胶泥；灌注时间不得超过 2min；灌注后停歇时间应符合表 2-8 的规定。

浆锚法接桩，可节约钢材，操作简便，接桩时间比焊接法要大为缩短，但不宜用于坚硬土层中。

表 2-8 硫磺胶泥灌注后需停歇的时间

桩截面（mm²）	不同气温下的停歇时间（min）				
	0～10℃	11～20℃	21～30℃	31～40℃	41～50℃
400×400	6	8	10	13	17
450×450	10	12	14	17	21
500×500	13	15	18	21	24

法兰法：法兰接桩法节点构造如图 2-15 所示。它是用法兰盘和螺栓连接。其接桩速度快，但耗钢量大，多用于混凝土管桩。

2）静力压桩

静力压桩是在软土地基上，利用静力压桩机或液压桩机用无振动的静压力（自重和配生）将预制桩压入土中的一种沉桩新工艺。这种施工工艺具有无振动、无噪声、无污染、无冲击力和施工应力小等特点。有利于减小沉桩振动对邻近建筑物和精密设施的影响，避免对桩头的冲击损坏，降低用钢量。

静力压桩机是通过安置在压桩机上的卷扬机、钢丝绳、滑轮压梁，将整个桩机的自重力（800～1500kN）压在桩顶上，使桩下沉，如图 2-16 所示。压桩一般采取分段压入、逐段接长的方法。

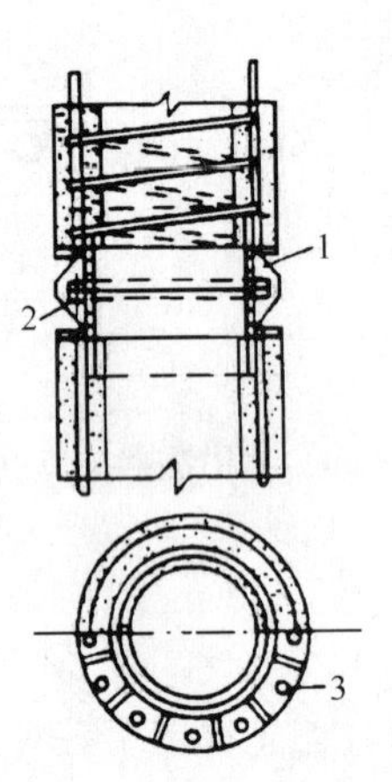

图 2-15 管桩法兰接桩节点构造

1—法兰盘；2—螺栓；3—螺栓孔

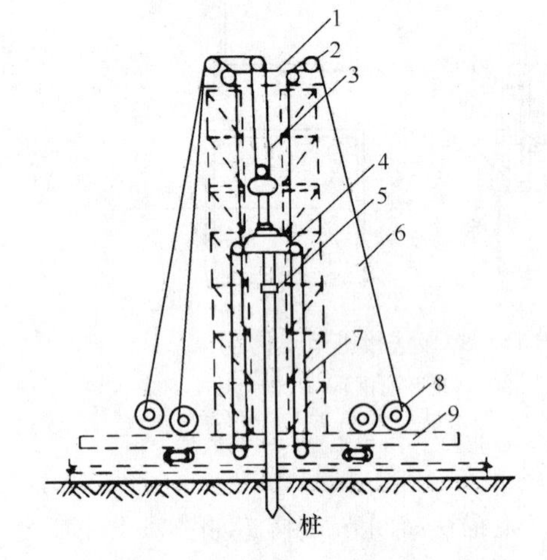

图 2-16 顶压式压桩机示意图

1—桩架顶梁；2—导向滑轮；3—提升滑轮组；4—压梁；5—桩帽；6—钢丝绳；7—压桩滑轮组；8—卷扬机；9—底盘

近年来引进了 WJY—200 型和 WJY—400 型压桩机。如图 2-17 所示是液压操纵的先进设备，静压力有 2000kN 和 4000kN 两种。液压压桩机压桩高度可达 20m，有利于减少接桩工序。可做 360°旋转，可自行插桩就位，适于在临近已有建筑物处沉桩。

静力压桩工艺流程为：场地清理和处理→测量定位→尖桩就位、对中、调直→压桩→接桩→再压桩→送桩或截桩。

3）振动沉桩

振动沉桩的原理是：借助固定于桩头上的振动沉桩机所产生的振动力，以减小桩与土壤颗粒之间的摩擦力，使桩在自重与机械力作用下沉入土中。

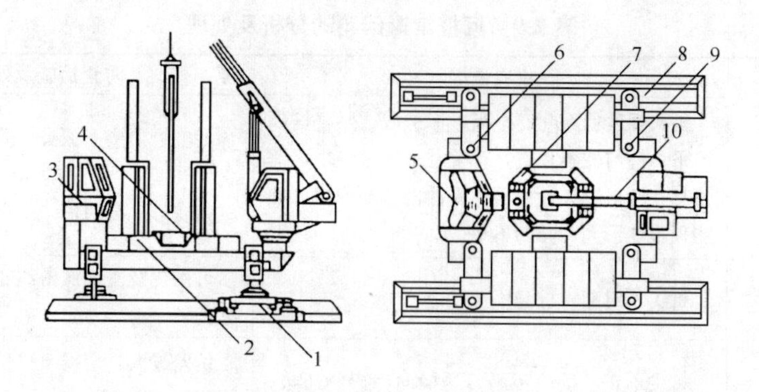

图 2-17　液压静力压桩机

1—短向行走及回转机构；2—配重铁块；3—操作室；
4—夹持与压桩机构；5—电控系统；6—液压系统；
7—导向架；8—长向行走机构；9—支腿式底盘结构；10—液压起重机

振动沉桩机系由电动机、弹簧支承、偏心振动块和桩帽组成，如图 2-18 所示。振动机内的偏心振动块，分左右对称两组，其旋转速度相等，方向相反。所以，当工作时，两组偏心块的离心力水平分力相消，但垂直分力则相叠加，形成垂直方向（向上或向下）的振动力。由于桩与振动机是刚性连接在一起，故桩也随着振动力沿垂直方向上下振动而下沉。

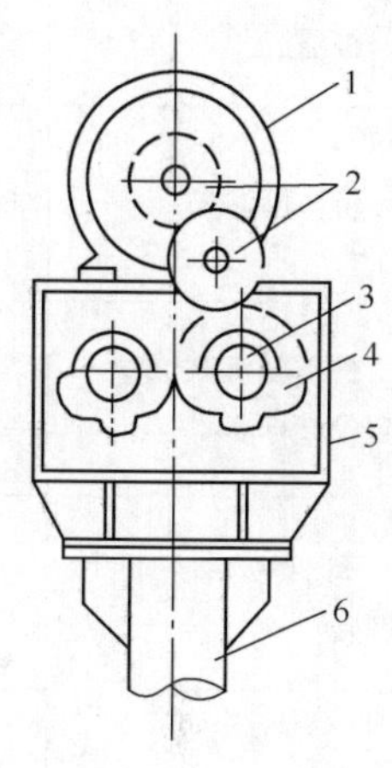

图 2-18　振动沉桩机

1—电动机；2—传动齿轮；
3—轴；4—偏心块；
5—箱壳；6—桩

振动沉桩法主要适用于砂石、黄土、软土和粉质黏土，在含水砂层中的效果更为显著，但在砂砾层中采用此法时，尚需配以水冲法。沉桩工作宜连续进行，以防造成沉桩困难。

4）水冲沉桩

水冲沉桩法是利用高压水流冲刷桩尖下面的土壤，减少桩表面与土壤之间的摩擦力和桩下沉时的阻力，使桩在自重或锤击作用下，很快沉入土中。射水停止后，冲松的土壤沉落，又可将桩身压紧。

水冲沉桩的设备，除桩架、桩锤外，还需要高压水泵和射水管。施工时应使射水管的末端经常处于桩尖以下 0.3～0.4m 处。当桩沉落至最后 1～2m 时，不宜再用水冲，应用锤击将桩打至设计标高，以免冲松桩尖的土壤，影响桩的承载力。

水冲法适用于砂土、砾石或其他较坚硬土层，特别对于较重的混凝土桩更为有效。水冲法需要大量的水，并可引起土层的沉陷，如在旧房或结构物附近施工，应采取有效措施。

5）沉桩常遇问题的分析及处理（表 2-9）

2.2.1.2　混凝土灌注桩施工

混凝土灌注桩是直接在施工现场桩位成孔，然后在孔内浇筑混凝土或钢筋混凝土而成。按成孔工艺不同，分为泥浆护壁成孔灌注桩、干作业成孔灌注桩、套管成孔灌注桩等。近年来在高层建筑基础工程、铁路和公路桥基工程、大型设备基础、挡土墙以及锚碇工程等方面，广泛应用混凝土灌注桩技术。

灌注桩能适应地层的变化，无须接桩，施工时无振动、无挤土和噪声小，宜于在建筑物密集地区使用。但其操作要求严格，施工后需一定的养护期，不能立即承受荷载。

表 2-9　沉桩常遇问题的分析及处理

常遇问题	主要原因	防止措施及处理方法
桩头打坏	桩头强度低，配筋不当，保护层过厚，桩顶不平；锤与桩不垂直，有偏心；锤过轻，落锤过高，锤击过久，使桩头受冲击力不均匀；桩帽顶板变形大，凸凹不平	加桩垫，垫平桩头；低锤慢击或垂直度纠正等处理；严格按质量标准进行桩的制作；桩帽变形进行纠正
桩身扭转或位移	桩尖不对称，桩身不正	可用棍撬慢锤低击纠正；偏差不大，可不处理
桩身倾斜或位移	桩尖不正，桩头不平；遇横向障碍物压边；土层有陡的倾斜角；桩帽与桩身不在同一直线上；桩距太近，邻桩打桩土体挤压	偏差过大，应拔出移位再打或作补桩；入土不深（<1m）偏差不大时，可用木架顶正，再慢锤打入纠正；障碍物不深时，可挖除回填后再打或作补桩处理
桩身破裂	桩质量不符设计要求，遇硬土层硬性施打	加钢夹箍用螺栓拧紧后焊固补强。如符合贯入度要求，可不处理
桩涌起	遇流砂或较软土层，或饱和淤泥层	将浮起量大的重新打入，经静载荷试验，不合要求的进行复打或重打
桩急剧下沉	遇软土层，土洞；接头破裂或桩尖劈裂；桩身弯曲或有严重的横向裂缝；落锤过高，接桩不垂直	将桩拔起检查改正重打，或在靠近原桩位补桩处理；加强沉桩前的检查，不符合要求及时更换或处理
桩不易沉入或达不到设计标高	遇旧埋设物，坚硬土夹层或砂夹层；打桩间隙时间过长，摩阻力增大；定错桩位	遇障碍物或硬土层，用钻孔机钻透后再打入，或边射水边打入；根据地质资料正确选择桩长
桩身跳动，桩锤回弹	桩尖遇树根或坚硬土层；桩身过曲，接桩过长；落锤过高	检查原因，采取措施穿过或避开障碍物；如入土不深应拔起避开或换桩重打
接桩处松脱开裂	连接处表面清理不干净，有杂质、油污；连接铁件不平或法兰平面不平，有较大间隙，造成焊接不牢或螺栓拧不紧；硫磺胶泥配比不当，未按操作规程熬制，接桩处有曲折	接桩表面杂质，油污清除干净；连接铁件不符要求的经修正后可使用；两节桩应在同一直线上，焊接或螺栓拧紧后锤击几下检查合格后再施打；硫磺胶泥严格按操作规程操作，配合比应先经试验

（1）泥浆护壁成孔灌注桩

泥浆护壁成孔灌注桩是利用原土自然造浆或人工造浆，浆液护壁，通过循环泥浆将钻渣排出孔外而成孔，而后安放钢筋骨架，水下灌注混凝土而成桩，其工艺流程如下：

测定桩位→埋设护筒→桩机就位→制备泥浆、泥浆循环钻孔→清孔→安放钢筋骨架→安放导管、浇筑水下混凝土、制备试块→拔出护筒→混凝土养护→截桩头。

1）埋设护筒

护筒是保证钻机沿着桩位垂直方向顺利钻孔的辅助工具，起保护孔口和提高桩孔内的泥浆水头，防止塌孔的作用。护筒一般用 3～5mm 的钢板制成，其直径比桩孔直径大 100～200mm。埋设护筒时，应符合下列规定：

①护筒内径应大于钻头直径：用回旋钻时宜大于 100mm；用冲击钻时宜大于 200mm。

②护筒位置应埋设正确和稳定，护筒与孔壁之间应用黏土填实，以防漏水，其中心应与桩中心线偏差不得大于 20mm。

③护筒埋设深度：在黏土中不宜小于1m，在砂土中不宜小于1.5m，并应保持孔内泥浆液面高出地下水位1m以上，如图2-19所示。

④护筒埋设可采用打入法或挖孔法。前者适用于钢护筒，后者适用于混凝土护筒。护筒顶面宜高出地面30～40cm，或地下水位1.5m以上。当采用潜水钻成孔时，在护筒顶部应开设1～2个溢浆口，便于泥浆循环。

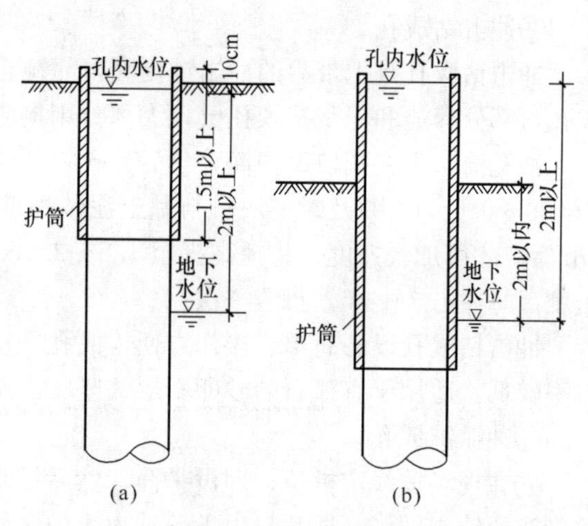

图2-19 护筒

(a) 地下水位在地表面2m以上时；(b) 地下水位在地表面2m以内时

2）制备泥浆

泥浆在成孔过程中所起的作用是：护壁、携渣、冷却和润滑，其中以护壁作用最为主要。

在黏性土和粉质黏土中钻进时，可注入清水，以原土造浆护壁；排渣泥浆的密度应控制在1.1～1.2。在易塌孔的砂土和较厚的夹砂层中钻进时，护壁泥浆的密度应控制在1.1～1.3；在穿过砂夹卵石层钻进时，泥浆密度应控制在1.3～1.5。泥浆可就地选择塑性指数 I_p ≥17的黏土配置。在施工中应注意经常测定泥浆比重，并定期测定黏度、含砂率和胶体率。

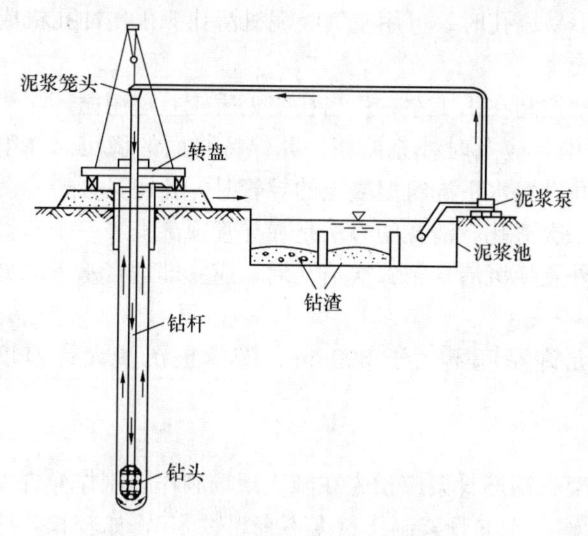

图2-20 正循环回转钻孔

3）成孔方法

泥浆护壁成孔灌注桩成孔方法有钻孔、冲孔和抓孔三种。

①回转钻成孔

回转钻机是由动力装置带动钻机回转装置转动，由其带动带有钻头的钻杆转动，由钻头切削土层。根据泥浆循环的方式不同，分为正循环回转钻机和反循环回转钻机。目前，我国在钻孔灌注桩基础工程施工中，较广泛应用正循环回转钻进成孔。

正循环回转钻进成孔的工艺如图2-20所示。由空心钻杆内部通入泥浆或高压水，从钻杆底部喷出，携带钻渣沿孔壁向上流动，从孔口溢浆口留入泥浆池。它适用于黏性土、粉土、砂类土、淤泥（质）土、卵砾石层、风化岩层等。桩孔直径500～1500mm，深度20～30m，最深可达50m。

钻机安装时，转盘中心与钻架上吊滑轮应在同一垂直线上，钻杆位置偏差不应小于20mm。初钻时，应低档慢速钻进，然后根据土质情况可按正常速度钻进。

反循环回转钻进与正循环回转钻进排泥路线相反，孔内泥浆自孔口流入。钻渣经由钻杆内腔抽吸出孔外至地面。钻杆内径相对较小，上流速度大，携带钻渣能力强。反循环回转钻进成孔，适用于填土、淤泥、粉土、砂类土、砂砾等地层。反循环钻机，需要配备有吸泥泵、真空泵或空气压缩机，成本较高。

②冲击钻成孔

冲击钻成孔是把带刃的冲击锤提高，靠锤自由下落的冲击力，将硬质土层，或岩层破碎成孔，部分碎渣和泥浆挤入孔壁，大部分用掏渣筒掏出。

冲孔前，先在孔口设护筒，然后冲孔机就位，冲锤对准护筒中心，开始低锤密击（锤高为0.4～0.6m），并及时加块石与黏土泥浆护壁，使孔壁挤压密实，直至孔深达护筒下3～4m后，才可加快速度，将锤高提至1.5～2.0m以上进行正常冲击，并随时测定和控制泥浆密度。每冲击3～4m，掏渣一次。

冲击钻成孔设备简单、操作方便，成孔孔壁较坚实、稳定、塌孔少，但掏渣较费工时，效率较低。适用于有孤石的砂卵石层、坚实土层、岩层等地层。

③冲抓锥成孔

先在现场放线定桩位、埋设护筒，然后桩基就位，将冲抓锥对准护筒中心吊起，松开卷筒刹车，钻头即张开抓片自由下落冲入土中，然后提升钻头，抓头闭合抓土，提升至地面卸土，依次循环成孔。适于一般较松散黏土、粉质黏土、砂卵石层及其他软质土层成孔，所成孔壁完整，能连续作业，生产效率高。

4）清孔

钻孔深度达到设计要求后，即可进行清孔，使孔底沉渣厚度、循环泥浆中含渣量和孔壁泥垢厚度符合设计或质量要求，同时为灌注混凝土创造条件，以免影响桩的承载力。

采用潜水电钻机成孔时，用循环法清孔，即让钻头在距孔底处继续旋转，保证泥浆循环从而达到清孔的目的。当孔壁土质较好，不易塌孔时，可用空气吸泥机清孔。采用冲孔机成孔时，可吊入清孔导管，用水泵压入清水换浆。

用原土造浆的钻孔，清孔后泥浆的密度控制在1.1左右；当孔壁土质较差，用循环泥浆清孔时，控制在1.15～1.25。在清孔过程中，应及时补充泥浆，并保持浆面的稳定。在第一次清孔达到要求后，由于放置钢筋骨架和设置水下浇筑混凝土的导管时，孔底又会产生沉渣，因此，在浇筑混凝土之前，应进行第二次清孔。清孔的方法是在导管顶部安装一个弯管和皮笼，用泵将泥浆压入导管内，在导管外置换沉渣，第二次清孔后，应立即进行水下混凝土的浇筑。

清孔后的沉渣应满足：摩擦桩沉渣允许厚度不大于300mm；端承桩沉渣允许厚度为100mm。

5）安放钢筋骨架

当钻孔检验合格后，即可安放钢筋骨架。钢筋骨架应预先在施工现场制作，制作允许偏差应符合表2-10的规定。为便于吊装、运输，钢筋骨架制作长度不宜超过8m，如较长，应分段制作。直径1m以上的钢筋骨架，制作时箍筋与主筋间应间隔点焊，以防止变形。焊好钢筋骨架后，在钢筋骨架外侧上、中、下部的同一横截面上，应对称设置4个钢筋“耳环”或混凝土垫块，控制保护层厚度。钢筋骨架主筋保护层偏差，水下灌注混凝土时应为±20mm；非水下灌注混凝土时为±10mm。

表2-10　钢筋骨架制作允许偏差

项　次	项　目	允许偏差（mm）
1	主筋间距	±10
2	箍筋间距	±20
3	直径	±10
4	长度	±50

钢筋骨架在运输、吊装过程中，应采取措施防止扭曲变形。吊放入孔时，应对准孔位慢放，严禁高起猛落，强行下放，防止倾斜、弯折或碰撞孔壁。为防止钢筋骨架上浮，可采用叉杆对称的点焊在孔口护筒上。钢筋骨架放入后应校正轴线位置，定位后，应在 4h 内浇筑混凝土，以防塌孔。

6）浇筑水下混凝土

泥浆护壁成孔灌注桩混凝土的浇筑是在泥浆中进行，故为水下混凝土浇筑。水下混凝土必须具有良好的和易性，配合比应通过试验确定。

水下混凝土浇筑的方法很多，最常用的是导管法。导管法是将密封连接的钢管（或强度较高的硬质非合金管）作为水下混凝土的灌注通道，混凝土倾落时沿竖向导管下落。导管的作用是隔离环境水，使其不与混凝土接触。导管底部以适当的深度埋在灌入的混凝土拌合物内，导管内的混凝土在一定的落差压力作用下，压挤下部管口的混凝土，在已浇筑的混凝土层内部流动、扩散，以完成混凝土的浇筑工作，形成连续密实的混凝土桩身，如图 2-21 所示。

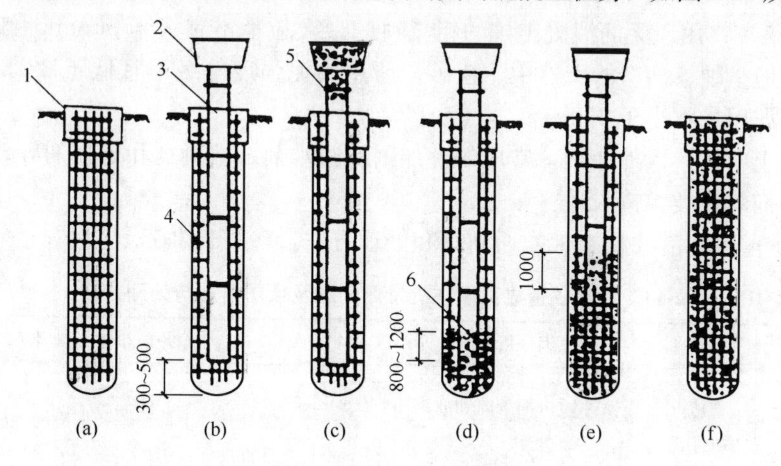

图 2-21　水下混凝土灌注工艺图

（a）下钢筋笼；（b）插下导管；（c）储料斗满灌混凝土；（d）剪塞混凝土下落孔底；（e）随浇混凝土随提升导管；（f）拔除导管成桩
1—护筒；2—储料斗；3—导管；4—钢筋骨架；5—隔水塞；6—混凝土

导管法采用的主要机具如下：

①导管

导管应具有足够的强度和刚度，又便于搬运、安装和拆卸。导管常采用直径 150～300mm 卷焊钢管，每节长 2～2.5m，最下端一节导管长大于 4m，并配备 1～2 节长 1～1.5m 短管。导管可采用法兰盘连接、活接头式螺母连接以及快速插接连接，接头处用橡胶圈密封、严防漏水。

②储料斗

导管顶部设置的储料斗，应有足够的容量储存混凝土，以保证首批灌入的混凝土能达到要求的埋管深度。在桩顶低于桩孔中的水位时，混凝土柱的高度一般应比该水位至少高出 2.0m；在桩顶高于桩孔中水位时，一般应比桩顶至少高出 2.0m。

③隔水塞

隔水塞一般采用混凝土制作，宜制成圆柱状。其直径比导管内径小 20～25mm，混凝土强度等级宜为 C15～C20；隔水塞也可以用硬木制成球状塞或用泡沫塑料和球胆制成。为使隔水塞在灌注混凝土时能顺畅下落和排出，要求其表面光滑，形状尺寸规整。

水下浇筑混凝土的过程是，首先将导管沉入桩孔内，导管顶部高于泥浆液面3～4m，导管底端到孔底的距离为0.3～0.5m。用铁丝将隔水塞吊放在导管内，并使其与导管内水面紧贴，然后向导管内浇入混凝土。当隔水塞以上的导管和储料斗装满混凝土后，即可剪断悬吊隔水塞的铁丝，在混凝土自重压力作用下，隔水塞下落，混凝土冲出导管下口，孔内环隙中的泥浆急剧外溢，混凝土则在导管下部包围住导管，形成混凝土堆。随着混凝土不断地通过储料斗、导管灌入桩孔内，初期灌注的混凝土及其上面的泥浆不断被顶托上升。随着导管外混凝土面的上升，边逐渐提升导管边拆除上部导管。在浇筑过程中，要保证导管埋入混凝土面以下2～4m，且不宜大于6m，严禁把导管底端提出混凝土面。最后混凝土浇筑面应超过设计标高以上0.5～0.8m，以便清除桩顶部的浮浆渣层。

灌注桩应按试验确定的配合比进行配置。混凝土等级不宜低于C20，混凝土必须具有良好的和易性，混凝土坍落度一般为16～22cm。粗集料宜选用坚硬卵砾石或碎石，应优先采用符合要求的卵石。粒径一般为20～40mm，最大粒径不得大于导管内径的1/8～1/6和钢筋最小净距的1/3；用于无筋混凝土桩的粗集料的最大粒径不宜大于50mm。细集料应选用级配合理、质地坚硬、洁净的天然中、粗砂。所用水泥强度等级不宜低于32.5级，每立方米混凝土的水泥用量不小于350kg。

另外混凝土中可掺入外加剂，常用的外加剂有减水剂、缓凝剂和早强剂等。但必须经过试验确定外加剂的种类、掺入量。

7）泥浆护壁成孔灌注桩施工常遇问题和处理方法，参见表2-11。

表2-11　泥浆护壁成孔灌注桩常遇问题及预防措施与处理方法

常遇问题	原因分析	预防措施与处理方法
孔壁不同程度地坍塌	①提升、下落冲锤、掏渣筒和放钢筋骨架时碰撞孔壁； ②护筒周围未用黏土填封紧密而漏水或埋置太浅； ③未及时向孔内加清水或泥浆，孔内泥浆面低于孔外水位，或泥浆密度偏低； ④遇流砂、软淤泥、破碎地层；在松软砂层钻进时，进尺太快	①提升、下落冲锤和掏渣筒、放钢筋骨架时保持垂直向下； ②用冲孔机时，开孔阶段保持低锤密击，造成坚固孔壁后再恢复正常冲击； ③清孔完立即灌注混凝土。轻度塌孔，加大泥浆密度和提高水位；严重塌孔，用黏土、泥膏投入，待孔壁稳定后采用低速重新钻进
钻孔偏移倾斜	①桩架不稳，钻杆导架不垂直，钻机磨损，部件松动； ②土层软硬不均； ③冲孔机成孔时遇探头石或基岩倾斜未处理	①将桩架重新安装牢固，并对导架进行水平或垂直校正，检修钻孔设备； ②如有探头石，宜用钻机钻透，用冲孔机时，用低锤密击，把石打碎，基岩倾斜时，投入块石使表面略平，用锤密打； ③偏斜过大时，填入石子黏土，重新钻进，控制钻速，慢速提升下降往复扫孔纠正
吊脚桩	①清孔后泥浆比重过小，孔壁坍塌或孔低涌进泥砂，或未立即灌注混凝土； ②清渣未净，残留石渣过厚； ③吊放钢筋骨架、导管等物碰撞孔壁，使泥土塌落孔底	①做好清孔工作，达到要求，立即灌注混凝土； ②注意泥浆浓度和使孔内水位经常高于孔外水位； ③注意孔壁，不让重物碰撞

续表

常遇问题	原因分析	预防措施与处理方法
夹泥	灌注混凝土时，孔壁泥土塌下，落在混凝土内	①灌注混凝土时避免碰撞孔壁； ②控制孔内水位高于孔外水位； ③如泥土坍塌在桩内混凝土上时，应将泥土清除干净后，再继续灌注混凝土
梅花孔（冲孔成型时，孔型不圆呈梅花瓣形状）	①冲孔机转向环失灵，冲锤不能自由转动； ②泥浆太稠，阻力太大； ③提锤太低，冲锤得不到转动时间，换不了方位	①经常检查吊环，保持灵活； ②勤掏渣，适当降低泥浆稠度； ③保持适当的提锤高度，必要时辅以人工转动
卡锤（冲孔时，冲锤在孔内卡住提不出来）	①冲锤在孔内遇到大的探头石（叫上卡）； ②冲锤磨损过甚，孔径呈梅花形，提锤时，锤的大径被孔的小径卡住（叫下卡）； ③石块落在孔内，夹在锤与孔壁之间	①上卡时，用一个半截冲锤冲打几下，使锤脱离卡点，掉落孔底，然后吊出； ②下卡时，可用小钢筋焊成 T 字形钩，将锤一侧拉紧后吊起； ③被石块卡住时，可用上法提出冲锤
流砂（冲孔时大量流砂涌塞桩底）	孔外水压力比孔内大，孔壁松散，使大量流砂涌塞桩底	流砂严重时，可抛入碎砖石、黏土，用锤冲入流砂层，作成泥浆成块，使成坚厚孔壁，阻止流砂涌入
不进尺	①钻头黏满黏土块，排渣不畅，钻头周围堆积土块； ②钻头合金刀具安装角度不适当，刀具切土过浅；泥浆密度过大；钻头配重过轻	①加强排渣，降低泥浆比重； ②重新安排刀具角度、形状、排列方向，加大配重

（2）干作业成孔灌注桩

1）成孔方法

①螺旋钻孔灌注桩

螺旋钻孔灌注桩是用螺旋钻机在桩位处钻孔，然后在孔中放入钢筋骨架，再浇筑混凝土成桩。利用电动机带动钻杆转动，使钻头螺旋叶片旋转削土，土块随螺旋叶片上升排除至孔外。操作时，钻机按桩位就位，用吊线垂、水平尺等检查导杆，校正位置，使钻杆垂直对准桩位中心。然后放下钻机，使钻杆下移，钻头触及地面时，开动转轴旋动钻杆钻进。一般含水量大的软塑土质，可用疏纹叶片钻杆，能较快地均匀钻进；如在可塑或硬塑的黏土中，或含水量较小的砂类土中时，应用密纹叶片钻杆，应以能缓慢地均匀钻进为宜。一节钻杆钻入后应停机接上第二节，继续钻至要求深度。

钻孔施工应注意如下几个方面的问题：

a. 钻孔过程中如发现钻杆摇晃或难钻进时，应立即提钻检查，待查明处理后再钻，防止钻杆、钻具扭断和破坏。

b. 遇硬土硬物或软岩应尽量慢钻，待穿过后再正常钻进。

c. 钻到预定深度后，应进行孔底土清理，孔底扰动土厚度超过质量标准时，要分析原因，采取处理措施。

d. 钻进过程中散落在地面上的土，必须随时清理。

②钻扩机钻孔扩底成孔

为了提高单桩承载力，采用在螺旋钻杆上安装三片可张开的扩孔刀片，在规定位置上扩孔，使其形成葫芦桩，或在钻杆端部设能张开的扩刀装置，使其形成扩底桩。扩孔直径为桩身直径的2.5～3.5倍，最大可达到1.2m。此种桩单桩承载力比同直径孔桩大一倍以上。

2）清孔

钻到预定深度后，应用探测器检查桩孔直径、深度和孔底情况，利用钻机本身在原深处进行空转清土，然后停止转动，提钻卸土。应注意在空转清土时不得加深钻进，提钻时不得回转钻杆。成孔后应加盖保护。

3）浇筑混凝土

钢筋骨架的要求与泥浆护壁成孔灌注桩相同。混凝土应在钢筋骨架放入并再次测量孔内虚土厚度符合要求后浇筑，坍落度一般要求8～10cm。浇筑混凝土应分层进行，分层振捣密实，一般每层约0.5～0.6m，最大不得超过1.5m。较深的桩最好用能伸到孔底的长杆式振捣器振捣混凝土或用长竹竿人工插捣，2m以上的桩用普通振捣器。若是扩底成孔灌注桩，混凝土的浇筑，应第一次先浇到扩大头约1/2高度处，即安设钢筋骨架，继续浇筑混凝土到扩底部位的顶面并振捣密实后，再分层浇筑桩身部分混凝土。为防止混凝土离析，浇筑过程应采用串桶。

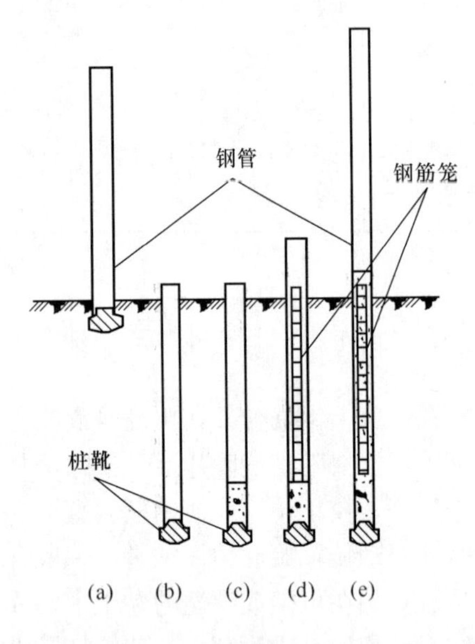

图2-22　沉管灌注桩施工过程

（a）就位；（b）沉钢管；（c）开始浇筑混凝土；（d）下钢筋笼继续浇筑混凝土；（c）拔管成型

（3）套管成孔灌注桩

套管成孔灌注桩又称沉管灌注桩，是目前采用较广泛的一种灌注桩。它是采用锤击打桩机或振动沉管机将预制钢筋混凝土桩尖（桩靴）或带有活瓣式桩尖的钢制套管沉入土中，然后在钢管内放入钢筋骨架，边浇筑混凝土、边锤击或振动拔管而成。前者称为锤击沉管灌注桩，后者称为振动沉管灌注桩。它和打入桩一样，对周围有噪声、振动、挤土等影响。沉管灌注桩施工过程如图2-22所示。

1）锤击沉管灌注桩

锤击沉管灌注桩又称打拔管灌注桩。操作时，先将桩机就位，吊起套管，对准预先埋好的预制钢筋混凝土桩尖，放置麻（草）绳，以防止地下水渗入管内。然后缓慢放下套管，套入桩尖，压入土中。上端扣上桩帽，检查套管与桩锤是否在一垂直线上，套管偏斜≤0.5%时，即可起锤沉桩。

初打时应低锤轻击，观察套管无偏移时方可正常施打。当套管打入至要求的贯入度或标高后，用吊砣检查管内有无泥浆或渗水，并测孔深后，即可以将混凝土通过灌注漏斗灌入桩管内，待混凝土灌满套管后，开始拔管。拔管过程应保持对套管进行连续低锤密击，锤击次数尽量控制在每分钟70次以上，使钢管不断得到冲击振动，从而振密混凝土。第一次拔管高度应控制在能容纳第二次所需要灌入的混凝土量为限，不宜拔得过高。拔管速度不宜过快，对一般土层以1m/min为宜，淤泥和淤泥质土不大于0.8m/min。拔管时还要经常探测管内混凝土落下扩散情况，注意使管内的混凝土量保持略高于地面，直到全管拔完为止。

桩的中心距在5倍套管外径以内或小于2m时，均应跳打，中间空出的桩须待邻桩混凝土强度达到设计强度50%以上，方可施打。

为了提高桩的质量和承载能力，常采用复打扩大灌注桩。对于怀疑或发现有断桩、缩颈等缺陷的桩，作为补救措施也可采用复打法。

复打法施工是在单打施工完毕、拔出套管后，及时清除黏附在管壁和散落在地面上的泥土，在原桩位上再埋预制桩尖或合好活瓣，第二次复打套管，使未凝固的混凝土向四周挤压扩大桩径。然后再灌注第二次混凝土，拔管方法与初打相同。施工时要注意：前后两次套管的轴线应重合；复打施工必须在第一次灌注的混凝土初凝以前全部完成。

锤击沉管灌注桩宜用于一般黏性土、淤泥质土、砂土和人工填土地基。

2）振动沉管灌注桩

振动沉管灌注桩采用激振器或振动冲击锤沉管。施工时先安装好桩机，将套管下端活瓣合起来，对准桩位，慢慢放下套管，压入土中，勿使偏斜，即可开动振动器沉管。沉管时，由电动机带动的两组偏心块作同速相向旋转，使偏心块在旋转时产生的横向离心力相互抵消，而竖向离心力则相加。由于偏心块转速快，于是使整个系统沿桩的铅垂方向产生规律变化的激振力，形成竖直方向的往复振动。由于振动器和套管之间是刚性连接的，因此套管在激振力作用下，以一不定期的频率和振幅产生振动，减少了套管与周围土体间的摩擦阻力。当强迫振动频率与土体的自振频率相同时，土体结构因共振而破坏。与此同时，桩管受加压作用而沉入土中。

沉管时必须严格控制最后两分钟的灌入速度，其值按设计要求，或根据试桩和当地长期的施工经验确定。

振动灌注桩可采用单打法、复打法和反插法三种。

单打法施工时，在沉入土中的套管内灌满混凝土后，开动激振器，先振动5～10s，开始拔管，应边振边拔。每拔0.5～1m，停拔5～10s，但保持振动，如此反复，直至套管全部拔出。

反插法施工是在桩管灌满混凝土后，先振动再开始拔管，每次拔管高度为0.5～1.0m，向下反插0.3～0.5m，在拔管过程中分段添加混凝土，保持管内混凝土面始终不低于地表面或高于地下水位1.0～1.5m，拔管速度应小于0.5m/min。如此反复进行，直至桩管拔出地面。反插法能使混凝土的密实性增加，宜在较差的软土地基施工中采用。

复打法要求与锤击灌注桩相同，不再赘述。

3）套管成孔灌注桩常遇问题和处理方法

套管成孔灌注桩常遇问题和处理方法，参见表2-12。

表2-12　套管成孔灌注桩常遇问题和处理方法

常遇问题	原因分析	预防措施与处理方法
有隔层（桩中部悬空或有泥水隔断）	①桩管径小； ②混凝土集料径过大，和易性差； ③拔管速度过快，复打时套管外壁泥浆未刮除干净	①严格控制混凝土坍落度不小于6～8cm，集料粒径不大于30mm； ②拔管时密锤慢击，控制拔管速度≤1m/min，淤泥中≤0.8m/min； ③复打时将套管外壁泥土除净； 混凝土桩探测发现有隔离时，采用复打法处理

续表

常遇问题	原因分析	预防措施与处理方法
断桩（裂缝是水平的或略有倾斜，一般均贯通全截面。常位于地面以下1～3m深度不同的软土层交接处）	①桩中心距过近，打桩时受挤压（水平力及抽管上拔力）断裂； ②混凝土终凝不久，强度弱时，受振动和外力扰动	①控制桩的中心距大于3.5倍桩直径； ②混凝土终凝不久，强度还低时，尽量避免振动和外力干扰； ③有些土质可用跳打法施工，以减轻邻桩的挤压力。有些条件很差的土质，例如饱和水的淤泥，虽用跳打仍未能解决断裂时，可用控制时间方法施工； ④检查发现断桩，应将断的桩段拔去，略增大面积，或加铁箍接驳，清理干净后，再重新灌注混凝土补做桩段
缩颈（部分桩径缩小，面积不符合要求）	①在饱和淤泥或淤泥质软土层中沉桩管时土受强制扰动挤压，产生孔隙水压，桩管拔出后，挤向新浇灌的混凝土，使部分桩径缩小； ②施工抽管过快，管内混凝土量过少，稠度差，出管扩散性差； ③桩间距过小，受挤压缩颈； ④桩身在上下土层条件不同，混凝土的凝固速度也不同，在上下段临界之间引起缩颈	①施工中控制拔管速度，采取“慢抽密振”或慢抽密击方法； ②管内混凝土必须略高于地面，保持有足够的重压力，使混凝土出管扩散正常； ③应派专人经常测定混凝土落下情况（可用浮标测定法），发现问题及时纠正，一般可用复打法或反插法处理
夹泥桩（混凝土内有泥夹层，截面积缩小，强度减弱，影响承载能力）	①同缩颈的第①点； ②拔管过程中采用反插，反插法施工不适用于饱和的淤泥软土层，不但效果不好，而且常产生夹泥现象，又因上下抽管，也会影响邻桩质量	①拔管时要轻锤密击或密振，均匀地慢抽。在通过特别软弱的土层时，可适当停抽密击或停抽密振。但不要停得过久，否则混凝土会堵塞管中不落下； ②在淤泥或淤泥质土层，抽管速度不宜超过0.8/min
吊脚桩（桩底的混凝土隔空，或混进泥砂形成软弱底层）	①预制桩尖的混凝土质量差，强度不足，被锤冲破挤入桩管内，初拔管时振动不够，桩尖未压出来，拔至一定高度时，桩尖才落下来，但卡住硬土层，不到底而造成吊脚； ②预制混凝土桩尖被打入桩管内，泥砂与水挤入管中，没有发觉，灌注混凝土做成吊脚； ③桩尖活瓣沉到硬层受土压实或土黏性大，抽管时活瓣不张开，至一定高度时才张开，混凝土下落不密实，有空隙	①严格检查预制混凝土桩尖的强度和规格，防止桩尖压入桩管； ②为防止活瓣不张开，可采用“密振慢抽”办法，开始拔管50cm范围内，可将桩管反插几下，然后再正常拔管； ③沉管时用吊砣检查探测桩尖入土是否有缩入管内。如发现有，应及时拔出纠正或将孔回填砂后重新再沉管。如混凝土离脚较高才落下，即应进行重打； ④采用活瓣桩尖时，同样在拔管过程中注意探测混凝土下落情况，鉴别活瓣是否已张开。如抽管离脚，混凝土仍不下落时，即应停止抽管，多振或密击使混凝土落下

(4) 人工挖孔灌注桩

人工挖孔灌注桩是指在桩位采用人工挖掘方法成孔，然后安放钢筋骨架，灌注混凝土而成桩。

人工挖孔灌注桩的特点是：施工机具操作简单，作业时振动小、噪声小，施工现场干净，对周围建筑物影响小；施工速度快，可按施工进度要求同时开挖桩孔的数量；开挖过程可以核实桩孔地层土质情况，便于检查成孔质量，桩底沉渣清除干净；桩径不受限制，桩底可以扩大，承载力大；造价较低。当施工场地狭窄，邻近建筑物密集时尤为适用。

人工挖孔灌注桩适宜地下水位以上的人工填土层、黏土层、粉土层、砂土层、碎石土层和风化岩层施工，特别适用于黄土层使用。对软土、流砂、地下水位高、涌水量大的土层不宜采用。

人工挖孔灌注桩的桩身直径除了能满足设计承载力的要求外，还应考虑施工操作的要求，故桩径不宜小于800mm，一般为800～2000mm，国内已施工的最大直径为3500mm。底部采用扩底和不扩底两种形式，扩底直径一般为桩身直径的1.3～3.0倍，最大扩底直径可达4500mm。

人工挖（扩）孔灌注桩施工机具简单，主要有：垂直运输工具，如电动葫芦（或手摇辘轳）和提土桶；排水设备，如潜水泵；通风设备，如鼓风机、输风管；插捣工具；挖掘工具和照明工具等。

为确保人工挖（扩）孔桩施工过程的安全，必须考虑防止土体坍滑的支护措施。支护的方法很多，例如可采用现浇混凝土护壁、喷射混凝土护壁、波纹钢模板工具式护壁等。

下面以现浇混凝土分段护壁为例说明人工挖孔桩的施工工艺。

①按设计图纸放线，定桩位。

②开挖土方。采取分段开挖，每段高度决定于土壁保持直立状态的能力，一般以0.5～1.0m为一施工段。开挖面积的范围为设计桩径加护壁的厚度。

③测量控制。桩位轴线采取在地面设十字控制网、基准点的方法。安装提升设备时，使吊桶的钢丝绳中心与桩孔中心线一致，以作挖土时粗略控制中心线用。

④支设护壁模板。模板高度取决于开挖土方施工段的高度，一般为1m，由4块或8块活动钢模板组合而成。

⑤设置操作平台。在模板顶放置操作平台，平台可用角钢板制成半圆形，两个合起来即为一个整圆，用来临时放置混凝土拌合料和灌注护壁混凝土用。

⑥浇筑护壁混凝土。护壁混凝土要注意捣实，因它起着护壁与防水双重作用，上下护壁间搭接50～75mm，护壁分为外齿式和内齿式两种。外齿式作为施工用衬体，抗塌孔的作用更好，便于人工用钢钎捣实混凝土，增大桩侧摩阻力。

护壁通常为素混凝土，混凝土强度等级为C25或C30，厚度由地下最深段护壁所受的土压力及地下水的侧压力确定，一般取100～150mm。当桩径、桩长较大，或土质较差，有渗水时应在护壁中配筋，上下护壁的主筋应搭接。第一节混凝土护壁宜高出地面200mm，便于挡水和定位。

⑦拆除模板继续下一段的施工。当护壁混凝土强度达到1.2MPa，常温情况下约24h，便可拆除模板，再开挖下一段土方，然后继续支模灌注护壁混凝土，如此循环，直到挖至设计要求的深度。

⑧钢筋骨架沉放。

⑨灌注桩身混凝土。灌注混凝土前，应先排除孔底积水，并再次测量孔底虚土厚度，并按要求进行清除。混凝土坍落度一般为8～10cm。混凝土应连续分层浇筑，每层高度不得大于1.5m，对直径较小的挖孔桩，距地面6m以下利用混凝土的大坍落度和下冲力使之密实；

6m以内的混凝土应分层振捣密实。对于直径较大的扩底桩应分层捣实，第一次灌注到扩底部位的顶面，随即振捣密实；再分层灌注桩身，分层捣实，直至桩顶。

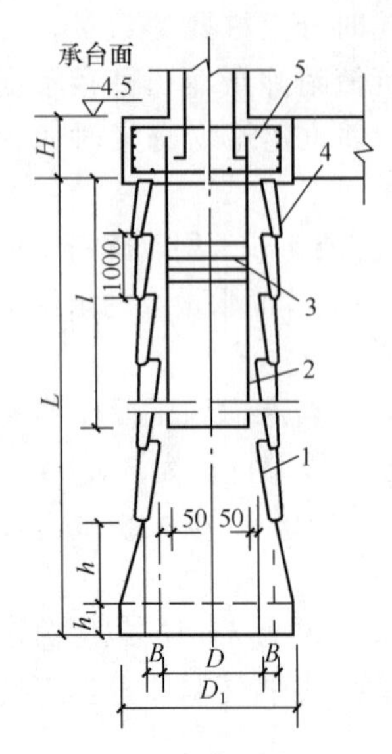

图 2-23 人工挖孔桩构造
1—护壁；2—主筋；3—箍筋；4—地梁；5—桩帽

人工挖孔桩构造如图 2-23 所示。

人工挖孔桩在施工过程中，需专门制定施工安全措施。如施工人员必须戴安全帽，穿绝缘胶鞋，孔上必须有人监督防护；周围设置安全防护栏；每孔必须设置安全绳及应急软爬梯；孔下照明要用安全电压，使用潜水泵必须有防漏电装置；设置鼓风机，以便向孔内强制输送清洁空气、排除有害气体等。在施工图会审和桩孔挖掘前，要认真研究钻探资料，分析地质情况，对可能出现流砂、管涌、涌水以及有害气体等情况应制定有针对性的安全防护措施。

（5）爆扩成孔灌注桩

爆扩成孔灌注桩就是先在桩位上钻孔或爆扩成孔，然后在孔底放入炸药，再灌入适量的压爆混凝土，引爆炸药使孔底形成球形扩大头，再放置钢筋骨架，浇筑桩身混凝土而形成的桩。

爆扩成孔灌注桩的施工顺序如下：

成孔→检查修理桩孔→安放炸药包→注入压爆混凝土→引爆→检查扩大头→安放钢筋笼→浇筑桩身混凝土→成桩养护。

1）成孔

成孔方法有：人工成孔法、机钻成孔法和爆扩成孔法。机钻成孔所用设备和钻孔方法相同，下面只介绍爆扩成孔法。

爆扩成孔法是先用小直径（如 50mm）洛阳铲或手提麻花钻等钻出导孔，然后根据不同土质放入不同直径的炸药条，经爆扩后形成桩孔，其施工工艺流程如图 2-24 所示。

采用爆扩成孔法，必须先在爆扩灌注桩施工地区进行试验，找出在该地区地质条件下导管、装药量及其形成桩孔直径的有关数据，以便指导施工。

装炸药的管材，以玻璃管较好，既防水又透明，又能查明炸药情况，又便于插到导孔底部，管与管的接头处要牢固和防水，炸药要装满振实，药管接头处不得有空药现象。

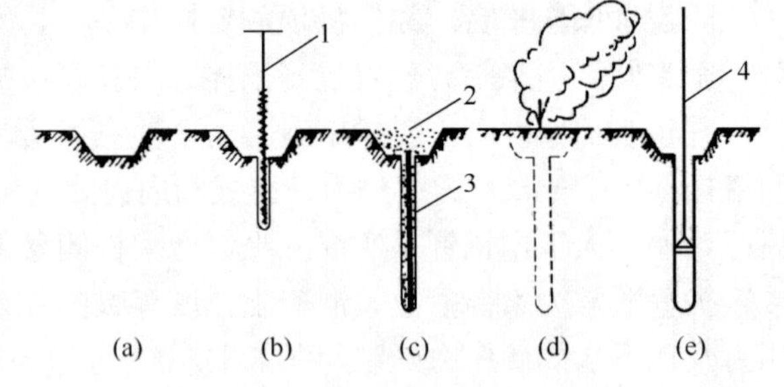

图 2-24 爆扩桩施工工艺流程
（a）挖喇叭口；（b）钻导孔；（c）安装炸药条并填砂；（d）引爆成孔；（e）检查并修整桩孔
1—手提钻；2—砂；3—炸药条；4—洛阳铲

2）爆扩大头

爆扩大头的工作，包括放入炸药包，灌入压爆混凝土，通电引爆，测量混凝土下落高度（或直接测量扩大头直径）以及捣实扩大头混凝土等几个操作过程，其工艺流程如图 2-25 所示。

①确定炸药用量

爆扩桩施工中所使用的炸药多为硝铵炸药或 TNT 炸药。炸药的用量应经过试爆确定，同一种土质中，试爆的数量不宜少于两个。

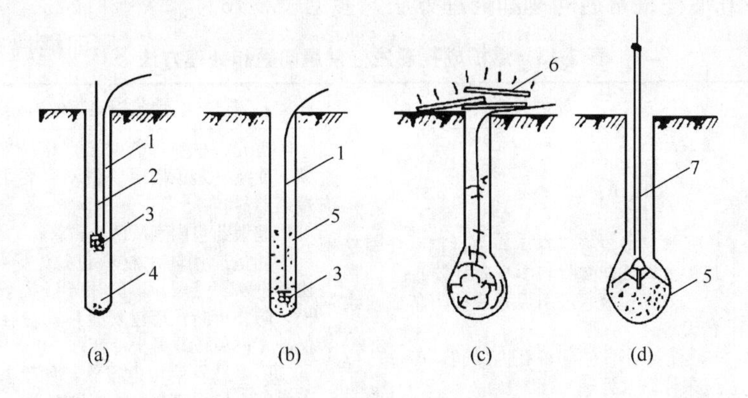

图 2-25　爆扩大头工艺流程

(a) 填砂，下药包；(b) 灌压爆混凝土；(c) 引爆；(d) 检查扩大头直径

1—导线；2—绳；3—药包；4—砂；5—压爆混凝土；6—木板；7—测孔器

②包扎、安放药包

为避免药包受潮湿而出现瞎炮，药包必须用塑料薄膜等防水材料紧密包扎，包扎口用沥青等防水材料密闭。药包宜包扎成扁圆球形，其高度与直径之比以 1∶2 为宜。药包中心最好并联放置两个雷管，以保证顺利引爆。

药包用绳子吊入桩孔内放到孔底正中，如果桩孔内有水，则必须在药包上绑以重物使之沉至孔底，以免药包上浮。药包放正后盖上 150～200mm 厚的砂子，防止灌入压爆混凝土时药包冲击破坏。

③灌入压爆混凝土

首先应根据不同的土质条件，选择适宜的混凝土坍落度：黏性土 9～12cm；砂类土12～15cm；黄土 17～20cm。当桩径为 250～400mm 时，混凝土集料粒径最大不宜超过 30mm。

压爆混凝土的灌入量要适当。过少，混凝土在起爆时会飞扬起来，影响爆扩效果；过大，混凝土可能积在扩大头上方的桩柱内，回落不到底部，产生“拒落”的事故。一般情况下，第一次灌入桩孔的混凝土量应达 2～3m 高，或约为将要爆成的扩大头体积的一半为宜。

④引爆

压爆混凝土灌入桩孔后，从浇筑混凝土开始至引爆时的间隔时间不宜超过 30min，否则，引爆时很容易出现“拒落”事故，而且难以处理。引爆时为了安全，20m 范围内不得有人。为了保证爆扩桩的施工质量，应根据不同的桩距、扩大头标高和布置情况，严格遵守引爆顺序。当相邻桩的扩大头在同一标高时，应根据设计规定的桩距大小决定引爆顺序。当桩距大于爆扩影响间距时，可采用单爆方式；当桩距小于爆扩影响间距时，宜采用联爆方式。相邻爆扩桩的扩大头不在同一标高时，引爆的顺序必须先浅后深，否则会引起柱身变形或断裂。

⑤振捣扩大头底部混凝土

扩大头引爆后，灌入的压爆混凝土即自行落入扩大头空腔的底部，接着应予振实。振捣时，最好使用经接长的软轴振动棒。

3）浇筑混凝土

扩大头和桩柱混凝土要连续浇筑完毕，不留施工缝。混凝土浇筑完毕后，根据气温情况，可用草袋覆盖，浇水养护，在干燥的砂类土地区，桩周围还需浇水养护。

4）爆扩成孔灌注桩常遇问题和处理方法，参见表2-13。

表2-13 爆扩成孔灌注桩常遇问题和处理方法

常遇问题	原因分析	预防措施与处理方法
拒爆（拒爆又称瞎炮，就是通电引爆时炸药不爆炸）	①炸药或雷管保存不当、过期、受潮受冻失效，或起爆材料本身质量较差； ②炸药包进水或引爆导线被折断或接线错误等； ③在水下或潮湿桩孔内爆破，而炸药包又未作防水处理； ④药包上未盖干砂保护，被下落的混凝土冲坏； ⑤引爆方法不当	①首先在材料保管时要严格按要求办事，防止过期、受潮。避免使用质量不合要求、过期或劣质的爆破器材； ②起爆药包内宜放两个雷管； ③药包应用防水材料包扎，导线用塑料管保护，避免进水、受潮。不能用导线提放药包，导线要放松，防止折断。药包安置后，应在药包上盖以干砂保护，避免被混凝土冲坏； ④引爆最好使用电雷管，如手头没有，也可使用火雷管，但应注意保护好导火索； ⑤发生拒爆后，应慎重处理。当混凝土尚未初凝，且查证药包确实没有失效时，可用竹杆或木杆，在下端锯开一个小口，裹上小型药包，放至原药包附近，通电引爆，带动原药包爆炸；也可用一根直径25～50mm的钢管，插入原药包附近形成孔洞，放入条形药包后，通电引爆，带动原药包爆炸
拒落（拒落俗称卡脖子，是指炸药引爆后形成扩大头，但混凝土不落下）	①混凝土坍落度过小，集料粒径过大； ②初次灌入桩孔的压爆混凝土数量过多； ③引爆时已经超过混凝土初凝时间； ④引爆后所产生的气体被封住，扩散不出来，混凝土被气体顶住不能落下； ⑤土质干燥或土层中有软弱夹层时，引爆后产生缩颈，导致拒落； 拒落事故会使扩大头形成空腔，使桩的底端失去承载能力，而扩大头在整个爆扩桩中承担约80%～90%的荷载，因此必须十分重视这一问题，为了防止出现拒落事故，应注意选择适宜的混凝土坍落度和浇筑量，集料粒径应控制在25mm以内；对较干燥的土质条件应先浇水而后再浇筑混凝土。如遇软弱土层，应下套管护壁，并保证在混凝土初凝前爆扩	对于已经出现拒落现象，处理要快，必须在混凝土初凝前完成全部处理工作； ①用木棍、竹棒或钢筋插松混凝土，使之下落，也可用振捣器强力振捣，使混凝土下落； ②用冲孔机械将混凝土冲落下去； ③对于被封于孔内的气体可用小钢管插入混凝土内放出气体； ④如果是由于孔壁缩颈造成的拒落，应设法取出混凝土，用钻孔机械钻去缩颈部土体，重新灌入混凝土； 若在混凝土初凝前不能完全处理好拒落事故，可在该桩旁边补钻一个新桩孔，要求该孔与拒落桩的底部空腔相连通，放上同量药包，往拒落桩底部空腔和新桩孔浇筑混凝土，然后通电引爆
回落土（回落土就是在桩孔形成后，孔口孔壁土体塌落、回落，孔底虚土较厚）	①孔壁土质松散软弱，易坍塌，或孔口孔壁受雨水冲刷、浸泡而产生土力塌落； ②孔口处理不当。孔口未做成喇叭形，或孔口盖板受振动而使土体回落； ③邻桩施工时爆破振动影响； ④成孔后，停歇时间过长。 由于爆扩桩的承载力主要由扩大头来承受，如果有回落土，将会在扩大头与完好持力层之间形成一定厚度的松散土层，使桩产生较大的沉降值，或由于大量回落土混入混凝土而显著降低其强度。因此，必须重视回落土的预防和处理	①在松散土层或砂类土层口爆扩大头，要特别注意保护颈部。成孔时插入一根与桩孔直径相同的薄壁铁管，长1.2m左右，下端沿管周围每隔50mm开一条长100～200mm的纵向缺口，套管沉至扩大头颈部，爆扩后套管成伞形，紧贴上壁，托住颈部土体不致下塌； ②在干松土层中成孔时，可于前一天在桩孔位上浇水湿润，以增加上体的黏着力，减少回落土； ③若相邻两桩在爆扩时可能因影响而产生回落土，应将两根桩孔一齐灌入压爆混凝土，先爆一根，并将这根桩的桩柱混凝土灌入，再爆扩另一根桩； ④孔口应挖成喇叭形，同时应注意雷管的摆法，即将药条最上面一个雷管的底部朝上，这样雷管的爆破力就会冲向上方，大大减少成孔时的回落土； ⑤当天爆扩的桩孔，当天浇筑混凝土。对于桩孔内的回落土，量少时，应将土掏出。回落土量较大时应用成孔机械再次取土后下套管护壁；土与水泥成泥浆难以清除时，可倒入适量干土粉或石灰粉，稍干后取出。也可用不超过100g的小型炸药包于孔底引爆，扬弃泥浆

续表

常遇问题	原因分析	预防措施与处理方法
偏头（偏头是指扩大头不在规定的桩孔位置而是偏向一边）	产生偏头事故主要是由于扩大头处的土质不均匀；药包放的位置不正；桩距过小以及引爆程序不适当等造成。 扩大头产生偏头后，整个爆扩桩将改变受力性能，处于十分不利的状态	①选择土质好的土层作扩大头持力层； ②药包制作时，雷管要放于药包中心，药包放于孔底中心并稳固好； ③如施工中已经出现偏头事故，则应在偏头的后方孔壁放一小药包，再灌入少量混凝土进行补充爆扩，纠正偏头
缩颈（缩颈又称淤孔，是指桩形成后局部直径小于设计要求）	①土质不好，有软弱土层，饱和软土受挤压振动，泥土往孔内涌流； ②拔管过急或邻桩爆破影响； ③爆扩大头时，瞬间挤压周围土体形成球颈，混凝土立即填充进去，直径与桩孔交接处的土由于爆破时挤压而使直径挤小成缩颈	①应快速成孔，快速浇筑混凝土； ②边成孔边下套管，或成孔后立即下套管； ③往孔内填干粉或石灰粉，以吸去软弱土中的水分，或在孔内分层回填黏性土后，重新钻孔； ④拔管不应过急，相邻桩爆扩有影响时，采取群桩联爆； ⑤已发生缩颈的，可用掏泥工具修理，然后立即浇筑混凝土或采用成孔机械重新成孔下套管，用不拔套管爆破法爆扩大头；也可以在桩孔缩颈部位放一定炸药条，四周填混凝土，同时扩大头，同时引爆排除缩颈
桩孔偏斜或倾斜	①当钻孔机架不正和不稳，运输过程发生移动或倾斜； ②土质软硬不均，成孔一侧有大孤石； ③落锤提升过大、用力过猛时，会出现桩孔偏离桩轴线的现象	①施工时，机架安装要垂直、平稳、牢固； ②注意桩孔土质变化，随时检查处理，当孔壁出现大孤石时应及时排除； ③桩锤落距不宜超过 1.5m，用力不要过猛； ④如出现桩孔偏斜，应用钢钎或洛阳铲修孔，或回填后重新成孔

2.2.1.3　桩基础的检测与验收

（1）桩基的检测

成桩的质量检验有两种基本方法：一种是静载试验法（或称破损试验）；另一种是动测法（或称无破损试验）。

1）静载试验法

①试验目的

静载试验的目的，是采用接近于桩的实际工作条件，通过静载加压，确定单桩的极限承载力，作为设计依据，或对工程桩的承载力进行抽样检验和评价。

②试验方法

静载试验是根据模拟实际荷载情况，通过静载加压，得出一系列关系曲线，综合评定确定其容许承载力的一种试验方法。它能较好地反映单桩的实际承载力。荷载试验有多种，通常采用的是单桩竖向抗压静载试验、单桩竖向抗拔静载试验和单桩水平静载试验。

③试验要求

预制桩在桩身强度达到设计要求的前提下，对于砂类土，不应少于 10d；对于粉土和黏性土，不应少于 15d；对于淤泥或淤泥质土，不应少于 25d，待桩身与土体的结合基本趋于稳定，才能进行试验。就地灌注的爆扩桩应在桩身混凝土强度达到设计等级的前提下，对砂类土不少于 10d；对一般黏性土不少于 20d；对于淤泥或淤泥质土，不应少于 30d，才能进行试验。对于地基基础设计等级为甲级或地质条件复杂，成桩质量可靠性低的灌注桩，应采用静载荷试验的方法进行检验，检验桩数不应少于总数的 1%，且不应少于 3 根，当总桩数少于 50 根时，不应少于 2 根，其桩身质量检验时，抽检数量不应少于总数的 30%，且不应少于20根；其他桩基工程的抽检数量不应少于总数的20%，且不应少于10根；对混凝土预制桩及地下水位以上且终孔后核验的灌注桩，检验数量不应少于总桩数的10%，且不得少于10根。每根柱子承台下不得少于1根。

2）动测法

①特点

动测法是检测桩基承载力及桩身质量的一项新技术，作为静载试验的补充。

一般静载试验装置较复杂笨重，费工费时成本高，测试数量有限，并且易破坏桩基。而动测法的试验仪器轻便灵活，检测快速，单桩试验时间仅为静载试验的1/50左右，可缩短试验时间，数量多，不易破坏桩基，相对也较准确，可进行普查，费用低，单桩测试费约为静载试验的1/30左右。

②试验方法

动测法是相对静载试验法而言，它是对桩土体系进行适当的简化处理，建立起数学-力学模型，借助于现代电子技术与量测设备采集桩-土体系在给定的动荷载作用下所产生的振动参数，结合实际桩土条件进行计算，所得结果与相应的静载试验结果进行对比，在积累一定数量的动静试验对比结果的基础上，找出两者之间的某种相关关系，并以此作为标准来确定桩基承载力。单桩承载力的动测方法种类较多，国内有代表性的方法有：动力参数法、锤击贯入法、水电效应法、共振法、机械阻抗法、波动方程法等。

③桩身质量检验

在桩基动态无损检测中，国内外广泛使用的方法是应力波反射法，又称低（小）应变法。其原理是根据一维杆件弹性反射理论（波动理论）采用锤击振动力法检测桩体的完整性，即以波在不同阻抗和不同约束条件下的传播来鉴别桩身质量。

（2）桩基的验收

1）桩位放样允许偏差

桩位的放样允许偏差如下：

群桩：20mm；

单排桩：10mm。

2）桩位验收

桩基工程的桩位验收，除设计有规定外，应按下述要求进行：

①当桩顶设计标高与施工场地标高相同时，或桩基施工结束后，有可能对桩位进行检查时，桩基工程的验收应在施工结束后进行。

②当桩顶设计标高低于施工场地标高，送桩后无法对桩位进行检查时，对打入桩可在每根桩桩顶沉至场地标高时，进行中间验收，待全部桩施工结束，承台或底板开挖到设计标高后，再做最终验收。灌注桩可对护筒位置做中间验收。

3）桩位偏差

①打（压）入桩（顶制混凝土方桩、先张法预应力管桩、钢桩）的桩位偏差，必须符合表2-14的规定。斜桩倾斜度的偏差不得大于倾斜角正切值的15%（倾斜角系桩的纵向中心线与铅垂线间夹角）。

②灌注桩的桩位偏差必须符合表2-15的规定，桩顶标高至少要比设计标高高出0.5m，桩底清孔质量按不同的成桩工艺有不同的要求，应按《建筑地基基础工程施工质量验收规范》的要求执行。每浇筑50m^3，必须有1组试件，小于50m^{3}的桩，每根桩必须有1组试件。

表 2-14　预制桩（钢桩）桩位的允许偏差　　mm

序　　号	项　　目	允 许 偏 差
1	盖有基础梁的桩： （1）垂直基础梁的中心线； （2）沿基础梁的中心线	 100＋0.01H 150＋0.01H
2	桩数为 1～3 根桩基中的桩	100
3	桩数为 4～16 根桩基中的桩	1/2 桩径或边长
4	桩数大于 16 根桩基中的桩： （1）最外边的桩； （2）中间桩	 1/3 桩径或边长 1/2 桩径或边长

注：H 为施工现场地面标高与桩顶设计标高的距离。

表 2-15　灌注桩的平面位置和垂直度的允许偏差

序号	成孔方法		桩径允许偏差（mm）	垂直度允许偏差（%）	桩位允许偏差（mm）	
					1～3 根、单排桩基垂直于中心线方向和群桩基础的边桩	条形桩基沿中心线方向和群桩基础的中间桩
1	泥浆护壁钻孔桩	D≤1000mm	±50	<1	D/6，且不大于 100	D/4，且不大于 150
		D>1000mm	±50		100＋0.01H	150＋0.01H
2	套管成孔灌注桩	D≤500mm	－20	<1	70	150
		D>500mm			100	150
3	干成孔灌注桩		－20	<1	70	150
4	人工挖孔桩	混凝土护壁	＋50	<0.5	50	150
		钢套管护壁	＋50	<1	100	200

注：1. 桩径允许偏差的负值是指个别断面；

2. 采用复打、反插法施工的桩，其桩径允许偏差不受上表限制；

3. H 为施工现场地面标高与桩顶设计标高的距离，D 为设计桩径。

2.2.2　沉井（箱）基础

沉井（箱）是修筑深基础和地下构筑物的一种特殊施工工艺，也是深基础工程的一种结构形式。施工时，先在地面或基坑内制作开口的钢筋混凝土井身，待其达到设计的强度后，在井身内部分层挖土运出，井身在自重或在其他措施协助下克服与土壁间的摩阻力和刃脚的反力，不断下沉，直至设计标高就位，然后进行封底。

2.2.2.1　沉井结构

沉井通常是用钢筋混凝土制成的圆形或方形筒状结构物，由刃脚、井筒、内隔墙、封底、顶盖等组成。

刃脚在井筒最下部，用钢板做成，形如刀刃，当沉井下沉时起切刃土中的作用；井筒是沉井的外壁，其厚度依结构计算确定，在下沉过程中除起挡土作用外，还由其自重以克服筒壁与土体的摩阻力和刃脚底部的土阻力，使沉井逐渐下沉，直至设计标高；内隔墙的主要作用在于减小井壁的净跨距，增加沉井的刚度，便于取土和纠偏；当沉井下沉至设计标高后，沉降观察 8h 以内下沉量不大于 10mm 时，用混凝土封底，以防止地下水渗入井内。封底可采用干封底和水下封底两种方法。

2.2.2.2　沉井施工工艺的优缺点

（1）沉井施工工艺的优点

①可在场地狭窄情况下施工较深的地下工程，且对周围环境影响较小，适用于水文和地质条件复杂地区的施工；

②施工时不需要复杂的机具设备；

③与土方大开挖施工方法相比，可以减少挖、运和回填的土方量。

（2）沉井施工工艺的缺点

①施工工序较多，技术要求高，质量控制困难；能引起周围地层的变形；

②施工过程中，有振动。

2.2.2.3　沉井施工工艺

（1）先在沉井位置开挖基坑，坑的四周打桩，设置工作平台，铺设砂垫层，搁置垫木。

（2）制作钢刃脚，制作第一节井筒。

（3）待第一节井筒的混凝土强度达到一定强度后，抽出垫木及刃脚支撑。

（4）沉井内挖土或水力吸泥，使沉井下沉。

（5）沉井可分段浇筑，多次下沉。

（6）下沉到设计标高后，用素混凝土封底；浇筑钢筋混凝土底板，构成地下结构物。

沉井施工过程，如图 2-26 所示。

2.2.2.4　沉井下沉常遇问题和处理方法

沉井下沉常遇问题和处理方法，见表 2-16。

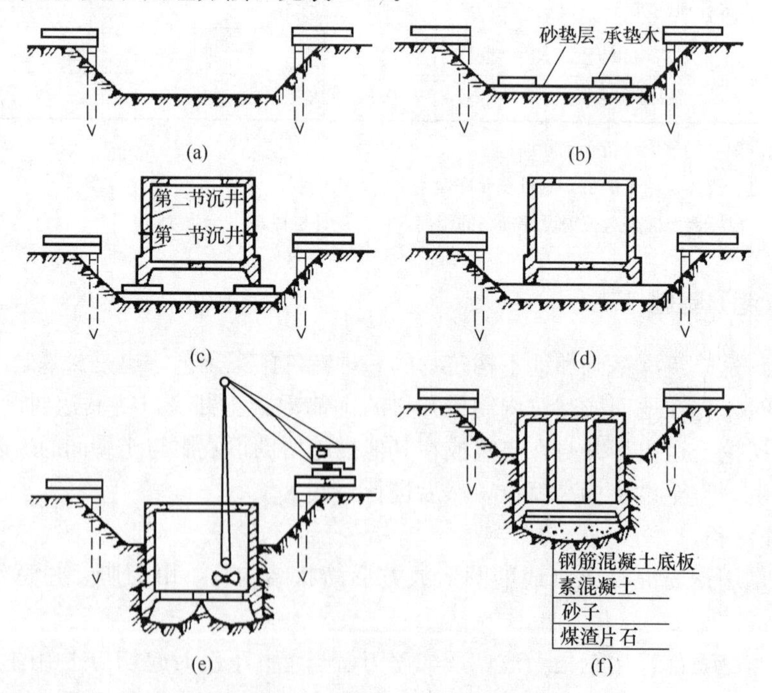

图 2-26　沉井施工主要程序示意图

a）打桩、开挖、搭台；（b）铺砂垫层、承垫木；（c）沉井制作；（d）抽取承垫木后；

（e）挖土下沉；（f）封底、回填、浇筑其他部分结构

表 2-16 沉井下沉常遇问题、预防措施及处理方法

常遇问题	原因分析	预防措施及处理方法
沉井下沉困难（沉井被搁置或悬挂，下沉极慢或不下沉）	①井壁与土壁间的摩阻力过大； ②沉井自重不够，下沉系数过小； ③遇有障碍物	①继续浇筑混凝土增加重量，在井顶均匀加铁块或其他荷重； ②挖除刃脚下的土； ③不排水下沉改为排水下沉，以减少浮力； ④在井外壁装置射水管冲刷井周围土，减少摩阻力，射水管亦可埋于井壁混凝土内。此法仅适用于砂及砂类土； ⑤在井壁与土间落入泥浆或黄土，降低摩阻力，泥浆槽距刃脚高度不宜小于3m； ⑥清除障碍物
沉井下沉过快（沉井下沉速度超过挖土速度，出现异常情况）	①遇软弱土层，土的耐压强度小，使下沉速度超过挖土速度； ②长期抽水或因砂的流动，使井壁与土间摩擦力减小； ③沉井外部土液化	①可用木垛在定位垫架处给以支承，并重新调整挖土；在刃脚下不挖或部分不挖土； ②将排水法下沉改为不排水法下沉，增加浮力； ③在沉井外壁间填粗糙材料，或将井筒外的土夯实，加大摩阻力；如沉井外部的土液化发生虚坑时，可填碎石处理； ④减少每一节筒身高度，减轻沉井重量
沉井倾斜（沉井垂直度出现歪斜超过允许限度）	①沉井刃脚下的土软硬不均； ②没有对称地抽除垫木或没有及时回填夯实；井外四周的回填土夯实不均； ③没有均匀挖土使井内土面高差悬殊； ④刃脚下掏空过多，沉井突然下沉，易于产生倾斜； ⑤刃脚一侧被障碍物搁住，未及时发现和处理； ⑥排水开挖时井内涌砂； ⑦井外弃土或堆物，井上荷重分布不均造成对井壁的偏压	①加强沉井过程中的观测和资料的分析，发现倾斜及时纠正； ②分区、依次、对称、同步地抽除垫木，及时用砂或砂砾回填夯实； ③在刃脚高的一侧加强取土，低的一侧少挖土或不挖土，待正位后再均匀取土； ④在刃脚较低的一侧适当回填砂石或石块，延缓下沉速度； ⑤不排水下沉，在靠近刃脚低的一侧适当回填砂石；在井外排水或开挖、增加偏心压载以及施加水平外力等措施
沉井偏移（沉井轴线产生位移现象）	①大多由于倾斜引起的，当发生倾斜和纠正倾斜时，井身常向倾斜一侧下部产生一个较大压力，因而伴随产生一定位移，位移大小随土质情况及向一边倾斜的次数而定； ②测量定位差错	①控制沉井不再向偏移方向倾斜； ②有意使沉井向偏位的相反方向倾斜，当几次倾斜纠正后，即可恢复到正确位置或有意使沉井向偏位的一方倾斜，然后沿倾斜方向下沉，直到刃脚处中心线与设计中线位置相吻合或接近时，再将倾斜纠正； ③加强测量的检查复核工作
遇障碍物	沉井下沉局部遇孤石、大块卵石、地下沟道、管线、钢筋、树根等造成沉井搁置、悬挂	遇较小孤石，可将四周土掏空后取出；较大孤石或大块石、地下沟道等，可用风动工具或用松动爆破方法破碎成小块取出，炮孔距刃脚不少于50cm，其方向须与刃脚斜而平等，药量不得超过200g，并设钢板防护，不得用裸露爆破；钢管、钢筋、树根等可用氧气烧断后取出

续表

常遇问题	原因分析	预防措施及处理方法
遇硬质土层	遇厚薄不等的黄砂胶结层，质地坚硬，开挖困难	①排水下沉时，以人力用铁钎打入土中向上撬动、取出，或用铁镐、锄开挖，必要时打炮孔爆破成碎块 ②不排水下沉时，用重型抓斗、射水管和水中爆破联合作业。先在井内用抓斗挖2m深锅底坑，由潜水工用射水管在坑底向四角方向距刃脚边2m冲4个400mm深的炮孔，各放200g炸药进行爆破，余留部分用射水管冲掉，再用抓斗抓出
遇倾斜岩层（沉井下沉到设计深度后遇倾斜岩层，造成封底困难）	地质构造不均，沉井刃脚部分落在岩层上，部分落在较软土层上，封底后易造成沉井下沉不均，产生倾斜	应使沉井大部分落在岩层上，其余未到岩层部分，如土层稳定不向内崩坍，可进行封底工作，若井外土易向内坍，则可不排水，由潜水工一面挖土，一面以装有水泥砂浆或混凝土的麻袋堵塞缺口，堵完后再清除浮渣，进行封底。井底岩层的倾斜面，应适当作成台阶
流砂（井外土、砂涌入井内的现象）	①井内锅底开挖过深，井外松散土涌入井内； ②井内表面排水后，井外地下水动水压力把土压入井内； ③爆破处理障碍物，井外土受震进入井内	①采用排水法下沉，水头宜控制在1.5～2.0mm； ②挖土避免在刃脚下掏挖，以防流砂大量涌入，中间挖土也不宜挖成锅底形； ③穿过流砂层应快速，最好加荷，使沉井刃脚切入土层； ④采用土井或井点降低地下水位，防止井内流淤，土井宜安置在井外，井点则可设置在井外或井内 ⑤采用不排水法下沉沉井，保持井内水位高于井外水位，以避免流砂涌入

2.2.3 地下连续墙

地下连续墙是在地面上用专门的挖槽设备，沿开挖工程周边已铺筑的导墙，在泥浆护壁的条件下，开挖一条窄长的深槽，在槽内放置钢筋骨架，浇筑混凝土，筑成一道连续的地下墙体。地下连续墙是在地下工程和深基础工程中广泛应用的一项新技术，可作为防渗墙、挡土墙、地下结构的边墙和建筑物的基础。

地下连续墙的主要优点是刚度大，能承受较大的土压力；施工振动小，噪声低，可用于任何土质，还可用于逆筑法施工。其缺点是成本高，施工技术较复杂，需要配备专用设备，施工中用的泥浆要妥善处理、有一定的污染性。

2.2.3.1 地下连续墙的施工过程

地下连续墙的施工过程，是利用专门的挖槽设备，在泥浆护壁下沿深基础或地下构筑物周边开挖一条一定长度的沟槽（一个单元槽段），每单元槽段完成后，放入预制钢筋骨架。采用导管法浇筑混凝土，完成一个墙段，依次完成第2、第3……诸墙段后形成一道地下现浇钢筋混凝土连续墙。地下连续墙施工过程如图2-27所示。

2.2.3.2 地下连续墙的施工工艺

(1) 单元槽的划分

单元槽的划分就是确定单元槽段的长度，并按墙设计平面将连续墙划分为若干个单元槽

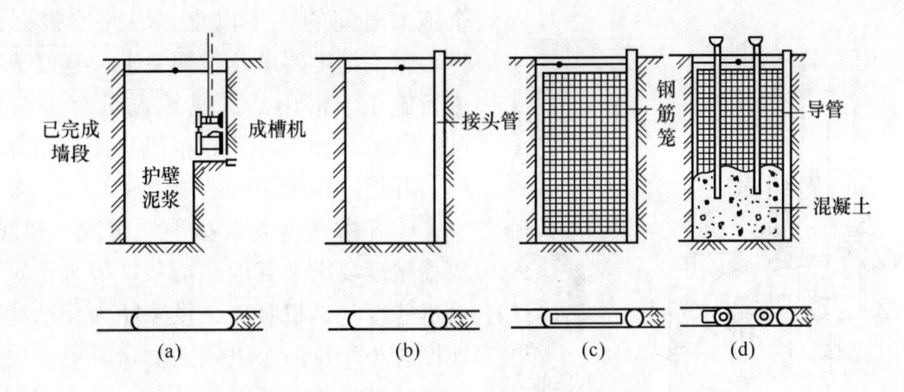

图 2-27　地下连续墙施工程序示意图

(a) 成槽；(b) 放入接头管；(c) 放入钢筋笼；(d) 浇筑混凝土

段。一般来讲，单元槽段越长，可减少接头数量，提高墙体的整体性和截水防渗能力，简化施工，提高效率。但由于种种原因，单元槽段长度又受到限制，必须根据设计、施工条件综合考虑，一般决定单元槽长度的因素有：

①设计构造要求，墙的深度和厚度。

②地质水文情况，开挖槽面的稳定性。

③对相邻结构物的影响。

④挖掘机的最小挖槽长度。

⑤泥浆生产和护壁能力。

⑥钢筋骨架重量和尺寸及吊放方法。

⑦单位时间内混凝土供应能力。

⑧导管的作用半径。

⑨施工技术的可能性，连续操作有效时间等因素。

其中最重要的是槽壁的稳定性。一般采用挖掘机最小挖掘长度（即一个挖掘单元的长度）为一单元槽段。地质条件良好，施工条件允许，亦可采用 2～4 个挖掘单元组成一个槽段。长度一般为 4～8m。

(2) 筑导墙

深槽开挖前，须在地下连续墙纵轴线位置开挖导沟，一般深 1～2m，在两侧浇筑混凝土或钢筋混凝土导墙，也可采用预制混凝土板、型钢和钢板及砖砌体做导墙。导墙净距一般比墙体设计厚度宽 30～50mm，顶部高出地面 100～150mm，厚度为 100～200mm。导墙应高出地下水位 1.5m，以保证槽内泥浆液面高出地下水位 1m 以上的最小压差要求。在导墙内侧每隔 2m 设一支撑。导墙的作用主要为地下连续墙定线、定标高、支撑挖槽机等施工荷重，挖槽时定向，存储泥浆，维护上部土体稳定和防止土体塌落等。导墙断面形式如图 2-28 所示。

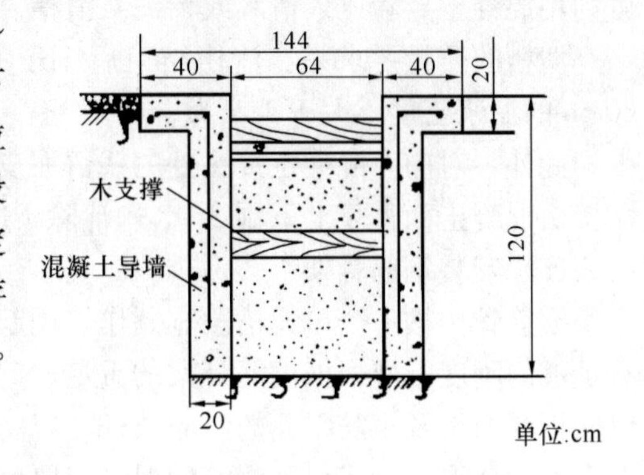

图 2-28　导墙断面形式

(3) 槽段开挖

挖槽是地下连续墙施工的主要工序，约占整

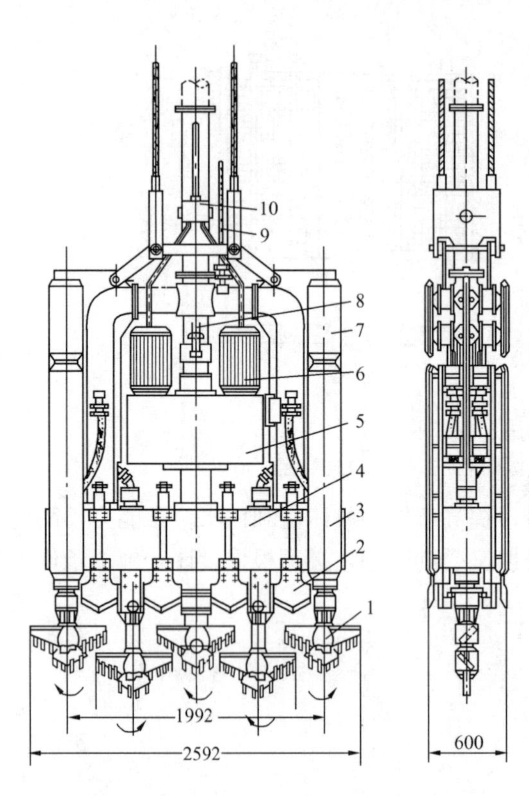

图 2-29　多头钻机的钻头

1—钻头；2—侧刀；3—导板；4—齿轮箱；
5—减速箱；6—潜水电动机；7—纠偏装置；
8—高压进气管；9—泥浆管；10—电缆接头

个施工时间的一半以上，因此要根据土质条件、施工精度要求及工期要求，选好成槽机械进行施工。常用的深槽挖掘机有多头钻挖机（图 2-29）、钻抓斗式挖槽机和冲击钻等。

开挖过程中注意事项：

①开槽速度要根据地质情况、机械性能、成槽精度要求及其他环境条件等来选定。一般钻进速度与钻机吸渣、供浆能力相适应，钻进速度宜小于排渣、供浆速度，避免发生埋钻事故或速度过快引起轴线偏斜，严格控制垂直度和偏斜度，使其在允许偏差范围内。

②挖槽要连续作业，并且要顺序连续施钻，因故中断施钻时，应迅速将挖掘机从沟槽中提起，以防塌方埋钻。

③钻进过程中应保持泥浆面不低于规定值高度，加强对泥浆的调整和管理。

④挖槽过程中局部遇岩石或坚硬地层，钻孔困难时，可配以冲击钻联合作业，用冲击钻冲击破碎，用多头挖槽机排渣系统或抓斗排渣，交错进行。

⑤挖槽应连续进行，在上一槽段接头管拔出 2h 左右，即应开始下一槽段，这样如存在偏差，混凝土强度尚低，较易切除。

（4）泥浆护壁、清槽

地下连续墙在成槽过程中，为了保持开挖槽段土壁的稳定，通常采用泥浆护壁。在黏性土或粉质黏土为主的地质条件下，可采用开挖深槽中的黏土为造浆原料，利用钻机对土体的旋转切削使之成为很细的颗粒自造泥浆，或再加入少量化学稳定剂进行半自成泥浆护壁。单元槽段开挖到设计标高后，在插放接头管和钢筋骨架之前，必须及时清除槽底淤泥和沉渣。清槽一般采用吸力泵、压缩空气和潜水泥浆泵三种排渣方式。如在吊放钢筋骨架后清槽，则可利用混凝土导管压入清水或稀泥浆清槽。清槽方式如图 2-30 所示。

清槽的质量要求是：清槽结束后 1h，测定槽底沉淀物淤积物厚度不大于 20cm，槽底 20cm 的泥浆密度不大于 1.2 为合格。

此外，对前段混凝土接头处的残留泥皮，可采用特制清扫接头工具，用吊车吊入槽内紧贴接头混凝土面往复上下刷 2～3 遍清除干净，并应在清槽换浆前进行。

（5）安装钢筋骨架

钢筋骨架按一个单元槽段宽制作，用起重机整段吊装，为了保证钢筋骨架在吊运过程中有足够的刚度，应根据钢筋骨架的重量、起吊方式和吊点位置，在钢筋骨架内设置 2～4 榀纵向钢筋桁架及主筋平面的斜向拉杆，以防止在起吊时钢筋骨架横向变形和吊放入槽时发生左右相对变形。为了保证钢筋的保护层厚度，可在钢筋骨架主筋外侧焊上钢筋耳环垫块，以固定钢筋骨架的位置。墙体上的预留孔洞及预埋件应按设计要求，在钢筋骨架组装时安放牢

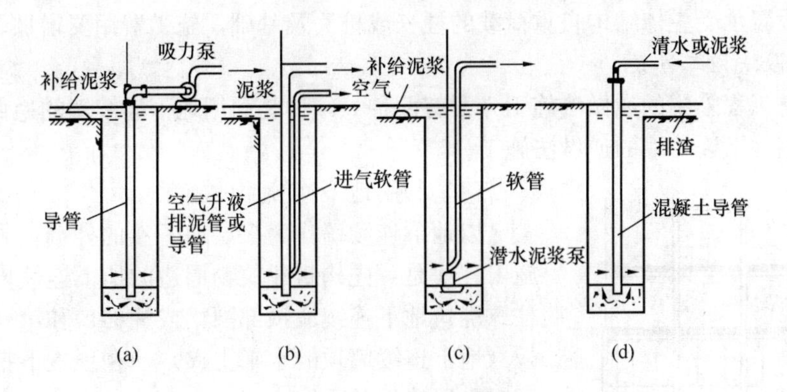

图 2-30　清槽方式

(a) 吸力泵清槽；(b) 压缩空气清槽；(c) 潜水泵清槽；

(d) 利用混凝土导管压清水或泥浆清槽

固，并对孔洞周围加固处理。

(6) 浇筑混凝土

地下连续墙的混凝土浇筑采用水下浇筑混凝土的导管法（详见 2.2.1.2）进行。混凝土配合比的设计除满足设计强度要求外，还应考虑导管法在泥浆中灌注混凝土的施工特点（要求混凝土和易性好、流动性大、缓凝）和对混凝土强度的影响。混凝土强度一般比设计强度提高 5MPa。

(7) 槽段的连接

地下连续墙混凝土浇筑时，连接两相邻单元槽之间地下连续墙的施工接头，常采用的是接头管接头方式。接头钢管在单元槽段挖好后，钢筋骨架吊放前吊入槽段端部，起到侧模作用，然后吊放钢筋骨架，浇筑混凝土，待混凝土初凝后，将接头管旋转、拔出，使单元槽段端部形成半圆形接头。接头管外径等于槽宽，管壁厚 20mm，每节长 5～10m，尚可根据需要接长。在槽段接头处还可放置垂直塑料止水带，防止渗漏。

2.2.4 多层地下建筑结构的逆做法施工

采用地下连续墙作多层地下主体结构的外墙时，可采用逆做法施工。逆做法施工是将传统的自下而上构筑地下室的施工顺序改变为自上而下的构筑顺序，俗称“倒着盖楼”。它是先建造地下结构物的楼板或框架梁，利用它作水平支撑系统，支挡侧向土压力，进行下部地下工程施工，与此同时，进行上部结构的施工。

2.2.4.1 逆做法优缺点

(1) 用地下室楼板作为水平框架支撑结构，开挖一层支一层，刚度大，可使地下连续墙的变形控制到最小程度（一般向内变形 1～3cm），因而对邻近建筑物影响很小。

(2) 这种施工方法可以利用地下室楼板当作业平台，节约大量支撑材料和脚手材料。

(3) 在同一建筑中可使地下和地上两部分同时进行交叉施工，可有效地利用作业场地，可大幅度地缩短施工周期。

(4) 施工安全、可靠，对周围交通影响很小。

(5) 作业空间较小，难以使用大型机械作业，作业条件较差。

(6) 施工精度要求高，施工缝较多，对结构整体性的防水不利。

（7）需设置承受主体结构自重荷载的柱（或桩）及基础，施工费用要增加。

2.2.4.2 逆做法施工方案

国内地下工程采用的逆做法施工方案有两种：一种是利用地下连续墙的逆做法施工；另一种是不采用地下连续墙的逆做法施工。

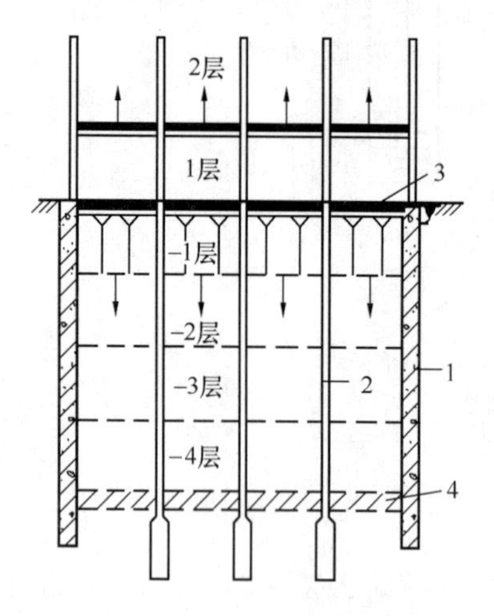

图 2-31 逆做法施工工艺示意图
1—地下连续墙；2—中间支承柱；
3—地下室顶板；4—底板

（1）利用地下连续墙的施工

以地下连续墙作为多层地下室的外墙，采用逆做法的施工程序是：先构筑建筑物周边的地下连续墙和中间支承柱→浇筑地下连续墙顶部圈梁或柱杯口和第一层地下室顶板（地下连续墙顶的水平支撑）→在顶板下挖土→浇筑地下室各层楼板及隔墙；同时，在已完成的地下室顶板上进行地面以上各层结构施工→浇筑地下室基础底板→地面以上结构继续进行施工。逆做法施工工艺如图 2-31 所示。

地下连续墙的施工方法已在 2.2.3 中介绍。中间支承柱布置的位置、数量、截面尺寸及伸入底板以下的长度，是根据建筑要求、结构特点和施工方案综合考虑确定的。中间支承柱底板以下的柱身，多为混凝土桩；底板以上的柱身多为 H 型钢或钢管混凝土柱，也可采用钢筋混凝土钻孔灌注柱，常采用大直径钻孔灌注桩或大直径套管护壁灌注桩的施工方法。一般与地下连续墙同时进行施工。柱与梁板的连接可采用柱端预埋连接筋或预埋钢板，土方开挖后再与梁板焊接等做法。

逆做法施工中，若地面层梁板结构在施工过程是封闭时，称为“封闭式逆做法”，其出土、进料受限制，但地上结构和地下结构可同时施工，总工期可缩短。若地面梁板结构敞开时，称“开敞式或逆做法”，其效果与前者相反。

地下室梁、板墙、结构的施工顺序是由上而下分层浇筑，模板支撑在刚开挖的土层上，土质坚硬时，也可充分利用土模，表面抹一层水泥砂浆，上面再铺一层塑料薄膜或涂一层机油作为隔离层；墙柱浇筑混凝土是从侧面入仓，顶部模板应呈喇叭形状；底板施工时，应先平整压实地基，浇筑垫层，然后绑扎钢筋并浇筑混凝土，最后作内防水层。

逆做法施工应在顶部打开几个贯通的垂直运输通道，也可利用楼梯间、通风竖井作为施工孔洞。土方开挖宜选用小型挖土机械，用机动翻斗车把土运至垂直运输孔洞处，再由地面抓斗或提升机械将土提到地面运走。

（2）无地下连续墙的逆做法施工

无地下连续墙的逆做法施工过程可分为开敞施工和封闭施工两个阶段，如图 2-32 所示。

①开敞施工阶段的施工工序如下：降低地下水位→钻孔浇筑或打入中间支承柱→开挖顶盖土方→修筑顶盖土模或支设模板→绑扎顶盖结构钢筋→浇筑顶盖结构混凝土→作顶盖防水层→回填土→建造施工竖井或留设施工孔洞。

②封闭施工阶段的施工工序如下：分段开挖地下室侧墙土方→侧墙分段支撑绑扎钢筋、浇筑混凝土→开挖中间支承柱间的土方→浇筑柱基础→浇筑底板→内部装修。两层或两层以上的地下工程应按封闭施工阶段重复进行。

③中间支承柱周围土体的开挖应严格按规定顺序进行，并及时构筑柱基。顶板土方一般采用明挖土模，可机械化作业，顶板施工同时应浇筑一段短边墙（高约 500mm）。外墙施工

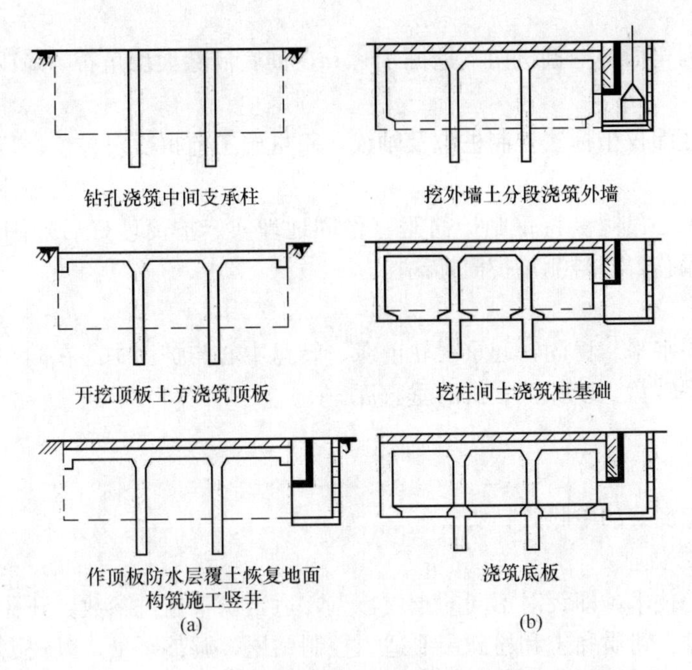

图 2-32　无地下连续墙的逆做法施工程序工艺示意图

(a) 开敞施工阶段；(b) 封闭施工阶段

分段进行，先沿外墙内侧开挖一条施工通道，再间隔开挖外墙土方，清除土层短墙底面后绑扎钢筋，浇筑混凝土，接缝处留 200～300mm 空隙，待达一定强度后，用比构件高一级的干硬性混凝土或膨胀混凝土，填严捣实。两墙段之间的钢筋连接，应有足够搭接长度，接缝应严密。其余施工方法与有连续墙的施工方法基本相同。

该法施工可使地面施工时间缩短，挖土深度小，对周围建筑物和地面交通影响小；一般以封闭施工阶段为主，不受季节限制；可用土模分段分层开挖，浇筑，不易塌方，且较安全；可分层分批交付使用，见效快。存在问题是施工缝较多，防水处理较难；开挖顺序及灌筑混凝土不及时，易出现塌方和局部沉降。

2.3　桩基础工程施工方案例题

2.3.1　钻孔灌注桩施工方案实例

(1) 工程概况

某工程钻孔灌注桩共布桩 94 根，其中 ϕ600mm 桩共 40 根、ϕ400mm 桩共 18 根、ϕ200mm 桩共 32 根、ϕ1000mm 桩共 4 根。设计要求桩端支承于微风化基岩上，且嵌入该岩层 1.5 倍桩径，基岩强度 $f_x = 10000$ kPa，平均桩长约 25.5m，理论成孔立方量约 4500m^3。由于工期紧迫，在施工区域内配置了 6 台桩机，由西向东错开排列 1 至 6 号桩机，其中 2 号和 5 号桩机分别负责西塔楼和东塔楼的电梯基坑下的钻桩，6 台桩机不分昼夜同时施工。

(2) 钻孔灌注桩施工工艺

该工程桩型为大中型桩，采用正循环钻进成孔，二次反循环换浆清孔。整套工艺分为成孔、下放钢筋笼和导管灌注水下混凝土。

主要施工工艺如下：

①清除障碍

在施工区域内全面用挖掘机向下挖掘4～5m，彻底清除大块角石等障碍物。

②桩位控制

该工程采用经纬仪坐标法控制桩位及轴线，每桩施工前再次对桩位进行复核。

③埋设护筒

采用十字架中心吊锤法将钢制护筒垂直稳固地埋实。护筒埋好后外围回填黏性土并夯实，以防滑浆和塌孔，同时测量护筒标高。

④钻机安装定位

钻机安装必须水平、稳固，起重滑轮前缘、转盘中心与护筒中心在同一铅垂线上，用水平尺依纵横向校平转盘，以保证桩机的垂直度。

⑤钻进成孔

a. 钻头

选用导向性能良好的单腰式钻头。

b. 钻进技术参数

采用分层钻进技术，即针对不同的土层特点，适当调整钻进参数。开孔钻进，采用轻压慢转钻进方式，对于粉质黏土和粉砂层要适当控制钻压，调整泵量，以较高的转数通过。

c. 护壁泥浆

第一根桩采用优质黏土造浆，后续桩主要采用原土自然造浆，产生的泥浆经沉淀、过滤后循环使用。考虑到本场地砂层较厚，水量丰富，为防止塌孔，保证成孔质量，还配备一定数量的优质黏土，作制备循环泥浆之用。泥浆循环系统由泥浆池、循环槽、泥浆泵、沉淀池、废浆池（罐）等组成。

d. 终孔及持力层的确定

施工第一根桩时做超前钻，取得岩样进行单轴抗压强度试验，会同设计人员确定岩性及终孔深度。在施工过程中，若有疑问时，继续进行抽芯取样试验，确保达到设计要求。终孔前0.5m，采用小参数钻进到终孔，以利于减少孔底沉渣。

⑥一次清孔

终孔时，使用较好泥浆，将钻具反复在距孔底1.5m范围，边反扫边冲孔，低转速钻进，水泵送泥浆利于搅碎孔底大泥块再用砂石泵吸渣清孔。

⑦钢筋笼保护层

在吊放笼筋时，沿笼筋外围上、中、下三段绑扎混凝土垫块，以保证笼筋的保护层厚度。

⑧钢筋笼的制作与下放

a. 钢筋笼由专人负责焊接，经验收合格后按设计标高垂直下入孔内。

b. 吊放过程中必须轻提、慢放，若下放遇阻应停止，查明原因处理后再行下放，严禁将钢筋笼高起猛落，强行下放。到达设计位置后，立即固定，防止移动。

⑨下导管

灌筑混凝土选用ϕ250mm灌筑导管，导管必须内平、笔直，并保证连接处密封性能良好，防止泥浆渗入。

⑩二次清孔

第二次清孔在下导管后进行，清孔时用较好泥浆清孔，将孔内较大泥屑排出孔外，置换孔内泥浆，直到泥浆相对密度≤1.25，清孔过程中，必须将管下放到孔底，孔底沉渣厚度≤50mm，方可进行混凝土灌筑。

⑪水下混凝土灌筑

本工程以商品混凝土为主，保证混凝土灌筑必须在二次清孔结束后30min内进行，商品混凝土加入缓凝剂。开灌储料斗内必须有足以将导管的底端一次性埋入水下混凝土中0.8m以上的混凝土储存量。灌筑过程中，及时测量孔内混凝土面高度，准确计算导管埋深，导管的埋探控制在3～6m范围内，机械不得带故障施工。

由于该工程基础桩的形式选择正确，而且施工管理完善，94根钻孔灌注桩仅占用了两个月的施工工期就顺利完成。之后抽取了3根桩进行双倍设计承载力的单桩竖向静载荷试验，结果各桩均能满足规范规定的要求。同时亦抽取了20根桩（抽样率21.3%）进行反射波法的桩基无损检测，结果Ⅰ类桩有19根，Ⅱ类桩有1根。在竣工验收首测的整幢建筑物的最大沉降量亦只有4mm，在赶进度的情况下，桩基施工达到了较理想的效果。

上岗工作要点

本章介绍了两大部分内容：一是常见地基处理方法，二是深基础施工。

基础是和地基土连在一起的，在实践中，尚应考虑软土地基、膨胀土地基、湿陷性黄土地基和季节性冻土地基对基础的影响。无论是设计还是施工，都应采取有效措施，予以预防和加固。学习时注意各种处理方法的工艺过程与适用范围。

深基础是指桩基础、墩基础、沉井（箱）基础、地下连续墙等，其中桩基础应用最广。桩基础不仅在高层建筑和工业厂房建筑中使用量很大，而且在多层及其他建筑中应用也日益广泛，因此，目前桩基础已成为建筑工程中常用的分项工程之一。

桩可分为预制桩和灌注桩，这两类桩基础的施工方法在施工现场具有同样重要的地位，因此，学习时应同等重视。

复习思考题

1. 保证钢筋混凝土预制桩施工质量的关键是什么？
2. 打桩顺序有几种？如何合理确定打桩顺序？
3. 吊桩时如何选择吊点？
4. 试分析桩锤产生回弹和贯入度变化的原因？
5. 试述沉管灌注桩的施工工艺。其常见的质量问题有哪些？如何预防？
6. 什么叫单打法？什么叫复打法？什么叫反插法？
7. 试述静压桩的优点及适用范围。
8. 打桩质量有何要求？
9. 打桩对周围环境有什么影响？如何预防？
10. 灌注桩与预制桩相比有何优缺点？
11. 灌注桩分几种，如何成孔？
12. 泥浆的作用是什么？
13. 如何计算首批混凝土灌注量？
14. 灌注混凝土时，应注意哪些问题？

15. 灌注混凝土时，常出现的事故有哪些？如何处理？
16. 说明人工挖孔桩的优点和工艺流程及特点是什么？
17. 地下连续墙施工的工艺流程及特点是什么？
18. 基础施工的工序是什么？
19. 逆做法施工的特点是什么？
20. 重锤夯实法和强夯法有何不同？

第3章 砌筑工程

重点提示

【职业能力目标】

通过本章学习，达到如下目标：具有组织砌筑工程施工的能力；进行砌体材料、组砌工艺、砌体质量的验收与质量控制；了解墙体改革的方向，了解新型墙体材料的使用。

【学习要求】

熟悉砌体材料的质量要求；掌握脚手架工程及垂直运输设备、设施的搭设工艺、使用规定及安全措施；掌握砌体的施工工艺、砌体的质量要求；熟悉砌筑工程施工的质量要求与安全措施。

3.1 砌筑用脚手架及垂直运输

3.1.1 砌筑用脚手架

砌筑用脚手架是砌筑过程中、堆放材料和工人进行操作的临时性设施。按其搭设位置分为外脚手架和里脚手架两大类；按其所用材料分为木脚手架、竹脚手架与金属脚手架；按其构造形式分为多立杆式、框式、桥式、吊式、挂式、升降式以及用于楼层间操作的工具式脚手架等。

对脚手架的基本要求是：其宽度应满足工人操作、材料堆放和运输的需求；坚固稳定、装拆简便；能多次周转使用。脚手架的宽度一般为1.2～1.5m，砌筑用脚手架的每步架高度一般为1.2～1.4m，外脚手架考虑砌筑、装饰两用，其步架高一般为1.6～1.8m。

3.1.1.1 外脚手架

外脚手架沿建筑物外围从地面搭起，既可用于外墙砌筑，又可用于外墙装饰施工。其主要形式有多立杆式、框式、桥式等。多立杆式应用最广。

（1）多立杆式脚手架

多立杆式外脚手架有单排、双排两种。单排脚手架仅在脚手架外侧设一排立杆，其小横杆一端与大横杆连接，另一端搁在墙上。单排脚手架节约材料，但稳定性较差，且在墙上留有脚手眼，其搭设高度及使用范围也受到一定的限制。双排脚手架在脚手架的里外两侧均设有立杆，稳定性较好，但较单排脚手架费工费料。无论是单排脚手架或是双排脚手架，其构造组成均包括立杆、大小横杆、支撑及连墙件等杆件，如图3-1

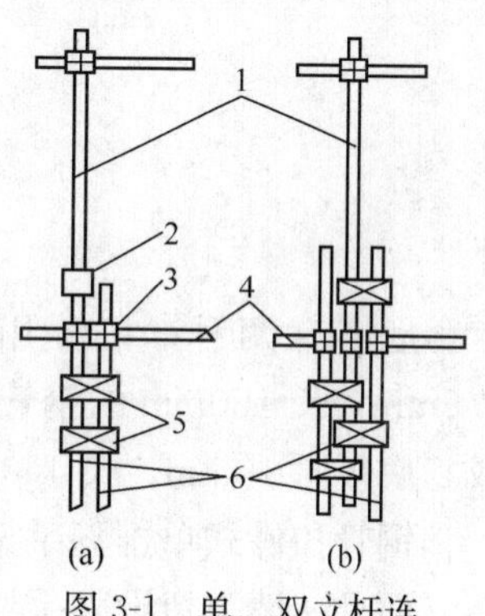

图3-1 单、双立杆连接构造方式

（a）单杆相接；（b）双杆相接

1—上单立杆；2—对接扣件；3—直角扣件；4—大横杆；5—旋转扣件；6—下双立杆

所示。

扣件式钢管脚手架，如图 3-2 所示。扣件式钢管脚手架由钢管和扣件组成，主要构件有：立杆、大横杆、小横杆、剪刀撑、人字撑、抛撑、斜杆和底座等，一般均采用外径 48mm，壁厚 3.5mm 的焊接钢管。立杆、大横杆、剪刀撑、人字撑、抛撑、斜杆的钢管长度 4～9m，小横杆的钢管长度 1.5～2.3m。

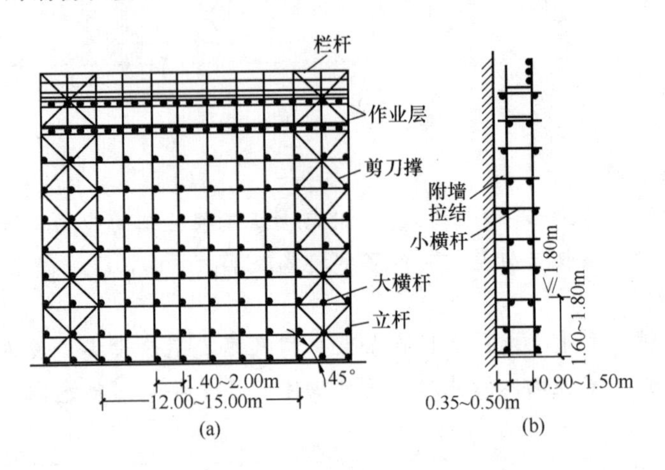

图 3-2 扣件式钢管脚手架的组成

（a）立面；（b）侧面

扣件为钢管与钢管之间的连接件，其基本形式有三种：直角扣件、对接扣件和回转扣件，如图 3-3 所示，用于钢管之间的直角连接、直线对接接长或成一定角度的连接。

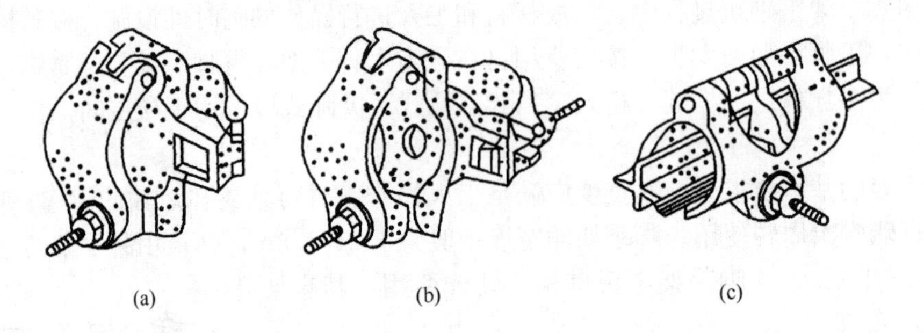

图 3-3 扣件形式

（a）直角扣件；（b）旋转扣件；（c）对接扣件

底座有两种，一种用厚 8mm、边长 150mm 的钢板做底板，用外径 60mm，壁厚 3.5mm，长 150mm 的钢管做套筒，二者焊接而成，如图 3-4 所示；另一种是用可锻铸铁铸成，底板厚 10mm，长 150mm，插芯直径 36mm，高 150mm。

钢管扣件式单排脚手架搭设高度不超过 30m，不宜用于半砖墙，轻质空心墙、砌块墙体，而且在墙上留设脚手架眼的位置也有如下限制。

下列部位不得留设脚手眼：

①空斗墙、120mm 厚砖墙、料石清水墙和砖、石独立柱。

②砖过梁上与过梁呈 60°角的三角形范围内。

③宽度小于 1m 的窗间墙。

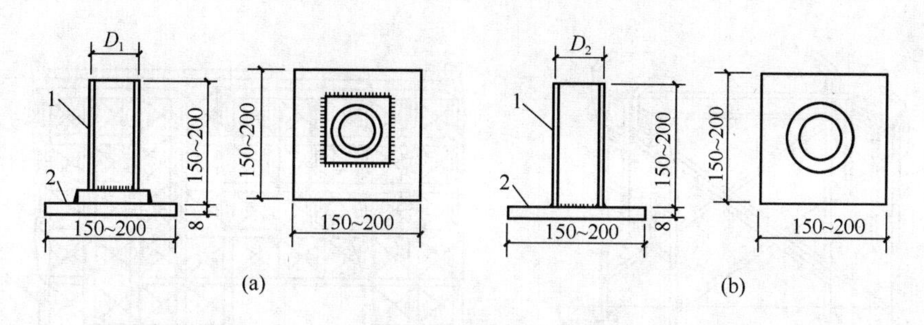

图 3-4　脚手架底座

(a) 内插式底座；(b) 外套式底座

1—承插钢管；2—钢板底座

④梁或梁垫下及其左右各 500mm 的范围内。

⑤砖砌体的门窗洞口两侧 180mm 和转角处 430mm 的范围内；石砌体的门窗洞口两侧 300mm 和转角处 600mm 范围内。

⑥设计不允许设置脚手眼的部位。

钢管扣件脚手架的立杆间距、大横杆步距和小横杆间距可按表 3-1 选用，最下一个步距可放到 1.8m。剪刀撑在脚手架两端部双跨内设置，并在脚手架中间部位每隔 30m 净距双跨设置。

表 3-1　钢管扣件式脚手架构造参数

用途	脚手架类型	里立杆距墙面	立杆间距		操作层小横杆间距	大横杆步距	小横杆挑向墙面的悬臂
			横向距墙面	纵向			
砌筑	单排	—	1.2～1.5	2.0	0.67	1.2～1.4	—
	双排	0.5	1.5	2.0	1.0	1.2～1.4	0.4～0.45
装修	单排	—	1.2～1.5	2.2	1.1	1.6～1.8	—
	双排	0.5	1.5	2.2	1.1	1.6～1.8	0.35～0.45

(2) 框式脚手架

框式脚手架又称多功能门式脚手架，是应用最普遍的脚手架之一。它不仅可作为外脚手架，且可作内脚手架或满堂脚手架。

框式脚手架由门式框架、剪刀撑、水平梁架、螺旋基脚组成基本单元。将基本单元相互连接并增加梯子、栏杆及脚手板等即形成脚手架，如图 3-5 所示。

门式脚手架系一种工厂生产、现场搭设的脚手架，一般只要根据产品目录所列的使用荷载和搭设规定进行施工，不必再进行验算。如果实际使用情况与规定有出入时，应采取相应的加固措施或进行验算。通常框式脚手架搭设高度限制在 45m 以内，采取一定措施后可达到 80m 左右。施工荷载一般为：均布荷载 1.8kN/m^2，或作用于脚手架板跨中的集中荷载 2kN。

门式脚手架的地基应有足够的承载力。地基必须夯实找平，并严格控制第一步门型框架顶面的标高（竖向的误差不大于 5mm）。逐片校正门型框架的垂直度和水平度，确保整体刚度，门式框架之间必须设置剪刀撑和水平梁架（或脚手板）。

3.1.1.2　*里脚手架*

里脚手架是搭设在建筑物内部的一种脚手架，一般用于墙体高度不大于 4m 的房屋。混

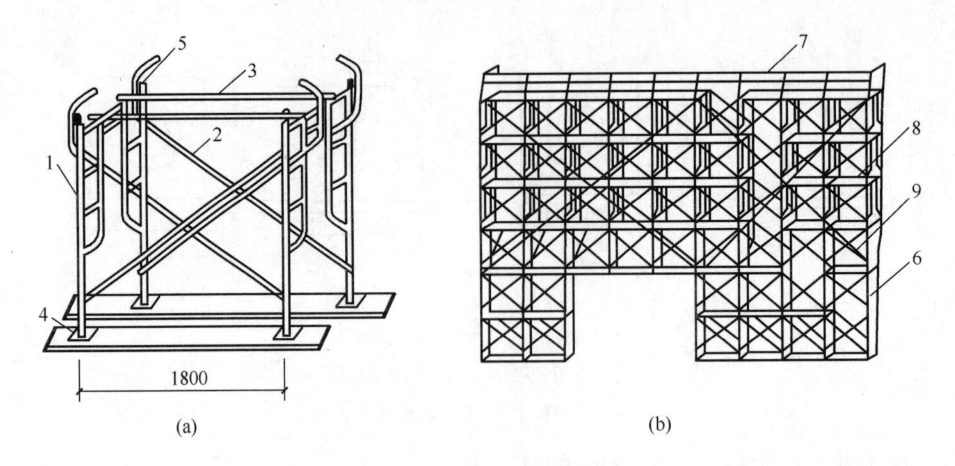

图 3-5　门式脚手架

(a) 基本单元；(b) 门式外脚手架

1—门架；2—交叉支撑；3—水平支撑；4—调节螺栓；

5—锁臂；6—梯子；7—栏杆；8—脚手板；9—交叉斜杆

合结构房屋墙体砌筑多用工具式里脚手架，将脚手架搭设在各层楼板上，待砌完一个楼层的墙体，即将脚手架全部运到上一个楼层上。使用里脚手架，每一层楼只需搭设 2～3 步架。里脚手架所用工料少，比较经济，因而被广泛采用。常用的里脚手架有折叠式、支柱式、门架式等多种形式。

(1) 折叠式里脚手架

①角钢折叠式里脚手架

角钢折叠式里脚手架搭设间距不超过 2m，可搭设两步骤，第一步为 1m，第二步为 1.65m。如图 3-6 所示。

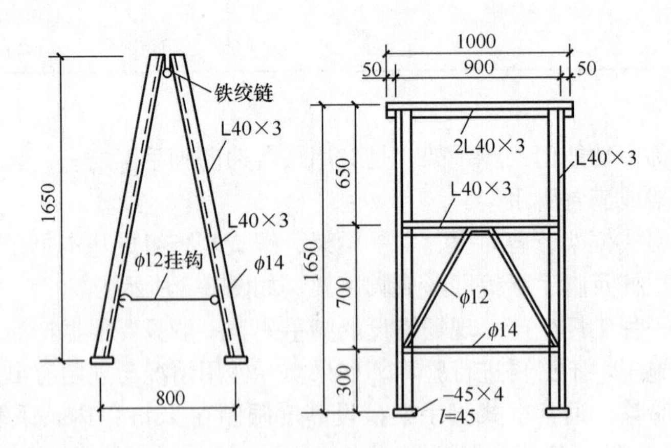

图 3-6　角钢折叠式里脚手架

②钢管折叠式里脚手架（搭设间距不超过 1.8m）。

③钢筋折叠式里脚手架（搭设间距不超过 1.8m）。

(2) 支柱式里脚手架

支柱式里脚手架由若干个支柱和横杆组成，上铺脚手板。支柱间距不超过 2m。

支柱式里脚手架的支柱有套管式支柱及承插式支柱。

套管式支柱如图 3-7 所示，由立管、插管组成，插管插入立管中，以销孔间距调节脚手架的高度，是一种可伸缩式的里脚手架，其架设高度为 1.57～2.17m。

承插式支柱如图 3-8 所示，在支柱立管上焊承插管，横杆的销头插入承插管中，横杆上面铺脚手板。

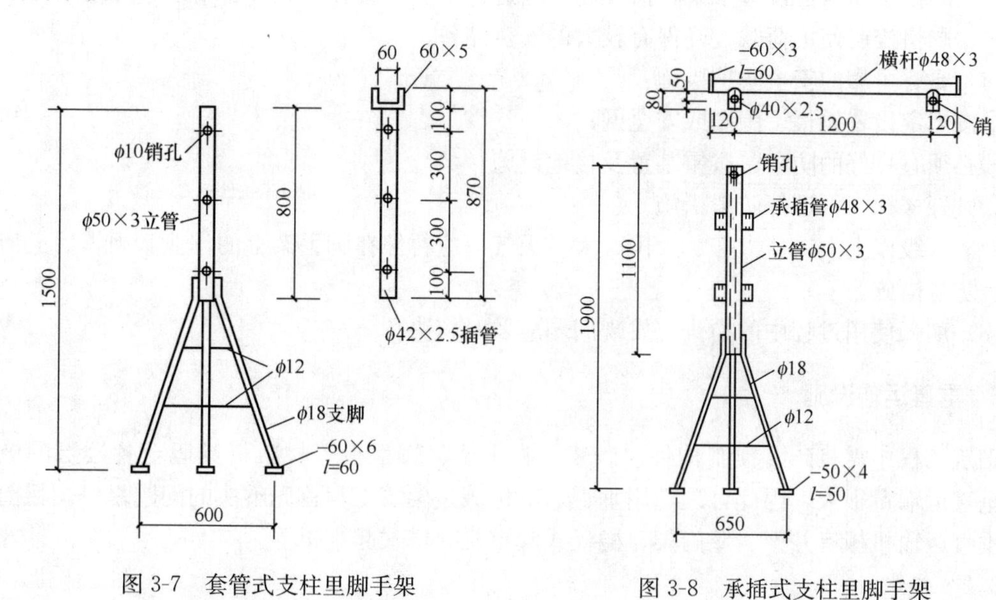

图 3-7　套管式支柱里脚手架　　　图 3-8　承插式支柱里脚手架

3.1.1.3　悬挂式脚手架

悬挂式脚手架是悬挂在房屋结构上的一种脚手架，一般有两种形式：一种是用吊索将桁架式工作台悬吊在屋面或柱上的挑梁上；另一种是在柱子上挂设支架，再在支架上铺脚手板或放置桁架式工作台。悬挂式脚手架主要由工作台、支承设施、吊索及升降装置组成。屋顶上设置的挑架或挑梁必须稳定，要使稳定力矩为倾覆力矩的 3 倍。设置在屋顶上的电动升降车采用动力驱动时，其稳定力矩应为倾覆力矩的 4 倍。所有的挑架、挑梁、吊架、吊篮和吊索均须进行计算。固定要可靠，使用中严格控制荷载。

3.1.1.4　挑脚手架

挑脚手架是从建筑物内部挑伸出的一种脚手架，主要用于外墙的装饰工程。

挑脚手架通常有两种搭设方法：一种是从窗口挑出，在下一层楼的窗台上支撑斜杆，如无窗口时，则应先在墙上留洞或设置钢筋环用以支设斜杆。另一种是横杆和斜杆均从同一个窗口挑出，斜杆与墙面的夹角不大于 30°，架子挑出宽度不大于 1m。

搭设挑脚手架时，应先搭室内架子，并使小横杆伸出窗外，接下来搭设挑出部分的里排立杆及里排大横杆，然后在挑出的小横杆上铺设临时脚手板，并将斜杆撑起与挑出小横杆连接牢固，然后再搭设外排立杆和外排大横杆。沿挑脚手架的外围要设置栏杆和挡脚板，在搭设挑脚手架和使用过程中，应在下面支设安全网。

3.1.1.5　脚手架的安全要求

确保脚手架使用安全是施工中的重要问题，现归纳如下：

（1）脚手架所用材料和加工质量必须符合规定要求，不得使用不合格品。

（2）确保脚手架具有稳定的结构和足够的承载力。普通脚手架的构造应符合有关规定。特殊工程、重荷载、施工荷载显著偏于一侧或高 30m 以上的脚手架必须进行设计和计算。

(3) 认真处理好地基，确保地基具有足够的承载力，避免脚手架发生整体或局部沉降。

(4) 严格按要求搭设脚手架，搭设完毕应进行质量检查和验收，合格后才能使用。

(5) 严格控制使用荷载，确保有较大的安全储备。

(6) 要有可靠的安全防护措施：

①按规定设置挡板、围栅或安全网；

②必须有良好的防电、避雷装置及接地设施；

③做好楼梯、斜道等防滑措施。

(7) 六级以上大风、大雾、大雨、大雪天气下应暂停在脚手架上的作业。雨雪后上架操作要有防滑措施。

(8) 加强使用过程中的检查，发现问题应及时解决。

3.1.2 垂直运输设施

砌筑工程中需将砖、预制构件、砂浆、脚手架、脚手板等材料机具运至各楼层的施工点，垂直运输量很大，因此合理选用垂直运输机械是砌筑工程首先解决的问题之一。目前常用的垂直运输机械有井架、龙门架、桅杆式起重机、塔式起重机等。

3.1.2.1 井架

井架是一种常用的物料垂直运输设备之一，井架有定型产品或用不同材料搭设。井架通常由井身、起重臂和内（外）吊盘组成。普通型钢井架如图 3-9 所示。井架的安装，一般是先将井架安装固定位置，然后设置缆风绳或附墙拉结。起重臂起重能力一般为 5～10kN；在其外伸工作范围内也可作小距离的水平运输。吊盘起重量为 10～15kN，吊盘内可放置运料的手推车或其他散装材料。搭设高度可达 40m 左右，在采取可靠措施后可搭得更高，如采用两层缆风，一层在井架顶部，另一层设于把杆支座处。其工作方式是水平运输工具将物料运至作业地点装入吊盘或吊斗内，再由吊盘或吊斗的升降来完成垂直运输作业。

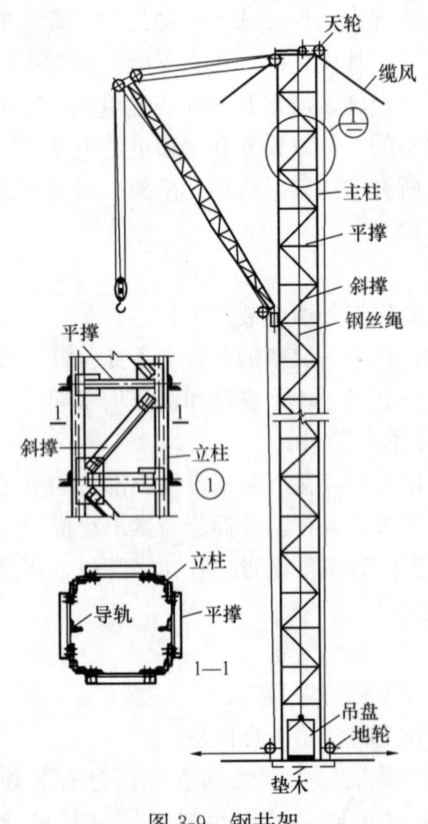

图 3-9 钢井架

井架具有稳定性好、运输量大、可搭设较大高度的特点，故是一种常用的砌筑工程垂直运输设备。

3.1.2.2 龙门架

龙门架是由两根立杆及横梁（又称天轮梁）组成的门式架。在龙门架上装设滑轮、导轨、吊盘，进行材料、机具、小型预制构件的垂直运输。

龙门架的立杆由格构式柱用螺栓拼装而成，格构柱一般由角钢或钢管焊接而成，也可直接用厚壁钢管组成。龙门架构造简单、制作容易、装拆方便，适用于中小型工程。其起重高度为 15～30m，起重量为 6～52kN，常用于多层建筑施工。常用的龙门架如图

3-10 所示。

3.1.2.3 桅杆式起重机

桅杆式起重机，有定型产品，是最简单的一种物料垂直运输设备。它有双臂木拔杆、双摇臂钢拔杆、格构式立杆提升架和墙头吊等形式。砌筑用桅杆式起重机起重量一般在 10kN 以内，提升高度一般不超过 25m。

3.1.2.4 塔式起重机

塔式起重机可同时用作砌筑工程的垂直和水平运输。塔式起重机的台班产量一般为 80～120 吊次。为了充分发挥塔吊的作用，施工中应注意：每次尽可能满载；争取一次到位，尽可能避免二次吊运；在进行施工组织设计时，应合理布置施工现场平面图，减少塔吊的每次运转时间。

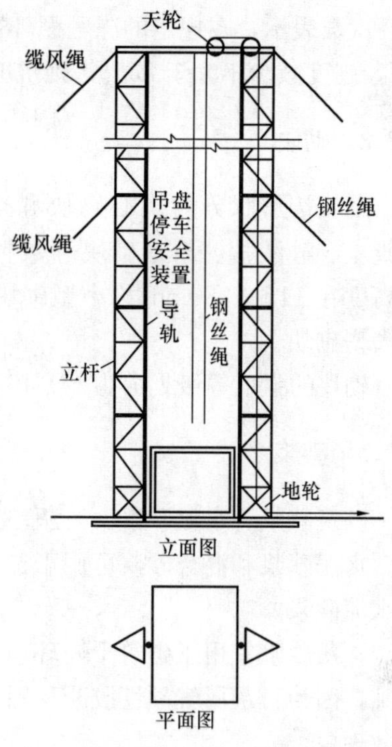

图 3-10 龙门架

砌筑工程系指用砖、石和各种砌块等块材与砂浆经砌筑而形成的砌筑结构工程。这种结构具有取材方便、施工简单、成本低廉等优点；但是施工仍以手工操作为主，劳动强度大、生产率低，而且烧制黏土砖占用大量农田，因而采用新型砌体材料，改善砌体施工工艺是砌筑工程改革的重点。

3.2 砌筑材料

砌筑工程所用材料主要是砖、石、砌块以及砂浆。

3.2.1 砖

砌筑用砖分为实心砖和黏土空心砖。实心砖主要有烧结普通黏土砖、实心硅酸盐砖，包括蒸压灰砂砖、粉煤灰砖、矿渣硅酸盐砖以及煤矸石砖等。普通标准实心砖的尺寸为 240mm×115mm×53mm，即 4 块砖长加 4 个灰缝、8 块砖宽加 8 个灰缝、16 块砖厚加 16 个灰缝（简称 4 顺、8 顶、16 线）均为 1m。承重黏土空心砖的规格为：190mm×190mm×90mm，240mm×115mm×90mm，240mm×180mm×115mm 三种。

砖的强度等级常以其抗压强度为主要标准，同时考虑了规格的抗折强度来划分。分为 MU30、MU25、MU20、MU15、MU10、MU7.5。

3.2.2 石

砌筑用石料分为毛石和料石两类。

毛石分为乱毛石、平毛石。乱毛石指形状不规则的石块；平毛石指形状不规则，但有两个平面大致平行的石块。

料石按其加工面的平整程度分为细料石、半细料石、粗料石和毛料石四种。

根据石料的抗压强度值，将石料分为 MU100、MU80、MU60、MU50、MU40、MU30、MU20、MU15、MU10 九个等级。石料的另一个重要指标是抗冻性，一般用冻融循环次数表示，在规定的冻融循环数（15，20或50次）时，无贯穿裂缝，重量损失不超过5%，强度减少不大于25%，则抗冻性合格。

3.2.3 砌块

砌块按形状分为实心砌块和空心砌块两种。按制作原料分为粉煤灰、加气混凝土、混凝土、硅酸盐、石膏砌块等数种。按规格来分有小型砌块、中型砌块和大型砌块。砌块高度在115～380mm称小型砌块；高度在380～980mm称中型砌块；高度大于980mm称大型砌块。

砌块的强度等级划分为MU15、MU10、MU7.5、MU5、MU3.5五个等级。

3.2.4 砂浆

砌筑砂浆有水泥砂浆、石灰砂浆和混合砂浆。砂浆种类选择及其等级应根据设计要求确定。水泥砂浆和混合砂浆可用于砌筑潮湿环境和强度要求较高的砌体，但对于基础，一般只用水泥砂浆。

石灰砂浆宜用于砌筑干燥环境中以及强度要求不高的砌体，不宜用于潮湿环境的砌体及基础，因为石灰属气硬性胶凝材料，在潮湿环境中，石灰膏不但难以结硬，而且会出现溶解流散现象。

制备混合砂浆和石灰砂浆用的石灰膏，应经筛网过滤并在化灰池中熟化时间不少于7d，严禁使用脱水硬化的石灰膏。

砂浆的拌制一般用砂浆搅拌机，要求拌合均匀。为改善砂浆的保水性可掺入黏土、电石膏、粉煤灰等塑化剂。砂浆应随拌随用，常温下，水泥砂浆和混合砂浆必须分别在搅拌后3h和4h内使用完毕，如气温在30℃以上，则必须分别在2h和3h内用完。

砂浆稠度的选择主要根据墙体材料、砌筑部位及气候条件而定。一般实心砖墙和柱，砂浆的流动性宜为70～100mm；砌筑平拱过梁，毛石及砌块宜为50～70mm。

砌筑所用砂浆的强度等级有M10、M7.5、M5、M2.5、M1、M0.4六种。对所用的砂浆应作强度检验。每250m^{3}砌体中各种强度等级的砂浆，至少检查一次，每次至少留一组（6块）试块，作抗压强度试验。

3.3 砖砌体施工

3.3.1 材料要求及施工机具的准备

砖的品种、强度等级必须符合设计要求，并应规格一致。用于清水墙、柱表面的砖尚应边角整齐、色泽均匀。

常温下的砌砖，对普通黏土砖、空心砖的含水率宜为10%～15%，一般应提前0.5～1d浇水润湿，避免砖吸收砂浆中过多的水分而影响粘结力，并可除去砖面上的粉末，但浇水过多会产生砌体走样或滑动。灰砂砖、粉煤灰砖不宜浇水过多，其含水率控制在5%～8%为宜。

砌筑前，必须按施工组织设计要求，组织垂直和水平运输机械，砂浆搅拌机械进场、安装、调试等工作。同时，还要准备脚手架、砌筑工具（如皮数杆、托线板）等。

3.3.2 砖墙砌筑施工工艺

3.3.2.1 *砖基础的砌筑*

砖基础有条形基础和独立基础，基础下部扩大部分称为大放脚。砌筑砖基础时应注意以下各点：

（1）为保证基础砌好后能在同一水平面上，必须在垫层转角处，高低踏步处预先立上基础皮数杆。

（2）基础大放脚用一顺一丁法组砌，竖缝要错开，在十字及丁字接处，纵横墙要隔皮砌通，大放脚最下一皮及每个台阶的上面一皮应以丁砖为主；

（3）砌砖时，按皮数杆先砌几皮转角及交接处的砖，并在其间拉准线，再砌中间部分；穿过基础的管道上部应预留沉降空隙；

（4）砌到最后一个台阶时，应从龙门桩（定位桩）上拉线将墙的轴线引到砖墙上，以保证最后一个退台正确；

（5）砌完基础后，两侧应同时回填土，并分层夯实，以防止不对称回填使基础侧移，产生破坏基础等事故。

3.3.2.2 *砖墙砌筑*

一块砖有三个两两相等的面，最大的面叫作大面；长的一面叫作条面；短的一面叫丁面。条面朝向操作者的叫顺砖，丁面朝向操作者叫丁砖。

（1）砖墙的组砌形式

普通砖墙厚度有半砖、一砖、一砖半和二砖等。用普通砖砌筑的砖墙，依其墙面组砌形式不同，有一顺一丁，三顺一丁，梅花丁等，如图 3-11 所示。

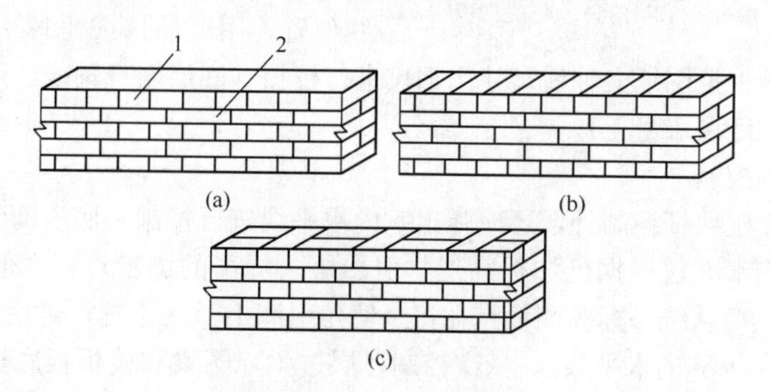

图 3-11 砖墙组砌方式

（a）一顺一丁；（b）三顺一丁；（c）梅花丁

1—丁砌砖块；2—顺砌砖块

1）一顺一丁砌法

这是最常见的一种组砌形式，也称满丁满条组砌法。由一皮顺砖、一皮丁砖组砌而成，上下皮之间竖向灰缝都相互错开 1/4 砖长。这种砌法整体性好，多用于一砖墙。

2）三顺一丁砌法

三顺一丁砌法是采用三皮顺砖间隔一皮丁砖的组砌方法。上下皮顺砖搭接半砖长，丁砖与顺砖搭接 1/4 砖长，同时要求山墙与檐墙的丁砖层不在同一皮砖上，以利于错缝搭接。因三皮顺砖内部纵向有通缝，故整体性较差，但这种组砌方法因顺砖较多，砌砖速度较快。

3）梅花丁砌法

梅花丁又称沙包式。这种砌法是在同一皮砖上，采用两砖顺砖夹一块丁砖的砌法，上下两皮砖的竖向灰缝错开 1/4 砖长。这种组砌方法内外竖缝都能错开，整体性好，灰缝整齐，比较美观，但砌筑效率较低。

4）其他砌法

①全顺砌法。全部采用顺砖砌筑，每皮砖搭接 1/2 砖长，适用于半砖墙的砌筑。

②全丁砌法。全部采用丁砖砌筑，每皮砖上下搭接 1/4 砖长，适用于圆形烟囱与窨井的砌筑。

（2）砖墙砌筑的工艺

砖墙砌筑的工艺一般为抄平、放线、摆干砖、立皮数杆、盘角、挂线、砌筑、勾缝、楼层轴线标高引测及检查等。

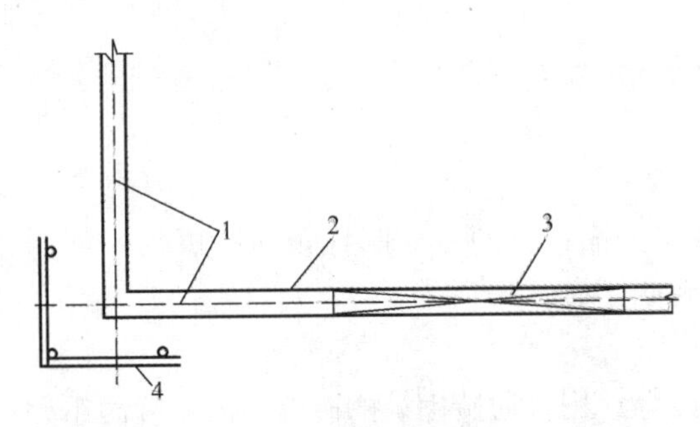

图 3-12　墙身放线

1—墙轴线；2—墙边线；3—门洞；4—龙门板

1）抄平放线

①底层抄平放线

砌墙之前用水泥砂浆或细实混凝土将基础顶面找平，根据标志板（龙门板）上标志的轴线，弹出墙身轴线、边线及门窗洞口的位置线，如图 3-12 所示。

②楼层轴线引测

为了保证各层墙身轴线的重合和施工方便，在弹墙身线时，应从底层墙身轴线上轴线位置，用经纬仪或垂球引测到二层以上的楼层上，同时还须根据图纸上轴线尺寸用钢尺进行校核（底层墙身轴线，可在室外回填土前从轴线桩上引测到底层墙身上）。

③各层标高的控制

各层标高除立皮数杆控制外，还应弹出室内水平线进行控制。底层砌到一定高度后，在底层的里墙角，用水准仪根据已知标高点，引出统一标高的测量点（一般比室内地坪高出 300～500mm），然后从统一标高测量点在每个墙角引测出弹线位置，再用墨斗弹出 50cm 线（即比楼、地面高 50cm 的水平线）。依次控制各层过梁、圈梁和楼板板底标高。当第二层墙身砌到一定高度后，先从底层水平线用钢尺往上量第二层立皮杆的第一个标志，以此为准在立皮数杆的位置上，用水平仪从第一个标志处引测至皮数杆的位置，用红油漆或红铅笔画到构造柱钢筋上，作为立皮数杆的基准点。以后各层以此类推。

2）摆样砖

摆样砖也称撂底，是在弹好线的基面上按组砌方法先用砖试摆，如核对所弹出的墨线在门窗洞口、墙垛等处是否符合模数，以便借助灰缝调整，使砖的排列和砖缝宽度均匀合理。摆砖时，要求山墙摆成丁砖，第一皮砖摆成丁砖较好。

摆砖结束后，用砂浆把干摆的砖砌好，砌筑时注意其平面位置不得移动。

3）立皮数杆

皮数杆是一种方木标志杆。在皮数杆上画有每皮砖和灰缝厚度，以及门窗洞口、过梁、楼板的标高，用来控制墙体竖向尺寸以及各部件标高。皮数杆一般立设在墙体转角处、楼梯间，两皮数杆间距大于15m时，中间加一根皮数杆。正式砌墙前，将皮数杆下面与立皮数杆标志对齐，并绑扎在构造柱钢筋上，且应绑扎牢固，以免皮数杆向下移动，皮数杆示意如图3-13所示。

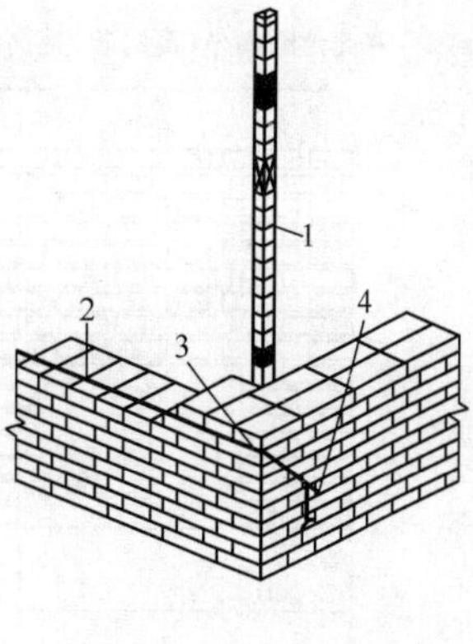

图3-13　皮数杆示意图

1—皮数杆；2—准线；

3—竹片；4—圆铁钉

4）盘角、挂线

皮数杆立好后，即可根据皮数杆拉线砌筑，但通常是先按皮数杆砌墙角，即盘角，然后将准线挂在墙脚上，拉线砌中间墙身，每砌一皮砖，线绳向上移动一次。一般在砌一砖、一砖半墙可单面挂线，二砖墙以上则应双面挂线、一砖半砖墙也可两面挂线。墙角是确定墙身的主要依据，其砌筑的好坏，对整个建筑物的砌筑质量有很大影响。

5）墙体砌筑、勾缝

砖砌体的砌筑方法有“三一砌法”、挤浆法、刮浆法和满口灰法等。实心砖一般采用一块砖、一铲灰、一挤揉的“三一砌法”。其优点是灰缝容易饱满、粘结力好、墙面整洁。

砌体除应采用符合质量要求的原材料外，还必须有良好的砌筑质量，以使砌体有良好的整体性、稳定性和良好的受力性能。其砌筑质量应达到国家有关规范的要求。要预防不均匀沉降引起开裂及注意施工中墙柱的稳定性。

砌筑时，水平灰缝的厚度一般为8～12mm，竖缝宽一般为10mm。为了保证砌筑质量，墙体在砌筑过程中应随时检查垂直度，一般要求做到三皮一吊线，五皮一靠尺。为减少灰缝变形引起砌体沉降，一般每日砌筑高度不宜超过1.8m。当施工过程中可能遇到大风时，应遵守规范所允许自由高度的限制。

清水墙砌完后，应进行勾缝，勾缝是砌清水墙的最后一道工序。勾缝的作用，除使墙面清洁、整齐美观外主要是保护墙面。勾缝的方法有两种，一种是原浆勾缝，即利用砌墙的砂浆随砌随勾，多用于内墙面；另一种是加浆勾缝，即待墙体砌筑完毕后，利用1∶1的水泥砂浆或加色砂浆进行勾缝。勾缝要求横平竖直，深浅一致，搭接平整并压实抹光。勾缝完毕后应清扫墙面。

3.3.2.3　*砖柱、钢筋过梁砌筑*

（1）砖柱

砖柱分独立柱与带壁柱（砖垛）两种。

独立砖柱组砌时，不得采用先砌四周后填心的包心方法。成排砖柱应拉通线砌筑。砖柱上不得留脚手眼，每日砌筑高度不宜超过1.8m。带壁柱应与墙身同时砌筑，轴线应准确，成排带壁柱应在外边缘拉通线砌筑。

（2）钢筋砖过梁

一般门窗洞口宽度大于1.5m或洞口上部搭有预制板时，应该采用钢筋混凝土过梁；门窗洞口在1.5m以下的非承重墙则可采用砖平（弧）拱和钢筋砖过梁。

钢筋砖过梁如图3-14所示。它是用普通黏土砖和砂浆砌成，底部配有钢筋的砌体，一般用于门窗宽度不大于1.5m的情况下。在过梁的作用范围内（不少于6皮砖的高度或过梁宽度的1/4高度范围内），砖的强度等级不低于MU7.5，砂浆强度等级不低于M5。

钢筋的设置应符合设计及规范要求，其直径不小于6mm，每半砖放一根。钢筋水平间

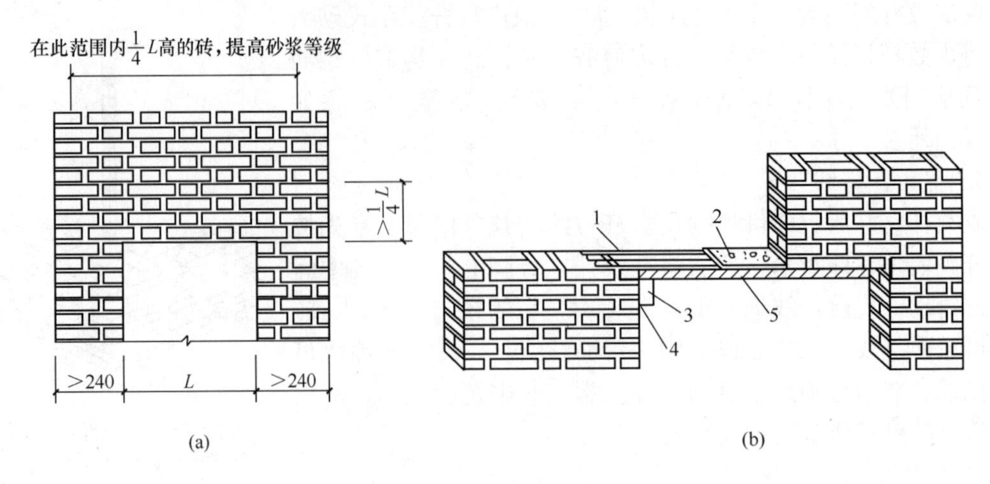

图 3-14　钢筋砖过梁

(a) 外形；(b) 支模方法

1—钢筋；2—水泥砂浆；3—砖；4—大钉或木楔；5—胎板

距不大于 120mm，钢筋两端应弯成直角钩，伸入墙内的长度不小于 240mm。

砌筑时，在过梁底部支设模板，模板中部应有 1%的起拱。在模板上铺设 1∶3 的水泥砂浆，厚度不小于 30mm，然后，将钢筋埋入砂浆中均匀摆开，钢筋弯钩要向上，两头伸入墙内的长度应一致，钢筋弯钩应置于竖缝内。钢筋上的第一皮砖应丁砖，然后逐层向上砌砖，在过梁范围内用一顺一丁砌法，与两侧砖墙同时砌筑。砂浆强度达到设计强度 50%以上，方可拆模。

3.3.3　砖砌体的质量要求及保证措施

砖砌体的质量要求可用十六个字概括，即横平竖直、砂浆饱满、组砌得当、接槎可靠。

(1) 横平竖直

横平，即要求每一皮（线）砖必须在同一水平面上，每块砖必须摆平。为此，首先应将基础或楼层抄平，砌筑时严格按照皮数杆拉水平准线，准线层层要拉紧，将每皮砖砌平。竖直，即要求砌体表面轮廓垂直平整，竖向灰缝垂直对齐。

检查墙面平整度的方法是：将 2m 长的靠尺在任何方向靠于墙面，用塞尺塞进靠尺与墙面的缝隙中，检查缝隙大小，其偏差不得超过表 3-2 的规定。检查墙面垂直度的方法是：将 2m 长托线板靠在墙面上，看线是否与板上墨线相重合，其偏差不得超过表 3-2 的规定。

表 3-2　砖砌体的允许偏差和检验方法

项次	项目		允许偏差(mm)	检验方法	抽检数量
1	基础顶面和楼面标高		±15	用水平仪和尺检查	不应少于 5 处
2	表面平整度	清水墙、柱	5	用 2m 靠尺和楔形塞尺检查	有代表性自然间 10%，但不应少于 3 间，每间不应少于 2 处
		混水墙、柱	8		
3	门窗洞口高宽（后塞口）		±5	用尺检查	检验批洞口的 10%，且不应少于 5 处

续表

项次	项目		允许偏差（mm）	检验方法	抽检数量
4	外墙上下窗口偏移		20	以底层窗口为准，用经纬仪或吊线检查	检验批的 10%，且不应少于 5 处
5	水平灰缝平直度	清水墙	7	拉 10m 线和尺检查	有代表性自然间 10%，但不应少于 3 间，每间不应少于 2 处
		混水墙	10		
6	清水墙游丁走缝		20	吊线和尺检查，以每层第一皮砖为准	有代表性自然间 10%，但不应少于 3 间，每间不应少于 2 处

（2）砂浆饱满

砂浆在砌体中主要起粘结砌块和传递荷载的作用。灰缝厚度规定为 10±2mm，过厚易使砖块浮滑，过薄会使砌体粘结力降低。灰缝应饱满、平直，保证砖块均匀受压，避免受弯、受剪和局部受压状态的出现。

砂浆饱满度的检查方法是：掀起砖，将百格网放于砖底浆面上，数粘有砂浆的部分占的格数，以百分率计，砂浆饱满度不得低于 80%。

（3）组砌得当

为保证砌体的强度和稳定度，各种砌体均应按照一定的组砌形式砌筑。其基本原则是：砖块的组砌方式应满足内外搭接，上下错缝的要求，错缝长度不应小于 60mm，避免出现垂直通缝，同时还要照顾到砌筑时的方便和少砍砖确保砌筑质量。

（4）接槎可靠

砌体转角处和交接处应同时砌筑，如不能同时砌筑而又必须留置的临时间断处应砌成斜槎，斜槎水平投影长度不应小于高度的 2/3。

非抗震设防及抗震设防地区的临时处，当不能留斜槎时，除转角处外，可留直槎，但直槎必须做成阳槎。留直槎处应加设拉结钢筋，拉结钢筋的数量为每 120mm 墙厚放置 1 根 $\phi6$ 拉结钢筋，间距沿墙高不应超过 500mm；埋入长度从留槎处算起每边均不应小于 500mm，对抗震设防地区，不应小于 1000mm；末端应有 90°弯钩。如图 3-15所示。

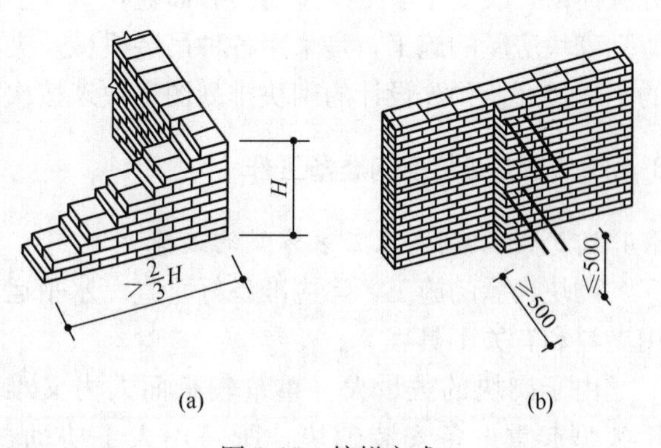

图 3-15　接槎方式

（a）斜槎；（b）直槎

隔墙与墙或柱如不能同时砌筑而又不能留成斜槎时，可于墙或柱中引出阳槎，并于墙的立缝处预埋拉结筋，其构造要求同上，但每道不少于 2 根钢筋。设有钢筋混凝土构造柱的多层砖房，应先绑扎构造柱的钢筋，而后砌砖墙，最后浇筑柱混凝土。墙与柱沿墙高每 500mm，设 $2\phi6$ 拉结钢筋，每边伸入墙内不少于 1m；构造柱应与圈梁连接；砖墙应砌成马牙槎，每一马牙槎沿高度方向的尺寸不超过 300mm（即 5 皮砖），马牙槎从每层柱脚开始，应先放大，后收小，收退不小于 60mm。

(5) 墙和柱允许自由高度

尚未安装楼板或屋面板的墙和柱，有可能遇到大风时，其允许自由高度不得超过表3-3的规定，否则应采取必要的临时加固措施。工作段的分段位置宜设在伸缩缝、沉降缝、防震缝或门窗洞口处。砌体临时间断处的高差不得超过一步脚手架的高度。

表3-3 墙和桩的允许自由高度 m

墙（柱）厚（mm）	砌体密度>1600（kg/m³）			砌体密度1300～1600（kg/m³）		
	风载（kMPa）			风载（kMPa）		
	0.3（约7级风）	0.4（约8级风）	0.5（约9级风）	0.3（约7级风）	0.4（约8级风）	0.5（约9级风）
190	—	—	—	1.4	1.1	0.7
240	2.8	2.1	1.4	2.2	1.7	1.1
370	5.2	3.9	2.6	4.2	3.2	2.1
490	8.6	6.5	4.3	7.0	5.2	3.5
620	14.0	10.5	7.0	11.4	8.6	5.7

注：1. 本表适用于施工处相对标高（H）在10m范围内的情况。如10m<H≤15m，15m<H≤20m时，表中的允许自由高度应分别乘以0.9、0.8的系数；

H>20m时，应通过抗倾覆验算确定其允许自由高度。

2. 当所砌筑的墙有横墙或其他结构与其连接，而且间距小于表列限值的2倍时，砌筑高度可不受本表的限制。

3.4 砌块砌筑

砌块代替黏土砖作为墙体材料，是墙体改革的一个重要途径。近几年来各地因地制宜，就地取材，以天然材料或工业废料为原材料制作各种中小型砌块用于建筑物墙体结构，施工方法简易，改变了手工砌砖的落后面貌，减轻了工人的劳动强度，提高了劳动生产率。

砌块房屋的施工，是采用各种吊装机械及夹具将砌块安装在设计位置。一般要按建筑物的平面尺寸及预先设计的砌块排列图逐块地按次序吊装并就位固定。

3.4.1 砌块安装前的准备工作

3.4.1.1 机具准备及安装方案的选择

砌块房屋的施工，除应准备好垂直、水平运输和安装的机械外，还要准备安装砌块的专用夹具和有关工具。

由于砌块的数量大，重量较重而人力又难以搬动，故需要小型起重设备协助。如果用大型起重设备安装砌块，所需用人工协助扶直、校正等工作，将带来很大浪费，又由于大型起重设备的起吊、回转、下降等速度均较慢，故效率也不高。因此，一般都采用轻型塔式起重机或井架拔杆，先将砌块集中吊到楼面上，然后用台灵架运至楼面的砌块安装就位。

图3-16所示为砌块吊装示意图。该工程由井架拔杆作垂直运输机械，砌块车作楼面水平运输，用台灵架吊装砌块。另一种方案也可用轻型塔式起重机作垂直运输，把砌块直接吊至台灵架旁，再由台灵架安装砌块，可省去楼面的水平运输。

在住宅工程中，砌块安装通常以一个开间或两个开间作为一个施工段，逐段进行。安装顺序是先外后内，先远后近。在分段处应留斜槎。

3.4.1.2　砌块的堆放

砌块堆放应使场内运输路线最短。堆置场地应平整夯实，有一定泄水坡度，必要时开挖排水沟。砌块不宜直接堆放在地面上，应堆在草袋、煤渣垫层或其他垫层上，以免砌块底面玷污。砌块的规格、数量必须配套，不同类型分别堆放。

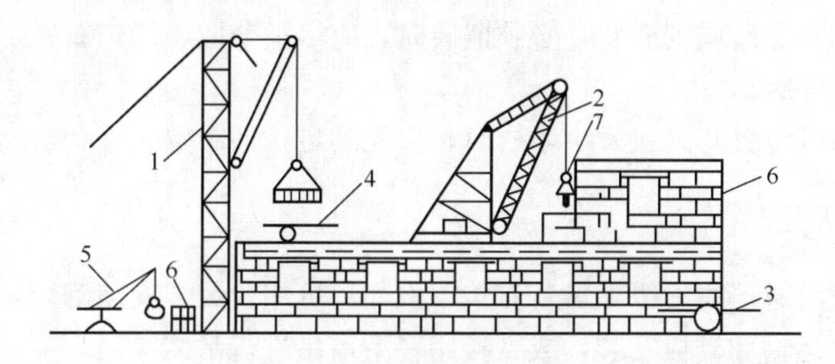

图 3-16　砌块吊装示意图

1—井架；2—台灵架；3—杠杆车；4—砌块车；5—少先吊；6—砌块；7—砌块夹

3.4.1.3　编制砌块排列图

砌块墙在吊装前应先绘制砌块排列图，以指导吊装施工和准备砌块。

砌块排列图按每片纵、横墙分别绘制砌块排列图，如图 3-17 所示。其绘制方法是，在立面上用 1∶50 或 1∶30 的比例绘制出纵、横墙，然后将过梁、楼板、大梁、楼梯、管道孔洞、混凝土垫块等在图上标出。在纵、横墙上面出水平灰缝线，然后按砌块错缝搭接的构造要求和竖缝的大小进行排列。排列时尽量用主规格砌块，以减少吊次，提高台班产量，需要镶砖时，应整砖镶砌，而且尽量对称分散布置。

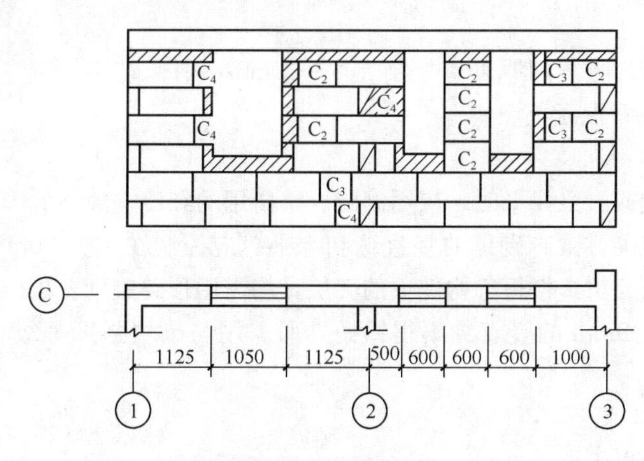

图 3-17　砌块排列图

若设计无具体规定，砌块的排列应遵循下列技术要求：

（1）按设计要求从基础或室内±0.00 开始排列；排列时，尽可能采用主规格，以减少砌块种类，并应注明砌块编号以及嵌砖、过梁等部位。

（2）砌块排列时，上、下皮应错缝搭接，搭接长度一般为砌块长度的 1/2，不得小于砌块高度的 1/3，且不应小于 150mm，以保证砌块牢固搭接。

（3）外墙转角及纵横墙交接处，应交错搭接，否则，应在交接处灰缝中设置柔性钢筋拉结网片。

(4) 对于混凝土空心砌块，应使孔洞在转角和纵横墙交接处，上下对准贯通，插入 ϕ8～12 钢筋，并浇筑混凝土形成构造小柱，以增加建筑物的刚度，并利于抗震。

(5) 砌体水平灰缝的厚度，当配有钢筋时，一般为 20～25mm；垂直灰缝宽为 20mm，当垂直灰缝宽大于 30mm，应用 C20 以上的细石灌实，当垂直灰缝宽度大于或等于 150mm 时，应用黏土砖镶砌。

(6) 尽量考虑不嵌砖或少嵌砖，必须嵌砖时，应尽量分散、均匀布置，且砖的强度等级不低于砌块的强度等级。

(7) 当构件布置位置与砌块发生矛盾时，应先满足构件布置。

3.4.2 砌块安装工艺

砌块安装方案与所选用的机械设备有关，例如：可用台灵架安装砌块，用井架拔杆进行材料、构件的垂直运输和楼板安装，或直接用轻型塔吊进行吊装。

3.4.2.1 *砌筑工序*

砌筑的主要工序为：铺灰、砌块安装就位、校正、灌浆、镶砖等。

(1) 铺灰

水平缝采用稠度良好的水泥砂浆，稠度 5～7cm，铺灰应平整饱满，长度 3～5m。炎热天气或寒冷季节应适当缩短。

(2) 砌块安装就位

中型砌块宜采用小型起重机械吊装就位，小型砌块直接由人工安装就位。

(3) 校正

用托线板检查砌块垂直度，拉准线检查水平度。

(4) 灌浆

小型砌块水平缝与竖缝的厚度宜控制在 8～12mm，中型砌块，当竖缝宽超过 3cm 时，应采用不低于 C20 细石混凝土灌实。

(5) 镶砖

出现较大的竖缝或过梁找平时，应用镶砖。镶砖用的红砖一般不低于 MU10，在任何情况下都不得竖砌或斜砌。镶砖砌体的竖直缝和水平缝应控制在 15～30mm 内。镶砖的最后一皮砖和安放有檩条、梁、楼板等构件下的砖层，均需用顶砖镶砌。顶砖必须无裂缝。在两砌块之间凡是不足 145mm 的竖直缝不得镶砖，而需用与砌块强度等级相同的细石混凝土灌注。

3.4.2.2 *砌体质量要求*

砌体质量应符合以下要求：

(1) 同一强度等级的砂浆和细石混凝土的平均强度不得低于设计强度，任意一组试块的最低值，对砂浆和细石混凝土分别不得低于设计强度等级的 75% 和 85%。在每一楼层或 250m^3 砌体中，每种强度等级的砂浆或细石混凝土应至少制作一组试块。

(2) 组砌方法正确，不应有通缝，转角和交接处的斜搓应通顺、密实。

(3) 砌块砌筑应做到横平竖直，墙面清洁，勾缝应密实，深浅应一致，横竖交接处应平正。

(4) 预埋件、预留孔洞的位置应符合设计要求。

3.5 砌筑工程冬季施工

根据当地气象资料统计，连续10天内的平均气温低于＋5℃时，砌体砂浆易遭冻结，影响施工操作和砌体强度，故规定砌筑工程在此期间内应采取冬期施工措施，以保证工程质量。砌筑工程冬期施工常用的方法有掺盐砂浆法和冻结法。

3.5.1 材料及质量要求

砌筑工程冬期施工选用的材料应满足规范规定的质量标准。砌筑材料的质量标准按表3-4规定；胶结材料及集料的标准按表3-5规定；冬期施工的砌筑砂浆必须保持正温，应符合表3-6的规定，以满足砌筑操作的要求，但拌合砂浆材料的用水加热不应超过80℃；砂不应超过40℃；砂浆宜采用普通硅酸盐水泥拌制；冬期施工不得使用无水泥配制的砂浆。

表3-4 砌筑材料的质量标准

<table>
<tr><th colspan="2">材料名称</th><th>吸水率（%）</th><th>要　　求</th></tr>
<tr><td>普通黏土砖</td><td>实心
空心</td><td>10～15</td><td rowspan="4">①应清除表面污物及冰、霜、雪等；
②遇水浸泡受冻的砖、砌块不能使用；
③砌筑时，当室外气温在0℃以上普通黏土砖可浇水湿润，以吸深1cm为宜，随浇随用，表面不得有游离水</td></tr>
<tr><td>黏土质砖</td><td>实心
空心</td><td>5～8</td></tr>
<tr><td colspan="2">小型空心砌块</td><td>2～3</td></tr>
<tr><td colspan="2">加气混凝土块</td><td>70～80</td></tr>
<tr><td colspan="2">石料</td><td>1～6</td><td>除应符合①条外，表面不得有水锈</td></tr>
</table>

注：1. 黏土质砖系指粉煤灰、煤矸石砖等项；

2. 小型空心砌块指硅酸盐质的砌块。

表3-5 胶结材料及集料的质量标准

材料名称	要　　求
水泥	砂浆宜采用普通硅酸盐水泥，不可使用无熟料水泥，一般以3.25、4.25级为宜
石子	拌制砂浆的砂子不得含有冰块和直径大于1cm的冻结块
石灰膏、黏土膏、电石膏	应防止冻结，如以受冻，应融化后方可使用。受冻而脱水、风化的石灰膏不得使用

表3-6 砌筑砂浆使用温度

气　　温	冻结法	掺盐砂浆法
－10℃以内	＋10	＋5
－10～－20℃	＋15	＋10
－20℃	＋20	＋15

表3-7 砌筑砂浆的稠度要求

<table>
<tr><th rowspan="2">项　　次</th><th rowspan="2">砌体类别</th><th colspan="2">砂浆稠度（cm）</th></tr>
<tr><th>常温施工</th><th>冬期施工</th></tr>
<tr><td>1</td><td>实心砖墙、柱</td><td>7～10</td><td>9～12</td></tr>
<tr><td>2</td><td>空心砖墙、柱</td><td>6～8</td><td>8～10</td></tr>
</table>

续表

项　　次	砌体类别	砂浆稠度（cm）	
		常温施工	冬期施工
3	实心砖墙拱式过梁	5～7	8～10
4	空心墙	5～7	7～9
5	石砌体	—	4～6
6	加气混凝土砌块	—	13

冬期施工在负温条件下砌砖，砖可不浇水湿润，但砂浆稠度比常温时应增大1～3cm，但不宜超过13cm，以保证与砂浆的粘结力，砌筑砂浆的稠度要求应符合表3-7的要求。砌筑砂浆与砖表面的温差不宜超过30℃；砂浆与石材表面的温度不宜超过20℃，以免在砂浆与砖石表面之间产生冰膜，降低砌体的粘结力，为此应限制水温和砂温。冬期施工中，可在砂浆中按一定比例掺入微沫剂，掺量一般为水泥用量的0.005%～0.01%。微沫剂在搅拌砂浆时能产生无数微而稳定的空气泡，附着在水泥和砂粒表面起润滑作用。微沫剂使用前应用水稀释均匀，水温不宜低于70℃，浓度以5%～10%为宜，应于一周内使用完毕，以防变质。必须采用机械拌合，拌合时间，自投料计起为3～5min。

3.5.2　掺盐砂浆法

掺盐砂浆法就是在砂浆中掺入氯化物以降低结冰点，使砂浆在一定负温下不受冻，水泥的水化作用能继续进行，从而使砂浆强度增加的施工方法。常用的氯化物为氧化钠和氯化钙。

砌砖前应清除冰霜，砂浆宜用早期强度增长较快的普通水泥拌制砂浆时，水的温度不得超过80℃，砂的温度不得超过40℃，搅拌时间应比常温下增加0.5～1倍；氯盐砂浆的稠度应满足一定要求，使用时的温度不应低于5℃；冬期施工中，每日砌筑后应在砌体表面覆盖保温材料。

3.5.3　冻结法

冻结法是用热砂浆进行砌筑的一种施工方法，允许砂浆遭受冻结，融化的砂浆强度接近零，转入常温时强度得以逐渐增加。采用冻结法时，砂浆使用的温度应不低于10℃；如设计无要求，当日最低气温≥－25℃时，对砌筑承重砌体的砂浆强度等应按常温施工提高一级，当日最低气温＜－25℃时，则应提高2级；为保证砌体解冻时的正常沉降，每日的砌筑高度和临时间断处的高度差均不得超过1.2m，水平灰缝厚度不宜大于10mm，在门窗框上均应留5mm的缝隙，解冻前，应清除房屋中剩余的建筑材料等临时荷载；解冻期，应经常对砌体进行观测和检查，如发现裂缝、不均匀沉降等情况，应采取加固措施。

对于空斗墙、毛石墙在解冻期间可能受到振动或动力荷载的砌体以及在解冻期间不允许发生沉降的砌体等，均不得采用冻结法。

3.6　砌筑工程的质量与安全保证措施

3.6.1　常见的质量通病

（1）砂浆的强度等级达不到设计要求。其主要原因是：配合比有误或计量不准；砂浆搅拌不均匀；塑化材料（石膏）掺量过多等。

（2）砂浆的和易性不好，保水性差。其主要原因有：水泥用量过少，砂子间摩擦力较大；砂子过细；砂子中塑化材料（石膏）质量差，不能很好地起到改善砂浆和易性的作用；拌好的砂浆存放时间过久。

（3）灰缝砂浆不饱满。造成灰缝砂浆不饱满的主要原因有：砂浆和易性差；干砖上墙，砖过多吸收砂浆中的水分；用摊尺铺灰法砌筑，由于铺灰过长，砌筑跟不上，砂浆中的水分被砖吸收。

（4）墙体留置阴槎，接槎不严，拉结筋遗漏。

（5）清水墙面游丁走缝。出现的现象是清水墙面出现丁砖竖缝歪斜、宽窄不匀，丁不压中。造成清水墙面游丁走缝的主要原因是：砖的尺寸误差过大；灰缝厚度不一致。

（6）砌体内部的砌块与砂浆的粘结力不够，其主要原因是：砂浆等级不够，干砖上墙及砌块表面有粉尘。

（7）砖的等级达不到设计要求。

（8）墙体垂直度达不到规范要求。

（9）毛石基础、毛石挡墙、砖柱采用“包芯砌法”。

（10）墙上任意留置脚手眼。

（11）毛石挡墙泄水孔遗漏或堵塞。

3.6.2 砌筑工程质量保证措施

（1）砖的品种、强度等级必须符合设计要求，并规格一致。用于清水墙的砖应边角整齐、色泽一致。

（2）砂浆中宜用中砂，并应过筛，含泥量不得超过规定范围。

（3）干砖不得上墙。

（4）水泥应按品种、强度等级、出厂日期分别堆放，并保持干燥。水泥出厂日期超过3个月，应经试验鉴定后方可使用。

（5）砂浆的种类、强度应满足设计要求。

（6）砂浆的饱满度应满足规范要求。

（7）砖砌体组砌得当、接槎可靠。

3.6.3 砌筑工程安全施工保证措施

（1）在操作之前必须检查操作环境是否符合安全要求，道路是否畅通，机具是否完好牢固，安全设施和防护用品是否齐全。

（2）砌基础时，应注意坑壁有无崩裂现象，堆放砖石材料应离坑边1m以上。

（3）严禁站在墙顶上画线、刮缝、清扫墙面及检查等。

（4）砍砖时应面向内打，以免碎砖落下伤人。

（5）脚手架堆料量不得超过荷载，堆砖高度不得超过3皮侧砖，同一块操作板上的操作人员不得超过2人。

（6）用于垂直运输的吊笼、绳索等，必须满足负荷要求，牢固无损。吊运时不得超载，并经常检查，发现问题及时处理。

（7）在楼层（特别是预制板）上施工时，堆放机具、砖块不得超过使用荷载。如超过使用荷载时，必须经过验算并采取有效加固措施后，方可进行堆放和施工。

(8) 进入现场必须戴好安全帽。

(9) 脚手架必须有足够的强度、刚度和稳定性。

(10) 脚手架的操作必须满铺脚手板，不得有探头板。

(11) 井字架、龙门架不得载人。

(12) 必须有完善的安全防护措施，按规定设置安全网、安全护栏。

3.7 砌筑工程施工方案实例

3.7.1 工程概况

某住宅楼，平面呈一字型，采用混合结构，建筑面积为1986.45m²，层数为6层，筏板基础，±0.000以下采用烧结普通砖，±0.000以上用MU10多孔黏土砖，楼板为现浇钢筋混凝土，板厚为120mm。内墙面做法为15mm厚1∶6混合砂浆打底，面刮涂料；厨房、卫生间采用瓷砖贴面。外墙为20mm厚1∶3水泥砂浆打底，1∶2水泥砂浆罩面，面刷防水涂料。屋面采用聚苯板保温，SBS卷材防水。

3.7.2 主体结构施工方案

(1) 垂直运输设备的布置

在砌筑工程中需将砖、砂浆和脚手架的搭设材料等用至各楼层的施工点，垂直运输量很大，因此合理选择垂直运输设施是砌筑工程首先解决的问题之一。根据本工程的特点，垂直运输采用一台附着式塔式起重机和一台自升式龙门架，将塔式起重机布置在外纵墙的中部。塔式起重机的工作效率取决于垂直运输的高度、材料堆放场地的远近、场内布置的合理性、起重机司机技术的熟练程度和装卸工配合等因素，因此，为了提高起重机的工作效率，可以采取以下措施：

①要充分利用起重机的起重能力以减少吊次；

②合理紧凑的布置施工平面，减少起重机每次吊运的时间；

③避免二次搬运，以减少总吊次；

④合理安排施工顺序，保证起重机连续、均衡地工作；

⑤一些零星的材料设备，通过龙门架运输以减小塔吊的负担。

(2) 施工前的准备工作

①组织砌筑材料、机械等进场

在基础施工的后期，按施工平面图的要求并结合施工顺序，组织主体结构使用的各种材料、机械陆续进场，并将这些材料堆放在起重机工作半径的范围内。

②放线与抄平

为了保证房屋平面尺寸以及各层标高的正确，在结构施工前，应仔细地做好墙、柱、楼板、门窗等轴线、标高的放线与抄平工作，要确保施工到相应部位时测量标志齐全，以便对施工起控制作用。

底层轴线：根据标志桩（板）上的轴线位置，在做好的基础顶面上，弹出墙身中线和边线。墙身轴线经核对无误后，要将轴线引测到外墙的外墙面上，画上特定的符号，并以此符号为标准，用经纬仪或吊垂向上引测来确定以上各楼层的轴线位置。

抄平：用水准仪以标志板顶的标高（±0.000）将基础墙顶面全部抄平，并以此为标准立一层墙身的皮数杆，皮数杆钉在墙角处的基础墙上，其间距不超过20m。在底层房屋内四角的基础上测出－0.10标高，以此为标准控制门窗的高度和室内地面的标高。此外，必须在建筑物四角的墙面上作好标高标志，并以此为标准，利用钢尺引测以上各楼层的标高。

画门框及窗框线：根据弹好的轴线和设计图纸上门框的位置尺寸，弹出门框并画上符号。当墙体高度将要砌至窗台底时，按窗洞口尺寸在墙面上画出窗框的位置，其符号与门框相同。门、窗洞口标高已画在皮数杆上，可用皮数杆来控制。

③摆砖样

在基础墙上（或窗台面上），根据墙身长度和组砌形式，先用砖块试摆，使墙体每一皮砖块排列和灰缝宽度均匀，并尽可能少砍砖。摆砖样对墙身质量、美观、砌筑效率、节省材料都有很大影响，拟组织有经验的工人进行。

（3）施工步骤

砌砖工程是一个综合性的施工过程，由泥瓦工、架子工和普工等工种共同施工完成，其特点是操作人员多，专业分工明确。为了充分发挥操作人员的工作效率，避免出现窝工或工作面闲置的现象，就必须从空间上、时间上对他们进行合理的安排，作到有组织、有秩序的施工，故在组织施工时，按本工程的特点，将每个楼层划分为两个施工层、两个施工段。其中施工层的划分是根据建筑物的层高和脚手架的每步架高（钢管扣件式脚手架宜为1.2～1.4m）而确定，以达到提高砌砖的工作效率和保证砌筑质量的目的。

本工程主体结构标准层砌筑的施工顺序安排如下：

放线→砌第一施工层墙→搭设脚手架（里脚手架）→砌第二施工层墙→支楼板与圈梁的模板→楼板与圈梁钢筋绑扎→楼板与圈梁混凝土浇筑。

①墙体的砌筑

砌砖先从墙角开始，墙角的砌筑质量对整个房屋的砌筑质量影响很大。

砖墙砌筑时，最好内外墙同时砌筑以保证结构的整体性。但在实际施工中，有时受施工条件的限制，内外墙一般不能同时砌筑，通常需要留槎。如在砌体施工中，为了方便装修阶段的材料运输和人员通过，需在各单元的横隔墙上留设施工洞口（在本过程中，洞口高度1.5m，宽度1.2m，在洞顶设置钢筋混凝土过梁，洞口两侧沿高每500mm设2ϕ6拉接钢筋，伸入墙内不少于500mm，端部应设有90°的弯钩）。

②脚手架的搭设

脚手架采用外脚手架和里脚手架两种。外脚手架从地面向上搭设，随墙体的不断砌高而逐步搭设，在砌筑施工过程时，它既作为砌筑墙体的辅助作业平台，又起到安全防护作用。外脚手架主要用于在后期的室外装饰施工，采用钢管扣件式双排脚手架。里脚手架搭设在楼面上，用来砌筑墙体，在砌完一个楼层的砖墙后，搬到上一个楼层。本工程采用折叠式里脚手架。

③在整个施工过程中，应注意适时地穿插进行水、电、暖等安装工程的施工。

上岗工作要点

本章包括脚手架工程、垂直运输设施、砌体施工三部分内容。

砌筑用脚手架是砌筑过程中、堆放材料和工人进行操作的临时性设施。搭设脚手架必须满足使用要求，同时要安全可靠、构造简单、装拆方便。特别是脚手架的稳定性，要防止倒塌事故的发生。

砌筑工程材料的垂直运输量非常大，要保证施工连续均衡地进行，在施工组织设计时要正确合理的选择垂直运输设施，合理地布置施工平面，使每吊次尽可能做到满载。

在砌体施工中，主要了解对砌筑材料的要求、砖砌体的组砌方式和施工工艺，熟悉对砌体的施工质量要求、质量的控制方法和检验方法及施工的技术要点。

复习思考题

1. 砌筑工程用砖有哪几类?
2. 砌筑用砌块是如何分类的?
3. 砂浆的稠度是如何要求的?
4. 砖墙组砌的形式有哪些?
5. 砌筑前摆干砖的作用是什么?
6. 皮数杆的作用是什么? 如何布置、立设?
7. 什么是“三一”砌法?
8. 什么是原浆勾缝? 什么是加浆勾缝?
9. 砌筑时如何控制砌体的位置与标高?
10. 砌筑质量要求有哪些?
11. 砌块排列的原则是什么?
12. 砌块砌筑的主要工序是什么?
13. 常用的垂直运输方法有几种?
14. 常用的内、外脚手架各有几种?
15. 单排外脚手架在哪些部位不得留脚手眼?
16. 为保证质量，对砌体材料有什么要求?
17. 为保证安全施工，应注意什么?

第4章 混凝土结构工程

重 点 提 示

【职业能力目标】

通过本章学习，达到如下目标：模板的构造和安装方法；进行钢筋的冷加工、钢筋的焊接以及钢筋的配料和代换；进行混凝土配料、浇捣、养护和质量检查，特别是进行工程质量事故的防治。

【学习要求】

了解模板的构造要求，了解钢筋的种类、性能；熟悉钢筋混凝土工程的施工过程、施工工艺；掌握钢筋的冷加工以及钢筋的配料、代换的计算；掌握质量的检查和评定，以及质量事故的处理。

混凝土结构工程在建筑施工中占有重要的地位，它对整个工程的工期、成本、质量都有极大的影响。混凝土结构工程由钢筋工程、模板工程和混凝土工程三部分组成，在施工中三者之间要密切配合，才能确保工程质量和工期。

混凝土结构工程按施工方法可分为现浇混凝土结构工程和预制装配式混凝土结构工程，前者整体性好，抗震能力强，节约钢材，而且不需大型的起重机械，但工期较长，成本较高，易受气候条件影响；后者构件可在加工厂批量生产，它具有降低成本、现场拼装、减轻劳动强度和缩短工期的优点，但其耗钢量较大，而且施工时需要大型的起重设备。为了兼顾这两者的优点，在施工中这两种方式往往兼而有之。

钢筋混凝土结构工程的施工工艺过程如图4-1所示。

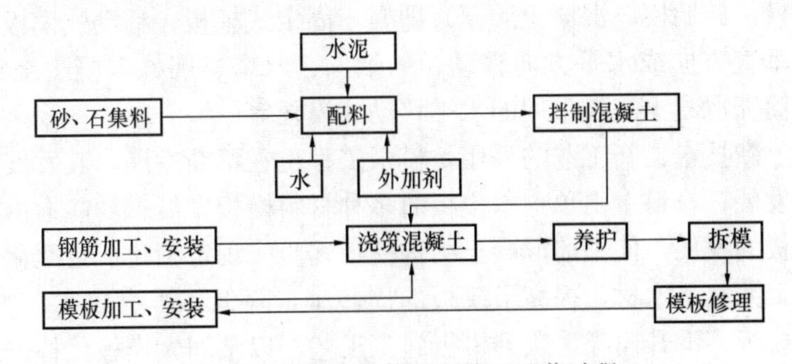

图4-1 混凝土结构工程施工工艺过程

4.1 模板工程

模板是浇捣混凝土的模壳，是使结构或构件成型的模型，是钢筋混凝土工程的重要组成部分。现浇钢筋混凝土结构用模板的造价约占钢筋混凝土工程总造价的30%、总用工量的50%，因此，采用先进的模板技术，对于提高工程质量、加快施工速度、提高劳动生产率、降低工程成本和实现文明施工都具有十分重要的意义。

4.1.1 模板的基本要求及分类

4.1.1.1 模板的基本要求

模板系统由两个部分组成：一部分是形成混凝土结构或构件形状和几何尺寸的模板；另一部分是保证模板设计位置的支撑和连接件。现浇混凝土结构施工用的模板要承受混凝土结构施工过程中的水平荷载（浇筑混凝土时混凝土对模板的侧压力和振捣机械的振动力）和竖向荷载（模板自重、钢筋及混凝土等材料重量、运输工具及施工人员活荷载等），为了保证混凝土结构施工的质量，模板系统必须符合下列基本要求：

（1）保证结构和构件各部分形状、尺寸和相互位置的准确性。

（2）具有足够的强度、刚度和稳定性，能可靠地承受新浇混凝土自重和侧压力，以及施工荷载。

（3）模板组合要合理，构造简单、装拆方便，并便于钢筋的绑扎、安装和混凝土的浇筑及养护。

（4）模板接缝应严密，不得漏浆。

（5）尽可能提高周转速度和次数，以利降低成本。

4.1.1.2 模板的分类及发展方向

模板的种类很多，按材料分类，可分为木模板、钢木模板、胶合板模板、钢竹模板、钢模板、塑料模板、玻璃钢模板、铝合金模板等。

按结构的类型分为基础模板、柱模板、楼板模板、楼梯模板、墙模板、壳模板和烟囱模板等多种。

按施工方法分为现场装拆式模板、固定式模板和移动式模板。

现场装拆式模板是按照设计要求的结构形状、尺寸及空间位置在现场组装，当混凝土达到拆模强度后即拆除模板。现场装拆式模板多用定型模板和工具式支撑；固定式模板多用于制作预制构件，是按构件的形状、尺寸于现场或预制厂制作，涂刷隔离剂，浇筑混凝土，当混凝土达到规定的强度后，即脱模、清理模板，再重新涂刷隔离剂，继续制作下一批构件。各种胎模（土胎模、砖胎模、混凝土胎模）即属于固定式模板；移动式模板是随着混凝土的浇筑，模板可沿垂直方向或水平方向移动，如烟囱、水塔、墙柱混凝土浇筑采用的滑升模板、爬升模板，筒壳混凝土浇筑采用的水平移动式模板等。

随着新结构、新技术、新工艺的采用，模板工程也在不断发展，其发展方向是：构造上由不定型向定型发展；材料上由单一木模板向多种材料模板发展；功能上由单一功能向多功能发展。由于模板的发展，使钢筋混凝土结构模板逐步实现定型化、装配化、工具化，大量节约了模板材料，尤其是木材，提高了模板的周转率，降低了工程成本，加快了工程进度。近年来，采用大模板、滑升模板、爬升模板施工工艺，以整间大模板代替普通模板进行混凝土板墙施工，不仅节约了模板材料，还大大提高了工程质量和施工机械化程度，甚至使模板本身形成了建筑体系。支架系统逐渐向脚手架和支架通用性的工具化方向发展。

4.1.2 模板的构造

4.1.2.1 组合式模板

组合式模板是指适用性和通用性较强的模板，用它进行混凝土结构成型，既可按照设计要求事先进行预拼装整体安装、整体拆除；也可采取散支散拆的方法，工艺灵活简便。

常用的组合式模板有木模板、组合钢模板、钢框木（竹）胶合板模板、无框模板等。

（1）木模板

木模板的特点是加工方便，能适应各种复杂形状模板的需要，但周转率低，木材消耗多。为节约木材，减少现场工作强度，木模板一般预先加工成拼板然后在现场进行拼装。拼板（图 4-2）板条厚度一般为 25～50mm，宽度一般不大于 200mm，以保证干缩时缝隙均匀，润湿后不翘曲、不漏浆。施工时按混凝土构件的形状和尺寸，用木板做底模、侧模，小木方做木挡，中方或圆木做支撑，制成基础模板、柱模板、梁模板、楼梯和阳台、雨篷等模板。

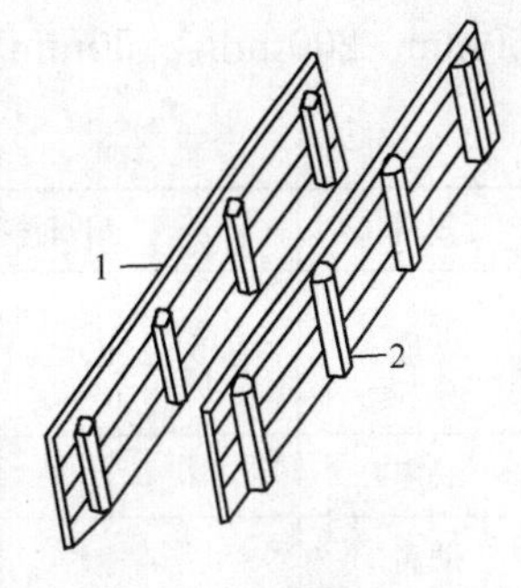

图 4-2　拼板的构造

1—木拼板；2—拼条

（2）组合钢模板

组合钢模板又称组合式定型小模板，是使用最早且较广泛的一种组合式模板。使用钢模板不但可节约大量木材，而且由于钢材加工规整，因而钢模板具有保水性好，无自然翘曲现象，强度和刚度都较大，周转次数多，使用寿命长，组装后尺寸偏差小、接缝严密，拆模后表面平整光滑等优点。

组合钢模板主要由钢模板、连接件和支撑件三部分组成。

1）钢模板

钢模板主要包括平板模板和转角模板等。

①平板模板

平板模板由面板、边框、纵横肋构成，如图 4-3（a）所示。边框与面板常用 2.5～3.0mm 厚钢板一次轧成，纵横肋用 3mm 扁钢，边框上开有连接孔。平模的长度有 1500mm、1200mm、900mm、750mm、600mm、450mm 六种规格，宽度有 300mm、

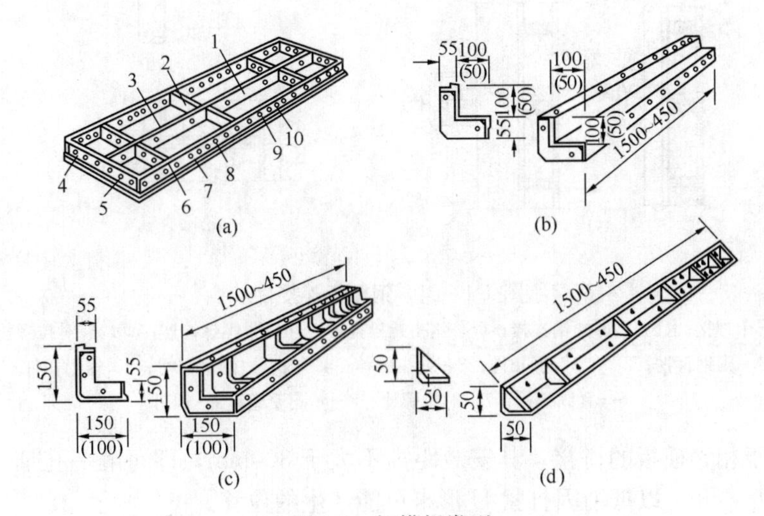

图 4-3　钢模板类型

(a) 平面模板；(b) 阳角模板；(c) 阴角模板；(d) 连接角模

1—中纵肋；2—中横肋；3—面板；4—横肋；5—插销孔；6—纵肋；

7—凸棱；8—凸鼓；9—U 形卡 I 孔；10—钉子孔

250mm、200mm、150mm、100mm 五种规格，因而可组成不同尺寸的模板，见表 4-1。

表 4-1　组合钢模板规格

mm

规格	平面模板	阴角模板	阳角模板	连接角模
宽度	300、250、200、150、100	150×150 50×50	150×150 50×50	50×50
长度	1500、1200、900、750、600、450			
肋高	55			

②转角模板

转角模板分为阳角模、阴角模和连接角模。阴、阳角模的角部为弧形，它主要用于结构的阴阳角处并起着连接两侧平模的作用，可使转角处成弧形过渡。连接角模主要用于连接两块成垂直角度的平模。转角模板规格尺寸见表 4-1。转角模板如图 4-3（b）～图 4-3（d）所示。

平模的代号为 P，如宽 300mm、长 1500mm 的平模，其代号为 P3015。阴角模的代码为 E，阳角模代码为 Y，连接角模的代码为 J。

2）连接及支撑件

①连接件

组合钢模板的连接件包括：U 形卡、L 形插销、钩头螺栓、对拉螺栓、紧固螺栓和扣件等，如图 4-4 所示。

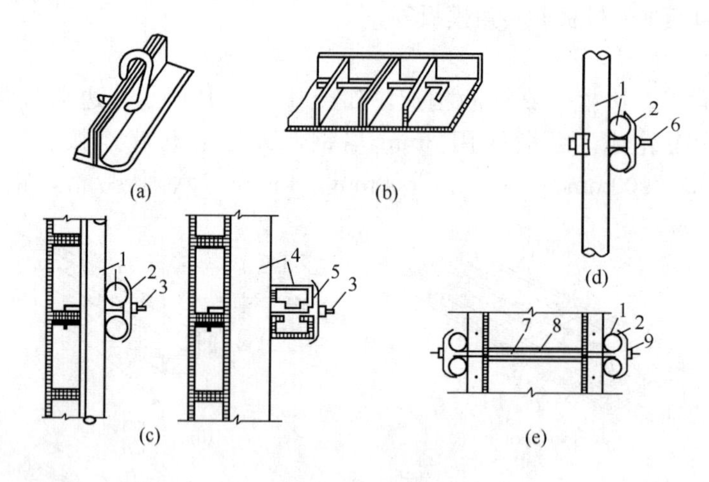

图 4-4　组合钢模板连接件

(a) U形卡连接；(b) L形插销连接；(c) 钩头螺栓连接；(d) 紧固螺栓连接；(e) 对拉螺栓连接；
1—圆钢管楞；2—“3”形扣件；3—钩头螺栓；4—内卷边槽钢钢楞；5—蝶形扣件；
6—紧固螺栓；7—对拉螺栓；8—塑料套管；9—螺母

U 形卡用于相邻模板的拼接，其安装距离不大于 300mm，即每隔一孔插一个，安装方向一顺一倒相互错开，以抵消因打紧 U 形卡可能产生的位移。

L 形插销用于插入钢模板端部横肋的插销孔内，以加强两相邻模板接头处的刚度和保证接头处板面平整。

钩头螺栓用于钢模板与内外钢楞的加固，安装间距一般不大于 600mm，长度应与采用的钢楞尺寸相适应。

对拉螺栓用于连接墙壁两侧模板，保持模板与模板之间的设计厚度，并承受混凝土侧压力及水平荷载，以使模板不变形。

紧固螺栓用于紧固内外钢楞，长度应与采用的钢楞尺寸相适应。

扣件用于钢楞与钢楞或钢楞与钢模板之间的扣紧，按钢楞的不同形状，分别采用蝶形扣件和“3”形扣件。

②支撑件

组合钢模板的支撑件包括：柱箍、钢楞、支架、斜撑、钢桁架等。

钢桁架，如图4-5所示，两端可支承在钢筋托具、墙、梁侧模板的横档以及柱顶梁底横档上，用以支承梁或板的底模板。图4-5（a）所示为整榀式，一榀桁架的承载能力约为30kN；图4-5（b）所示为组合式桁架，可调范围为25～35m，一榀桁架的承载能力约为20kN。

钢支架，如图4-6（a）所示，用于支承由桁架、模板传来的垂直荷载。它由内外两节钢管制成，其高低调节距模数为100mm，支架底部除垫板外，均用木楔调整，以利于拆卸。另一种钢管支架本身装有调节螺杆，能调节一个孔距的高度，使用方便，但成本略高，如图4-6（b）所示。当荷载较大，单根支架承载力不足时，可用组合钢支架或钢管井架，如图4-6（c)所示。还可用扣件式钢管脚手架、门型脚手架作支架，如图4-6（d）所示。

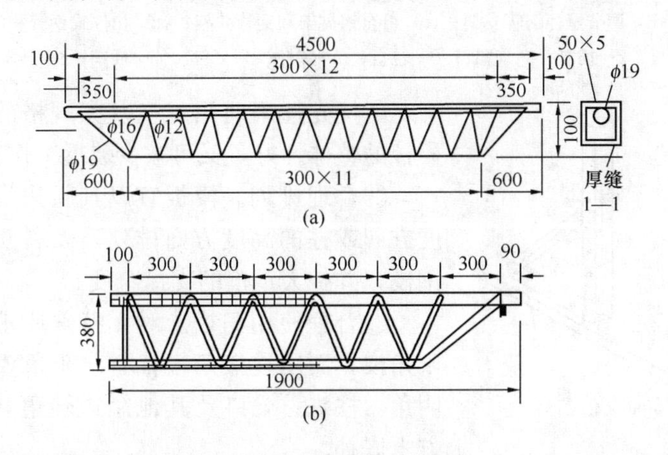

图4-5　钢桁架示意图

（a）整榀式；（b）组合式

钢楞即模板的横档和竖档，分内钢楞和外钢楞。内钢楞配置方向一般应与钢模板垂直，直接承受钢模板传来的荷载，间距一般为700～900mm。外钢楞承受内钢楞传来的荷载，或用来加强模板结构的整体刚度和调整平直度。钢楞一般用圆钢管、矩形钢管、槽钢或内卷边槽钢，而以钢管用得较多。

梁卡具，又称梁托具，用于固定矩形梁、圈梁等构件的侧模板，可节约斜撑等材料。也可用于侧模板上口的卡固定位，其构造如图4-7所示。

3）钢模板的配板

采用钢模板时，同一构件的模板展开面可用不同规格的钢模作多种方式的组合排列，因而形成不同的配板方案。配板方案对支模效率、工程质量和经济效率都有一定影响。合理的配板方案应满足：钢模块数少，木模嵌补量少，并能使支撑件布置简单、受力合理。配板原则如下：

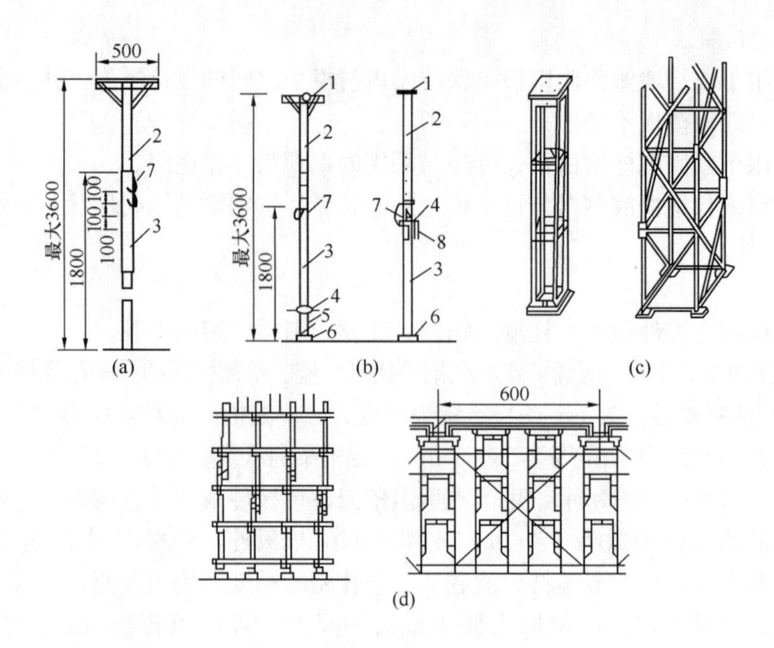

图 4-6 钢支架

(a) 钢管支架；(b) 调节螺杆钢管支架；(c) 组合钢支架和钢管井架；(d) 扣件式钢管和门型脚手架支架

1—顶板；2—插管；3—套管；4—转盘；5—螺杆；6—底板；7—插销；8—转动手柄

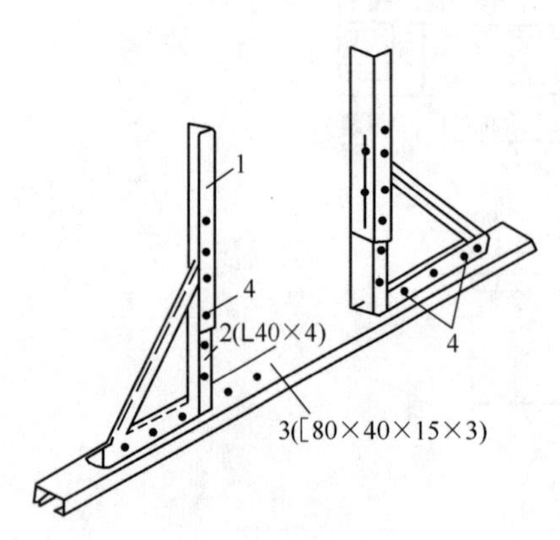

图 4-7 组合梁卡具

1 —调节杆；2 —三角架；3 —底座；4 —螺栓

①优先选用通用规格及大规格的模板。这样配板模板的整体性好，又可减少装拆工作。

②合理排列。模板宜以其长边沿梁、板、墙的长度方向或柱的高度方向排列，以利使用长度规格大的钢模，并扩大钢模的支撑跨度。

③合理使用角模。对无特殊要求的阳角，可不用阳角模，而用连接角模代替。阴角模宜用于长度大的阴角，柱头、梁口及其他短边转角（阴角）处，可用方木嵌补。

④便于模板支撑件的布置。对平面较方整的预拼装大模板及钢模端头接缝集中在一条线上时，直接支撑钢模的钢楞，其间距布置要考虑接缝位置，应使每块钢模都有两道支撑。

(3) 胶合板模板

胶合板模板种类很多，这里主要介绍钢框胶合板模板和钢框竹胶板模板。

1) 钢框胶合板模板

钢框胶合板模板由钢框和防水胶合板组成，防水胶合板平铺在钢框上，用沉头螺栓与钢框连牢，构造如图 4-8、图 4-9 所示。这种模板在钢边框上可钻有连接孔，用连接件纵横连接，组装成各种尺寸的模板，它也具备定型组合钢模板的一些优点，而且重量比组合钢模板轻，施工方便。

根据模板单元面积和重量的大小，可分为轻型组合式模板、重型组合式模板两种。如图 4-10 所示。

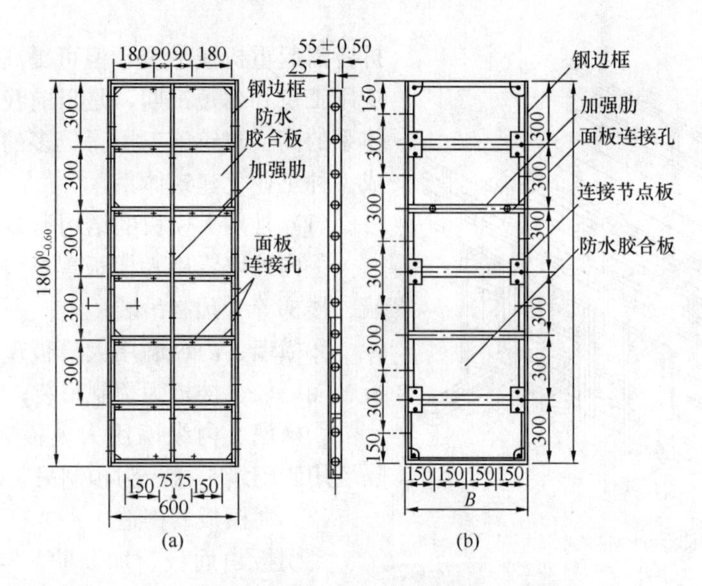

图 4-8 钢框胶合板模板

(a) 轻型钢框胶合板模板；(b) 重型钢框胶合板模板

2）钢框竹胶板模板

钢框竹胶板模板由钢框和竹胶板组成，其构造与钢框胶合板模板相同，用于面板的竹胶板是用竹片（或竹帘）涂胶粘剂，纵横向铺放，组坯后热压成型。为使竹胶板板面光滑平整，便于脱模和增加周转次数，一般板面采用涂料覆面处理或浸胶纸覆面处理。钢框竹胶板模板的宽度有 300mm、600mm 两种，长度有 900mm、1200mm、1500mm、1800mm、2400mm 等。可作为混凝土结构柱、梁、墙、楼板的模板。

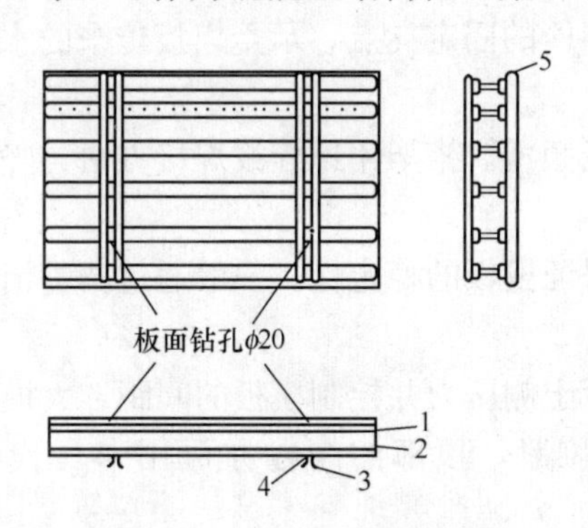

图 4-9 胶合板模板组装图

1—胶合板；2—小梁；3—大梁；

4—梁卡；5—吊钩孔

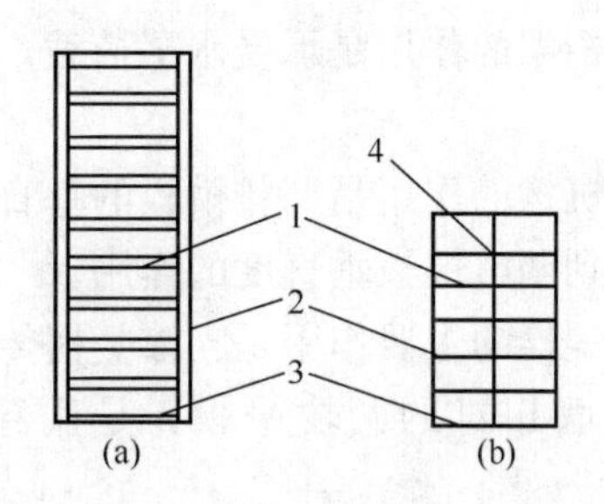

图 4-10 板块组合式模板单元

(a) 重型；(b) 轻型

1—横肋；2—边框；3—板面；4—竖肋

钢框竹胶板模板特点是：不仅富有弹性，而且耐磨、耐冲击，能多次周转使用，寿命长，降低工程费用，强度、刚度和硬度都比较高；在水泥浆中浸泡，受潮后不会变形，模板接缝严密，不易漏浆；重量轻，可设计成大面模板，减少模板拼缝，提高装拆工效，加快施工进度；竹胶板模板加工方便。可锯刨、打钉，可加工成各种规格尺寸，适用性强；竹胶板模板不会生锈，能防潮，能露天存放。

4.1.2.2 大模板

大模板是一种大尺寸的工具式模板，一般是一块墙面用一块大模板。因为其重量大，装拆皆需起重机械吊装，但可提高机械化程度，减少用工量和缩短工期，是目前我国剪力墙和筒体体系的高层建筑施工用得较多的一种模板，已形成一种工业化建筑体系。

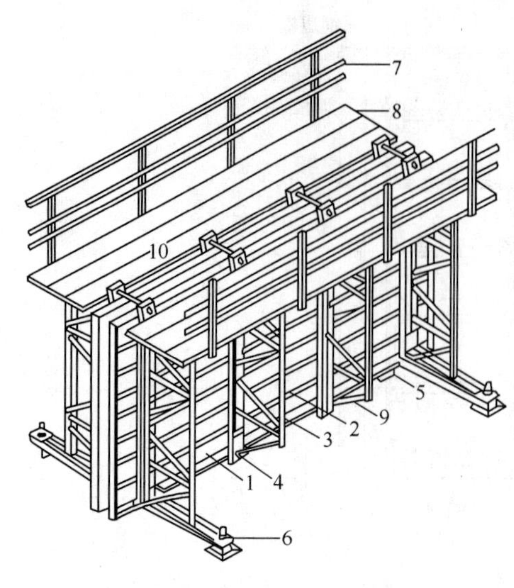

图 4-11　大模板构造示意图

1—面板；2—水平加劲肋；3—支撑桁架；4—竖楞；5—调整水平用的螺旋千斤顶；6—调整水平用的螺旋千斤顶；7—栏杆；8—脚手板；9—穿墙螺栓；10—卡具

(1) 常用大模板的结构类型

①内外墙皆用大模板现场浇筑，而楼板、隔墙、楼梯等为预制吊装；

②横墙、内纵墙用大模板现场浇筑，而外墙板、隔墙板、楼板为预制吊装；

③横墙、内纵墙用大模板现场浇筑，外墙、隔墙用砖砌筑，楼板为预制吊装。

(2) 大模板的构造

大模板由面板、加劲肋、竖楞、支撑桁架、稳定机构及附件组成，如图 4-11 所示。

①面板常用钢板或胶合板制成，表面平整光滑，并具有足够的刚度，拆模后可不再抹灰。胶合板裁剪方便，且可刻制装饰图案，减少后期的装饰工作量。

②加劲肋是大模板的重要构件，其作用是固定面板，把混凝土侧压力传递给竖楞。加劲肋一般用角钢或槽钢制作，它与钢面板焊接固定。加劲肋间距一般为 300～500mm，计算简图为以竖楞为支点的连系梁。

③竖楞的作用是保证模板刚度，并作为穿墙螺栓的固定支点，承受模板传来的水平力和垂直力。

④支撑桁架的作用是承受水平荷载，防止模板倾覆。桁架用螺栓或焊接方法与竖楞联结起来。

⑤稳定机构的作用是调整模板的垂直度，并保证模板的稳定性。一般通过调整桁架底部的螺钉以达到调整模板垂直度的作用。

⑥穿墙螺栓的主要作用是支撑竖楞传来的混凝土侧压力并控制模板的间距。大模板之间的连接，内墙相对的两块平模，是用穿墙螺栓拉紧，顶部的螺栓亦可用卡具代替，如图 4-12所示。

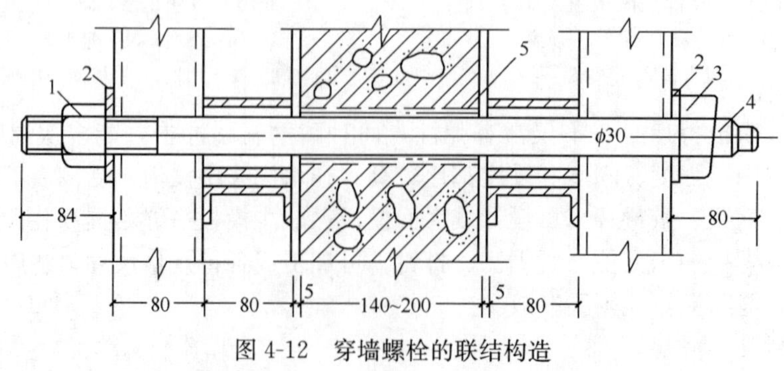

图 4-12　穿墙螺栓的联结构造

1—螺母；2—垫板；3—板销；4—螺杆；5—套管

(3) 大模板的组合方案

大模板的组合方案取决于结构体系。对外墙为预制墙板或砌筑者，多用平模方案。即一面墙用一块平模。对内、外墙皆现浇，或内纵墙与横墙同时浇筑者，多用小角模（图 4-13）方案。即以平模为主，转角处用 100mm×10mm 的小角模。对内、外墙皆现浇的结构体系，除小角模方案外亦可用大角模（图 4-14）组合方案，即一个房间四面墙的内模板用四个大角模组合而成，成为一个封闭体系。大角模较稳定，但在相交处如组装不平会在墙壁中部出现凹凸线条。有些工程还用筒子模进行施工，将四面墙板模板连成整体就成为筒子模。

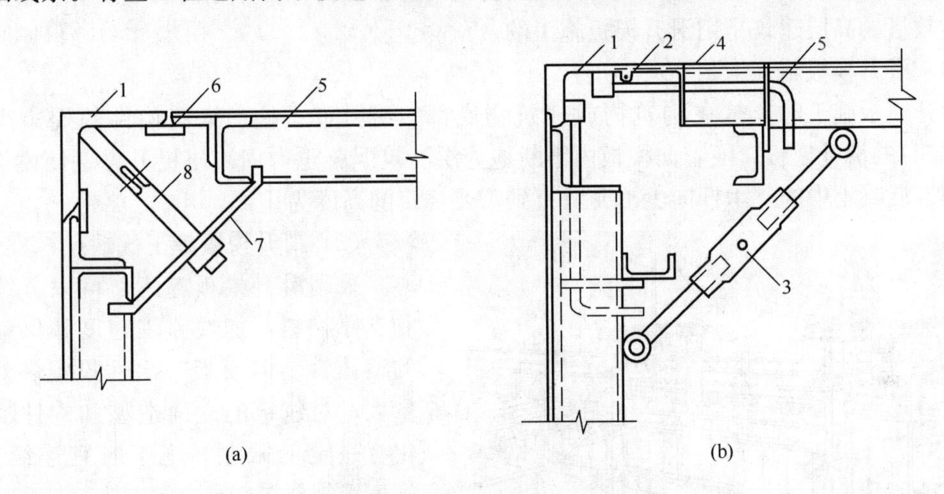

图 4-13　小角模构造示意图

(a) 不带合页的小角模；(b) 带合页的小角模

1—小角模；2—合页；3—花篮螺钉；4—转动铁拐；5—平模；6—扁铁；7—压板；8—转动拉杆

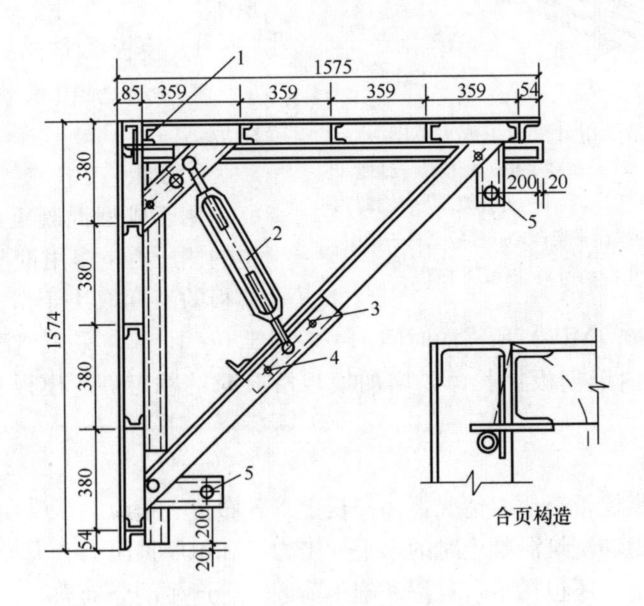

图 4-14　大角模构造示意图

1—合页；2—花篮螺钉；3—固定销子；4—活动销子；5—调整用螺旋千斤顶

大模板堆放时要防止倾倒伤人，应将板面后倾一定角度，大模板板面须喷涂脱模剂以利脱模，向大模板内浇筑混凝土时应分层进行，在门窗洞口两侧应对称均匀下料和捣实，防止固定在模板上的门窗框移位。待浇筑的混凝土强度达到1MPa时，方可拆除大模板。拆模后要喷水以养护混凝土。待混凝上强度≥4MPa时才能吊装楼板于其上。

4.1.2.3 滑升模板

滑升模板是一种工具式模板，用于现场浇筑高耸的构筑物和高层建筑物等，如烟囱、筒仓、电视塔、竖井、沉井、双曲线冷却塔和剪力墙体系及筒体体系的高层建筑等。目前我国有相当数量的高层建筑是用滑升模板施工的。

（1）滑升模板施工工艺

滑升模板施工时，是在构筑物或建筑物底部，沿其墙、柱、梁等构件的周边组装高1.2m左右的滑升模板，随着向模板内不断地分层浇筑混凝土，用液压提升设备使模板不断地沿埋入混凝土中的支承杆向上滑升，直到需要浇筑的高度为止。

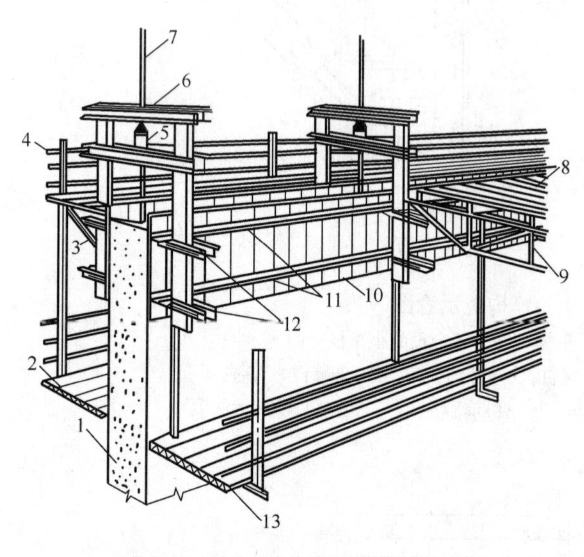

图4-15 液压滑升模板组成示意图

1—混凝土墙体；2—外吊脚手架；3—外挑三角架；4—栏杆；5—液压千斤顶；6—提升架；7—支撑杆；8—操作平台；9—平台桁架；10—模板；11—围圈；12—围圈支托；13—内吊脚手架

（2）滑升模板施工优缺点

采用滑升模板施工，可以节约模板和支撑材料，加快施工速度和保证结构的整体性。但模板一次性投资多、耗钢量大，对建筑的立面造型和构件断面变化有一定的限制。施工时宜连续作业，施工组织要求较严。

（3）滑升模板构造组成

滑升模板由模板系统、操作平台系统和液压系统三部分组成，如图4-15所示。

1）模板系统

模板系统由模板、围圈和提升架组成。

①模板

用于成型混凝土，承受新浇筑混凝土的侧压力，多用钢模或钢木混合模板。模板的高度取决于滑升速度和混凝土达到出模强度（0.2～0.4MPa）所需的时间，一般高1.0～1.2m，采用“滑一浇一”工艺时，外墙的外模和部分内墙模板加长，以增加模板滑升时的稳定性。模板呈上口小下口大的锥形。

②围圈（围楞）

用于支承和固定模板，一般情况下，模板上下各布置一道，它承受模板传来的水平侧压力（混凝土的侧压力和浇筑混凝土时的水平冲击力）和由摩擦阻力、模板与围圈自重（如操作平台支承在围圈上，还包括平台自重和施工荷载）等产生的竖向力。

③提升架（千斤顶架）

其作用是固定围圈，把模板系统和操作平台系统连成整体，承受整个模板系统和操作平台系统的全部荷载并将其传递给液压千斤顶。

2）操作平台系统

包括操作平台、内外吊架和外挑架，是施工操作的场所。

3）液压系统

包括支承杆、液压千斤顶和操纵装置等，是使滑升模板向上滑升的动力装置。支承杆既是液压千斤顶向上爬升的轨道，又是滑升模板的承重支柱，它承受施工过程中的全部荷载。

（4）滑升工艺过程

1）墙（柱）滑模施工工艺

模板的滑升可分为初滑、正常滑升和末滑三个主要阶段。

①初滑阶段

是指工程开始时进行的初次提升模板阶段（包括在模板空滑后的首次继续滑升），主要对滑模装置和混凝土凝结状态进行检查。初滑操作的基本做法是混凝土分层（分层厚度为300mm左右，分层间隔时间应小于混凝土初凝时间）浇筑到模板高度的2/3，当第一层混凝土的强度达到出模强度时，进行试探性的提升，即将模板提升1～2个千斤顶行程（3～6mm），观察并全面检查液压系统和模板系统的工作情况。试升后，每浇筑200～300mm高度，再提升3～5个千斤顶行程，直至浇筑到距模板上口50～100mm，即正常滑升阶段。

②正常滑升阶段

模板滑升速度是影响混凝土施工质量和工程进度的关键因素，原则上滑升速度应与混凝土出模强度相适应，并应根据滑升模板结构的支承情况来确定。当支承杆不会发生失稳时，滑升速度可按混凝土出模强度来确定；当支承杆受压可能会发生失稳时，滑升速度由支承杆的稳定性来确定。在正常气温条件下，滑升速度一般控制在150～300mm/h范围内，出模强度以0.2～0.4MPa为宜。

③末滑阶段

是配合混凝土的最后浇筑阶段，模板滑升速度比正常滑升时稍慢。混凝土浇完后，尚应继续滑升，直至楼板与混凝土脱离不致被粘住为止。

在滑升过程中，浇筑混凝土应严格执行分层浇筑、均匀交圈的制度。每层混凝土浇筑厚度应控制在300mm左右，并保持水平，不得出现高差过大的现象；每个浇筑区段中混凝土的布料，一般从中间部分开始，各层浇筑方向要交错进行，并经常交换方向，尽量使布料均匀；混凝土的浇筑宜由人工均匀浇入模板，不得用料斗直接向模板内倾倒，以免对模板造成过大侧压力和冲击力。

2）楼板、梁的模板施工工艺

①现浇楼板模板

采用滑模施工的建筑物，其现浇楼板结构的施工多采用“逐层空滑楼板并进法”、“先滑墙体楼板跟进法”和“降模法”。

a. 逐层空滑楼板并进法

当每层墙体滑动至上一层楼板底标高位置时，停止墙体混凝土的浇筑。待混凝土达到脱模强度后，将模板进行连续提升，直至墙体混凝土脱模，再将模板向上空滑，使模板下口与墙体上皮脱空一段高度（高度由楼板厚度决定），然后将操作平台的活动平台吊开，进行现浇楼板模板的吊装和支模等工序。为了防止模板全部脱空后产生平移或扭转变形，当楼板为单向板，且横墙承重时，只需将横墙模板脱空，非承重纵墙可比横墙多浇筑50cm左右，使纵墙模板与纵墙不脱空，以保持模板的稳定；当楼板为双向板时，则内外墙模板全部需脱空，故应将外墙外模板适当加长。

b. 光滑墙体楼板跟进法

当墙体连续滑动数层后，即可自下而上地进行逐层楼板的施工。先将每间操作平台的活动平台板揭开，由活动平台洞口吊入楼板的模板、钢筋和混凝土材料；亦可从已施工完成的墙体窗口处的受料挑台将所需模板等材料运入房间内施工。

c. 降模法

利用桁架或纵横梁结构将每间的楼板模板组成整体，通过吊杆、钢丝绳或链条悬吊于建筑物上（图 4-16）。先浇筑屋面板和梁，待混凝土达到一定强度后，用手推降模车将降模平台下降到下一层楼板的高度，加以固定后进行浇筑，如此反复进行，直至底层，最后将降模平台在地面上拆除。

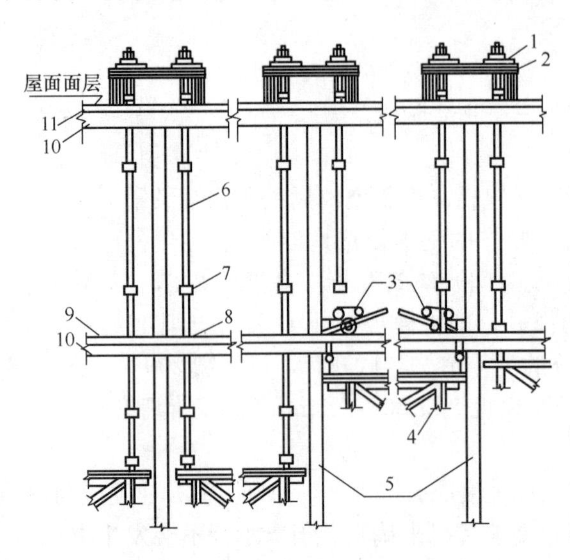

图 4-16　楼板降模施工示意图

1—螺帽；2—槽钢；3—降模车；4—平台桁架；5—柱；6—吊杆；7—接头；8—楼板留孔；9—楼板；10—梁；11—屋面板

②梁模板

当梁的断面高度较小时，可在墙顶留出梁窝（两侧用钢板网卡住），待模板滑空后支梁和楼板的模板，即梁与楼板一起浇筑施工；当梁的断面高度较大时，应优先选择梁、墙、柱模板同时组装的方案。

由于梁在施工中是间断的，垂直方向不连续，因此，在梁的端头部位应设置堵头板。当只施工柱、墙时，用堵头板将梁的端头隔断，仅浇筑墙、柱混凝土，梁的模板处于空滑状态，此时，梁的支承杆需加固处理；当模板滑动到梁底标高时，将堵头板插销拔去或进行活动挂钩，并在柱、墙主筋上焊上短钢筋头，用以阻止堵头板上移；当墙、柱、梁模板继续向上滑动时，堵头板不动，逐渐从模板下脱出，这样墙、柱、梁模板互相连通，在绑扎钢筋后，即可同时浇筑混凝土。

4.1.2.4　爬升模板

爬升模板也称提模、跳模，是施工剪力墙体系和筒体体系的钢筋混凝土结构高层建筑的一种有效的模板体系。

它由悬着的大模板、爬架和爬升设备三部分组成，如图 4-17 所示。

模板顶端装有提升外爬架用的提升设备，爬升架顶端装有提升模板的提升设备。爬升设备可用手拉葫芦或液压千斤顶。爬架和其悬吊的大模板可随结构浇筑混凝土的升高而交替升高，它实际上是一种模板不落地的大模板施工体系，减少了施工中吊运大模板的工作量，加快了施工速度。

外爬架为格构式钢架，外爬架由附墙架和上部支承两部分组成，上部支承架超过两个层高，附墙架通过螺栓固定在下层墙体上。其上端有挑梁，用以悬吊大模板。内爬架为断面较小的格构式钢架，高度超过二层。亦可以不设内爬架，由普通的内墙大模板代替，但其提升就需要依靠塔吊帮助，即为外爬内吊式模板。

使用爬模施工时，底层墙仍需用一般支模方法施工。

4.1.2.5 其他形式的模板

(1) 台模

台模又称桌模、飞模，是一种大型工具式模板，主要用于浇筑平板式或带边梁的楼板，一般是一个房间一块台模，有时更大。按台模的支撑形式分为支腿式和无支腿式两类，前者又有伸缩式支腿和折叠式支腿之分；后者架于墙上或柱顶，故也称悬架式。支腿式台模由面板（胶合板或钢板）、支撑框架、檩条等组成（图 4-18）。支撑框架的支腿底一般带有轮子，以便移动，有的台模没有轮子，在轨道上滚动。浇筑后待混凝土达到规定强度，落下台面，将台模推出放在临时挑台上，再用起重机整体吊运至上层其他施工段。亦可不用挑台，推出墙面后直接吊运。

目前我国使用的台模，除铝合金制作的正规台模外，还利用由小块的定型组合钢模板和钢管支撑等拼装成的台模。利用台模施工楼板可省去模板的装拆时间，能降低劳动消耗和加速施工，但一次性投资较大。

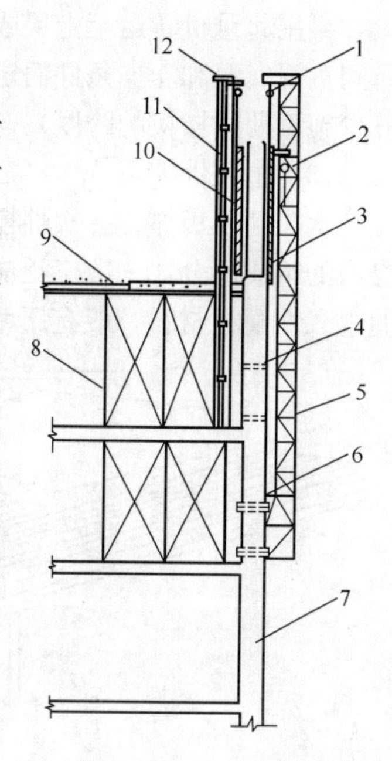

图 4-17 爬升模板

1—提升外爬升模板的手拉葫芦；2—提升外爬架的手拉葫芦；3—外爬升模板；4—预留孔；5—外爬架（包括支承架和附墙架）；6—螺栓；7—外墙；8—楼板模板支撑；9—楼板模板；10—内爬升模板；11—内爬架；12—提升内爬升板的手拉葫芦

(2) 隧道模

隧道模是一种大型组合式定型模板，可用于现场同时浇筑墙体和楼板的混凝土，因其外形像隧道，所以称为隧道模，如图 4-19 所示。隧道模能将各开间沿水平方向逐段、逐间地整体浇筑，故施工的建筑物整体性好、抗震性好、施工速度快，但模板的一次性投资大，模板自重大，起吊和转运需较大的起重机。

隧道模有全隧道模（整体式隧道模）和双拼式隧道模两种，前者自重大，推移时多需铺设轨道，目前逐渐少用；后者由两个半隧道模对拼而成（两个半隧道模的宽度可以不同），再增加一块插板，即可以组合成各种开间需要的宽度。

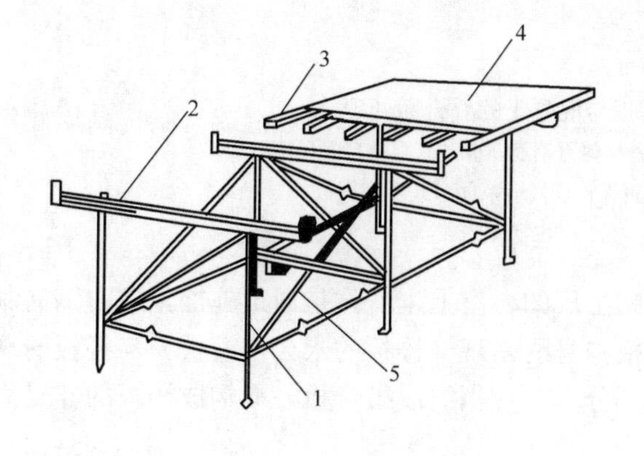

图 4-18 台模

1—支腿；2—可伸缩的横梁；3—檩条；4—面板；5—斜撑

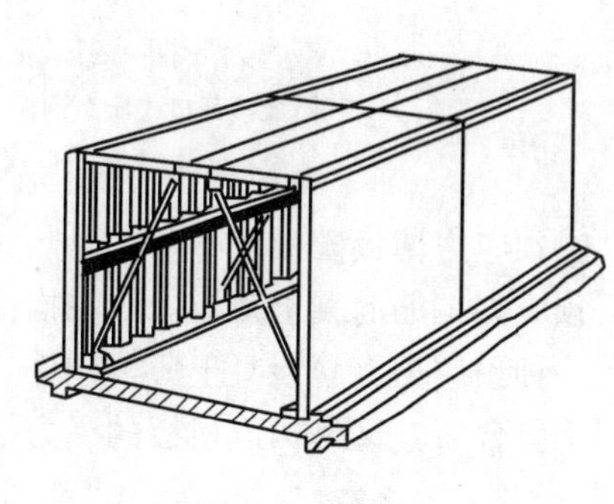

图 4-19 隧道模

当混凝土浇筑后达到一定强度时，可先拆除半边的隧道模，并移出墙面放在临时平台上，再用起重机转运至上层或其他施工段，楼板临时用竖撑加以支撑；当混凝土再养护一段时间（视气温和养护条件而定）后，即可拆除另一半边的隧道模（但要保留中间的竖撑，以减少施工期间楼板的跨度）。

（3）永久性模板

永久性模板亦称一次性模板，其在结构构件混凝土浇筑后不拆除。并构成构件受力或非受力的组成部分，一般广泛应用于房屋建筑的现浇钢筋混凝土楼板工程中。目前，我国常用的永久性模板材料一般有压型钢板模板和预应力钢筋混凝土薄板模板两种。

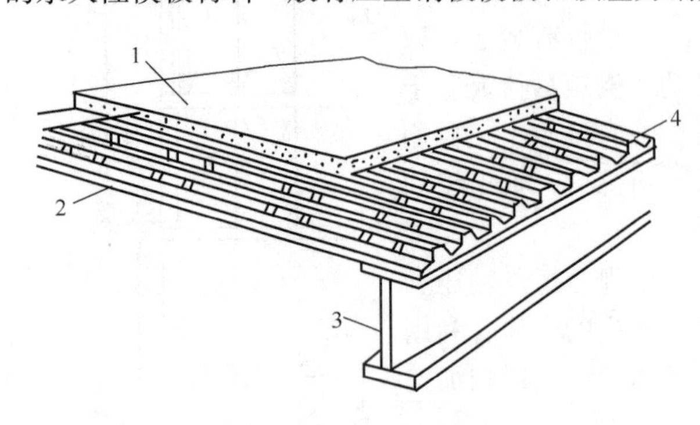

图 4-20　压型钢板组合楼板

1—混凝土；2—压型钢板；3—钢梁；4—剪力钢筋

①压型钢板模板

压型钢板模板是采用镀锌或经防腐处理的薄钢板，经成型机冷轧成具有波形截面的槽型钢板或开口式方盒状钢壳的一种工程模板材料，一般应用于现浇密肋楼板工程（图 4-20）中。当压型钢板安装后，在肋底内面铺设受拉钢筋，在肋的顶面焊接横向钢筋或在其上部受压区铺设网状钢筋，待楼板混凝土浇筑后，压型钢板不再拆除，并成为密肋楼板结构的组成部分。

当无吊顶天棚设置要求时，压型钢板下表面可直接喷、刷装饰涂层，并能获得较好的装饰效果。为了形成平整的天棚面，还可以在压型钢板下表面连接一层附加钢板，这样既可提高模板的刚度，又可以在空格内布置电气设备线路等。为确保压型钢板与混凝土能共同作用，应作好叠合面的处理，如图 4-21 所示。

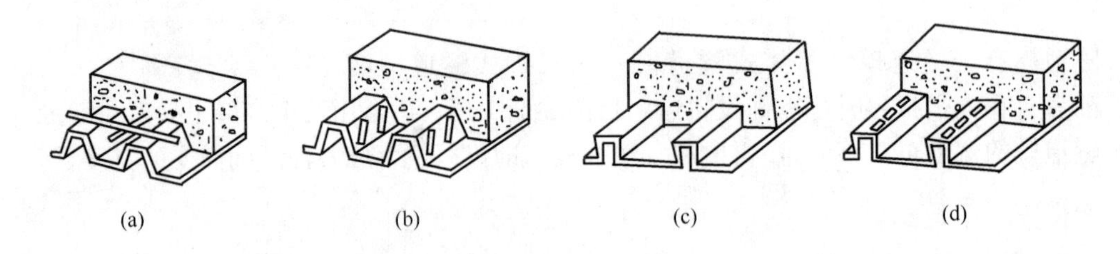

图 4-21　压型钢板与混凝土的叠合面处理

（a）无痕开口式压型钢板，上翼焊剪力钢筋；（b）有痕开口式压型钢板；

（c）无痕闭口式压型钢板；（d）有痕闭口式压型钢板

②预应力薄板模板

预应力钢筋混凝土薄板一般在构件预制工厂的台座上生产，是通过施加预应力钢筋制作成的一种预应力钢筋混凝土薄板构件，薄板本身既是现浇楼板的永久性模板，与楼板的现浇混凝土叠合后，又是构成楼板的受力结构部分，与楼板组成组合板，或构成楼板的非受力结构部分。

预应力薄板叠合楼板有较好的整体性和抗震性能，特别适用于高层建筑和大开间房屋的楼板。预应力薄板作为永久性模板，板底平整，减少了现场混凝土的浇筑量，顶棚可不做抹灰，也减少了装修工程的湿作业量。由于不用支模，节省了模板和支模的人工。预应力薄板的钢丝保护层较厚，有较好的防火性能。

4.1.3 现浇构件中常用的模板

4.1.3.1 基础模板

基础一般来说高度不大，但体积较大，当土质良好时，阶梯形基础最下一级可不用侧模而在原槽浇筑。安装基础模板时，应严格控制好基础平面的轴线和模板上口的标高。无论是墙下条形基础还是柱下独立基础，都必须弹好线后再支模。基础模板常用形式，如图 4-22 所示。

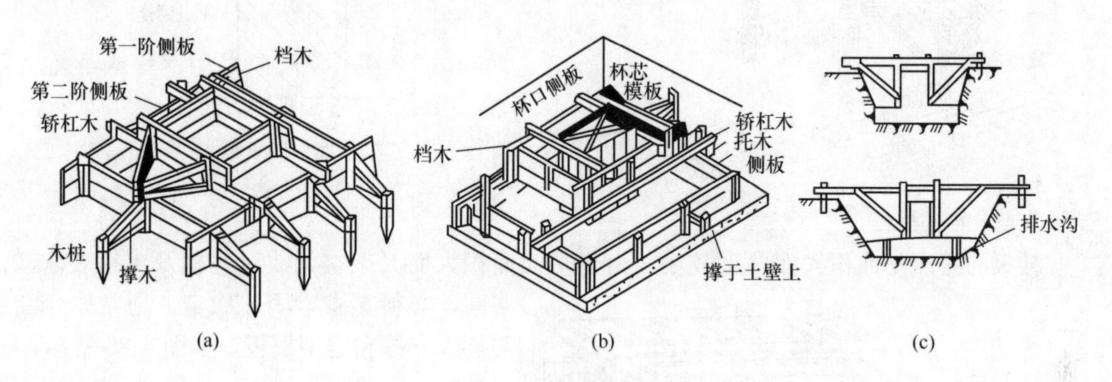

图 4-22 基础模板

(a) 阶梯形基础；(b) 杯形基础；(c) 条形基础

4.1.3.2 柱模板

柱子的特点是断面尺寸不大，但高度较大。柱模板安装必须与钢筋骨架的绑扎密切配合，还应考虑浇筑混凝土的方便和保证混凝土的质量。柱模板的安装，主要解决柱子的垂直和模板的侧向稳定，为防止混凝土振捣时发生爆模现象，在支模时必须设置一定数量的柱箍，且越往下越密。为了浇筑混凝土和清理垃圾的方便，当柱子较高时，尚应在柱模板上留设混凝土浇筑孔和垃圾清理孔。模板的垂直度，一般用吊垂线的办法来校正。矩形柱模板，如图 4-23 所示。

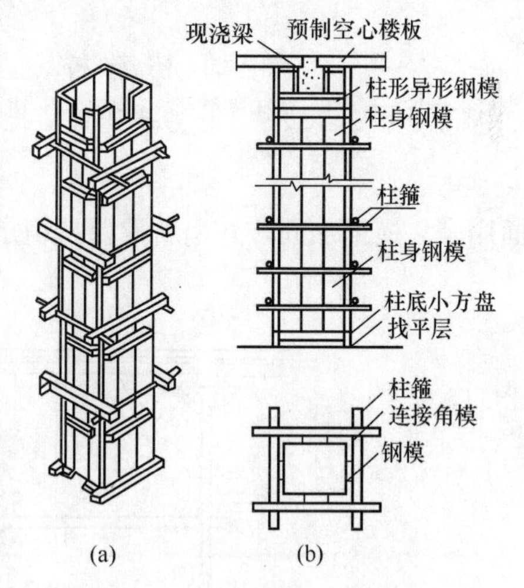

图 4-23 矩形柱模板

(a) 木模板；(b) 钢模板

4.1.3.3 梁模板

梁的特点是断面不大，但水平长度较大而且架空，因而梁模板由底模和两边侧模及支撑等组成。由于梁模板是架空的，故对支撑的牢固和稳定性要求较高，操作中要给予足够重视。当梁跨度大于或等于 4m 时，应使梁底模中部略为起拱，以防止由于灌注混凝土后跨中梁底下垂，如设计无规定时，起拱高度宜为全跨长度的 0.1%～0.3%。梁模板如图 4-24 所示。

对于圈梁，由于其断面小但很长，一般除窗洞口及个别位置架空外，其他均搁在墙上。故圈梁模板主要是由侧模和固定侧模用的卡具所组成。底模仅在架空部分使用，如架空部分跨度较大时，也可采用支柱（琵琶撑）撑住底模。圈梁模板如图 4-25 所示。

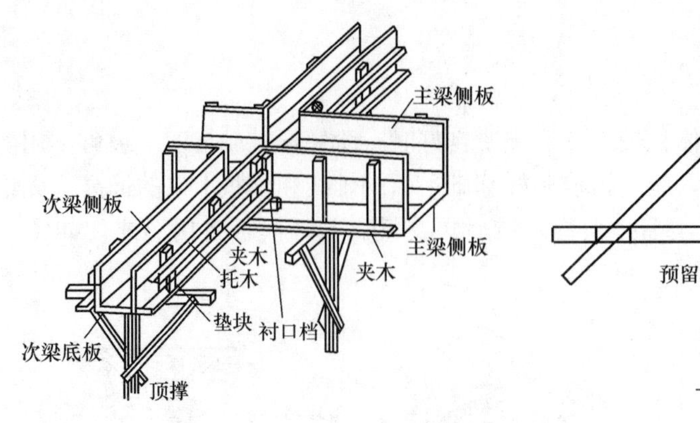

图 4-24　梁模板

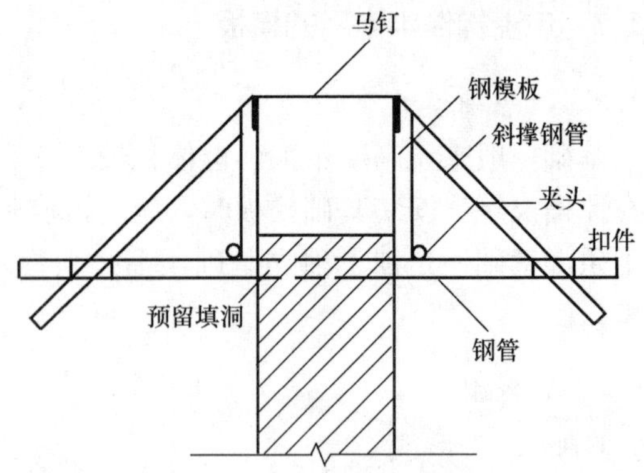

图 4-25　圈梁模板

4.1.3.4　楼板模板

楼板的特点是面积大而厚度较小。由于平面面积大而又架空，故对底模及支撑要求较高，必须支撑牢固、稳定。通常采用工具式支撑和定型模板，如图 4-26 所示。

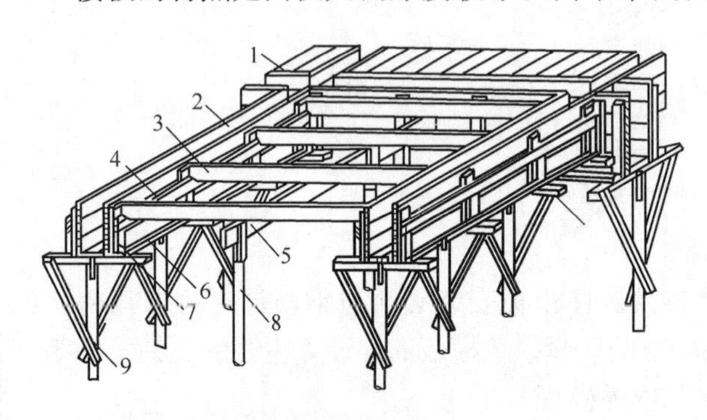

图 4-26　楼板模板

1—楼板模板；2—梁侧模板；3—格栅；4—横档；5—牵杠；6—夹条；7—短撑木；8—牵杠撑；9—支撑

4.1.3.5　楼梯模板

无论是梁式楼梯还是板式楼梯均为倾斜放置的带有踏步的构件，如图 4-27 所示，其模板为倾斜架设，其下部支撑亦为斜撑，以防止支撑下端部滑移。楼梯模板结合部位要保持吻合，以防漏浆。

4.1.3.6　墙模板

墙模板由两片模板组成，每片模板由若干块平面模板拼成，如图 4-28 所示。这些平面模板可以横拼或竖拼，外面用竖、横钢加固，并用斜撑保持稳定，用对拉螺栓保持两片模板之间的距离（墙厚）并承

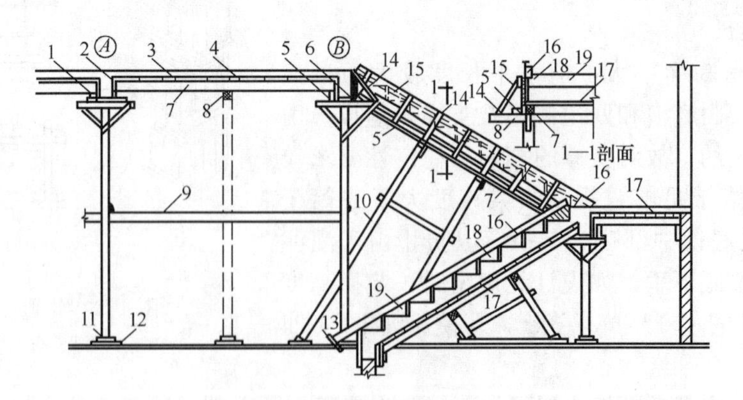

图 4-27　楼梯模板

1—托板；2—梁侧板；3—定型模板；4—非定型模板；5—固定夹板；6—梁底模板；7—楞木；8—横木；9—拉条；10—支撑；11—木楔；12—垫板；13—木桩；14—斜撑；15—边板；16—反扶梯基；17—板底楔板；18—三角木；19—踏脚板

受浇筑时混凝土的侧压力。

墙模板可以散拆，即按配板图由一端向另一端、由下向上逐层拼板；也可以在拼装平台上预拼成整片后安装。墙的钢筋可以在模板安装前绑扎，也可以在安装好一边模板后再绑扎钢筋，最后安装另一边的模板。

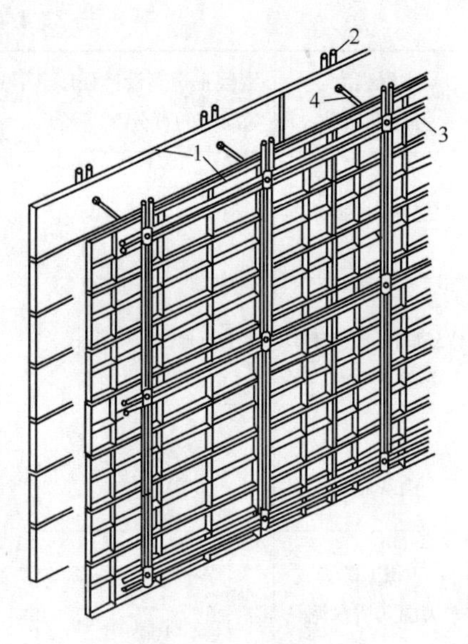

图 4-28　墙模板

4.1.4　模板的拆除

4.1.4.1　现浇结构模板的拆除

模板的拆除日期取决于现浇结构的性质、混凝土的强度、模板的用途、混凝土硬化时的气温。及时拆模，可提高模板的周转率，为后续工作创造条件。但过早拆模，混凝土会因强度不足以承担自重，或受到外力作用而变形甚至断裂，造成重大的质量事故。

（1）模板的拆除规定

1）侧模板的拆除

侧模板的拆除，应在混凝土强度达到能保证其表面及棱角不因拆除模板而受损坏时方可进行。具体时间可参考表 4-2。

表 4-2　侧模板的拆除时间

水泥品种	混凝土强度等级	混凝土凝固的平均气温（℃）					
		5	10	15	20	25	30
		混凝土强度达到 2.5MPa 所需天数					
普通水泥	C10	5	4	3	2	1.5	1
	C15	4.5	3	2.5	2	1.5	1
	≥C20	3	2.5	2	1.5	1.0	1
矿渣及火山灰质水泥	C10	8	6	4.5	3.5	2.5	2
	C15	6	4.5	3.5	2.5	2	1.5

2）底模板的拆除

底模板应在与混凝土结构同条件养护的试件达到表 4-3 规定强度标准值时，方可拆除。达到规定强度标准值所需时间可参考表 4-4。

表 4-3　现浇结构拆模时所需混凝土强度

结构类型	结构跨度（m）	按设计混凝土强度标准值的百分率（%）	结构类型	结构跨度（m）	按设计混凝土强度标准值的百分率（%）
板	≤8	50	梁、拱、壳	≤8	75
	>2，≤8	75		>8	100
	>8	100	悬臂构件	≤2	75
				>2	100

注：设计混凝土强度标准值系指相应混凝土立方体抗压强度标准值。

（2）拆除模板顺序及注意事项

1）拆模时不要用力过猛，拆下来的模板要及时运走、整理、堆放，以便再用。

表 4-4　拆除底模板的时间参考表　d

水泥强度等级及品种	混凝土达到设计强度标准值的百分率（%）	硬化时昼夜平均气温					
		5℃	10℃	15℃	20℃	25℃	30℃
32.5MPa 普通水泥	50	12	8	6	4	3	2
	75	26	18	14	9	7	6
	100	55	45	35	28	21	18
42.5MPa 普通水泥	50	10	7	6	5	4	3
	75	20	14	11	8	7	6
	100	50	40	30	28	20	18
32.5MPa 矿渣或火山灰质水泥	50	18	12	10	8	7	6
	75	32	25	17	14	12	10
	100	60	50	40	28	24	20
42.5MPa 矿渣或火山灰质水泥	50	16	11	9	8	7	6
	75	30	20	15	13	12	10
	100	60	50	40	28	24	20

2）拆模程序一般应是后支的先拆，先拆除非承重部分，后拆除承重部分。重大复杂模板的拆除，事先应制定拆模方案。

3）拆除框架结构模板的顺序，首先是柱模板，然后是楼板底、梁侧模板，最后是梁底模板。拆除跨度较大的梁下支柱时，应先从跨中开始，分别拆向两端。

4）多层楼板支柱的拆除，应按下列要求进行：上层楼板正在浇筑混凝土时，下一层楼板的模板支柱不得拆除，再下一层楼板模板的支柱，仅可拆除一部分；跨度 4m 及 4m 以上的梁下均应保留支柱，其间距不大于 3m。

5）已拆除模板及其支架的结构，应在混凝土强度达到设计的混凝土强度标准值后，才允许承受全部使用荷载。当承受施工荷载产生的效应比使用荷载更为不利时，必须经过核算，加设临时支撑。

6）拆模时，应尽量避免混凝土表面或模板受到损坏，应注意避免整块板落下伤人。

4.1.4.2　早拆模板体系

早拆模板是利用柱头、立柱和可调支座组成竖向支撑，支撑于上下层楼板之间，使原设计的楼板跨度处于短跨（立柱间距<2m）受力状态，混凝土楼板的强度达到规定标准强度的 50%（常温下 3～4d）即可拆除梁、板模板及部分支撑。柱头、立柱及可调支座仍保持支撑状态。当混凝土强度增大到足以在全跨条件下承受自重和施工荷载时，再拆除全部竖向支撑。

（1）早拆模板体系构件

1）柱头

早拆模板体系柱头为铸钢件（图 4-29a），柱头顶板（50mm×150mm）可直接与混凝土接触，两侧梁托可挂住梁头，梁托附着在方形管上，方形管可上下移动 115mm，方形管在上方时可通过支承板锁住，用锤敲击支承板则梁托随方形管下落。

2）主梁

模板主梁是薄壁空腹结构，上端带有 70mm 的凸起，与混凝土直接接触（图 4-29b）。当梁的两端梁头挂在柱头的梁托上时，将梁支起，即可自锁而不脱落。模板梁的悬臂部分

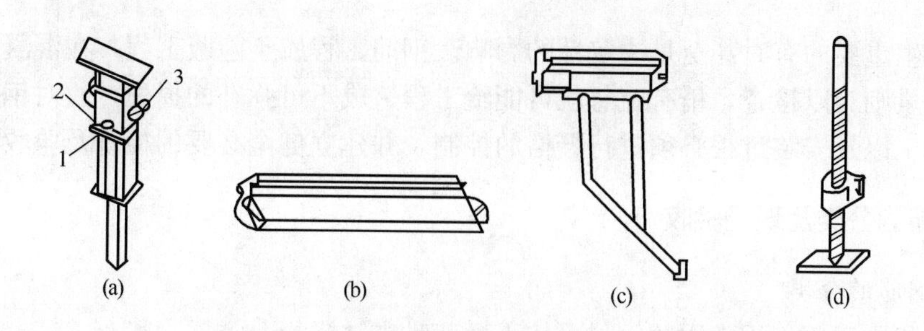

图 4-29　早拆模板体系构件

(a) 早拆柱头；(b) 模板主梁；(c) 模板悬臂梁；(d) 可调支座

1—支承板；2—方形管；3—梁托

(图 4-29c) 挂在柱头的梁托上支起后，能自锁而不脱落。

3) 可调支座

可调支座插入立柱的下端，与地面（楼面）接触，用于调节立柱的高度，可调范围为 0～50mm（图 4-29d）。

4) 其他

支撑可采用碗扣型支撑或钢管扣件式支撑。模板可用钢框胶合板模板或其他模板，模板高度为 70mm。

(2) 早拆模板体系的安装与拆除

1) 早拆模板体系的安装

先立两根立柱，套上早拆柱头和可调支座，加上一根主梁架起一拱，然后再架起另一拱，用横撑临时固定，依次把周围的梁和立柱架起来，再调整立柱高度和垂直度，并锁紧碗扣接头，最后在模板主梁间铺放模板即可。图 4-30 所示为安装好的早拆模板体系示意图。

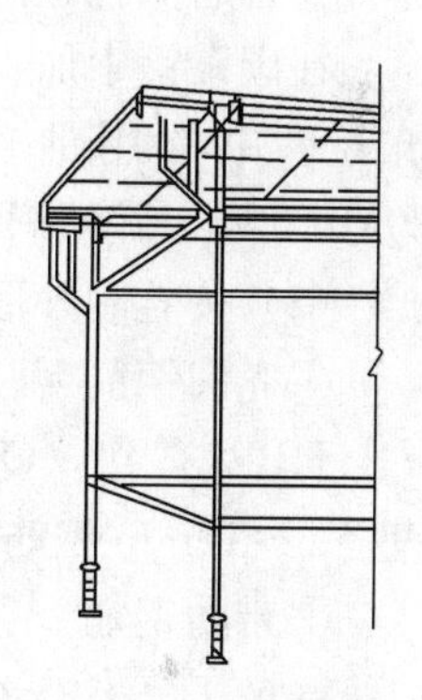

图 4-30　早拆模板体系示意图

2) 早拆模板体系的拆除

模板拆除时，只需用锤子敲击早拆柱头上的支承板，则模板和模板梁将随同方形管下落 115mm，模板和模板梁便可卸下来，保留立柱支撑梁板结构（图 4-31）。当混凝土强度达到后，调低可调支座，解开碗扣接头，即可拆除立柱和柱头。

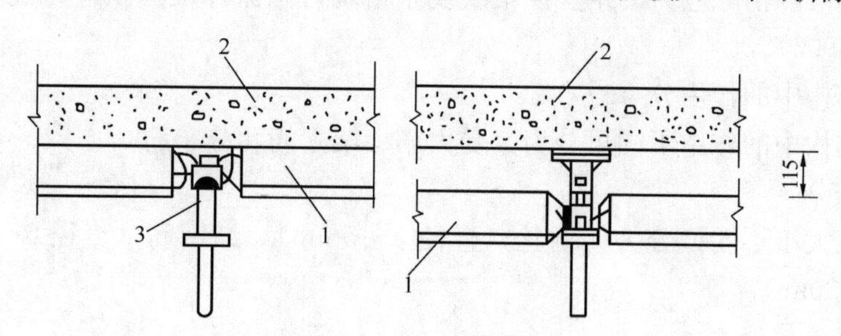

图 4-31　早期拆模方法

(a) 支模状态；(b) 拆模状态

1—模板主梁；2—现浇模板；3—早拆柱头

4.2　钢 筋 工 程

在钢筋混凝土结构中，钢筋往往起着关键性的作用。钢筋及其加工的质量，对整个施工质量也将产生重要的有时甚至是决定性的影响。钢筋工程属于隐蔽工程，在混凝土浇筑完毕后，对其质量则难以检查，稍有疏忽就可能给工程造成不可弥补的损失。故对钢筋从进场到一系列的加工以及安装过程必须进行严格的控制，并建立健全必要的检查及验收制度。

4.2.1 钢筋的分类及现场验收

4.2.1.1 钢筋的分类

目前，我国建筑工程常用的钢材可按下面几种方法进行分类：

（1）按化学成分

①热轧碳素钢

热轧碳素钢按含碳量多少又可分为低碳钢，含碳量小于 0.25%，如 HPB235 级（Q235）；中碳素钢，含碳量 0.26%～0.6%；高碳钢，含碳量大于 0.6%，如碳素钢丝。低碳钢和中碳钢，强度低，质韧而软，有明显的屈服点，常称软钢；高碳钢，强度高，质硬而脆，无明显屈服点，常称硬钢。建筑工程中低碳钢应用较多。

②普通低合金钢

在碳素钢中加入少量合金元素，如锰、钛、硅、钒等，以提高钢筋强度，改善塑性。建筑工程中常用的普通低合金钢有：HRB335 级（20MnSi）、HRB400 级（20MnSiV、20MnSiNb、20MnTi）、RRB400（K20MnSi）。

（2）按轧制外形分

①光圆钢筋

HPB235 级（Q235）钢筋均轧制为光面圆形截面，供应形式有盘圆和直条两种。通常直径 6～10mm 钢筋盘圆供应；直径大于 12mm 的钢筋轧成 6～12m 直条供应。

②带肋钢筋

一般 HRB335 级、HRB400 级、RRB400 级钢筋，表面轧制成螺旋纹、人字纹、月牙纹，可增大与混凝土的黏结力。

③钢丝及钢绞线

预应力钢丝系指现行国家标准《预应力混凝土用钢丝》（GB/T 5223—2002）中的光面、螺旋肋和三面刻痕的消除应力的钢丝。钢绞线系指现行国家标准《预应力混凝土用钢绞线》（GB/T 5224—2003）。

（3）按在结构中的作用分

钢筋按在结构中的作用不同可分为：受力筋、架立筋和分布筋。

（4）按直径分

钢筋按直径大小不同可分为：钢丝（直径 3～5mm），细钢筋（直径 6～12mm），粗钢筋（直径大于 12mm）。

（5）按加工工艺分

钢筋按加工工艺不同可分为：热轧钢筋、冷拉钢筋、冷拔低碳钢丝和热处理钢筋。另外还有刻痕钢丝、钢绞线等。

钢筋混凝土所用热轧钢筋，应符合现行国家标准《低碳钢热轧圆盘条》（GB/T 701—2008）、《钢筋混凝土用钢　第 2 部分：热轧带肋钢筋》（GB 1499.2—2007）和《钢筋混凝土用钢　第 1 部分：热轧光圆钢筋》（GB 1499.1—2008）

普通钢筋的强度标准值按表 4-5 采用。

表 4-5　普通钢筋的强度标准值　　MPa

种类		d（mm）	f_y	f'_y
热轧钢筋	HPB235（Q235）	8～20	210	210
	HRB335（20MnSi）	6～50	300	300
	HRB400（20MnSiV、20MnSiNb、20MnTi）	6～50	360	360
	RRB400（K20MnSi）	8～40	360	360

注：1. 在钢筋混凝土结构中，轴心受拉钩件的钢筋抗拉强度设计值大于 300MPa 时，仍应按 300MPa 取用。
2. d 为钢筋直径。

4.2.1.2　钢筋的现场检验与保管

钢筋进场应有出厂质量证明书或试验报告单，每捆（盘）钢筋均应有标牌，并按品种、批号及直径分批验收。每批热轧钢筋重量不超过 60t，钢绞线为 20t。验收内容包含钢筋标牌和外观检查，并按有关规定取样进行机械性能试验。

进行机械性能试验时，应从每批外观尺寸检查合格的钢筋中任选两根，每根取两个试件分别进行拉力试验（包括屈服强度、抗拉强度和伸长率的测定）和冷弯或反弯次数试验。如有一项试验结果不符合规定，则应从同一批钢筋中另取双倍数量的试件重新做上述 4 项试验，如果仍有一个试件不合格，则该批钢筋为不合格品，应不予验收或降级使用。

钢筋在加工使用中如发现机械性能或焊接性能不良，还应进行化学成分分析，检验其有害成分如硫（S）、磷（P）和砷（As）的含量是否超过规定范围。

钢筋现场检验后，根据品种按批堆放，不得混杂。对不符合要求者，应重新分级或令其退场。

钢筋进场后，必须加强管理，妥善保管。应注意以下几点：

①钢筋进场要认真验收，不但要注意数量的验收，而且要对钢筋的规格、等级、牌号进行验收。

②防锈。钢筋堆放在钢筋库房或库棚中，如露天堆放，应存放在地势较高的平坦场地上，钢筋下要用木材垫起，离地面不小于 20cm，并做好排水措施。

③防污染。钢筋保管及使用时，要防止酸、盐、油脂等对钢筋的污染与腐蚀。

④防混杂。不同规格和不同类别的钢筋要分别存放，并挂牌注明，尤其是外观形状相近的钢筋以免混淆而影响使用。若发现钢筋混淆不清，必须重新检验后，方可使用。

钢筋一般先在钢筋加工场或加工棚内加工，然后运至现场安装或绑扎。其加工过程主要有：冷拉、冷拔、调直、除锈、剪切、弯曲、绑扎及焊接。

4.2.2　钢筋的冷加工

钢筋的冷加工，一般是指现场的冷拉与冷拔。其目的主要是为了提高钢筋的强度，节约钢材，以及满足预应力钢筋的需要。

4.2.2.1　钢筋冷拉

钢筋的冷拉是指在常温状态下，以超过钢筋屈服强度的拉应力，强行拉伸钢筋，使钢筋产生塑性变形，从而提高强度、节约钢材，同时也完成了钢筋的调直与除锈工作。冷拉 HPB235 级钢筋通常用作非预应力钢筋；冷拉 HRB335、HRB400 级钢筋，通常用作预应力钢筋。

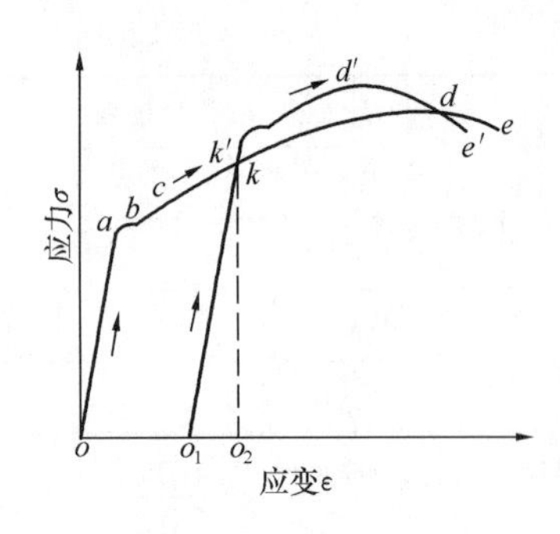

图 4-32　钢筋拉伸曲线

（1）冷拉原理

在软钢钢筋受拉的应力-应变图中，如图 4-32 所示，曲线 $oabcde$ 为未经冷拉钢筋的拉伸曲线。拉伸时，当拉应力超过屈服点 b 到 k 点时卸荷，此时钢筋已发生塑性变形，变形不能全部恢复，应力-应变图沿着直线 ko_1 变化。图中 ko_1 大致与 ao 平行，oo_1 即为塑性变形。如卸荷后又立即再加荷，曲线则沿 o_1kde 变化，并在 k 点出现新的屈服点，这个屈服点明显高于冷拉前的屈服点。其原因是由于钢筋发生了塑性变形，钢筋内部晶面滑移，晶粒变形，使得钢筋的屈服点得以提高，这种现象称为“变形硬化”（冷硬）。

钢筋冷拉后的新屈服点并非保持不变，而是伴随着时间的推移有所提高，其原因是钢筋冷拉后有内应力存在，内应力将促使钢筋晶体自行调整，使得钢筋的屈服点随时间又有所提高，塑性进一步降低，这种现象称为“时效硬化”。并随着时间的增长而逐步稳定，也就是说冷拉钢筋要通过时效硬化后才有稳定的屈服强度。时效后，钢筋的拉伸曲线改变为$o_1k'd'e'$。

（2）钢筋冷拉参数及控制方法

1）钢筋冷拉参数有：冷拉率和冷拉应力。

冷拉率是指钢筋冷拉时的总伸长值与钢筋原长之比的百分数；冷拉应力是指钢筋冷拉控制拉力与钢筋截面积之比。

在一定范围内，冷拉应力或冷拉率越大，钢筋强度提高越多，但塑性也降低越多。为了使钢筋有一定的储备强度，且钢筋冷拉后仍应有一定的塑性，同时保持屈服点与抗拉强度之间的比例（即屈强比）应有一定的限值，应对冷拉应力和冷拉率有一定的控制。

2）冷拉控制方法

钢筋冷拉控制方法有控制冷拉率法和控制应力方法。

①控制冷拉率法

当采用控制冷拉率法冷拉钢筋时，首先，必须由试验确定冷拉率控制值。测定同炉批钢筋冷拉率，其试样不少于 4 个，并取其平均值作为该批钢筋实际采用的冷拉率。测定冷拉率时冷拉应力应满足表 4-6 的要求。当钢筋平均冷拉率低于 1%时，仍按 1%进行冷拉。然后，根据冷拉率计算钢筋的时间伸长值，冷拉时只需控制该伸长值即可，即只需按照冷拉率的要求将钢筋拉伸到一定长度即可。

表 4-6　测定冷拉率时钢筋的冷拉应力

钢筋级别	钢筋直径（mm）	冷拉应力（MPa）
HPB235 级	≤12	310
HRB335 级	≤25	480
	28～40	460
HRB400 级	8～40	530

冷拉多根连接的钢筋，冷拉率可按总长计，但冷拉后每根钢筋的冷拉率，应符合表 4-7 的规定。

例如，冷拉同炉批某种直径钢筋，已测得其冷拉率为 3%，冷拉一根长 24m 的钢筋的冷拉伸长值为 24×3%=0.72（m），将钢筋拉至 24+0.72=24.72（m）后，再持荷 1～2min，再放松夹具，以免钢筋回弹。

这种控制方法简便易行，但当钢筋材质不匀时，冷拉后钢筋的机械性能也不一致，甚至同一根钢筋中各段钢筋的冷拉率也不一样，如果作为预应力钢筋就可能在张拉或使用过程中发生断裂、接头偏离规定位置或锚具无法使用等情况。因此采用控制冷拉率法冷拉的钢筋只能用于不太重要的部位，在要求较高的结构或构件中，特别是预应力结构中的预应力筋，必须采用控制应力法。

②控制应力法

即控制钢筋的冷拉应力。采用控制应力法冷拉钢筋时，其冷拉控制应力及该应力下的最大冷拉率应符合表 4-7 的规定。冷拉时应检查钢筋达到控制应力时的冷拉率，若超过表 4-7 的规定，应进行力学性能检验，符合规定者才可使用。

控制应力法的优点是钢筋冷拉后的屈服点较为稳定，不合格的钢筋易于发现和剔除；对预应力混凝土构件中作预应力筋的钢筋冷拉时，多采用此方法。

表 4-7　钢筋冷拉的控制应力和最大冷拉率

钢筋级别	钢筋直径（mm）	冷拉控制应力（MPa）	最大冷拉率（%）
HPB235 级　$d\leqslant12$		280	10.0
HRB335 级	$d\leqslant25$	450	5.5
	$d=28\sim40$	430	
HRB400 级　$d=8\sim40$		500	5.0

（3）冷拉设备

冷拉设备主要由拉力装置、承力结构、钢筋夹具及测量装置等组成，如图 4-33 所示。

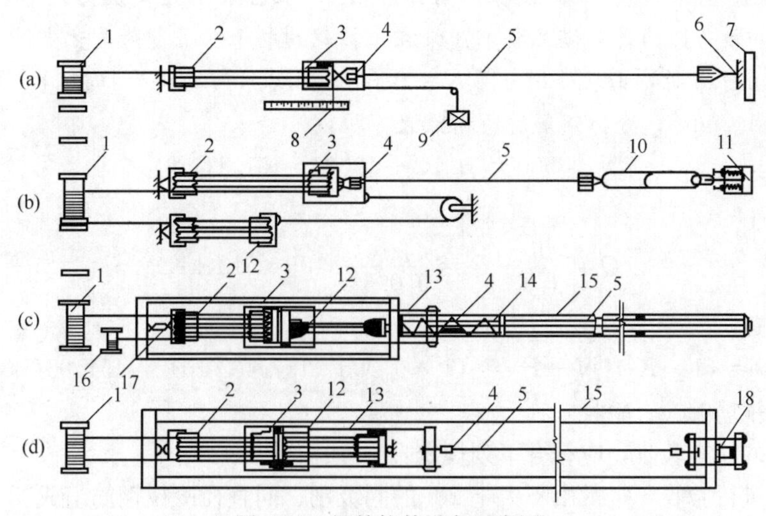

图 4-33　钢筋拉伸设备示意图

(a) 采用控制冷拉率方法时的设备；(b)、(c)、(d) 采用控制应力方法时的设备

1—卷扬机；2—滑轮组；3—冷拉小车；4—钢筋夹具；5—钢筋；6—地锚；7—防护壁；8—标尺；9—回程重架；10—连接杆；11—弹簧测力器；12—回程滑轮组；13—传力架；14—钢压柱；15—槽式台座；16—回程卷扬机；17—电子秤；18—液压千斤顶

卷扬机冷拉设备能力 Q 的大小可按下式计算

$$Q=\frac{T}{K'}-F \tag{4-1}$$

式中 T——卷扬机牵引力，kN；

F——冷拉小车与地面的阻力，可实测，kN；

K'——滑轮组省力系数，K'值可按式（4-2）计算或查表 4-8。

$$K'=\frac{f^{n-1}(f-1)}{f^n-1} \tag{4-2}$$

式中 f——单个滑轮的省力系数，对青铜轴套的滑轮 $f=1.04$；

n——滑轮组的工作线数。

承力结构可采用地锚，测力装置可采用弹簧测力计、电子称或附带油表的液压千斤顶。测力计负荷 F_P，当在张拉端时

$$F_P=(1-K')(N+F) \tag{4-3}$$

当在固定端时

$$F_P=N-F \tag{4-4}$$

式中 N——钢筋的冷拉力，kN。

表 4-8 滑轮组省力系数 K'

滑轮门数	3		4		5		6		7		8	
工作线数 n	6	7	8	9	10	11	12	13	14	15	16	17
省力系数 K'	0.184	0.150	0.142	0.129	0.119	0.110	0.103	0.096	0.091	0.087	0.082	0.080

【例 4-1】 如图 4-33（d）所示，冷拉设备采用慢速电动卷扬机，牵引力 T 为 50kN，6 门滑轮组工作线数 $n=13$，实测设备阻力为 10kN。求当采用控制应力法冷拉 HRB400 级 Φ20的钢筋时，设备能力是否满足要求？设在张拉端的电子水平负荷是多少？

【解】 当 $n=13$ 时，由表 4-8 查得 $K'=0.096$，由表 4-7 查得冷拉控制应力为 500MPa，钢筋面积为 314.2mm²；冷拉钢筋时所需最大冷拉力

$$N=500\times 314.2\div 1000=157.1(\text{kN})$$

设备能力

$$Q=\frac{T}{K'}-F=\frac{50}{0.096}-10=510(\text{kN})$$

电子称负荷

$$F_P=(1-K')(N+F)=(1-0.096)(157.1+10)=151.05(\text{kN})$$

（4）冷拉钢筋的检查验收

冷拉钢筋的检查验收，应符合下列规定：

①应分批进行验收，每批由不大于 20t 的同级别、同直径冷拉钢筋组成。

②钢筋表面不得有裂纹和局部缩颈，当用作预应力钢筋时，应逐根检查。

③从每批冷拉钢筋中抽取两根钢筋，每根取两个试样分别进行拉力和冷弯试验，若有一项试验结果不合格，应另取双倍数量的试样重做各项试验；当仍有一个试样不合格时，则该批冷拉钢筋为不合格。

冷拉钢筋的力学性能，见表 4-9。

表 4-9　冷拉钢筋的力学性能

钢筋级别	钢筋直径（mm）	屈服强度（MPa）	抗拉强度（MPa）	伸长率 δ_{10}（%）	冷弯	
		不小于			弯曲角度（°）	弯曲直径
HPB235 级	≤12	280	370	11	180	3*d*
HRB335 级	≤25	450	510	10	90	3*d*
	28～40	430	490	10	90	4*d*
HRB400 级	8～40	500	570	8	90	5*d*

注：*d* 为钢筋直径。

4.2.2.2　钢筋冷拔

钢筋的冷拔是在常温情况下，以强力拉拔的方法使 ϕ6～ϕ8mm 的 HPB235 级光圆钢筋通过比其直径小 0.5～1.0mm 的特制钨金拔丝模，而拔成比原钢筋直径小的钢丝。钢筋通过冷拔后，产生很大的塑性变形，断面缩小，强度可提高 40%～90%，故可大量节约钢材。钢丝的冷拔主要是在拔丝机上完成，拔丝机的主要部件是钨金拔丝模，模孔要求光滑，以减少拔丝阻力，工作区的锥度以 14°～18°为宜，定径区长度约为钢筋直径的一半，如图 4-34 所示。

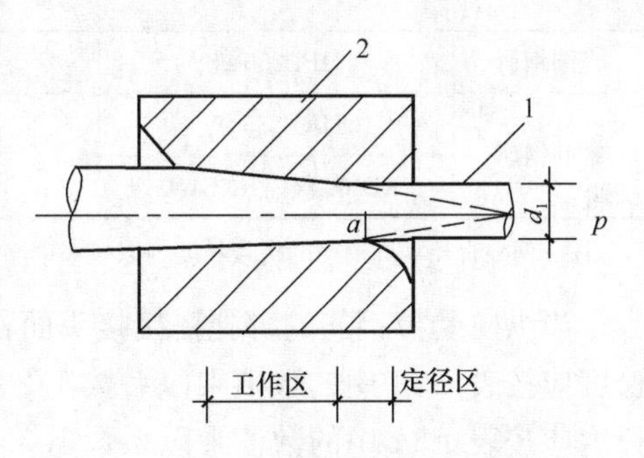

图 4-34　钢筋冷拔示意图

1—钢筋；2—拔丝模

钢筋冷拔工艺过程为：剥壳→轧头→润滑→拔丝。

冷拔低碳钢丝分为甲、乙两级。甲级钢丝主要用于中小型预应力构件的预应力筋；乙级钢丝适应于作焊接网片、焊接骨架、架立筋、箍筋和构造筋。冷拔低碳钢丝的力学性能不得小于表 4-10 的规定。钢筋冷拔时次数要适宜：过少则每次压缩量大，易断丝，也易损坏拔丝模；次数过多，生产率低，钢丝易发脆。根据经验，冷拉速度约为 0.2～0.3m/s，以冷拔后钢丝直径为冷拔前的 0.85～0.9 为宜，一般 3～4 次拔制完毕。

如　$\phi6\to\phi4$：$\phi6\to\phi5\to\phi4.5\to\phi4$

　　$\phi8\to\phi5$：$\phi8\to\phi7\to\phi6.3\to\phi5.7\to\phi5$

表 4-10　冷拔低碳钢丝的力学性能

钢丝级别	直径（mm）	抗拉强度（MPa）		伸长率 δ_{100}（%）	180°反复弯曲次数
		Ⅰ组	Ⅱ组		
甲　级	5	650	600	3.0	4
	4	700	650	2.5	
乙　级	3～5	550		2.0	4

4.2.3　钢筋的连接

钢筋的连接方法包括：绑扎连接、焊接连接和机械连接。绑扎连接由于需要较长的搭接长度，浪费钢筋且连接不可靠，宜限制使用。焊接连接方法较多，成本较低，质量可靠，宜优先选用。机械连接无明火作业，设备简单、节约能源，不受气候条件影响，可全天候施工，其连接可靠、技术易掌握、适用范围广，尤其适用于现场焊接有困难的场合。

4.2.3.1 钢筋的绑扎

钢筋的绑扎是用20～22号钢丝进行绑扎的。

绑扎钢筋纯手工操作，劳动量较大，浪费钢材，但其优点是不受部位和工具的限制，操作简便。纵向受拉钢筋绑扎搭接接头的搭接长度按现行《混凝土结构设计规范》（GB 50010—2002）的规定进行计算确定。当纵向受拉钢筋的绑扎搭接接头面积百分率不大于25%时，其最小搭接长度应符合表4-11的规定。

表4-11 纵向受拉钢筋的最小搭接长度

钢筋种类		混凝土强度等级			
		C15	C20～25	C30～35	≥C40
光圆钢筋	HPB235级	45d	35d	30d	25d
带肋钢筋	HRB335级	55d	45d	35d	30d
	HRB400级、RRB400级	—	55d	40d	35d

注：两根直径不同钢筋的搭接长度，以较细钢筋的直径计算。

当纵向受拉钢筋的绑扎搭接接头面积百分率大于25%，但不大于50%时，其最小搭接长度应按表4-11中的数值乘以系数1.2取用；当接头面积百分率大于50%时，其最小搭接长度应按表4-11中的数值乘以系数1.35取用。当带肋钢筋的直径大于25%时，其纵向受拉钢筋的最小搭接长度应按相应数值乘以系数1.1取用。

在任何情况下，受拉钢筋的搭接长度不应小于300mm。

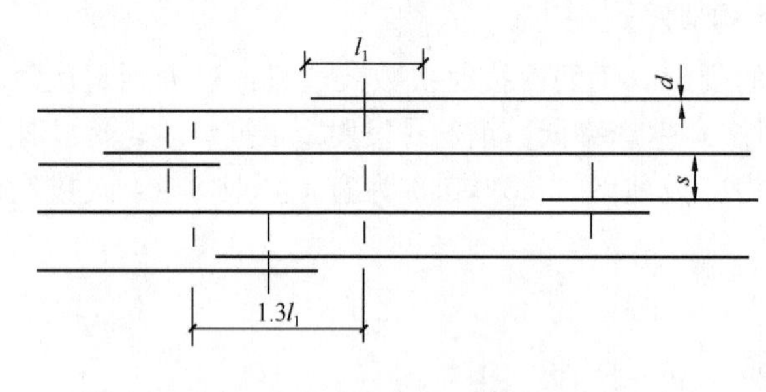

图4-35 受力钢筋绑扎接头

注：图中所示l区段内有接头的钢筋面积按两根计。

纵向受压钢筋搭接时，其最小搭接长度应根据受拉钢筋的规定确定相应数值后，乘以系数0.7取用。在任何情况下，受压钢筋的搭接长度不应小于200mm。

同一构件中相邻纵向受力的钢筋绑扎搭接接头宜相互错开。绑扎接头中钢筋的横向净距s不应小于钢筋直径d且不应小于25mm。从任一绑扎接头中心至搭接长度l_1的1.3倍区段范围内（图4-35），有绑扎接头的受力钢筋截面面积占受力钢筋总截面面积百分率，应符合下列规定：受拉区不得超过25%，受压力不得超过50%。

4.2.3.2 钢筋的焊接

钢筋焊接的类型分为熔焊和压焊两种。

熔焊过程实质上是利用热源产生的热量，把母材和填充金属熔化，形成焊接熔池，当切断电源后，由于周围冷金属的导热及其介质的散热作用，焊接熔池温度迅速下降，并凝固结晶形成焊缝。包括电弧焊、电渣焊和热剂焊。

压焊过程实质上是利用热源，包括外加热源和电流通过母材所产生的热量，使母材加热达到局部熔化，随即施加压力，形成焊接接头。包括电阻点焊、闪光对焊、电渣压力焊、气压焊和埋弧压力焊。

工程中常用的焊接方法有闪光对焊、电弧焊、电渣压力焊、埋弧压力焊及点焊等。

规范规定轴心受拉和小偏心受拉杆件中的钢筋接头，均应焊接。普通混凝土中直径大于22mm的钢筋和轻集料混凝土中直径大于20mm的HPB235级钢筋及直径大于25mm的HRB335、HRB400钢筋的接头，均宜采用焊接。

钢筋的焊接质量与钢材的可焊性、焊接工艺有关。可焊性与钢筋的含碳量、合金元素的数量有关，含碳、锰数量高，可焊性差；而含适量的钛，则可改善可焊性。焊接工艺（焊接参数与操作水平）亦影响焊接质量，即使可焊性差的钢材，若焊接工艺合宜，亦可获有良好的焊接质量。当环境温度低于−5℃，即为钢筋低温焊接，此时应调整焊接工艺参数，使焊接和热影响区缓慢冷却。风力超过4级，应有挡风措施。环境温度低于−20℃时，不得进行焊接。

钢筋焊接的一般规定如下：

①在工程开工或每批钢筋正式焊接之前，必须进行现场条件下钢筋焊接性能试验。合格后，方能正式生产。

②钢筋焊接生产之前，必须清除钢筋、钢丝或钢板焊接部位的铁锈、熔渣、油污等；钢筋端部的扭曲、弯折应予以矫直或切除。

③进行钢筋电阻点焊、闪光对焊、电渣压力焊或埋弧压力焊时，班前应试焊两个接头。经外观检查合格后，方可按选择的焊接参数进行生产。

④在点焊机、对焊机、电渣压力焊机或埋弧压力焊机的电源开关箱内装设电压表，以便观察电压波动情况。当电源电压降为8%时，电阻点焊或闪光对焊应停止焊接；如电源电压降大于5%时则不宜进行电渣压力焊或埋弧压力焊。

焊接接头位置的限制：

纵向受力钢筋的焊接接头应相互错开。钢筋焊接接头连接区段的长度为35d（d为纵向受力钢筋的较大直径），且不小于500mm，如图4-36所示。凡接头中点位于该连接区段长度内的焊接接头均属于同一连接区段。

位于同一连接区段内纵向受力钢筋的焊接接头面积百分率，对纵向受拉钢筋接头不应大

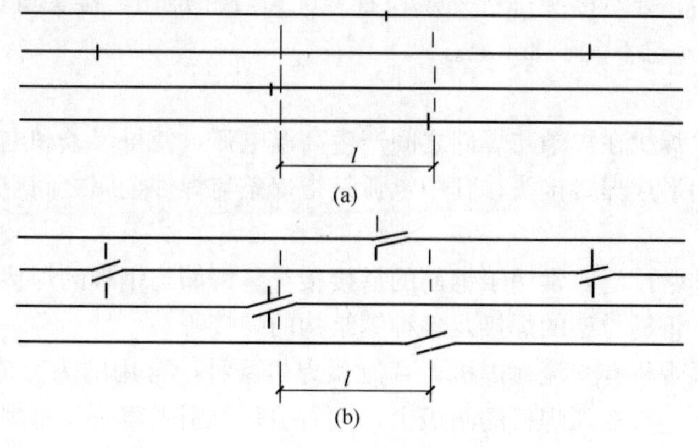

图4-36 焊接接头设置

（a）对焊接头；（b）搭接焊接头

注：图中所示l区段内有接头的钢筋面积按两根计。

于50%，纵向受压钢筋接头面积百分率可不受限制。

(1) 闪光对焊

闪光对焊广泛用于钢筋纵向连接及预应力钢筋与螺丝端杆的焊接。热轧钢筋的焊接宜优先用闪光对焊，不可操作时才用电弧焊。

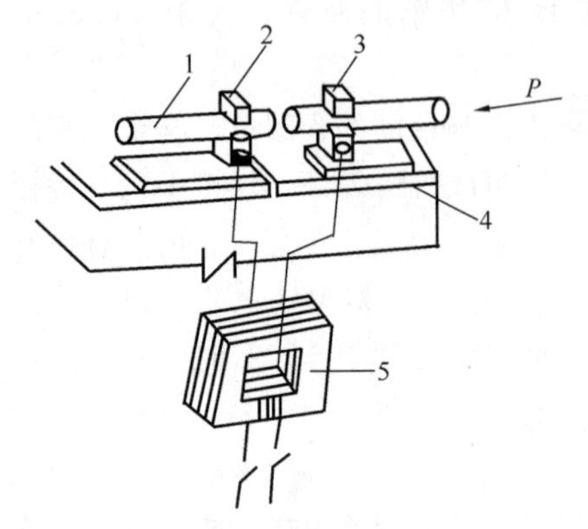

图4-37 钢筋对焊示意图

1—钢筋；2—固定电极；3—可动电极；4—机座；5—焊接变压器

钢筋闪光对焊（图4-37）是利用对焊机使两段钢筋接触，通过低电压的强电流，待钢筋被加热到一定温度变软后，进行轴向加压顶锻，形成对焊接头。

钢筋闪光对焊工艺常用的有连续闪光焊、预热闪光焊和闪光—预热—闪光焊：

连续闪光焊工艺过程是待钢筋夹紧在电极钳口上后，闭合电源，使两钢筋端面轻微接触，由于钢筋端部不平，开始只有一点或数点接触，接触面小而电流密度和接触电阻很大，接触点很快熔化并产生金属蒸气飞溅，形成闪光现象。闪光一开始就徐徐移动钢筋，使形成连续闪光过程，同时接头也被加热。待接头烧平、闪去杂质和氧化膜、白热熔化时，随即施加轴向压力迅速进行顶锻，使两根钢筋焊牢。连续闪光焊宜于焊接直径25mm以内的HPB235、HRB335、HRB400级钢筋。

预热闪光焊与连续闪光焊不同之处，在于前面增加一个预热时间，先使大直径钢筋预热后再连续闪光烧化进行加压顶锻。钢筋直径较大，端面比较平整时宜用预热闪光焊。

闪光—预热—闪光焊的工艺过程是进行连续闪光，使钢筋端部烧化平整；再使接头处作周期性闭合和断开，形成断续闪光使钢筋加热；接着再是连续闪光，最后进行加压顶锻。大直径钢筋焊接宜采用闪光—预热—闪光焊。

闪光对焊应注意以下事项：两根不同直径的钢筋焊接时，其截面比不宜超过1.5，焊接参数按大直径选择，并减少大直径钢筋的调伸长度，且先对大直径钢筋预热，以免两筋温度相近。负温下焊接，应减少温度梯度和冷却速度，以免产生淬硬现象、焊口根部出现裂缝。

钢筋闪光对焊后，要对接头进行外观检查（无裂纹和烧伤，接头弯折不大于4°和接头轴线偏移不大于$0.1d$也不大于2mm)。

(2) 电弧焊

电弧焊是利用弧焊机在焊条与焊件之间产生高温电弧，使得焊条和电弧燃烧范围内的金属焊件很快熔化从而形成焊接接头，其中电弧是指焊条与焊件金属之间空气介质出现的强烈持久的放电现象。

电弧焊的应用非常广泛，常用于钢筋的搭接接长、钢筋与钢板的焊接、装配式钢筋混凝土结构接头的焊接、钢筋骨架的焊接及各种钢结构的焊接等。

电弧焊使用的弧焊机有交流弧焊机、直流弧焊机两种，常用的为交流弧焊机。焊接时，先把焊条和焊件分别连接在弧焊机的两极上，然后引弧。引弧就是先将焊条轻轻接触焊件金属，形成短暂短路，再提起离焊件一定高度，从而焊条与焊件间的空气介质呈电离状态，即已引燃电弧，便可开始焊接。

钢筋电弧焊的接头形式主要有帮条焊、搭接焊、坡口焊和预埋铁件T形接头的焊接四种形式。

①帮条焊

帮条焊接头，如图 4-38（a）所示，这种接头形式适用于直径 10～40mm 的 HPB235、HRB335 和 HRB400 级钢筋连接。帮条焊时最好采用双面焊缝。选用帮条时宜选用与焊接筋同直径、同级别的钢筋制作。当帮条直径与焊接筋相同时，帮条级别可比主筋低一个级别，当帮条级别与主筋相同时，帮条直径可比主筋小一个规格。

②搭接焊

搭接焊接头，如图 4-38（b）所示，这种接头适用于焊接直径 10～40mm 的 HPB235、HRB335 和 HRB400 级钢筋。焊接时，最好采用双面焊。图示括弧外的数字适用于 HPB235 级钢筋，括弧内数字适用于 HRB335、HRB400 级钢筋。如采用单面焊缝则图中所标尺寸均需加倍。焊接前，钢筋最好预弯，以保证两钢筋的轴线在一直线上。

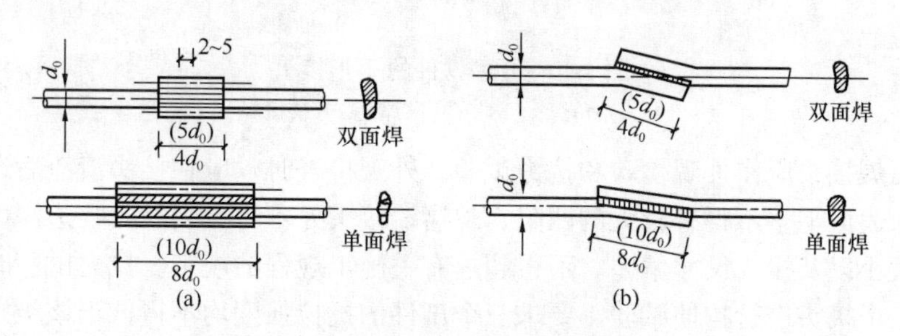

图 4-38　钢筋帮条焊和搭接焊接头

（a）帮条焊接头；（b）搭接焊接头

③坡口焊

坡口焊接头，如图 4-39 所示，有平焊和立焊两种。适用于焊接直径 10～40mm 的 HPB235、HRB335、HRB400、HRB500 级钢筋。

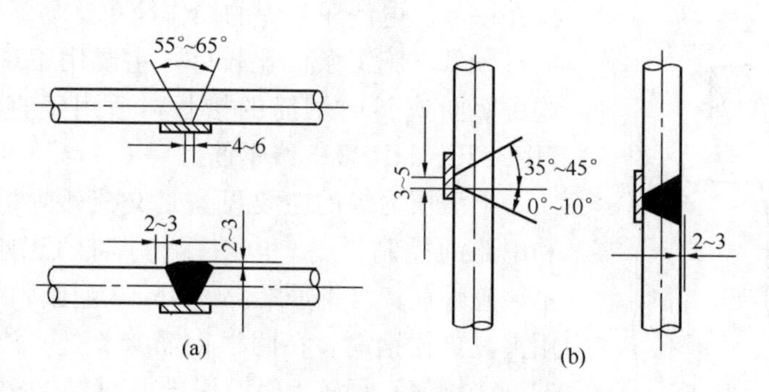

图 4-39　钢筋坡口焊接头

（a）坡口平焊；（b）坡口立焊

平焊时，V 形坡口角度为 55°～65°；坡口立焊时，坡口角度为 45°～55°，其中下钢筋为 0°～10°，上钢筋为 35°～45°。

钢垫板长度为 40～60mm，厚度 4～6mm。平焊时，钢垫板宽度为钢筋直径加 10mm；立焊时，其宽度等于钢筋直径。

钢筋根部间隙，平焊时为 4～6mm，立焊时为 3～5mm，最大间隙不宜超过 10mm。

为加强焊缝的强度其宽度应超过 V 形坡口的边缘 2～3mm，其高度也为 2～3mm。

④预埋铁件的T形接头

预埋铁件T形接头有贴角焊和穿孔塞焊两种，如图4-40所示。采用贴角焊时，焊缝的焊脚k应不小于$0.5d$（HPB235级钢筋）$\sim 0.6d$（HRB335级钢筋）。采用穿孔塞焊时，钢板的孔洞应做成喇叭口，其内口直径应比钢筋直径d大4mm，倾斜角为45°，钢筋缩进2mm。

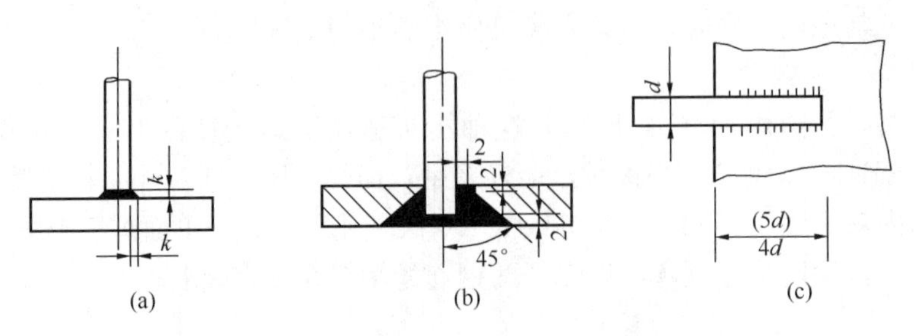

图4-40 预埋铁件的T形接头

（a）贴角焊；（b）穿孔塞焊；（c）搭接焊

钢筋电弧焊接头应作外观检验和拉力试验。外观检查时，应在接头清渣后逐个进行目测或量测。要求表面平整不得有较大的凹陷、焊瘤；接头处不得有裂纹；咬边深度、气孔、夹渣等数量与大小以及接头尺寸偏差，不得超过有关施工规程的规定。拉力试验时，应从每批成品中切取三个接头进行拉伸试验。要求三个试件的抗拉强度均不得低于该级别钢筋的抗拉强度标准值；且至少有两个试件出现塑性断裂。当检验结果有一个试件的抗拉强度低于规定指标，或有两个试件发生脆性断裂时，应取双倍数量的试件进行复检。复检结果如仍有一个试件的抗拉强度低于规定指标，或有三个试件呈脆性断裂时，则该批接头为不合格。

（3）电渣压力焊

电渣压力焊是利用电流通过渣池产生的电阻热将钢筋端部熔化，然后施加压力使钢筋焊接在一起。电渣压力焊的操作简单、易掌握、工作效率高、成本较低、施工条件比较好，主要用于现浇钢筋混凝土结构中竖向或斜向钢筋的接长，适用于直径14～40mm的HPB235、HRB335级钢筋。

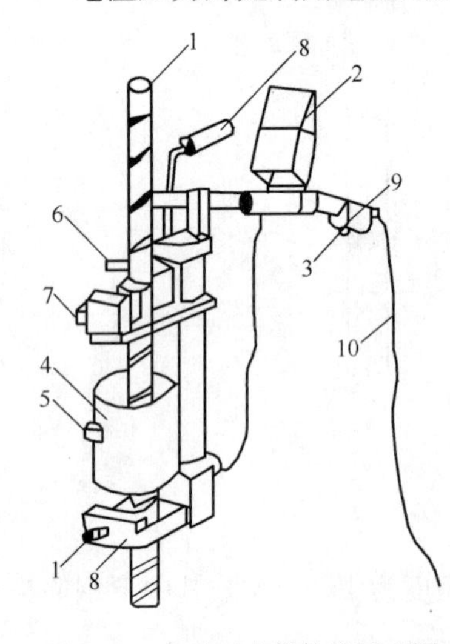

图4-41 电渣压力焊构造原理图

1—钢筋；2—监控仪表；3—电源开关；4—焊剂盒；5—焊剂盒扣环；6—电缆插座；7—活动夹具；8—固定夹具；9—操作手柄；10—控制电缆

电渣压力焊的主要设备是交流弧焊机，另外设有夹钳和电路的控制设备。电渣压力焊的工作原理如图4-41所示。施焊前，将钢筋端部120mm范围内的铁锈刷干净，再用夹具夹住钢筋，在两根钢筋接头处，放一个铁丝做的小球（当钢筋直径较大时改用导电剂），在焊剂盒内放满焊剂以便保证焊接质量。然后即可开始焊接，首先接通电源，钢筋端部、铁丝小球（或导电剂）及焊剂熔化，从而形成渣池。当钢筋端部熔化到一定程度时，断电并迅速加压顶锻、挤出熔渣，形成焊接接头。冷却1～3min后，即可打开焊剂盒，回收焊剂，卸下夹具。其中渣池的主要作用就是避免熔化的金属与空气接触氧化，而且也能扩大接头区。

电渣压力焊的质量检验包括外观检查和拉力试验两方面的内容。外观检查时应逐个检查焊接接头，要求接头焊包均匀、不得有裂纹、钢筋表面无明显烧伤等缺陷；接头处钢筋轴线的偏移不得超过钢筋的10%，同时不得大于2mm；接头处弯折不得大于4°。对外观检查不合格的焊接接头，应将接头切除重焊。进行拉力实验时，应从每批成品中切取三个试件进行拉力试验，试验结果要求三个试件均不得低于该级别钢筋的抗拉强度标准值。如有一个试件的抗拉强度低于规定数值，应取双倍数量的试件进行复检，复检结果如仍有一个试件的强度达不到上述要求，则判定该批接头为不合格。

(4) 点焊

利用点焊机进行交叉钢筋的焊接，可成型为钢筋网片或骨架，以代替人工绑扎。同人工绑扎相比较，点焊具有工效高、节约劳动力、成品整体性好、节约材料、降低成本等特点。

点焊采用的点焊机有单点点焊机（主要用于焊接较粗钢筋），多点点焊机（主要用于焊接钢筋网片）和悬挂式点焊机（能任意移动、可焊接各种几何形状的大型钢筋网片和钢筋骨架）。

点焊机工作原理如图4-42所示。将钢筋的交叉部分置于点焊机的两个电极间，然后通电，钢筋温升至一定高度后熔化。再加压使交叉处钢筋焊接在一起，焊点的压入深度应符合下列要求：热轧钢筋点焊时，压入深度为较小钢筋直径的30%～45%；冷拔低碳钢丝点焊时，压入深度为较小钢丝直径的30%～35%。

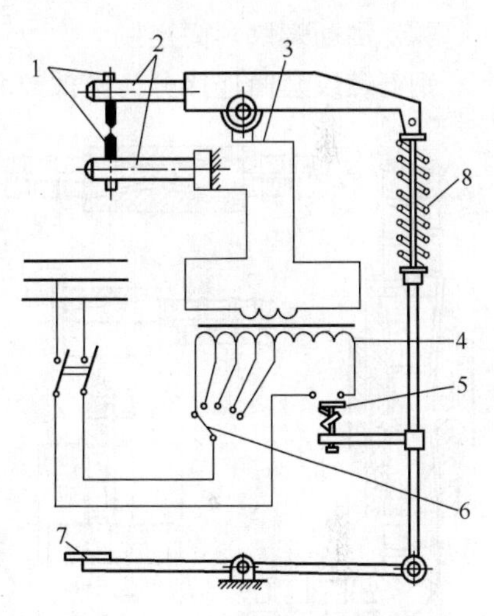

图4-42　点焊机工作原理图

1—电极；2—电极臂；3—变压器的次级线圈；4—变压器的初级线圈；5—断路器；6—变压器的调节开关；7—踏板；8—压紧机构

电阻点焊主要工作参数有变压器级数、焊接通电时间、电流强度、电极压力等。焊接时应根据钢筋级别、直径及焊机性能等具体情况合理选择工作参数。

点焊接头的质量检查包括外观检查和强度检验两部分内容。取样时，外观检查应按同一类型制品分批抽查，一般制品每批抽查5%；梁柱、桁架等重要制品每批抽查10%，且均不能少于3件。要求焊点处金属熔化均匀，压入深度符合规定，焊点无脱落、漏焊、裂纹、多孔性缺陷及明显的烧伤现象，制品尺寸、网格间距偏差应满足有关规定。强度检验时，从每批成品中切取。热轧钢筋焊点应作抗剪试验；冷拔低碳钢丝焊点除做抗剪试验外，还应对较小钢丝做拉力试验。强度指标应符合现行《钢筋焊接及验收规程》的规定。试验结果，如有一个试件达不到上述要求，则应取双倍数量的试件进行复检。复验结果，如仍有一个试件不能达到上述要求，则该批制品即为不合格。采用加固处理后，可进行二次验收。

4.2.3.3　机械连接

钢筋的机械连接形式有套筒挤压连接、螺纹套筒连接，以及套筒灌浆连接等。钢筋锥螺纹套筒连接因其连接可靠性存在缺陷，目前已不常采用。

(1) 钢筋套筒挤压连接

钢筋套筒挤压连接是将需连接的变形钢筋插入特制钢套筒内，利用液压驱动的挤压机进行径向或轴向挤压，使钢套筒产生塑性变形，使套筒内壁紧紧咬住变形钢筋实现连接（图4-43）。它适用于竖向、横向及其他方向的较大直径变形钢筋的连接。

钢筋挤压连接的工艺参数，主要是压接顺序、压接力和压接道数。压接顺序应从中间逐道向两端压接。压接力要能保证套筒与钢筋紧密咬合，压接力和压接道数取决于钢筋直径、套筒型号和挤压机型号。

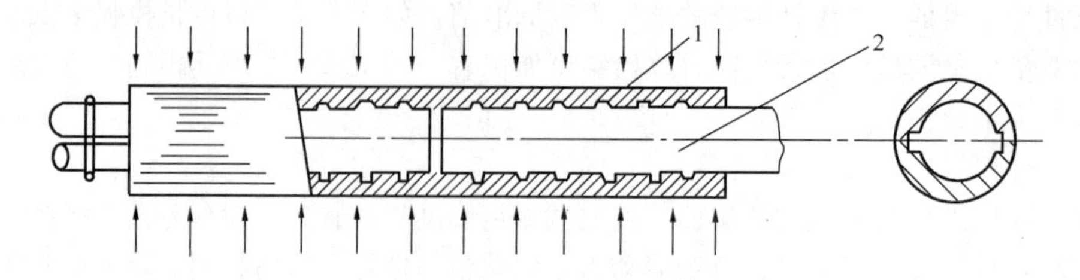

图 4-43 钢筋套筒挤压连接原理图

1—钢套筒；2—被连接的钢筋

钢筋套筒挤压连接接头，按验收批进行外观质量和单向拉伸试验检验。

（2）钢筋螺纹套筒连接

钢筋螺纹套筒连接分为锥螺纹套筒连接和直螺纹套筒连接两种。

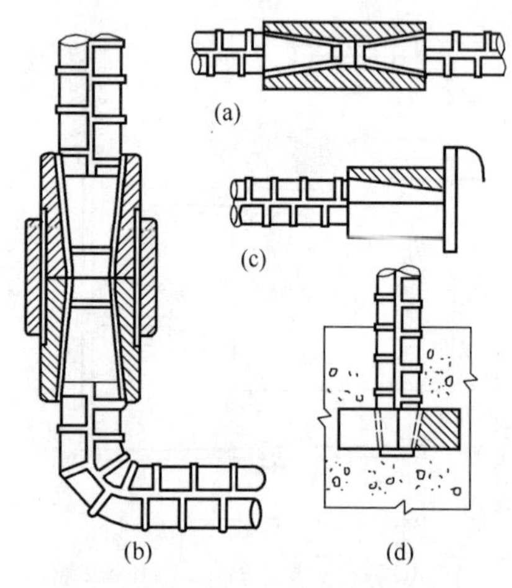

图 4-44 钢筋螺纹套筒连接示意图

(a) 两根直条钢筋连接；(b) 一根直条钢筋与一根弯钢筋连接；(c) 在金属结构上接装钢筋；(d) 在混凝土构件中插接钢筋

用于这种连接的钢套管内壁，用专用机床加工有锥螺纹，钢筋的对接端头亦在套丝机上加工有与套管匹配的锥螺纹。连接时，经对螺纹检查无油污和损伤后，先用手旋入钢筋，然后用扭矩扳手紧固至规定的扭矩即完成连接（图 4-44）。它施工速度快、不受气候影响、质量稳定、对中性好。

锥螺纹套筒连接由于钢筋的端头在套丝机上加工有螺纹，截面有所削弱，有时达不到与母材等强度要求。为确保达到与母材等强度，可先把钢筋端部镦粗，然后切削直螺纹，用套筒连接就形成直螺纹套筒连接。或者用冷轧方法在钢筋端部轧制出螺纹，由于冷强作用亦可达到与母材等强。

螺纹套筒连接工艺需要加工精度高的连接套和锥螺纹，故连接费用略高于焊接接头，但也具有不污染环境、工效高、节约能源等优点。

（3）套筒灌浆连接

目前，国外还采用了一种新型、快捷的连接工艺即套筒灌浆连接，尤其是在日本应用较为广泛。钢筋套筒灌浆连接技术就是将连接钢筋插入内部带有凹凸部分的高强圆形套筒，再由灌浆机灌入高强度无收缩灌浆材料，当灌浆材料硬化后，套筒和连接钢筋便牢固地连接在一起。这种连接方法在抗拉强度、抗压强度及可靠性方面均能满足要求。

采用套筒灌浆连接对钢筋不施加外力和热量，不会发生钢筋的变形和内应力。该工艺适用范围广，可应用于不同种类、不同外形、不同直径的变形钢筋的连接。施工操作时无需特殊设备，对操作人员无特别技能要求，安全可靠、无噪声、无污染、受气候环境变化影响小。

4.2.4 钢筋的配料

钢筋配料就是根据结构施工图，分别计算构件各钢筋的直线下料长度、根数及重量，编制钢筋配料单，作为备料、加工和结算的依据。

结构施工图中所指钢筋长度是钢筋外边缘至外边缘之间的长度，即外包尺寸，这是施工中度量钢筋长度的基本依据。钢筋加工前按直线下料，经弯曲后，外边缘伸长，内边缘缩短，而中心线不变。这样，钢筋弯曲后的外包尺寸和中心线长度之间存在一个差值，称为“量度差值”。在计算下料长度时必须加以扣除。否则势必形成下料太长的现象，造成浪费；或弯曲成型后钢筋尺寸大于要求尺寸造成保护层不够，甚至钢筋尺寸大于模板尺寸而造成返工。因此，钢筋下料长度应为各段外包尺寸之和减去各弯曲处的量度差，再加上端部弯钩的增加值。

4.2.4.1 钢筋弯曲处的量度差值

钢筋弯曲处的量度差值与钢筋弯心直径及弯曲角度有关。

90°弯曲时按施工规范有两种情况，即 HPB235 级钢筋其弯心直径 $D=2.5d_0$，HRB335 级钢筋弯心直径 $D=4d_0$，如图 4-45 所示，其每个 90°弯曲的量度差值为：

$$A'B'+C'B'-\overline{ACB}=2\left(\frac{D}{2}+d_0\right)-\frac{1}{4}\pi(D+d_0)=0.215D+1.215d_0$$

当弯心直径 $D=2.5d_0$ 时，将其代入上式，得量度差值为 $1.75d_0$；

当弯心直径 $D=4d_0$ 时，将其代入上式，得量度差值为 $2.07d_0$。

为了计算方便，两者都近似取 $2d_0$。

同理可得，45°弯曲时的量度差值为 $0.5d_0$；60°弯曲时的量度差值为 $0.85d_0$；135°弯曲时的量度差值为 $2.5d_0$。

4.2.4.2 钢筋弯钩增加长度

根据《混凝土结构工程施工质量验收规范》（GB 50204—2002）规定，HPB235 级钢筋两端应做 180°弯钩，其弯心直径 $D=2.5d_0$，平直部分长度为 $3d_0$，如图 4-46 所示。量度方法以外包尺寸度量，其每个弯钩增加长度为：

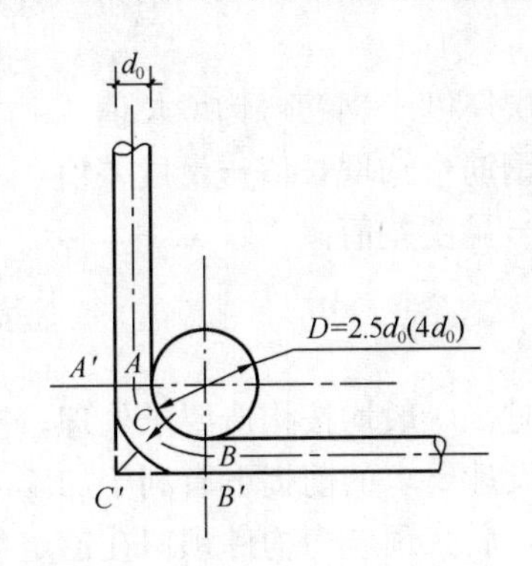

图 4-45 钢筋弯曲 90°尺寸图

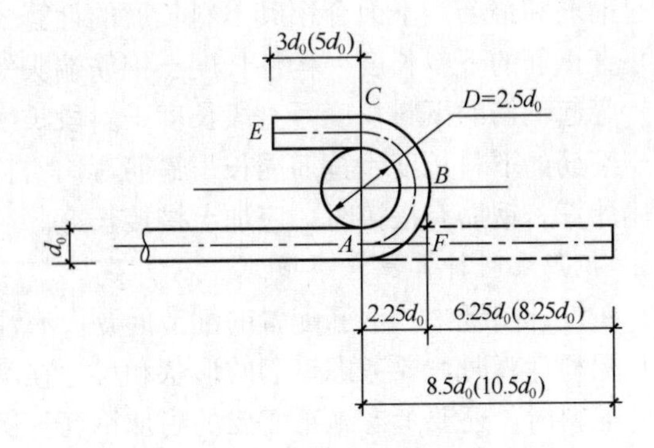

图 4-46 钢筋弯曲 180°尺寸图

$$E'F=\overline{ABC}+EC-AF=\frac{1}{2}\pi(D+d_0)+3d_0-\left(\frac{D}{2}+d_0\right)$$

$$=\frac{1}{2}\pi(2.5d_0+d_0)+3d_0-\left(\frac{2.5d_0}{2}+d_0\right)$$ （已考虑量度差值）

$$=6.25d_0$$

4.2.4.3　箍筋弯钩增加值

箍筋末端的弯钩形式如图 4-47 所示；一般结构可按图 4-47（b）、（c）形式加工；有抗震要求和受扭的结构，应按图 4-47（a）形式加工。当设计无具体要求时，用 HPB235 级钢筋或冷拔低碳钢丝制作的箍筋，其弯钩的弯心直径应大于受力钢筋直径，且不小于箍筋直径的 2.5 倍；弯钩平直部分的长度，对一般结构，不宜小于箍筋直径的 5 倍，对有抗震要求的结构，不应小于箍筋直径的 10 倍。

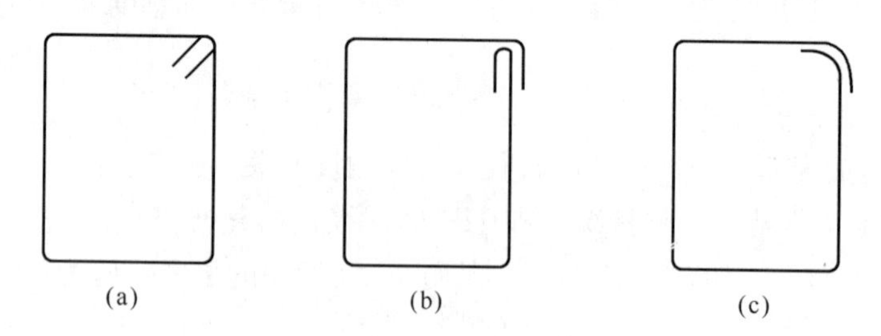

图 4-47　箍筋示意图

（a）135°/135°；（b）90°/180°；（c）90°/90°

箍筋弯 90°/90°弯钩时，两个弯钩增加值为：$2\times(0.285D+4.785d)$

当取 $D=2.5d$，平直段为 $5d$ 时，两个弯钩增加值可取 $11d$；

箍筋弯 90°/180°弯钩时，两个弯钩增加值为：

$(1.07D+5.57d)+(0.285D+4.785d)=1.355D+10.355d$，当取 $D=2.5d$，平直段为 $5d$ 时，两个弯钩增加值取 $14d$；

箍筋弯 135°/135°弯钩时，两个弯钩增加值为：$2\times(0.68D+5.18d)$，当取 $D=2.5d$，平直段取 $5d$ 时，两个弯钩增加值取 $14d$。

4.2.4.4　钢筋下料长度计算

根据主要钢筋混凝土结构或构件的配筋图，可以将钢筋加工成的形状归纳为三类：直钢筋、弯起钢筋和箍筋。下面介绍其下料长度的计算公式。

（1）直钢筋的下料长度＝构件长度－钢筋端头保护层厚度＋钢筋弯钩增长值

（2）弯起钢筋的下料长度＝直段长度＋斜段长度＋钢筋弯钩增长值－量度差值

（3）箍筋的下料长度＝箍筋周长＋箍筋弯钩增长值－量度差值

上述计算若钢筋有搭接时，应加上搭接长度。

4.2.4.5　钢筋配料计算注意事项

（1）在设计图纸中，钢筋配置的细节问题没有注明时，一般均按构造要求处理；

（2）配料计算时，要考虑钢筋的形状和尺寸在满足设计要求的前提下有利于加工安装；

（3）配料时，还要考虑施工需要的附加钢筋。例如，后张预应力构件预留孔道定位用的钢筋井字架、基础双层钢筋网中保证上层钢筋网位置用的钢筋撑脚、墙板双层钢筋网中固定钢筋间距用的钢筋撑铁、柱钢筋骨架增加四面斜撑等。

4.2.4.6　钢筋配料计算实例

【例 4-2】　某建筑物有 5 根混凝土梁 L_1，配筋图如图 4-48 所示，③、④号钢筋为 45°弯起，⑤号箍筋按抗震结构要求，试计算各号钢筋下料长度并填写钢筋配料单。

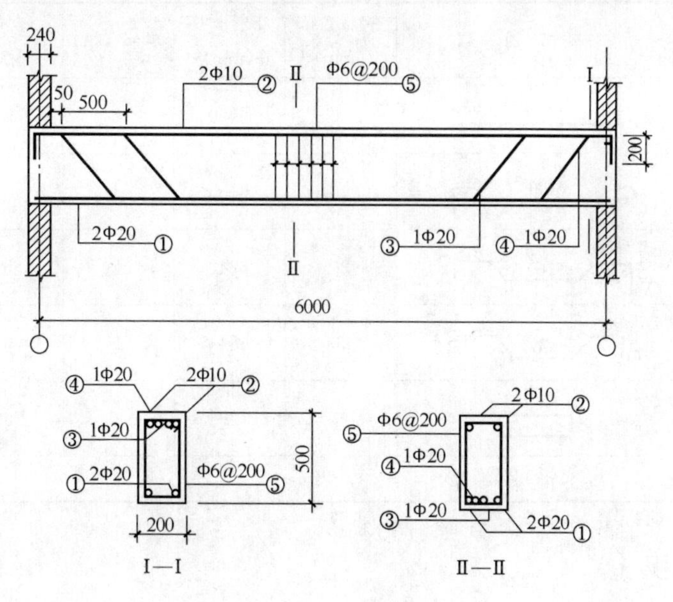

图 4-48　L_1 梁配筋图

【解】 钢筋保护层厚度取 25mm。

①号钢筋的下料长度：6240－2×25＝6190（mm）

②号钢筋的下料长度：

外包尺寸：6240－2×25＝6190（mm）

下料长度：6190－2×6.25×10＝6135（mm）

③号弯起钢筋

外包尺寸分段计算

端部平直段长：240＋50＋500－25＝765（mm）

斜段长：（500－2×25）×1.414＝636（mm）

中间段长：6240－2×（240＋50＋500＋450）＝3760（mm）

端部竖直外包长：200×2＝400（mm）

③号钢筋的下料长度：

$$
\begin{aligned}
&2\times(765+636)+3760+400-2\times 2d-4\times 0.5d\\
&=6562+400-2\times 2\times 20-4\times 0.5\times 20\\
&=6842(\text{mm})
\end{aligned}
$$

同理可得④号钢筋的下料长度亦为 6842mm。

⑤号箍筋

外包尺寸：宽度　200－2×25＋2×6＝162（mm）

　　　　　高度　500－2×25＋2×6＝462（mm）

箍筋形式取 135°/135°形式，两个弯钩增加值取 $14d$。

⑤号箍筋下料长度

$$2\times(162+462)+14\times d-3\times 2d=1248+14\times 6-3\times 2\times 6=1296(\text{mm})$$

梁 L_1 钢筋配料单见表 4-12。

表 4-12　钢筋配料单

构件名称	编号	简　　图	钢筋直径（mm）	下料长度（mm）	单位（根）	合计（根）	质量（kg）
L_1 梁	①	6190	20	6190	2	10	153
	②	6190	10	6135	2	10	39
	③	200 765 636 3760 636 765 200	20	6842	1	5	84
	④	200 265 636 4760 636 265 200	20	6842	1	5	84
	⑤	162 462	6	1296	32	160	46
合计							406

4.2.5　钢筋的代换

在实际施工过程中，常常遇到供应的钢筋品种和规格与设计图纸要求不相符合的情形，这时就需要进行钢筋的代换。钢筋的代换需经设计单位同意方可进行。

4.2.5.1　钢筋代换原则

（1）钢筋的代换应按代换前后抗拉设计值相等的原则进行。代换时应满足下式要求

$$A_{s2} f_{y2} \geqslant A_{s1} f_{y1} \tag{4-5}$$

即

$$n_2 \geqslant \frac{n_1 d_1^2 f_{y1}}{d_2^2 f_{y2}} \tag{4-6}$$

式中　A_{s2}，A_{s1}——分别为代换后和代换前钢筋的截面面积；

f_{s2}，f_{s1}——分别为代换后和代换前钢筋的设计强度；

n_2，n_1——分别为代换后和代换前钢筋的根数。

（2）当构件按最小配筋率配筋时，代换时应满足下式

$$A_{s2} \geqslant A_{s1} \tag{4-7}$$

则

$$n_2 \geqslant n_1 \frac{d_1^2}{d_2^2} \tag{4-8}$$

（3）当构件受裂缝宽度或挠度控制时，钢筋代换后应进行抗裂、裂缝宽度或挠度验算。

钢筋代换后，有时由于受力钢筋的直径加大或钢筋根数增多，而需要增加排数，则构件截面的有效高度 h_0 减小，使截面强度降低，此时需复核截面强度。对矩形截面的受弯构件，可根据弯矩相等，按下式复核截面强度。

$$N_2\left(h_{02} - \frac{N_2}{2bf_{cm}}\right) \geqslant N_1\left(h_{01} - \frac{N_1}{2bf_{cm}}\right) \tag{4-9}$$

式中　N_1——原设计的钢筋拉力，等于 $A_{s1} \times f_{y1}$（A_{s1}、f_{y1} 符号含义同上）；

N_2——代换钢筋拉力，等于 $A_{s2} \times f_{y2}$；

h_{01}——原设计钢筋的合力点至构件截面受压边缘的距离（即构件截面的有效高度）；

h_{02}——代换钢筋的合力点至构件截面受压边缘的距离；

f_{cm}——混凝土的弯曲抗压强度设计值，对 C20 混凝土为 11MPa；对 C30 混凝土为 16.5MPa；

b——构件截面宽度。

4.2.5.2 钢筋代换注意事项

（1）对重要受力构件，如吊车梁、薄腹梁、桁架下弦等，不宜用 HPB235 级钢筋，以免裂缝开展过大。

（2）钢筋代换后，应满足混凝土结构设计规范中所规定的钢筋间距、锚固长度、最小钢筋直径、根数等要求。

（3）梁的纵向受力钢筋与弯曲钢筋应分别代换，以保证正截面与斜截面强度。偏心受压构件（如框架柱、有吊车的厂房柱、桁架上弦等）或偏心受拉构件作钢筋代换时，不取整个截面配筋量计算，应按受力面（受拉或受压）分别代换。

（4）对有抗震要求的框架结构，不宜以强度等级较高的钢筋代替原设计中的钢筋，当必须代换时，其代换的钢筋检验所得的实际强度尚应符合下列要求：钢筋的抗拉强度实测值与屈服强度实测值的比值不应小于 1.25。钢筋的屈服强度实测值与钢筋的强度标准值的比值，当按一级抗震设计时，不应大于 1.25；当按二级抗震设计时，不应大于 1.4。

（5）预制构件的吊环，必须采用未经冷拉的 HPB235 级热轧钢筋制作，严禁用其他钢筋代换。

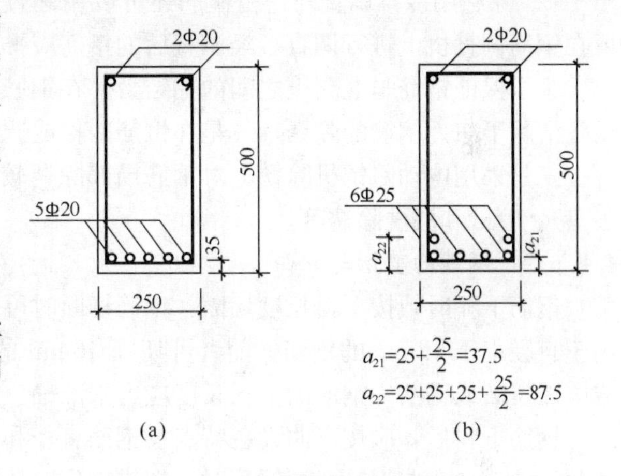

图 4-49 矩形梁的钢筋代换

（a）代换前配筋图；（b）代换后配筋图

4.2.5.3 钢筋代换计算实例

【例 4-3】 已知梁的截面尺寸如图 4-49 (a)所示，采用 C20 混凝土，原设计的纵向受力钢筋采用 HRB335 级钢筋 5Φ20，现拟采用 HPB235 级钢筋Φ25 代换，求所需钢筋根数，并复核钢筋净间距（混凝土的弯曲抗压强度设计值为 10.5MPa）。

【解】 按抗拉设计强值相等代换，可按式（4-6）计算

$$n_2 \geqslant \frac{n_1 d_1^2 f_{y1}}{d_2^2 f_{y2}} = \frac{5\times 20^2\times 300}{25^2\times 210} = 4.57\text{ 根,取 5 根}$$

复核钢筋净间距 $a_0=\frac{250-2\times 25-5\times 25}{4}=18.75<25$

应排成两排，则截面有效高度 h_0 减小，应验算截面强度。可按式（4-9）验算，即

$$N_2\left(h_{02}-\frac{N_2}{2bf_{cm}}\right)\geqslant N_1\left(h_{01}-\frac{N_1}{2bf_{cm}}\right)$$

式中 $N_1=5\times f_{y1}A_{s1}=471.24\text{kN}$ $N_2=5\times f_{y2}A_{s2}=515.42\text{kN}$

$$h_{01}=h-a_1=500-25-10=465(\text{mm})$$

$$a_2=\frac{3\times 37.5+2\times 87.5}{5}=57.5(\text{mm})$$

$$h_{02}=500-57.5=442.5(\text{mm})$$

$$N_1\left(h_{01}-\frac{N_1}{2bf_{cm}}\right)=471.24\times\left(0.465-\frac{471.24}{2\times 10.5\times 250}\right)=176.83(\mathrm{kN\cdot m})$$

$$N_2\left(h_{02}-\frac{N_2}{2bf_{cm}}\right)=515.42\times\left(0.4425-\frac{515.42}{2\times 10.5\times 250}\right)=177.47(\mathrm{kN\cdot m})$$

满足式（4-9）要求。

4.2.6 钢筋加工的其他工作

4.2.6.1 钢筋的调直与除锈

钢筋的调直可利用冷拉进行。若冷拉只是为了调直钢筋，而不是为了提高其强度，则调直冷拉率：HPB235级钢筋不宜大于4%，HRB335、HRB400级钢筋不宜大于1%。如所使用的钢筋无弯钩或弯折要求时，调直冷拉率可适当放宽，HPB235级钢筋不宜大于6%，HRB335、HRB400级钢筋不宜大于2%。对不准采用冷拉的结构，钢筋调直冷拉率不得大于1%。除利用冷拉调直外，粗箍筋还可以用锤直或扳直的方法；钢筋直径为4～14mm时可在钢筋调直机上进行调直。经调直后的钢筋应平直、无局部曲折。

为了保证钢筋与混凝土之间的黏结力，在钢筋使用之前，应将其表面的油渍、漆污、铁锈等清除干净。钢筋的除锈，一是在钢筋冷拉或调直过程中除锈，这对大量钢筋除锈较为经济；二是采用电动除锈机除锈，对钢筋局部除锈较为方便；三是采用手工除锈（用钢丝刷、砂盘）、喷砂和酸洗除锈等。

4.2.6.2 钢筋的剪切与弯曲

钢筋下料时须按下料长度切断。钢筋切断时可采用钢筋切断机或手动切断器。后者一般用于直径小于12mm的钢筋，前者可切断40mm的钢筋，大于40mm的钢筋可用氧乙炔焰或电弧切断或锯断。钢筋的下料长度应力求准确，其允许偏差为±10mm。

钢筋下料后，应按弯曲设备特点及钢筋直径和弯曲角度进行划线，以便弯曲成设计所要求的尺寸。如弯曲钢筋两端对称时，划线工作宜从钢筋中线向两端进行，当弯曲形状比较复杂的钢筋时，可先放出实样，再进行弯曲。钢筋弯曲宜采用弯曲机和弯箍机。弯曲机可弯曲6～40mm的钢筋。直径小于25mm的钢筋，当无弯曲机时也可采用扳钩弯曲。钢筋弯曲成型后，形状、尺寸必须符合设计要求，平面上没有翘曲、不平现象。钢筋弯曲成型后的允许偏差应满足表4-13的要求。

表4-13 钢筋弯曲成型允许偏差

项　次	项　目	允许偏差（mm）	项　次	项　目	允许偏差（mm）
1	顺长度方向全长	±10	3	弯起高度	±5
2	弯起点位置	±20	4	箍筋边长	±5

4.2.7 钢筋安装

（1）钢筋安装时，施工人员必须熟悉施工图纸，合理安排钢筋安装进度和施工顺序，检查钢筋品种、级别、规格、数量是否符合设计要求。

（2）钢筋应绑扎牢固，防止钢筋移位

板和墙的钢筋网，除靠近外围两行钢筋的相交点全部扎牢外，中间部分交叉点可间隔交错扎牢，但必须保证受力钢筋不产生位置偏移；双向受力的钢筋，必须全部扎牢。

梁和柱的箍筋，除设计有特殊要求外，应与受力钢筋垂直设置；箍筋弯钩叠合处，应沿受力钢筋方向错开设置。

在柱中竖向钢筋搭接时，角部钢筋的弯钩平面与模板面的夹角，对矩形柱应为45°角，对多边形柱应为模板内角的平分角；对圆形柱钢筋的弯钩平面应与模板的切平面垂直，中间钢筋的弯钩平面应与模板面垂直；当采用插入式振捣器浇筑小型截面柱时，弯钩平面与模板面的夹角不得小于15°。

对于面积大的竖向钢筋网，可采用钢筋斜向拉结加固；各交叉点的绑扎扣应变换方向绑扎。

(3) 墙体中配置双层钢筋时，可采用S钩等细钢筋撑件加以固定；板中配置双层钢筋网，需用撑脚支托钢筋网片，撑脚可用相应的钢筋制成。

(4) 梁和柱的箍筋，应按事先划线确定的位置，将各箍筋弯钩处，沿受力钢筋方向错开放置。绑扎扣应变换方向绑扎，以防钢筋骨架斜向一方。

(5) 根据钢筋的直径、间距，均匀、适量、可靠地垫好混凝土保护层砂浆垫块，竖向钢筋可采用带铁丝的垫块，绑在钢筋骨架外侧；当梁中配有两排钢筋时，可采用短钢筋作为垫筋垫在下排钢筋上。

受力钢筋的混凝土保护层厚度，应符合设计要求；当设计无具体要求时，不应小于受力钢筋直径，并应符合表4-14的规定。

(6) 必须严格控制梁、板、悬挑构件上部纵向受力钢筋的位置正确，浇筑混凝土时，应有专人负责看钢筋，有松脱或位移的及时纠正，以免影响构件承载能力和抗裂性能。

(7) 基础内的柱子插筋，其箍筋应比柱的箍筋小一个箍筋直径，以便连接。下层柱的钢筋露出楼面部分，宜采用工具式箍筋将其收进一个柱筋直径，以利上层柱的钢筋搭接。

(8) 钢筋骨架吊装入模时，应力求平稳，钢筋骨架用“扁担”起吊，吊点应根据骨架外形预先确定，骨架钢筋各交叉点应绑扎牢固，必要时焊接牢固；绑扎和焊接的钢筋网和钢筋骨架，不得有变形、松脱和开焊。

(9) 安装钢筋时，配置的钢筋品种、级别、规格和数量必须符合设计图纸的要求。钢筋位置的允许偏差应符合表4-15的要求。

表4-14 纵向受力钢筋的混凝土保护层最小厚度 mm

环境类别		板、墙、壳			梁			柱		
		≤C20	C25～C45	≥C50	≤C20	C25～C45	≥C50	≤C20	C25～C45	≥C50
一类		20	15	15	30	25	25	30	30	30
二类	*a*	—	20	20	—	30	30	—	30	30
	b	—	25	20	—	35	30	—	35	30
三类		—	30	25	—	40	35	—	40	35

注：1. 基础中纵向钢筋的混凝土保护层最小厚度不应小于40mm；当无垫层时不应小于70mm。

2. 预制钢筋混凝土受弯构件钢筋端部的保护层最小厚度不应小于10mm；预制肋型板主肋钢筋的保护层应按梁的数值取用。

3. 板、墙、壳中分布钢筋的保护层厚度不应小于表中相应数值减10mm；且不应大于10mm；梁、柱中箍筋和构造钢筋的保护层厚度不应小于15mm。

4. 当梁、柱中纵向受力钢筋的保护层厚度大于40mm时，应对保护层采取有效的防裂构造措施。

表 4-15　钢筋安装位置的允许偏差和检验方法

项　　目			允许偏差（mm）	检　验　方　法
绑扎钢筋网	长、宽		±10	钢尺检查
	网眼尺寸		±20	钢尺量连续三档，取最大值
绑扎钢筋骨架	长		±10	钢尺检查
	宽、高		±5	钢尺检查
受力钢筋	间　　距		±10	钢尺检查量两端、中间各一点，取最大值
	排　　距		±5	
	保护层厚度	基　　础	±10	钢尺检查
		梁、柱	±5	钢尺检查
		板、墙、壳	±3	钢尺检查
绑扎箍筋、横向钢筋间距			±20	钢尺量连续三档，取最大值
钢筋弯起点位置			20	钢尺检查
预埋件	中心线位置		5	钢尺检查
	水平高差		+3，0	钢尺和塞尺检查

注：1. 检查预埋件中心线位置，应纵、横两个方向量测，并取其中的较大值。
2. 表中梁类、板类构件上部纵向受力钢筋保护层厚度的合格点率应达到 90%及以上，且不得有超过表中数值 1.5 倍的尺寸偏差。

4.3　混凝土工程

混凝土工程是混凝土结构工程的一个重要组成部分，其质量好坏直接关系到结构的承载能力和使用寿命。混凝土工程包括配料、搅拌、运输、浇筑、密实成型、养护等施工过程，如图 4-50 所示。在整个混凝土工程施工中，各工序之间是紧密联系和相互影响的，任一工序出现问题，都会影响混凝土工程的最终质量。因此，必须保证每一工序的施工质量，以确保混凝土结构的强度、刚度、密实性和整体性。

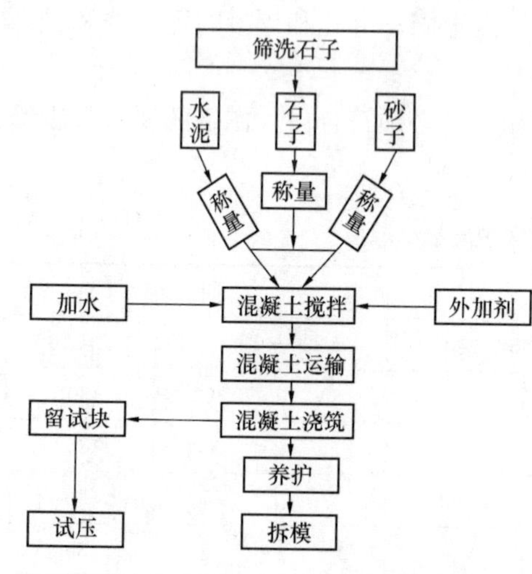

图 4-50　混凝土工程施工过程示意图

4.3.1　混凝土的配料

4.3.1.1　混凝土的组成材料

混凝土的组成材料主要有水泥、石子、砂子和水，有时为了改善混凝土的性能可加入适量外加剂。

（1）水泥

水泥是混凝土中的胶结材料，一般可采用硅酸盐水泥、普通硅酸盐水泥、矿渣硅酸盐水泥、火山灰质硅酸盐水泥、粉煤灰硅酸盐水泥和复合硅酸盐水泥。必要时还可采用快硬水泥、膨胀水泥等。水泥的品种和成分不同，其凝结时间、早期强度、水化热、吸水性和抗侵蚀等性能也不同。选用水泥时必须考虑到这些因素。

水泥进场必须有出厂合格证或进场试验报告，并对其品种、强度等级、出厂日期等进行检查验收。为了防止水泥受潮，现场仓库应尽量密闭。水泥储存时间不宜过长，做到先到场的先使用。因为水泥在储存过程中，吸收空气中的水分，导致水泥轻微水化而使水泥强度降低。因此当对水泥质量有怀疑或水泥出厂超过三个月（快硬水泥超过一个月）时，应复查试验，并按试验结果使用。

如果水泥在贮存期间不慎受潮，其处理和使用须符合表 4-16 的要求。

表 4-16　受潮水泥的处理和使用

受潮情况	处理方法	适用场合
有粉块，可用手捏成粉块，但尚无硬块	压碎粉块	通过试验，按实际强度使用
部分水泥结成硬块	筛去硬块，压碎粉块	通过试验，按实际强度使用，可用于不重要的、受力小的部位，也可用于砌筑砂浆
大部分水泥结成硬块	粉碎，磨细	不能作为水泥使用，但仍可作混合材料；掺入新鲜混凝土中（掺量不超过 25%）

（2）集料

石子、砂子是组成混凝土的集料，良好的集料级配，可以减少水泥及水的用量，获得良好的工作性及密实性，提高混凝土的质量。

石子有卵石和碎石，它的质量往往对混凝土强度有较大影响。混凝土中所用的石子要求坚硬、耐久、无风化；要有良好的级配；其外形以接近原形、方形为好；为满足施工要求，使构件能够浇筑密实，石子的最大粒径不得超过结构最小截面尺寸的 1/4，也不大于钢筋净距的 3/4；对含泥量较大的石子，使用前必须冲洗干净。

砂子有河砂、山砂、海砂，以河砂为宜。按粒径分为粗砂、中砂和细砂。以粗、中砂为宜。混凝土中所用砂子除应具有良好的级配外，还对其含杂质量（淤泥、黏土、云母片及有机杂质）有着严格的限制。

（3）水

凡可饮用的水，都可用来拌制和养护混凝土，要求水中不得含有影响水泥硬化的有害杂质、油脂和糖类物质。因此，污水、工业废水及 pH 值小于 4 的酸性水和硫酸盐含量大于 1%的水，均不得在混凝土中使用。海水对钢筋有腐蚀作用，不能用来拌制配筋结构的混凝土。

4.3.1.2　混凝土的工作性及强度

混凝土的工作性及强度是衡量混凝土质量的两个主要指标。

（1）混凝土的工作性

工作性（或称和易性）包括流动性、可塑性、稳定性和易密性四个方面的含义。优质的混凝土应该具有：满足运输和浇捣要求的流动性；不为外力作用产生脆断的可塑性；不产生分离、泌水的稳定性和易于浇捣密致的密实性。

混凝土的工作性通常用坍落度或工作度表示，见表 4-17。

影响新拌混凝土工作性的主要因素有组成材料的质量及其用量；温度、湿度和风速以及时间等方面的影响。

表 4-17　混凝土和易性指标

混凝土名称	坍落度（mm）	工作度（s）
流动性混凝土	50～80	5～10
低流动性混凝土	10～30	15～30
干硬性混凝土	0	30～180

水泥品种不同，其工作性也不同。如硅酸盐水泥和普通硅酸盐水泥的工作性比火山灰水泥、矿渣水泥好；水泥颗粒愈细，混凝土的黏聚性和保水性愈好；在水灰比相同的情况下，水泥用量越多，则工作性越好。

随着用水量的增大，混凝土的流动性也显著增大。但用水量过大，会使混凝土的黏聚性和均匀性变差，产生严重泌水、分层或流浆，使工作性变差，同时强度也随之降低。而在混凝土水灰比不变的情况下，其水泥浆数量随用水量和水泥用量的增加而增加，使集料间的"润滑层"增厚，其流动性增大，工作性好，强度亦不会降低。

混凝土中砂石集料的颗粒圆滑、粒径大、级配优良，则流动性好；砂率过大，水泥浆被比表面积较大的砂粒所吸附，则流动性减小；砂率过小，砂子的体积不足以填满石子间的空隙，必然使部分水泥浆充当填空作用而导致集料间的接触部位的"润湿层"减薄而使流动性、黏聚性和保水性均差，甚至发生离析、溃散等现象。故在配制混凝土时，应选用最优砂率，使水泥用量最省而又满足所要求的工作性。

此外，在混凝土中加入少量减水剂、外掺料或引气剂等均可改善混凝土的工作性。

（2）混凝土的强度

混凝土具有较高的抗压强度，其抗拉、抗弯、抗剪强度均较小，故以抗压强度作为控制和评定混凝土质量的主要指标。

1）混凝土施工配置强度

混凝土的强度应达到95%的保证率；为此，应根据设计的混凝土强度标准值按下式确定

$$f_{cu,o} = f_{cu,k} + 1.645\sigma \tag{4-10}$$

式中　$f_{cu,o}$——混凝土的施工配制强度，MPa；

$f_{cu,k}$——设计的混凝土强度标准值，MPa；

σ——施工单位的混凝土强度标准差，MPa。

当施工单位具有近期的同一品种混凝土强度资料时，其混凝土强度标准差σ按下式计算

$$\sigma = \sqrt{\frac{\sum_{i=1}^{N} f_{cu,i}^2 - N\mu_{fcu}^2}{N-1}} \tag{4-11}$$

式中　$f_{cu,i}$——统计周期内同一品种混凝土第i组试件的强度值，MPa；

μ_{fcu}——统计周期内同一品种混凝土N组强度的平均值，MPa；

N——统计周期内同一品种混凝土试件的总组数，$N \geqslant 25$。

当混凝土强度等级为C20或C25时，如计算得到的$\sigma < 2.5$MPa，取$\sigma = 2.5$MPa；当混凝土强度等级高于C25，如计算得到$\sigma < 3.0$MPa，取$\sigma = 3.0$MPa。

对预拌混凝土厂和预制混凝土构件厂，统计周期可取为一个月；对现场拌制混凝土的施工单位，统计周期可根据实际情况确定，但不宜超过三个月。

当施工单位不具有近期的同一品种混凝土强度资料时，其混凝土强度标准差σ可按表

4-18取用。

表 4-18　混凝土强度标准差 σ

混凝土强度等级	低于 C20	C20～C25	高于 C25
σ	4.0	5.0	6.0

2）影响混凝土强度的因素

混凝土强度除与砂石质量有关外，主要取决于水泥的强度等级和水灰比。在相同条件下，所用水泥强度等级越高，则混凝土强度亦越高；反之，强度越低。在一定范围内，水灰比小，混凝土密实性好，孔隙率小，强度高；反之，水灰比大，混凝土密实性差，强度低。但也不宜过高提高水泥强度等级或降低水灰比，因为水泥强度等级过高，会浪费水泥；而水灰比小，会影响混凝土的和易性。混凝土的最大水灰比和最小水泥用量见表 4-19。

表 4-19　混凝土的最大水灰比和最小水泥用量

<table>
<tr><th colspan="2" rowspan="2">环境条件</th><th rowspan="2">结构物类型</th><th colspan="3">最大水灰比</th><th colspan="3">最小水泥用量（kg/m³）</th></tr>
<tr><th>素混凝土</th><th>钢筋混凝土</th><th>预应力混凝土</th><th>素混凝土</th><th>钢筋混凝土</th><th>预应力混凝土</th></tr>
<tr><td colspan="2">干燥环境</td><td>正常的居住或办公用房内部件</td><td>不作规定</td><td>0.65</td><td>0.60</td><td>200</td><td>260</td><td>300</td></tr>
<tr><td rowspan="2">潮湿环境</td><td>无冻害</td><td>高湿度的室内部件
室外部件
非侵蚀性土和水中的部件</td><td>0.70</td><td>0.60</td><td>0.60</td><td>225</td><td>280</td><td>300</td></tr>
<tr><td>有冻害</td><td>经受冻害的室外部件
在非侵蚀性土和水中且经受冻害的部件
高湿度且经受冻害的室内部件</td><td>0.55</td><td>0.55</td><td>0.55</td><td>250</td><td>280</td><td>300</td></tr>
<tr><td colspan="2">有冻害和除冰剂的潮湿环境</td><td>经受冻害和除冰剂作用的室内和室外部件</td><td>0.50</td><td>0.50</td><td>0.50</td><td>300</td><td>300</td><td>300</td></tr>
</table>

注：1. 当用活性掺合料代替部分水泥时，表中的最大水灰比及最大水泥用量即为代替前的水灰比和水泥用量。

2. 配置 C15 级及其以下等级的混凝土，可不受本表限制。

3. 冬季施工应优先选用硅酸盐水泥和普通硅酸盐水泥。最小水泥用量不应小于 300kg/m³，水灰比不应大于 0.60。

混凝土强度亦与养护温度、湿度和龄期有关。当湿度合适时，在 4℃～40℃范围内，温度愈高，水泥水化作用愈快，其强度发展也愈快；反之，则愈慢。当温度低于 0℃时，混凝土强度停止发展，甚至因冻胀而破坏。

混凝土浇筑后，在一定的时间内必须保持足够的湿度。否则，将导致混凝土失水干燥，影响强度增长，而且因水化作用未能充分完成，造成混凝土内部结构疏松，甚至表面出现干缩裂缝。因此，为保证混凝土在浇制成型后正常硬化，应加强养护以保持足够的湿度。

混凝土的强度随着龄期的增长而逐渐提高。在正常养护条件下，混凝土的强度在最初 7～14d内发展较快，以后逐渐缓慢，28d 达到设计强度等级，此后强度增长过程可延续数十年。

混凝土密实度大，强度高，而密实度大小又与振捣有关。一般来说，对流动性小的混凝土，其振捣的时间愈长，振捣的力量愈大，则混凝土愈密实，其强度愈大，尤其是干硬性混凝土，可充分利用振捣条件来提高强度。面对流动性较大的混凝土，强力振捣或长时间振捣，往往会产生离析泌水现象，反而使混凝土质量不匀，强度降低。

3）混凝土施工配合比换算及配料

混凝土设计配合比是根据完全干燥的砂、石料制定的，但在实际使用时所用的砂、石料都含有一些水分，而且含水量亦经常随气象条件发生变化。所以在拌制时应及时测定砂、石集料的含水率，并将设计配合比换算成实际含水情况下的施工配合比。

设试验室配合比为：水泥∶砂子∶石子＝1∶x∶y，水灰比为w/C，并测得砂子的含水率为w_x，石子的含水率为w_y，则施工配合比应为：1∶x（$1+w_x$）∶y（$1+w_y$）。

按试验室配合比 $1m^3$ 混凝土水泥用量为C（kg），计算时确保混凝土水灰比不变，则换算后材料用量为：

水泥：$C'=C$

石子：$G'_{石}=Cx(1+w_x)$

砂子：$G'_{砂}=Cx(1+w_y)$

水：$w'=w-Cxw_x-Cyw_y$

【例 4-4】 已知某构件混凝土试验室配合比为 1∶2.56∶5.50，水灰比为 0.64，每 $1m^3$ 混凝土水泥用量为 275kg，经测定砂子的含水率 $w_x=4\%$，石子的含水率 $w_y=2\%$，试确定施工配合比和每立方米混凝土材料用量。

【解】 ①施工配合比为

$$1:2.56(1+4\%):5.50(1+2\%)=1:2.66:5.61$$

每立方米混凝土材料用量为

水泥：275kg

砂子：$275\times2.66=731.5$（kg）

石子：$275\times5.61=1542.8$（kg）

水：$275\times0.64-275\times2.56\times4\%-275\times5.50\times2\%=118$（kg）

②施工配料

求出混凝土施工配合比以后，还需根据工地现有搅拌机的装料容量进行配置。如搅拌机的出料容量为 400L 时，则每搅拌一次（即一盘）的装料数量为：

水泥；$275\times0.4=110$（kg）（实用 100kg，即 2 袋水泥）

砂子：$731.5\times\frac{100}{275}=266.0$（kg）

石子：$1542.8\times\frac{100}{275}=561.0$（kg）

水：$118\times\frac{100}{275}=42.9$（kg）

为了严格控制混凝土的配合比，原材料的称量必须准确。计量允许偏差：对水泥、混合材料、水、外加剂，为±2%；对粗、细集料，为±3%。各种衡器应定期校验，保持准确。集料含水率应经常测定，雨天施工时，应增加测定次数。

4.3.2 混凝土的搅拌

混凝土的搅拌要达到两个方面的要求：一是保证混凝土拌合物的均匀性，二是能够保证按施工进度所要求的产量。

4.3.2.1 混凝土搅拌机选择

混凝土搅拌之前，应先选好混凝土搅拌机。搅拌机分为自落式（图 4-51）和强制式（图 4-52）两类。自落式搅拌机常用于一般塑性混凝土的搅拌，强制式搅拌机常用于轻集料混凝土和干硬性混凝土的搅拌。

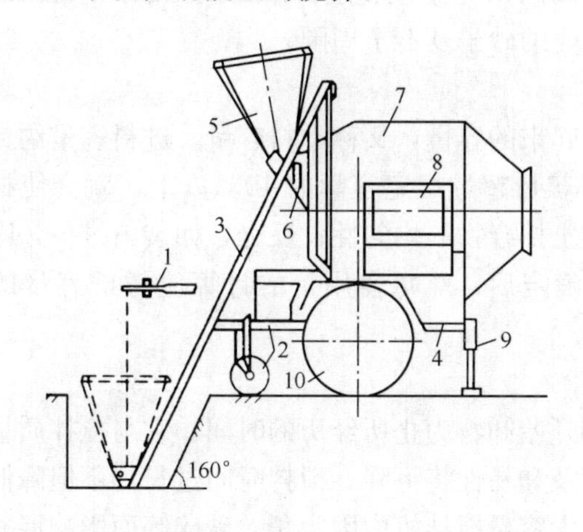

图 4-51 双锥反转出料式搅拌机（自落式）

1—牵引架；2—前支轮；3—上面架；4—底盘；5—料斗；6—中间料斗；7—锥形搅拌筒；8—电器箱；9—支腿；10—行走轮

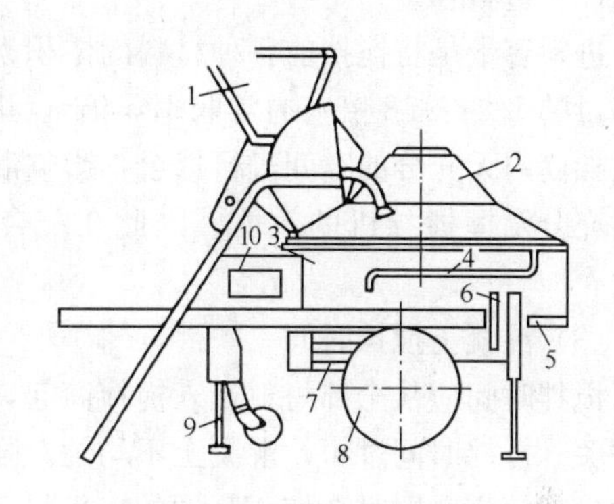

图 4-52 强制式搅拌机

1—进料斗；2—拌筒罩；3—搅拌筒；4—水表；5—出料口；6—操纵手柄；7—传动机构；8—行走轮；9—支腿；10—电器工具箱

混凝土搅拌机以其出料容量（m^3）×1000 标定规格。常用为 150L、250L、350L 等数种。选择搅拌机型号，要根据施工现场混凝土工程高峰日的工程量、工艺要求和经济效果等综合考虑。

4.3.2.2 搅拌制度

为了获得质量优良的混凝土拌合物，除正确选择搅拌机外，还必须正确确定搅拌制度，即投料顺序、进料容量和搅拌时间等。

(1) 投料顺序

投料顺序应考虑的因素主要包括：提高搅拌质量，减少叶片、衬板的磨损，减少拌合物与搅拌筒的黏结，减少水泥飞扬，改善工作环境，保证混凝土强度，节约水泥等方面综合考虑。常采用一次投料法、二次投料法和水泥裹砂法等。

①一次投料法

这是目前最普遍采用的方法。它是将砂、石、水泥和水一起同时加入搅拌筒中进行搅拌。为了减少水泥的飞扬和水泥的黏罐现象，对自落式搅拌机常采用的投料顺序是将水泥夹在砂、石之间，最后加水搅拌。

②二次投料法

二次投料法又分为预拌水泥砂浆法和预拌水泥净浆法。

预拌水泥砂浆法是先将水泥、砂和水加入搅拌筒内进行充分搅拌，成为均匀的水泥砂浆后，再加入石子搅拌成均匀的混凝土；预拌水泥净浆法是先将水泥和水充分搅拌成均匀的水泥净浆后，再加入砂和石搅拌成混凝土。二次投料法搅拌的混凝土与一次投料法相比较，混凝土强度可提高约 15%。在强度等级相同的情况下，可节约水泥约 15%~20%。

③水泥裹砂法

又称为SEC法，用这种方法拌制的混凝土称为造壳混凝土（又称为SEC混凝土），这种混凝土就是在砂子表面造成一层水泥浆壳。主要采取两项工艺措施：一是对砂子的表面湿度进行处理，使其控制在一定范围内。二是进行两次加水搅拌，第一次先将处理过的砂子、水泥和部分水搅拌，使砂子周围形成黏着性很高的水泥糊包裹层；第二次再加入水及石子，经搅拌，部分水泥浆便均匀地分散在已经被造壳的砂子及石子周围。

（2）进料容量

进料容量是将搅拌前各种材料的体积累积起来的容量，又称干料容量。进料容量约为出料容量的1.4～1.8倍（通常取1.5倍）。进料容量超过规定容量的10％以上，就会使材料在搅拌筒内无充分的空间进行掺合，影响混凝土拌合物的均匀性；反之，如装料过少，则又不能充分发挥搅拌机的效能。因此在配合比确定后，对每盘用量的计算应考虑容量的合理性。

（3）混凝土搅拌时间

搅拌时间应从全部材料投入搅拌筒起，到开始卸料为止所经历的时间。它与搅拌质量密切相关。搅拌时间过短，混凝土不均匀，强度及和易性将下降；搅拌时间过长，不但降低搅拌的生产效率，同时会使不坚硬的粗集料，在大容量搅拌机中因脱角、破碎等而影响混凝土的质量。一般来说二次投料法和水泥裹砂法搅拌时间比一次投料要长1min。混凝土搅拌的最短时间应满足表4-20的要求。

表4-20　混凝土搅拌的最短时间　　s

坍落度（mm）	搅拌机型	搅拌机出料量（L）		
		＜250	250～500	＞500
≤30	强制式	60	90	120
	自落式	90	120	150
＞30	强制式	60	60	90
	自落式	90	90	120

（4）搅拌要求

严格控制混凝土施工配合比；在搅拌混凝土前，搅拌机应加适量的水运转，使拌筒表面润湿，然后将多余水排干；搅拌好的混凝土要卸尽；混凝土搅拌完毕或预计停歇1h以上时，应将混凝土全部卸出，倒入石子和清水，搅拌5～10min，把黏在料筒上的砂浆冲洗干净后全部卸出。

4.3.3　混凝土的运输

混凝土的运输是指由搅拌混凝土的地点将搅拌好的混凝土运至浇筑地点，包括地面水平运输、垂直运输和楼层面上的水平运输。混凝土的运输是一道重要的工序。

4.3.3.1　对混凝土运输的基本要求

（1）在运输中不应产生分层离析现象，否则要在浇筑前二次搅拌。

（2）运输容器应严密、不漏浆、不吸水，减少水分蒸发，保证浇筑时符合表4-21规定的坍落度。

表 4-21　混凝土浇筑时的坍落度

结　构　种　类	坍落度（mm）
基础或地面等的垫层、无配筋的大体积结构（挡土墙、基础等）或配筋稀疏的结构	10～30
板、梁和大型及中型截面的柱子等	30～50
配筋密列的结构（薄壁、斗仓、筒仓、细柱等）	50～70
配筋特密的结构	70～90

注：1. 本表系采用机械振捣混凝土时的坍落度，当采用人工捣实混凝土时其值可适当放大。
2. 当需要配置大坍落度混凝土时，应掺用外加剂。
3. 曲面或斜面结构混凝土的坍落度应根据实际需要另行选定。
4. 轻集料混凝土的坍落度，宜比表中数值减少 10～20mm。

(3) 尽量缩短运输时间，保证在混凝土初凝之前有充分的时间进行浇筑和振捣，即应保证混凝土从搅拌机卸出后到浇筑完毕的延续时间不超过表 4-22 的规定。

(4) 运输工作应保证混凝土浇筑工作按计划连续进行。

表 4-22　混凝土运输时间　　min

强　度　等　级	气　温	
	≤25℃	>25℃
≤C30	120	90
>C30	90	60

4.3.3.2　混凝土的运输方法

(1) 地面水平运输

距离较近的地面运输和楼层面上的水平运输可采用小型翻斗车或双轮手推车。运距较远的地面水平运输可采用自卸汽车、混凝土搅拌运输车等。

双轮手推车和机动翻斗车运输常用的双轮手推车的容积为 0.07～0.1m³，载重约 200kg；机动翻斗车容量约 0.45m³，载重量约 1000kg。

混凝土搅拌输送车如图 4-53 所示，实际上就是在载重汽车或专用运输底盘上安装着一种独特的混凝土搅拌装置的组合机械。它兼有载送和搅拌混凝土的双重功能，可以在运送混凝土的同时对其进行搅拌或扰动，从而保证了所输送混凝土的均匀性。

图 4-53　混凝土搅拌输送车示意图

(2) 垂直运输

垂直运输可利用井架、龙门吊、混凝土专用井架及塔吊进行，也可采用泵送混凝土。

井架是目前施工现场使用较普遍的混凝土垂直运输设备。它由塔架、动力卷扬系统和料斗（或升降平台）等所组成。井架具有构造简单、装拆方便、提升与下降速度快等特点，输送能力较高，起重高度一般为25～40m。井架的塔架一般用型钢制成，塔架的接高除可利用其他起重设备外，也可利用特制的自升装置随着建筑物的升高而自行接高。

塔式起重机既能完成混凝土的垂直运输，又能完成一定的水平运输。在其工作幅度范围内，能直接将混凝土从装料点吊升到浇筑点送入模板内，中间不需转运，因而是一种有效而灵活的运输混凝土的方法，在现浇混凝土工程施工中得到广泛应用。但由于提升速度较慢，随着建筑物高度的增加，其每班的吊次将减少，输送的能力将下降，因此，一般用于30～35层以下的建筑物为宜。

4.3.3.3 混凝土泵及其应用

(1) 混凝土泵

利用混凝土泵输送混凝土是当今混凝土工程施工中的一项先进技术，也是今后的发展趋势。混凝土泵的工作原理就是利用泵体的挤压力将混凝土挤压进管路系统并到达浇筑地点，同时完成水平运输和垂直运输。混凝土泵连续浇筑混凝土，中间不停顿、施工速度快、生产效率高，工人劳动强度明显降低，还可提高混凝土的强度和密实度。混凝土泵适用于一般多高层建筑、水下及隧道等工程的施工。

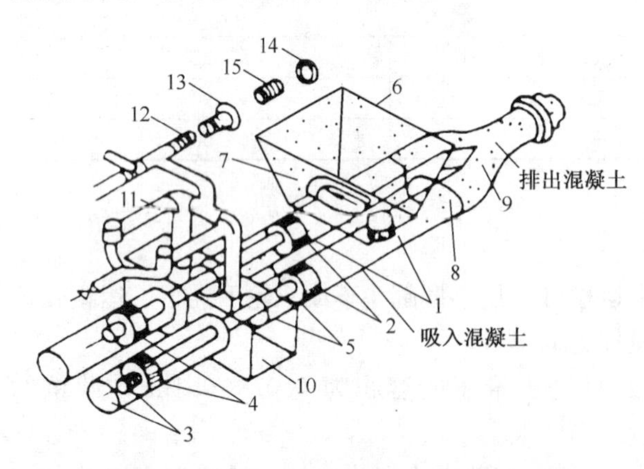

图4-54 液压活塞式混凝土泵工作原理图

1—混凝土缸；2—推压混凝土活塞；3—液压缸；4—液压活塞；5—活塞杆；6—料斗；7—吸入阀门；8—排除阀门；9—Y形管；10—水箱；11—水洗装置换向阀；12—水洗用高压软管；13—水洗用法兰；14—海绵球；15—清洗活塞

混凝土泵的种类很多，有活塞泵、气压泵和挤压泵等类型，目前应用最为广泛的是活塞泵，根据其构造和工作机理的不同，活塞泵又可分为机械式和液压式两种，常采用液压式。与机械式相比，液压式是一种较为先进的混凝土泵，它省去了机械传动系统，因而具有体积小、重量轻、使用方便、工作效率高等优点。液压泵还可进行逆运转，迫使混凝土在管路中作往返运动，有助于排除管道堵塞和处理长时间停泵问题。其工作原理如图4-54所示。

混凝土拌合料进入料斗后，吸入端片筏打开，排出端片阀关闭，液压作用下活塞左移，混凝土在自重和真空吸力作用下进入液压缸。由于液压系统中压力油的进出方向相反，使得活塞右移，此时吸入端片阀关闭，压出端片阀打开，混凝土被压入到输送管道。液压泵一般采用双缸工作，交替出料，通过Y形管后，混凝土进入同一输送管从而使混凝土的出料稳定连续。

活塞式混凝土泵的规格很多，性能各异，一般以最大泵送距离和单位时间最大输出量作为其主要指标。目前，混凝土泵的最大运输距离，水平运输可达800m，垂直运输可达300m。

混凝土输送管一般采用钢管制作，管径有100mm、125mm、150mm几种规格，标准管长3m，还有1m和2m长的配套管，另外还有90°、45°、30°、15°等不同角度的弯管，用于布管时管道弯折处使用。管径的选择就根据混凝土集料的最大粒径、输送距离、输送高度和其他工程条件决定，为防止堵塞，石子的最大粒径与输送管径之比：碎石为 1∶3，卵石为 1∶2.5。

在采用混凝土泵泵送混凝土前，应先开机用水湿润管道，然后泵送水泥浆或水泥砂浆，使管道处于充分湿润状态后，再正式泵送混凝土。若开始时就直接泵送混凝土，管道在压力状态下大量吸水，导致混凝土坍落度明显减少，则会出现堵管等质量事故，因而在泵送混凝土前充分湿润管道非常必要。混凝土的供应能力应保证混凝土泵连续工作，尽量避免中途停歇。若混凝土供应能力不足时，宜减慢泵送速度，以保证混凝土泵连续工作。如果中途停歇时间超过 45min 或混凝土出现离析时，应立即用压力水冲洗管道，避免混凝土凝固在管道内。压送时，不要把料斗内剩余的混凝土降低到 200mm 以下，否则混凝土泵易吸入空气，导致堵塞。高温条件下施工时，需在水平输送管上覆盖两层湿草袋，以防止阳光直照，并每隔一定时间洒水湿润，这样能使管道中的混凝土不至于吸收大量热量而失水，导致管道堵塞。输送管线宜直，转弯宜缓，接头应严密，如管道向下倾斜，应防止混入空气，产生阻塞。

(2) 布料装置

混凝土泵的供料是连续的，且输送量较大。因此，在浇筑地点应设置布料装置，以便将输送来的混凝土进行摊铺或直接浇筑入模，以减轻工人繁重的体力劳动，充分发挥混凝土泵的使用效率。一般的布料装置都具有输送混凝土和摊铺布料的双重功能，常称之为布料杆。按照支承结构的不同，布料杆可分为立柱式和汽车式两大类。立柱式布料杆构造比较简单，有移置式、固定式和轨道移动式等多种形式。移置式布杆（图 4-55a）是放置在楼面或模板上使用，其臂架和末端输送管都能作 360°回转。因此，可将混凝土直接输送到其工作幅度范围内的任何浇筑点。其位置的转移是靠塔式起重机吊运。固定式布料杆（图 4-55b）是将布料杆装在支柱或格构式塔架上。塔架可安装在建筑物梯井内或侧旁，随着建筑物的升高；塔架也不断接高。若将塔架配上轨道行走装置，混凝土泵也装在行走装置上，则成为轨道移动式布料杆。此外还可将布料杆附装在塔式起重机上。

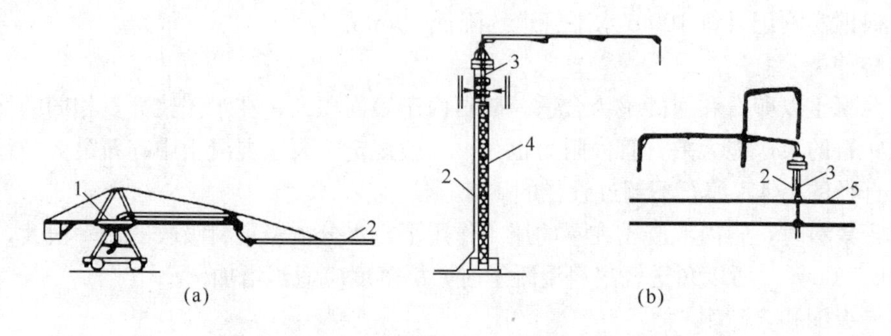

图 4-55　立柱式布料杆示意图

(a) 移置式布料杆；(b) 固定式布料杆

1—转盘；2—输送管；3—支柱；4—塔架；5—楼面

汽车式布料杆又称布料杆泵车，如图 4-56 所示，它是把混凝土泵和布料杆都装在一台汽车的底盘上组成。它转移灵活，工作时不需另铺管道。臂杆总长一般在 25m 以下，故特别适用于基础工程和多层建筑物的混凝土浇筑工作。

(3) 混凝土可泵性与配合比

用于泵送的混凝土，必须具有良好的被输送性能，混凝土在输送管道中的流动能力称为

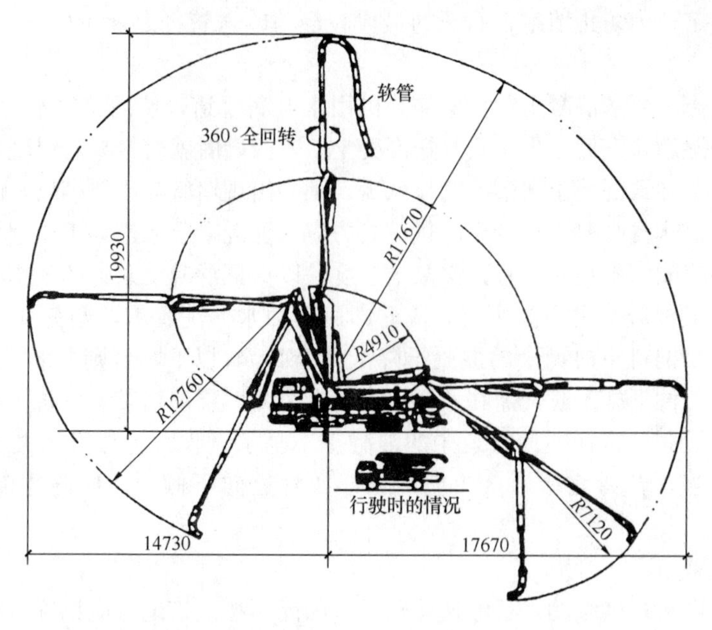

图 4-56　汽车式三折布料杆

可泵性。可泵性好的混凝土，与输送管壁产生的阻力小，泵送过程中不会产生离析现象。因此对泵送混凝土原材料和配合比应尽量满足下列要求：

①水泥用量

单位体积混凝土的水泥用量是影响混凝土在管内输送阻力的主要因素（因水泥浆起到润滑作用）。水泥的单位含量少，泵送阻力就增加、泵送能力就降低。为了保证混凝土泵送的质量，每立方米混凝土中的水泥用量不宜少于 300kg。

②坍落度

适宜的坍落度为 80～180mm。但坍落度在泵送混凝土时不是定值，它与管道材料和长度有关，根据实测记录每 100m 水平管道约降低 10mm。

③集料种类

泵送混凝土以卵石和河砂最为合适。碎石由于表面积大，在水泥浆数量相同的情况下使用碎石比卵石的泵送能力差，管内阻力也大。一般规定，泵送混凝土中碎石最大粒径不超过输送管道直径的 1/4，卵石不超过管径的 1/3。

使用轻集料时，管内混凝土在泵的压力作用下，水分被轻集料吸收的比率很大，坍落度会下降 30～50mm，所以泵送轻集料混凝土时，坍落度应适当增加。

④集料级配和含砂率

集料粒度和级配对泵送能力有关键性的影响，如偏离标准粒度曲线过大，会大大降低泵送性能，甚至引起堵管事故。

含砂率低不利于泵送。泵送混凝土含砂率宜控制在 40%～50%，砂宜用中砂，粗砂率为 2.75%左右，0.3mm 以下的细砂含量至少在 15%以上。

4.3.4　混凝土的浇筑

混凝土的浇筑与振捣，是混凝土工程施工过程中的关键工序，直接关系到构件的强度和结构的整体性以及尺寸准确、表面平整等各项验收指标。因此，一定要在做好各项准备工作的条件下方可施工。

4.3.4.1　混凝土浇筑前的准备工作

（1）制定施工方案，进行技术与安全交底

根据混凝土工程量和结构特点，结合现场条件，确定混凝土的施工进度、浇筑顺序、施工缝留设位置、劳动组织、技术措施和操作要点、质量要求、安全技术等，并对工人队组进行详细交底。

（2）材料、机具和劳动力的准备

混凝土施工前，施工所需要的各种原材料、各种机具如振捣器、运输设备、料斗、串筒等都要到位，有的还应进行试运转。劳动力的组织要安排合理，特别是当有多个工种参与施工时，应做好各工种之间的配合工作。

（3）基底的准备

混凝土浇筑前，基底的标高和基础的轴线位置必须检查无误，确保无积水、无垃圾。

（4）模板的检查和钢筋的隐蔽验收

模板应检查以下几个方面：标高、位置、尺寸是否符合设计要求；支撑系统是否稳定、牢固；起拱高度是否正确；组合模板的连接件是否按规定设置；模板接缝是否严密；预埋件、预埋孔洞的数量、位置是否准确；模板内的杂物是否清除；模板是否浇水润湿或涂隔离剂。

钢筋的隐蔽验收有以下几个方面：钢筋的位置、规格、数量是否满足设计要求；钢筋的搭接长度、接头位置是否符合规定；控制混凝土保护层厚度的砂浆垫块或支架是否按规定垫好；钢筋上的油污、铁锈是否清除。检查完毕后认真填写隐蔽工程验收单。

（5）其他准备工作

主要是对水、电供应条件、气象预报资料的掌握与了解，避免中途停工，影响工程质量和工期。

4.3.4.2　混凝土浇筑时的注意事项

（1）混凝土应在初凝之前浇筑完毕，如在浇筑前已有初凝或离析现象，则应进行强力搅拌，使其恢复流动性后方可入模。

（2）混凝土的自由倾落高度，不应大于 2m。当浇筑高度大于 3m 时，应采用串筒、溜槽或采用带节管的振动串筒使混凝土下落，如图 4-57 所示。

（3）为了保证混凝土构件的整体性，浇筑时必须分层浇筑、分层振捣密实。每层浇筑厚度见表 4-23。

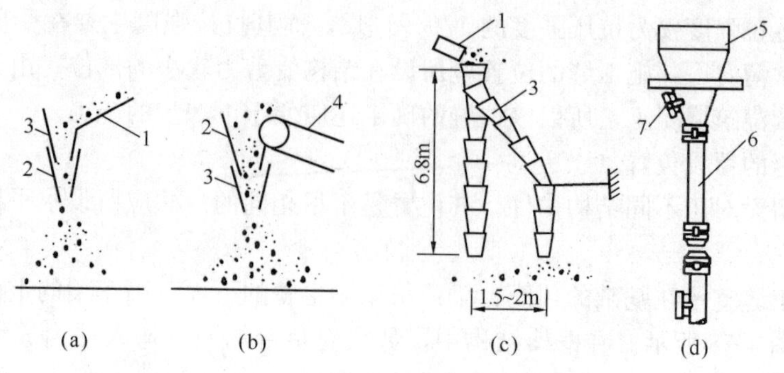

图 4-57　防止混凝土离析的措施

（a）溜槽运输；（b）皮带运输；（c）串筒；（d）振动串筒

1—溜槽；2—挡板；3—串筒；4—皮带运输机；5—漏斗；6—节管；7—振动器

表 4-23　混凝土浇筑层的分层厚度　　mm

项　　次	捣实混凝土的方法		浇筑层厚度
1	插入式振捣		振捣器作用部分 1.25 倍
2	表面振捣		200
3	人工振捣	基础、无筋或配筋较少结构中	250
		梁板柱	200
		配筋密列的结构中	150
4	轻集料混凝土	插入式振捣	300
		表面振捣	200

(4) 混凝土的浇筑应尽量连续进行，重要构件最好一次浇筑完毕。间歇时间超过表 4-24规定时，应在规定位置上按要求留设施工缝。

表 4-24　混凝土运输、浇筑和间歇的允许时间　　min

混凝土强度等级	气　　温	
	不高于 25℃	高于 25℃
不高于 C30	210	180
高于 C30	180	150

注：当混凝土中掺有缓凝或促凝型外加剂时，可根据试验结果确定。

(5) 应注意混凝土的浇筑顺序。浇筑顺序与构件类型、位置、受力特征等因素有关。一般是自下而上、由外向里对称浇筑。对于厚大体积混凝土的浇筑，浇筑前需制定出详细的浇筑方案。

4.3.4.3　*施工缝的留设*

(1) 施工缝及留设原则

施工缝是指在混凝土浇筑过程中的停歇位置，它是一条在浇筑工作完成后看不见的缝，但如果处理不好，将会对结构的整体强度、耐久性等产生不利的影响。

混凝土构件或结构大多要求整体浇筑，尽可能一气呵成。但有时由于技术或组织上的原因或由于自然条件的影响，如：下雨、停电、机械发生故障、材料供应不上、工序之间的间歇等。致使混凝土不能连续浇筑，而且停歇的时间有可能超过混凝土的初凝时间。此时，则应该按照规范在规定位置处留设施工缝。

施工缝的位置应预先确定，留设时既要考虑到结构的受力，同时又要考虑施工的方便。由于混凝土的抗拉强度仅为抗压强度的 1/9～1/18，而其抗拉强度主要在受剪的部位发挥作用。所以，通常情况下，施工缝的位置应留设在结构受剪力较小的部位，由于施工缝经过处理后，还要继续浇筑混凝土，所以该位置的确定还应便于下一步的施工。

(2) 施工缝的留设位置

施工缝的留设对于不同结构构件，其位置是不尽相同的。柱应留设水平缝，梁、板、墙应留设垂直缝。

①柱子施工缝宜留在基础的顶面、梁或吊车梁牛腿的下面、吊车梁的上面、无梁楼板柱帽的下面，如图 4-58 所示。在框架结构中，如梁有负弯筋向下弯入柱内成为抗风筋时，施工缝也可以留在抗风筋的下端，以便绑扎梁的钢筋。

②与板连成整体的大截面梁，施工缝留置在板底面以下 20～30mm 处。当板下有梁托时，留在梁托下部。

③单向板的施工缝留置在平行于板的短边的任何位置。

④有主次梁的肋形楼盖（梁、板结构），在施工时最好将一个施工段中的梁、板一次浇筑完毕。必要时，宜顺着次梁方向浇筑，施工缝应留置在次梁跨中 1/3 范围内；若顺着主梁方向浇筑，施工缝应留置在主梁跨中 2/4 和板跨中 2/4 范围内，如图 4-59 所示。

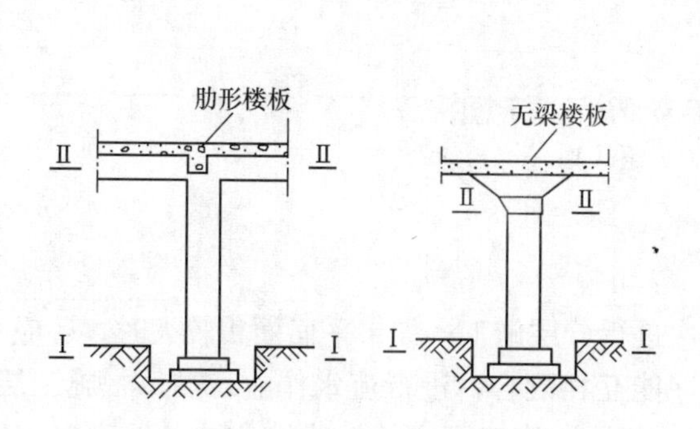

图 4-58　柱子施工缝的留设位置

注：Ⅰ-Ⅰ、Ⅱ-Ⅱ表示施工缝的位置

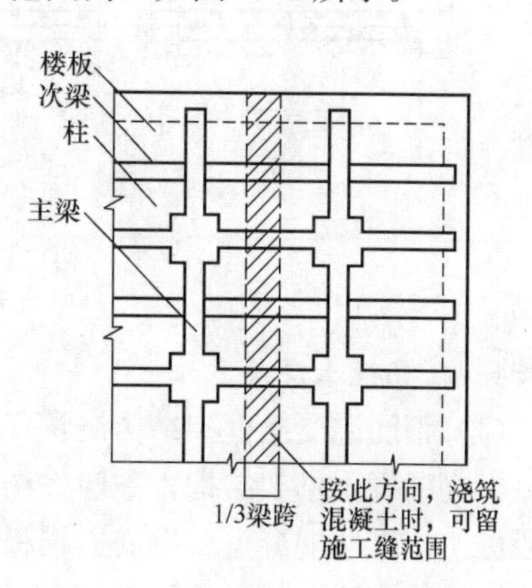

图 4-59　有主次梁楼板施工缝的留设位置

⑤墙体的施工缝留置在门洞口过梁跨中 1/3 范围内，也可留置在纵横墙的交接处。

⑥双向受力楼板、厚大结构、拱、穹拱、薄壳、蓄水池、斗仓、多层刚架及其他结构复杂的工程，施工缝的位置应按设计要求留置。

⑦承受动力作用的设备基础，不应留置施工缝；当必须留置时，应征得设计单位同意。

⑧在设备基础的地脚螺栓范围内，水平施工缝必须留在低于地脚螺栓底端处，其距离应大于 150mm；当地脚螺栓直径小于 30mm 时，水平施工缝可以留在不小于地脚螺栓埋入混凝土部分总长度的 3/4 处。垂直施工缝应留在距地脚螺栓中心线大于 250mm 处，并不小于 5 倍螺栓直径。

（3）施工缝的处理

当从施工缝开始继续浇筑混凝土时，必须待已浇筑混凝土的强度达到 1.2MPa 以后才能进行。否则施工时由于对钢筋的碰撞，会使已浇筑部分的混凝土松散破坏。施工缝处理，一般是将混凝土表面凿毛、清洗，除去泥垢浮渣，再满铺一层厚 10～15mm 的水泥浆（水泥：水＝1：0.4），或与混凝土同水灰比的水泥砂浆，然后即可浇筑新的混凝土，在结合处应细致捣实，尽量使新旧混凝土结合牢固。

（4）后浇带的施工

后浇带是在较长的现浇混凝土结构施工过程中设置的临时施工缝，缝宽 800～1000mm，缝内的钢筋搭接长度为 35d；后浇带的设置距离，在正常施工条件下，在室内或土中为 30m，在露天为 20m，也可通过计算来确定。

后浇带的设置可使混凝土自由收缩，从而有效降低温度和收缩应力，避免有害裂缝的产生。后浇带的保留时间，需根据设计计算确定，一般以两个月为宜，至少保留 28d 以上，再浇筑后浇带混凝土。

后浇带填充混凝土可采取微膨胀或无收缩水泥，也可采用普通水泥加入相应的外加剂拌制，并要求填筑混凝土的强度等级比原结构混凝土强度提高一级，并保持至少 15d 的湿润养护。后浇带的构造如图 4-60 所示。

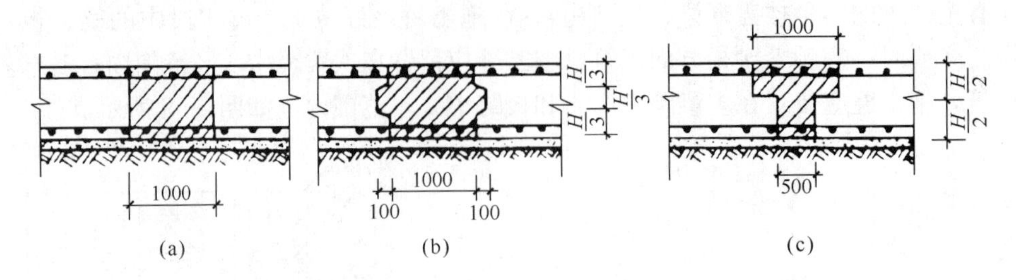

图 4-60　后浇带的构造示意图

(a) 平接式；(b) 企口式；(c) 台阶式

4.3.4.4　*混凝土浇筑方法*

(1) 钢筋混凝土框架结构浇筑

钢筋混凝土框架结构，一般按结构层次进行分层施工；如果平面面积较大时，还应考虑分段施工，以便混凝土、钢筋、模板等工序能互相配合，进行流水作业。在每一施工层中，应先浇筑柱或墙，然后再依次浇筑梁和板。在每一施工段中的柱或墙应按各层高度连续浇筑。每一排柱子的浇筑顺序应由外向内对称进行，禁止由一端向另一端推进，以免模板吸水膨胀后使一端受推倾斜。柱子浇筑宜在梁、板钢筋绑扎之前进行，以便利用梁板稳定柱模和操作平台。柱子浇筑完后，应停歇 1～1.5h，使混凝土初步沉实、排除泌水，而后再浇筑梁和板，梁、板应同时浇筑，先将梁的混凝土分层浇筑成阶梯形并向前推进；当起始点的混凝土达到板底位置时，与板的混凝土一起浇筑。当梁的高度大于 1m 时，为便于施工，方可将梁单独浇筑至距板以下 2～3cm 处留设施工缝。

(2) 大体积混凝土浇筑

大体积混凝土工程多用于水利工程，工业与民用建筑的设备基础、桩基承台或基础底板等部位。大体积混凝土浇筑的关键问题是水泥的水化热量大，内部温升高，而结构表面散热较快，由于内外温差大，在混凝土表面产生裂纹。当混凝土上部散热后，体积收缩，由于与基底或前期浇筑的混凝土不能同步收缩，对上部混凝土造成约束，接触面处产生很大的拉应力，当超过混凝土的极限拉应变时，混凝土结构会产生另一种收缩裂缝。

要防止大体积混凝土产生温度裂缝就要避免水泥水化热的积聚，使混凝土内外温差不超过 25℃。为此，应选用低水化热水泥，降低水泥用量，掺入适量的粉煤灰，降低浇筑速度或减小浇筑厚度。必要时采取人工降温措施，如采用风冷却，或向搅拌用水中投冰块以降低水温，但不得将冰块投入搅拌机。在炎热的夏季，混凝土浇筑时温度不宜超过 28℃。最好选择在夜间气温较低时浇筑，必要时，经过计算并征得设计单位同意可留施工缝而分层浇筑。

虽然降低浇筑速度可以减少水化热的积聚，但为保证结构的整体性，尚应保证下层混凝土初凝前，上层混凝土就应振捣完毕，因此混凝土的浇筑应按一定的浇筑速度亦称浇筑强度进行。浇筑强度可按下式计算

$$V=\frac{B\cdot L\cdot H}{t_1-t_2}$$

式中　　V——每小时混凝土浇筑量，m^3/h；

B、L、H——分别为浇筑层的宽度、长度、厚度，m；

t_1——混凝土初凝时间，h；

t_2——混凝土运输时间，h。

大体积混凝土结构的浇筑方案可分为全面分层、分段分层和斜面分层三种，如图 4-61 所示。

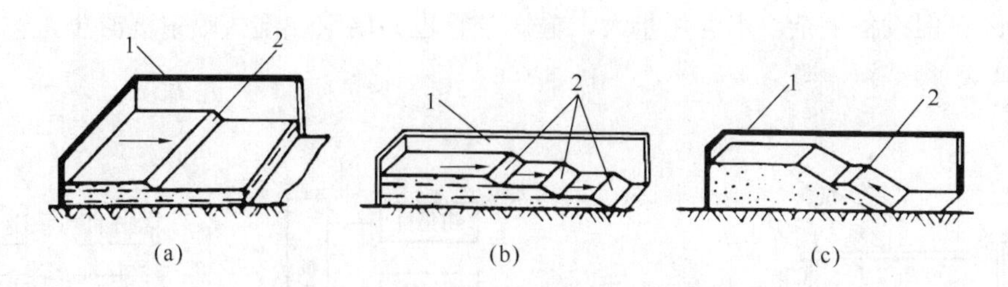

图 4-61 大体积混凝土结构浇筑方案图

(a) 全面分层；(b) 分段分层；(c) 斜面分层

1—模板；2—新浇筑的混凝土

①全面分层即在第一层全部浇筑完毕后，再回头浇筑第二层，此时应使第一层混凝土还未初凝，如此逐层连续浇筑，直至完工为止。采用这种方案时，结构平面尺寸一般不宜太大，施工时从短边开始，沿长边方向进行较合适。必要时可分成两段，同时向中央相对地进行浇筑。

②分段分层适用于厚度不大，而面积成长度较大的结构。混凝土从底层开始浇筑，进行 2～3m 后就回头浇筑第二层，同样依次浇筑以上各层。由于总的层数不多，所以浇筑到顶面后，第一层末端的混凝土还未初凝，又可从第二段依次分层浇筑。这种方案单位时间内要求供应的混凝土量较少，不像第一方案那样集中。

③斜面分层要求斜面的坡度不大于 1/3，适用于结构的长度大大超过厚度三倍的情况。采用这一方案时，振捣工作应从浇筑层斜面的下端开始，逐渐上移，以保证混凝土的浇筑质量。

(3) 水下混凝土浇筑

在灌注桩、地下连续墙等基础以及水工结构工程中，常要直接在水下浇筑混凝土。其方法一般采用导管法进行，具体方法详见第 2 章，第 2.2.1.2 节。

(4) 喷射混凝土施工

喷射混凝土是利用压缩空气作为动力，通过喷射机喷嘴以较高的速度（50～70m/s），将混凝土喷射到结构物或模板表面，从而获得较密实的混凝土结构。喷射混凝土具有不用模板，设备简单，施工进度快，混凝土强度高，耐久性好等优点。在地下建筑物混凝土支护、地下水池、油池抗渗混凝土施工以及补强加固工程中被广泛应用。目前，已可将混凝土直接喷射到薄壁结构的模板上，由于喷射混凝土早期强度高，可加速模板周转、节约模板材料。

喷射混凝土施工工艺分为干式喷射和湿式喷射两种。

①干式喷射法

干式喷射是先将砂、石及水泥在搅拌机中拌成均匀的干混合料，然后通过传送带运输机送入喷射机料斗中，再用压缩空气通过胶管将干混合料送往喷嘴，在喷嘴处加入高压水，与干混合料混合喷射到建筑物模板或加固结构上。干式喷射法施工方便，应用普遍。但加水量由操作人掌握，不易准确，水灰比难以准确控制，材料回弹量大，粉尘有害操作人健康。干式喷射混凝土施工设备如图 4-62 所示。

②湿式喷射法

该法是采用湿式混凝土喷射机将搅拌好的混凝土（水灰比为 0.45～0.50）通过胶管输送到喷嘴处直接喷射到模板上。该法混凝土拌合均匀，材料回弹量小，可节约压缩空气 30％～60％；但设备复杂，水泥用量大，输送胶管也易堵塞。湿式喷射混凝土工艺流程如图 4-63 所示。

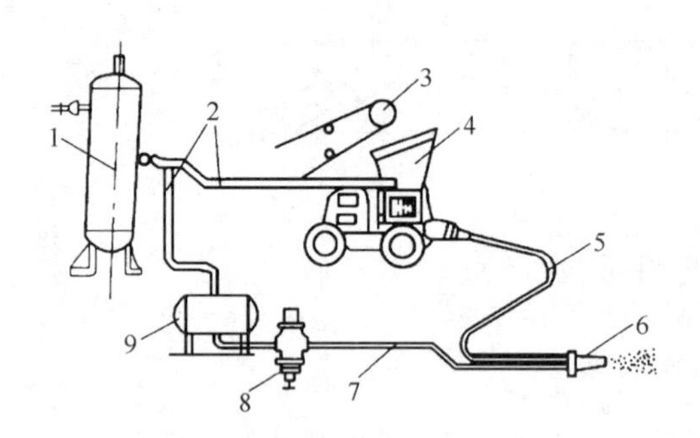

图 4-62　干式喷射混凝土施工设备

1—压缩空气罐；2—压缩空气管；3—加料机械；4—混凝土喷射机；5—输送管；6—喷嘴；7—水管；8—水压调节阀；9—水源

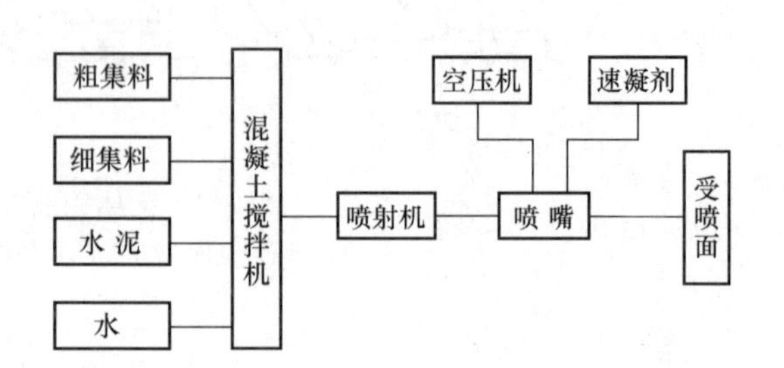

图 4-63　湿式喷射混凝土工艺流程

4.3.5　混凝土的密实成型

混凝土浇入模板时由于集料间的摩阻力和黏结力的作用，不能自动充满模板，其内部是疏松的，需经过振捣成型才能赋予混凝土制品或结构一定的外形、尺寸、强度、抗渗性及耐久性。

使混凝土拌合物密实成型的方法有：振动法、离心法和真空作业法。

4.3.5.1　混凝土振动密实成型

混凝土振动密实的原理，在于振动机械将振动能量传递给混凝土拌合物，使其中所有的集料颗粒都受到强迫振动，使拌合物中的黏结力和内摩阻力大大降低，集料在自重作用下向新的稳定位置沉落，排除存在于拌合物中的气体，消除空隙，使集料和水泥浆在模板中形成致密的结构。

振动机械按其工作方式分为：内部振动器、表面振动器、外部振动器和振动台，如图 4-64 所示。

（1）内部振动器

内部振动器又称插入式振动器，它由电机、软轴和振动棒三部分组成。其工作部分是一棒状空心圆柱体，内部装有偏振子，在电机带动下高速转动而产生高频微幅的振动。

常用于振实梁、墙、柱和体积较大的混凝土。

插入式振捣器是建筑工地应用最多的一种振动器，用内部振动器振捣混凝土时，应垂直插入，并插入下层尚未初凝的混凝土中 50～100mm，以促使上下层混凝土结合成整体。插点应均匀，不要漏振。每一插点的振捣时间一般为 20～30s，应振捣至表面呈现浮浆并不再沉落为止；操作时，要做到快插慢抽。采用插入式振动器捣实普通混凝土时的移动间距，不

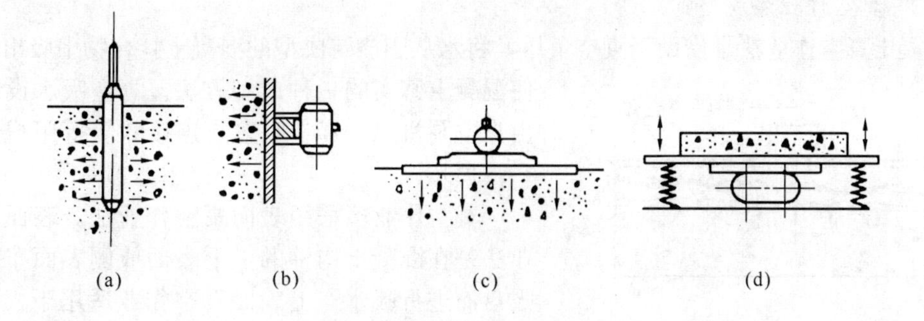

图 4-64 振动机械示意图

(a) 内部振动器；(b) 外部振动器；(c) 表面振动器；(d) 振动台

宜大于作用半径的 1.5 倍；振动器距模板不应大于振动器作用半径的 0.5 倍；插捣时应尽量避免碰撞钢筋、模板、预埋件等。插点的分布有行列式和交错式两种，如图 4-65 所示。

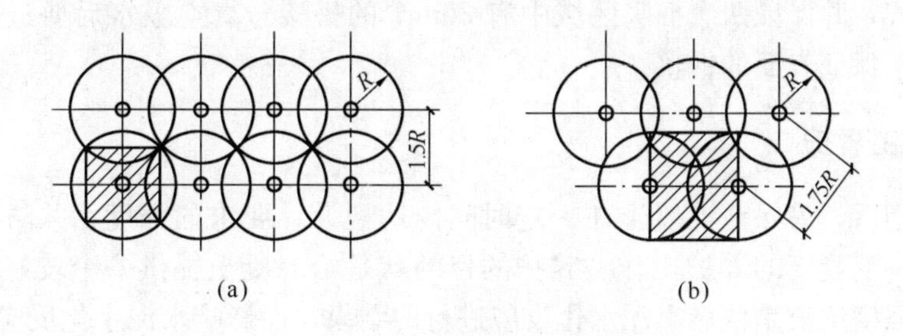

图 4-65 插点布置示意图

(a) 行列式；(b) 交错式

R—振动棒有效作用半径

(2) 表面振动器

表面振动器又称平板振动器，它由带偏心块的电机和平板组成。在混凝土表面进行振捣，适用于振捣面积大而厚度小的结构，如楼板、地坪或板形构件等薄型构件。在混凝土表面进行振捣，其有效作用深度一般为 200mm。振捣时其移动间距应能保证振动器的平板覆盖已振实部分的边缘，前后搁置搭接 30～50mm。每一位置振动时间为 25～40s，以混凝土表面出现浮浆为准。也可进行两遍振捣，第一遍和第二遍的方向要互相垂直，第一遍主要使混凝土密实，第二遍则使表面平整。

(3) 外部振动器

外部振动器又称附着式振动器，它固定在模板外部，是通过模板将振动传给混凝土，因而模板应有足够的刚度。它宜于振捣断面小且钢筋密的构件。

(4) 振动台

振动台是混凝土预制厂中的固定的生产设备，用于振实预制构件。

4.3.5.2 离心法成型

离心法成型就是将装有混凝土的钢制模板放在离心机上，使模板绕自身的纵轴线旋转，模板内的混凝土由于离心力作用而远离纵轴，均匀分布于模板内壁，并将混凝土中的部分水分挤出，使混凝土密实。

此法一般用于管道、电杆和管桩等具有圆形空腔构件的制作。

4.3.5.3 真空作业法成型

混凝土真空作业法是借助于真空负压，将水从刚浇筑成型的混凝土拌合物中吸出，同时使混凝土密实的一种成型方法。真空吸水设备主要由真空泵机组、真空吸盘、连接软管等组成，如图4-66所示。

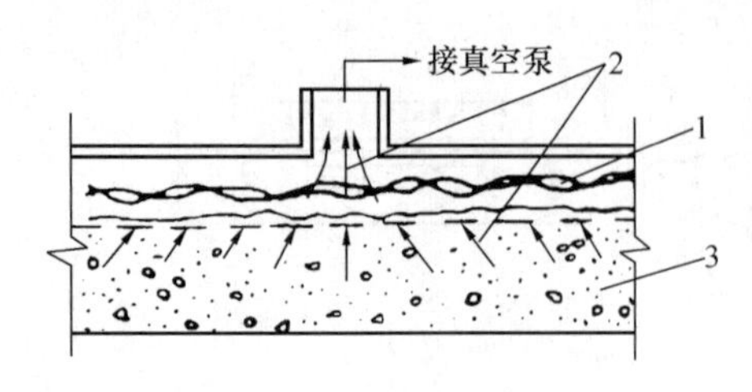

图 4-66 混凝土真空脱水示意图

1—真空腔；2—吸出的水；3—混凝土拌合物

真空作业多采用表面真空作业法。表面真空作业法是在混凝土构件的上下表面或侧表面布置真空吸盘而进行吸水。上表面真空作业适用于楼板、道路和机场跑道等；下表面真空作业适用于薄壳、隧道顶板等；墙壁、水池、桥墩等宜采用侧表面真空作业。有时还可将几种方法结合使用。

在放置真空吸盘前应先在混凝土上铺设过滤网，真空吸盘放置应注意其周边的密封是否严密，防止漏气，并保证两次抽吸区域中有 30mm 的搭接。真空吸水后要进一步对混凝土表面研压抹光，保证表面的平整。

4.3.6 混凝土的养护

混凝土成型后，为保证混凝土在一定时间内达到设计要求的强度，并防止产生收缩裂缝，应及时做好混凝土的养护工作。养护的目的就是给混凝土提供一个较好的强度增长环境。混凝土的强度增长是依靠水泥水化反应进行的结果，而影响水泥水化反应的主要因素是温度和湿度；温度越高水化反应的速度越快，而湿度高则可避免混凝土内水分丢失，从而保证水泥水化作用的充分，当然水化反应还需要足够的时间，时间越长，水化越充分，强度就越高。因此混凝土养护实际上是为混凝土硬化提供必要的温度、湿度条件。

混凝土养护的常用方法主要有自然养护、加热养护、蓄热养护。其中蓄热养护多用于冬季施工，而加热养护除用于冬季施工外，还常用于预制构件的生产。

(1) 自然养护

自然养护是指在自然气温条件下（平均气温高于 5℃），用适当的材料对混凝土表面进行覆盖、浇水、挡风、保温等养护措施，使混凝土的水泥水化作用在所需的适当温度和湿度条件下顺利进行。自然养护又分为覆盖浇水养护和塑料薄膜养护。

1) 覆盖浇水养护

覆盖浇水养护是指混凝土在浇筑完毕后 3～12h 内，可选用草帘、芦席、麻袋、锯末、湿土和湿砂等适当材料将混凝土表面覆盖，并经常浇水使混凝土表面处于湿润状态的养护方法。

覆盖浇水养护应在混凝土浇筑完毕 12h 以内，进行覆盖和洒水养护。混凝土的养护时间与水泥品种有关，对于采用硅酸盐水泥、普通硅酸盐水泥或矿渣硅酸盐水泥拌制的混凝土，不得少于 7d，对掺用缓凝型外加剂或有抗渗性要求的混凝土，不得少于 14d。每日浇水的次数以能保持混凝土具有足够的湿润状态为宜。一般气温在 15℃以上时，在混凝土浇筑后最初 3 昼夜中，白天至少每 3h 浇水一次，夜间也应浇水两次；在以后的养护中，每昼夜应浇水 3 次左右；在干燥气候条件下，浇水次数应适当增加。

大面积结构如地坪、楼板、屋面等可采用蓄水养护。对于贮水池一类工程可于拆除内模混凝土达到一定强度后注水养护。

2）塑料薄膜养护

塑料薄膜养护就是以塑料薄膜为覆盖物，使混凝土表面与空气隔绝，可防止混凝土内的水分蒸发，水泥依靠混凝土中的水分完成水化作用而凝结硬化，从而达到养护目的。塑料薄膜养护有两种方法。

①薄膜布直接覆盖法

是指用塑料薄膜布把混凝土表面敞露部分全部严密地覆盖起来，保证混凝土在不失水的情况下得到充分的养护。其优点是不必浇水，操作方便，能重复使用，能提高混凝土的早期强度，加速模具的周转。

②喷洒塑料薄膜养生液法

是指将塑料溶液喷涂在混凝土表面，溶液挥发后在混凝土表面结成一层塑料薄膜，使混凝土表面与空气隔绝，封闭混凝土内的水分不再被蒸发，从而完成水泥水化作用。这种养护方法一般适用于表面积大或浇水养护困难的情况。

（2）加热养护

自然养护成本低、效果较好，但养护期长。为了缩短养护期，提高模板的周转率和场地的利用率，一般生产预制构件时，宜采用加热养护。加热养护是通过对混凝土加热来加速混凝土的强度增长。常用的方法有蒸汽室养护、热模养护等。

1）蒸汽室养护

蒸汽室养护就是将混凝土构件放在充满蒸汽的养护室内，使混凝土在高温高湿度条件下，迅速达到要求的强度。蒸汽养护过程分为静停、升温、恒温和降温四个阶段。

静停阶段：就是指将浇筑成型的混凝土在室温条件下放置一段时间（一般需 2～6h，干硬性混凝土为 1h）。以增强混凝土对升温阶段结构破坏作用的抵抗力。

升温阶段：就是指在通入蒸汽后，使混凝土原始温度上升到恒温温度的阶段。升温不宜过快，以避免混凝土内外温差过大产生裂缝。升温速度一般为 10～25℃/h（干硬性混凝土为 35～40℃/h）。

恒温阶段：是指升温至要求的温度后，保持温度不变、混凝土强度增长最快的养护阶段。恒温的温度与水泥品种有关，普通水泥一般不超过 80℃，矿渣水泥、火山灰水泥可提高到 90℃～95℃。一般恒温时间为 5～8h，应保持 90%～100%的相对湿度。

降温阶段：是指混凝土构件由恒温温度降至常温的阶段。降温速度也不宜过快，否则混凝土会产生表面裂缝。一般情况下，构件厚度在 10cm 左右时，降温速度不大于 20～30℃/h。

为了避免由于蒸汽温度骤然升降而引起混凝土构件产生裂缝变形，必须严格控制升温和降温速度。出室的构件温度与室外温度相差不得大于 40℃，室外为负温时，不得大于 20℃。

2）热模养护

热模养护也属于蒸汽养护，蒸汽不与混凝土接触，而是将蒸汽通在模板内，热量通过模板与刚成型的混凝土进行热交换进行养护。此法养护用气少，加热均匀，既可用于预制构件，又可用于现浇墙体。采用热模养护施工时，模板采用特制的空腔式或排管式模板，宜采用热拌混凝土，提高混凝土的入模温度。这样可省去静停时间，缩短升温时间，能较快进入高温养护，因而可大大缩短养护周期。同时，为减少热损失，模板背面应设保温层。拆模时，应严格控制降温速度，防止混凝土骤然遇冷产生裂缝。对大模板拆除，模板内可继续通气，先使模板离开墙体 10～20mm，过 0.5h 再离开 30～40mm，再过 1.5h 拆除。

4.3.7 混凝土的质量检查

4.3.7.1 混凝土施工工程质量检查

混凝土在拌制和浇筑过程中，应作如下检查：

（1）检查拌制混凝土所用原材料的品种、规格、用量。每个工作班至少两次。

（2）检查混凝土在浇筑地点的坍落度。每个工作班至少两次。

（3）在每一工作班内，当混凝土配合比由于外界影响有变动时，应及时检查。

（4）混凝土的搅拌时间应随时检查。

4.3.7.2 混凝土强度等级评定

评定混凝土强度等级，需试压按规定留置的试块，试快的留设须按下述规定进行：

（1）每拌制 100 盘且不超过 100m^3 的同配合比混凝土，其取样制作试块不得少于一次；

（2）每工作班拌制的同配合比的混凝土不足 100 盘时，其取样制作试块不得少于一次；

（3）对现浇混凝土结构，每一现浇楼层同配合比的混凝土，其取样制作试块不得少于一次；

（4）同一单位工程每一验收项目中同配合比的混凝土，其取样不得少于一次。

每次取样应制作一组试块，每组试块为三个。混凝土强度等级的评定，按现行国家标准《建筑工程施工质量验收统一标准》（GB 50300—2001）执行。

4.3.8 混凝土常见缺陷的处理

混凝土结构构件拆去模板后，应检查其表面是否光滑平整，有无麻面、露筋、蜂窝、孔洞、裂缝等缺陷。如有这类缺陷，则应予以修整。

（1）麻面

麻面是指结构构件表面呈现许多缺浆的小凹坑而无钢筋外露的现象。产生麻面的原因主要是：模板表面粗糙或清理不干净。木模板在浇筑混凝土前未湿润或湿润不够，钢模板脱模剂涂刷不匀或局部漏刷；模板接缝不严密而漏浆；混凝土振捣不足，气泡未排出等。麻面主要影响美观，如果出现在将来表面不再修饰的部位，则应加以修补。修补办法是将麻面部位用清水刷洗，充分湿润后，用水泥浆或水泥砂浆抹平。

（2）露筋

露筋是指结构构件内的钢筋没有被混凝土裹住而暴露在外。其产生原因主要是：垫块过少或振捣时移位，致使钢筋紧贴模板；石子粒径过大，钢筋过密，水泥砂浆不能充满钢筋周围空间；混凝土漏振不密实，拆模方法不当，以致缺棱掉角等。修补时，如果仅是表面露筋，应先将外露钢筋上的混凝土残渣和铁锈清理干净，然后再用清水冲洗、湿润，再用1∶2或 1∶2.5 水泥砂浆抹压平整即可。如果露筋较深，应将薄弱混凝土剔除、冲刷干净湿润后，用比原混凝土强度等级高一级的豆石混凝土填塞、捣实，认真养护。

（3）蜂窝

蜂窝是指结构构件表面混凝土由于砂浆少，石子多，石子之间出现空隙，形成蜂窝状的孔洞。造成蜂窝的原因主要是：材料计量不准确，致使混凝土配合比不当，砂浆多，石子少；混凝土振捣不足或漏振；严重漏浆；下料不当，使混凝土产生离析等。混凝土如出现小蜂窝，可先用水冲洗干净，然后用 1∶2 或 1∶2.5 水泥砂浆修补。如果是大蜂窝，则先将松动和突出的石子颗粒剔除，用水冲刷干净，充分湿润后，再用比原混凝土强度等级高一级的豆石混凝土填实，并加强养护。

（4）孔洞

孔洞是指混凝土结构构件局部没有混凝土，形成空腔。其产生原因主要是：混凝土严重离析，砂浆分离，石子成堆；混凝土严重漏振；泥块、冰块、杂物掺入混凝土中等。混凝土若出现孔洞，应与有关单位共同研究，制定补强方案后，方可处理。一般修补方法是将孔洞处疏松的混凝土和凸出的石子剔凿掉，孔洞顶部要凿成斜面，避免形成死角，然后用水刷洗干净，保持湿润72h后，浇筑比原混凝土强度等级高一级的豆石混凝土，为避免新旧混凝土接触面上出现收缩裂缝，豆石混凝土的水灰比宜控制在0.5以内，并掺加铝粉，掺入量为水泥用量的万分之一。

（5）裂缝

结构构件产生裂缝的原因比较复杂，有由外荷载（包括施工和使用阶段的荷载）引起的裂缝，由变形（包括温度与湿度变化及不均匀沉陷等产生）引起的裂缝和由施工操作（如制作、脱模、养护、堆放、运输、吊装等）不善引起的裂缝。裂缝的修补方法，按具体情况而定。对于结构构件承载能力无影响的细小裂缝，可将裂缝加以冲洗，用水泥浆填补。如果裂缝开裂较大较深时，应沿裂缝凿成凹槽，用水冲洗干净，再用1∶2或1∶2.5的水泥砂浆或者环氧胶泥填补。环氧胶泥的配合比一般为：环氧树脂100g，邻苯二甲酸二丁酯10mL，二甲苯30～40mL，乙二胺8～12mL，粉料25～45mL。对于影响结构承载能力，或者防水、防渗性能的裂缝，为恢复结构的整体性和抗渗性，应根据裂缝的宽度、性质和施工条件等，采用水泥灌浆或化学灌浆的方法予以修补。一般对宽度大于0.5mm的裂缝，可采用水泥灌浆；宽度小于0.5mm的裂缝，宜采用化学灌浆。化学灌浆所用的灌浆材料，应根据裂缝的性质，缝宽和干燥情况选用。作为补强用的灌浆材料，常用的有环氧树脂浆液（能修补缝宽0.2mm以上的干燥裂缝）和甲凝（能修补0.05mm以上的干燥细微裂缝）等。作为防渗堵漏用的灌浆材料，常用的有丙凝（能灌入0.01mm以上的裂缝）和聚氨酯（能灌入0.015mm以上的裂缝）等。

（6）混凝土强度不足

混凝土强度不足的原因是多方面的，主要是原材料达不到规定的要求、配合比不准、搅拌不均匀、振动不实及养护不良等。对于混凝土强度严重不足的承重构件应拆除返工，尤其对结构要害部位更应如此。对于强度降低不大的混凝土可不拆除，但应与设计单位协商，通过结构验算，根据混凝土实际强度提出处理方案。

4.4 混凝土冬季施工

4.4.1 混凝土冬季施工原理

新浇筑混凝土中的水可分为两部分：一部分是吸附在组成材料颗粒表面和毛细管中的水，这部分水能与水泥颗粒起水化作用，称水化水；另一部分是存在于组成材料颗粒空隙之间的水，这部分水主要是对混凝土和易性起作用，称自由水（自由水最终是要蒸发掉的）。从某种意义上来说，混凝土之所以能凝结、硬化并获得强度，是由于水泥和水发生水化作用以及自由水蒸发的结果。水化作用的速度在一定湿度条件下主要取决于温度，温度愈高，强度增长也愈快，反之则慢。例如，混凝土在4℃时，其强度增长的速度仅为15℃时的一半。冬季施工时，由于气温较低，水化作用减弱，混凝土强度增长也相应减慢。当混凝土温度降至－1℃～－1.5℃时，自由水开始结冰，当混凝土温度降至约－4℃时，水化水也开始结冰，水化作用停止，混凝土强度不再增长。

水结冰后体积增大8%～9%，在混凝土内部产生很大的冻胀应力。如果此时混凝土的强度还较低，冻胀应力会使强度较低的水泥石结构内部产生微裂缝，其强度、密实性及耐久性等都会因此而降低。同时，由于混凝土和钢筋的导热性能有差异，在钢筋周围将形成冰膜，从而削弱了混凝土与钢筋之间的黏结力。

为此，规范规定，凡根据当地多年气温资料，室外日平均气温连续5d稳定低于5℃时，就应采取冬期施工的技术措施进行混凝土施工，并应及时采取气温突然下降的防冻措施。

受冻的混凝土在解冻后，其强度虽能继续增长，但已不能达到原设计的强度等级。试验证明，混凝土遭受冻结后强度的损失，与遭冻的时间早晚、冻结前混凝土自身的强度及水灰比等因素有关。遭冻时间愈早、遭冻前混凝土的强度愈低、水灰比愈大，则强度损失愈多，反之则损失愈少。

对塑性混凝土的试验表明，如在凝结之前（浇筑后2～4h）就遭冻，解冻后强度损失高达50%以上；如在浇筑后2～3d后才遭冻，解冻后强度仍会损失15%～20%。而干硬性混凝土在相同条件下强度损失则较小。

为了使混凝土不致因冻结而引起较大的强度损失，就要求混凝土在遭受冻结前具有足够的抵抗上述冻胀应力的能力。经过试验得知，混凝土经过预先养护达到某一强度值后再遭冻结，解冻后强度还能继续增长，能达到设计强度的95%以上，对结构强度影响不大。一般把遭冻结后其强度损失在5%以内的这一预养强度值定义为“混凝土受冻临界强度”。

该临界强度与水泥品种、混凝土强度等级有关。我国规范作了规定：对普通硅酸盐水泥和硅酸盐水泥配制的建筑物混凝土，受冻临界强度定为设计混凝土强度标准值的30%；对公路桥涵混凝土，为设计强度标准值的40%；对矿渣硅酸盐水泥配制的建筑物混凝土，定为设计混凝土强度标准值的40%；公路桥涵混凝土，为设计强度标准值的50%；对强度等级为C10或C10以下的混凝土，不得低于5MPa。

由此可见，混凝土冬季施工的原理，就是采取各种适当的方法，确保混凝土在遭冻结以前，至少应达到受冻临界强度。

4.4.2 混凝土冬季施工的措施

（1）改善混凝土的配合比。例如采用高活性水泥、快硬水泥，增加水泥用量和降低水灰比，尽量使用低流动性或干硬性混凝土等。配制冬季施工的混凝土，应优先选用硅酸盐水泥或普通硅酸盐热水泥。水泥强度等级不应低于42.5级，最小水泥用量不宜少于300kg/m^3，水灰比控制在0.45～0.6之间，不应大于0.6。该方法适用于平均气温在4℃左右。

（2）搅拌混凝土之前，对原材料进行加热，提高混凝土的入模温度，并进行蓄热保温养护，防止混凝土早期受冻。

（3）在混凝土浇筑后，对混凝土进行加热养护，使混凝土在正温条件下硬化。

（4）搅拌混凝土时加入一定的外加剂，加速混凝土硬化以提早达到临界强度，或降低水的冰点，使混凝土在负温下不致冻结。

4.4.3 混凝土冬季施工的方法

混凝土冬季施工方法分为两类：混凝土养护期间不加热的方法和混凝土养护期间加热的

方法。混凝土养护期间不加热的方法包括蓄热法和掺外加剂法；混凝土养护期间加热的方法包括电热法、蒸汽加热法和暖棚法。也可根据现场施工情况将上述两种方法综合使用。

4.4.3.1 蓄热法

蓄热法是利用加热原材料（水泥除外）或混凝土（热拌混凝土）所预加的热量及水泥水化热，再用适当的保温材料覆盖，延缓混凝土的冷却速度，使混凝土在正常温度条件下达到受冻临界强度的一种冬期施工方法。此法适用于室外最低温度不低于－15℃的地面以下工程或表面系数（指结构冷却的表面与全部体积的比值）不大于 15 的结构。蓄热法具有施工简单、节能和冬期施工费用低等特点，应优先采用。

蓄热法宜采用强度等级高、水化热大的硅酸盐水泥或普通硅酸盐水泥。对原材料加热时因水的比热容比砂石大，且水的加热设备简单，故应首先考虑加热水，如水加热至极限温度而热量尚嫌不足时，再考虑加热砂石。水的加热极限温度视水泥强度等级和品种而定，当水泥强度等级小于 52.5 级时，不得超过 80℃；当水泥强度等级等于和大于 52.5 级时，不得超过 60℃。如加热温度超过此值，则搅拌时应先与砂石拌合，然后加入水泥以防止水泥假凝。水泥不允许加热，可提前搬入搅拌机棚以保持室温。

集料加热可用将蒸汽直接通到集料中的直接加热法或在集料堆、贮料斗中安设蒸汽盘管进行间接加热；工程量小也可放在铁板上用火烘烤。砂石加热的极限温度亦与水泥强度等级和品种有关，对小于 52.5 级的水泥，不应超过 60℃；对大于和等于 52.5 级的水泥，则不应超过 40℃：当集料不需加热时，也必须除去集料中的冰凌后再进行搅拌。

蓄热法养护的三个基本要素是混凝土的入模温度、围护层的总传热系数和水泥水化热值。应通过热工计算调整以上三个要素，目的是使混凝土冷却到 0℃时，强度能达到临界强度的要求。

4.4.3.2 掺外加剂法

这种方法是在冬期混凝土施工中掺入适量的外加剂，使混凝土强度迅速增长，在冻结前达到要求的临界强度；或降低水的冰点，使混凝土能在负温条件下凝结、硬化。这是混凝土冬期施工的有效、节能和简便的施工方法。

混凝土冬期施工中使用的外加剂有 4 种类型，即早强剂、防冻剂、减水剂和引气剂，可以起到早强、抗冻、促凝、减水和降低冰点的作用。我国常用外加剂的效用见表 4-25。

表 4-25 常用外加剂的效用表

外加剂种类	外加剂发挥的效用					
	早 强	抗 冻	缓 凝	减 水	塑 化	阻 锈
氯化钠	+	+				
氯化钙	+	+				
硫酸钠	+		+			
硫酸钙			+	+	+	+
亚硝酸钠		+				
碳酸钙	+	+				
三乙醇胺	+					
硫代硫酸钠	+					
重铬酸钾		+				
氨水		+	+		+	
尿素		+	+		+	
木素磺酸钙			+	+	+	+

其中氯化钠具有抗冻、早强作用，且价廉易得，但氯盐对钢筋有锈蚀作用，故规范对氯盐的使用及掺量有严格规定。在钢筋混凝土结构中，氯盐掺量按无水状态计算不得超过水泥重量的1%；经常处于高湿环境中的结构，预应力结构均不得掺入氯盐。

外加剂种类的选择取决于施工要求和材料供应，而掺量应由试验确定。目前外加剂多从单一型向复合型发展，新型外加剂不断出现，其效果愈来愈好。

4.4.3.3 电热法

电热法是利用电流通过不良导体混凝土或电阻丝所发出的热量来养护混凝土。其方法分为电极法和电热器法两类。

电极法即在新浇的混凝土中，每隔一定间距（200～400mm）插入电极（ϕ6～ϕ12短钢筋），接通电源，利用混凝土本身的电阻，变电能为热能进行加热。加热时要防止电极与构件内的钢筋接触而引起短路。

电热器法是利用电流通过电阻丝产生的热量进行加热养护。根据需要，电热器可制成多种形状，如加热楼板时用板状加热器，对用大模板施工的现浇墙板，则可用电热模板（大模板背面装电阻丝形成热夹层，其外用铁皮包矿渣棉封严）加热等。电热应采用交流电（因直流电会使混凝土内水分分解），电压为50～110V，以免产生强烈的局部过热和混凝土脱水现象。当混凝土强度达到受冻临界强度时，即可停止电热。

电热法设备简单，施工方便有效，但耗电大、费用高，应慎重选用，并注意施工安全。

4.4.3.4 蒸汽加热法

蒸汽加热法是利用低压（不高于0.07MPa）饱和蒸汽对新浇混凝土构件进行加热养护。此法除预制厂用的蒸汽养护窑外，在现浇结构中则有汽套法、毛细管法和构件内部通汽法等。

用蒸汽加热养护混凝土，当用普通硅酸盐水泥时温度不宜超过80℃，用矿渣硅酸盐水泥时可提高到85℃～95℃。养护时升温、降温速度亦有严格控制，并应设法排除冷凝水。

(1) 汽套法

是在构件模板外再加密封的套板，模板与套板的间隙不宜超过50mm，在套板内通入蒸汽加热混凝土。此法加热均匀，但设备复杂、费用大，只适宜在特殊条件下养护混凝土梁、板等水平构件。

(2) 毛细管法

是利用所谓“毛细管模板”，即在模板内侧做成凹槽，凹槽上盖以铁皮，在凹槽内通入蒸汽进行加热。此法用汽少，加热均匀，使用于养护混凝土柱、墙等垂直构件。

(3) 构件内部通汽法

是在浇筑构件时先预留孔道，再将蒸汽送入孔道内加热混凝土。待混凝土达到要求的强度后，随即用砂浆或细石混凝土灌入孔道内加以封闭。

蒸汽加热法需锅炉等设备，消耗能源多、费用高，只有当采用其他方法达不到要求及具备蒸汽条件时，才能采用。

4.4.3.5 暖棚法

是在混凝土浇筑地点用保温材料搭设暖棚，在棚内采暖，使棚内温度不低于5℃，保证混凝土在常温下养护。此方法适用于地下结构物或浇筑构件的养护。

4.5 钢筋混凝土工程施工的安全技术

钢筋混凝土工程在建筑施工中，工程量大、工期较长，且需要的设备、工具多，施工中稍有不慎，就会造成质量安全事故。因此必须根据工程的建筑特征，场地条件、施工条件、技术要求和安全生产的需要，拟定施工安全的技术措施。明确施工的技术要求和制定安全技术措施，预防可能发生的质量安全事故。

4.5.1 钢筋加工安全技术措施

4.5.1.1 夹具、台座、机械的安全要求

(1) 机械的安装必须坚实稳固，保持水平位置。固定式机械应有可靠的基础，移动式机械作业时应揳紧行走轮。

(2) 外作业应设置机棚，机旁应有堆放原料、半成品的场地。

(3) 加工较长的钢筋时，应有专人帮扶，并听从作业人员指挥，不得随意推拉。

(4) 作业后，应堆放好成品、清理场地、切断电源、锁好电闸。

(5) 钢筋进行冷拉、冷拔及预应力筋加工，还应严格遵守有关规定。

4.5.1.2 焊接必须遵循的规定

(1) 焊机必须接地，对于焊接导线及焊钳接导处，都应可靠地绝缘。

(2) 大量焊接时，焊接变压器不得超负荷，变压器升温不得超过60℃。

(3) 点焊、对焊时，必须开放冷却水，焊机出水温度不得超过40℃，排水量应符合要求。天冷时应放尽焊机内存水，以免冻塞。

(4) 对焊机闪光区域，必须设铁皮隔档。焊接时禁止其他人员滞留在闪光范围内，以防火花烫伤。焊机工作范围内严禁堆放易燃物品，以免引起火灾。

(5) 室内电弧焊时，应有排气装置，焊工操作地点相互之间应设挡板，以防弧光刺伤眼睛。

4.5.2 模板施工安全技术措施

(1) 进入施工现场人员必须戴好安全帽，高空作业人员必须配戴安全带，并应系牢。

(2) 经医生检查认为不适宜高空作业的人员，不得进行高空作业。

(3) 工作前应先检查使用的工具是否牢固，扳手等工具必须绳链系挂在身上，以免掉落伤人。工作时要思想集中，防止钉子扎脚和空中滑落。

(4) 安装与拆除5m以上的模板，应搭脚手架，并设防护栏，防止上下在同一垂直面操作。

(5) 高空、复杂结构模板的安装与拆除，事先应有切实的安全措施。

(6) 遇六级以上大风时，应暂停室外的高空作业，雪霜雨后应先清扫施工现场，略干后不滑时再进行工作。

(7) 二人抬运模板时要互相配合、协同工作。高空拆模时，应有专人指挥，并在下面标出工作区，有绳子和红白旗加以围栏，暂停人员过往。

(8) 不得在脚手架外堆放大批模板等材料。

(9) 支撑、牵杠等不得搭在门框架和脚手架上。通路中间的斜撑、拉杠等应设在1.8m高以上。

(10) 支模过程中，如需中途停歇，应将支撑、搭头、柱头板等钉牢。拆模间歇应将已活动的模板、牵杠等运走或妥善堆放，防止因扶空、踏空而坠落。

(11) 模板上有预留洞者，应在安装后将空洞口盖好。混凝土板上的预留洞，应在模板拆除后随即将洞口盖好。

(12) 拆除模板一般用长撬棍，人不许站在正在拆除的模板上；

(13) 在组合钢模板上架设的电线和使用电动工具，应用36V低压电源或采取其他有效措施。

4.5.3 混凝土施工安全技术措施

4.5.3.1 混凝土搅拌机的安全规定

(1) 进料时，严禁将头或手伸入料斗与机架之间察看或探摸进料情况，运转中不得用手或工具等物伸入搅拌筒内扒料出料。

(2) 料斗升起时，严禁在其下方工作或穿行。料坑底部要设料枕垫，清理料坑时必须将料斗用链条扣牢。

(3) 向搅拌筒内加料应在运转中进行；添加新料必须先将搅拌机内原有的混凝土全部卸出来才能进行。不得中途停机或在满载荷时启动机械。反转出料除外。

(4) 作业中，如发生故障不能继续运转时，应立即切断电源，将筒内的混凝土清除干净，然后进行检修。

4.5.3.2 混凝土喷射机作业安全注意事项

(1) 机械操作和喷射操作人员应密切联系，送风、加料、停机以及发生堵塞等应相互协调配合。

(2) 在喷嘴的前方或左右5m范围内不得站人，工作停歇时，喷嘴不准对向有人方向。

(3) 作业中，暂停时间超过1h，必须将仓内及输料管内干混合料（不加水）全部喷出。

(4) 如输料软管发生堵塞时，可用木棍轻轻敲打外壁如敲打无效，可将胶管拆卸用压缩空气吹通。

(5) 转移作业面时，供风、供水系统也随之移动，输料管不得随地拖拉和折弯。

(6) 作业，必须将仓内和输料软管内的干混合料（不加水）全部喷出，再将喷嘴拆下清洗干净，并清除喷射机黏附的混凝土。

4.5.3.3 混凝土泵送设备作业的安全要求

(1) 支腿应全部伸出并支固，未支固前不得启动布料杆。布料杆升离支架后方可回转。布料杆伸出时应按顺序进行。严禁用布料杆起吊或拖拉物件。

(2) 当布料杆处于全伸状态时，严禁移动车身。作业中需要移动时，应将上段布料杆折叠固定，移动速度不超过10km/h。布料杆不得使用超过规定直径的配管，装接的软管应系防脱安全绳带。

(3) 应随时监视各种仪表和指示灯，发现不正常应及时调整或处理。如出现输送管道堵塞时，应进行逆向运转使混凝土返回料斗，必要时应拆管排除堵塞。

(4) 泵送工作应连续作业，必须暂停时应每隔5～10min（冬季3～5min）泵送一次。若停止较长时间后泵送时，应逆向运转一至两个行程，然后顺向泵送。泵送时料斗内应保持一定量的混凝土，不得吸空。

（5）应保持储满清水，发现水质混浊并有较多砂粒时应及时检查处理。

（6）泵送系统受压时，不得开启任何输送管道和液压管道。液压系统的安全阀不得任意调整，蓄能器只能充入氮气。

4.5.3.4 混凝土振捣器的使用规定

（1）使用前应检查各部件是否连接牢固，旋转方向是否正确。

（2）振捣器不得放在初凝的混凝土、地板、脚手架、道路和干硬的地面上进行试振。维修或作业间断时，应切断电源。

（3）插入式振捣器软轴的弯曲半径不得小于50cm，并不多于两个弯，操作时振动棒应自然垂直地沉入混凝土，不得用力硬插、斜推或使钢筋夹住棒头，也不得全部插入混凝土中。

（4）振捣器应保持清洁，不得有混凝土黏结在电动机外壳上妨碍散热。

（5）作业转移时，电动机的导线应保持有足够的长度和松度。严禁用电源线拖拉振捣器。

（6）用绳拉平板振捣器时，绳应干燥绝缘，移动或转向时不得用脚踢电动机。

（7）振捣器与平板应保持紧固，电源线必须固定在平板上，电器开关应装在手把上。

（8）在一个构件上同时使用几台附着式振捣器工作台时，所有振捣器的频率必须相同。

（9）操作人员必须穿戴绝缘手套。

（10）作业后，必须做好清洗、保养工作。振捣器要放在干燥处。

4.6 钢筋混凝土工程施工方案实例

4.6.1 某单层工业厂房杯形基础施工方案

（1）工程概况

某厂铸造车间，跨度18m，长60m，柱距6m，共10个节间，现浇杯形基础。主要承重结构采用装配式钢筋混凝土工字形柱，预应力混凝土折线形屋架，1.5m×6m大型屋面板，T形吊车梁。试确定单层工业厂房杯形基础施工方案。

（2）施工方案

1）施上程序

杯形基础的施工程序是：放线→支下阶模板→安放钢筋网片→支上阶模板及杯口模→浇捣混凝土→修整→养护等。

2）施工方法

①放线、支模、绑扎钢筋按常规方法施工。

②浇捣混凝土施工方法如下：

a. 整个杯形基础要一次浇捣完成，不允许留设施工缝。混凝土分层浇筑厚度一般为25～30cm，并应凑合在基础台阶变化部位。每层混凝土要一次卸足，用拉耙、铁锹配合拉平，顺序是先边角后中间。下料时，锹背应向模板，使模板侧面砂浆充足；浇至表面时锹背应向上。

b. 混凝土振捣应用插入式振动器，每一插点振捣时间一般为20～30s。插点布置宜为行列式。当浇捣到斜坡时，为减少或避免下阶混凝土落入基坑，四周20cm范围内可不必摊铺，振捣时如有不足可随时补加。

c. 为防止台阶交角处出现“吊脚”现象（上阶与下阶混凝土脱空），采取以下技术措施：

在下阶混凝土浇捣下沉2～3cm后暂不填平，继续浇捣上阶。先用铁锹沿上阶侧模底圈做混凝土内、外坡，然后再浇上阶，外坡混凝土在上阶振捣过程中自动摊平，待上阶混凝土浇捣后，再将下阶混凝土侧模上口拍实抹平。

捣完下阶后拍平表面，在下阶侧模外先压上20cm×10cm的压角混凝土并加以捣实，再继续浇捣上节阶，待压角混凝土接近初凝时，将其铲掉重新搅拌利用。

d. 为了保证杯形基础杯口底标高的正确，宜先将杯口底混凝土振实，再捣杯口模四周外的混凝土，振捣时间尽可能缩短，并应两侧对称浇捣，以免杯口模挤向一侧或由于混凝土泛起而使杯口模上升。

本工程中的高杯口基础可采用后安装杯口模的方法，即当混凝土浇捣到接近杯口底时，再安装杯口模后继续浇捣。

e. 基础混凝土浇捣完毕后，还要进行铲填、抹光工作。铲填由低处向高处、铲高填低，并用直尺检验斜坡是否准确，坡面如有不平，应加以修整，直到外形符合要求为止。接着用铁抹子拍抹表面，把凸起的石子拍平，然后由高处向低处加以压光。拍一段，抹一段，随拍随抹。局部砂浆不足，应随时补浆。

为了提高杯口模的周转率，可在混凝土初凝后终凝前将杯口模拔出。混凝土强度达到设计等级强度的25%时，即可拆除侧模。

f. 本基础工程采用自然养护方法，严格执行硅酸盐水泥拌制混凝土的养护洒水规定。

4.6.2 钢筋混凝土梁模板拆除方案

（1）工程概况

某长度为6m钢筋混凝土简支梁，用32.5级普通硅酸盐水泥，混凝土强度等级为C20，室外平均气温为20℃，为加快工程进度，试确定侧模、底模的最短拆除时间。

（2）施工方案

①侧模拆除方案

侧模为不承重模板，它的拆除条件是在混凝土强度能保证其表面及棱角不因拆除模板而受损坏时，才能拆除侧模板。但拆模时不要用力过猛，不要敲打振动整个梁模板。一般当混凝土的强度达到设计强度的25%时即可拆除侧模板。查看温度、龄期对混凝土强度影响曲线，可知当室外气温为20℃，用32.5级普通硅酸盐水泥，达到设计强度等级25%的强度时间为终凝后24h。即为拆除侧模的最短时间。

②底模拆除方案

底模为承重模板，跨度小于8m的梁底模拆除时间是当混凝土强度达到设计强度的70%时才能拆除底模。为了核准强度值，在浇捣梁混凝土时就应留出试块，与梁同条件养护。然后查温度、龄期、强度曲线至70%设计强度需7昼夜。此时将试块送试验室试压，结果达到或超过设计强度的70%时，即可拆除底模。对于重要结构和施工时受到其他影响，严格地说底模拆除时间应由试块试压结果确定。一般在养护期外界温度变化不大，查温度、龄期、强度曲线即可确定底模拆除时间。本例的梁底模拆除最短时间为终凝后7昼夜。

上岗工作要点

本章内容包括模板工程、钢筋工程、混凝土工程三部分内容。

工地上用的模板种类很多，有木模板、钢木模板、胶合板模板、钢竹模板、组合钢模板、塑料模板、玻璃钢模板等、铝合金模板等。组合钢模板的构造原理是学习模板的基础，应以掌握组合钢模板的构造原理为基础，全面学习其他模板的构造。

钢筋的级别和品种很多，但工地上最常用的是HPB235（Q235）、HRB335级和HRB400级钢筋。因此对这些钢筋的力学性能、冷拉控制指标等应重点掌握，除此之外要重点学习钢筋配料计算原理及方法。钢筋的连接应以机械连接为重点学习，钢筋焊接中的对焊和电弧焊在工程中应用较广，应作为重点学习内容。

现场用混凝土配合比应根据各工地实际的砂、石含水率进行调整，重要工程部位应事先做试块预压强度指标。

混凝土从配料、搅拌、运输、浇捣、养护每个环节都要严格控制，确保混凝土质量。

对钢筋混凝土结构工程的施工，应注意：进入工地的每批水泥，都要抽检，废品水泥严禁使用。对所使用的钢材，除检查出厂“三证以外，还应抽样进行试验，以杜绝劣质钢材用在工程上。对混凝土工程，除防治质量事故外，还应开发高性能、高强度的混凝土，并在工程上广泛使用。

复习思考题

1. 钢筋混凝土结构中钢筋与混凝土两种不同性质的材料为什么能共同工作？
2. 简述钢筋混凝土工程的施工过程。
3. 试述模板的作用、分类及对模板的要求。
4. 试述基础、柱、梁及楼板结构的模板特点及安装要求。
5. 建筑用钢筋是如何分类的？
6. 什么是钢筋冷拉？冷拉的作用和目的是什么？冷拉钢筋的应用需注意哪些问题？
7. 钢筋网片和骨架的绑扎应满足哪些要求？
8. 什么是钢筋的量度差值？什么是钢筋的下料长度？如何计算钢筋的下料长度？如何进行钢筋配料？
9. 试述钢筋代换原则及方法。
10. 钢筋代换应注意哪些问题？
11. 混凝土中常见水泥品种有哪些？其强度等级有哪些？
12. 组成混凝土的原材料有哪些？各有什么要求？
13. 如何计算混凝土施工配合比？如何进行施工配料的计算？
14. 搅拌混凝土时的投料方式有哪几种？各有何优点？
15. 混凝土浇筑前应做好哪些准备工作？
16. 为什么要对混凝土进行养护？养护方法有哪些？

练　习　题

1. 冷拉一根25m长的28mmHRB335级钢筋（以冷拉应力控制），其冷拉力应为多少？

最大伸长值是多少？

2. 已知某混凝土的试验室配合比为1∶2.54∶5.12，水灰比为0.6，经测定砂子含水率为4%，石子含水率为2%，试求：(1) 施工配合比；(2) 每下料两袋水泥时其他各种材料的用量。

3. 某简支梁配筋如图4-67所示，试计算各钢筋的下料长度并编制钢筋配料单（梁端保护层取10mm）。若该梁HRB335Φ20的钢筋，拟用HPB235Φ25钢筋代换，应如何配置配筋？并绘出梁的配筋图。

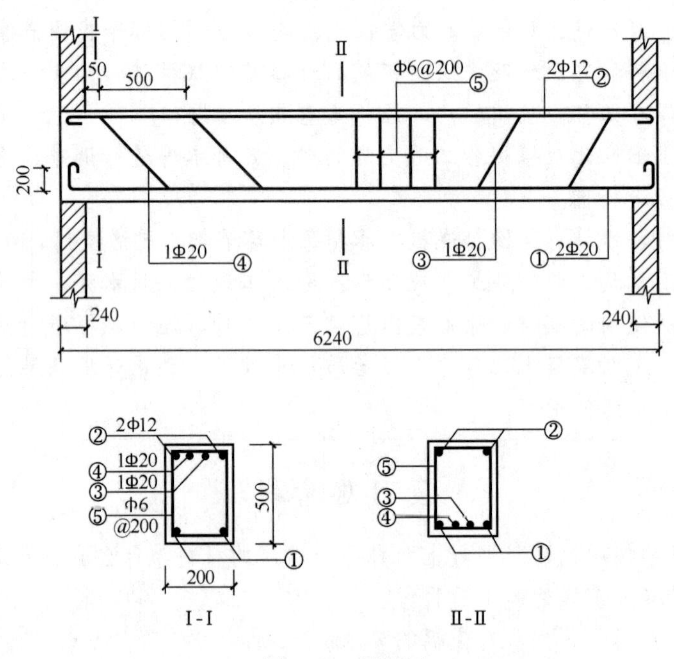

图4-67 习题图

第5章 预应力混凝土工程

重 点 提 示

【职业能力目标】

通过本章学习，达到如下目标：组织先张法、后张法和无黏结预应力混凝土施工；编制预应力混凝土工程施工方案。

【学习要求】

熟悉预应力张拉方法中的先张法、后张法、电热张拉法和无黏结预应力混凝土等的施工工艺；掌握预应力张拉力的控制和放张；掌握后张法中的预应力筋的制作；掌握无黏结预应力筋的敷设和张拉锚固工艺。

5.1 概 述

5.1.1 预应力的特点

预应力混凝土是最近几十年发展起来的一项新技术，在世界各国都得到了广泛应用。这是由于普通钢筋混凝土构件的抗拉极限应变只有0.0001～0.00015，在正常使用条件下受拉区混凝土开裂，构件的刚度小、挠度大。要使混凝土不开裂，受拉钢筋的应力只能达到20～30MPa；即使对允许出现裂缝的构件，当裂缝宽度限制在0.2～0.3mm时，受拉钢筋的应力也只能达到147～245MPa。为了克服普通钢筋混凝土过早出现裂缝、不能充分发挥钢筋作用这一矛盾，人们创造了对混凝土施加预应力的方法。即在结构或构件受拉区域，通过对钢筋进行张拉、锚固、放松，使混凝土获得预压应力，产生一定的压缩变形。当结构或构件受力后，受拉区混凝土的拉伸变形，首先与压缩变形抵消，然后随着外力的增加，混凝土才继续被拉伸，这就延缓了裂缝的出现、限制了裂缝的开展。

预应力混凝土能充分发挥钢筋和混凝土各自的特性，能提高钢筋混凝土构件的刚度、抗裂性和耐久性，可有效地利用高强度钢筋和高强度等级的混凝土。与普通混凝土相比，在同样条件下具有构件截面小、自重轻、质量好、材料省（可节约钢材40%～50%、混凝土20%～40%），并能扩大预制装配化程度。虽然，预应力混凝土施工，需要专门的机械设备，工艺比较复杂，操作要求较高，但在跨度较大的结构中，其综合经济效益较好。此外，在一定范围内，以预应力混凝土结构代替钢结构，可节约钢材、降低成本，并免去维修工作。

在建筑工程中，预应力混凝土技术，除大量用于平板、空心板、小梁、T形板梁、V形折板、马鞍形壳板等单个构件外，还应用于装配整体预应力板柱结构、无黏结预应力现浇板结构、预应力薄板叠合板结构、大跨度部分预应力框架结构、竖向预应力剪力墙结构；此外在桥梁、管道、水塔、水池、电杆和轨枕等方面也被广泛应用。

5.1.2 预应力钢筋种类及要求

5.1.2.1 预应力钢筋种类

我国目前用于预应力混凝土构件中的预应力钢筋主要有钢绞线、钢丝、热处理钢筋三大类。

(1) 钢绞线

常用的钢绞线是由直径5～6mm的高强度钢丝捻制成的。用3根钢丝捻制的钢绞线，其结构为1×3，公称直径有8.6mm、10.8mm、12.9mm。用7根钢丝捻制的钢绞线，其结构为1×7，公称直径有9.5～15.2mm。钢绞线的极限抗拉强度标准值可达到1860MPa，在后张法预应力混凝土中采用较多。

(2) 钢丝

预应力混凝土所用钢丝可分为冷拉钢丝及消除应力钢丝两种。按外形分有光圆钢丝、螺旋肋钢丝、刻痕钢丝；按应力松弛性能分则有普通松弛和低松弛两种。钢丝的公称直径有3～9mm，其极限抗拉强度标准值可达1770MPa。

(3) 热处理钢筋

热处理钢筋是由热轧中碳低合金钢筋经淬火和回火调制热处理制成的，热处理钢筋按其螺纹外形可分为有纵肋和无纵肋两种。钢筋经热处理后应卷成盘，每盘钢筋由一整根钢筋组成，其公称直径有6～10mm，极限抗拉强度标准值可达1470MPa。

5.1.2.2 对预应力筋的要求

(1) 强度要高

目前已提到为了提高抗裂性，就必须采用高强钢筋，以便获得较大的预应力。另外预应力钢筋的张拉应力在构件的整个制作和使用过程中会出现各种应力损失，这些损失的总和有时可达到200MPa以上，如果所用的钢筋强度不高，那末张拉时所建立的应力甚至会损失殆尽。

(2) 与混凝土有较好的粘结力

先张法构件是靠钢筋与混凝土之间的粘结力来传递预应力的。张拉力越大，需要的粘结力就越高。有些试验表明，直径大于4mm的光面碳素钢丝，在应力达到1000MPa以上时，就会在混凝土中滑移。因此，在先张法中，预应力钢筋与混凝土之间必须有较高的粘结自锚强度。在后张法预应力构件中，预应力筋与孔道后灌水泥浆之间应有较高的粘结强度，以使预应力筋与周围的混凝土形成一个整体来共同承受外荷载。这样，对一些高强度的光面钢丝就要经过“刻痕”、“压波”或“扭结”，使它形成刻痕钢丝、波形钢丝及扭结钢丝，以增加粘结力。

(3) 要有足够的塑性利良好的加工性能

钢材强度越高，其塑性（拉断时的伸长率）越低。钢筋塑性太低时，特别是处于低温和冲击荷载条件下，就有可能发生脆性断裂。良好的加工性能是指焊接性能好，以及采用墩头锚板时，钢筋头部墩粗（冷镦、热墩）后不影响原有的力学性能等。

(4) 抗腐蚀能力强

在海洋环境中或使用盐来除冰的环境中，钢筋极易锈蚀，造成预应力混凝土构件的耐久性降低，所以要求预应力筋应有良好的抗腐蚀能力。

5.1.3 对混凝土的要求

预应力混凝土结构构件所用的混凝土，需满足下列要求：

(1) 高强度。与钢筋混凝土不同，预应力混凝土必须采用强度高的混凝土。因为强度高的混凝土对采用先张法的构件可提高钢筋与混凝土之间的粘结力，对采用后张法的构件，可提高锚固端的局部承压承载力。

(2) 收缩、徐变小。主要为了减少因收缩、徐变引起的预应力损失。

(3) 快硬、早强。可尽早施加预应力，加快台座、锚具、夹具的周转率，以利加速施工进度。

因此，《混凝土结构设计规范》规定，预应力混凝土构件的混凝土强度等级不应低于C30。对采用钢丝、钢绞线、热处理钢筋作预应力钢筋的构件，特别是大跨度结构，混凝土强度等级不宜低于C40。

5.1.4 预应力混凝土分类

混凝土的预压应力是通过张拉预应力筋来实现的。预应力混凝土按施工方法不同可分为先张法和后张法两大类。后张法施工中按预应力筋的黏结状态不同又分为一般后张法、无黏结后张法；按钢筋的张拉方式不同又分为机械张拉、电热张拉和自应力张拉等。

5.2 先张法施工

先张法施工是在浇筑混凝土前，先张拉钢筋或钢丝，用夹具临时将其固定在台座或钢模上，然后再支模板，主要是侧模和端模支撑，并安装非预应力钢筋，接着浇筑混凝土并养护，待构件混凝土达到设计强度75%以后，保证钢筋（钢丝）与混凝土之间有足够黏结力时，放松钢筋（钢丝），钢筋（钢丝）弹性回缩，借助混凝土与预应力筋的黏结，使混凝土构件产生预压应力。从而使混凝土构件的受拉区在工作前事先受到了压力。如图5-1所示为先张法施工示意图。

先张法施工可采用台座法和机械流水法，它的主要优点是：生产工艺简单，工序少，效率高，质量好，成本也较低。一般在构件厂生产。它适用于工厂化大批量生产定型的中小型预应力混凝土构件，如楼梯、屋面板、肋梁、墙板、檩条、芯棒和中小型车梁等。

5.2.1 施工设备与张拉工具

5.2.1.1 台座

台座是先张法长线生产构件时张拉和临时固定预应力钢筋或钢丝的支撑结构，它承受预应力筋全部张拉力。因此对台座的要求是：必须具有足够的强度、刚度和稳定性。同时还应满足构件生产工艺方面的要求。台座按长度大小，分有长线台座和短线台座。长线台座一般在60m长以上，一次可生产多个构件。台座按构造形式分有墩式台座和槽式台座。

(1) 墩式台座

墩式台座由传力墩、台面和横梁组成，如图5-2所示，多用来生产板类构件。整个台座的长度和宽度，视场地大小和构件生产情况而定，一般长度不超过150m，以100m左右为宜，宽度随生产线数量而定。

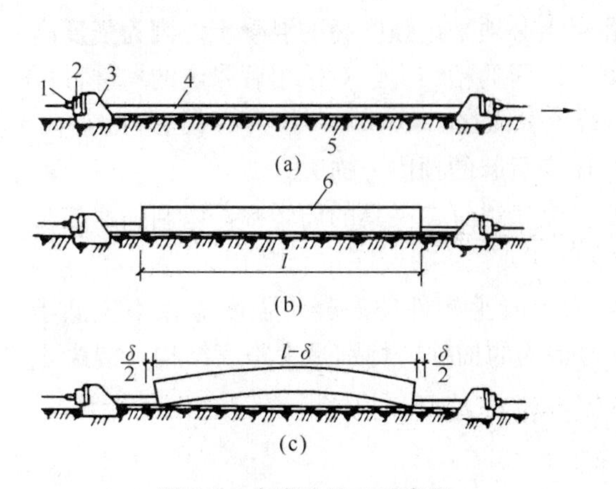

图 5-1　先张法施工示意图

(a) 预应力筋张拉；(b) 混凝土浇筑和养护；(c) 放张预应力筋

1—夹具；2—横梁；3—台座；4—预应力筋；5—台面；6—构件

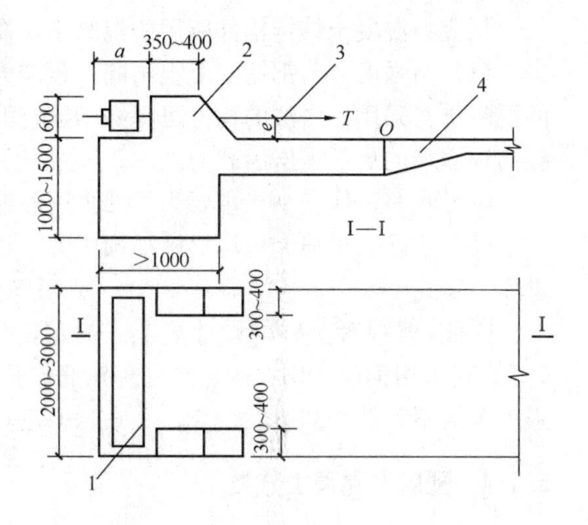

图 5-2　墩式台座

1—钢横梁；2—混凝土墩；3—预应力筋；4—局部加厚的台面

①台面

台面目前大多为现浇混凝土，厚5～8cm，也有用预制板拼成的，板缝用混凝土连接，用于工地现场张拉。台面应平整光滑，并应有3‰的坡度。为防止台面因温度变化而产生裂缝，每隔20m左右留伸缩缝，具体长度视构件长度决定。

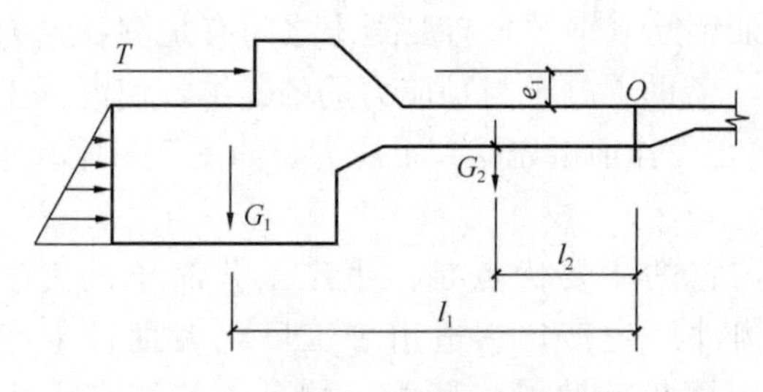

图 5-3　墩式台座稳定性验算简图

台面必须坚实、不下沉，以免影响构件质量。台面一般铺设碎石或三合土垫层并压实，再浇灌混凝土并将表面压平抹光。

②传力墩

传力墩是长线台座的关键部分，张拉的力量全部由传力墩承担，所以传力墩应具有足够的承载力、刚度和稳定性。稳定性验算包括σ_{con}抗倾覆验算和抗滑移验算。如图5-3所示。

抗倾覆验算可按下式进行：

$$K_1=\frac{M_1}{M}=\frac{Gl+E_Pe_2}{Ne_1}\geqslant 1.50 \tag{5-1}$$

式中　K——抗倾覆安全系数；

M——倾覆力矩，N·m，由预应力筋的张拉力产生；

M_1——抗倾覆力矩，N·m，由台座自重和土压力等产生；

N——预应力筋的张拉力，N；

e_1——张拉力合力作用点至倾覆点的力臂，m；

e_2——被动土压力合力至倾覆点的力臂，m；

G——传力墩自重，N；

l——传力墩重心至倾覆点的力臂，m；

E_P——传力墩后面的被动土压力合力，N，当传力墩埋置深度较浅时，可忽略不计。

传力墩倾覆点的位置，对于台面共同工作的传力墩，按理论计算，倾覆点应在混凝土台面的表面处，但考虑到台墩的倾覆趋势使得台面端部顶点出现局部应力集中和混凝土抹面层的施工质量的影响，因此倾覆点的位置宜取在混凝土台面往下 40～50mm 处。

台墩的抗滑移验算，可按下式进行：

$$K_0 = \frac{N_1}{N_2} \geqslant 1.30 \tag{5-2}$$

式中 K_0——抗滑移安全系数；

N_1——抗滑移力，N，对独立的传力墩，由侧壁土压力和底部摩阻力等产生。

对于台面共同工作的传力墩，可不作抗滑移计算，而应验算台面的承载力。

台面的承载力 p，可按下式计算

$$p = \frac{\varphi A f_c}{K_1 K_2} \tag{5-3}$$

式中 φ——轴向受压纵向弯曲系数，取 $\varphi=1$；

A——台面截面面积，mm^2；

f_c——混凝土轴心抗压强度设计值，MPa；

K_1——超载系数，取 1.25；

K_2——附加安全系数，取 1.5。

横梁承受全部荷载，并传给传力墩。横梁由型钢或钢筋混凝土构件组成，断面规格通过计算确定，要保证有足够的刚度，不得发生变形。

(2) 槽式台座

槽式台座由承压杆、上横梁、下横梁及砖墙组成，如图 5-4 所示。槽式台座既可以承受张拉力，又可作蒸汽养护槽，适用于张拉吨位较高的大型构件，如吊车梁、薄腹梁等。

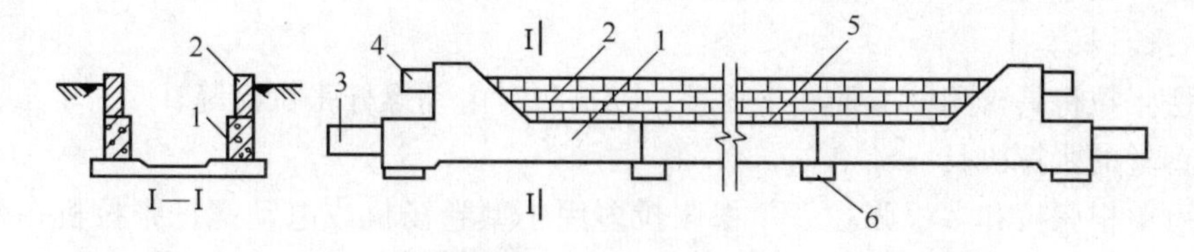

图 5-4 槽式台座

1—钢筋混凝土端柱；2—砖墙；3—下横梁；4—上横梁；5—传力柱；6—柱垫

槽式台座长度一般为 45m（可生产 6 根 6m 吊车梁）或 76m（可生产 10 根 6m 吊车梁）。为便于构件制作和蒸汽养护，槽式台座宜低于地面。

槽式台座需进行抗倾覆和强度验算。

5.2.1.2 夹具

在先张法施工中，预应力钢筋或钢丝的张拉和临时固定均借助于夹具来夹持和固定。夹具按其用途不同，可分为锚固夹具和张拉夹具。夹具可以重复使用，即一批预应力混凝土构件预应力筋被放松后，就可转用至另一批构件的生产中去。夹持钢丝的为钢丝夹具，夹持钢筋的为钢筋夹具。

钢丝夹具用于锚固端的有圆锥齿板式、圆锥三槽式和镦头夹具。用于张拉端的有偏心式和钳式等类型夹具，如图 5-5、图 5-6 所示。

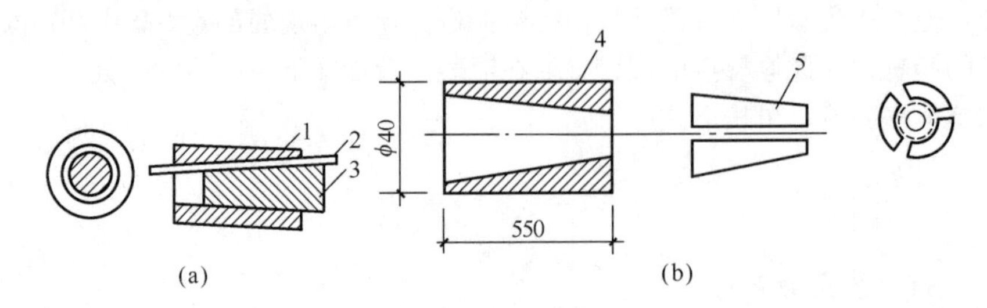

图 5-5　锚固夹具

（a）锥形夹具；（b）穿心式夹具

1—套筒；2—钢丝；3—锥体；4—套筒；5—夹片

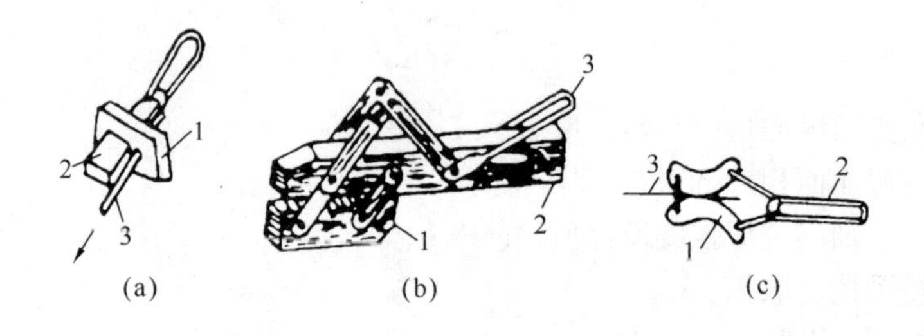

图 5-6　张拉夹具

（a）楔形夹具　1—锚板；2—楔块；3—钢筋

（b）钳式夹具　1—倒齿形夹板；2—拉柄；3—拉环

（c）偏心式夹具　1—偏心块；2—环；3—钢筋

此外，在长线法生产中，若用 12mm 以上的钢筋作预应力筋，往往会用连接器接长钢筋。夹具和连接器，均应专门加工制作，出厂时应有出厂合格证，同时还应进行外观和硬度的检查，有时还进行静载锚固性能试验，或厂家出具试验报告。

5.2.1.3　张拉机具

先张法张拉机具常用的有油压千斤顶、卷扬机、电动螺杆张拉机等。

（1）钢丝的张拉机具

钢丝可单根张拉和多根张拉。单根张拉多用小型卷扬机或电动螺杆张拉机在台座上进行，以弹簧、杠杆等简易设备测力，采用电阻应变式传感器控制张拉力精度很高。成组钢丝的张拉多用千斤顶在模板上进行。用卷扬机张拉的设备布置，如图 5-7 所示。油压千斤顶成组张拉装置，如图 5-8 所示。

（2）钢筋的张拉机具

钢筋的张拉多采用穿心式千斤顶。YC－20 型穿心式千斤顶工作过程及构造如图 5-9 所示。电动螺杆张拉机既可张拉预应力钢筋，也可张拉预应力钢丝，如图 5-10 所示。

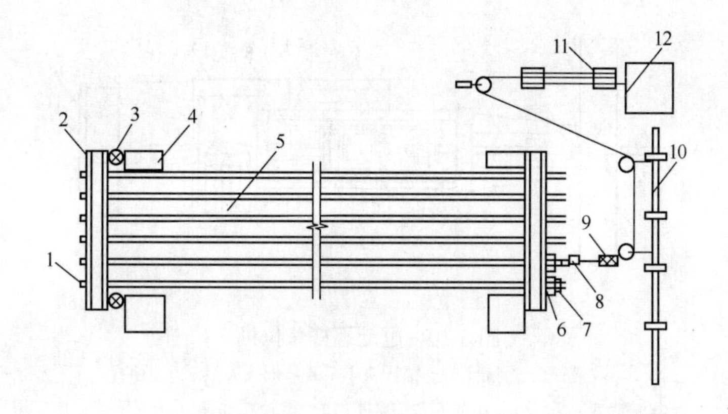

图 5-7　用卷扬机张拉的设备布置

1—镦头；2—横梁；3—放松装置；4—台座；5—钢筋；6—垫块；7—穿心式夹具；8—张拉夹具；9—弹簧测力计；10—固定梁；11—滑轮组；12—卷扬机

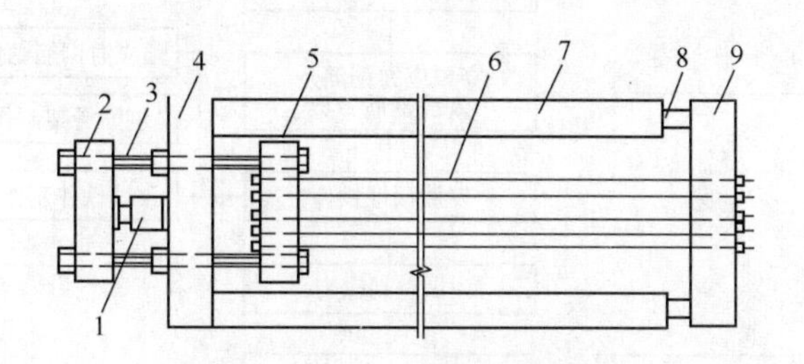

图 5-8　油压千斤顶成组张拉装置

1—油压千斤顶；2、5—拉力架横梁；3—大螺纹杆；4—前横梁；6—预应力筋；7—台座；8—放张装置；9—后横梁

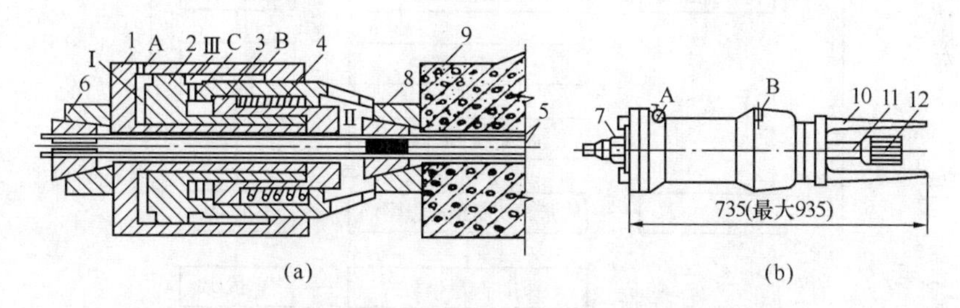

图 5-9　YC-20 型穿心式千斤顶工作过程及构造示意图

(a) 构造简图；(b) 加顶杆后的 YC-20 型千斤顶

1—张拉油缸；2—张拉活塞；3—顶压活塞；4—弹簧；5—预应力筋；6—工具式锚具；7—螺帽；8—工作锚具；9—混凝土构件；10—顶杆；11—拉杆；12—连接器；Ⅰ—张拉工作油室；Ⅱ—顶压工作油室；Ⅲ—张拉回程油室；A—张拉缸油嘴；B—顶压缸油嘴；C—油孔

5.2.2　先张法施工工艺

先张法预应力混凝土构件在台座上生产时，其施工工艺流程，如图 5-11 所示。

下面主要介绍张拉预应力钢筋（丝）、混凝土浇筑与养护和放松预应力钢筋（丝）三个工艺流程。

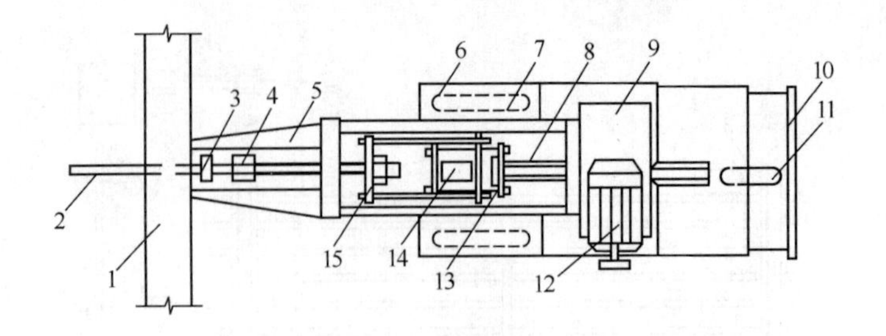

图 5-10　电动螺杆张拉机

1—横梁；2—钢筋；3—锚固夹具；4—张拉夹具；5—顶杆；
6—底盘；7、11—车轮；8—螺杆；9—齿轮减速箱；10—手把；
12—电动机；13—承力架；14—测力计；15—拉力架

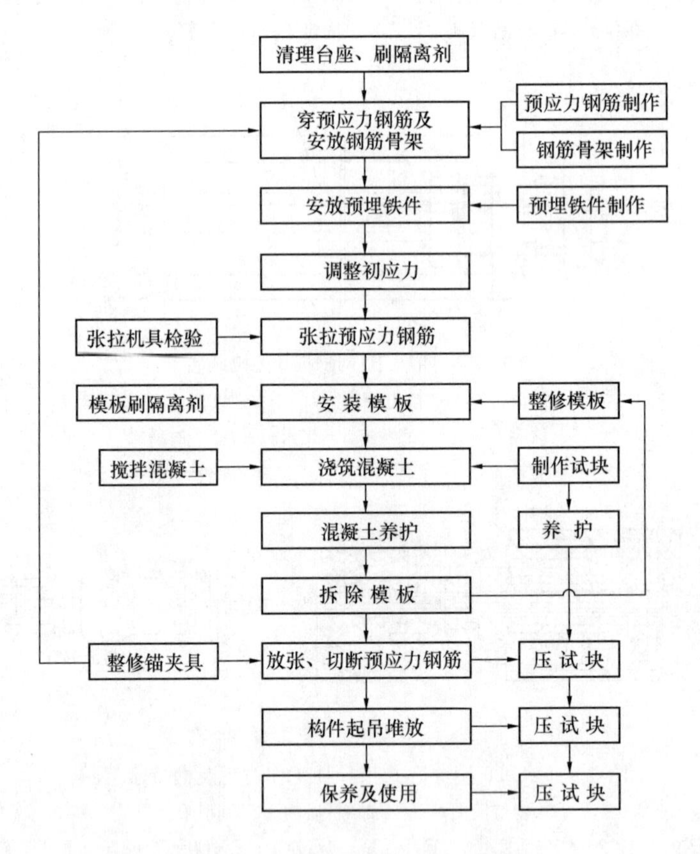

图 5-11　先张法施工工艺流程图

5.2.2.1　张拉预应力钢筋（丝）

预应力混凝土的先张法，是预应力筋在浇筑混凝土前张拉，靠预应力筋与混凝土的黏结力传递预应力。为了获得良好质量的构件，在整个生产过程中，必须确保预应力筋与混凝土的良好黏结力，使预应力混凝土构件获得符合设计要求的预应力值。对于碳素钢丝因其强度很高，且表面光圆，它与混凝土黏结力较差，因此，必要时可采取刻痕和压纹措施，以提高钢丝与混凝土的黏结力。压波一般分局部压波和全部压波两种，施工经验认为波长取39mm，波高取1.5～2.0mm比较合适。

（1）张拉程序

预应力筋可单根张拉，也可成组张拉。当预应力筋数量较少时，常采用小型张拉设备单根张拉；预应力筋数量较多时，常采用较大设备成组张拉。成组张拉时，应先调整好各预应力筋的初应力，使其长度、松紧一致，以保证张拉后各根预应力筋的应力一致。

施工中预应力筋的张拉程序是很重要的，常采用下述两种方法进行：

①$0\rightarrow105\%\sigma_{con}$（持荷 2min）$\rightarrow\sigma_{con}$

②$0\rightarrow103\%\sigma_{con}$

式中　σ_{con}——预应力筋的张拉控制应力，MPa。

预应力筋张拉时，一般不是从零直接张拉到控制应力，而是先张拉到比设计要求的控制应力稍大一些，如 $1.05\sigma_{con}$，这叫做超张拉。采用超张拉的目的，主要是为了减少预应力筋的应力松弛损失。预应力筋的应力松弛是指钢筋受到一定张拉力后，在长度保持不变的条件下，钢筋的应力随时间的增长而降低的现象。此降低值即称为松弛损失，试验表明，钢筋应力松弛损失，在最初几分钟内可完成损失总值的 40%～50%，所以预应力筋张拉程序采取超张拉 $5\%\sigma_{con}$，并持荷 2min，再回到 σ_{con}，则可大大减少应力松弛损失。通过应力松弛损失分析认为：张拉程序采用 $0\rightarrow105\%\sigma_{con}$（持荷 2min）$\rightarrow\sigma_{con}$，比采用一次张拉，即 $0\rightarrow\sigma_{con}$，应力松弛损失可减少 $2\%\sim3\%\sigma_{con}$。同样，将一次张拉时的张拉应力提高 $3\%\sigma_{con}$，采用一次超张拉，即 $0\rightarrow103\%\sigma_{con}$ 的张拉程序，也可以达到减少应力松弛损失的效果，故上述两种张拉程序是等效的，实际张拉时，一般多采用 $0\rightarrow103\%\sigma_{con}$ 的张拉程序进行张拉。

（2）张拉控制应力

预应力筋张拉时的控制应力应按设计要求采用。因为，控制应力直接影响预应力的效果。控制应力高，构件中建立的预应力值大，其抗裂性提高。但如果控制应力过高，构件中的预应力筋经常处于高应力状态，构件破坏前无明显的预兆，这种情况是不允许的。此外，当控制应力过高时，由于预应力筋松弛而引起的应力损失也相应增加；当预应力筋的配置较多而控制应力又过高时，也会使混凝土徐变引起的应力损失增大。施工中往往为了弥补某些应力损失，一般要进行超张拉，如果原定的控制应力较高，特别是在先张法中，由于混凝土收缩徐变和弹性压缩引起的应力损失大，故其控制应力也较后张法高，如再进行超张拉，就有可能使钢筋的应力超过屈服极限而产生塑性变形。因此，张拉钢筋的控制应力和超张拉最大应力不应超过表 5-1 的规定。

表 5-1　最大张拉控制应力允许值

钢　种	张拉方法		钢　种	张拉方法	
	先张法	后张法		先张法	后张法
碳素钢丝、刻痕钢丝、钢绞线	$0.80f_{ptk}$	$0.75f_{ptk}$	冷拉钢筋	$0.95f_{pyk}$	$0.90f_{pyk}$
热处理钢丝、冷拔低碳钢丝	$0.75f_{ptk}$	$0.70f_{ptk}$			

注：f_{ptk}为预应力筋极限抗拉强度标准值；f_{pyk}为预应力筋屈服强度标准值。

预应力筋的张拉力可按下式计算：

$$P=\sigma_{con}\times A_P \tag{5-4}$$

式中　P——预应力筋的张拉力，kN；

A_P——预应力筋截面面积，mm^2。

(3) 张拉应力检验

张拉多根预应力钢丝时，为了检验张拉后各钢丝内力是否一致，是否达到设计要求的控制应力，可采用钢丝内力测定仪抽查钢丝的预应力值。其偏差不得大于或小于一个构件全部钢丝预应力总值的5%。考虑到抽查时锚固夹具内缩引起的应力损失和钢丝应力松弛损失的一部分已完成，因此抽查的钢丝预应力值是指相应阶段的值。例如：抽查工作在张拉后1～4h内进行时，钢丝的锚固损失约为$2\%\sigma_{con}$，应力松弛损失约为$3\%\sigma_{con}$，则检验标准可定为$(95\%\pm5\%)\sigma_{con}$。

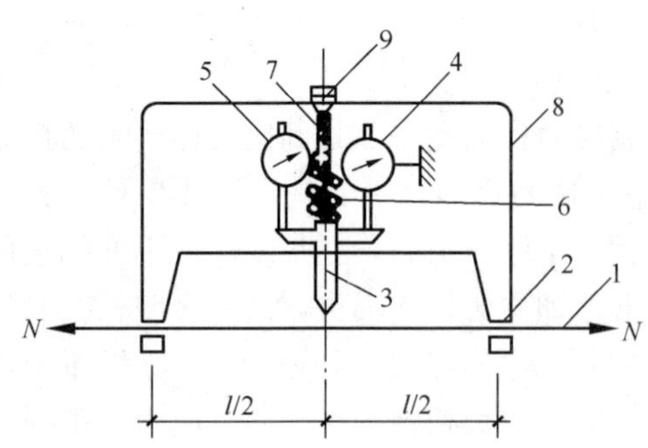

图5-12 2CN-1型钢丝内力测定仪

1—钢丝；2—测力计的挂钩；3—测头；4—测挠度百分表；5—测力百分表；6—弹簧；7—推杆；8—表架；9—螺丝

测定钢丝的应力通常可采用2CN-1型钢丝内力测定仪（图5-12）或半导体钢丝内力测定仪。

使用2CN-1型钢丝内力测定仪时先将挂钩2钩住钢丝，旋转螺丝9使测头3与钢丝1接触。此时测挠度的百分表4和测力百分表5读数均为零，继续旋转螺丝9，使测挠度的百分表4的读数达到试验确定的某一常数时，从测力百分表5的读数便可知钢丝的拉力N，这种测定仪的测力误差为±2.5%，使用前应先经过标定。

半导体钢丝应力测定仪是通过测定钢丝经敲击起振后的固有频率，换算出钢丝在张拉中实际建立的预应力值。如钢筋拉得越紧（即拉力P越大），则敲击时振动频率（ω）越高，发出的声音也就越尖。频率与拉力的关系式为：

$$P = 4l^2\omega^2\rho \tag{5-5}$$

式中 l——钢丝或钢筋自由振动的长度，m；

ρ——钢丝或钢筋单位长的密度，kg/m^3。

半导体钢丝应力测定仪就是根据这一原理制成的。

5.2.2.2 *混凝土浇筑与养护*

预应力筋张拉完毕后，即绑扎非预应力筋、支模板、浇筑混凝土。混凝土的强度不应低于C30，在确定混凝土配合比时应采用低水灰比并控制水泥用量，采用良好的集料级配，以减少混凝土收缩和徐变引起的用量损失。浇筑混凝土时，构件应避开台面的伸缩缝及裂缝，当不可避开时，在伸缩缝及裂缝处可先铺薄钢板或填细砂等，然后再浇筑混凝土。台座内每条生产线上的构件，其混凝土应一次浇筑完毕。混凝土必须振捣密实，特别是构件端部，更要求密实，以保证混凝土强度和黏结力。振捣时，应避免碰击预应力筋。混凝土未达到一定强度前，不允许碰撞或踩踏预应力筋。叠层浇筑时，应待下层构件混凝土强度达8～10MPa后，方可浇筑上层构件的混凝土。

混凝土可采用自然养护或蒸汽养护。在台座上生产的构件，如用蒸汽养护时，当温度升高后，预应力筋膨胀，而台座的长度并无变化，因而预应力筋应力减少。如果在这种情况下，混凝土逐渐凝结，则在混凝土硬化前预应力由于温度升高而引起的应力减小，将永远不能恢复。为减小温差所引起的预应力损失，则应采取二次升温法。即初次升温，应控制温差不超过20℃；当构件混凝土强度达到7.5～10MPa时，再按一般规定继续升温养护。以机组流水法用钢模生产的构件，因蒸汽养护时钢模与预应力筋同步伸缩，故不会引起温差预应力损失。

5.2.2.3 预应力筋的放张

放张预应力筋时，混凝土必须符合设计要求。如设计未说明时，不得低于设计混凝土强度等级的75%。放张前，还应拆除构件的侧模和端模。其放张顺序应符合设计要求，或遵照下列规定：

(1) 对承受轴心预压力的构件（如压杆、桩等），所有预应力筋同时放松；

(2) 对承受偏心预压力的构件，应先同时放张预压力较小区域的预应力筋，再同时放张预压力较大区域的预应力筋；

(3) 当不能按上述规定放张时，应分阶段、对称、相互交错地放张，以防止放张过程中构件发生翘曲、裂纹及预应力筋断裂等现象。

放张后预应力筋的切断顺序，宜由放张端开始，逐次切向另一端。

放张钢筋的方法，钢丝可用剪切、锯割等方法。配筋多的钢筋混凝土构件，多根钢丝或钢筋配量较多时，可用千斤顶、砂箱和楔块等装置同时放张，如图5-13、图5-14所示。

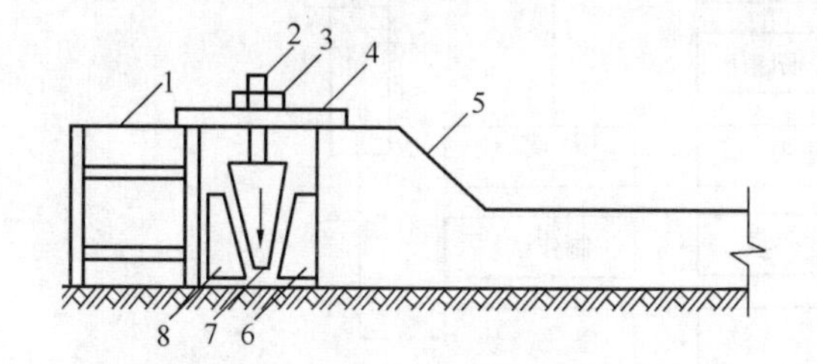

图5-13 楔块放张

1—横梁；2—螺杆；3—螺母；4—承力板；
5—台座；6、8—钢块；7—钢楔块

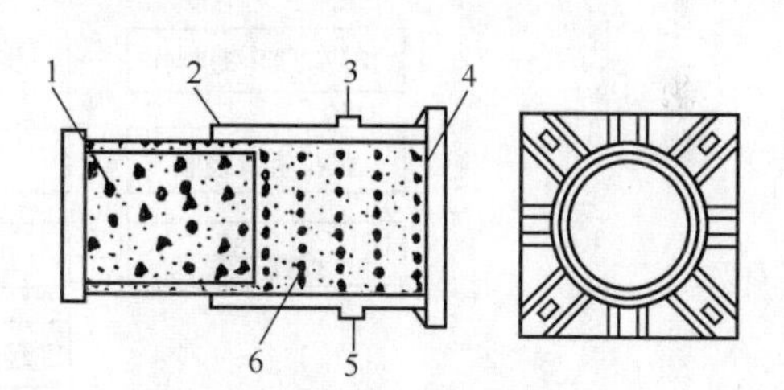

图5-14 砂箱装置

1—活塞；2—钢套箱；3—进砂口；
4—钢套箱底板；5—出砂口；6—砂子

5.3 后张法施工

后张法施工是先预制混凝土构件，并在设置预应力筋的位置处预留孔道，待混凝土达到规定强度等级后，将预先制作好的预应力筋穿入预留孔道内，同时在构件端部进行预应力筋的张拉，将张拉好的预应力筋，利用专用锚具锚固在构件的两端，不再取下，最后再向预应力筋的孔道内进行压力灌浆。后张法适用于现场生产大型预应力构件、特种构件和构筑物，亦可作为一种预制构件的拼装手段，在现代预应力混凝土工程中得到广泛应用。

后张法施工如图5-15所示。

因为后张法生产可以在构件上直接张拉钢筋，所以不需要台座，给施工现场生产此类构件提供了方便，且适合生产大型构件和重构件，特别是大跨度构件，如屋架等。

5.3.1 锚具与张拉机械

锚具是后张法施工在结构或构件中为保持预应力筋拉力并将其传递到混凝土上用的永久性锚固装置。锚具的种类很多，各有其一定的适用范围。按使用常分为固定单根钢筋的锚具、锚固成束钢筋的锚具和锚固钢丝束的锚具等。后张法的张拉设备主要根据锚具形式和总张拉力的大小来进行选择。在后张法中，常用的张拉设备有拉杆式千斤顶、穿心式千斤顶和锥锚式千斤顶以及供油用的高压油泵。

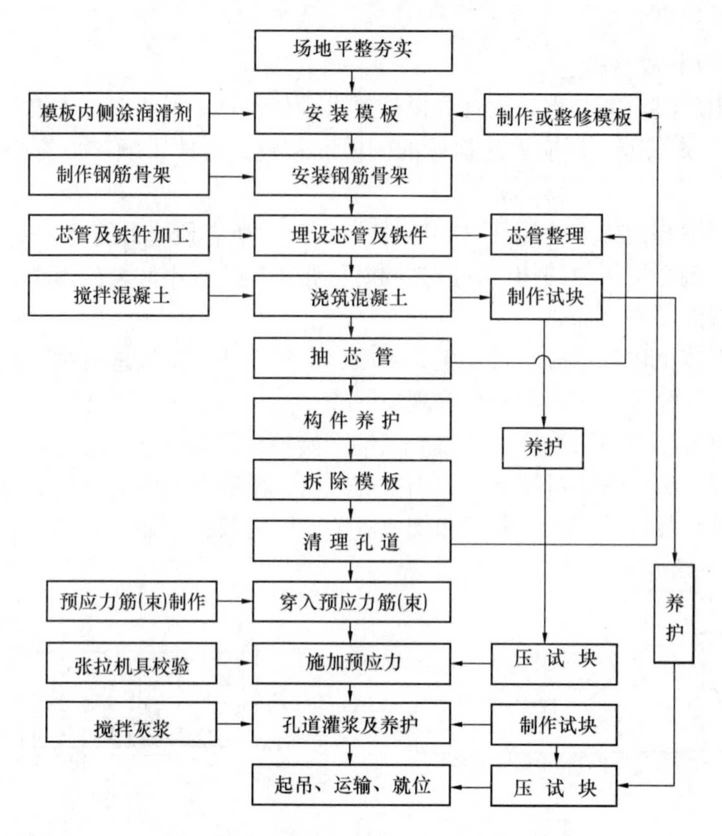

图 5-15　后张法生产工艺流程示意图

5.3.1.1　单根粗细钢筋用锚具及张拉设备

（1）锚具

预应力钢筋的张拉端一般采用螺丝端杆锚具，如图 5-16 所示。该锚具由螺丝端杆、螺母和垫板组成，适用于锚固 HPB235、HRB335 级钢筋。固定端可用帮条锚具和镦粗头锚具，如图 5-17、图 5-18 所示。帮条锚具是由一块垫板与三段和预应力筋直径相等的钢筋焊在预应力筋的端头而成；镦头锚具是在预应力筋的端头采用垫镦、冷镦或煅打而成，使用时再配用一块厚为 15mm 的钢垫板。精轧螺纹钢筋用锚具与连接器，如图 5-19 所示。精轧螺纹钢筋的外形为无纵肋而横肋不相连的螺扣，螺母与连接器的内螺纹应匹配，防止钢筋从中拉脱。螺母分为平面螺母和锥形螺母两种。锥形螺母可通过锥体与锥孔的配合，保证预应力筋的正确对中；开缝的作用是增强螺母对预应力筋的夹持作用。

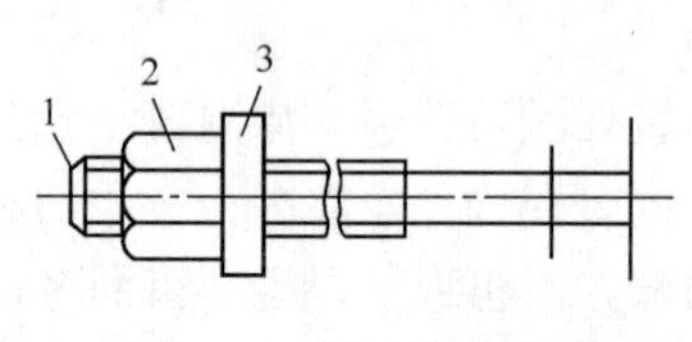

图 5-16　螺丝端杆锚具

（2）张拉设备

后张法施工中与螺丝端杆锚具配套的张拉设备有拉杆式千斤顶和穿心式千斤顶，如图 5-20、图 5-21 所示。

5.3.1.2　钢筋束和钢绞线束用锚具及张拉设备

（1）锚具

锚具主要有 JM-12 型和 KZ-T 型锚具，如图 5-22 所示。适用于 3～6 根直径为 12mm 的钢筋束和 5～6 根钢绞线组成的钢绞线束。JM12 型锚具性能好，锚固时钢筋束钢绞线被单

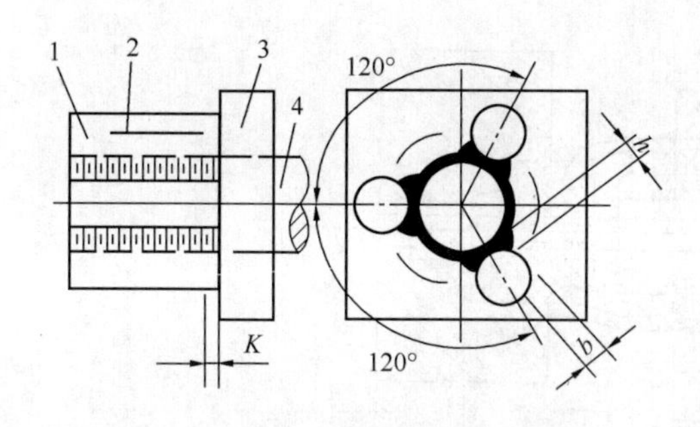

图 5-17　帮条锚具

1—帮条；2—施焊方向；3—衬板；4—主筋

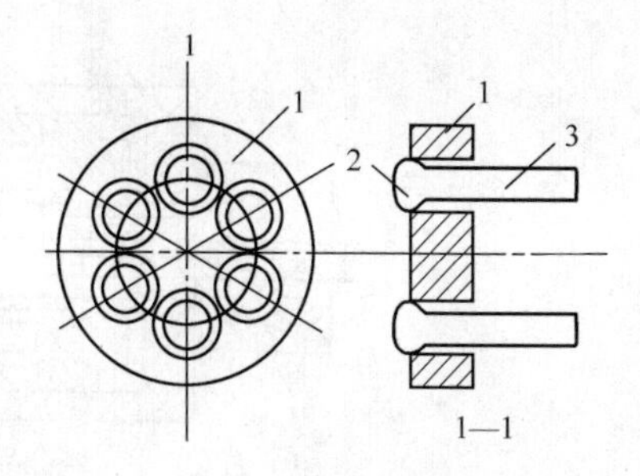

图 5-18　镦头锚具

1—固定板；2—镦头；3—预应力筋

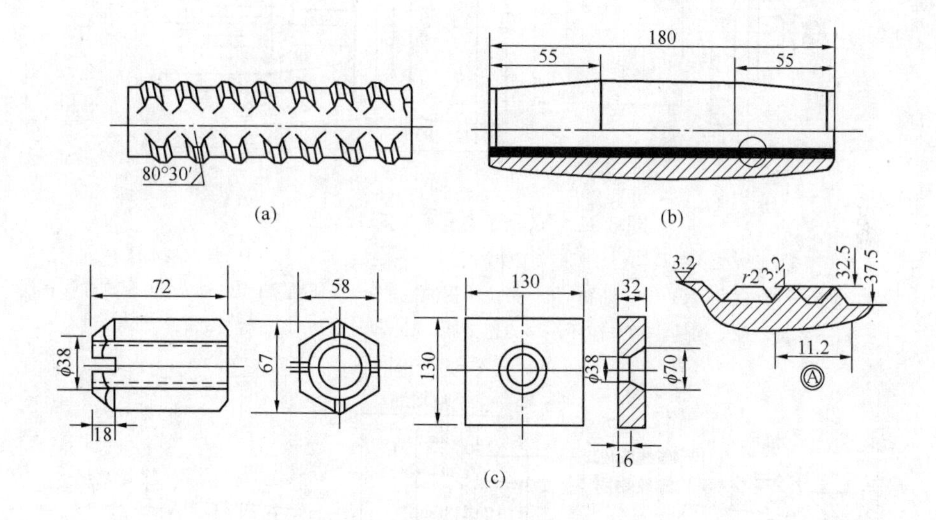

图 5-19　精轧螺纹钢筋锚具与连接器

(a) 精轧螺纹钢筋外形；(b) 连接器；(c) 锥形螺母与垫板

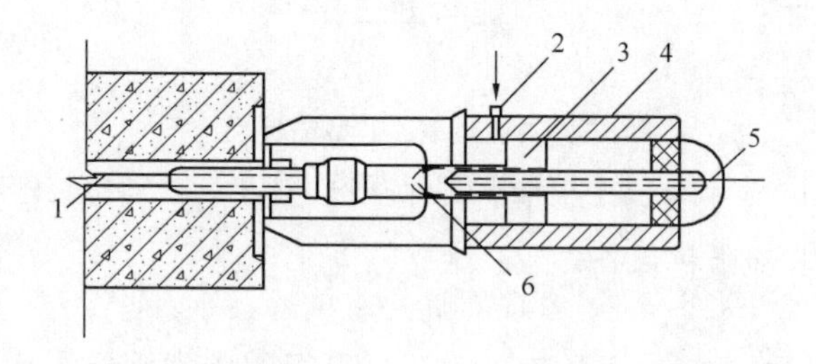

图 5-20　拉杆式千斤顶构造

1—预应力筋；2—主缸进油孔；3—主缸活塞；4—主缸；5—副缸进油孔；6—副缸

根夹紧，不受直接误差影响，且预应力筋是在呈直线状态下被张拉和锚固，受力性能好。可作为张拉端或固定端锚具，也可作为工具锚使用。KT-Z 型锚具也叫可锻铸形锚具，用于锚固钢筋束和钢绞线束效果也很好。

（2）张拉设备

张拉设备随锚具不同，配用不同的张拉设备。JM12 型锚具可使用 YC-60 型千斤顶进行张拉。KT-Z 型锚具锚拉钢筋束或钢绞线束时用锥锚式千斤顶张拉。

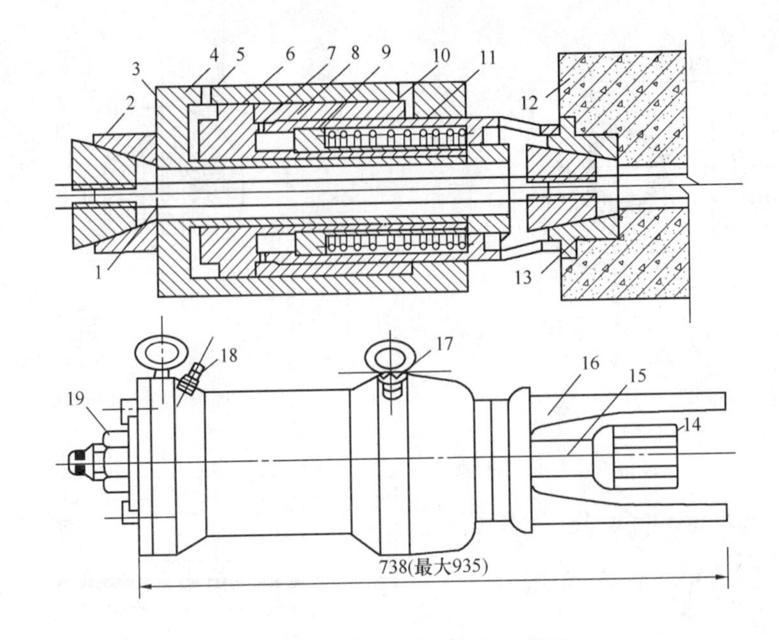

图 5-21 YC-60 型穿心式千斤顶

1—预应力筋；2—工具锚；3—张拉工作油室；4—张拉油缸；5、18—张拉缸油嘴；6—顶压油缸（即张拉活塞）；7—油孔；8—张拉回程油室；9—顶压活塞；10、17—顶压缸油嘴；11—弹簧；12—构件；13—锚环；14—连接器；15—张拉杆；16—撑杆；19—螺帽

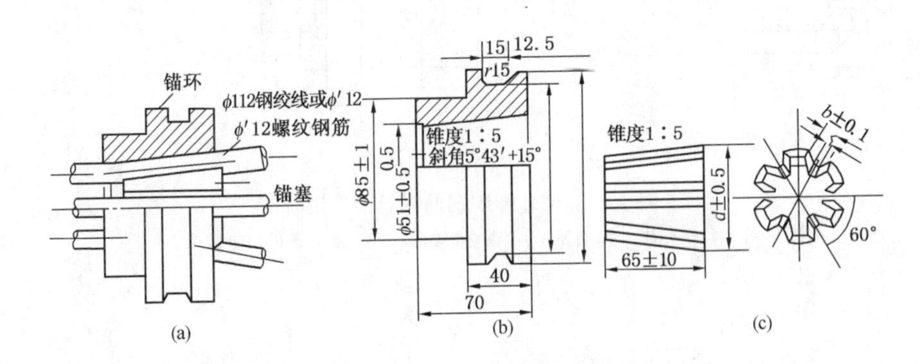

图 5-22 KZ-T 型锚具

(a) 装配图；(b) 锚环；(c) 锚塞

5.3.1.3 钢丝束用锚具和张拉设备

(1) 锚具

钢丝束一般是由几根或几十根直径 3～5mm 平行的碳素钢丝组成，其常用锚具有钢质锥形锚具、锥形螺杆锚具和钢丝束镦头锚具。如图 5-23、图 5-24 所示，使用时采用参照锚具的构造和说明，根据钢丝束根数，选用配套锚具设备。

(2) 张拉设备

张拉钢丝束时，若用钢质锥形锚具，则宜用锥锚式千斤顶进行张拉；若用镦头锚具，则用 YC-60 型千斤顶或拉杆式千斤顶张拉；若用锥形螺杆锚具，则宜用拉杆式千斤顶或穿心式千斤顶（即 YC 式千斤顶）张拉。

5.3.1.4 高压油泵

高压油泵是向液压千斤顶各油缸供油，使其活塞按照一定速度伸出和收缩的主要设备。

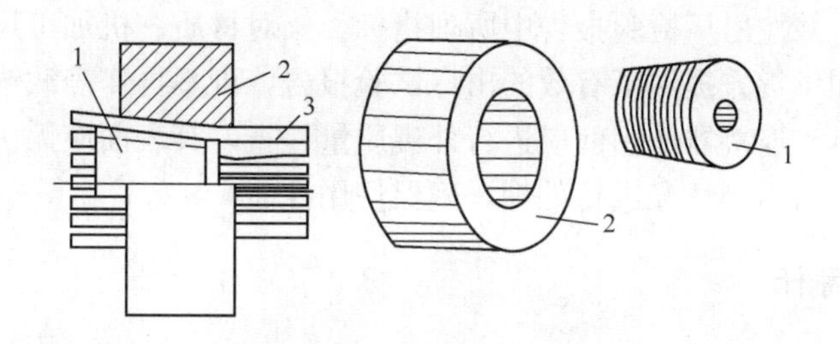

图 5-23　钢质锥形锚具

1—锚塞；2—锚环；3—钢丝束

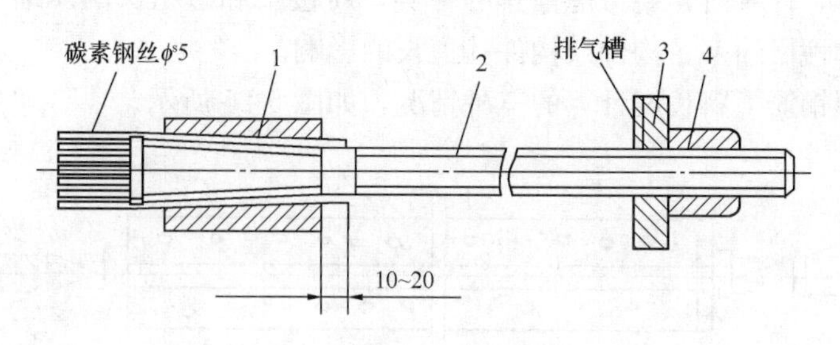

图 5-24　锥形螺杆锚具

1—套筒；2—锥形螺杆；3—垫板；4—螺母

高压油泵与千斤顶一起工作组成预应力张拉机组。油泵的额定压力应等于或大于千斤顶的额定压力。采用千斤顶张拉预应力筋时，张拉力的大小是通过油泵上的油压表的读数来控制。油压表的读数表示千斤顶活塞单位面积的油压力。若已知张拉力 N，活塞面积 A，则可求出张拉时油表的相应读数 P，即

$$P=\frac{N}{A} \tag{5-6}$$

实际张拉力往往比理论计算值小，因油缸与活塞之间的摩擦阻力抵消一部分张拉力，为保证预应力筋张拉应力的准确性，应定期校验千斤顶与油表读数的关系；校验期一般不超过6个月。校正后的千斤顶与油表必须配套使用。

5.3.1.5　锚具、夹具和连接器质量检验

（1）预应力筋用锚具、夹具和连接器应按设计规定采用，其性能应符合现行国家标准《预应力筋用锚具、夹具和连接器》（GB/T 14370—2007）和《预应力筋用锚具、夹具和连接器应用技术规程》（JGJ 85—2002）的规定。

（2）预应力筋端部锚具的制作质量应符合下列要求：

①挤压锚具制作时压力表的油压应符合操作说明书的规定，挤压后预应力筋外端应露出挤压套筒1～5mm。

②钢绞线压花锚成型时，表面应洁净无污染，梨形头尺寸和直线段长度应符合设计要求。

③钢丝镦头的强度不得低于钢丝强度标准值的98%。

制作预应力锚具，每工作班应进行抽样检查，对挤压锚，每工作班抽查5%，且不应少于5件；对压花锚，每工作班抽查三件；对钢丝镦头，主要是检查钢丝的可镦性，故按钢丝进场批量，每批钢丝检查6个墩头试件的强度试验报告。

（3）预应力筋用锚具、夹具和连接器进场时作进场复验，主要对锚具、夹具、连接器作

静载锚固性能试验，并按出厂检验报告中所列指标，核对材质、机加工尺寸等。对锚具使用较少的一般工程，如供货方提供了有效的出厂试验报告，可不再作静载锚固性能试验。

(4) 锚具、夹具和连接器使用前应进行外观质量检查，其表面应无污物、锈蚀、机械损伤和裂纹，否则应根据不同情况进行处理，确保使用性能。

5.3.2 预应力筋的制作

5.3.2.1 单根粗钢筋的制作

单根粗钢筋作为预应力钢筋，制作时包括配料、对焊、冷拉等工序。其关键是配料中的钢筋下料长度计算，计算时，要考虑锚具的种类，对接头和镦粗头的压缩量、张拉伸长值、冷拉率和钢筋的弹性回缩率、构件或构件孔道长的影响。

单根预应力粗钢筋下料长度计算的三种情况，如图 5-25 所示。

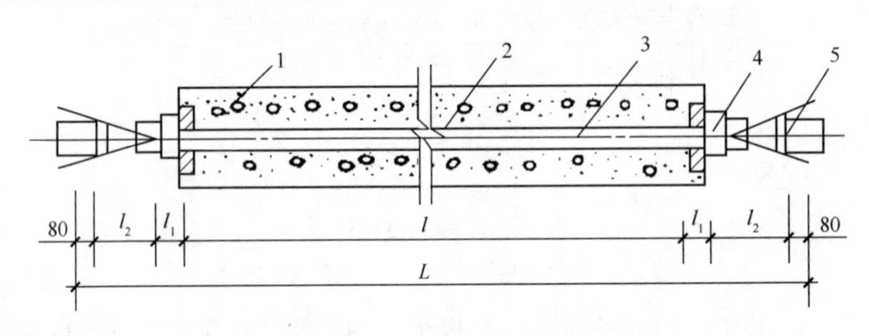

图 5-25 钢丝下料长度计算简图

1—混凝土构件；2—孔道；3—钢丝束；4—钢质锥形锚具；5—锥锚式千斤顶

预应力筋两端均采用螺丝端杆锚具时，其下料长度：

当两端同时用螺丝端杆锚具张拉时，预应力筋的下料长度为

$$L=\frac{L_0}{1+\gamma-\delta}+nd \tag{5-7}$$

$$L_0=L_1-2l_1$$

$$L_1=l+2l_2$$

当一端用螺丝端杆锚具，另一端用帮条锚具固定时，张拉预应力筋的下料长度为

$$L=\frac{L_0}{1+\gamma-\delta}+nd \tag{5-8}$$

$$L_0=L_1-l_1$$

$$L_1=l+l_2+l_3$$

式中 L——预应力筋中钢筋下料长度，mm；

L_0——预应力筋中的钢筋冷拉完成后的长度，mm；

L_1——包括锚具在内的预应力筋全长，mm；

l——构件孔道长度，mm；

l_1——螺丝端杆长度，mm；

l_2——螺纹端杆伸出构件外的长度，一般可选用 120～150mm；

l_3——帮条锚具长度，一般取 70～80mm（包括垫板厚）或镦头留量与垫板厚度之和；

d——钢筋直径，每个对焊接头压缩量的大约压缩长度，mm；

n——焊接接头的数量；

γ——钢筋冷拉率（由试验确定）；

δ——钢筋冷拉弹性回缩率（由试验确定）。

【例 5-1】 某 24m 跨度的预应力钢筋混凝土屋架，屋架下弦孔道长度 $l=23800$mm，预应力筋为 4Φ^l25，实测钢筋冷拉率 $\gamma=3.5\%$，冷拉后的弹性回缩率 $\delta=0.3\%$，预应力筋两端采用螺丝端杆锚具，螺丝端杆长度 $l_1=320$mm，其露在构件外的长度 $l_2=120$mm。预应力筋用两根长约 12m 的钢筋对焊而成，两端再对焊螺丝端杆，对焊接头数，$n=3$。试求粗钢筋的下料长度。

【解】 $L_1=l+2l_2=23800+2\times120=24040(\text{mm})$

$$L_0=L_1-2l_1=24040-2\times320=23400(\text{mm})$$

$$L=\frac{L_0}{1+\gamma-\delta}+nd=\frac{23400}{1+0.035-0.003}+3\times25=22749(\text{mm})$$

施工下料时，选用 1 根 12m 长的钢筋加 1 根 10.749m 长的钢筋对焊制成。

若上例改为一端张拉，固定端用帮条锚具，其他条件不变，再计算其下料长度。

采用帮条锚具，长度取 70mm，则

$$L_1=l+l_2+l_3=23800+120+70=23990(\text{mm})$$

$$L_0=L_1-l_1=23990-320=23670(\text{mm})$$

$$L=\frac{L_0}{1+\gamma-\delta}+nd=\frac{23670}{1+0.035-0.003}+3\times25=23011(\text{mm})$$

采用 1 根 12m 长加 1 根 10.986m 长的钢筋对焊而制成。

5.3.2.2 钢丝束

钢丝束的制作，一般需经下料、编束和安装锚具等工序。但采用锚具形式不同，制作方法也有差异。

当采用钢质锥形锚具，以锥锚式千斤顶在构件上张拉时，钢丝的下料长度 L 按图 5-25 所示计算。

当两端张拉时：
$$L=l+2(l_1+l_2+80) \tag{5-9}$$

当一端张拉时：
$$L=l+2(l_1+80)+l_2 \tag{5-10}$$

式中 l——构件的孔道长度，mm；

l_1——锚环厚度，mm；

l_2——千斤顶分丝头至卡盘外端距离，对 YZ85 型千斤顶为 470mm。

当采用镦头锚具，一端张拉时，钢丝的下料长度 L 按图 5-26 所示计算。

如下式

$$L=l+2(h+\delta)-K(H-H_1)-\Delta L-C \tag{5-11}$$

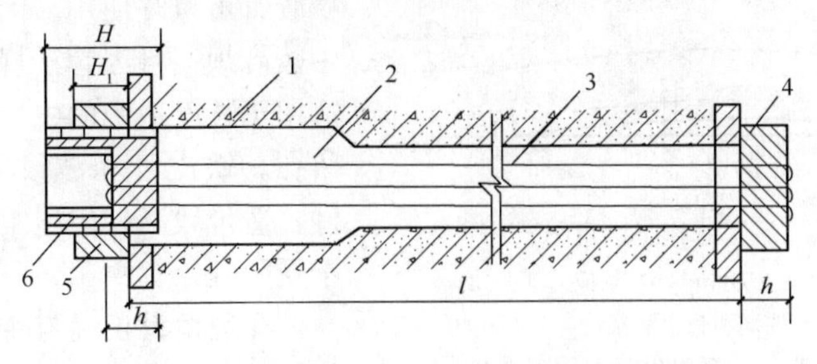

图 5-26 采用镦头锚具时钢丝下料长度计算简图

1—混凝土构件；2—孔道；3—钢丝束；4—锚板；5—螺母；6—锚杯

式中　l——构件的孔道长度，按实际丈量，mm；

h——锚杯底部厚度或锚板厚度，mm；

δ——钢丝镦头留量，对Φ^s5可取10mm；

K——系数，一端或两端张拉时，分别取0.5和1.0；

H——锚杯高度，mm；

H_1——螺母高度，mm；

ΔH——钢丝束张拉伸长值，mm；

C——张拉时构件混凝土的弹性压缩量。

5.3.2.3　钢筋束、钢绞线束

钢筋束由直径为12mm的细钢筋编束而成，钢绞线束由直径为12mm或15mm的钢绞线编束而成，每束3～6根，一般不需对焊接长。制作工序为开盘、下料、编束。采用夹片锚具，以穿心式千斤顶在构件上张拉时，下料长度如图5-27所示。如下式

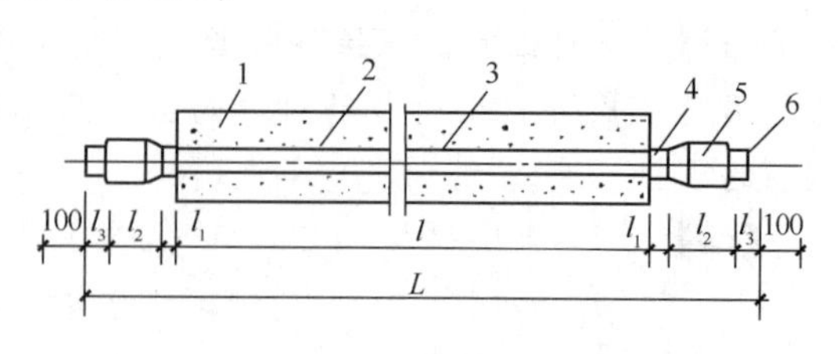

图5-27　钢绞线下料长度计算简图

1—混凝土构件；2—孔道；3—钢绞线；4—夹片式工作锚；5—穿心式千斤顶；6—夹片式工作锚

两端张拉时：
$$L = l + 2(l_1 + l_2 + l_3 + 100) \tag{5-12}$$

一端张拉时：
$$L = l + 2(l_1 + 100) + l_2 + l_3 \tag{5-13}$$

式中　l——构件的孔道长度，mm；

l_1——夹片式工作锚厚度，mm；

l_2——穿心式千斤顶长度，mm；

l_3——夹片式工作锚厚度。

5.3.3　后张法施工工艺

后张法施工工艺流程，如图5-28所示。对于块体拼装的构件，还应增加块体验收、拼装立缝灌浆和焊接连接板等工作。后张法工艺中关键工序是孔道留设、预应力筋张拉和孔道灌浆三部分。

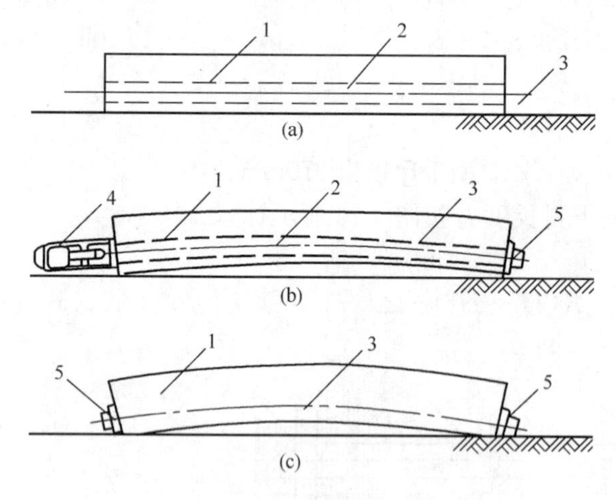

图5-28　后张法施工示意图

(a) 制作钢筋混凝土构件；(b) 预应力筋张拉；(c) 锚固和孔道灌浆

1—钢筋混凝土构件；2—预留孔道；3—预应力筋；4—千斤顶；5—锚具

5.3.3.1　孔道留设

后张法构件中的孔道留设一般采用钢管抽芯法、胶管抽芯法和预埋管法成孔。钢管抽芯法和胶管抽芯法所使用的钢管或橡胶管可重复使用，因而造价低，但施工中较麻烦，且因管子规格的限制，一般只适用于长度适中的中、小型预应力构件的留孔。铁皮管和波纹管为一次性埋入构件，造价较高，但施工简单，孔道的规格不受限制。

孔道留设正确与否，是后张法构件制作的关键之一。以下介绍钢管抽芯法、胶管抽芯法和预埋管法三种施工方法。

（1）钢管抽芯法

预先将钢管埋设在模板内的孔道位置处，在混凝土浇筑过程中和混凝土浇筑以后间隔一定时间慢慢转动钢管，不使混凝土与钢管黏牢，待混凝土初凝后、终凝前抽出钢管，构件中即形成孔道。这种方法一般常用于留设直线孔道。

为了保证留设孔道的质量，施工时应注意以下几点：

①钢管要平直，表面应圆滑，埋管前应对钢管除锈、刷油。安装位置要准确，固定稳固。钢管位置的固定一般采用钢筋井字架，其间距不宜大于1m。在浇筑混凝土时，应防止振捣器直接接触钢管，以免产生位移。

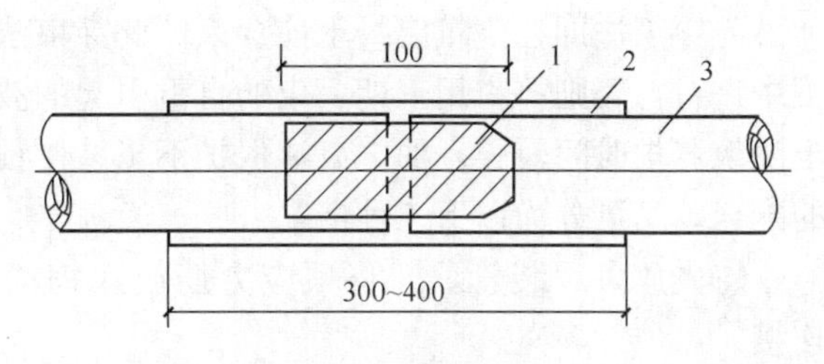

图5-29 铁皮套管

1—硬木塞；2—白铁皮套管；3—钢管

②钢管每根长度不宜超过15m，以便钢管的旋转和抽出。较长的构件可用两根钢管，中间用套管连接，如图5-29所示。

③恰当地掌握抽管时间。抽管过早，会造成塌孔事件；太晚，混凝土与钢管黏结牢固，使抽管困难。具体抽管时间与混凝土的性质、气温和养护条件有关。一般是掌握在混凝土初凝以后、终凝以前，手指按压混凝土表面不黏浆又无明显印痕时即可抽管。

④掌握正确的抽管顺序和抽管方法。抽管顺序应先上后下，抽管方法可用人工或卷扬机抽管，要求速度均匀，边转边抽。抽管用力必须保证在孔道的沿长线上，不斜不偏。

抽管后，应及时检查孔道情况，并做好孔道的清理工作。由于孔道灌浆的需要，在浇筑混凝土时，构件两端及跨中应留设灌浆孔或排气孔，孔距一般不大于12m，孔径一般为20mm。留设灌浆孔或排气孔时，可用木塞或铁皮管成孔。

（2）胶管抽芯法

胶皮管通常有五层或七层夹布胶皮管和供预应力混凝土专用的钢丝橡皮管两种。前者质软，必须在管内充气或充水后，才能使用。后者质硬，预留孔道时与钢管一样使用，不同之处是浇筑混凝土后不需转动，抽管时利用其有一定弹性的特点，在拉力作用下断面缩小，即可把管抽出来。此法与钢管抽芯法相比，弹性好，便于弯曲，因此，不仅可以留设直线孔道，还能留设曲线孔道。使用时应注意：

①胶皮管应有良好的密封装置，保证不漏水、不漏气，确保孔道直径。

②胶皮管的接头要处理，按规定和要求进行。

③抽管时间和顺序要合理。胶管抽芯法成孔，其抽管时间一般为气温和浇筑后的小时数的乘积达200℃·h左右。抽管顺序应先上后下，先曲后直。

（3）预埋管法

预埋管法是利用与孔道直径相同的金属管或波纹管埋在构件中成孔，无需抽出。波纹管又有金属波纹管和塑料波纹管两种，当预应力筋密集或曲线配筋、或抽管有困难时均采用此法。使用时应注意：

①波纹管起吊用专门的尼龙软吊索，禁止使用钢丝绳，以免损伤波纹管。

②波纹管应密封良好并有一定的轴向刚度，接头应严密，不得漏浆。

③固定波纹管的钢筋井字架间距不宜大于0.8m，曲线孔道应加密。

5.3.3.2 穿束

穿束指将预应力筋穿入孔道。穿束要考虑穿束时机和穿束方法。

(1) 穿束时机

根据穿束与浇筑混凝土之间的先后关系，可分为先穿束和后穿束两种。

1) 先穿束法

先穿束法即在浇筑混凝土前穿束。此穿束法省力；但穿束应穿插在结构普通钢筋绑扎施工中进行，否则将占用工期，束的自重引起的波纹管摆动会增大摩擦损失，穿束后等待混凝土浇筑养护时间较长，加之束端保护不当易使预应力筋生锈。先穿束法按穿束与波纹管之间的配合，又可分为以下三种情况：

①先放束后装管，即将预应力筋放入钢筋骨架内，然后将波纹管逐节从两端套入并连接。

②先装管后穿束，即将波纹管先安装就位，然后将预应力筋穿入。此法施工较方便。

③两者组装后放入，即在梁外侧的脚手架上将预应力筋与套管组装后，从钢筋骨架顶部放入就位，箍筋应做成开口箍。

2) 后穿束法

后穿束法是指在浇筑混凝土之后穿束。此法可在混凝土养护周期内进行，不占工期，便于用通孔器或高压水通孔，穿束后即进行预应力筋张拉和孔道灌浆，易于防锈，但穿束较困难。

(2) 穿束方法

根据一次穿入数量，可分为整束穿和单根穿。钢丝束应整束穿，钢绞线应优先采用整束穿。穿束工作可由人工、卷扬机或穿束机进行。

①人工穿束可利用起重设备将预应力筋吊起，工人站在脚手架上逐步穿入孔内，为方便穿过孔道，束前端应扎紧并裹胶布，对多波曲线束，应安特制牵引头，推送穿束的同时在前面牵引。对长度小于等于 50m 的两跨曲线束，人工穿束还是比较方便。

②用卷扬机穿束，主要用于超长束、特重束、多波曲线束等整束穿的情况。束前端应装穿束网套或特制的牵引头。

③穿束机穿束适用于大型桥梁与构筑物整束穿钢绞线的情况。

5.3.3.3 预应力筋的张拉

张拉前，将预应力筋穿入钢筋的预留孔道。混凝土应有一定的强度，张拉过早将使混凝土收缩徐变产生的预应力损失增大。因此，张拉时混凝土的强度应符合设计规定，如设计无规定时，不应低于设计强度等级的 75%。用块体拼装的预应力构件，其拼装立缝处混凝土或砂浆的强度如无规定时，不应低于块体混凝土设计强度的 40%，且不低于 15MPa。

(1) 张拉控制应力

与先张法一样，控制应力过大或过小都会产生不良影响。后张法控制应力也应符合设计规定，如设计无规定时，可按表 5-1 取值。

(2) 预应力筋张拉程序

后张法张拉程序与先张法相同，即：

① $0 \rightarrow 105\%\sigma_{con} \rightarrow \sigma_{con}$

② $0 \rightarrow 103\%\sigma_{con}$

(3) 后张法张拉端设置

后张法预应力筋张拉端的设置，应符合设计要求；当设计无具体要求时，应符合下列规定：

①抽芯成型孔道

对曲线预应力筋和长度大于 24m 的直线预应力筋，应在两端张拉；对长度不大于 24m 的直线预应力筋，可在一端张拉。

②预埋波纹管孔道

对曲线预应力筋和长度大于 30m 的直线预应力筋，宜在两端张拉；对长度不大于 30m 的直线预应力筋可在一端张拉。

当同一截面中有多根一端张拉的预应力筋时，张拉端宜分别设置在结构的两端。

当两端同时张拉同一根预应力筋时，宜先在一端锚固，再在另一端补足张拉力后进行锚固。

（4）张拉顺序

预应力筋的张拉顺序应符合设计要求，当设计无具体要求时，可采用分批、分阶段对称张拉，以免构件承受过大的偏心压力。同时应尽量减少张拉设备的移动次数。分批张拉时，由于后批张拉的预应力筋会使先批张拉预应力筋预应力损失，因此应计算分批张拉的预应力损失值，加到先张拉预应力筋的张拉控制应力值内，该应力损失值可按下式计算

$$\Delta\sigma=\frac{E_{s}}{E_{c}}\frac{(\sigma_{con}-\sigma_{1})}{A_{n}} \tag{5-14}$$

式中 $\Delta\sigma$——先批张拉钢筋应增加的应力损失值；

E_s——预应力钢筋弹性模量；

E_c——混凝土弹性模量；

σ_{con}——预应力筋张拉控制应力；

σ_1——后批张拉预应力筋的第一批应力损失（包括锚具变形与摩擦损失）；

A_P——后批张拉的预应力筋面积；

A_n——构件混凝土净截面面积（包括构造钢筋折算面积）。

实际工作中也可采取下列办法解决：

①采用同一张拉值，逐根复位补足；

②采用同一张拉值，在设计中扣除弹性压缩损失平均值；

③统一提高张拉力，即在张拉力中增加弹性压缩损失平均值；

④对重要的预应力混凝土结构，为了使结构均匀受力并减少弹性压缩损失，可分两阶段建立预应力，即全部预应力筋先张拉 50%以后，再第二次拉至 100%。

对于预应力屋架，当预应力筋为两束时，可用两台千斤顶分别设置在构件两端，一次张拉完成；当预应力筋为四束时，需要分两批张拉，用两台千斤顶分别张拉对角线上的两束，然后再张拉另两束，如图 5-30 所示。对于受拉、受压区均配有预应力筋的构件，如吊车梁，由于受拉区配有较多预应力筋，为避免张拉受拉区预应力筋时引起过大的反拱，应先张拉受压区预应力筋，再对称张拉受拉区预应力筋，如图 5-31 所示。

对叠层构件的张拉顺序宜采用先上后下逐层进行，并应逐层加大张拉力。以减少由于上、下层之间接触面摩阻力使构件弹性压缩变形受到限制，而当起吊后摩阻力消失和构件混凝土弹性压缩增加所引起的预应力损失。预应力逐层加大值是根据有关单位试验研究与大量工程实践，得出不同预应力筋与不同隔离层的平卧重叠构件逐层增加的张拉力百分数的参考

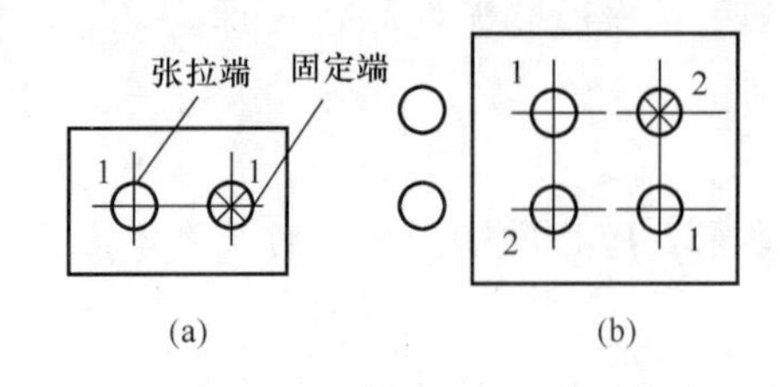

图 5-30 屋架下弦预应力筋张拉顺序

(a) 两束；(b) 四束

1、2、3—预应力筋分批张拉顺序

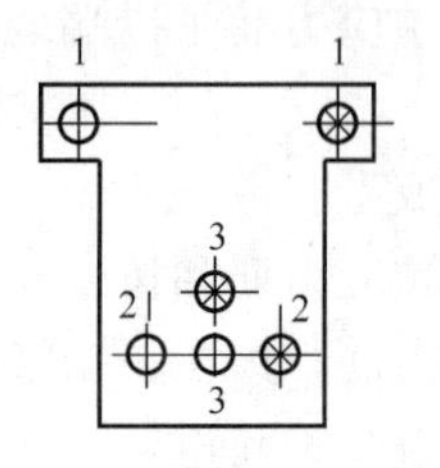

图 5-31 吊车梁预应力筋张拉顺序

1、2、3—预应力筋分批张拉顺序

值，见表 5-3，对钢丝、钢绞线、热处理钢筋，底层张拉力不宜比顶层张拉力大 5%，对冷拉 HPB235、HRB335 级钢筋，不宜比顶层张拉力大 9%，且不得超过表 5-2 规定。

一般在施工现场平卧重叠制作的后张法预应力混凝土构件，如屋架、吊车梁等，重叠层数为 3～4 层，层间应加设隔离层。

表 5-2 平卧重叠浇筑构件逐层增加的张拉百分数

预应力筋类别	隔离剂类别	逐层增加的张拉百分数			
		顶 层	第二层	第三层	底 层
高强钢丝束	Ⅰ	0	1.0	2.0	3.0
	Ⅱ	0	1.5	3.0	4.0
	Ⅲ	0	2.0	3.5	5.0
HRB335 级冷拉钢筋	Ⅰ	0	2.0	4.0	6.0
	Ⅱ	1.0	3.0	6.0	9.0
	Ⅲ	2.0	4.0	7.0	10.0

注：隔离剂类别：Ⅰ为塑料薄膜、油纸；Ⅱ为废机油滑石粉、纸筋灰、石灰水废机油、柴油石蜡；Ⅲ为废机油、石灰水、石灰水滑石粉。

(5) 预应力筋伸长值校核

预应力筋张拉时，通过伸长值的校核，可以综合反映张拉力是否足够，孔道摩阻力损失是否偏大以及预应力筋是否有异常现象等。根据规范规定，如实际伸长值比计算伸长值大于 10%或小于 5%，应暂停张拉，在采取措施予以调整后，方可继续张拉。预应力筋的计算伸长值 L，可按下式计算

$$\Delta L=\sigma_{\mathrm{con}}\frac{L}{E_{\mathrm{s}}} \tag{5-15}$$

式中 σ_{con}——施工中实际采用的张拉控制应力，MPa；

E_{s}——预应力筋的弹性模量，MPa；

L——预应力筋的长度，mm。

预应力筋张拉伸长值的量测，应在建立初应力之后进行。其实际伸长值 $\Delta L'$应为

$$\Delta L'=\Delta L'_1+\Delta L'_2+\Delta L'_3 \tag{5-16}$$

式中 $\Delta L'_1$——从初应力至最大张拉力之间的实测伸长值，mm；

$\Delta L'_2$——初应力以下的推算伸长值，mm；

$\Delta L'_3$——施加应力后，后张法混凝土构件的弹性压缩值，其值微小时可略，mm。

$\Delta L'_2$ 的取值，可根据弹性范围内张拉力与伸长值成正比的关系用计算法或图解法确定。

当用计算法确定时，可按下式计算

$$\Delta L'_2 = \sigma_0 \times \frac{L}{E_s} \tag{5-17}$$

式中 σ_0——预应力筋张拉初应力，宜取 $10\%\sigma_{con}$左右，MPa。

如图 5-32 所示，当采用图解法确定时，建立直角坐标系，伸长值为横坐标，张拉力为纵坐标，将各级张拉力的实测伸长值标在图上，绘成张拉力与伸长值的关系线 CAB，然后延长此线与横坐标交于 O'点，则 OO'段即为推算伸长值。此法以实测值为依据，比计算法准确。

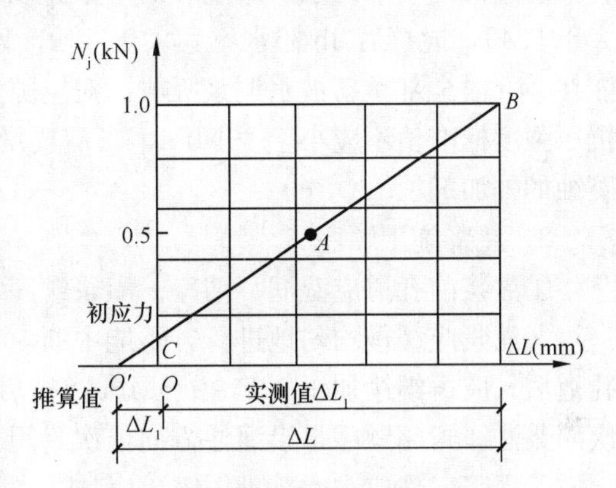

图 5-32 预应力筋实际伸长值图解法

预应力筋实际伸长值受多种因素影响，故规范允许有$-5\%\sim10\%$的误差。

【例 5-2】 某预应力混凝土 24m 屋架，其下弦孔道长度为 23800mm，配 5Φ^j15.2 预应力钢绞线束，极限抗拉强度标准值 $f_{ptk}=1860$MPa，弹性模量 $E_s=2\times10^5$MPa；预应力筋张拉控制应力 $\sigma_{con}=0.7f_{ptk}=1302$MPa；每束预应力筋面积 $A_p=700\text{mm}^2$；混凝土为 C40 级，弹性模量 $E_h=3.3\times10^4$MPa。采用 YC120 型千斤顶张拉，张拉缸液压活塞面积 $F=25000\text{mm}^2$，锚具采用 JM15 锚具。屋架制作采用现场四层平卧叠浇，隔离剂采用Ⅱ类，试进行预应力筋的张拉计算。采用 $0\rightarrow1.03\sigma_{con}$的张拉程序。

【解】 (1) 各层张拉力计算

顶层预应力筋张拉力 N_1 为

$$N_1 = 1.03\sigma_{con} \quad A_p = 1.03\times1302\times700 = 939(\text{kN})$$

第二层预应力筋张拉力 N_2 为

$$N_2 = (1.03+1.5\%)\sigma_{con} \quad A_p = 1.045\times1302\times700 = 952(\text{kN})$$

第三层预应力筋张拉力 N_3 为

$$N_3 = (1.03+3\%)\sigma_{con} \quad A_p = 1.06\times1302\times700 = 966(\text{kN})$$

底层预应力筋张拉力 N_4 为

$$N_4 = (1.03+4\%)\sigma_{con} \quad A_p = 1.07\times1302\times700 = 975(\text{kN}) < 976.5\text{kN}$$

976.5kN 为最大张拉力，以上各层张拉力均在允许范围以内。

(2) 油压表读数及伸长值计算结果，见表 5-3。

表 5-3 预应力筋张拉伸长值忽然油压表读数

自上而下超张拉值	σ_{con} (MPa)	N (kN)	伸长值 (cm)	油压表读数 (MPa)
顶层 0	1341.06	939	15.96	37.56
第二层 1.5%	1360.6	952	16.19	38.08
第三层 3.0%	1380.1	966	16.42	38.64
底层 4.0%	1393.1	975	16.58	39.00

5.3.3.4 灌浆及封锚

(1) 灌浆

孔道灌浆是在预应力筋处于高应力状态，对其进行永久性保护的工序，所以应在预应力筋张拉后尽早进行孔道灌浆，孔道内水泥浆应饱满、密实。

1) 灌浆用水泥浆要求

①孔道灌浆前应进行水泥浆配合比设计。

②严格控制水泥浆的稠度和泌水率，以获得饱满密实的灌浆效果，水泥浆的水灰比不应大于0.45，搅拌后3h泌水不宜大于2%，且不应大于3%，应作水泥浆性能试验，泌水应能在24h内全部重新被水泥浆吸收。对空隙大的孔道，也可采用砂浆灌浆，水泥浆或砂浆的抗压强度标准值不应小于30MPa，当需要增加孔道灌浆密实度时，也可掺入对预应力筋无腐蚀的外加剂。

2) 灌浆施工顺序

①灌浆前孔道应湿润、洁净。灌浆顺序宜先下层孔道。

②灌浆应缓慢均匀地进行，不能中断，直至出浆口排出的浆体稠度与进浆口一致，灌满孔道后，应再继续加压0.5～0.6MPa，稍后封闭灌浆孔。不掺外加剂的水泥浆，可采用二次灌浆法。封闭顺序是沿灌注方向依次封闭。

③灌浆工作应在水泥浆初凝前完成。每工作班留一组边长为70.7mm的立方体试件，标准养护28d，作抗压强度试验，抗压强度为一组6个试件组成，当一组试件中抗压强度最大值或最小值与平均值相差20%时，应取中间4个试件强度的平均值。

(2) 张拉端锚具及外露预应力筋的封闭保护

锚具的封闭保护应符合设计要求；当设计无具体要求时，应符合下列规定：

①锚固后的外露部分宜采用机械方法切割，外露长度不宜小于预应力筋直径的1.5倍，且不小于30mm。

②预应力筋的外露锚具必须有严格的密封保护措施，应采取防止锚具受机械损伤或遭受腐蚀的有效措施。

③外露预应力筋的保护层厚度，处于正常环境时不应小于20mm，处于易受腐蚀的环境时，不应小于50mm。

④凸出式锚固端锚具的保护层厚度不应小于50mm。

5.3.4 先张法和后张法的比较

(1) 先张法施工工艺需要张拉台座和成套的起重运输设备，一次投资费用较大，而后张法工艺则不需张拉台座等设备，所以一次投资费用较小。

(2) 先张工艺因需台座，故适合在预制构件厂生产构件，且又受运输条件的限制，只适合生产中、小型构件；后张工艺因无需台座，直接在构件上张拉钢筋。故适合现场预制大、中、重型构件。

(3) 先张工艺无需预留孔道、穿筋和孔道灌浆等工序，工艺比较简单；后张工艺比较复杂，施工操作，尤其预应力筋的张拉计算控制比较难以准确掌握。

(4) 先张工艺不需要固定在构件上的锚具等设备，可减少用钢量；后张法工艺需用一次性的锚具锚固钢筋，故用钢量较大。

(5) 先张法工艺多在构件厂生产，设备配套，易于保证构件质量；而后张工艺因多在施工现场生产，影响构件的质量因素较多，施工条件不如构件厂稳定。

（6）先张法工艺建立预应力靠钢筋和混凝土间的黏结力；后张工艺是靠预应力筋两端的锚具牢固地锚固在构件端部对构件建立预压应力。

由于先张法和后张法的生产条件和情况不同，特点又各异，故选用时应根据具体条件和构件特征，全面比较后，确定采用施加预应力的方法。

5.4 无黏结预应力施工工艺

在后张法预应力混凝土中，预应力分为有黏结和无黏结两种。有黏结的预应力是常规做法，张拉后浇筑混凝土或通过灌浆使预应力筋与混凝土黏结。无黏结预应力是近些年发展起来的一项技术，其做法是在预应力筋表面刷涂料并包裹塑料布（管）后，再如同普通钢筋一样先铺设在支好的模板内，进行浇筑混凝土，待混凝土达到要求强度后进行张拉和锚固。此种预应力施工工艺的优点是无需留孔道与灌浆，施工简单、摩擦力小，预应力筋具有良好的抗腐蚀性并可弯成多跨曲线形状。适用于多层及高层建筑大柱网板柱结构（平板或密肋板）、大荷载的多层工业厂房楼盖体系、大跨度梁类结构，但预应力筋的强度不能充分发挥（一般要降低10%～20%），对锚具的要求也较高。

5.4.1 无黏结筋

无黏结筋是以专用防腐润滑脂（或防腐沥青）作涂料层，由聚乙烯（或聚丙烯）塑料作外包层的钢绞线或碳素钢丝束制作而成。

无黏结预应力筋按钢筋种类和直径分为：Φ^j12、Φ^j15 的钢绞线或 7 Φ^s5 的碳素钢丝束，如图 5-33 所示。

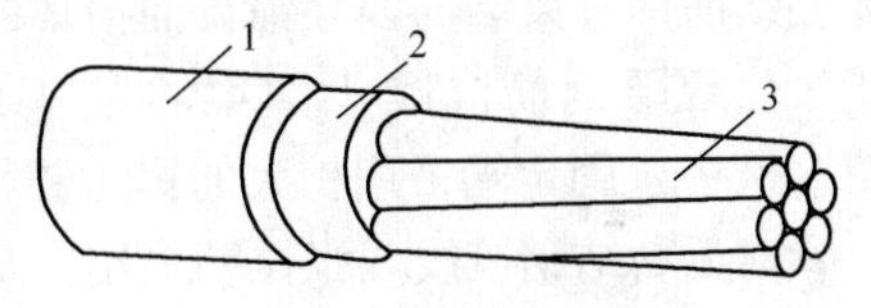

图 5-33　无黏结预应力筋

1—塑料护套；2—油脂；3—钢绞线或钢丝束

涂料的作业是使预应力筋与混凝土隔离，减少张拉时的摩擦损失，防止预应力筋腐蚀等。因此对涂料的要求是有较好的化学稳定性、韧性、不发脆、不流淌，并能较好地黏附在钢筋上，对钢筋和混凝土无腐蚀作用，同时还要考虑价格便宜、取材容易、施工方便等，常用防腐油脂和防腐沥青。

塑料外包层应有足够的抗拉强度和防水性能，以高、中密度聚乙烯为佳。

5.4.2 无黏结预应力筋的铺设

在单向板中，无黏结预应力筋的铺设与非预应力筋的铺设基本相同。

在双向板中，无黏结筋一般为双向曲线配筋，两个方向的无黏结筋互相穿插，给施工操作带来困难，必须事先编出铺设顺序。其方法是将各向无黏结筋各搭接点的标高标出，应先铺设标高低的无黏结筋，再依次铺设标高较高的无黏结筋，并应尽量避免两个方向的无黏结筋相互穿插编结，依此类推，定出各无黏结筋的铺设顺序。

无黏结筋在铺设过程中，应严格按设计要求的曲线形状就位并固定。其垂直方向，宜用支撑钢筋或钢筋马凳固定，间距为1～2m。铺设顺序是依次放置马凳，然后按顺序铺设无黏结筋；经调整检查无误后，用铅丝或钢筋绑扎牢固。在安装水电管线时，应避免碰动无黏结筋的位置。无黏结筋铺设完毕后，经隐蔽工程验收合格后，方可浇筑混凝土。浇筑作业时严禁踩踏撞碰无黏结筋、钢筋马凳及端部预埋件。

5.4.3 锚具及端部处理

无黏结预应力构件中，预应力筋的张拉力完全借助于锚具传递给混凝土，当外荷载作用时，引起的预应力筋应力变化也全部由锚具承担，因此，无黏结预应力筋用的锚具不仅受力比有黏结预应力筋的锚具大，而且承受重复荷载。因而，对无黏结预应力筋的锚具有更高的要求，其性能应符合Ⅰ类锚具的规定。在实际中，无黏结预应力筋常用钢丝束镦头锚具、夹片式锚具。

采用镦头锚具时，其无黏结钢丝束端部处理，如图 5-34、图 5-35 所示。

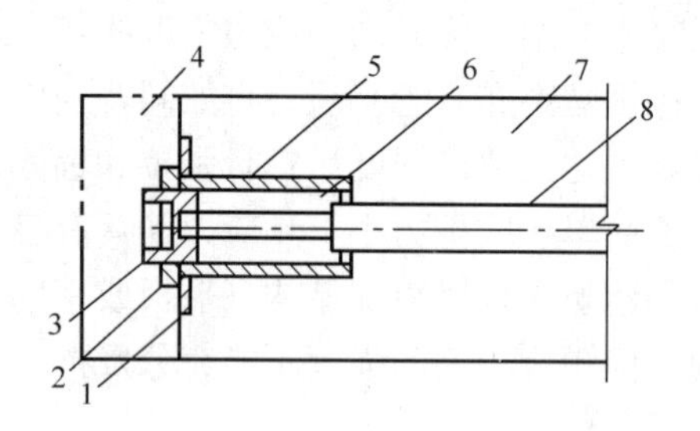

图 5-34 甲型锚固系统张拉端

1—预埋件；2—螺母；3—锚杯；4—C30 混凝土封头；5—塑料套筒；6—防腐油脂；7—构件；8—软塑料管

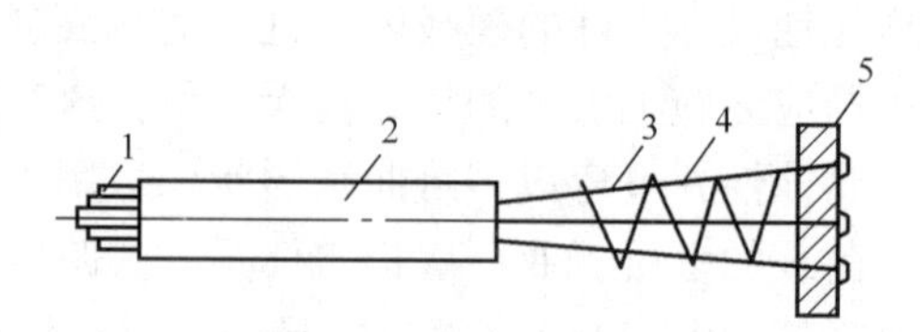

图 5-35 甲型锚固系统固定端

1—无黏结预应力钢丝束；2—软塑料管；3—螺旋筋；4—钢丝；5—锚板

图 5-34 中，塑料套筒供钢丝束张拉时锚杯从混凝土中拉出来用，软塑料管是用来保护无黏结筋钢丝束端部因穿锚具而损坏的塑料管。当锚杯被拉出后，必须向套筒内注满防腐油脂，然后用钢筋混凝土圈梁将端头外露锚具封闭好，避免长期与大气接触造成锈蚀。图 5-35中，固定端采用扩大的锚头锚板，并用螺旋筋加强，使之有可靠的锚固性能。

对无黏结钢绞线，张拉端采用夹片式锚具，张拉后端头钢绞线预留长度不小于 150mm，多余部分割掉，然后将钢绞线散开打弯，埋在圈梁内，以加强锚固，如图 5-36 所示。

钢绞线在固定端处可“压花”，如图 5-37 所示，放置在设计部位。这种做法的关键是张拉前固定端的混凝土强度等级应大于 30MPa，才能形成可靠的黏结式锚头。

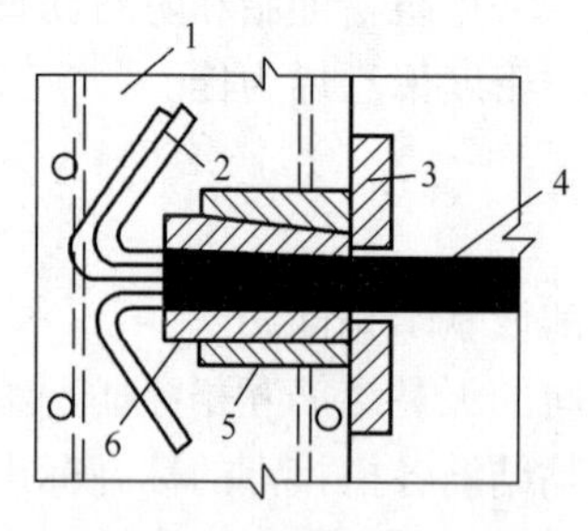

图 5-36 乙型锚固张拉端

1—圈梁；2—散开打弯钢丝；3—预埋件；4—钢绞线；5—锚环；6—夹片

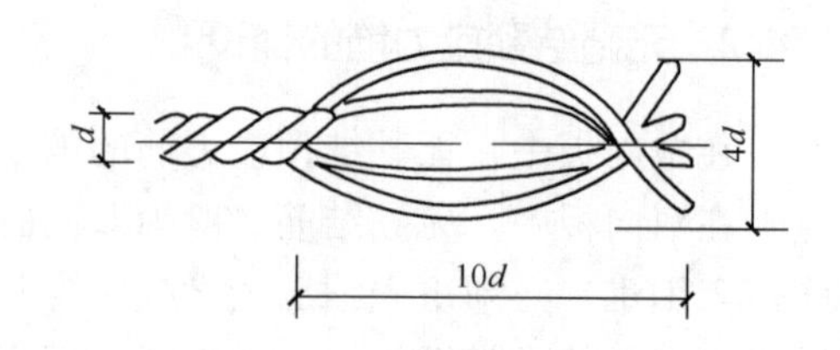

图 5-37 乙型锚固固定端

5.5 电热张拉法

电热张拉法（简称电张法）是利用钢筋的热胀冷缩的原理，在钢筋上通电使之热胀伸长，切断电源并立即锚固，断电后钢筋降温而冷却回缩，使混凝土构件产生预压应力。

电张法既适用于制作先张法构件，也适用于后张法构件。一般用于后张法，在后张法中可在预留孔道中张拉预应力筋，也可以不预留孔道，在预应力筋表面涂以热塑涂料（硫磺砂浆、沥青等）后直接浇筑于混凝土中，然后通电张拉。当钢筋通电加热时，热塑涂料遇热熔化，钢筋可自由伸长，而当断电锚固后，涂料也随之降温冷凝，使预应力筋与构件形成整体。

用 HPB235、HRB335、HRB400 级钢筋作预应力筋的结构，都可用电张法施加预应力，但对抗裂度要求较高的结构则不宜采用，对用波纹管或其他金属管道做预留孔道的结构，不得用电张法。对圆形预应力混凝土结构（如水池、油罐）亦可采用电张法，此外电张法也用于成束钢筋配筋的后张自锚构件和钢丝配筋的先张法构件。

电张法具有设备简单、操作方便、便于高空作业、劳动强度低以及电热过程中对冷拉钢筋起电热时效作用，在曲线配筋构件中可以减少摩擦损失；在电热张拉过程中，对冷拉钢筋起到电热时效作用，还可消除钢筋在轧制过程中所产生的内应力，故对提高钢筋的强度有力。但电张法是以钢筋的伸长来控制预应力值的，往往因材质不均匀时直接影响预应力值的准确性，故在成批生产时应用千斤顶对张拉后的预应力值进行校核，摸索出钢筋伸长与应力间的规律，作为电张时的依据。电热法不宜用于抗裂要求较高的构件。

5.5.1 预应力筋伸长值的计算

电张法是以控制钢筋的伸长值来建立必需的预应力值，所以如何正确地确定电热伸长值是电张法的关键。

构件在设计中已考虑了由于预应力筋放张而产生的混凝土弹性压缩对预应力筋有效预应力值的影响，故在计算钢筋伸长值时，只需考虑电热张拉工艺的特点。电热张拉时，由于钢筋不直以及钢筋在高温和应力状态下的塑性变形，将产生预应力损失，因此预应力筋的伸长值按下式计算：

$$\Delta L = \frac{\sigma_{\text{con}+30}}{E_S} L \tag{5-18}$$

式中 σ_{con}——设计张拉控制应力，MPa；

E_S——预应力筋的弹性模量，由试验确定或取用 2.0×10^5 MPa；

L——电热前预应力筋的总长度，mm。

5.5.2 电张法施工设备

电热设备的选择包括：钢筋电热时的温度计算，电热变压器功率的计算和导线截面、夹具形式的选择。

（1）钢筋电热时的温度计算

钢筋通电后，因温度升高而伸长，当钢筋伸长值为 ΔL 时，钢筋温度按下式计算：

$$T = T_1 + \frac{\Delta L}{\alpha L} \tag{5-19}$$

式中 T_1——钢筋初始环境温度,℃；

α——钢筋的线膨胀系数，取 1.2×10^{-5}；

L——电热前预应力筋的全长，mm。

对预应力筋的电热后温度应加以控制，温度过低，伸长变形缓慢，功效低。如果温度过高，对冷拉预应力筋起退火作用，影响预应力筋的强度，因此，应限制预应力筋电热温度不超过350℃。

（2）变压器功率计算

变压器功率可按下式计算：

$$P=\frac{GCT}{380t} \tag{5-20}$$

式中 G——同时电热预应力筋重量，kg；

C——预应力筋热容量取0.11；

T——预应力筋所需加热温度，℃；

t——通电时间，h。

根据上式计算功率选择变压器。变压器的选择应符合下列要求；

①一次电压为200～380V，二次电压为30～65V，

②钢筋中的二次额定电流值在120～400A_P之间，其间A_P为电热钢筋的截面积，cm^2。

（3）导线和夹具选择

从电源接到变压器的导线称一次导线，一般采用绝缘硬铜线；从变压器接到预应力筋的导线称二次导线。二次导线不应过长，一般不超过30m。二次导线采用铜线时，电流密度不宜大于5A/mm^2；采用铝线时，电流密度不宜大于3A/mm^2，以控制导线温度不超过50℃。表5-4为铜线作为二次导线的安全截面，可根据二次电流大小选用。

表5-4　铜线截面选择表

截面（mm^2）	1000	850	750	500	400	325	250	200	150	125	100
电流（A）	1540	1340	1050	900	700	670	570	470	430	340	280

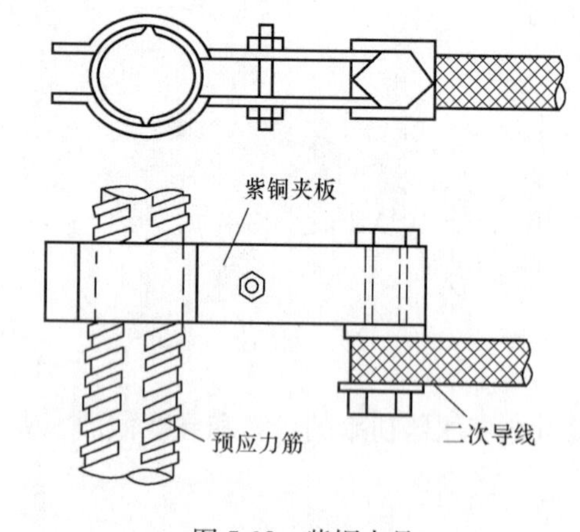

图5-38　紫铜夹具

夹具是供二次导线与预应力筋连接用的工具。常用的夹具如图5-38所示。要求导电性能好。接头电阻小，与预应力筋接触紧密，连接夹具宜用紫铜板制成，以减少夹具身的电阻。

5.5.3　电张法施工工艺

电张法施工工艺流程如图5-39所示。

电张法采用的预应力筋锚具常用螺丝端杆锚具、帮条锚具或镦头锚具，并配合U形垫板使用。

预应力筋应作绝缘处理，以防止通电时电流的分流与短路。电流的分流是指电流不集中在预应力筋上，而流到构件的非预应力筋上去的现象；短路是指电流不通过钢筋的全长即半途折回的现象。当产生分流和短路时，钢筋伸长缓慢，构件温度升高。因此预留孔道时应保证质量，不允许有非预应力筋与其他铁件外露，不得使用预埋金属波纹管预留孔道。

预应力筋穿好后即拧紧螺母，以减少垫板松动和钢筋不直的影响，在同一断面有几根预应力筋时，应使每根预应力筋的松紧程度大致相等，保证预应力筋具有相同的初应力。拧紧螺母后，量出螺丝端杆在螺母外长度并做好记录，作为测定电热伸长值的依据。当预应力筋

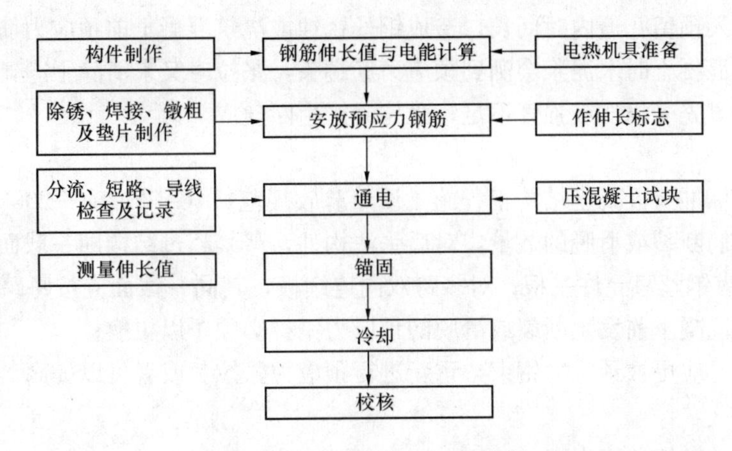

图 5-39　电张法施工工艺流程

达到伸长控制值后，切断电源，拧紧螺母，电热张拉即告完成，待钢筋冷却后再进行孔道灌浆。

在电热张拉过程中，应随时检查预应力筋的温度，测定电流并做好记录。冷拉钢筋作预应力筋时，其反复电热次数不得超过三次，以免降低钢筋强度。在用千斤顶校核预应力值时，预应力值偏差不得超过设计规定张拉控制应力值的＋10％或－5％。

5.6　预应力混凝土质量检查与安全措施

预应力混凝土除了用于空心板、大型屋面板等中小型构件外，主要用于屋架、大跨度梁及吊车梁等重要结构构件中，其质量好坏与建筑物能否安全使用，关系十分密切，凡达不到设计要求或验收标准的质量问题，均应认真分析，并做处理。

5.6.1　常见的质量事故及处理

在预应力混凝土施工中，常发生的质量事故有：螺丝端杆断裂、预应力筋滑丝或断丝、孔道灌浆不实、孔道裂缝、预应力值不足、施工阶段构件出现裂缝等事故。

5.6.1.1　预应力筋滑丝和断丝

（1）事故现象

预应力筋张拉时，预应力钢丝和钢绞线发生断丝和滑丝，使得构件的预应力筋受力不均匀或使构件不能达到所要求的预应力值。

（2）原因分析

①实际使用的预应力钢丝或钢绞线直径偏大，使锚塞或夹片安装不到位，张拉时易发生断丝或滑丝；

②预应力筋没有或未按规定要求梳理编束，使得预应力筋松紧不一或发生交叉，张拉时造成钢丝受力不均，易发生断丝；

③锚具的尺寸不准，夹片的锥度误差大，夹片的硬度与预应力筋不匹配，易断丝或滑丝；

④锚环安装位置不准，支承垫板倾斜，千斤顶安装不正，也会造成预应力筋断丝；

⑤施工焊接时，把接地线接在预应力筋上，造成钢丝间短路，损伤钢绞线，张拉时发生脆断；

⑥把钢束穿入预留孔道内时间长，造成钢丝锈蚀或浇筑混凝土前预应力筋已穿入孔道端头未包扎，浇筑混凝土时水泥浆会洒到预应力筋端头，张拉时又未清除干净，会产生滑丝；

⑦预应力筋事先受损伤或强度不足，张拉时产生断丝。

(3) 处理方法

①根据国家标准《混凝土结构工程施工质量验收规范》(GB 50204—2002) 的规定，张拉过程中预应力筋断裂或滑脱的数量，对后张法构件，严禁超过结构同一截面预应力筋总根数的3%，且每束钢丝只允许一根；对多跨双向连续板，其同一截面应按每跨计算。对先张法构件，在浇筑混凝土前发生断裂或滑脱的预应力钢材必须予以更换；

②发生断丝，应更换预应力钢束，重新进行预应力张拉。或者可以提高其他束的张拉力进行补偿；

③利用备用孔增加预应力束；

④更换不合格的锚具；

⑤构件降级使用；

⑥构件报废。

5.6.1.2 锚固端处理困难

(1) 事故现象

穿筋时发生交叉，导致锚固端处理困难，如定位不准确或锚固后引起滑脱。

(2) 原因分析

①钢丝未调直；

②穿筋时遇到阻碍，导致钢丝改变方向。

(3) 处理方法

①若不影响张拉时，锚固端采用外加工作锚加强锚固；

②若不能张拉时，宜重新穿筋；

③为弥补因预应力筋交叉引起的预应力损失，可适当超张拉。

5.6.1.3 螺丝端杆断裂

(1) 事故现象

热处理45号钢制作的端杆，在高应力下（冷拉和张拉过程中或张拉后）突然断裂，断口平整，呈脆性破坏。

(2) 原因分析

①材质内有夹渣，局部受损伤；

②机加工的螺纹内夹角尖锐；

③热处理不当，热处理后硬度过高或未经回火处理，材质变脆；

④张拉时端杆受偏心拉力、冲击荷载等作用；

⑤夜间气温骤降。

(3) 处理方法

①螺丝端杆断裂后，可切除重焊新螺杆，焊好后需用应力控制法进行冷拉试验，重复冷拉不得超过两次；

②如在张拉灌浆后螺丝端杆断裂而未影响预应力筋，可凿开构件端部，重焊螺丝端杆，随后补浇端部混凝土并养护到规定强度后，再张拉螺丝杆并用螺母固定。

5.6.1.4 预留孔道塌陷、堵塞

(1) 事故现象

预留孔道塌陷或堵塞、预应力筋不能顺利穿过，影响预应力筋张与孔道灌浆。

(2) 原因分析

①抽管过早，混凝土尚未凝固，造成塌孔事故；

②抽管太晚，混凝土与芯管黏结牢固，抽管困难，尤其使用钢管时往往抽不出来，孔道被抽塌；

③抽管顺序不当，抽管的速度过快；

④孔壁受外力或振动影响，如抽管时因方向不正而产生的挤压力和附加振动等；

⑤芯管接头处套管连接不紧密，漏浆；

⑥预埋金属波纹管的材质低劣，抵抗变形能力差，接缝咬口不牢靠。

(3) 处理方法

①芯管抽出后，应及时检查孔道成型质量，局部塌陷处可用特制长杆及时加以疏通；

②对预埋波纹管成孔，应在混凝土凝固前用通孔器及时将漏进的水泥浆液散开；

③如预留孔道堵塞，应查明堵塞部位，可用冲击钻与人工凿开疏通，重新补孔。

5.6.1.5 孔道灌浆不通畅

(1) 事故现象

水泥浆灌入预应力筋孔道内不通畅，另端灌浆排气管不出浆或排气孔不冒浆，灌浆泵压力过大（$>$1MPa），灌浆枪头堵塞。

(2) 原因分析

①灌浆排气管（孔）与预应力筋孔道不通，或孔径太小；

②预应力筋孔道内有混凝土残渣或杂物，水泥浆内有硬块或杂物；

③灌浆泵、灌浆管与灌浆枪头没有冲洗干净，留有水泥浆硬块与残渣。

(3) 处理方法

①检查灌浆排气管（孔）是否通畅，如有堵塞，设法疏通后继续灌浆；

②如确认预应力筋孔道堵塞，应设法更换灌浆口再灌入，但所灌的水泥浆数量应能将第一次灌入的水泥浆排出，使两次灌入水泥浆之间的气体排出；

③若第②处理方法实施困难，应在孔道堵塞位置钻孔，继续向前灌浆；如另一端排气孔也堵塞，也必须重新钻孔。

5.6.1.6 孔道灌浆不密实

(1) 事故现象

①孔道灌浆强度低、不密实；

②孔道灌浆不饱满，孔道顶部有较大的月牙空隙，甚至有露筋现象；

上述现象，会引起预应力筋锈蚀，影响预应力筋与构件混凝土的黏结性，严重时会造成预应力筋断裂，使构件损坏。

(2) 原因分析

①灌浆的水泥强度过低，或受潮、失效；

②灌浆顺序不当，灌浆顺序应先下后上；直线孔道灌浆，可从构件一端到另一端，曲线孔道应从最低点开始向两端进行；

③灌浆操作不认真，灌浆速度太快，灌浆压力偏低，稳压时间不足；

④未设排气孔，部分孔道被空气阻塞；

⑤灌浆未连续进行，部分孔道被堵，每个孔道一次灌成，中途不应停顿；重要预应力构件可进行二次灌浆，二次灌浆在第一次灌浆初凝后进行。

（3）处理方法

①灌浆后应从检查孔抽查灌浆的密实情况；如孔道内月牙形空隙较大（深度>3mm）或有露筋现象，应及时用人工补浆。

②对灌浆质量有怀疑的孔道，可用冲击钻打孔检查；如孔道内灌浆不足，可用手动泵补浆。

5.6.1.7 孔道裂缝

（1）事故现象

预应力筋孔道灌浆之前或灌浆之后，沿孔道方向产生水平裂缝。

（2）原因分析

①抽管、灌浆操作不当，产生裂缝；

②冬期施工时，孔道内的积水没能及时清除或水泥浆受冻膨胀，将孔道胀裂。

③灌浆压力过大，孔道部分混凝土强度低、将孔道胀破。

（3）处理方法

当裂缝宽度大于0.1mm时，可先沿裂缝凿出宽15～20mm、深10～15mm的槽，然后用环氧砂浆封闭。

5.6.1.8 金属波纹管孔道漏浆

（1）事故现象

浇筑混凝土时，金属波纹管（螺纹管）孔道漏进水泥浆，轻则减小孔道截面面积，增加摩阻力；重则堵孔，使穿束困难，甚至无法穿入。当采用先穿束工艺时，一旦漏入浆液将钢束铸固，造成无法张拉。

（2）原因分析

①金属波纹管没有出厂合格证，进场时又未验收，混入劣质产品。表现为管刚度差、咬口不牢、表面锈蚀等；

②波纹管接长处、波纹管与喇叭管连接处、波纹管与灌浆排气管接头处等接口封闭不严密，流入浆液；

③波纹管遭意外破损，如普通钢筋压伤管壁，电焊火花烧伤管壁，先穿束时由于戳撞使咬口开裂，浇筑混凝土时振动器碰伤管壁等；

④波纹管安装就位时，在拐弯处折死角，或反复弯曲等，会引起管壁开裂。

（3）处理方法

①对后穿束的孔道，在浇筑混凝土过程中及混凝土凝固前，可用通孔器通孔或用水冲孔，及时将漏进孔道的水泥浆散开或冲出；

②对先穿束的孔道，应在混凝土终凝前，用倒链拉动孔道内的预应力束，以免水泥浆堵孔；

③如金属波纹管孔道堵塞，应查明堵塞位置，凿开疏通。对后穿束的孔道，可采用细钢筋插入孔道探出堵塞位置。对先穿束的孔道，细钢筋不易插入，可改用张拉千斤顶从一端试拉，利用实测伸长值推算堵塞位置。试拉时，另一端预应力筋要用千斤顶揳紧，防止堵塞砂浆被拉裂后，张拉端千斤顶飞出。

5.6.1.9 预应力不足

(1) 事故现象

重叠生产构件，如屋架等张拉后，常出现应力值不足情况，钢筋的应力损失，最大可能10%以上。

(2) 原因分析

①后张法构件施加预应力时，混凝土弹性压缩损失值在张拉过程中同时形成，结构设计时，可不必考虑；

②采用重叠方法生产构件，由于上层构件重量和层间黏结力将阻止上、下层构件张拉时的弹性压缩，当构件起吊后，层间摩阻力消除，从而产生附加预应力损失。

(3) 处理方法

①采取自上而下分层进行张拉，并逐层加大张拉力，但底层张拉力不宜超过顶层张拉力的5%（对钢丝、钢绞线和热处理钢筋，不得大于其抗拉强度的80%）；

②做好隔离层（用石灰膏加废机油或铺油毡、塑料薄膜）；

③浇捣上层混凝土，防止振动棒触及下层构件。

5.6.1.10 预留孔道偏移、局部弯曲

(1) 事故现象

①预留孔道局部弯曲，会引起穿筋困难，摩阻力增大；

②预留孔道偏移，施加预应力时构件发生侧弯或开裂，甚至导致整个后张预力构件（如：屋架或托架等）破坏。

(2) 原因分析

①固定芯管或波纹管用钢筋“井”字架的间距大、井格也比芯管大，浇筑混凝土时会引起孔道局部弯曲；

②芯管或波纹管的位置固定不牢；尤其是波纹管的重量轻，如未用铁丝绑牢在井字架上或漏绑井字架的上横筋，在浇筑混凝土时波纹管容易上浮；

③振捣混凝土时，振动棒的振动使芯管偏移。

(3) 处理方法

1) 若构件出现波纹管上浮，以托架为例按以下情况分别处理：

①凡波纹管上浮到中心线以上的托架，判废；

②凡波纹管上浮较大的托架，降低总张拉力，上下束采取不同张拉力，使合力作用点靠近中心线，并降级使用；

③凡波纹管上浮较小的托架，则拉足张拉力；或仅在波纹管一端上浮，则该端作为固定端，另一端拉足张拉力，跨中建立的应力不低于原设计图纸，经荷载试压后，按原级别使用。

2) 对预留孔道局部弯曲造成预应力筋无法穿入，应按以下方法处理：

①首选人工修凿，扩大弯孔，但此法易出现孔壁被凿穿，若出现应及时处理；

②用简易钻孔机扩孔。

5.6.1.11 预应力混凝土结构施工阶段裂缝

(1) 事故现象

①大跨度预应力混凝土框架梁张拉前出现正截面裂缝，裂缝宽度为0.1～0.3mm。预应力值越高的结构，往往开裂更为严重，有的甚至出现普通钢筋屈服的现象；

②在大面积预应力混凝土框架结构中不设或少设伸缩缝的情况下，在梁的侧面出现垂直裂缝，其宽度为中间宽、两头窄，呈梭形；

③在大跨度预应力混凝土框架结构中，往往将附房与主房连接在一起，柱的净高小。框架梁张拉时，在柱的侧面出现交叉裂缝，如图 5-40 所示；

④预应力混凝土楼盖梁张拉时，在柱的两侧附近的楼板上出现斜裂缝，如图 5-41 所示；

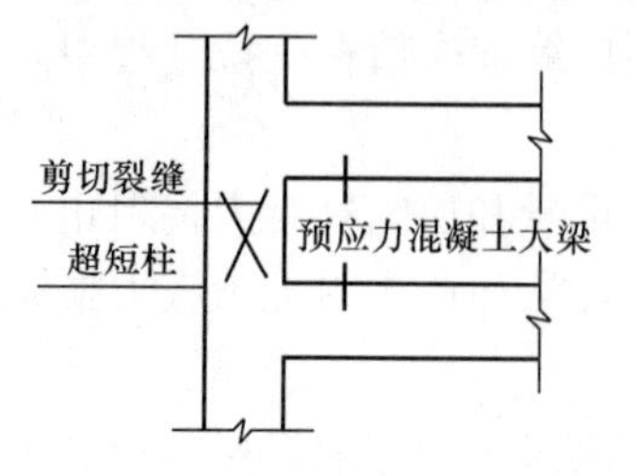

图 5-40　超短柱的剪切裂缝

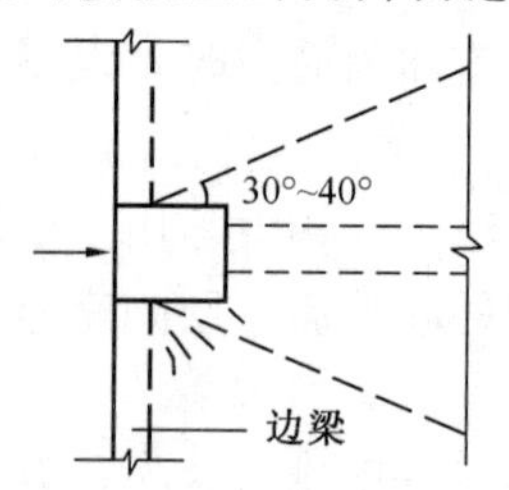

图 5-41　楼板角部的斜裂缝

⑤在多跨预应力混凝土连续次梁体系中，主梁通常采用钢筋混凝土构件。次梁张拉时，边主梁的侧面在次梁支座附近出现从底向上的竖向裂缝，如图 5-42 所示；

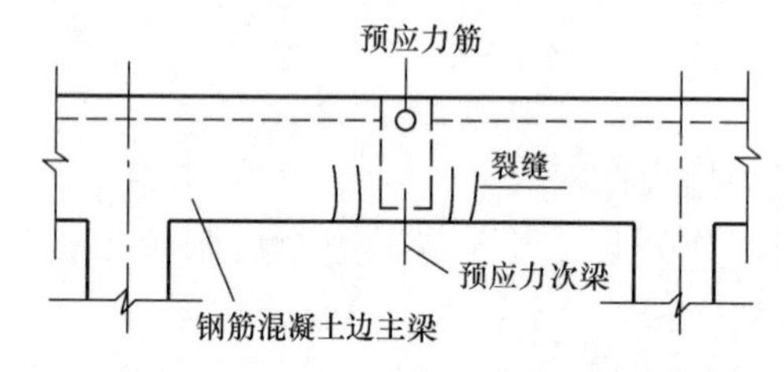

图 5-42　边主梁在次梁支座处的裂缝

⑥在大面积混凝土楼盖结构中，由于柱网不同，部分采用预应力混凝土梁，部分采用钢筋混凝土梁。预应力梁施工时，与其相连的钢筋混凝土梁板中出现垂直于预应力筋方向的受拉裂缝；

⑦多跨预应力混凝土连续梁张拉锚固后，发现梁的反拱比常规大，梁支座处侧面下部出现多条裂缝。

（2）原因分析

①设计时没考虑施加预应力对周围构件受力的影响而采取必须的加筋措施；

②施工人员对预应力混凝土结构的性能尚未完全掌握，以致后浇带的设置、模板支撑的选择与布置、模板拆除的时间与方式，仍然采用钢筋混凝土结构的传统做法；

③预应力混凝土框架结构施工时，从混凝土浇筑到预应力筋张拉需要一定时间，如果在此期间预应力梁的模板支撑发生沉降，由于普通钢筋配得少，对沉降产生的裂缝抑制能力差，预应力混凝土梁就会产生正载面受弯裂缝；

④现浇混凝土楼盖结构通常采用满堂支模。在结构施工图说明中仅指明预应力梁的底模与支撑应在张拉并灌浆强度达到 15MPa 后，方可拆除。施工人员对此有两种做法：一是所有梁板底模及支撑在预应力筋张拉后拆除，导致模板及支撑利用率低；二是在张拉前就将次梁及楼板的支撑拆除而未将主梁支撑加强，此时如主梁钢筋少，会出现正截面裂缝，如大梁的支撑在张拉前误拆，大梁会严重开裂，甚至发生倒塌事故；

⑤在大面积不设伸缩缝的预应力混凝土框架结构中，梁侧面出现的梭形裂缝是由于混凝土收缩和温度变化而产生的裂缝。其裂缝形态与约束条件有关；梁的上部与下部纵筋多，所以裂缝出现在梁侧中部，呈两头尖、中间宽；

⑥预应力次梁与边主梁相交处，边主梁在弯、剪、扭及横向预应力集中荷载作用下，应力复杂，易在次梁支座处的边主梁内侧产生受弯为主的裂缝；

⑦对 $H_0/h<2$ 的超短柱（H_0 为柱净高、h 为柱截面高度），框架梁张拉时由于梁的弹

性压缩会引起柱上下端较大的相对侧移，从而引起柱中较大的弯矩和剪力，出现剪切裂缝；

⑧在现浇混凝土楼盖中，梁端张拉力向30°～40°方向向板中扩散。应力扩散的过程会在板中产生拉应力，如板的厚度薄，板中非预应力筋仅按钢筋混凝土楼盖配置，会在垂直于主拉应力方向出现较宽的斜裂缝。

（3）处理方法

1）预应力混凝土大梁的模板支撑如张拉前被误拆或已松动，应迅速重新支撑或顶紧。对楼面活载较小，每层施工速度较快的预应力混凝土楼盖结构，应经过施工验算，必要时在下层增设二次支撑。对地面活载特大的大面积预应力混凝土平板，因施工流水及多跨预应力筋交叉布置需要，经施工验算，也可先张拉部分预应力筋后拆除模板及支撑。

2）对高预应力度的混凝土梁，首批张拉时应测定反拱值，并检查该梁及周围构件的裂缝情况。

3）对于预应力混凝土结构施工阶段已产生的裂缝，凡裂缝宽度超过0.1mm，都要进行修补。根据裂缝的宽度，可采用以下修补方法。

①对宽度小于0.15mm的微裂缝，在预应力筋张拉后尚能闭合，可采用封闭法，例如采用环氧树脂浆液封闭裂缝；

②对宽度0.15～0.3mm的裂缝，可采用开槽填补法，例如采用钢凿将裂缝凿成V形口，嵌入环氧胶泥或乳胶水泥，再抹环氧砂浆，使表面与原混凝土齐平；

③对宽度大于0.3mm的裂缝，可采用压力注浆法；

4）严重的裂缝，将明显降低结构刚度，应根据具体情况，采取预应力加固或用钢筋混凝土围套、钢套箍加固等方法处理。

5.6.2 预应力混凝土质量检查

混凝土工程的施工质量检验应以主控项目、一般项目按规定的检验方法进行检查。质量分为合格和不合格。

合格标准：主控项目全部符合要求，一般项目有80％以上检查点符合要求。

5.6.3 预应力混凝土安全措施

5.6.3.1 一般要求

（1）预应力操作工必须经过安全技术培训，经考核合格方可上岗；

（2）张拉现场必须划定作业区，并设护栏，非施工人员严禁入内。张拉作业区域应设明显警示牌，非作业人员不得进入作业区；

（3）预应力钢筋的张拉方法、顺序和控制应力应符合施工设计的要求；

（4）预应力张拉施工应由主管施工技术人员主持，张拉作业应由作业组长指挥。操作工必须服从作业组长指挥，严禁擅离岗位；

（5）操作工必须戴防护镜和手套；

（6）高处张拉作业必须搭设作业平台，并应符合下列要求：

①使用之前应经检查、验收，确认合格并形成文件。使用中应随时检查，确认安全；

②作业平台的脚手板必须铺满、铺稳；

③上下作业平台必须设安全梯、斜道等攀登设施；

④作业平台临边必须设防护栏杆。

(7) 在施工组织设计中，应根据设计要求和现场条件规定预应力张拉程序、控制应力和伸长值，选择适宜的张拉机具，并制定相应的安全措施；

(8) 所用张拉设备仪表，应由专人负责使用与管理，并定期进行维护与检验，设备的测定期不超过半年，否则须及时重新测定。施工时，根据预应力筋种类合理选择张拉设备，预应力筋的张拉力不应大于设备额定张拉力，严禁在负荷时拆换油管或压力表。按电源时，机壳必须接地，经检查绝缘可靠后，才可试运转。

5.6.3.2 先张法施工安全技术

(1) 先张法施工中，张拉机具与预应力筋应在一条直线上；顶紧锚塞时，用力不要过猛，以防钢丝折断；

(2) 张拉台座两端必须设置防护墙，沿台座外侧纵向每隔 4～5m 设置一个防护架；张拉时台座两端严禁有人，任何人不得进入张拉区域；

(3) 打紧夹具时，作业人员应站在横梁上面或侧面，击打夹具中心；

(4) 预应力筋放张时应拆除侧模，保证放松时构件能自由伸缩；

(5) 预应力筋就位后 ，严禁使用电弧焊在钢筋上和模板等部位进行切割或焊接，防止短路火花灼伤预应力筋；

(6) 拆除锚具夹片时，应对准夹片轻轻敲击，对称进行；

(7) 高压油泵必须放在张拉台座的侧面。

5.6.3.3 后张法施工安全技术

(1) 后张法施工中，张拉预应力筋时，任何人不得站在预应力筋两端，同时在千斤顶后面设立防护装置。张拉阶段严禁非工作人员进入防护挡板与构件之间；

(2) 钢丝、钢绞线、热处理钢筋及冷拉Ⅳ级钢筋，严禁采用电弧切割；

(3) 张拉时不得用手摸或脚踩被张拉钢筋，张拉和锚固端严禁站人；

(4) 负责灌浆的操作工必须佩戴防护镜和手套、穿胶靴。堵浆孔的操作工严禁站在浆孔迎面；

(5) 穿束时应均匀、慢速牵引，遇到异常应停止，经检查处理确认合格后，方可继续牵引。严禁使用机动翻斗车、推土机等牵引钢束。

5.6.3.4 无黏结预应力施工安全技术

(1) 张拉过程中，发生滑脱或断裂的钢丝数量不得超过同一截面内无黏结预应力筋总量的 2%；

(2) 吊运、存放、安装等作业中严禁损坏预应力筋的外包层；

(3) 无黏结预应力筋的锚固区，必须有可靠的密封防护措施；

(4) 预应力筋外包层应完好无损，使用前应逐根检查，确认合格。

5.6.3.5 电热张拉施工安全技术

(1) 电热设备应采用安全电压，一次电压应小于 380V，二次电压应小于 65V；

(2) 用电热张拉法时，预应力钢材的电热温度不得超过 350℃，反复电热次数不宜超过三次；

(3) 作业人员必须穿绝缘胶鞋，戴绝缘手套；

(4) 电热张拉预应力筋的顺序应符合设计规定：设计无规定时，应分组、对称张拉；

(5) 作业时必须设专人控制二次电源，并服从作业组长指挥，严禁擅离岗位；

(6) 锚固后，构件端必须设防护设施，且严禁有人；

（7）张拉结束后应及时拆除电气设备；

（8）电热张拉时发生碰火现象立即停电，查找原因，采取措施后再进行；

（9）电热施工中应经常检查电压、电流、钢筋与构件温度，以防分流与短路；

（10）停电冷却12h后，将预应力筋、螺母、垫板等相互焊牢，然后方可孔道灌浆；

（11）施工中如发生碰火现象应立即停电检查，采取措施后方可再进行施工。

5.7 预应力混凝土工程施工方案实例

5.7.1 工程概况

某中学教学楼，采用框架结构，地上六层，屋面塔楼一层，建筑物平面呈长方形，东西长约87m，南北长约20m，建筑物中部框架梁采用无黏结预应力结构，预应力框架梁的预应力筋采用低松弛ϕ15钢绞线，f_{ptk}=1860MPa，锚具为XM斜夹片式锚具，选用YCK250型千斤顶及与其配套的高压油泵张拉，张拉控制应力为$0.7f_{ptk}$。通过图纸，已知预应力框架梁分为五种形式：

（1）KL110Y型，三跨连续，长为31.8m，截面形式为600mm×800mm，布置三根钢绞线集团束，每束为7ϕ15。

（2）KL102Y型，长为18.6m，截面形式为400mm×800mm，布置两根钢绞线集团束，每束为7ϕ15。

（3）KL205Y型，长为29.4m，截面形式为400mm×800mm，布置两根钢绞线集团束，每束为7ϕ15。

（4）KL203Y型，长为14.4m，截面形式为600mm×800mm，布置三根钢绞线集团束，每束为7ϕ15。

（5）WKL702Y型，长为23m，截面形式为400mm×800mm，布置三根钢绞线集团束，每束为7ϕ15。

5.7.2 施工工艺流程

材料进场→取样试验→下料→盘卷→运至施工区→坐标确定→自检、调整→钢绞线编束、穿束、绑扎→张拉端安装→验收→浇筑混凝土→张拉端清理→安装锚具→张拉→切除钢筋头→封锚端部。

（1）预应力钢绞线下料长度的确定

计算公式为：$L=l+2(h+d+a)$

式中 L——下料长度，mm；

l——埋入梁内钢绞线长度，mm；

h——锚垫板厚度，h=40mm；

d——锚环厚度，d=60mm；

a——预应力筋在张拉时预留的工作长度，取300mm。

根据计算上述五种形式梁中预应力钢筋的下料长度分别为：32680mm、19480mm、15210mm、30400mm、23880mm。

（2）预应力钢绞线坐标位置的固定

框架梁的箍筋绑好后，将图纸中预应力钢绞线的位置逐点标注在框架梁的箍筋上，在其位置上焊接支撑架，并保证位置准确、焊接稳固。将下好料的钢绞线按图示位置编束，且务必理顺不缠绕，然后用铅丝以500mm的间距施行绑扎。以人工穿束的形式，将钢绞线束从一头穿入另一头，两端外露长度均匀，然后用铁丝将钢丝束绑扎在支撑架上，但铁丝不宜扎得太紧，以免塑料管有明显的刻痕和压纹。

（3）无黏结筋张拉

在张拉前先将张拉端预应力钢绞线的外塑料皮割掉并清理干净，并在锚板上对钢绞线进行编号，以备张拉用。当混凝土强度等级达到设计强度标准值的75%以上时，方可进行张拉。预应力筋张拉采用单根钢绞线两端对称张拉，即在一端张拉锚固后，再在另一端按相反的顺序依次补足，并记录伸长值，依次加到第一次的伸长值上，即为该根钢绞线的伸长值。为减少孔道摩擦和钢筋松弛等引起的预应力损失，张拉时采用超张拉的方法，其张拉程序为：

$0 \rightarrow 10\%\sigma_{con} \rightarrow 105\%\sigma_{con} \xrightarrow{\text{持续 2min}} \sigma_{con} \rightarrow$ 锚固

张拉控制应力：$\sigma_{con}=0.7R_y^b=0.7\times1860=1302$（MPa）

张拉力：$P=\sigma_{con}\times A_p=1302\times140=182.28$（kN）

根据计算上述五种形式梁中预应力钢筋的张拉伸长值分别为：199mm、115mm、93mm、176mm、143mm。

张拉时，先建立$10\%\sigma_{con}$的初应力值，初应力建立后在钢绞线的根部用红油漆作出标记，以便记录伸长值。无黏结预应力筋张拉锚固后实际预应力值与设计值的相对允许偏差为±5%。在施工过程中要逐根做好预应力筋的张拉记录。

（4）封锚

张拉完成后，采用砂轮锯切断超长部分的无黏结筋，预应力筋切断后露出锚具夹片外的长度不得小于30mm，切除钢绞线后，在锚具及承压板表面涂以防水涂料，然后用C40微膨胀混凝土密封并予以装饰。

5.7.3 质量控制标准及要求

（1）钢绞线经检验必须满足《无黏结预应力钢绞线》（JG 161—2004）标准的规定。

（2）锚具必须为I类锚具，且符合《预应力筋用锚具、夹具和连接器》以及其他相关规范的有关规定。千斤顶的压力表精度为1.5级，施工前对千斤顶、油泵及压力表进行配套标定，由标定曲线算出各张拉力的压力表读数，据此读数作为张拉时的控制值。

（3）钢绞线在吊装和穿束时，不得摔砸踩踏，严禁钢丝绳或其他坚硬吊具与无黏结预应力筋的外层直接接触。

（4）铺设无黏结筋时，垂直位置偏差为±10mm，且位置保持顺直。

（5）安装张拉端和固定端时应保证相对位置符合设计要求，且各部件之间不应有缝隙。

（6）张拉时采用应力、伸长值双控的方法，并保证实际伸长值与计算伸长值的偏差控制在±6%以内，否则应暂停张拉，查明原因并采取措施予以调整后方可继续张拉。

（7）张拉过程中，滑丝断裂数量不应超过结构同一截面无黏结预应力筋总量的2%且一束钢丝只允许1根。

5.7.4 工程验收资料

(1) 无黏结预应力筋、锚具出厂质量证明书；
(2) 无黏结预应力筋、锚具的复试报告；
(3) 混凝土试块的强度试验报告；
(4) 无黏结预应力筋的张拉记录；
(5) 隐蔽工程验收记录。

5.7.5 安全注意事项

(1) 入场前对工人进行安全教育，操作工人应佩戴安全帽；
(2) 张拉操作时应有稳固的操作平台；
(3) 张拉是采用两人一组，一人操作千斤顶，一人操作油泵并记录；
(4) 穿束时工人脚踩的架板应稳固；
(5) 张拉时，严禁施工人员站在千斤顶的轴线方向，以免发生意外。

上岗工作要点

预应力混凝土与普通混凝土比较，除能提高构件的抗裂强度和刚度外，还具有减轻自重、节约材料、增加构件的耐久性、降低造价的优点。

预应力混凝土按施工方法不同可分为：先张法和后张法。后张法施工中按预应力筋的黏结状态不同又分为一般后张法、无黏结后张法；按钢筋的张拉方式不同又分为机械张拉、电热张拉和自应力张拉等。

先张法常用于预制构件厂生产的预应力构件，而后张法常用于现场制作预应力构件。先张法施工工艺可分为张拉预应力筋、浇筑混凝土、预应力筋放张三个阶段，后张法施工工艺可分为制作构件并孔道留设、穿筋张拉及锚固、孔道灌浆三个阶段，每个阶段的施工不慎都可能引起预应力损失，施工过程中必须遵守施工质量验收规范的规定。

无黏结预应力混凝土是近几年发展的新技术，无需留设孔道和灌浆，常应用在高层建筑和较大跨度构件施工中。

电张法利用钢筋的热胀冷缩的原理，在钢筋上通电使之热胀伸长，切断电源并立即锚固，断电后钢筋降温而冷却回缩，使混凝土构件产生预压应力。它具有设备简单，操作方便，效率高，成本低，劳动强度低，摩擦小等优点，但是施工中耗电量大，所以在工程中已很少应用。

预应力混凝土充分利用了钢筋与混凝土的性能。施工中应特别注重原材料的质量检验，不合格的材料不准用于构件上。

复习思考题

1. 什么是预应力混凝土？有何优点？
2. 预应力混凝土构件与混凝土构件相比有哪些优缺点？
3. 简述预应力混凝土先张法施工工艺及其特点。主要适用于哪些构件的生产？
4. 简述预应力混凝土后张法施工工艺及其特点。主要适用于哪些构件的生产？

5. 如何进行预应力筋下料长度的计算？

6. 后张法施工时，预应力筋张拉应注意哪些问题？

7. 为什么要进行孔道灌浆？施工中应注意哪些问题？

8. 试进行先张法与后张法的比较。

9. 简述电张法施工工艺及特点。

10. 简述无黏结预应力施工工艺及特点。

练　习　题

某24m屋架，采用后张法施工，下弦孔道长23.78m，预应力筋采用冷拉HRB400级25mm钢筋 $f_{pyk}=500MPa^2$，冷拉率为4%，弹性回缩率0.5%。每根钢筋均用3根钢筋对焊而成，每个对焊接头的压缩长度为25mm，试计算：

(1) 两端均采用螺丝端杆锚具时，预应力筋的下料长度（螺丝端杆长320mm，构件外露长度120mm）；

(2) 一端为螺丝端杆，另一端为帮条锚具时，预应力筋的下料长度（帮条长50mm，垫板厚15mm）。

第6章 结构安装工程

重 点 提 示

【职业能力目标】

通过本章学习，应达到如下目标：编制结构安装工程施工方案；组织单层和多层结构安装；懂得工业厂房的结构安装工艺、质量要求以及安全措施。

【学习要求】

了解起重机械、索具、设备的性能；熟悉吊装前的准备工作，构件的吊装工艺，结构的吊装方案，结构安装施工的质量检查验收标准与安全措施；了解升板法施工工艺及装配式大板建筑安装方法。

结构安装工程，就是用起重机械将预制构件安装到设计位置的施工全过程。在装配式结构房屋施工中，结构安装是主导工程，它直接影响施工进度、工程质量和工程成本。其施工特点是：

(1) 预制构件的类型、外形尺寸直接影响构件在施工现场的排放位置、形式和安装进度。

(2) 预制构件的质量（如外形尺寸、预埋件位置是否正确，强度是否达到设计要求等）直接影响结构安装质量。

(3) 预制构件的尺寸、质量和安装高度是选择起重机械的主要依据，结构安装方法又取决于所选用的起重机械。

(4) 构件平面布置因安装方法、选用起重机械的不同而异。

(5) 有的构件（如柱、屋架）在运输和起吊时，因吊点或支撑点与使用时的受力状况不同，可能使内力增加，甚至改变作用方向（如压力变为拉力），对这类构件必须进行运输、安装强度和抗裂度验算，必要时应采取相应技术措施。

(6) 高空作业多，易发生工伤事故，应认真专虑安全技术措施。

根据上述施工特点，在拟订结构安装工程施工方案时，首先应根据厂房的平面尺寸、跨度、结构特点，构件类型、质量，安装高度，以及施工现场具体条件，结合现有设备情况，合理选择起重机械。然后，根据所选起重机械的性能，确定构件安装工艺、结构安装方法、起重机开行路线、构件现场预制及就位安装平面布置。

6.1 起重机械

结构安装工程常用的起重机械有：履带式起重机、汽车式起重机、轮胎式起重机、桅杆式起重机和塔式起重机等。前三种属自行式起重机，具有使用灵活、移动方便、服务范围广等优点，其缺点是起重量较小、稳定性较差。塔式起重机有较大的工作空间，种类繁多，适用于各种起重高度和起重量，广泛用于多层及高层建筑施工中；其缺点是移动受限制，灵活性稍差。

6.1.1 履带式起重机

履带式起重机是自行式、全回转的一种起重机械，由行走装置、回转装置、机身及起重臂等部分组成，如图 6-1 所示。采用履带式行走装置，可极大地减小对地面的平均压力。装在底盘上的回转机构，可以使机身回转 360°。机身内部有动力装置、卷扬机及操纵系统，使用方便、操作灵活，可载荷行驶和作业。目前，在装配式结构施工中，特别是单层工业厂房结构安装中，履带式起重机得到广泛应用。它的主要缺点是稳定性较差，不宜超负荷安装。

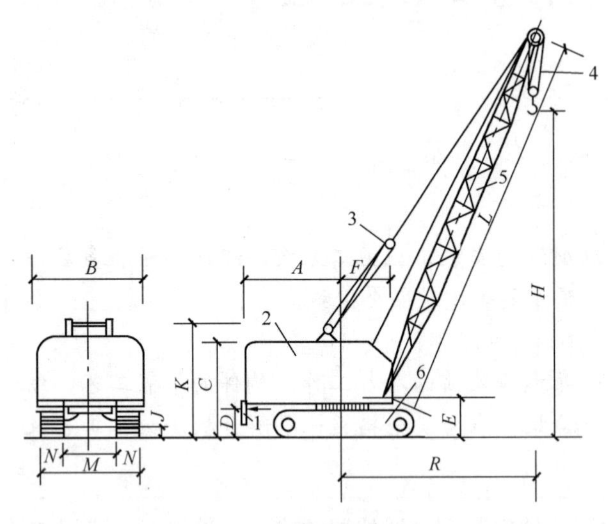

图 6-1 履带式起重机

1—平衡重；2—机身；3—变幅滑轮组；4—起重滑轮组；5—起重杆；6—行走装置（履带）；H—起重高度；R—起重半径；L—起重杆长度

6.1.1.1 履带式起重机的常用型号及性能

常用的履带式起重机的型号有：国产 W1—50、W1—100、W1—200；QU（机械式）系列履带式起重机；日产 KH180、KH300、60P、85P、IPD80；德产 CC—2000 等。常用履带式起重机的外形尺寸见图 6-1 和表 6-1。

表 6-1 履带式起重机外形尺寸 mm

符 号	名 称	型 号			
		W_1—50	W_1—100	W_1—200	KH—180
A	机身尾部到回转中心距离	2900	3300	4500	4000
B	机身宽度	2700	3120	3200	3080
C	机身顶部到地面高度	3220	3675	4125	3080
D	机身底部距地面高度	1000	1045	1190	1065
E	起重臂下铰点中心距地面高度	1555	1700	2100	1700
F	起重臂下铰点中心至回转中心距离	1000	1300	1600	900
G	履带长度	3420	4005	4950	5400
M	履带架宽度	2850	3200	4050	4300/3300
N	履带板宽度	550	675	800	760
J	行走底架距地面高度	300	275	390	360
K	机身上部支架距地面高度	3480	4170	6300	5470

履带式起重机主要技术参数为：起重量 Q，起重高度 H 和起重半径 R。其中，起重量 Q 是指起重机安全工作所允许的最大起重重物的质量；起重高度 H 是指起重吊钩中心

至停机面的垂直距离；起重半径 R 是指起重机回转中心至吊钩中垂线的水平距离。这三个参数之间相互制约，当起重臂长度一定时，随着起重臂仰角增大，起重半径减小，起重量和起重高度增加；当起重臂仰角不变，起重臂增长时，起重半径和起重高度增加，而起重量减小。每一型号的起重机可有几种臂长供选择。

履带式起重机主要技术性能可从起重机手册中的起重性能表或性能曲线中查取。常用履带式起重机的主要技术性能见表 6-2。如图 6-2 所示为 W1—100 型履带式起重机工作曲线，曲线 1 和曲线 2 分别为起重杆长 23m 时起重高度曲线和起重量曲线；曲线 3 和曲线 4 为起重杆长 13m 时的相应曲线。

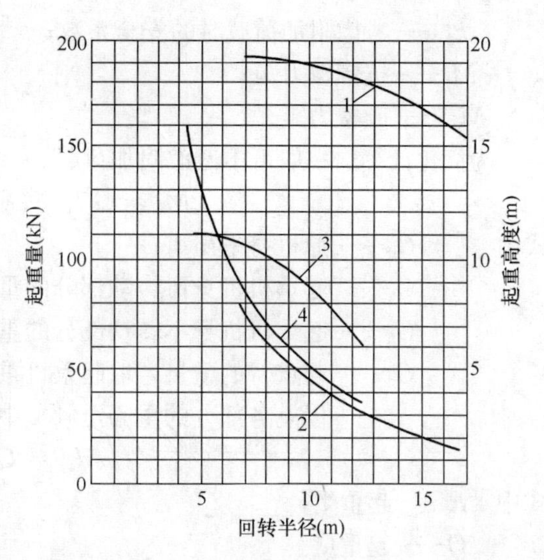

图 6-2　W1—100 型履带式起重机工作曲线

表 6-2　履带式起重机技术性能

参数		单位	型号							
			W1—50			W1—100		W1—200		
起重臂长度		m	10	18	18 带鸟嘴	13	23	15	30	40
最大工作幅度		m	10.0	17.0	10.0	12.5	17.0	15.5	22.5	30.0
最小工作幅度		m	3.7	4.5	6.0	4.23	6.5	4.5	8.0	10.0
Q	最小工作幅度时	t	10.0	7.5	2.0	15.0	8.0	50.0	20.0	8.0
	最大工作幅度时	t	2.6	1.0	1.0	3.5	1.7	8.2	4.3	1.5
H	最小工作幅度时	m	9.2	17.2	17.2	11.0	19.0	12.0	26.8	36.0
	最大工作幅度时	m	3.7	7.6	14.0	5.0	16.0	3.0	19.0	25.0

6.1.1.2　履带式起重机的稳定性验算

起重机的稳定性是指起重机在自重和外荷载作用下抵抗倾覆的能力。履带式起重机在进行超载安装或接长起重臂时，需进行稳定性验算，以保证起重机在安装中不会发生倾覆事故。

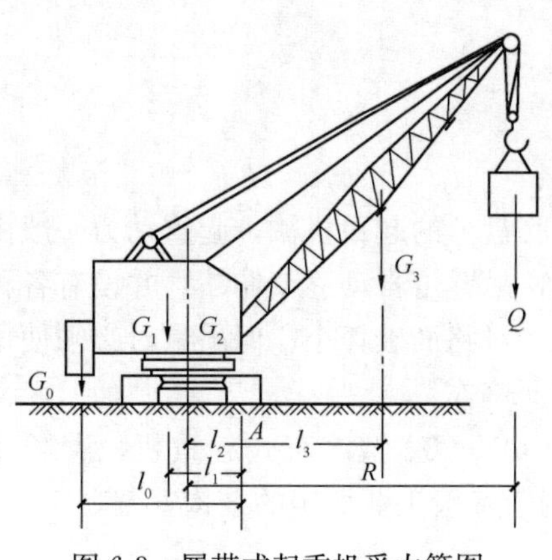

图 6-3　履带式起重机受力简图

履带式起重机稳定性验算，所选最不利位置为起重臂与行驶方向垂直状态。此时，以履带中点 A 为倾覆中心，按图 6-3 所示受力简图，进行抗倾覆验算。

（1）当不考虑附加荷载（风载、刹车惯性力）时，应满足的安全条件为

$$k_1 = \frac{M_r}{M_{ov}} \geqslant 1.4 \tag{6-1}$$

（2）当考虑附加荷载时，应满足的条件为

$$k_2 = \frac{M_r}{M_{ov}} \geqslant 1.15 \tag{6-2}$$

式中　k_1——不考虑附加荷载时的安全系数；

k_2——考虑附加荷载时的安全系数；

M_r——抗倾覆力矩；

M_{ov}——倾覆力矩。

为简化计算，一般可不考虑附加荷载。

$$M_r = G_1 l_1 + G_2 l_2 + G_0 l_0 - G_3 l_3 \tag{6-3}$$

式中 G_0——原机身平衡重；

G_1——起重机机身可转动部分的重量；

G_2——起重机机身不转动部分的重量；

G_3——起重臂的重量，取起重机重的4%～7%；

l_0，l_1，l_2，l_3——以上各部分的重心至倾覆中心 A 点的距离；

$$M_{ov} = Q(R - l_2) \tag{6-4}$$

式中 R——起重半径；

Q——起重量。

考察验算结果，若起重机稳定性安全系数不满足要求时，可采用临时增加平衡重、改变地面坡度的大小或方向、在起重臂顶端增加缆风绳等措施。上述措施，均应经计算确定，并在正式使用前进行试吊。

【例 6-1】 某建筑工地拟用一台 W1—100 型履带式起重机（最大起重量为150kN）安装柱子，每根柱重（包括吊具）为175kN，试验算起重机稳定性。

【解】 在现场实测，得如下数据：$G_1 = 202$kN；$G_2 = 144$kN；$G_0 = 30$kN；$G_3 = 43.5$kN；$l_2 = 1.26$m；$l_1 = 2.63$m（实测）；$l_0 = 4.5$m（实测）；$R = 4.5$m（查表）；$Q = 175$kN，故

$$l_3 = R - \left(1 + \frac{13 + \cos 75^\circ}{2}\right) = 1.56(\text{m})$$

则
$$K = \frac{M_r}{M_{ov}} = \frac{G_1 l_1 + G_2 l_2 + G_0 l_0 - G_3 l_3}{Q(R - l)} = \frac{782.5}{567.0} = 1.38 < 1.4$$

说明机身的稳定性不够，需采取在车尾增加配重来解决，所需增加的重量 G_0 可按下式计算

由
$$782.5 + G_0 l_0 \geqslant 1.4 \times 567.0$$

得
$$G_0 \geqslant \frac{1.4 \times 567.0 - 782.5}{4.59} = 2.5\ (\text{kN})$$

因此，增加配重的重量应不低于2.5kN。

6.1.2 汽车式起重机

汽车式起重机是将起重机构安装在通用或专用汽车底盘上的起重机械，起重动力一般由汽车发动机供给。起重臂采用高强度钢板做成箱形结构，吊臂可自动逐节伸缩，并设有各种限位和报警装置。汽车式起重机行驶速度快、机动性强、对路面破坏小，但吊重时必须使用支腿，故不能负荷行驶，也不适合在松软或泥泞的地面上工作。

常用的汽车起重机有 Q_2 系列、QY 系列等国产的 QY—32 型汽车式起重机，臂长达32m，最大起重量32t。起重臂分四节，液压操纵，可用于一般工业厂房的结构安装。

QY_{12} 型汽车式起重机外形如图 6-4 所示。

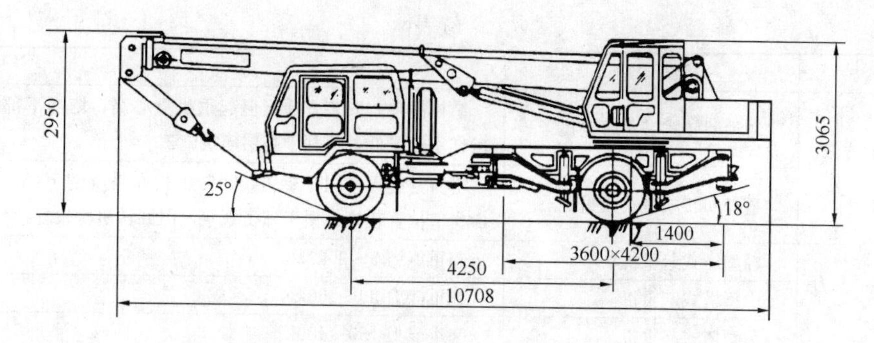

图 6-4　QY12 型汽车式起重机外形图

6.1.3　轮胎式起重机

轮胎式起重机在构造上与履带式起重机基本相似，但其行走装置采用轮胎。起重机构装在特制的底盘上，能全回转；随着起重量的大小不同，底盘下装有若干根轮轴，配备有 4～10 个或更多个轮胎，并有可伸缩的支腿；起重时，利用支腿增加机身的稳定，并保护轮胎。必要时，支腿下可加垫块，以扩大支承面。轮胎式起重机的特点与汽车式起重机相同，目前，我国常用的轮胎式起重机有 QL3 系列及 QYL 系列等，均用于一般工业厂房结构安装。目前，常用国产轮胎起重机有电动式和液压式两种。如图 6-5 所示为 QLD16 型轮胎起重机外形图。

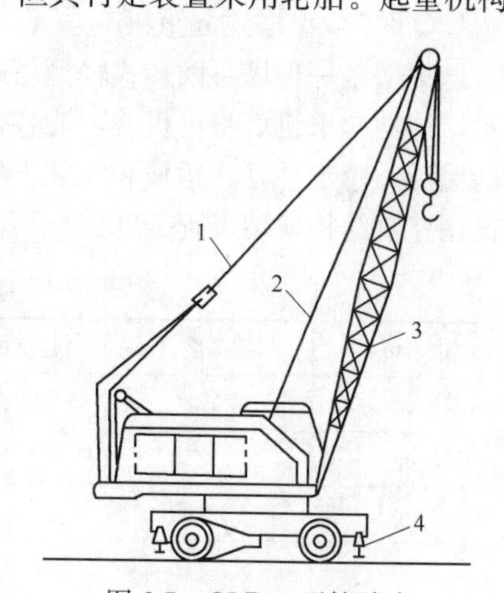

图 6-5　QLD16 型轮胎式起重机外形图

1—变幅索；2—起重索；3—起重杆；4—支腿

6.1.4　塔式起重机

塔式起重机简称塔机，塔机是一种具有竖直塔身的全回转式起重机；起重臂安装在塔身顶部，形成“T”形的工作空间，具有较高的有效高度和较大的工作半径。塔式起重机种类繁多，适用于多层及高层工业与民用建筑的结构安装工程。

塔式起重机的类型按其有无行走机构、变幅方式、回转方式、爬升方式等形式划分。常用的塔式起重机的类型有：轨道式，QT 系列；爬升式，QTP 系列；附着式，QTF 系列。塔式起重机分类及其特点，见表 6-3。

表 6-3　塔式起重机的分类和特点

分类方法	类　型	特　点
按行走机构分类	行走式塔式起重机	能靠近工作地点，方便、机动性强，常用的为轨道行走式、轮胎行走式和履带行走式
	自升式塔式起重机	没有行走机构，安装在靠近修建物的专有基础上，随施工的建筑物升高而自行升高
按变幅方法分类	起重臂变幅式塔式起重机	起重臂与塔身铰接，变幅时调整起重臂的仰角，变幅机构有电动和手动两种
	起重小车变幅式塔式起重机	起重臂是不变（或可变）的横梁，下弦装有起重小车。这种起重机变幅简单，操作方便，并能带载变幅

续表

分类方法	类　型	特　点
按回转方式分类	塔顶回转式塔式起重机	结构简单，安装方便，但起重机重心高，塔身下部要加配重，操作室位置低，不利于高层建筑施工
	塔身回转式塔式起重机	塔身与起重臂同时旋转，回转机构在塔身的下部，便于维修，操作室位置较高，便于施工观察，但回转机构较复杂
按起重能力分类	轻型塔式起重机	起重能力 5～30kN
	中型塔式起重机	起重能力 30～150kN
	重型塔式起重机	起重能力 150～400kN

6.1.4.1　轨道式塔式起重机

轨道式塔式起重机是应用最广泛的一种起重机，常用的有 QT_1—2 型、QT_1—10 型、QT_1—6 型、TD—25 型、QT—60/80 型及 QT—20 型等。

1. QT_1—2 型塔式起重机

该机型是一种塔身回转式轻型塔式起重机，主要由塔身、起重臂和底盘组成，如图 6-6 所示，这种起重机塔身可折叠，能整体运输，起重力矩为 160kN·m，轨距 2.8m，重心低、转动灵活、稳定性好、运输和安装方便。缺点是回转平台较大、起重高度小，适用于 5 层以下民用建筑结构安装工程。QT_1—2 型塔式起重机工作性能见表 6-4。

表 6-4　QT_1—2 型塔式起重机工作性能

幅度（m）	起重高度（m）	起重量（10kN）	幅度（m）	起重高度（m）	起重量（10kN）
16.00	17.20	1.00	11.00	26.60	1.46
15.00	20.30	1.07	10.00	27.40	1.60
14.00	22.80	1.15	9.00	28.00	1.78
13.00	24.40	1.23	8.00	28.30	2.00
12.00	25.60	1.34			

2. QT_1—6 型塔式起重机

该机型是轨道式、旋转式塔式中型起重机，由底座、塔身、起重臂、塔顶及平衡重组成。起重量为 20～60kN，最大起重力矩为 40～450kN·m，能转弯行驶，起重高度可依需要增减塔身节数，适用面广，重心高，装拆费工。

3.QT—60/80 型塔式起重机

该机型是一种上旋转中型塔式起重机，额定起重力矩为 600～800kN·m，最大起重量为 100kN，适用于工业厂房和较高的民用建筑结构安装，尤其适合装配式大板建筑的施工，其外形如图 6-7 所示。

6.1.4.2　爬升式塔式起重机

爬升式塔式起重机是一种安装在建筑物内部（电梯井或特设开间）结构上，借助套架托梁和爬升系统或上、下爬升框架和爬升系统，自身爬升的起重机械，一般每隔 1～2 层楼爬升一次。适用于框架结构的高层建筑施工。

爬升式塔式起重机的特点是机身体形小、重量轻、安装简单、不占用建筑物外围空间，宜用于施工现场狭窄的高层建筑结构安装。常用的机型有 QT_5—4/40 型、QT_3—4 型等。主要技术参数见表 6-5。QT_5—4/40 型爬升式塔式起重机的外形与构造如图 6-8 所示。

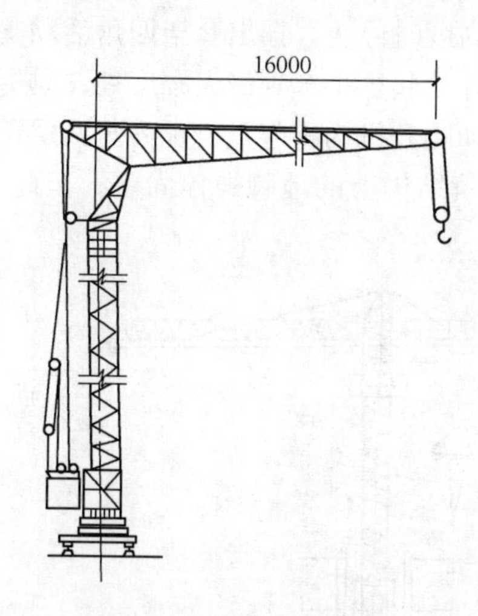

图 6-6　QT_1—2 型塔式起重机外形图

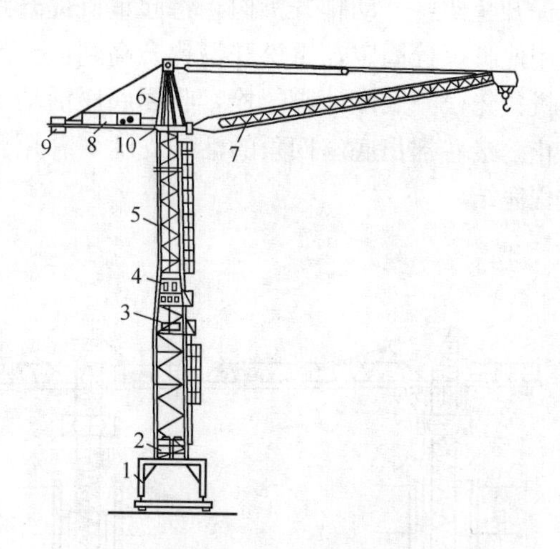

图 6-7　QT—60/80 型塔式起重机外形图

1—门架；2—压舱；3—绞车机构；4—操纵室；5—塔身；6—塔尖及塔顶；7—起重杆；8—平衡臂；9—平衡重；10—回转机构

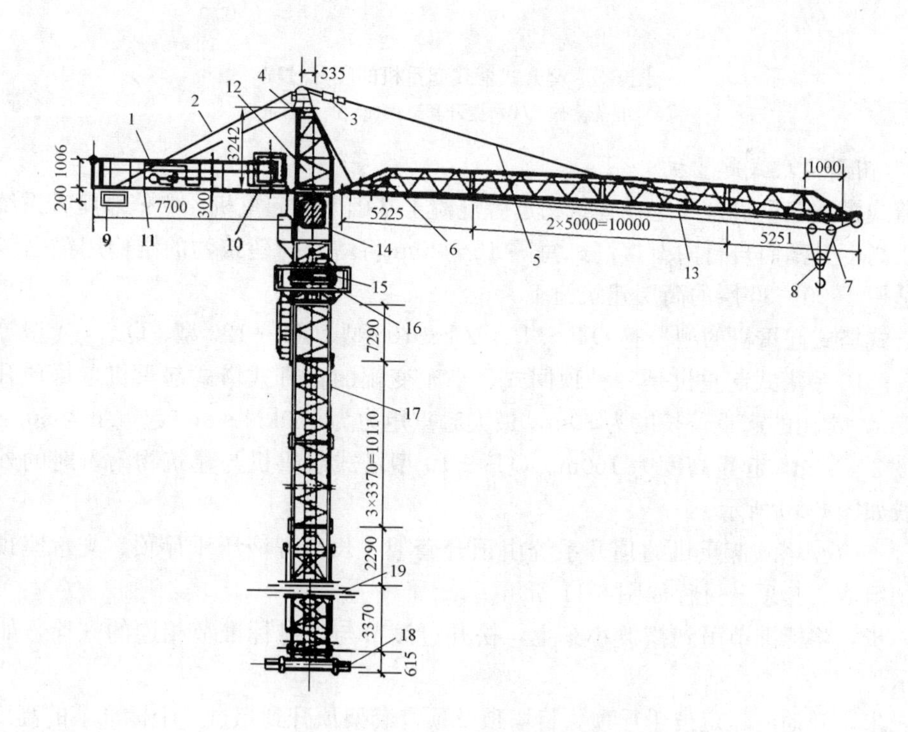

图 6-8　QT_5—4/40 型塔式起重机

1—起重机构；2—平衡臂拉绳；3—起重力矩限制装置；4—起重量限制装置；5—起重臂拉绳；6—小车牵引机构；7—起重小车；8—吊钩；9—配重；10—电气系统；11—平衡臂；12—塔顶；13—起重臂；14—司机室；15—回转支承上支座；16—回转支承下支座及走台；17—塔身；18—底座；19—套架

爬升式塔式起重机爬升过程如图 6-9 所示，主要分为：①准备状态：将起重小车收回到最小幅度处，下降吊钩，吊住套架并松开固定套架的地脚螺栓，收回活动支腿，做好爬升准备。②提升套架：开动爬升机构，将起重机提升到两层楼高度时停止，摇出套架四角活动支腿，并用地脚螺栓固定，再松开吊钩升高到适当高度，并开动起重小车到最大幅度处。③提升起重机：先松开底座地脚螺栓，收回底座活动支腿，开动爬升机构将起重机提升至两层楼高度停止，接着摇出底座四角的活动支腿，并用预埋在建筑结构上的地脚螺栓固定。至此，爬升过程完结。

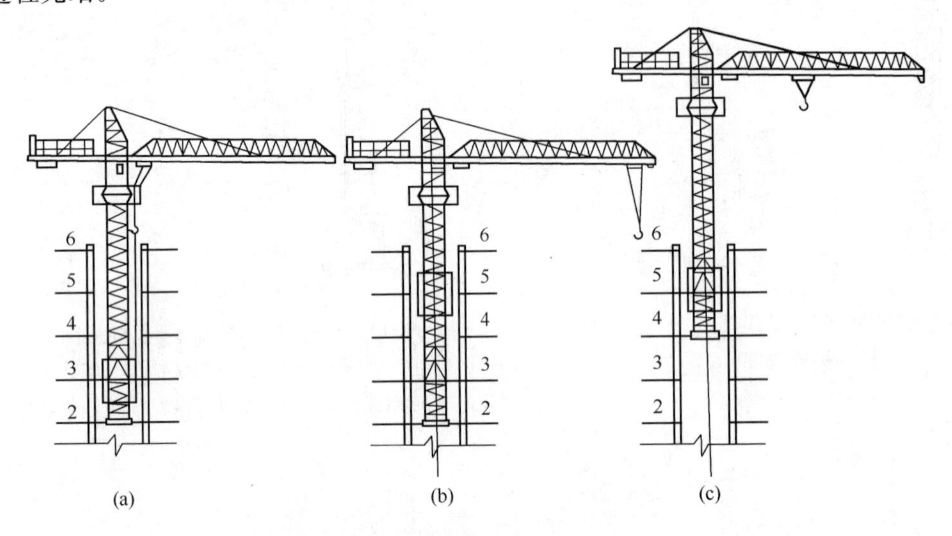

图 6-9　爬升式塔式起重机的爬升过程

(a) 准备状态；(b) 提升套架；(c) 提升起重机

6.1.4.3　附着式塔式起重机

附着式塔式起重机是固定在建筑物近旁混凝土基础上的起重机，它依靠爬升系统，随着建筑施工高度升高而自行向上接高，每隔 16～20m 将塔身与建筑物的结构用锚固装置连接起来，适用于 20～30 层的高层建筑施工。

附着式塔式起重机的型号有 QT_4—10、ZT—100 型、ZT—120 型、QT_1—4 型等。

QT_4—10 型塔式起重机是一种顶回式、小车变幅的自升式塔式起重机，每顶升一次可接长 2.5m，常用的起重臂长度为 30m，最大起重矩力为 160kN·m，起重量为 50～100kN，工作幅度 3～30m，起重高度为 160m。QT_4—10 型塔式起重机与建筑物附着时的外貌及其性能曲线如图 6-10 所示。

QT_4—10 型塔式起重机的顶升系统由顶升套架、长行程液压千斤顶、支承座顶升横梁和定位销组成，其顶升过程如图 6-11 所示。

第一步，将标准节吊到摆渡小车上，松开过渡节与塔身标准节相连的螺栓，如图 6-11 (a) 所示。

第二步，开动液压定位千斤顶，将塔顶及顶升套架顶升到超过一个标准节的高度，再用定位销将顶升套架固定，如图 6-11 (b) 所示。

第三步，将液压千斤顶回缩，形成引进空间，再将装有标准节的摆渡小车拉进空间内，如图 6-11 (c) 所示。

第四步，利用液压千斤顶稍微提起标准节，退出摆渡小车，接着将标准节安放在下面的

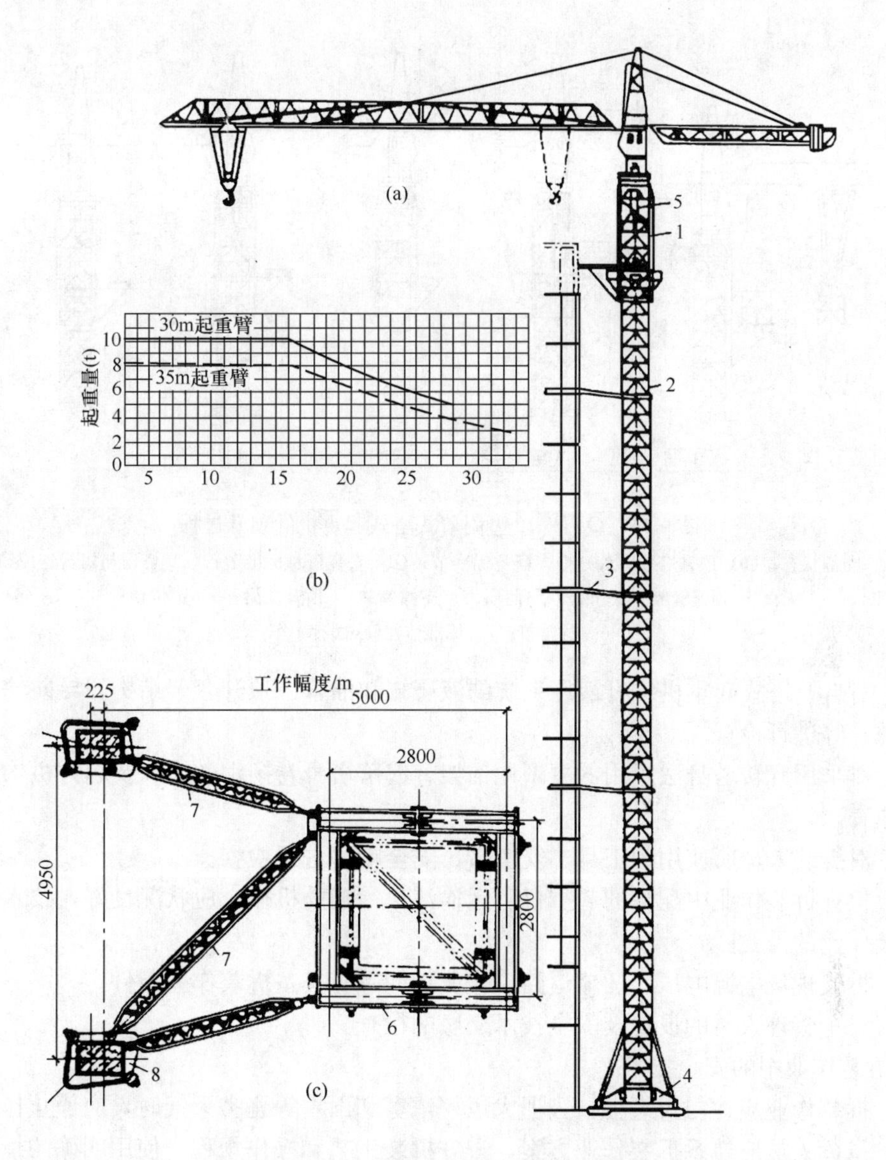

图 6-10　QT_4—10 型附着式自升塔式起重机

(a) 全貌图；(b) 性能曲线；(c) 锚固装置构造图

1—顶升套架；2—塔身标准节；3—锚固装置；4—底架及支腿；5—液压千斤顶；

6—塔身套箍；7—撑杆；8—柱套箍

塔身上，并用螺栓加以连接，如图 6-11（d）所示。

第五步，拔出定位销，下降过渡节，使之与新的标准节连成整体，如图 6-11（e）所示。

若一次需要接高若干节塔身标准节，可重复以上步骤。

6.1.4.4　塔机的安装、拆除安全技术

1. 拆装前的准备工作

拆装作业前，应进行一次全面安全检查，包括：

（1）路基和轨道铺设或混凝土基础应符合技术要求。

（2）对所拆装起重机的各机构、各部位、结构焊缝、重要部位螺栓、销轴、卷扬机构和钢丝绳、吊钩、吊具以及电气设备、线路等进行检查。

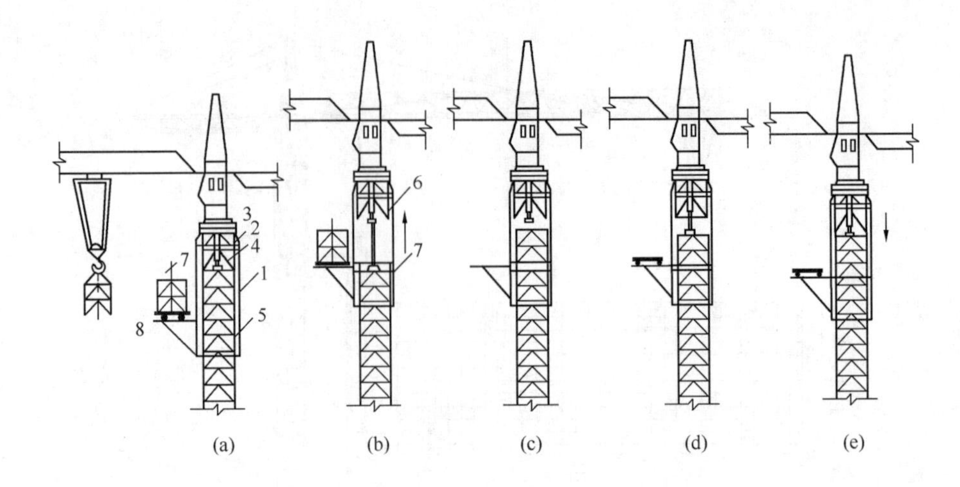

图 6-11　QT_4—10 型附着式塔式起重机的顶升过程

(a) 准备状态；(b) 顶升塔顶；(c) 推入塔身标准节；(d) 安装塔身标准节；(e) 塔顶与塔身连成整体

1—顶升套架；2—液压千斤顶；3—支撑座；4—顶升横梁；5—定位销；

6—过渡节；7—标准节；8—摆渡小车

(3) 对自升塔式起重机顶升液压系统的液压缸和油管、顶升套架结构、导向轮、顶升撑脚（爬爪）等进行检查。

(4) 对采用旋转塔身法所用的主副地锚架、起落塔身卷扬钢丝绳以及起升机构制动系统等进行检查。

(5) 对拆装人员所使用的工具、安全带、安全帽等进行检查。

(6) 检查拆装作业中配备的起重机、运输汽车等辅助机械，应状况良好，技术性能应能满足拆装作业的需要。

(7) 拆装现场电源电压、运输道路、作业场地等应具备拆装作业条件。

(8) 安全管理人员的设置及安全技术交底的检查。

2. 拆装作业中的安全技术

(1) 拆装作业应在白天进行，当遇大风、浓雾和雨雪等恶劣天气时，应停止作业。

(2) 指挥人员应熟悉拆装作业方案，遵守拆装工艺和操作规程，使用明确的指挥信号进行指挥。所有参与拆装作业的人员都应听从指挥。

(3) 拆装人员在进入工作现场时，应穿戴安全保护用品，高处作业时，应系好安全带。

(4) 在拆装上回转、小车变幅的起重臂时，应保持起重机的平衡。

(5) 采用高强度螺栓连接的结构，应使用原厂制造的连接螺栓；自制螺栓应有质量合格的试验证明，否则不得使用。连接螺栓时，应采用扭矩扳手或专用扳手，并应按装配技术要求拧紧。

(6) 在拆装作业过程中，当遇天气剧变、突然停电、机械故障等意外情况而短时间不能继续作业时，必须使已拆装的部位达到稳定状态并固定牢靠，经检查确认无隐患后，方可停止作业。

(7) 安装起重机时，必须将大车行走缓冲止挡器和限位开关碰块安装牢固可靠，并应将各部位的栏杆、平台、扶杆、护圈等安全防护装置装齐。

3. 顶升作业的安全技术

(1) 升降作业过程中必须有专人指挥，专人照看电源，专人操作液压系统，专人拆装螺栓。非作业人员不得登上顶升套架的操作平台。操纵室内应只准一人操作，必须听从指挥信号。

（2）升降应在白天进行，特殊情况需在夜间作业时，应有充分的照明。

（3）风力在4级及以上时，不得进行升降作业。在作业中风力突然增大达到4级时，必须立即停止，并应紧固上、下塔身各连接螺栓。

（4）顶升前，应预先放松电缆，其长度宜大于顶升总高度，并应紧固好电缆卷筒。下降时应适时收紧电缆。

（5）升降时，必须调整好顶升套架滚轮与塔身标准节的间隙，并应按规定使起重臂和平衡臂处于平衡状态，并将回转机构制动住，当回转台与塔身标准节之间的最后一处连接螺栓（销子）拆卸困难时，应将其对角方向的螺栓重新插入，再采取其他措施。不得以旋转起重臂动作来松动螺栓（销子）。

（6）升降时，顶升撑脚（爬爪）就位后，应插上安全销，方可继续下一动作。

（7）升降完毕后，各连接螺栓应按规定扭力坚固，液压操纵杆回到中间位置，并切断液压升降机构电源。

4. 附着锚固作业的安全技术

（1）起重机附着的建筑物，其锚固点的受力强度应满足起重机的设计要求。

（2）装设附着框架和附着杆件，应采用经纬仪测量塔身垂直度，并应采用附着杆进行调整，在最高锚固点以下垂直度允许偏差为2‰。

（3）在附着框架和附着支座布设时，附着杆倾斜角不得超过10°。

（4）附着框架宜设置在塔身标准节连接处，箍紧塔身，塔架对角处在无斜撑时应加固。

（5）塔身顶升接高到规定锚固间距时，应及时增设与建筑物的锚固装置，塔身高出锚固装置的自由端高度应符合出厂规定。

（6）起重机作业过程中，应经常检查锚固装置，发现松动或异常情况时，应立即停止作业，故障未排除，不得继续作业。

（7）拆卸起重机时，应随着降落塔身的进程拆卸相应的锚固装置，严禁在落塔之前先拆锚固装置。

（8）遇有6级及以上大风时，严禁安装或拆卸锚固装置。

（9）锚固装置的安装、拆卸、检查和调整，均应有专人负责；工作时，应遵守高处作业有关安全操作的规定。

（10）轨道式起重机做附着式使用时，应提高轨道基础的承载能力和切断行走机构的电源，并应设置阻挡行走轮移动的支座。

5. 内爬升作业的安全技术

（1）内爬升作业应在白天进行，风力在5级及以上时，应停止作业。

（2）内爬升时，应加强机上与机下之间的联系以及上部楼层与下部楼层之间的联系，遇有故障及异常情况应立即停机检查，故障未排除，不得继续爬升。

（3）内爬升过程中，严禁进行起重机的起升、回转、变幅等各项动作。

（4）起重机爬升到指定楼层后，应立即拔出塔身底座的支承梁或支腿，通过内爬升框架固定在楼板上，并应顶紧导向装置或用楔块塞紧。

（5）内爬升塔式起重机的固定间隔不宜小于三个楼层。

（6）对固定内爬升框架的楼层楼板，在楼板下面应增设支柱做临时加固。搁置起重机底座支承梁的楼层下方两层楼板，也应设置支柱做临时加固。

（7）每次内爬升完毕后，楼板上遗留下来的开孔，应立即采用钢筋混凝土封闭。

（8）起重机完成内爬升作业后，应检查内爬升框架的固定、底座支承梁的紧固以及楼板临时支撑的稳固等，确认可靠后，方可进行吊装作业。

6. 塔机作业中及作业后的安全技术措施

（1）起重吊装的指挥人员必须持证上岗，作业时，应与操作人员密切配合，执行规定的指挥信号。操作人员应按照指挥人员的信号进行作业，当信号不清或错误时，操作人员可拒绝执行。该条为强制性条文，必须执行。

（2）在露天有6级及以上大风或大雨、大雪、大雾等恶劣天气时，应停止起重吊装作业。雨雪过后，作业前，应先试吊，确认制动器灵敏可靠后，方可进行作业。

（3）起重机的变幅指示器、力矩限制器、起重量限制器以及各种行程限位开关等安全保护装置，应完好齐全、灵敏可靠，不得随意调整或拆除。严禁利用限制器和限位装置代替操纵机构。该条为强制性条文，必须执行。

（4）起重机作业时，起重臂和重物下方严禁有人停留、工作或通过。重物吊运时，严禁从人上方通过。严禁用起重机载运人员。该条为强制性条文，必须执行。

（5）严禁使用起重机进行斜拉、斜吊和起吊地下埋设或凝固在地面上的重物以及其他不明重量的物体。现场浇筑的混凝土构件或模板，必须全部松动后方可起吊。该条为强制性条文，必须执行。

（6）严禁起吊重物长时间悬挂在空中，作业中遇突发故障，应采取措施将重物降落到安全地方，并关闭发动机或切断电源后进行检修。在突然停电时，应立即把所有控制器拨到零位，断开电源总开关，并采取措施使重物降到地面。该条为强制性条文，必须执行。

（7）起重机不得靠近架空输电线作业。起重机的任何部位与架空输电导线的安全距离不得小于表6-5的要求。

表6-5　起重机与架空输电导线的安全距离

电压（kV）／安全距离	<1	1～15	20～40	60～110	220
沿垂直方向（m）	1.5	3.0	4.0	5.0	6.0
沿水平方向（m）	1.0	1.5	2.0	4.0	6.0

（8）当同一施工地点有两台以上起重机时，应保持两机间任何接近部位（包括吊重物）距离不得小于2m。

（9）在吊钩提升、起重小车或行走大车运行到限位装置前，均应减速缓行到停止位置，并应与限位装置保持一定距离（吊钩不得小于1m，行走轮不得小于2m）。严禁采用限位装置作为停止运行的控制开关。

（10）停机时，应将每个控制器拨回零位，依次断开各开关，关闭操纵室门窗，下机后，应锁紧夹轨器，使起重机与轨道固定，断开电源总开关，打开高空指示灯。

（11）检修人员上塔身、起重臂、平衡臂等高空部位检查或修理时，必须系好安全带。

（12）动臂式和尚未附着的自升式塔式起重机，塔身上不得悬挂标语牌。该条为强制性条文，必须执行。

6.1.5 桅杆式起重机

桅杆式起重机是结构安装工程中最简单的起重设备，其特点是能在比较狭窄的场地使用，制造简单、装拆方便、起重量大（可达 1000kN 以上），在大型构件安装而缺少大型起重机械时，最能显示出其优越性。但这类起重机的灵活性较差、移动较困难、起重半径小，且需要拉设较多的缆风绳，因而它适用于安装工程量比较集中的工程。

常用的桅杆式起重机有：独脚桅杆、人字桅杆、悬臂桅杆和牵缆式桅杆等。如图 6-12 所示。

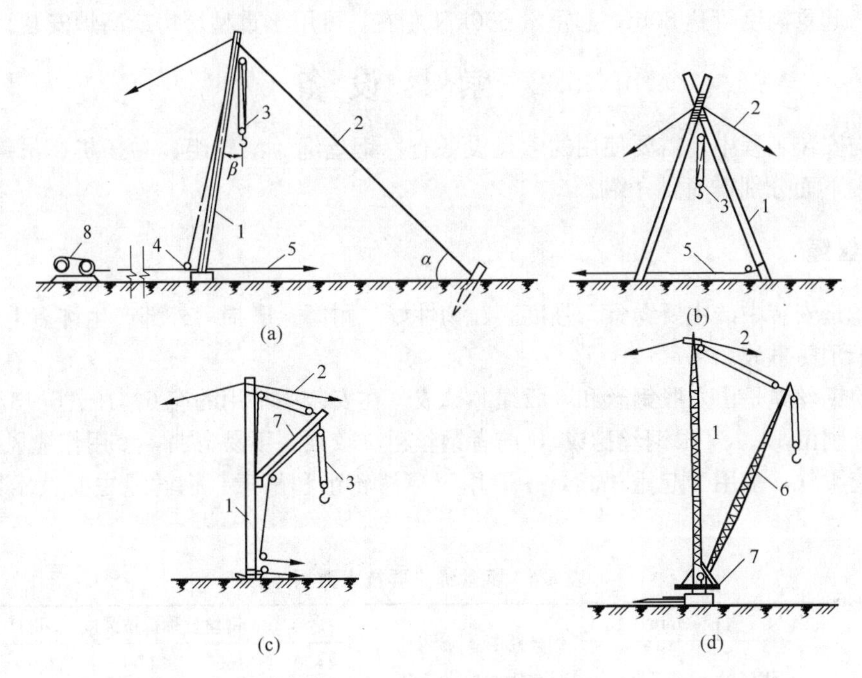

图 6-12　桅杆式起重机

(a) 独脚桅杆；(b) 人字桅杆；(c) 悬臂桅杆；(d) 牵缆式桅杆起重机

1—拔杆；2—缆风绳；3—起重滑轮组；4—导向装置；5—拉索；6—起重臂；7—回转盘；8—卷扬机

6.1.5.1　独脚桅杆

独脚桅杆又称独脚拔杆，一般由桅杆、起重滑轮组、卷扬机缆风绳和锚碇等组成，桅杆可用圆木、钢管或角钢组成的格构制作，如图 6-12（a）所示。使用时，桅杆应保持不大于 10°的倾角，以便安装的构件不致碰撞桅杆。为保证桅杆的稳定性，必须设置缆风绳，其数量应根据起重量、起重高度及绳索的强度而定，一般为 6～12 根。木独脚桅杆起重高度一般在 15m 以下，起重量在 100kN 以内；钢管独脚桅杆，起重高度一般在 30m 以下，起重量在 300kN 以内；格构式金属桅杆起重高度可达 70～80m，起重量可达 1000kN 以上。

6.1.5.2　人字桅杆

人字桅杆又称人字拔杆，是由两根圆木或两根钢管或两根格构式截面的独脚桅杆在顶部相交成 20°～30°夹角，用钢丝绳绑扎或用铁件铰接而成，呈人字形，底部设有拉杆或拉绳，以平衡水平推力，如图 6-12（b）所示。人字桅杆稳定性好，缆风绳较少，但活动范围过小，一般仅用于安装重型构件或作为辅助设备以安装厂房屋盖体系的轻型构件。人字拔杆起重量可达 200kN。

6.1.5.3 悬臂桅杆

悬臂桅杆又称悬臂拔杆，是在独脚拔杆中部或距底部2/3位置处设置一根起重臂而成，如图6-12（c）所示。其特点是有较大的起重高度，起重臂半径较大，起重臂还可左右摆动120°～270°，但因其起重量较小，多用于安装屋面板、檩条等轻型构件。

6.1.5.4 牵缆式桅杆起重机

牵缆式桅杆起重机是在独脚拔杆下端装一根起重臂而成，起重臂可起伏，机身可回转360°，具有较大的起重量和起重半径，灵活性好。用无缝钢管制作的桅杆起重机，其起重高度可达25m，起重量100kN左右，多用于一般工业厂房的结构安装；用格构式截面的桅杆和起重臂，起重高度可达80m，起重量600kN左右，可用于重型厂房或高炉安装。

6.2 索具设备

在结构安装工程中，需要使用的索具设备有：钢丝绳、滑轮组、卷扬机、吊钩、卡环、横吊梁等。下面分别作简要介绍。

6.2.1 钢丝绳

钢丝绳是安装中的主要绳索，强度高、韧性好，耐磨。磨损后外部产生许多毛刺，容易检查，便于预防事故。

常用的钢丝绳是由六股钢丝和一股绳芯捻成。在安装中常用的有6×19、6×37两种（6股，每股分别由19、37根钢丝捻成），前者钢丝粗、较硬、不易弯曲，多用作缆风绳；后者钢丝细，较柔软，多用于起重吊索，一般用于穿滑轮组和吊索。钢丝绳主要技术数据见表6-6。

表6-6 钢丝绳主要技术数据

结构形式	直径（mm）		钢丝总断面积（mm）	参考质量（kg/100m）	钢丝公称抗拉强度（MPa）				
	钢丝绳	钢丝			1400	1550	1700	1850	2000
					全部钢丝破断拉力总和 P_g（kN）≥				
钢丝绳6×19（GB 1102—74）	7.7	0.5	22.37	21.14	31.3	34.6	38.0	41.3	44.7
	9.3	0.6	32.22	30.45	45.1	49.9	54.7	59.6	64.4
	11.0	0.7	43.85	41.44	61.3	67.9	74.5	81.1	87.7
	12.5	0.8	57.27	54.12	80.1	88.7	97.3	105.5	114.5
	14.0	0.9	72.49	68.50	101.0	112.0	123.0	134.0	144.5
	15.5	1.0	89.49	84.57	125.0	138.5	152.0	165.5	178.5
	17.0	1.1	108.28	102.30	151.5	167.5	184.0	200.0	216.5
	18.5	1.2	128.87	121.80	180.0	199.5	219.0	238.0	257.5
	20.0	1.3	151.24	142.90	211.5	234.0	257.0	279.5	302.0
	21.5	1.4	175.40	165.80	245.5	271.5	298.0	324.0	350.5
	23.0	1.5	201.35	190.30	281.5	312.0	342.0	372.0	402.5
	24.5	1.6	229.09	216.50	320.5	355.0	389.0	423.5	458.0
	26.0	1.7	258.63	244.40	362.0	400.5	439.5	478.0	517.0
	28.0	1.8	289.95	274.00	405.5	449.0	492.5	536.0	579.5
	31.0	2.0	357.96	338.30	501.0	554.5	608.5	662.0	715.5
	34.0	2.2	433.13	409.30	606.0	671.0	736.0	801.0	
	37.0	2.4	515.46	487.10	721.5	798.5	876.0	953.5	
	40.0	2.6	604.95	571.70	846.5	937.5	1025.0	1115.0	

续表

结构形式	直径（mm）		钢丝总断面积（mm）	参考质量（kg/100m）	钢丝公称抗拉强度 MPa				
	钢丝绳	钢丝			1400	1550	1700	1850	2000
					全部钢丝破断拉力总和 P_g（kN）≥				
钢丝绳 6×37（GB 1102—74）	11.0	0.5	43.57	40.96	60.9	67.5	74.0	80.6	87.1
	13.0	0.6	62.74	58.98	87.8	97.2	106.5	116.0	125.0
	15.0	0.7	85.39	80.57	119.5	132.0	145.0	157.5	170.5
	17.5	0.8	111.53	104.8	156.0	172.5	189.5	206.0	223.0
	19.5	0.9	141.15	132.7	197.6	213.5	239.5	261.0	282.0
	21.5	1.0	174.27	163.3	243.5	270.0	296.0	322.0	348.5
	24.0	1.1	210.87	198.2	295.0	326.5	358.0	390.0	421.5
	26.0	1.2	250.95	235.9	351.0	388.5	426.5	464.0	501.5
	28.0	1.3	294.52	276.8	412.0	456.5	500.5	544.5	589.0
	30.0	1.4	341.57	321.1	478.0	529.0	580.5	631.5	683.0
	32.5	1.5	392.11	368.6	548.5	607.5	666.5	725.0	784.0
	34.5	1.6	446.13	419.4	624.5	691.5	758.0	825.0	892.0
	36.5	1.7	503.64	473.4	705.0	780.5	856.0	931.5	1005.0
	39.0	1.8	564.63	530.8	790.0	875.0	959.5	1040.0	1125.0
	43.0	2.0	697.08	655.3	975.5	1080.0	1185.0	1285.0	1390.0

钢丝绳允许拉力可按下式计算

$$S_g \leqslant \frac{P_m}{K} = \frac{\alpha P_g}{K} \tag{6-5}$$

式中 S_g——钢丝绳的允许拉力（kN）；

P_m——钢丝绳的破断拉力（kN）；

P_g——钢丝绳的破断拉力总和，查表 6-6；

α——钢丝绳破断拉力折算系数，查表 6-7；

K——钢丝绳安全系数，查表 6-8。

表 6-7　钢丝绳破断拉力换算系数

钢丝绳结构	换算系数 α	钢丝绳结构	换算系数 α
6×19	0.85	6×61	0.80
6×37	0.82		

表 6-8　钢丝绳安全系数

用　途	安全系数	用　途	安全系数
做缆风绳	3.5	做吊索（无弯曲）	6～7
用于手动起重设备	4.5	做捆绑吊索	8～10
用于机动起重设备	5～6	用于载人的升降机	14

6.2.2　卷扬机

在建筑施工中常用的电动卷扬机有快速和慢速两种。快速电动卷扬机（JJK 型）有单筒和双筒之分，其牵引力为 4.0～50kN，主要用于垂直、水平运输和打桩作业；慢速卷扬机（JJM 型）多为单筒式，其牵引力为 30～200kN，主要用于结构安装、钢筋冷拉和预应力钢筋张拉。其技术参数见表 6-9。

表 6-9　卷扬机技术规格

种类	型　号	额定牵引力(kN)	卷　筒				钢丝绳				电动机	
			直径(mm)	长度(mm)	转速(r/min)	绳容量(m)	规格	直径(mm)	绳速(r/min)	型号	功率(kW)	转速(r/min)
单筒快速卷扬机	JJK—0.5	5	236	441	27	100	6×19+1—170	9.3	20	J042—4	2.8	1430
	JJK—1	10	190	370	46	110	6×19+1—170	11	25.4	J0$_2$51—4	7.5	1450
	JJK—2	20	325	710	24	180	6×19+1—170	15.5	28.6	JR71—8	14	950
	JJK—3	30	350	500	30	300	6×19+1—170	17	42.3	JR81—8	28	720
	JJK—5	50	410	700	22	300	6×19+1—170	23.5	43.6	JQ83—6	40	960
双筒快速卷扬机	JJK—2	2	300	450	20	250	6×19+1—170	14	25	JR71—6	14	950
	JJK—3	30	350	5200	20	300	6×19+1—170	17	27.5	JR81—6	28	960
	JJK—5	50	420	600	20	500	6×19+1—170	22	32	JR82—AK8	40	960
单筒慢速卷扬机	JJM—3	30	340	500	7	190	6×19+1—170	15.5	8	JZR41—8	7.5	702
	JJM—5	50	400	800	6.3	190	6×19+1—170	23.5	8	JZR41—8	11	715
	JJM—6	60	550	1000	4.6	300	6×19+1—170	28	9.9	JZR51—8	22	718
	JJM—10	100	550	968	7.3	350	6×19+1—170	34	8.1	JZR51—8	22	723
	JJM—12	120	650	1200	3.5	600	6×19+1—170	37	9.4	JZR$_2$52—8	30	725

卷扬机在使用时必须用锚予以固定，以防止工作时产生滑移或倾覆。

卷扬机的选用应根据牵引力、允许卷速、钢丝绳寿命、使用环境和要求综合确定。

6.2.3　滑轮组

滑轮组由一定数量的定滑轮和动滑轮以及绕过它们的绳索组成，如图 6-13 所示。滑轮组既能省力，又能改变力的方向，是起重机的重要组成部分。通常滑轮组的名称以组成滑轮组定滑轮数和动滑轮数目来表示，如由 4 个定滑轮数和 4 个动滑轮数的滑轮组称为四四滑轮组。

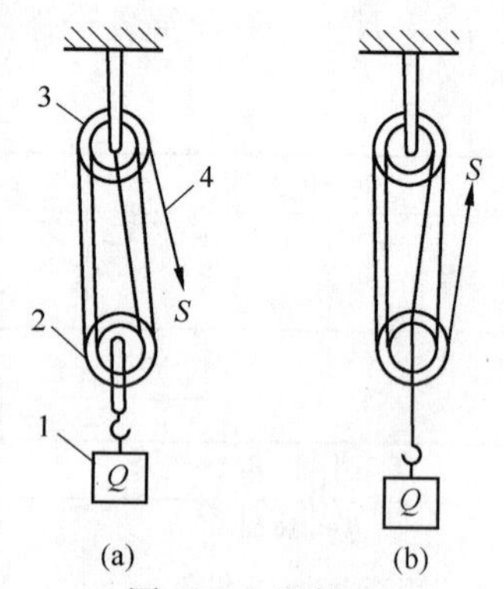

图 6-13　滑轮组

(a) 跑头从定滑轮引出；(b) 跑头从动滑轮引出

1—重物；2—动滑轮；3—定滑轮；4—钢丝绳

滑轮组的省力与否与跑头拉力的大小主要取决于滑轮组的工作线数和滑轮轴承处的摩擦阻力。滑轮组的工作线数是指滑轮组中共同负担构件或设备重量的绳索根数，即取动滑轮为隔离体所截断的绳索根数。

滑轮组绳索的跑头拉力 S，可按下式计算：

$$S = KQ \tag{6-6}$$

式中　S——跑头拉力（kN）；

Q——计算荷载（kN）；

K——滑轮组省力系数。

$$K = \frac{f^n(f-1)}{(f^n-1)} \tag{6-7}$$

式中　n——工作线数；

f——单个滑轮摩擦因数，青铜轴套滑轮为 1.04；滚珠滑轮为 1.02；无轴套滑轮为 1.06。

起重机械用滑轮一般为青铜轴套滑轮，其滑轮组省力系数可直接查表 6-10。

当滑轮组用于钢筋冷拉时，跑头多从动滑轮绕出，此时工作线数比定滑轮绕出时多 1，故其省力系数可按下式计算

$$K = \frac{f^{n-1}(f-1)}{(f^n-1)} \tag{6-8}$$

表 6-10　青铜轴套滑轮组省力系数

$K=f^n(f-1)/(f^n-1)$										
工作线数 n	1	2	3	4	5	6	7	8	9	10
省力系数 k	1.040	0.52	0.360	0.275	0.224	0.190	0.166	0.148	0.134	0.123
工作线数 n	11	12	13	14	15	16	17	18	19	20
省力系数 k	0.114	0.106	0.100	0.095	0.090	0.086	0.082	0.079	0.076	0.074

6.2.4　吊具

在构件安装过程中，常用的吊具主要有吊索、卡环和横吊梁等。

（1）吊索（千斤绳）。吊索主要用于绑扎和起吊构件，常用的有环状吊索和开口吊索两种类型，如图 6-14（a）所示。

（2）卡环（卸甲）。卡环主要用于吊索之间或吊索与吊环之间的连接，分为螺栓式卡环和活络式卡环两种。卡环由弯环和销子两部分组成，如图 6-14（b）所示。

（3）横吊梁（铁扁担）。横吊梁常用形式有钢板横吊梁和钢管机横吊梁，如图 6-14（c）和（d）所示。采用垂直安装法安装柱时，用钢板横安装，可使柱保持垂直；安装屋架时，用钢管横吊梁，可减少索具高度。

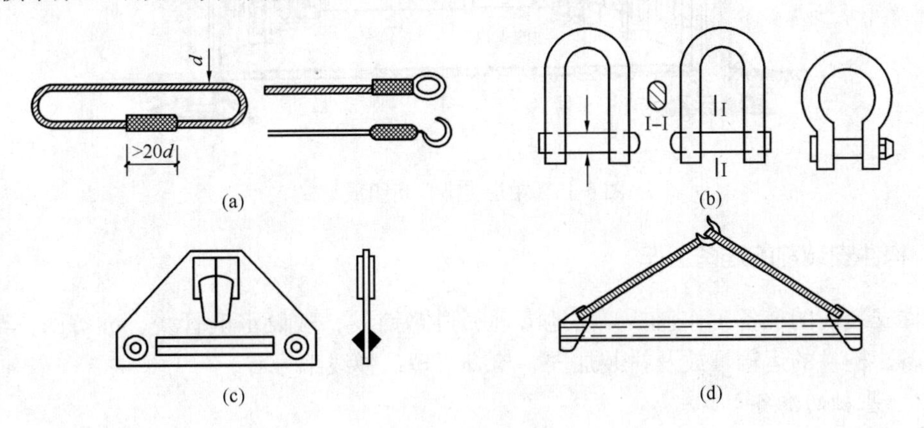

图 6-14　吊具

（a）吊索；（b）卡环；（c）钢板横吊梁；（d）钢管横吊梁

6.2.5　锚碇

锚碇又称地锚，用来固定缆风绳、卷扬机导向滑轮、拔杆的平衡绳索等。常用的锚碇有桩式锚碇和水平锚碇两种。

桩式锚碇用于固定受力不大的缆风绳，这种锚碇是用一根木桩、两根木桩或三根木桩组成，承载力为 10～15kN，木桩入土深度一般不小于 1.2m。打桩时应使木桩和缆风绳近似垂直。

水平锚碇是将一根或几根圆木（方木、型钢等）用钢丝绳捆绑在一起，横放在挖好的坑底，圆木埋入深度为 1.5～2.0m 时，承受拉力达 30～150kN；当拉力超过 75kN 时，应加压板；当拉力大于 150kN 时，应用立柱和木壁加强。

6.3 单层工业厂房结构安装

单层工业厂房主要承重结构除基础在施工现场就地浇筑外，其他构件均为钢筋混凝土预制构件，其主要构件有：柱、吊车梁、屋架、天窗架、屋面板、连系梁、基础梁等。尺寸大、构件重的大型构件，如柱、屋架等，一般在施工现场就地预制，中小型构件多集中在预制厂制作，后运到现场安装。结构安装工程是单层工业厂房施工中的主导工程。单层工业厂房组成型式，如图 6-15 所示。

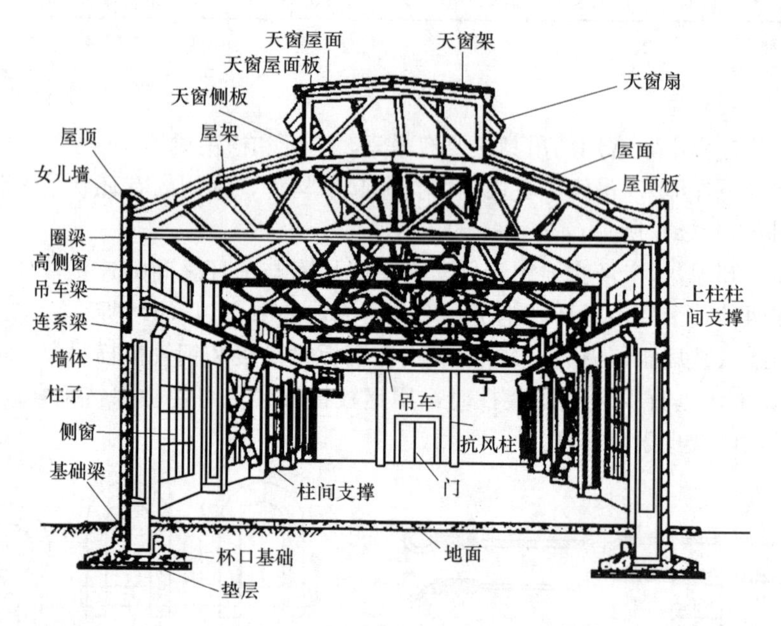

图 6-15 单层工业厂房组成型式

6.3.1 构件安装前的准备工作

构件安装前的准备工作包括：场地清理、道路铺设、敷设水电管线、准备吊具与吊索、基础准备、构件的运输堆放及拼装加固、检查清理、弹线编号等。

6.3.1.1 基础的准备

钢筋混凝土杯形基础施工时，首先保证基础定位轴线及杯口尺寸准确。同时，为便于调整柱子牛腿面的标高，杯底标高一般比设计标高低 50mm。柱在安装前需要对杯底标高进行调整（或称抄平）。调整的方法是：测出杯底实际标高，再测量出柱脚底面至牛腿面的实际长度，结合柱脚底面和柱子制作的误差情况计算出杯底标高调整值，并在杯口标出，然后用 1∶2 水泥砂浆或细石混凝土找平杯底至所需标高处。杯底安装标高的允许偏差为－10mm，如图 6-16 所示。

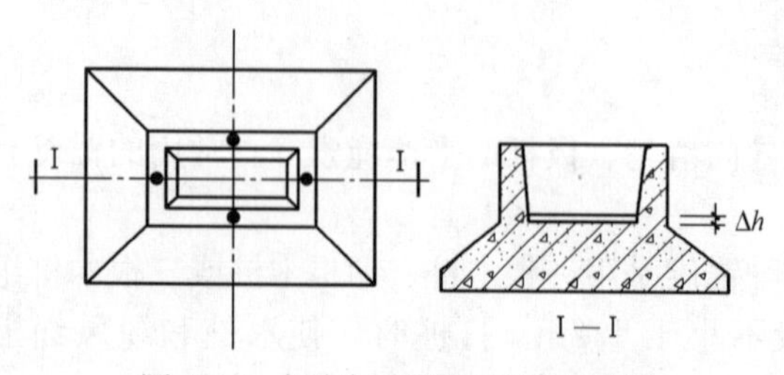

图 6-16 杯底标高调整杯顶面弹线

例如测出杯底实际标高为－1.20m，牛腿面设计标高是＋7.80m，柱脚至牛腿面的实际长度为8.95m，则柱底标高的调整值Δh＝（7.80＋1.20）－8.95＝0.05m，即杯底应调整加高50mm。

此外，还要在基础杯口顶面弹出建筑物的纵、横定位轴线及柱的安装准线，作为柱安装对位和校正的依据。

6.3.1.2 构件的运输与堆放

构件的运输和堆放应满足如下基本要求：

（1）运输道路应坚实平整，有足够的转弯半径和宽度。

（2）构件运输时，混凝土强度应满足设计要求，若设计无要求时，则不应低于设计强度等级的70％。

（3）钢筋混凝土构件的垫点和装卸时的吊点，不论上车运输或卸车堆放，都应按设计要求进行。叠放在车上或堆放在现场的构件，构件之间的垫木要在同一垂直线上，且厚度相等。

（4）在运输过程中为防止构件变形、倾倒、损坏，对高宽比过大的构件或多层叠放运输的构件，应采用设置工具或支承框架、固定架、支撑等予以固定。

（5）根据工期、运距、构件重量、尺寸和类型以及工地具体情况，选择合理的运输车辆和合适的装卸机械。构件进场应按照平面布置图所示位置堆放，以免出现二次搬运。

柱、屋架、吊车梁、屋面板等构件运输示意图，如图6-17所示。

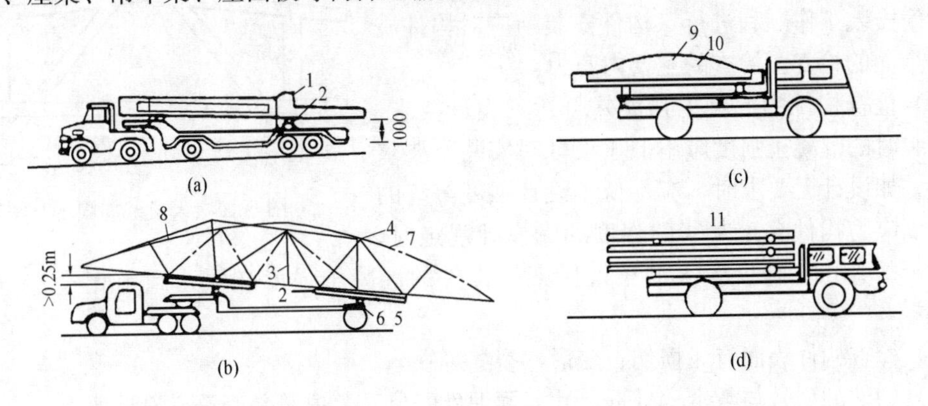

图6-17 构件运输示意图

（a）柱子运输；（b）屋架运输；（c）吊车梁运输；（d）屋面板运输

1—柱子；2—垫木；3—支架；4—绳索；5—平衡架；6—铰；7—屋架；8—竹竿；9—铅丝；10—吊车梁；11—屋面板

6.3.1.3 构件的拼装与加固

天窗架、大跨度屋架等，为便于运输及避免在扶直过程中损坏，可在预制厂先预制成两个半榀，运到现场后，再拼装成整体。

构件的拼装有立拼和平拼两种。对大跨度屋架，常采用直接在起吊位置立拼的方法（图6-18）。小跨度的构件如天窗架则多采用平拼。

拼装的构件在拼装前应先检查块体质量，如混凝土强度、外形尺寸是否符合要求，有无裂缝损伤等。合格的块体才能进行拼接。

构件在安装时所受的荷载，一般均小于设计时的使用荷载，但荷载的位置大多与设计时

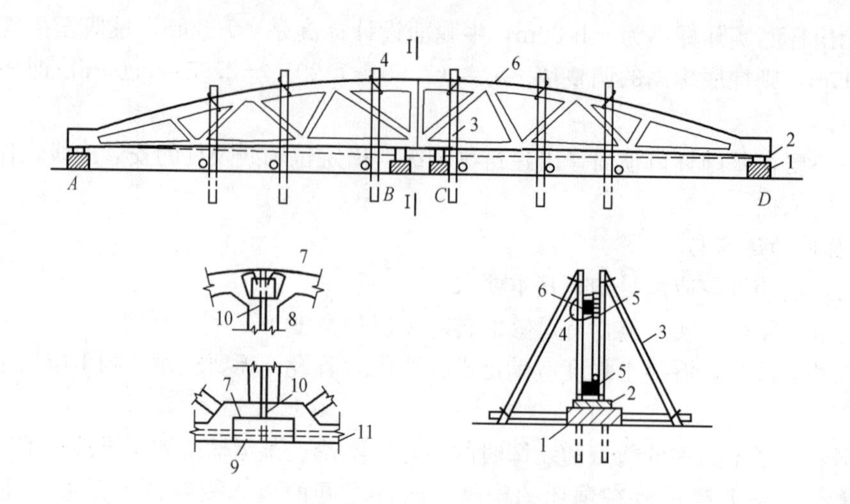

图 6-18 预应力混凝土屋架的拼装示意图

1—砖砌支墩；2—垫土；3—支架；4—捆上弦的 8 号铁丝；5—木楔；6—屋架；7—预埋钢板；8—上弦拼接钢板；9—下弦拼接钢板；10—细石混凝土或砂浆灌立缝；11—预应力筋孔道

的计算图式不同，因此构件可能产生变形或损坏。故当吊点与设计规定不同时，在构件安装前需进行安装应力的验算，并采取适当的临时加固措施。天窗架加固示意如图 6-19 所示。

6.3.1.4 构件的检查

为使安装工作顺利进行，构件安装前应对构件质量进行全面的检查。检查的主要内容为：

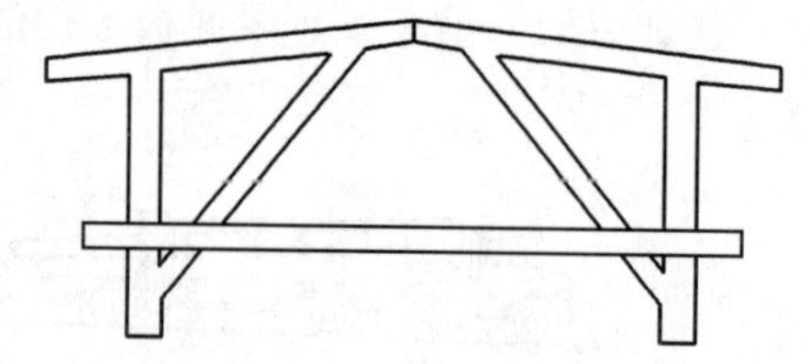

图 6-19 天窗架加固示意图

(1) 检查构件的混凝土强度是否达到设计要求。结构安装时的混凝土强度应不低于设计对安装所要求的强度，如设计无要求时，应不低于设计强度等级的 70%；预应力构件孔道灰浆的强度如无设计规定时，应不低于 15MPa；跨度较大的梁及屋架等构件的混凝土强度必须达到 100%设计的强度等级。

(2) 检查构件表面有无损伤、变形、裂缝等缺陷。

(3) 构件的型号与数量、外形尺寸，预埋件的尺寸及位置是否符合设计要求。

预制构件尺寸的偏差必须符合表 6-11 的规定。

表 6-11 构件尺寸的允许偏差

项 次	项 目		偏差（mm）
1	长 度	梁、板	+10，−5
		柱	+5，−10
		墙板	+5，−5
		薄腹梁、桁架	+15，−10
2	宽度、高度	梁、板、柱、墙板、薄腹梁、桁架	+5，−5
3	侧向弯曲	梁、板、柱	$L/750$，且≤20
		墙板、薄腹梁、桁架	$L/1000$ 且≤20

续表

项　次	项　目		偏差（mm）
4	预埋件	中心线位置	10
		螺栓位置	5
		螺栓明露长度	+10，－5
5	保护层厚度	板	+5，－3
		梁、柱、墙板、薄腹梁、桁架	+10，－5

6.3.1.5　构件的弹线与编号

构件在安装前要在构件表面弹出安装准线，作为构件对安装、对位、校正的依据。对形状复杂的构件，尚需标出它的重心及绑扎点的位置。其具体要求如下：

1. 柱子

在柱身的3个面上弹出安装准线。矩形截面柱按几何中心线；工字形截面柱除在矩形截面部分弹出中心线外，为便于观测及避免视差，还应在工字形截面的翼缘部分弹一条与中心线平行的线。柱身所弹安装准线的位置应与基础杯口面上所弹的安装准线相吻合。此外，在柱顶与牛腿面上要弹出屋架及吊车梁安装准线，如图6-20所示。

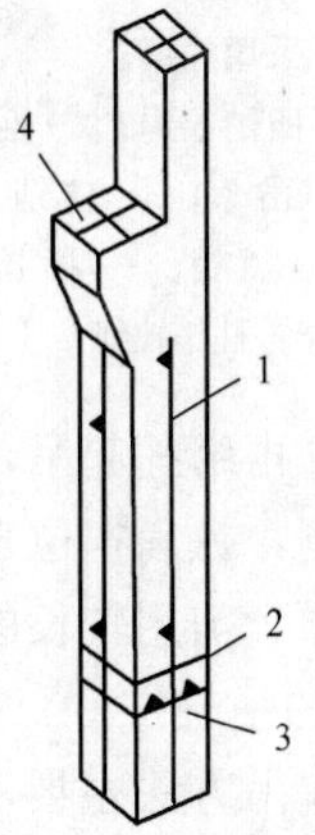

图6-20　柱子弹线图

1—柱子中心线；2—地基标高线；3—基础顶面线；4—吊车梁定位线

2. 屋架

屋架上弦顶面应弹出几何中心线，并从跨度中央向两端分别弹天窗架、屋面板或檩条的安装准线。端头应弹出屋架的纵、横安装准线。

3. 吊车梁

吊车梁的两端及顶面应弹出几何中心线。

对构件弹线的同时，应根据设计图纸将构件进行编号。对不易辨别上下、左右的构件，还应在构件上加以注明，以免安装时搞错。

6.3.2　构件安装工艺

构件安装一般包括：绑扎、起吊、对位、临时固定、校正、最后固定等工序。现场预制的一些构件还需要翻身扶直、排放后，才进行安装。

6.3.2.1　柱子的安装

1. 柱的绑扎

柱的绑扎点数和绑扎位置，以及绑扎方法，应根据柱的形状、断面、长度、配筋部位和起重机性能等情况确定。

（1）绑扎点数确定

自重13t以下的中、小型柱，大多一点绑扎；重型或配筋少而细长的柱，则需两点绑扎甚至三点绑扎。

（2）绑扎位置确定

有牛腿的柱，一点绑扎的位置，常选在牛腿以下。工字形断面柱的绑扎点应选在矩形断面处，否则，应在绑扎位置用方木加固翼缘。双肢柱的绑扎点应选在平腹杆处。

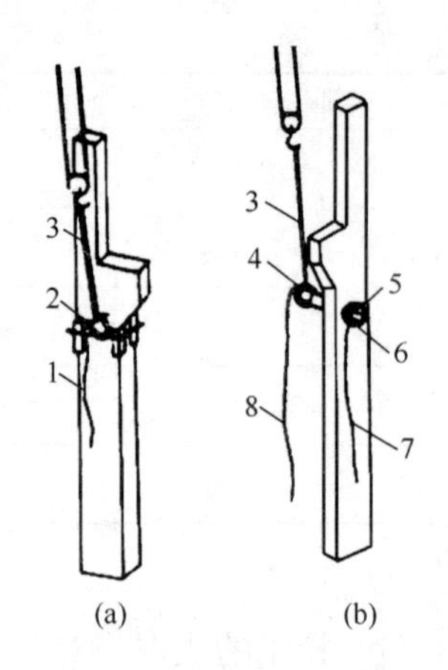

图 6-21　柱斜吊绑扎法
（a）采用活络卡环；
（b）采用柱销
1—活络卡环插销拉绳；2—活络卡环；3—吊索；4—柱销；5—垫圈；6—插销；7—插销拉绳；8—柱销拉绳

（3）绑扎方法

按柱起吊后是否垂直，分为斜吊绑扎法和直吊绑扎法两种：

1）斜吊绑扎法

当柱子平卧起吊抗弯能力满足安装要求时，可采用斜吊绑扎法。该方法的特点是柱子不需要翻身，起重钩可低于柱顶，当柱身较长，起重臂长不够时，用此法较方便，但因柱起吊后呈倾斜状态，就位时对中较困难。

斜吊绑扎法可用两端带环的吊索及活络卡环绑扎，如图 6-21（a）所示。当柱临时固定后，放松起重钩，拉动拉绳 3 可将卡环的插销拔出，吊索会自动解开落下。为简化施工操作，也可在柱吊点处预留孔洞，采用柱销来绑扎，如图 6-21（b）所示。当柱临时固定后，放松起重钩，先用拉绳 8 将插销拉出，再在另一边用拉绳 7 将柱销拉出。

2）直吊绑扎法

当柱子平卧起吊抗弯能力不足时，安装前需将柱翻身由平放转为侧立，再绑扎起吊，这就要采用直吊绑扎法，如图 6-22 所示。该方法的特点是吊索分别在柱两侧，铁扁担位于柱顶上，柱起吊后柱身呈垂直状态，便于对位、校正。但由于铁扁担高于柱顶，需用较长的起重臂。

2. 柱的吊升

柱的起吊方法主要有旋转法和滑行法。按使用机械数量可分为单机安装和双机抬吊。

（1）单机安装

1）旋转法

起吊时，起重机边升钩，边回转起重臂，使柱子绕柱脚旋转而呈直立状态，然后将其插入杯口，如图 6-23 所示。采用旋转法安装时，柱脚宜靠近基础，柱的绑扎点、柱脚与柱基杯口中心三点共弧，该圆弧的圆心为起重机的停机点，半径为停机点至绑扎点的距离。若施工现场受到限制，不能三点共弧时，可采取杯口中心与绑扎点或与柱脚两点共弧。但这种布置法在起吊过程中，起重机就要改变回转半径和起重臂仰角，所以工效较低。

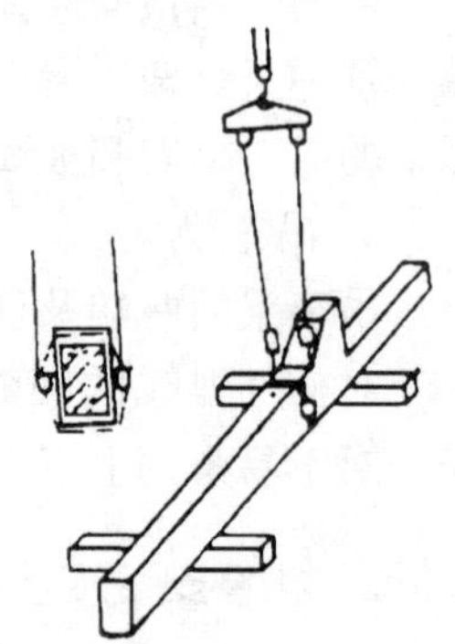
图 6-22　柱直吊绑扎法

用旋转法吊升柱子，柱所受振动较小，生产率较高，但对起重机的机动性要求较高。宜用于自行杆式起重机，此法多用于中小型柱的安装。

2）滑行法

起吊时，起重机只升钩，起重臂不转动，使柱脚沿地面逐渐滑升，然后将柱插入杯口，如图 6-24 所示。采用此法吊升时将绑扎点布置在基础附近，并与基础杯口中心点位于起重机的同一起重半径的圆弧上，以便将柱子吊离地面后，稍转动起重臂，即可就位。

用滑行法安装柱子，柱在滑行过程中受到振动，使构件、吊具和起重机产生附加内力。

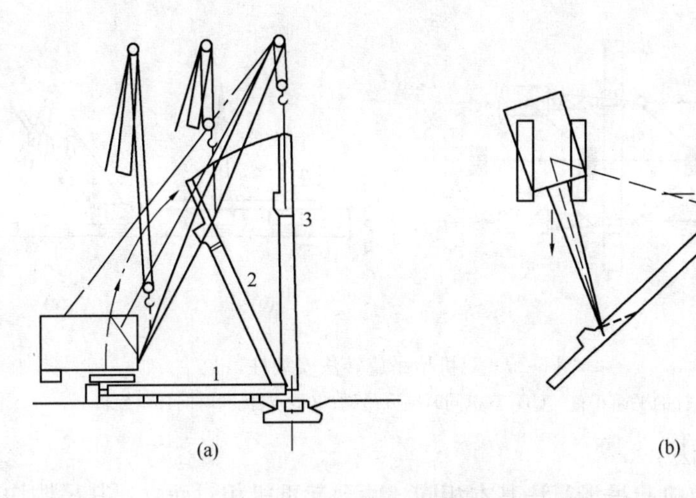

图 6-23　单机旋转法吊装柱

（a）旋转过程；（b）平面布置

1、2、3—旋转过程顺序

为减少柱脚与地面的摩阻力，宜在柱脚下设置托板、滚筒。滑行法用于柱较重、较长或起重机在安全荷载下的起重半径不够，现场狭窄、柱子无法按旋转法排放布置，或采用桅杆式起重机安装等情况。

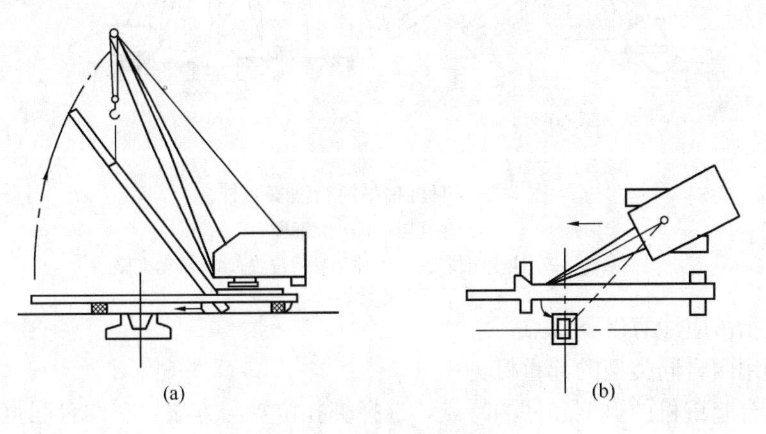

图 6-24　滑行法吊装柱

（a）滑行过程；（b）平面布置

（2）双机抬吊

当柱子的重量及尺寸较大，一台起重机为性能所限，不能满足安装要求时，可采用双台起重机联合起吊，其起吊方法可采用旋转法（两点抬吊）和滑行法（一点抬吊）。

1）旋转法

双机抬吊旋转法是两台起重机并立于柱的一侧，一台起重机抬柱的上吊点，一台起重机抬下吊点。柱的平面布置要使柱的两个绑扎点与基础杯口中心分别处于起重半径的圆弧上，如图 6-25 所示。起吊时，两机同时同速升钩，至柱吊离地面一定高度（一般为下吊点至柱底的距离再加 300mm）时，停止升钩；然后两台起重机的起重臂同时向杯口方向旋转，此时下吊点处起重机只旋转不升钩，上吊点处起重机边升钩边旋转，直至柱为直立状态；最后，双机以等速缓慢落钩，将柱插入杯口中。

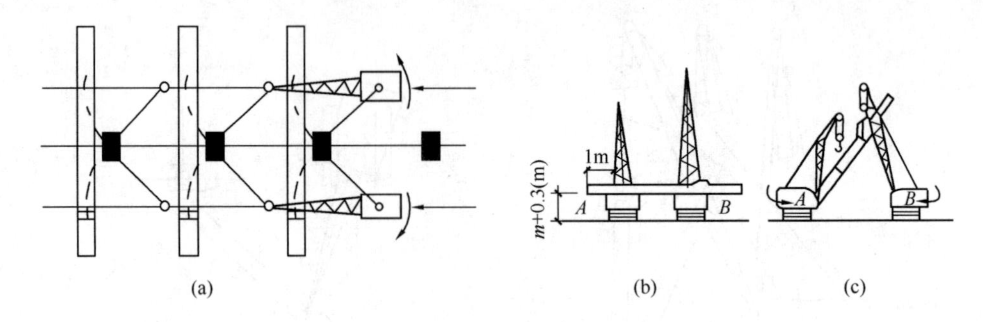

图 6-25　双机抬吊旋转法安装柱

(a) 柱的平面布置；(b) 双机同时提升吊钩；(c) 双机同时向杯口旋转

2）双机抬吊滑行法

柱的平面布置与单机起吊滑行法基本相同。两台起重机相对而立，其吊钩均应位于杯口上方，如图 6-26 所示。起吊时，两台起重机以相同的升钩、降钩、旋转速度工作。

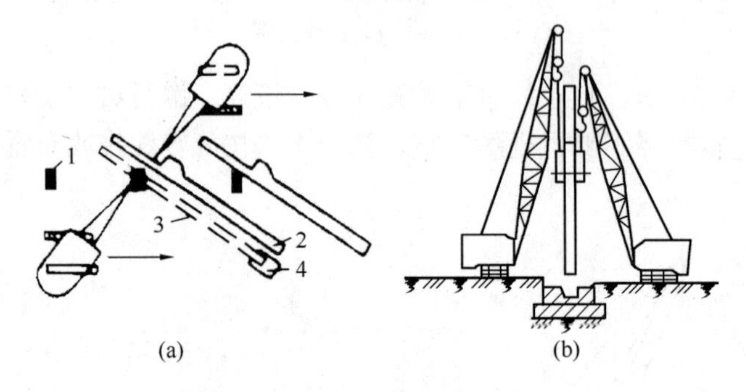

图 6-26　双机抬吊滑行法安装柱

(a) 俯视图；(b) 立面图

1—基础；2—柱预制位置；3—柱翻身后位置；4—滚动支座

采用双机抬吊应注意以下几点：

①尽量选用两台同类型的起重机。

②根据两台起重机的类型和柱的特点，选择绑扎位置与方法，对两台起重机进行合理的荷载分配。为确保安全，各起重机的荷载不宜超过其额定起重量的 75%。

如图 6-27 所示，两台起重机的负荷可按下式计算：

$$P_1 = 1.25Q \times \frac{d_1}{d_1 + d_2} \tag{6-9}$$

$$P_2 = 1.25Q \times \frac{d_2}{d_1 + d_2} \tag{6-10}$$

式中　P_1——第一台起重机的负荷（kN）；

P_2——第二台起重机的负荷（kN）；

Q——柱及索具重（kN）；

d_1——第一台起重机吊点至柱重心的距离（m）；

d_2——第二台起重机吊点至柱重心的距离（m）；

1.25——双机抬吊可能引起的超负荷系数，若有不超荷的保证措施，可不乘此系数。

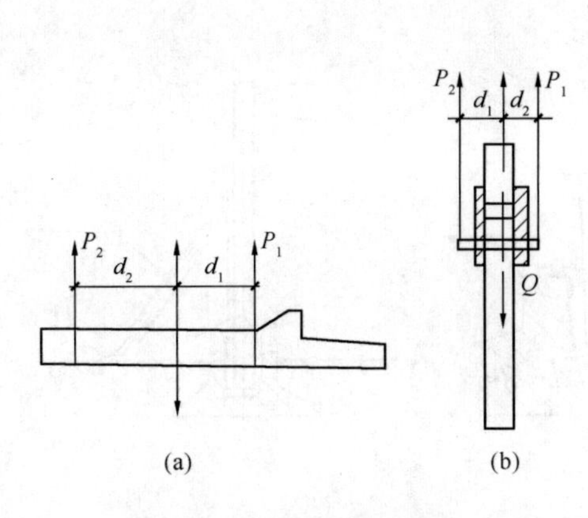

图 6-27　负荷分配计算简图

（a）两点抬吊；（b）一点抬吊

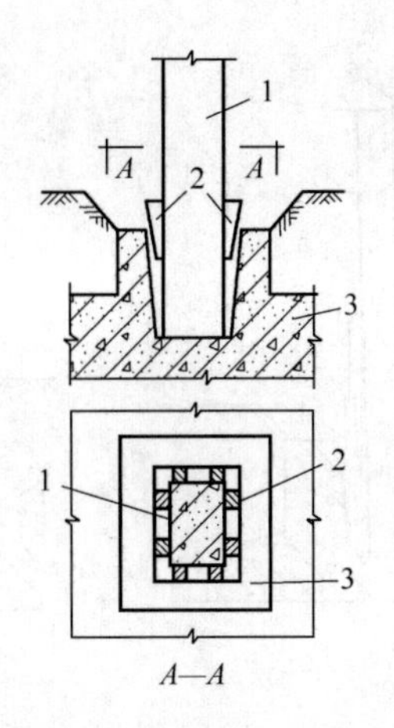

图 6-28　柱的临时固定

1—柱；2—楔块；3—基础

3. 柱的对位与临时固定

柱脚插入杯口后，停在距杯底30～50mm处，停止下降，进行对位。对位时，用8只楔块从柱的四边放入杯口。并用撬棍拨动柱脚，使柱的安装准线对准杯口上的安装准线，并保持柱的垂直，如图6-28所示。对位后将8只楔块略打紧，放松吊钩，让柱靠自重沉至杯底，再检查安装准线的对准情况，若符合要求，立即将楔块打紧，将柱临时固定，起重机脱钩。

当柱基础的杯口深度与柱长之比小于1/20，或具有较大牛腿的重型柱，还应增设缆风绳或加斜撑等措施来加强柱临时固定的稳定。

4. 柱的校正

柱的校正包括三方面的内容：即平面位置校正、标高校正和垂直度校正。

柱标高的校正在杯形基础杯底抄平时已完成，柱平面位置的校正在柱对位时也已完成。因此，在柱临时固定后，主要是校正垂直度。

柱垂直度的检查，是用两台经纬仪从柱相邻的两边检测柱安装准线的垂直度误差，其允许偏差值见表6-12。

表 6-12　柱子垂直度允许偏差

柱　　高	允许偏差	柱　　高	允许偏差
≤5m	5mm	10m及>10m多节柱	1/1000柱高且≤20mm
>5m	10mm		

测出的实际偏差大于规定值时，应进行校正。当偏差较小时，可用打紧或稍放松楔块的方法来纠正。如偏差较大时，可用螺旋千斤顶斜顶或平顶及钢管支撑斜面顶等方法进行校正。当柱顶加设缆风绳时，也可用缆风绳来纠正柱的垂直偏差。如图6-29所示。

5. 柱的最后固定

柱校正后，应立即进行最后固定。最后固定的方法是在柱脚与杯口的空隙中浇筑细石混凝土。灌缝前应将杯口空隙内的木屑等垃圾清除干净，并用水湿润柱和杯口壁。灌缝工作一般分两次进行。第一次灌至楔块底面，待混凝土强度达到设计强度等级的25%后，拔出楔块，将杯口全部灌满混凝土。所用细石混凝土强度应比构件混凝土强度提高两级。

如在灌、捣细石混凝土时，发现碰动了楔块，可能影响柱子的垂直度时，必须及时对柱子的垂直度进行复查。

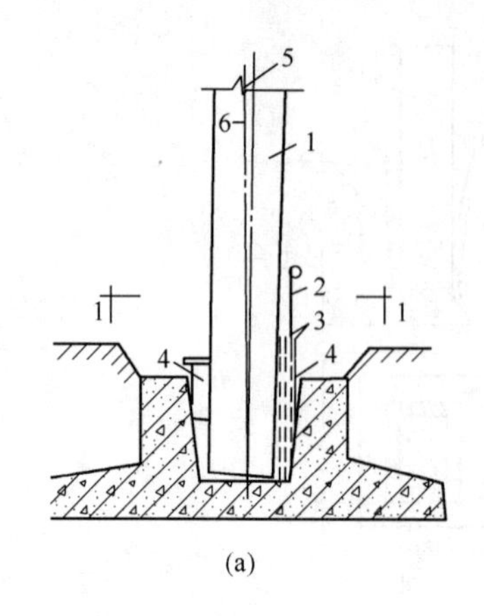

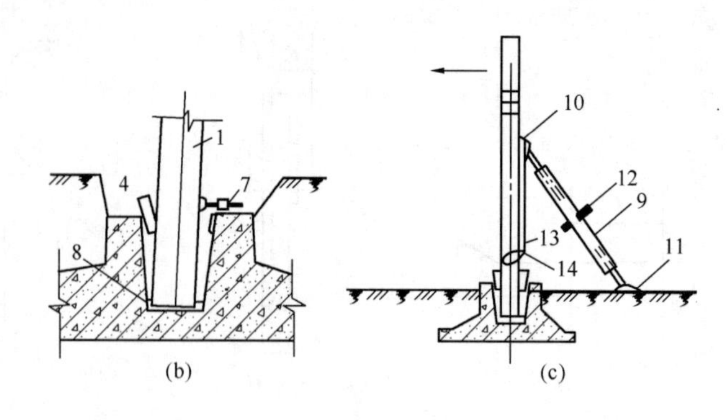

图 6-29　柱垂直度校正方法

(a) 敲打钢钎法；(b) 千斤顶平顶法；(c) 钢管撑杆校正法

1—柱；2—钢钎；3—旗形钢板；4—钢楔；5—垂直线；6—柱中线；7—丝杆千斤顶；8—石子；9—钢管；10—头部摩擦板；11—底板；12—转动手柄；13—钢丝绳；14—卡环

6.3.2.2　吊车梁的安装

吊车梁的安装，应在基础杯口二次灌注的细石混凝土强度达到设计强度 70%以上才能进行。

1. 吊车梁的绑扎、吊升、对位与临时固定

吊车梁绑扎时，两根吊索要等长，绑扎点应对称地设在梁的两端，吊钩对准梁的重心，使吊车梁在起吊后能基本保持水平，吊车梁两端需用溜绳控制。

就位时应缓慢落钩，对准梁两端的安装准线与柱牛腿面的安装准线，争取一次对位成功，避免撬动吊车梁而导致柱偏斜。

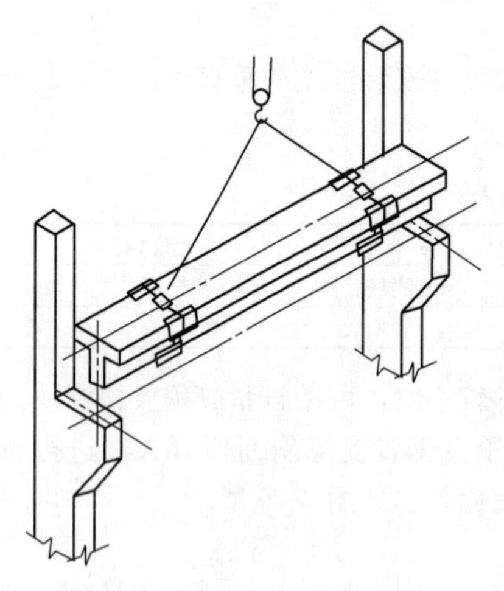

图 6-30　吊车梁安装

吊车梁本身的稳定性较好，一般在就位时用垫铁垫平即可，不需采取临时固定措施。当梁的高度与底宽之比大于 4 时，可用 8 号铅丝将梁捆在柱上，以防倾倒。吊车梁的安装，如图 6-30 所示。

2. 吊车梁的校正和最后固定

吊车梁的校正可在屋盖安装前进行，也可在屋盖安装后进行；对于重型吊车梁宜在屋盖安装前进行，边吊吊车梁边校正。校正的内容包括标高、垂直度和平面位置等内容。

梁的标高主要取决于柱子牛腿标高，在柱子安装前已进行了调整，若还存在微小偏差，可在安装铺轨时，在吊车梁顶面挂一层砂浆来找平。

吊车梁垂直度和平面位置的校正可同时进行。

(1) 垂直度校正

吊车梁垂直度可用靠尺、线锤检查。T 形吊车梁测其两端垂直度，鱼腹式吊车梁测其跨中两侧垂直度，吊车梁垂直度允许偏差为 5mm。若偏差超过规定值，需在吊车梁底端与柱牛腿面之间垫入斜垫块予以校正。

(2) 平面位置校正

吊车梁平面位置校正，主要包括吊车梁纵轴线的直线度和两列吊车梁的跨距是否符合规定。按施工规范要求，轴线偏差不得大于5mm，在屋架安装前校正时，跨距不得有正偏差，以防屋架安装后柱顶向外偏移。吊车梁平面位置校正方法通常有通线法和平移轴线法两种，一般6m长、5t以内吊车梁可用通线法（拉钢丝法）校正，12m长、5t以上的吊车梁常采用平移轴线法。

①通线法。通线法又称拉钢丝法，它是根据柱的定位轴线用经纬仪将吊车梁的中线放到一跨四角的吊车梁上，并用钢尺校核跨距，然后在4根已校正的吊车梁端上设支架（或垫块），高约200mm，并根据吊车梁的定位轴线拉钢丝通线，同时悬挂重物拉紧。以此来检查并拨正各吊车梁的中心线，如图6-31所示。

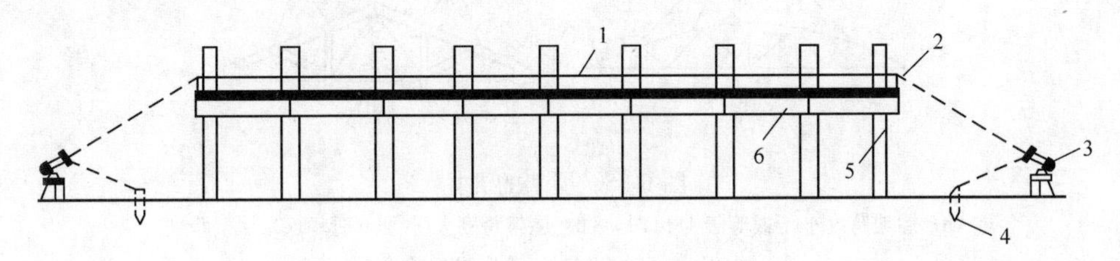

图6-31　通线法校正吊车梁

1—通线；2—支架；3—经纬仪；4—木桩；5—柱；6—吊车梁

②平移轴线法。平移轴线法又称仪器放线法，它是在柱列外设置经纬仪，并将各柱杯口处的安装准线投射到吊车梁顶面处的柱身上（或在各柱侧面放一条与吊车梁中线距离相等的校正基准线），并作出标志，若标志线至柱定位轴线的距离为a，吊车梁轴线距柱轴线的距离为λ，则标志线到吊车梁定位轴线的距离应为$\lambda-a$。依此为据逐根拨正吊车梁，如图6-32所示。

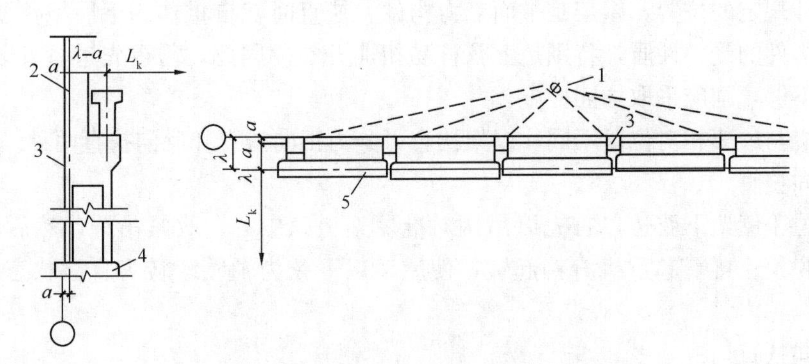

图6-32　平移轴线法校正吊车梁

1—经纬仪；2—标志；3—柱；4—柱基础；5—吊车梁

吊车梁校正后，立即按设计图的要求，用电弧焊作最后固定。并在吊车梁与柱的空隙处，灌注细石混凝土固定。

6.3.2.3　屋架安装

1. 屋架的绑扎

屋架的绑扎应在上弦节点或靠近节点处，左右对称，并且绑扎吊索的合力作用点应高于屋架重心，这样屋架起吊后不易倾覆或转动。屋架翻身扶直时，吊索与水平线的夹角不宜小于 60°，安装时不宜小于 45°，以避免屋架承受过大的横向压力。必要时，为减少屋架的起吊高度及所受横向压力，可采用横吊梁。屋架翻身和安装的几种绑扎方法如图 6-33 所示。

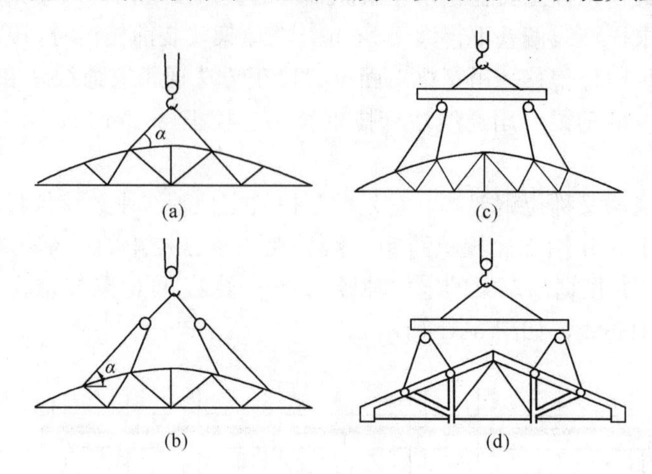

图 6-33　屋架的绑扎

(a) 屋架跨度小于或等于 18m 时；(b) 屋架跨度大于 18m 时；(c) 屋架跨度大于 30m 时；(d) 三角形组合屋架

吊点的数目及位置与屋架的形式和跨度有关，一般应经安装验算确定。当屋架跨度小于或等于 18m 时，采用两点绑扎；屋架跨度大于 18m 时，4 点绑扎；屋架的跨度大于或等于 30m 时，应考虑采用横吊梁以减少起吊高度；对三角形组合屋架等刚性较差的屋架，由于下弦不能承受压力，故绑扎时也应采用横吊梁，必要时应进行临时加固。

2. 屋架的扶直与就位

单层工业厂房的屋架一般均在施工现场平卧叠层浇筑，因此在安装前应将其翻身扶直，并吊放到设计规定的位置。屋架是平面受力构件，扶直时在自重作用下屋架承受平面外力，部分改变了构件的受力性质，特别是上弦杆易扭曲开裂。因此，需事先进行安装应力验算，如截面强度不够，则应采取加固措施。

按起重机与屋架相对位置不同，屋架扶直可分为正向扶直和反向扶直两种。

(1) 正向扶直

起重机位于屋架下弦边，首先以吊钩对准屋架上弦中心，收紧吊钩，然后略提升起重臂，使屋架脱模；接着起重机升钩起臂，使屋架以下弦为轴缓缓转为直立状态，如图 6-34 (a) 所示。

(2) 反向扶直

起重机位于屋架上弦一边，首先以吊钩对准屋架上弦中心，收紧吊钩，接着升钩并降低起重臂，使屋架以下弦为轴缓缓转为直立状态，如图 6-34 (b) 所示。

正向扶直与反向扶直的不同点是在扶直过程中，一为升起起重臂，一为降低起重臂，以保持吊钩始终在上弦中点的垂直上方。而升臂比降臂易操作，且安全，应尽可能采用正向扶直。

屋架扶直后，应立即就位，即将屋架移往安装前的规定位置。就位的位置与屋架的安装方法、起重机性能有关，应考虑屋架的安装顺序、两端朝向等问题，且应少占场地，便于安装。一般靠柱边斜放或以 3～5 榀为一组平行柱边纵向就位。屋架就位后，应用 8 号钢丝或通过木杆与已安装的柱子或已排放的屋架相互绑牢，以保持稳定。

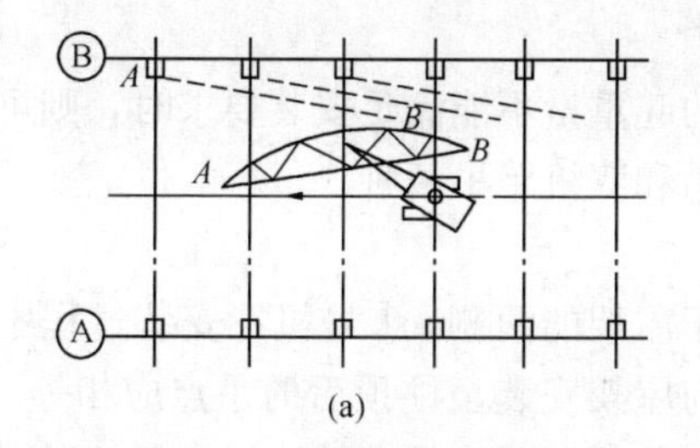

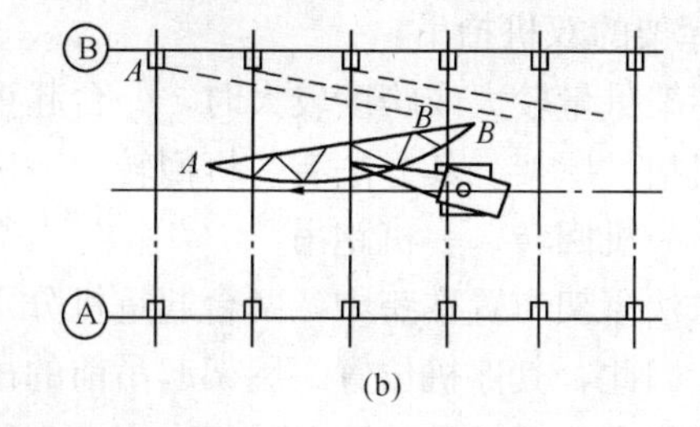

图 6-34　屋架的扶直

(a) 正向扶直；(b) 反向扶直

(虚线表示屋架的排放位置)

3. 屋架的吊升、对位与临时固定

屋架的吊升是先将屋架吊离地面 500mm 左右，然后将屋架转至安装位置的下方，再将屋架吊升超过柱顶约 300mm，再用溜绳旋转屋架使其对准柱顶，然后，将屋架缓缓降至柱顶，进行对位。屋架对位应以建筑物的定位轴线为准，因此在屋架安装前应用经纬仪在柱顶放出建筑物的定位轴线，屋架对位后，立即进行临时固定。

第一榀屋架的临时固定，通常是用四根缆风绳从两边将屋架拉牢，也可以将屋架临时固定在抗风柱上。

第二榀屋架的临时固定是用工具式支撑（屋架校正器）临时固定在第一榀屋架上，其他各榀屋架的临时固定是用两个工具式支撑撑在前一榀屋架上。屋架校正器如图 6-35 所示。

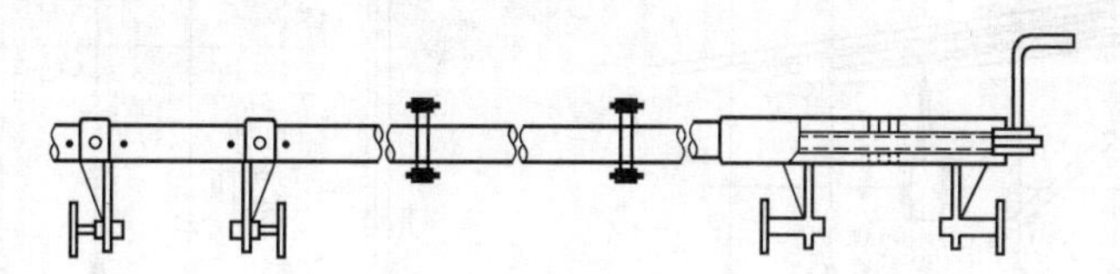

图 6-35　屋架校正器

4. 屋架的校正与最后固定

屋架的校正主要是垂直偏差，可用经纬仪或垂球检查，用工具式支撑校正垂直偏差。

用经纬仪检查竖向偏差时，在屋架上弦安装 3 个卡尺，一个安装在上弦中点附近，另两个分别安装在屋架的两端。自屋架几何中心向外量出一定距离（一般 500mm），在卡尺上作出标志。然后在距屋架定位轴线同样距离（500mm）处设置经纬仪，观察三个卡尺上的标志是否在同一垂直面上，如图 6-36 所示。

用锤球检查屋架竖向偏差时，也是在屋架上弦安置三个卡尺，但卡尺上标志至屋架几何中心线的距离取 300mm。在两端头卡尺的标志间连一通线，自屋架顶卡尺的标志处向下挂垂球，检查三个卡尺标志是否在同一垂直面上。

屋架校正完毕，立即用电焊固定。焊接时，应先焊接屋架两端成对角线的两侧边，避免两端同侧

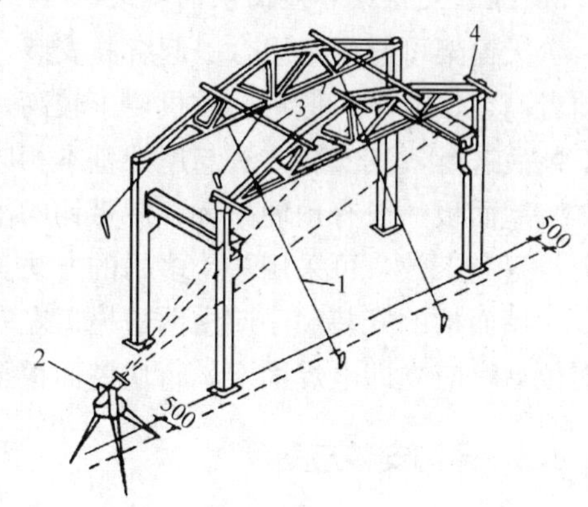

图 6-36　屋架校正与临时固定器

1—缆风绳；2—经纬仪；3—屋架校正器；4—卡尺

施焊，以免因焊缝收缩使屋架倾斜。

5. 屋架的双机抬吊

当屋架重量较大或跨度较大时，一台起重机的起重量不能满足安装要求时，则可采用两台起重机抬吊屋架。其方法有一机回转、一机跑吊和双机跑吊两种。

(1) 一机回转、一机跑吊

该方法屋架布置在跨中，两台起重机分别停于屋架的两侧，1 号机在安装过程中只回转不移动，因此，其停机位置距屋架起吊前的吊点与屋架安装至柱顶后的吊点应相等。2 号机在安装过程中需回转及移动，其行走中心为屋架安装后各屋架吊点的连线。开始时两台起重机同时提升屋架至一定高度（超过履带），2 号机将屋架由起重机一侧转至机前；然后两机同时提升屋架至超过柱顶，2 号机带屋架前进至屋架安装就位的停机点，1 号机则做回转动作以相配合，最后两机同时缓慢将屋架下降至柱顶对位，如图 6-37 (a) 所示。

(2) 双机跑吊

屋架在跨内一侧就位。开始时，两台起重机同时提升吊钩，将屋架提升至一定高度，使屋架回转时不致碰及其他屋架或柱。然后 1 号机带屋架向后退至停机点，2 号机则带屋架向前移动，使屋架到达安装就位位置。两机再同时升高屋架超过柱顶，最后同时缓慢下降至柱顶就位，如图 6-37 (b) 所示。

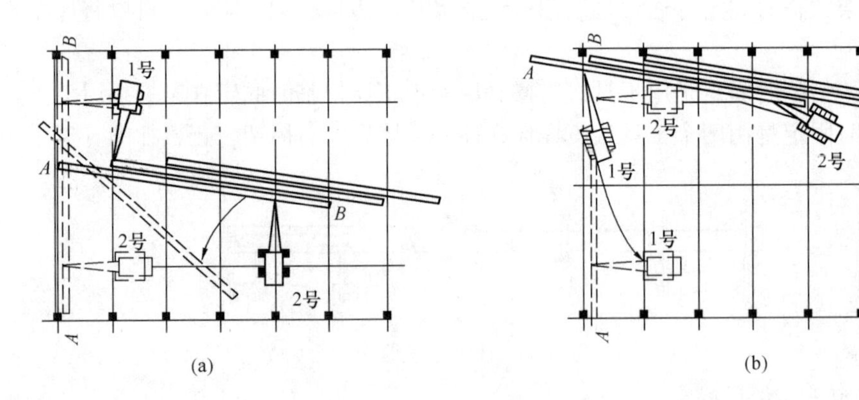

图 6-37 屋架的双机抬吊

(a) 一机回转、一机跑吊；(b) 双机跑吊

6.3.2.4 天窗架和屋面板的安装

天窗架可与屋架组合一起绑扎安装，亦可单独安装，视起重机的能力和起吊高度而定。前者高空作业少，但对起重机要求较高，后者为常用方式，安装时需待天窗架两侧的屋面板安装后进行，其安装方法与屋架基本相同，其校正可用工具式支撑进行。

屋面板一般有预埋吊环，用带钩的吊索钩住吊环即可安装。为充分利用起重机的起重能力，提高工效，可采用一钩多吊的方法。

屋面板的安装顺序应由两边檐口左右对称地逐块铺向屋脊，以免屋架受荷不均。屋面板对位后，应立即电焊固定，每块屋面板至少有三点与屋架或天窗架预埋件焊牢。

6.3.3 结构安装方案

单层工业厂房结构安装方案的主要内容包括：确定结构安装方法、起重机的选择、起重机的开行路线和构件的平面布置等项内容。确定厂房的结构安装方案，应根据结构形式、构件重量、安装高度、工程量和工期的要求，同时应充分利用现有的起重机械。

6.3.3.1 结构安装方法

单层工业厂房的结构安装方法有分件安装法与综合安装法两种。

1. 分件安装法

分件安装法又称大流水法，是起重机每开行一次只安装一种或几种构件，一般分三次开行安装完全部构件。第一次开行，安装完全部柱子，并对柱子进行校正和最后固定；第二次开行，安装全部吊车梁、连系梁及柱间支撑等；第三次开行，依次安装屋架、天窗架、屋面板及屋面支撑及屋面构件（如檩条、屋面板、天沟等），如图 6-38 所示。

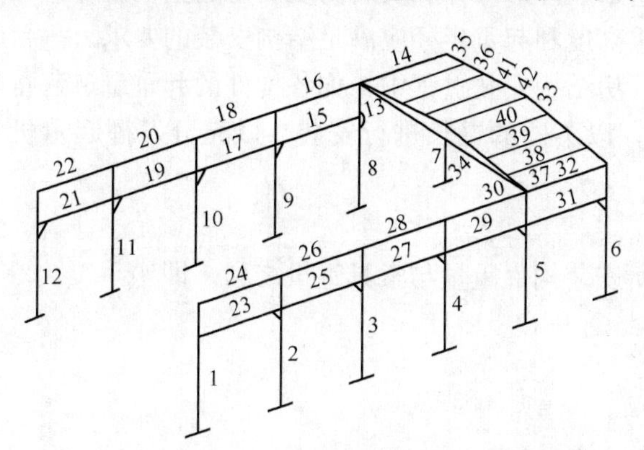

图 6-38 分件安装时构件安装顺序

1～42—安装顺序

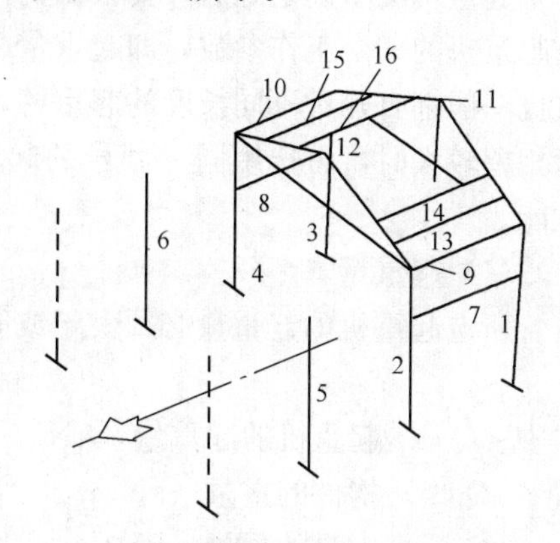

图 6-39 综合安装时构件安装顺序

1～16—安装顺序

分件安装法的主要优点是：构件校正具有足够的时间，构件分批进场，供应较单一，安装现场不致于过分紧张，现场平面布置比较简单；起重机每次开行基本吊同类型构件，索具不需经常更换，安装速度快，能充分发挥起重机效率。其缺点是不能为后续工序及早提供工作面，起重机的开行路线较长。

2. 综合安装法

综合安装法又称节间安装法，是起重机每开行一次就安装完一个节间的全部构件。具体做法是先吊这一节间的柱子，校正固定，然后安装该节间内的吊车梁、连系梁、屋架、屋面板等构件。待安装完一个节间后，起重机移到下一节间进行安装，直至整个厂房结构安装完毕，如图 6-39 所示。

综合安装法起重机的开行路线短，停机位置较少，有利于缩短工期，但该法要同时安装各种类型的构件，起重机的效率低，构件的供应、平面布置复杂，构件的校正也较困难，故此法应用较少。只有在某些结构（如门架式结构）必须采用时，或当采用移动较困难的桅杆式起重机时才采用此法。

6.3.3.2 起重机的选择

起重机的选择是结构安装工程的重要问题。它关系到构件的安装方法、起重机的开行路线与停机点位置的确定、构件的平面布置等问题。

起重机的选择主要包括起重机类型和起重机型号的选择两方面的内容。

1. 起重机类型的选择

起重机的类型主要根据厂房的跨度，构件的重量、尺寸、安装高度及施工现场的条件和现有设备的情况等来确定。

一般中、小型厂房跨度不大，构件的重量及安装高度也不大，厂房内的设备大多在厂房结构安装后进行安装。所以选用自行杆式起重机安装较为合理，以履带式起重机应用最普遍。

对于重型厂房，因厂房的跨度和高度都大，构件尺寸和重量亦很大，设备安装与结构构件的安装需要同时进行，一般选用大型自行杆式起重机、重型塔式起重机与其他起重机配合使用。

2. 起重机型号的选择

起重机类型确定之后，要根据构件的重量、外形尺寸和安装高度确定起重机型号，使所选起重机的三个工作参数，即起重量、起重高度和起重半径应满足结构安装的要求。一台起重机一般都有几种不同长度的起重臂，在厂房结构安装过程中，如各构件的起重量、起重高度相差较大时，可选用同一型号的起重机，以不同的臂长进行安装，以充分发挥起重机的性能。

(1) 起重量

所选起重机的起重量必须大于或等于所安装构件重量与索具重量之和。即

$$Q \geqslant Q_1 + Q_2 \tag{6-11}$$

式中 Q——起重机的起重量（kN）；

Q_1——构件的重量（kN）；

Q_2——索具的重量（kN）。

(2) 起重高度

所选起重机的起重高度必须满足所安装构件的安装高度要求，如图 6-40 所示。即

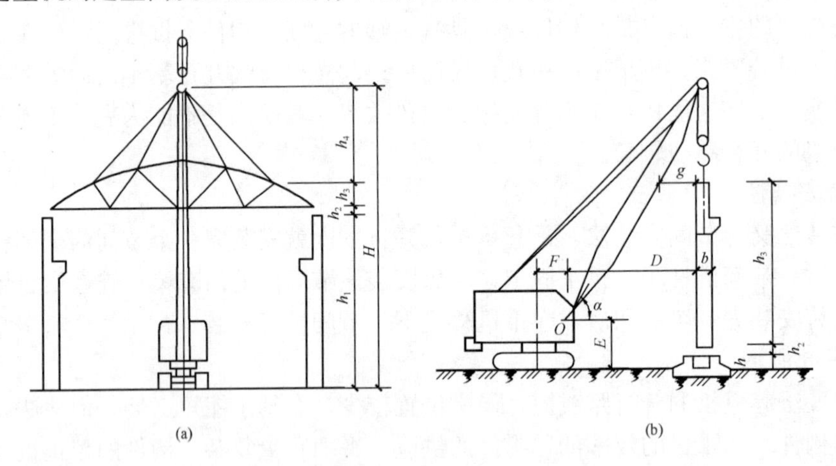

图 6-40　起重高度计算简图

(a) 安装屋架；(b) 安装柱子

$$H \geqslant h_1 + h_2 + h_3 + h_4 \tag{6-12}$$

式中 H——起重机的起重高度（m），从停机面至吊钩的垂直距离；

h_1——安装支座表面高度（m），从停机面算起；

h_2——安装间隙（m），视具体情况而定，一般为 0.2～0.3m；

h_3——绑扎点至起吊后底面的距离（m）；

h_4——索具高度（m），即从绑扎点至吊钩中心距离，视具体情况而定，一般不小于 1m。

(3) 起重半径

起重半径的确定可按以下三种情况考虑：

1) 当起重机可以不受限制地开到构件安装位置附近时，对起重半径没有什么要求，在计算起重量和起重高度后，便可查阅起重机工作性能表或曲线来选择起重机型号及起重臂长度，并可查得在此起重量和起重高度下相应的起重半径，作为确定起重机开行路线及停机点的依据。

2) 当起重机停机位置受到限制而不能直接开到构件安装位置附近去安装构件时，需根据实际情况确定起吊时的最小起重半径，根据起重量、起重高度以及起重半径三个参数查阅起重机工作性能表或曲线来选择起重机的型号及起重臂长，使同时满足计算的起重量、起重高度及起重半径的要求。

3) 当起重机的起重臂需跨过已安装好的构件去安装构件时（如跨过屋架去安装屋面板），为了不使起重臂与已安装好的构件相碰；或当所吊构件宽度较大时，为使构件不碰起重臂，均需计算出起重机起吊该构件的最小臂长及相应的起重半径，并据此以及起重量和起重高度，查起重机性能表或曲线，来选择起重机的型号及臂长。

确定起重机的最小臂长，可用数解法或图解法。

①数解法　根据图 6-41（a）所示的几何关系，起重机的最小臂长可按下式计算

$$L \geqslant l_1 + l_2 = \frac{h}{\sin\alpha} + \frac{f+g}{\cos\alpha} \tag{6-13}$$

$$h = h_1 + E \tag{6-14}$$

式中　L——起重臂长度（m）；

h——起重臂下铰至构件安装底座顶面距离（m）；

h_1——支座高度（m，从停机面算起）；

E——起重臂下铰至停机面的距离（m）；

f——起重机吊钩需跨过已安装好的构件的水平距离（m）；

g——起重臂轴线与已安装好构件间的水平距离，一般不宜小于 1m；

α——起重臂的仰角。

$$\alpha = \arctan\left(\sqrt[3]{\frac{h}{f+g}}\right) \tag{6-15}$$

将 α 值代入（6-13）式，即可求得所需起重臂的最小长度。据此，可选出适当的起重臂长。然后由实际采用的 L 及 α 值，计算出起重半径 R：

$$R = F + L\cos\alpha \tag{6-16}$$

式中　F——起重臂下铰点中心至起重机回转中心的水平距离（m），其数值由起重机参数表查得。

②图解法

根据图 6-41（b），按下列步骤确定最小臂长。

第一步，按一定比例（不小于 1∶200）绘出安装厂房一个节间的纵剖面图、安装屋面板时起重机吊钩应到位置的垂线 $y-y$。根据初步所选用的起重机型号，从起重机外形尺寸表查得起重臂底铰至停机面的距离 E 值，绘出平行于停机面的线 $H-H$。

第二步，从屋架顶面向起重机方向水平量出一段距离 g（$g \geqslant 1$m），可得 P 点；按满足

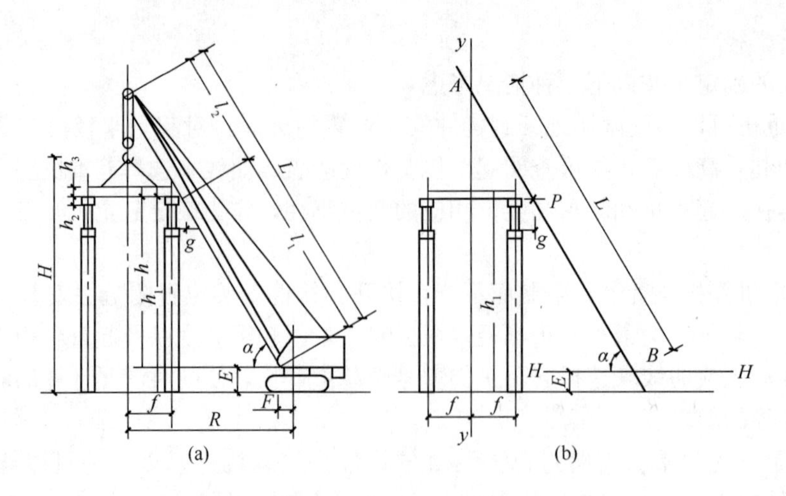

图 6-41 安装屋面板时起重机最小臂长计算

(a) 数解法；(b) 图解法

安装要求的起重臂上定滑轮中心点的最小高度 d 与起重机的起重高度 H 之和，在垂线 $y-y$ 上定出 A 点，A 点距停机面的距离为 $H+d$。

第三步，连接 A、P 两点，其延长线与 $H-H$ 相交于 B 点，B 点即为起重机的臂根铰心。

量出 AB 的长度，即为所求的起重机的最小起重臂长。

根据数解法或图解法所求得的最小起重臂长度为理论值 L_{min}，查起重机的性能表或性能曲线，从规定的几种臂长中选择一种臂长 $L \geqslant L_{min}$。一般按上述方法首先选定安装跨中屋面板时所需的起重臂长度和起重半径，然后复核最边缘的一块屋面板是否满足要求。

3. 起重机台数的确定

起重机的数量根据工程量、工期要求和起重机的台班产量定额按下式计算

$$N = \frac{1}{TCK} \sum \frac{Q_i}{P_i} \tag{6-17}$$

式中 N——起重机台数；

T——工期（d）；

C——每天工作班数；

K——时间利用系数，一般取 0.8～0.9；

Q_i——每种构件的安装工程量（件或 kN）；

P_i——起重机相应的产量定额（件/台班，或 kN/台班）。

此外，在决定起重机数量时，还应考虑构件装卸、拼装和堆放的工作量。

6.3.3.3 起重机的开行路线与停机位置

起重机的开行路线与停机位置和起重机性能，构件的尺寸、重量，构件的平面布置，构件的供应方式、安装方法等有关。

1. 安装柱子开行路线

安装柱子时，根据厂房跨度大小，柱的尺寸、重量及起重机性能，可沿跨中开行或跨边开行。

(1) 跨中开行

当$R\geqslant L/2$时，起重机可沿跨中开行，每个停机点可安装2～4根柱子，如图6-42（a）、（b）所示。

当$R<\sqrt{(L/2)^2+(b/2)^2}$时，一个停机点可安装2根柱子，如图6-42（a）所示。

当$R\geqslant\sqrt{(L/2)^2+(b/2)^2}$时，一个停机点可安装4根柱子，如图6-42（b）所示。

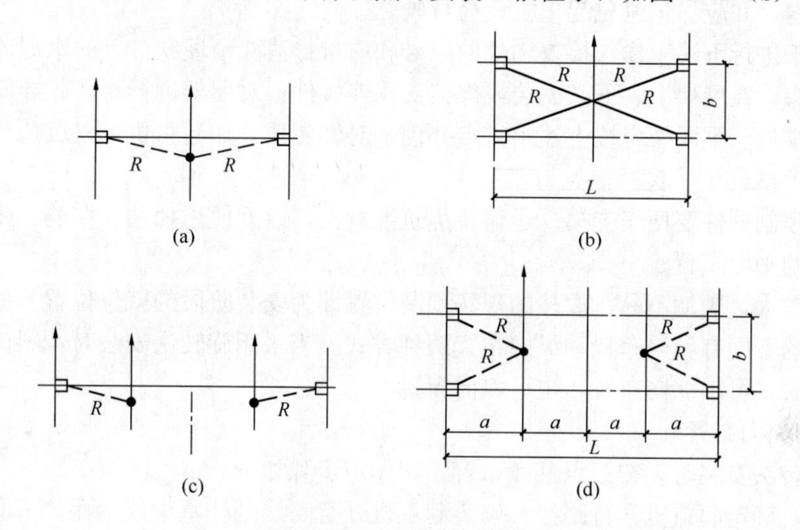

图6-42　安装柱时起重机的开行路线与停机位置

（a）、（b）跨中开行；（c）、（d）跨边开行

(2) 跨边开行

当$R<L/2$时，起重机需沿跨边开行，每个停机位置只能安装1～2根柱子，如图6-42（c）、（d）所示。

当$R<\sqrt{(a)^2+(b/2)^2}$时，每个停机点可安装1根柱子，如图6-42（c）所示。

若$R\geqslant\sqrt{(a)^2+(b/2)^2}$时，每个停机点可安装2根柱子。如图6-42（d）所示。

其中，R为起重机起重半径（m）；L为厂房跨度（m）；b为柱的间距（m）；a为起重机开行路线至柱纵轴线的距离（m）。

当柱布置在跨外时，则起重机一般沿跨外开行。停机位置与沿跨内跨边开行相似。

2. 安装屋架、屋面板等屋面构件时，起重机大多沿跨中开行

当单层工业厂房面积大或具有多跨结构时，为加快工程进度，可将其划分成若干施工段，选用多台起重机同时施工。每台起重机可以独立作业并担负一个区段的全部安装工作，也可选用不同性能起重机协同作业，分别安装柱和屋盖系统，组织大流水施工。

当厂房为多跨并列，且有纵横跨时，可先安装各纵向跨，然后安装横向跨，以保证在各纵向跨安装时，起重机械、运输车辆畅通。如有高低跨时，则应先安装高跨，后安装低跨，并逐步展开安装作业。

6.3.3.4　构件平面布置与安装前构件的就位、堆放

1. 构件平面布置

(1) 构件平面布置的要求

构件平面布置应尽可能满足以下要求：

①满足安装顺序的要求。

②简化机械操作。即将构件堆放在适当位置，使起吊安装时，起重机的跑车、回转和起落吊杆等动作尽量减少。

③保证起重机的行驶路线畅通和安全回转。

④“重近轻远”。即将重型构件堆放在距起重机停机点比较近的地方，轻型构件堆放在距起重机停机点比较远的地方。单机安装接近满荷载时，应将绑扎点中心布置在起重机的安全回转半径内，并应尽量避免起重机负荷行驶。

⑤要便于进行下述工作：检查构件的编号和质量；清除预埋铁件上的水泥砂浆块；对空心板进行堵头；在屋架上、下弦安装或焊接支撑连接件；对屋架进行拼装、穿筋和张拉等。

⑥便于堆放。重屋架应按上述第④点办理，对轻屋架，如起重机可以负荷行驶，可两榀或三榀靠柱子排放在一起。

⑦现场预制构件要便于支模、运输及浇筑混凝土，以及便于抽芯、穿筋、张拉等。

（2）柱的平面布置

柱重量较大，搬动不易，故柱的现场预制位置即为安装阶段的就位位置。柱的布置位置按安装方法的不同有斜向布置和纵向布置两种方式。当采用旋转法安装时，斜向布置；采用滑行法安装时，可以纵向布置，也可斜向布置。

1）柱的斜向布置

若以旋转法安装时，按三点共弧布置。其作图步骤如下：

第一步，确定起重机开行路线。确定起重机开行路线到柱基中线的距离 a 值，a 的最大值不超过起重机安装该柱时的最大起重半径 R，也不能小于起重机的最小起重半径 R'，以免起重机太靠近基坑而失稳。此外，应注意起重机回转时，其尾部不与周围构件或建筑物相碰。综合考虑上述条件，在图上画起重机的开行路线。

第二步，确定起重机的停机点位置。以所安装柱的杯口中心 O 为圆心，以所选安装该柱的起重半径 R 为半径，画弧交开行路线于 O 点，O 点即为安装该柱时起重机的停机点。

第三步，确定柱的预制位置。以起重机停机点 O 为圆心，以 OM 为半径画弧。在弧上靠近柱基处定一点 B，B 点为预制柱时柱脚中心位置。再以 B 点为圆心，以柱脚到绑扎点的距离为半径画弧，与以 OM 为半径的弧相交于 C 点，C 点即绑扎点的位置。连接 BC 即为预制柱的中心线，以 BC 为准可画出柱的模板位置图，如图 6-43（a）所示。

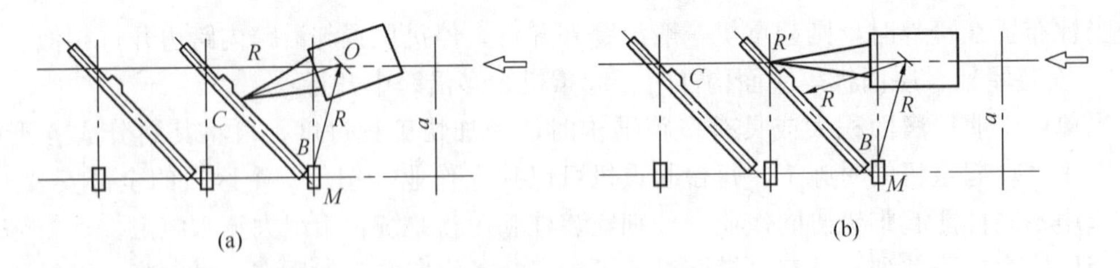

图 6-43　旋转法安装柱子时的平面布置

（a）三点同弧；（b）柱脚与柱基础中心共弧

有时由于场地的限制或柱过长，布置时很难做到三点共弧，也可两点共弧。其方法有两种：

一种是柱脚与杯口中心共弧；如图 6-43（b）所示，为将柱脚与柱基杯口中心安排在起重机起重半径的圆弧上，绑扎点在弧外。安装时先用较大的起重半径 R' 吊起柱子，并升起重臂，当起重半径由 R' 变为 R 后，停止升臂，再按旋转法起吊。

另一种是绑扎点与杯口中心共弧，而柱脚斜向任意方向。安装时柱可按旋转法起吊，也可用滑行法起吊，如图 6-44（a）所示。

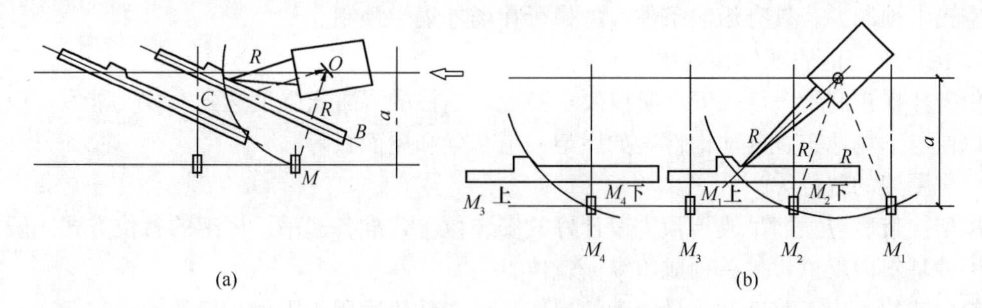

图 6-44　滑行法安装柱时的平面布置

（a）斜向布置；（b）纵向布置

布置柱位置时，还要注意牛腿的朝向。当柱布置在跨内预制时，牛腿应朝向起重机；当柱布置在跨外预制时，牛腿则应背向起重机。

2）柱的纵向布置

当柱采用滑行法安装时，可纵向布置，预制柱的位置与厂房纵轴线相平行，如图 6-44（b)所示。若柱长小于 12m，为节约模板及场地，两柱可叠浇并排成两行。柱叠浇时应刷隔离剂，浇筑上层柱混凝土时，需待下层混凝土强度达到 5MPa 后方可进行。

（3）屋架的布置

屋架一般安排在跨内平卧叠浇预制，每叠 3～4 榀。布置的方式有三种：斜向布置、正反斜向布置及正反纵向布置，如图 6-45 所示。应优先考虑采用斜向布置方式，因为它便于屋架的扶直就位。

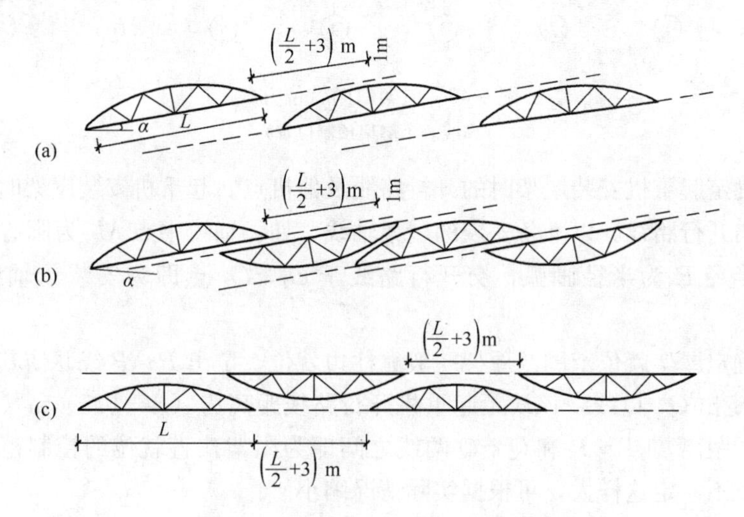

图 6-45　屋架现场预制阶段平面布置

（a）斜向布置；（b）正反向布置；（c）正反纵向布置

每叠屋架之间应留 1.0m 的间距，以便支模及浇筑混凝土。若为预应力混凝土屋架，在屋架一端或两端留出抽管及穿筋所需长度，一端抽管时留（$L+3$）m，两端抽管时留 $\left(\frac{L}{2}+3\right)$m。

(4) 吊车梁的布置

若吊车梁安排在现场预制时，一般应靠近柱基顺纵向轴线或略作倾斜布置，也可插在柱子的空档中预制。若具有运输条件，可另行在场外集中预制。

2. 构件安装前的就位和堆放

由于柱在预制阶段已按安装阶段要求布置，当柱的混凝土强度达到安装要求后，应先吊柱，以便空出场地布置其他构件，如屋架、吊车梁和屋面板等。

(1) 屋架的就位

屋架扶直后应立即吊放到预先设计好的安装位置，准备起吊。屋架的就位方式一般有两种：一种是斜向就位，另一种成组纵向就位。

斜向就位适用于跨度及重量较大的屋架，纵向就位适用于重量较轻的屋架。

1) 屋架斜向就位

屋架斜向就位，如图 6-46 所示，其就位位置可按下述步骤确定：

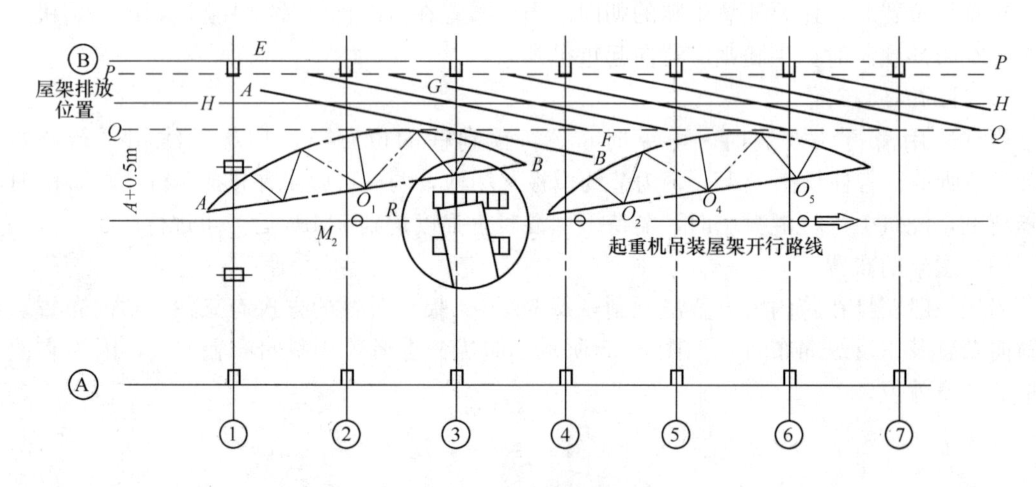

图 6-46 屋架斜向就位方式

(虚线表示屋架预制位置)

第一步，确定起重机安装屋架时的开行路线及停机点。起重机安装屋架时一般沿跨中开行，在图上画出开行路线。以准备安装的屋架轴线，如②轴线中点 M_2 为圆心，以所选择安装屋架的起重半径 R 为半径画弧，交开行路线于 O_2，O_2 点即为安装②轴线屋架的停机位置。

第二步，确定屋架就位范围。屋架一般靠柱边就位，定出 $P-P$ 线并使其距柱边净距不小于 200mm。定出 $Q-Q$ 线，该线距起重机开行路线距离为 $(A+0.5)$ m (A 为起重机尾部至回转中心的距离)。$P-P$ 和 $Q-Q$ 两线之间即为屋架扶直就位的控制范围。当然，屋架就位位置宽度不一定这样大，可根据实际情况缩小。

第三步，确定屋架的就位位置。在图上画出 $P-P$ 和 $Q-Q$ 的中心线 $H-H$，屋架就位后其中点均应在此线上。以吊②轴线屋架的停机点 O_2 为圆心，以安装屋架的起重半径 R 为半径作弧交 $H-H$ 于 G 点，G 点即为就位②轴线屋架之中点。再以 G 为圆心，以屋架跨度的 1/2 长为半径画弧分别交 $P-P$、$Q-Q$ 于 E 点及 F 点。连接 E、F 即为②轴线屋架就位的位置。其他屋架的就位位置以此类推。第①轴线的屋架由于已安装了抗风柱，可灵活布置，一般后退至②轴线屋架就位位置附近就位。

2）屋架纵向就位

屋架纵向就位，一般以 4～5 榀屋架为一组靠柱边顺轴线就位，屋架之间的净距不小于 200mm，相互间用铁丝及支撑拉紧撑牢。每组屋架之间应留 3m 左右的距离作为横向通道。为防止屋架起吊时不与已安装好的屋架相碰，每组屋架就位的中心可安排在该组屋架倒数第二榀安装轴线之后约 2m 处，如图 6-47 所示。

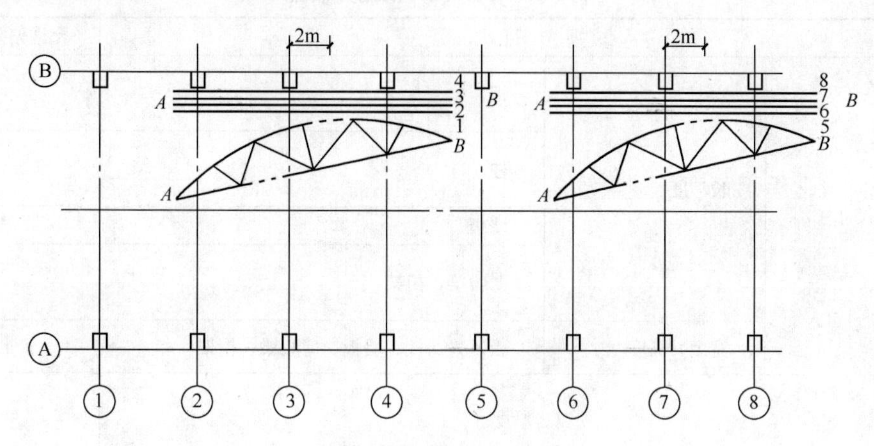

图 6-47　屋架纵向就位
（虚线表示屋架预制位置）

(2) 吊车梁、连系梁、屋面板就位

吊车梁、连系梁和屋面板大多在预制厂制作，运至现场安装。构件运至现场后，应按平面布置图所设定的位置，按编号安装顺序进行排放。

吊车梁、连系梁一般在其安装位置的柱列附近排放，跨内跨外均可。有时也可从运输车辆上直接起吊。

屋面板可 6～8 块为一叠，靠柱边堆放。当在跨内排放时，应向后退 3～4 个节间开始排放。若在跨外排放，应向后退 1～2 个节间开始排放。

以上介绍的是单层工业厂房构件平面布置的一般原则和方法，但其平面布置，往往会受多种因素的影响，制定方案时，必须充分考虑现场实际，确定切实可行的构件平面布置图。

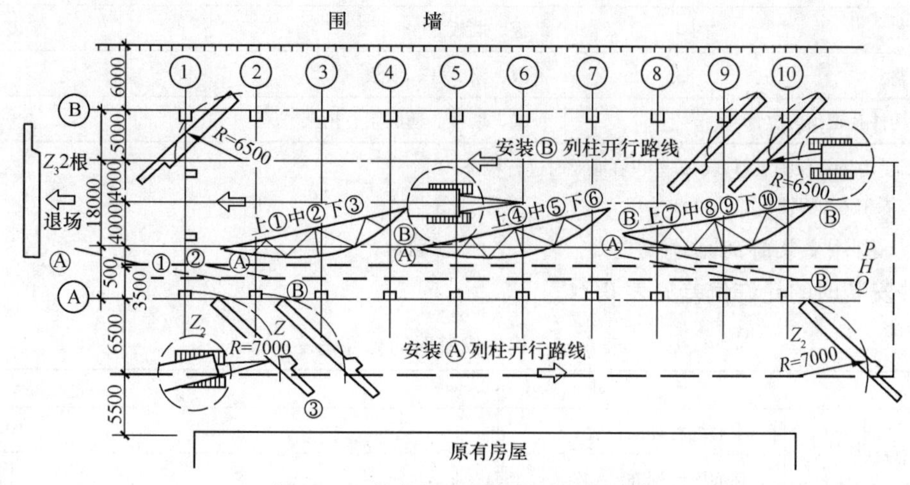

图 6-48　某车间预制构件平面布置图

6.3.4 构件安装中的允许偏差

6.3.4.1 构件尺寸的允许偏差

构件尺寸的允许偏差见表6-13。

表6-13 构件尺寸的允许偏差

项目			允许偏差（mm）
截面尺寸	长度	板、梁	+10 −5
		柱	+5 −10
		墙板	±5
		薄腹梁、桁架	+15 −10
	宽度、高度	板、梁、柱、墙板、薄腹梁、桁架	±5
肋宽、厚度			+4 −2
侧向弯曲		板、梁、柱	l/750且≤20
		墙板、薄腹梁、桁架	l/1000且≤20
预埋件		中心线位置	10
		螺栓位置	5
		螺栓明露长度	+10 −5
预留孔		中心线位置	5
预留洞		中心线位置	15
保护层厚度		板	+5 −3
		梁、柱、墙板、薄腹梁、桁架	+10 −5
对角线差		板、墙板	10
表面平整		板、梁、柱、墙板	5
预应力构件孔道预留位置		梁、墙板、薄腹梁、桁架	3

注：1. 受力钢筋保护层厚度的偏差仅在必要时进行检查。

2. 表中l为构件长度（mm）。

6.3.4.2 构件安装时的允许偏差

构件安装时的允许偏差见表6-14。

表6-14 构件安装时的允许偏差

项目		允许偏差（mm）
杯型基础	中心线对轴线位置	10
	杯底安装标高	0 −10

续表

项目			允许偏差（mm）
柱	中心线对定位轴线位置		5
	上下柱接口中心线位置		3
	垂直度	柱高≤5m	5
		柱高>5m，<10m	10
		柱高≥10m	1/1000 柱高且≤20
	牛腿上表面和柱顶标高	≤5m	0 −5
		>5m	0 −8
梁或吊车梁	中心线对定位轴线位置		5
	梁上表面高度		0 −5
屋架	下弦中心线对定位轴线位置		5
	垂直度	桁架、拱型屋架	1/250 屋架高度
		薄腹梁	5
天窗架	构件中心线对定位轴线位置		5
	垂直度		1/300 天窗架高度
托架梁	底座中心线对定位轴线位置		5
	垂直度		10
板	相邻两板下表面平整	抹灰	5
		不抹灰	3
楼梯阳台	水平位置		10
	标高		±5
大型墙板	基础顶面标高		±5
	楼层高度		±10
	墙板中心线对定位轴线的位移		3
	墙板垂直度允差		3
	楼板搁置长度		±10
	同一轴线相邻楼板高差		5
	每层山墙内倾		2
	建筑物全高垂直度		10

6.3.5 单层工业厂房安装实例

【例题 6-1】 某金工厂车间为两跨单层厂房，高低两跨的跨度均为 18m，厂房长 64m，柱距 6m，共有 14 个跨间。采用 I 形柱、T 形吊车梁、预应力折线形屋架和大型屋面板等钢筋混凝土和预应力混凝土构件。柱、屋架及吊车梁均为现场预制，支撑构件、大型屋面板等为工厂预制，安装前运至现场就位。厂房平、剖面图，如图 6-49 所示，主要预制构件一览表如表 6-15 所示。试拟定结构安装方案。

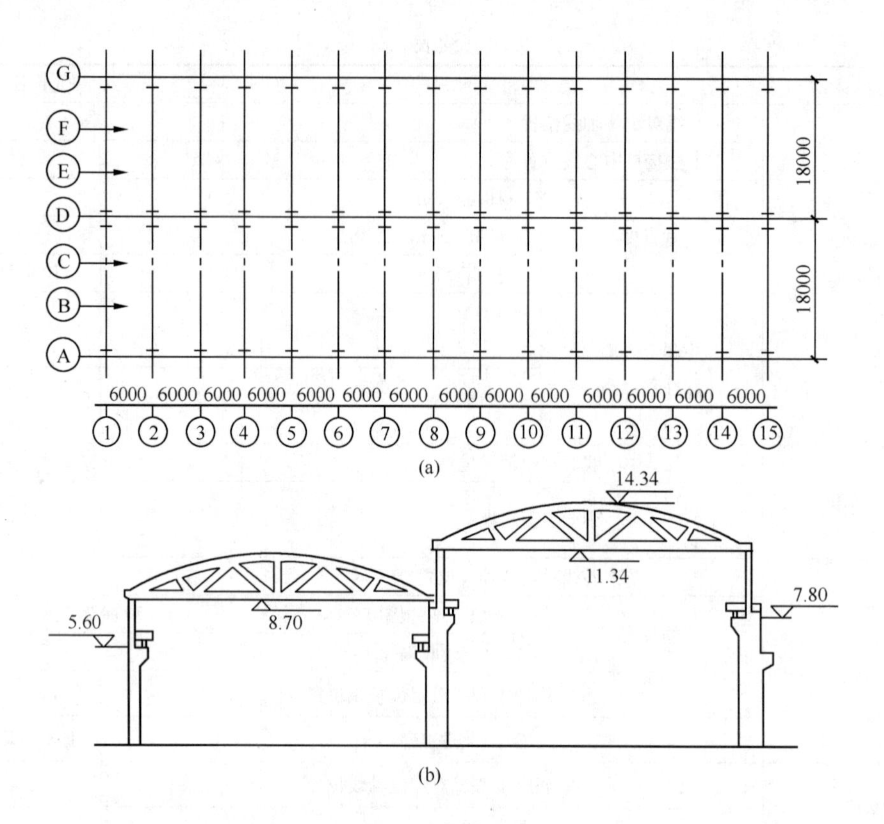

图 6-49　某金工厂车间平、剖面图

（a）平面图；（b）剖面图

表 6-15　车间主要预制构件一览表

轴线	构件名称及型号	数量	构件重量（kN）	构件长度（m）	实际标高（m）
Ⓐ①⑮Ⓖ	基础梁 YJL	40	14	5.97	
ⒹⒼ	连系梁 YLL	28	8	5.97	+8.2
Ⓐ	柱 Z_1	18	51	10.1	
ⒹⒼ	柱 Z_2	30	64	13.1	
ⒷⒸ	柱 Z_3	4	46	12.6	
ⒺⒻ	柱 Z_4	4	58	15.6	
	低跨层架 YGJ—18	15	44.6	17.70	+8.7
	高跨屋架 YGJ—18	15	44.6	17.70	+11.34
	吊车梁 DCL_1	28	36	5.97	+5.60
	吊车梁 DCL_2	28	50.2	5.97	+7.80
	屋面板 YWB	336	13.5	5.97	+14.84

6.3.5.1　*结构安装方法*

柱和屋架采用现场预制。因场地限制，需先预制柱，柱安装完毕后，再预制预应力屋架，待混凝土强度达到设计强度标准值的75%后，穿预应力筋，张拉；屋架扶直后就位；吊车梁在柱安装后，屋架预制前安装；屋盖系统包括屋架、连系梁和屋面板，一次安装完毕。

6.3.5.2　*起重机的选择和工作参数的计算*

厂房结构安装拟采用履带式起重机，主要构件安装工作参数如下：

1. 柱

柱采用斜吊法安装。D 轴 Z_2 柱最长最重，重 64kN，长 13m，则要求起重量 Q 与起重高度 H，如图 6-50 所示，分别为

$$Q=Q_1+Q_2=64+2.0=66\ (\mathrm{kN})$$

$$H=h_1+h_2+h_3+h_4=0+0.3+8.2+2.0=10.50\ (\mathrm{m})$$

2. 屋架

采用两点绑扎安装。安装所要求的起重量与起重高度，如图 6-51 所示，分别为

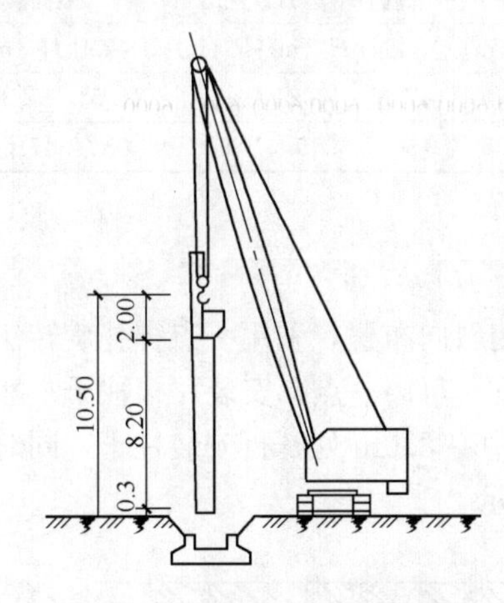

图 6-50　Z_2 柱起重高度计算简图

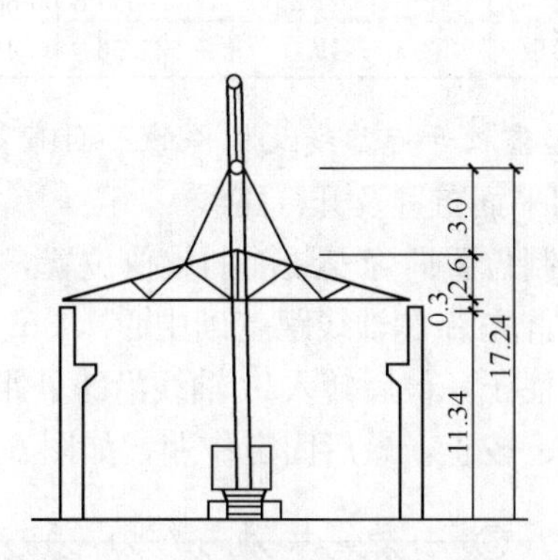

图 6-51　屋架起重高度计算简图

$$Q=Q_1+Q_2=44.6+3.0=47.60\ (\mathrm{kN})$$

$$H=h_1+h_2+h_3+h_4=11.34+0.3+2.6+3.0=17.24\ (\mathrm{m})$$

3. 屋面板

屋面板安装高跨跨中屋面板时，所要求的起重量与起重高度（图 6-52）分别为

$$Q=Q_1+Q_2=13.5+2.0=15.50\ (\mathrm{kN})$$

$$H=h_1+h_2+h_3+h_4=14.34+0.30+0.24+2.50=17.38\ (\mathrm{m})$$

采用 W_1—100 履带式起重机安装高跨跨中屋面板，则其最小起重长度时的起重臂仰角 α 为

$$\alpha=\arctan\sqrt[3]{\frac{h}{f+g}}=\arctan\sqrt[3]{\frac{(14.34-1.70)}{3+1}}=55.70^\circ$$

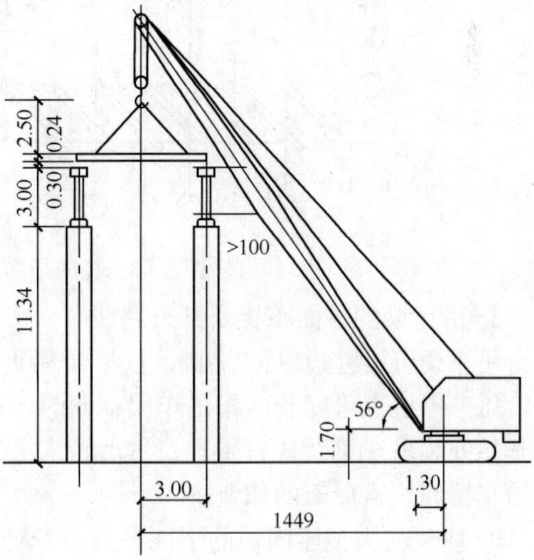

图 6-52　安装屋面板计算简图

所需最小起重臂长度 $L_{\min}$

$$L_{\min}=\frac{h}{\sin\alpha}+\frac{f+g}{\cos\alpha}=\frac{14.37-1.70}{\sin 55.70^\circ}+\frac{3+1}{\cos 55.70^\circ}=22.35(\mathrm{m})$$

选用 W_1—100 型履带式起重机，起重臂长 23m，仰角 56°，安装屋面板时的起重半径 R 为

$$R=F+L\cos\alpha=1.3+23\cos 56°=14.16\text{m}$$

查 W_1—100 履带式起重机的性能曲线，当 $L=23$m，$R=14.50$m 时，$Q=22\text{kN}>15.50\text{kN}$，$H=17.5\text{m}>17.38\text{m}$，满足安装高跨跨中屋面板的要求。

综合安装各构件的工作参数要求，选用 W_1—100 型履带式起重机，23m 长起重臂。根据起重机性能曲线，安装厂房各构件时的起重机工作参数见表 6-16。

表 6-16　安装各构件时起重机的工作参数

构件名称	柱 Z_1			柱 Z_2			高跨屋架 YGJ—18			屋面板 YWB		
工作参数	Q (kN)	H (m)	R (m)	Q (kN)	H (m)	R (m)	Q (kN)	H (m)	R (m)	Q (kN)	H (m)	R (m)
计算需要量	53	7.5		66	10.5		47.6	17.24		15.5	17.38	13.82
23m 臂工作参数	53	19	8.7	66	19	7.5	50	19	9.0	23	17.50	14.5

6.3.5.3　起重机开行路线及构件的平面布置

1. 柱的平面布置及开行路线

柱的预制位置即为安装前的就位位置，柱采用斜向布置，采用一点绑扎旋转法起吊。起重机在跨内首先沿 G 轴线距基础中心 7.0m 处开行，每停一点，安装一根柱子；然后，转入 D 轴线安装柱子，最后转入 A 轴线沿跨外距基础中心 8.0m 处开行安装柱子，同时，依次完成临时固定、校正，最后固定作业，如图 6-53 所示。

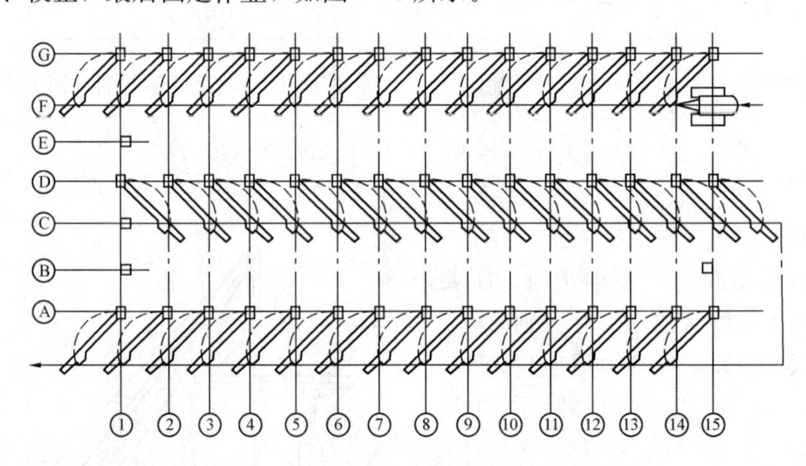

图 6-53　柱的平面布置及起重机开行路线

2. 吊车梁的平面布置及开行路线

吊车梁可沿柱边纵向预制，且尽量靠近安装位置。安装吊车梁时，起重机采用跨中开行，每一停机点可安装两根吊车梁；同时，可进行屋架扶直和就位。起重机可从 AD 跨①轴线开始安装吊车梁及扶直屋架；然后转入 DG 跨从⑮轴线向①轴线方向行进，完成第二次安装吊车梁和扶直屋架的作业。

3. 屋架与大型屋面板的平面布置及开行路线

屋架在跨内采用叠浇预制，两端留有足够的穿筋、抽管的场地，屋架采用沿柱边斜向排放，按设计要求在安装位置就位，并用汽车式起重机将大型屋面板沿柱边纵向堆放。用履带式起重机在 AD 跨跨中开行，从①②轴线开始分跨间安装屋架、屋面板及屋盖支撑等。当 AD 跨屋架、屋面板等构件安装完成后，随即转入 DG 跨，仍在跨中开行，完成从⑮、⑭轴线至①轴线屋架、屋面板及屋盖支撑的安装作业，如图 6-54 所示。

最后履带式起重机在车间两端安装 8 根抗风柱，完成全部安装任务。

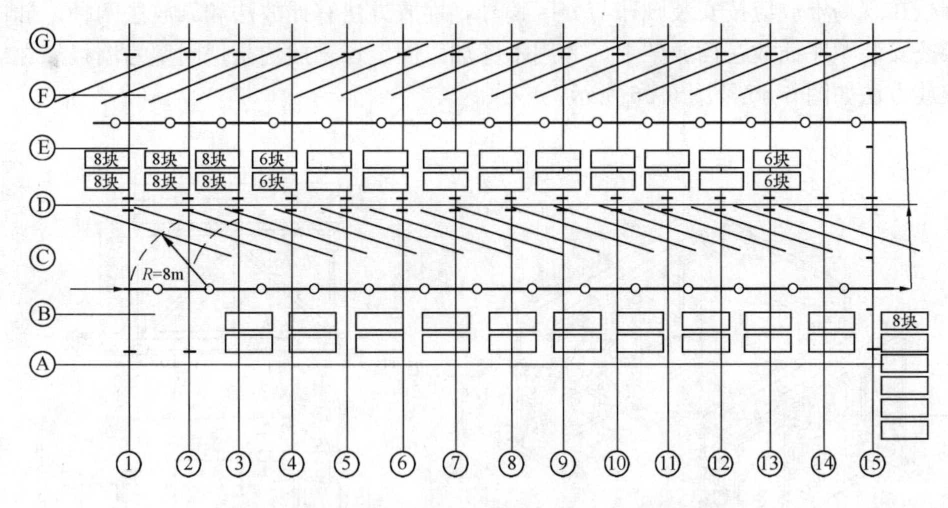

图 6-54　屋架、屋面板布置及起重机开行路线

6.4　装配式大板建筑安装

装配式大板建筑有承重的墙板和框架承重的挂板两种。前者主要是由内外墙板和楼板组成；后者是在承重框架上悬挂轻质外墙板。本节主要介绍墙体承重的墙板安装。

6.4.1　墙板制作、运输和堆放

6.4.1.1　墙板的分类和制作

装配式墙板可分为单一材料墙板和复合材料墙板两大类。复合材料墙板由承重层、保温隔热层和防水层及面层组成，具有承重、保温隔热、防水和装饰多重功能，一般用于外墙。单一材料墙板多用普通混凝土或轻质集料混凝土制作，有实心和空心两种，多用于内墙，起承重和隔断作用。

目前墙板的制作方法主要分为成组立模法、钢平模流水法和现场塔下台座法三种。

1. 成组立模法

成组立模法是采用在模腔内设置蒸汽管道 6～12 片的钢立模，浇筑、成型、养护集中在立模内进行，并垂直起吊，减少翻身起吊的附加钢筋和工序，适用于制作单一材料的内墙板和隔墙板。

2. 钢平模流水法

钢平模流水法是将钢平模按清理模板、安放钢筋、浇筑混凝土、振捣压实直至养护出窑的流水程序进行，多用于生产外墙板和大楼板。

3. 现场塔下台座法

钢平模流水法重叠生产构件的方法是利用室内地坪，在建筑物一侧，起重机工作半径范围内，设置临时台座，重叠生产 10 层墙板构件，此法多用于民用建筑。

6.4.1.2　墙板运输堆放

墙板运输一般采用备有特制支架的运输车，墙板侧立斜放在支架上。运输车分为外挂式墙板运输车和内插式墙板运输车。前一种是将墙板靠放在支架两侧，用花篮螺丝将墙板上的吊环与车架栓牢，其优点是起吊高度低，装卸方便，有利于保护外饰面等。后一种则是将墙板插放在车架内，利用车架顶部丝杆或木楔将墙板固定，此法起吊高度较高，采用丝杆顶压固定墙板时，易将饰面挤坏，只可运输小规模的墙板。

墙板在现场堆放应按安装顺序与分区编号，堆放方法有插放法和靠放法两种。插放法是把墙板按安装顺序插放在插放架上，并用木榫加以固定；靠放法是把同型号墙板靠在靠放架上。堆放方法如图 6-55 及图 6-56 所示。

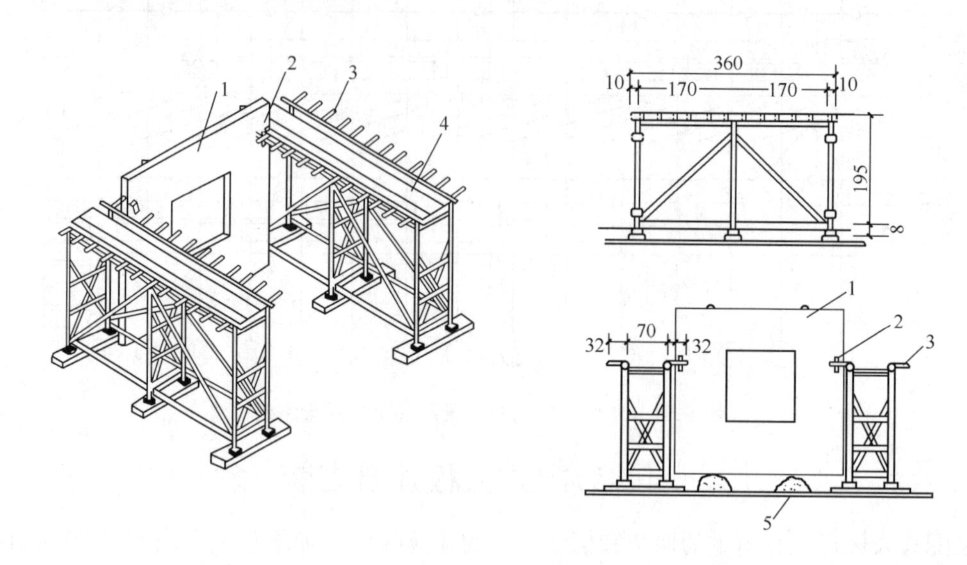

图 6-55　插放架

1—墙板；2—木楔；3—上横杆；4—走道板；5—砂埂

6.4.2　墙板的安装方案

6.4.2.1　安装机械的选择

装配式大板建筑施工中，大板的装卸、堆放、起吊就位，操作平台和建筑材料的运输均由安装机械来完成。为此，安装机械的性能必须满足墙板、楼板和其他构件在施工范围内的水平和垂直运输、安装就位，以及解决构件卸车和其他材料的综合吊运问题。常用的安装机械有 QT60/80 型和 QT_1—6 型等塔式起重机，亦可用 W_1—100 型履带式起重机，但其起重半径小，需增加鸟嘴。

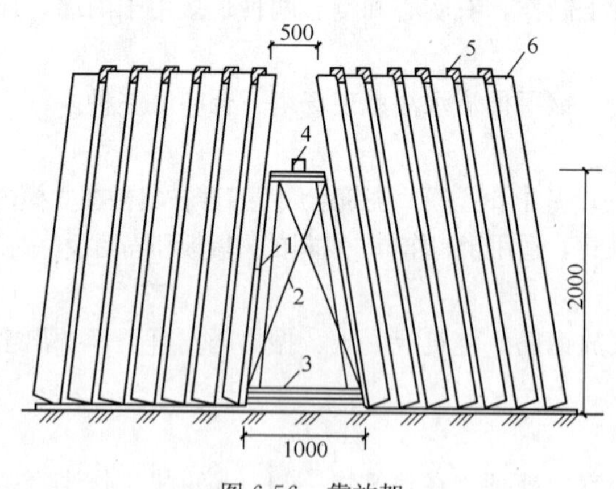

图 6-56　靠放架

1—斜撑（［8）；2—拉杆（$\phi18$）；3—下挡（［8）；4—吊钩；5—隔木；6—墙板

6.4.2.2　安装方案的确定

1. 墙板安装方法

墙板安装方法有储存安装法和直接安装法两种。

(1) 储存安装法。该法是将构件按型号、数量直接运到现场放入插放架、靠放架内储存，储存数量一般为 1～2 层的构配件，保证连续作业，便于组织施工，但占用施工场地较多。

(2) 直接安装法。该法是将墙板由预制构件场地按安装顺序配套运往施工现场，并直接从运输工具上安装就位，可减少构件的堆放设施，少占场地，但需用较多的运输车辆。

2. 墙板安装顺序

墙板安装顺序通常采用逐间封闭式安装法，对通长走廊的单身宿舍楼、办公楼，一般采用双间封闭。由于逐间封合，随安装随焊接，故该法临时固定简单，焊接工作集中，整体性好。

对于较长的建筑物，一般可从中部开始安装，对于较短的建筑物，可由一端第二间开始安装，并作为标准间。

双间封闭式安装顺序示意，如图 6-57 所示。

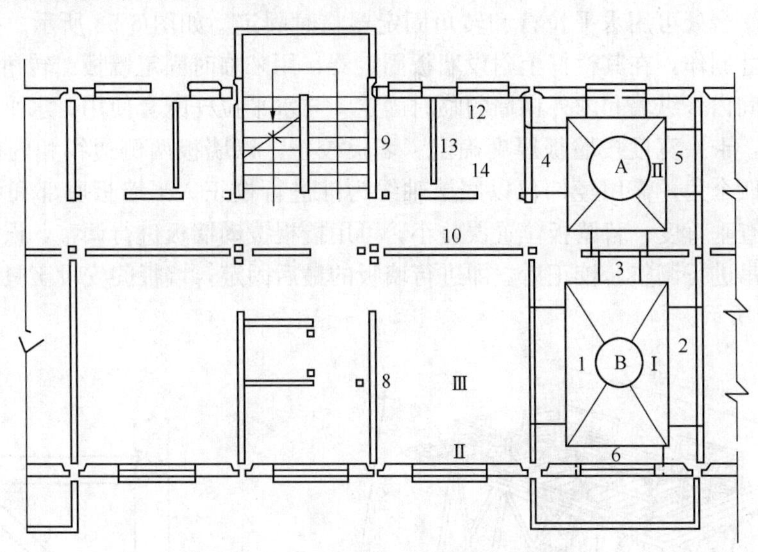

图 6-57　双间封闭式安装顺序示意图

A、B—操作平台；1～13—墙板安装顺序；

Ⅰ、Ⅱ、Ⅲ—逐间封闭顺序

6.4.3　墙板安装工艺

1. 抄平放线

首先校核测量放线的原始数据，如标准桩和水平桩等，然后用经纬仪由标准桩定出控制轴线，每栋建筑物不少于 4 条，其他轴线根据控制轴线用钢直尺量出，并标于基础上。利用控制轴线和基础轴线，用经纬仪定出各楼层的轴线，该轴线必须由基础轴线向上引。轴线标定后，用经纬仪在四周封闭复核。

根据楼层轴线控制线，完成墙板纵横轴线、墙板两则边线、门洞口位置线和节点线的找平放线，并用墨线标出注明。

2. 摊浆找平

在墙板安装前，用 1∶2.5 水泥砂浆灰饼铺在墙板两侧边线内，用以控制墙板底面标高。灰饼长约 150mm，宽比墙板厚度少 20mm，并据标高找平。

墙板应随铺灰随吊安装，铺灰时应注意留出墙板两侧边线以便于墙板安装就位，铺灰厚度应比灰饼高出 10mm，铺灰前应将基层表面杂物、灰尘清除，并用水湿润，用 1∶2.5 水泥砂浆铺抹均匀，并使上下接缝密实。

3. 墙板的安装

墙板的绑扎采用万能扁担（横吊梁带 8 根吊索），既能吊墙板又能吊楼板。墙板起吊应平稳、垂直，绳索与构件的水平夹角不应小于60°，各吊点受力应均匀。墙板安装就位时应争取一次对准边线，重量较轻的墙板，可在卸钩后校正，若墙板较重可随吊随校正。墙板的校正内容主要包括平面位置和垂直度。房屋四个大角的墙板，可用经纬仪由底线校正；墙板的垂直度可用靠尺测定。此外，还应注意使外墙的边缘垂直和水平，缝厚度均匀。如有误差可用临时固定器校正。安装一层及时校正一层，墙板结构安装的允许偏差见表6-14。

墙板的临时固定一般多用操作平台，它不仅用于标准间，也可用于其他房间；楼梯间与不便于用操作平台处可用水平拉杆和转角固定器临时固定，如图6-58所示。操作平台根据房屋的平面尺寸制作，在其栏杆上附设墙板固定器，用来临时固定墙板。转角固定器用于不放操作台的房间内外纵墙和内外横墙的临时固定，与水平拉杆配套使用。水平拉杆的长度按开间轴线确定，卡头宽度按墙板厚度确定。墙板校正，以墙板两侧边线和内横墙间距为依据。建筑物的四个角，需用经纬仪以底层轴线为准进行校正。当墙板底部和两侧边线相符后，用靠尺检查垂直度。若墙板位置误差小，可用撬棍拨动墙板进行调整，误差大时，必须将墙板重新起吊进行调整。校正后立即进行墙板的最后固定，墙板间安设工具式模板进行灌浆，如图6-59所示。

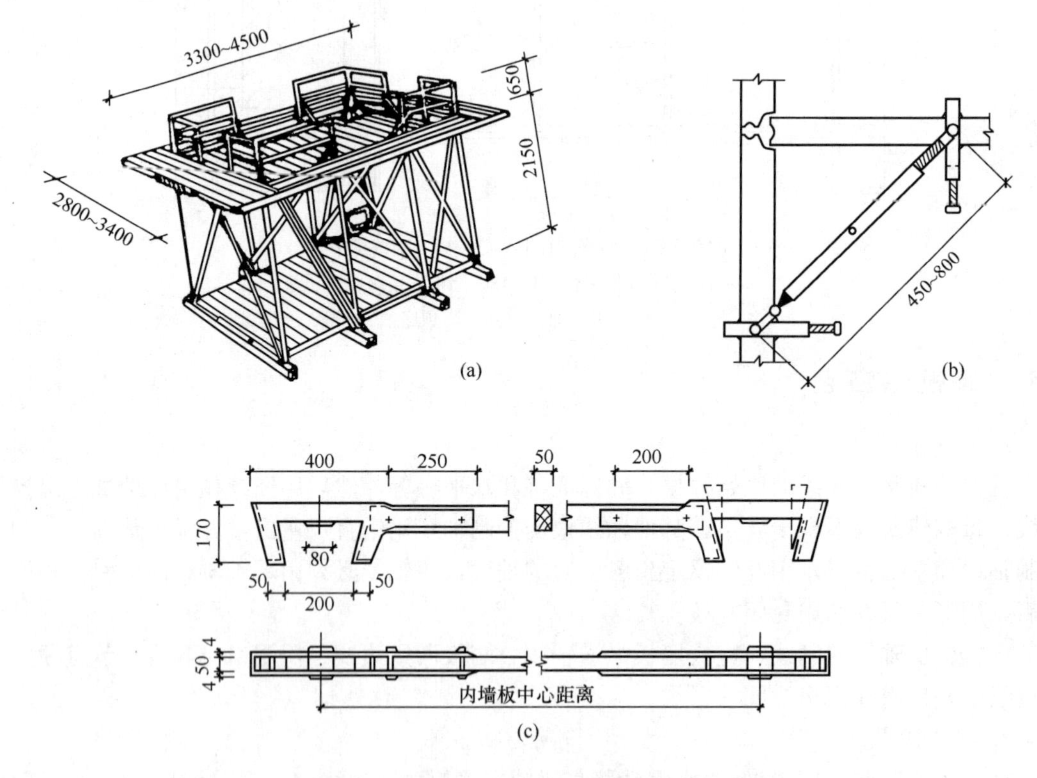

图6-58　操作台、转角固定器、水平拉杆图

(a) 墙板操作台；(b) 转角固定器；(c) 水平拉杆

4. 板缝处理

墙板板缝处理应满足传递剪力、隔热保温和密封防水的构造要求，特别是外墙板，要从墙板的构造和嵌缝材料上做好防水处理，并满足保温措施。

外墙板板缝的防水有构造防水和材料防水两种，目前主要采取以构造防水为主、材料防

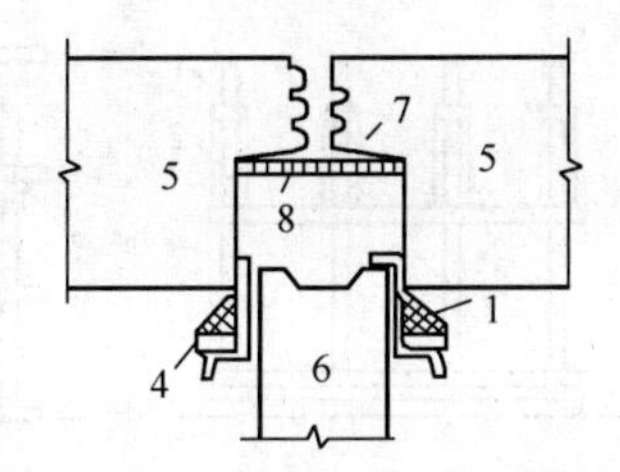

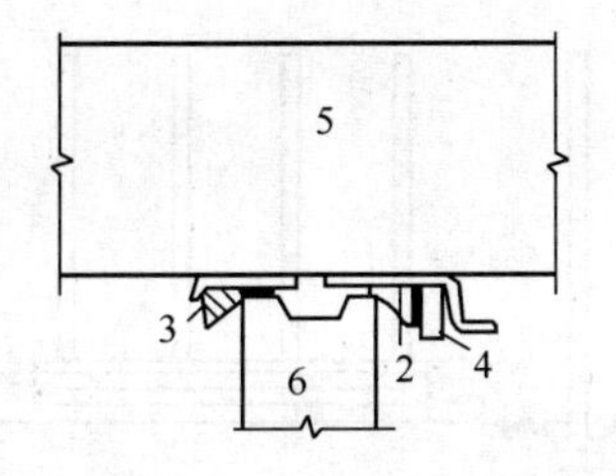

图 6-59　板缝工作式模板

1—短卡钩模板；2—长卡钩模板；3—带槽口模板；4—木楔；5—外墙板；6—内墙板；7—油毡条和泡沫聚苯乙烯条；8—浇筑的混凝土

水为辅的方法。

（1）构造防水

构造防水又称空腔防水，是在墙板四周设置滴水或挡水台阶、凹槽等，放置挡雨板和挡风板，形成压力平衡空腔，利用垂直或水平减压空腔的作用和水的重力作用，切断板缝的毛细管通路，排除雨水，以达到防水效果，常见的防水构造如图 6-60 所示。

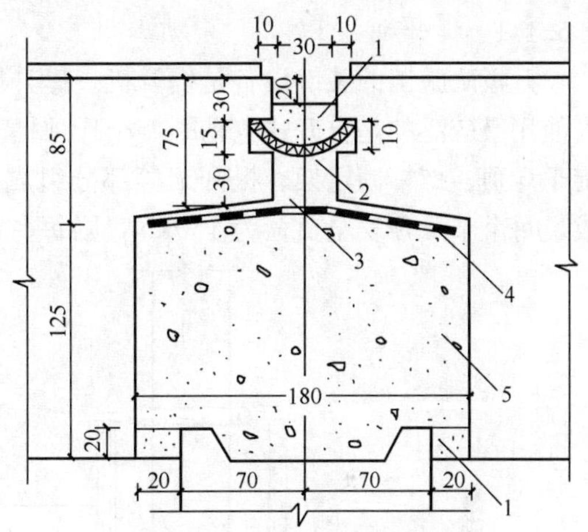

图 6-60　墙板防水构造处理

1—防水砂浆；2—塑料挡水板；3—减压空腔（内刷焦油）；4—油毡条；5—现浇混凝土

（2）板缝保温施工

由于外墙板板缝采用构造防水，形成冷空气传导，是造成结露的重要部位。为此，北方地区在立缝空腔后壁安设一条厚 20mm、宽 200mm 的通长泡沫聚苯乙烯，水平缝也安设一条厚 20mm、高 110mm 的通长泡沫聚苯乙烯，作为切断冷空气渗透的保温隔热材料。施工前先把裁好的泡沫聚苯乙烯用热沥青粘贴在油毡条上，当每层楼板安装后，顺立缝空腔后壁自上而下插入，使其严实地附在空腔后壁上。此外，在浇筑外墙板板缝混凝土时，它还可以起到外侧模的作用。

（3）材料防水

利用密封材料防止雨水侵入，满足防水要求。目前常用的嵌缝防水材料有马牌建筑油膏、胶油，上海沥青油膏，聚氯乙烯胶泥等。

6.5　升板法施工

升板法施工是在施工现场就地重叠制作各层楼板及屋面板，然后利用安装在柱子上的提升机械，通过吊杆按照提升顺序，逐层将已达到设计强度的屋面板及各层楼板提升到设计位置校正调整，并将板和柱连接固定的一种多层装配式板柱结构房屋的特殊施工方法。如图 6-61 所示。升板法施工的优点是：可节约大量模板；减少高空作业，施工安全；工序简化，施工速度快；节省施工用地；无须大型起重设备；结构单一，装配整体式节点数量少；柱网布置灵活。但不足之处是当采用普通钢筋混凝土板时，其耗钢量较大。升板工程在住宅、医院、图书馆、百货商店、仓库和地下建筑中具有广泛的应用前景。

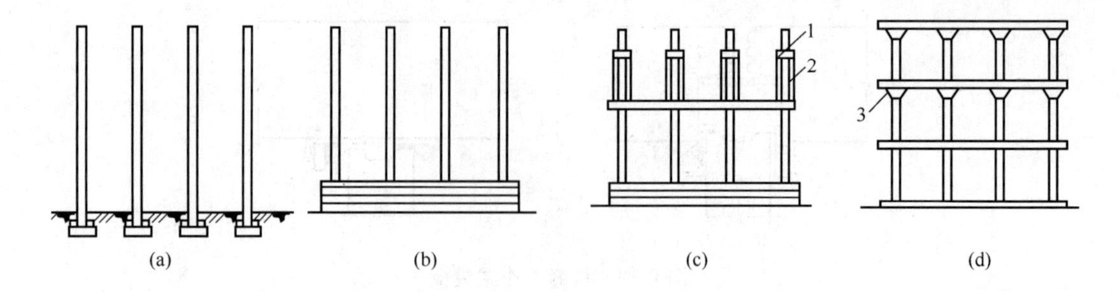

图 6-61　升板提升顺序简图

（a）立柱浇地坪；（b）叠浇板；（c）提升板；（d）固定板

1—提升机；2—柱子；3—后浇柱帽

6.5.1　提升设备

6.5.1.1　提升机

升板法施工的关键设备是提升机。提升机分为电动提升机和液压提升机两大类。目前国内使用最广泛的是自升式电动螺旋千斤顶提升机，简称电动提升机或升板机。它是由电动螺旋千斤顶、螺杆固定架、提升架等部分组成。如图 6-62 所示。每台提升机由两个千斤顶组成，每个千斤顶安全负荷为 150kN，则每台提升机为 300kN 安全负荷。

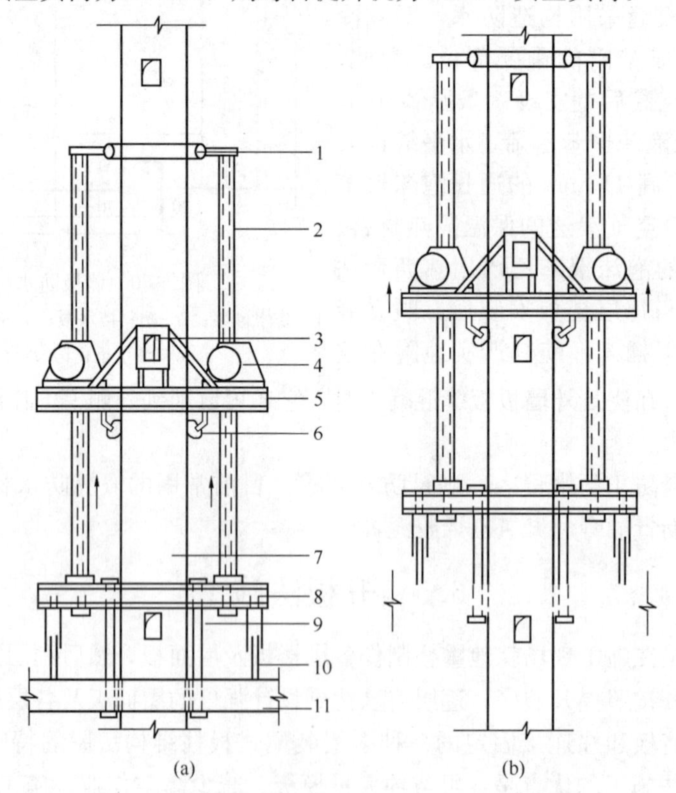

图 6-62　电动螺旋千斤顶沿柱自升过程示意图

（a）楼板提升；（b）提升机自升

1—螺杆固定架；2—螺杆；3—承重销；4—电动螺旋千斤顶；5—提升机底盘；6—导向轮；7—柱子；8—提升架；9—吊杆；10—提升架支腿；11—楼板

电动螺旋千斤顶是提升机的驱动机构，包括电动机、蜗轮蜗杆、齿轮减速箱、螺母和螺杆等部件。螺杆规格采用 T48×8，长 2.8m，上升速度为 1.89m/h，下降速度为 4.69m/h。

螺杆固定架是用钢管和槽钢组成。其作用是使螺杆只能上下移动，而不能转动，并使螺杆上升时防止抖动，以提高其刚度。

提升架是由 14 号或 16 号槽钢焊成的框子，两边有连接螺杆和吊杆的孔眼，四脚各有一个活络钢管支腿。当提升机提升时，螺杆通过提升架的四个支腿支撑在楼板上，使整个提升设备能顺着螺杆上升，提升机还可承受楼板在螺杆与吊杆之间因偏心产生的力偶。

6.5.1.2　提升原理

自升式电动螺旋提升机的自升过程包括楼板提升和提升机自升两个过程。

1. 屋（楼）面板提升

提升屋面板时，将提升机悬挂在屋面板以上的第二个承重销上，螺杆下端与提升架连接。提升架用吊杆与屋面板相连。开动提升机，屋面板上升。升完一个螺杆有效高度后，被提升的屋面板（或楼板）正好升过下面一个预留停歇孔，就用承重销插入停歇孔内；然后开动提升机将板落在承重销上，并加以临时固定。如图 6-62（a）所示。

2. 提升机自升

当板临时固定后，将提升架下端的 4 个支腿放下支在屋（楼）面板上，并将悬挂提升机的承重销取下；然后开动提升机使螺母反转，此时螺杆被楼板顶住而不能下降，只有迫使提升机沿螺杆上升；待提升机升到超过再上一个停歇孔，即螺杆顶端时（此时正好是一根螺杆的有效高度），立即停止开动，再把提升机悬挂在上面一个承重销上，如图 6-62（b）所示；收起 4 根支腿，进行下次提升与自升循环。

如此交替上升。当屋面板升到一定高度后即可提升楼板。各层楼板提升到不能再上升时，则提升机与屋面板交替上升，一直提升到柱顶。在柱顶安装一个短钢柱，将提升机临时悬挂在短柱上。这样就可将屋面板安装到设计位置上。

各提升机由放在屋面板中央的控制台集中控制，它可以使全部提升机同步升降，也可以控制单机升降，以利调整提升差异。电动螺旋提升机，在提升过程中千斤顶能自行爬升，不需要将提升设备安装到柱顶，减少了高空作业，也有利于群柱稳定；工作时传动可靠，提升差异较小；但螺杆磨损较大，工作效率较低。

3. 提升机承载力计算

选择提升设备时，提升机的提升能力必须满足要求。提升板时，每台提升机担负的荷载 Q，应包括板的自重、施工荷载、板与板之间开始提升时的黏结力，提升过程中的振动力和提升差异所引起的附加力等。Q 可按下式计算：

$$Q = k(q_1 + q_2)A \tag{6-18}$$

式中　Q——每台提升机提升时担负的荷载（kN）；

k——工作系数，一般取 1.3～1.5（当板的刚度小、跨度大、跨数少的工程取小值）；

q_1——板的自重（kPa）；

q_2——施工荷载，一般取 0.5～1.5（kPa）；

A——提升机所负担的提升范围，可近似地按相邻柱的中线至中线划分。

板与板之间的黏结力，一般取 0.5MPa 以内。此力仅在开始提升板的瞬间存在，因此在计算提升机负荷时不予考虑。但需注意，隔离层一旦遭到破坏，黏结力会大幅度增加，造成提升机超负荷，甚至损坏。

6.5.2 升板法施工工艺

升板法施工工艺过程一般为：基础施工→预制柱、安装柱→浇筑混凝土地坪→制作板→安装提升设备→提升板→固定板→后浇混凝土板带。

6.5.2.1 基础施工

升板法的基础一般采用钢筋混凝土杯形基础或条形基础，也可采用整体式基础。基础施工必须注意控制轴线尺寸和杯底标高，基础轴线偏差不应超过5mm，杯底标高偏差不应超过+3mm。基础施工与一般钢筋混凝土基础相同，施工完毕应及时回填土，分层夯实，确保不会发生地坪局部沉陷，以防上部预制构件发生裂缝。

6.5.2.2 柱子的预制与安装

1. 柱的预制

升板结构的柱子，不仅是结构的承重构件，而且在提升阶段除承重外，还起着提升机导杆的作用。所以，柱子的几何尺寸和就位孔的位置必须高度准确。

柱的预制施工应满足升板结构的特殊要求：

(1) 严格控制柱的截面尺寸的偏差不应超过±5mm，侧向弯曲不应超过10mm，避免提升时卡住提升环。

(2) 预留提升定位孔和停歇孔，定位孔是临时固定和永久固定面板与楼板位置的孔洞，由承重销大小确定其尺寸，一般高160～180mm，宽100mm，孔底标高偏差为－15～0mm。停歇孔是用来搁置提升机的预留孔洞，一般为1.8m高。两种孔最好结合使用，如不可能，两者净距不应少于300mm。

(3) 保证柱上预留齿槽和预埋件的质量。应严格控制齿槽施工质量，以保证板柱良好结合，有效传递剪力；预埋件中心偏差不应超过±5mm，标高偏差不应超过±3mm，且表面平整，无扭曲变形。

2. 柱的安装

吊装柱之前，应逐一检查柱的截面尺寸并对基础杯底抄平，对柱凸起部位要凿平，并在柱侧弹出中心线。同时将各层楼板和屋面板的提升环依次叠放在基础杯口上。提升环上的提升孔要与柱子上的承重孔方向相互垂直。

柱子若过长可以分段施工。当柱采用分段施工时，下节柱一般为预制安装，上节柱的施工则有现浇和装配两种方案。

上节柱现浇时，是将屋面板提升到下节柱顶部后，以屋面板为操作平台进行浇筑。此种方法，在柱的接头处应严格按照施工缝的要求处理，且工期长、高空作业多、柱的截面和垂直偏差较难控制。

上节柱为预制装配时，是先将预制好的柱放在屋面板上，当屋面板提升到下节柱部位后，再在屋面板上安置小型起重机来完成上节柱的安装工作。此法由于起重机的起重能力较小，故一般只能吊二层一节的柱。

上、下节柱的接头位置，应考虑受力较小及提升工艺的要求；接头部位的截面刚度应不低于柱截面的刚度；截面强度宜为该截面结构受力计算强度的1.5倍。为此，可采用加密钢筋、提高混凝土强度等级或设置附加纵向钢筋等措施，以保证接头的质量。

6.5.2.3 板的制作

1. 板的类型

板的类型一般分为平板式、密肋式和格梁式。

(1) 平板式结构简单、施工方便，能有效利用建筑空间，但刚度差，抗弯能力弱，耗钢量大，用于柱距在 6m 以内的结构，如图 6-63 所示。

(2) 密肋式平板结构，凹口有朝上和朝下两种形式。凹口朝上的，可用煤渣砖、空心砖等轻质材料填充；凹口朝下的，采用混凝土盒子或塑料模壳做内模芯进行成型施工。这种结构刚度大，抗弯能力强，节约材料，用于柱距 7～8m 的结构，如图 6-64 所示。

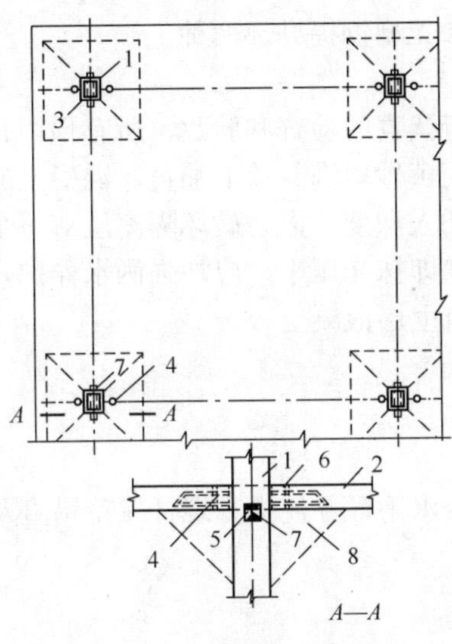

图 6-63　平板式结构简图

1—柱；2—板；3—柱孔；4—提升孔；5—休息孔或固定孔；6—提升环；7—承重销；8—后浇柱帽

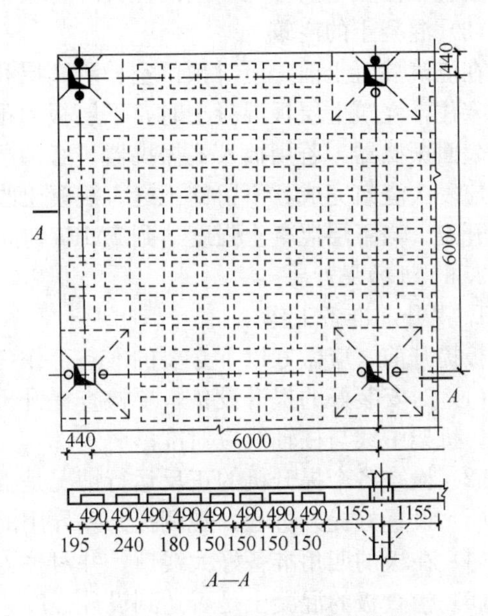

图 6-64　密肋式平板结构简图

(3) 格梁式结构是先就地叠浇格梁，预制楼板在格梁提升前铺上，也可浇筑一次格梁铺设一层楼板，在格梁提升固定后，再在其上面整浇面层。这种结构刚度大，施工复杂，适用于柱距在 9～12m，楼层有较大开孔和集中荷载的结构。

2. 板的分块

在升板施工过程中，由于板为现场就地预制，其平面尺寸和形状不受建筑模数的控制，故当建筑平面较大时，可根据结构平面布置和提升设备数量，将板划分为若干块，每块板为一提升单元，如图 6-65 所示。

一个提升单元的面积不宜过大，大致为 20～24 根柱范围的面积。因为，柱根数多了，不易控制同步，同时会增加电力供应、油压损失和设备数量。板的分块，要求每块板的两个方向大致相等，这样能减小由于提升差异所引起的内力，对群柱稳定有利。同时也应避免出现阴角，因为提升时阴角处易出现裂缝。后浇板带的位置必须留在跨中，其宽度由于钢筋搭接长度的需要，一般为 1.0～1.5m。

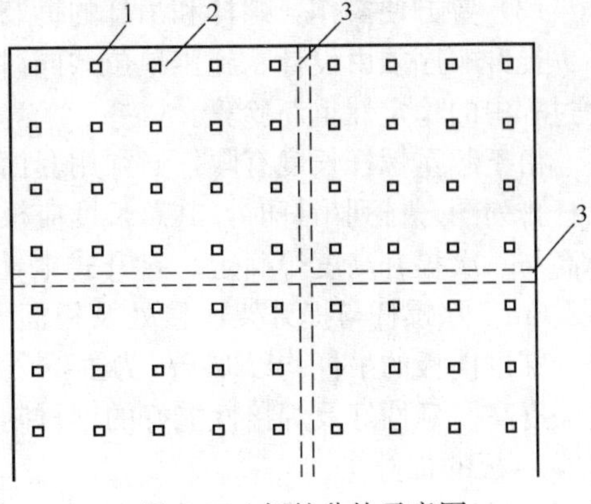

图 6-65　板的分块示意图

1—板；2—柱；3—后浇板带

3. 板的浇筑

分为地坪处理、提升环放置和浇筑混凝土三

部分。

（1）地坪处理

柱子安装后，先做混凝土地坪，再以混凝土地坪为胎膜重叠浇筑各层楼板和屋面板。在地坪与楼板，楼板与楼板之间要用隔离层隔离，以免黏结在一起。常用的隔离剂有皂脚滑石粉、纸筋石灰、乳化机油、柴油石蜡等；铺贴隔离层有油纸、塑粘薄膜等。涂刷可分两次垂直进行。板孔侧模与柱之间可用砂填充，以起隔离作用。

（2）放置提升环

放置在楼板上的柱孔周围的提升环有型钢提升环和无型钢提升环两种。

（3）混凝土的浇筑

在浇筑混凝土前，应对预留空、隔离层和钢筋进行认真的检查和验收。所有预留孔要用木塞塞住，浇筑上层板混凝土时，下层板的预留孔可用黄砂填满并盖上油毡。混凝土的振捣宜用表面振捣器。若用插入式振捣器，必须严格控制插入深度，以防破坏隔离层。每个提升单元应一次浇筑完成，不留施工缝。混凝土收水后，随即抹光压平。应加强洒水养护，以防板面开裂。当下层混凝土强度达到 5MPa 时，方可浇筑上层混凝土板。

6.5.2.4 板的提升

1. 提升前准备工作

板提升前，应做好以下必要的准备工作：

（1）对安装好的提升设备，要检查提升机底座是否水平，并使提升螺杆保持铅直及松紧一致，机架中线与柱轴线应对准。

（2）检查各个提升机的正反运行情况是否正常。

（3）设置好提升过程，观测提升差异用的标记。

（4）在板的四角准备好大线锤，并对柱进行竖向偏差复查。

（5）检查板的混凝土是否达到设计强度。

2. 提升顺序与吊杆排列

在升板过程中，为了保持柱子的稳定和操作方便，各层楼板不能一次提升到位，而应各层交替提升。板的提升应遵循下列原则：

（1）提升时应尽可能缩小各层板的间距，若有条件时可用集层提升、集层停歇，使顶层板在较低标高处，将底层板在设计位置上就位固定，以减少柱子的自由长度（采用剪力块、承重销时，应焊接牢固；采用后浇柱帽时，混凝土强度应达到 C10）。

（2）尽量压低升板机的着力点，以提高柱的稳定性。

（3）要方便操作，螺杆和吊杆的拆装次数要少，并便于安装承重销（或剪力块）。

提升顺序须由设计、施工单位共同讨论确定。提升过程中如有改变，则必须对群柱在提升过程中的稳定性重新验算。

由于起重螺杆长度有限，必须用套筒把吊杆与螺杆、吊杆与吊杆连接起来，为此要作出吊杆排列图。排列吊杆时，其总长度应根据提升机所在的标高、螺杆长度、所操作提升板的标高与一次提升高度等确定。自升式电动提升机的螺杆长度为 2.8m，有效提升高度为 1.8～2.0m。除螺杆与提升架连接处及板面上第一节吊杆采用 0.3m，0.6m 及 0.9m 的小吊杆外，穿过楼板的吊杆均以 3.6m 为主，个别的也有采用 4.2m，3.0m 和 1.8m 的。吊杆应采用强度高、延性好及焊接性能好的钢材制成。

3. 板的提升

板开始提升时，采用提升机逐机开动的提升办法，先四个角柱，然后边柱，最后中间柱，每次提升高度为 5mm，开机的时间间隔控制在 7～9s，使四周空气进入板缝，以消除板间吸附力，顺利脱模。板在提升过程中，应按规定位置停歇，不得中间悬挂停歇。上述方法称盆式提升工艺，可以减少板在提升和搁置中单点向上的差异而产生的负弯矩，达到降低配筋量和减少裂缝的目的，如图 6-66 所示。在板的提升过程中，保持板的提升同步和防止群柱失稳是保证工程质量和安全的技术关键。

+15	+12.5	+10	+10	+12.5	+15
+12.5	+7.5	+5	+5	+7.5	+12.5
+10	+5	0	0	+5	+10
+10	+5	0	0	+5	+10
+12.5	+7.5	+5	+5	+7.5	+12.5
+15	+12.5	+10	+10	+12.5	+15

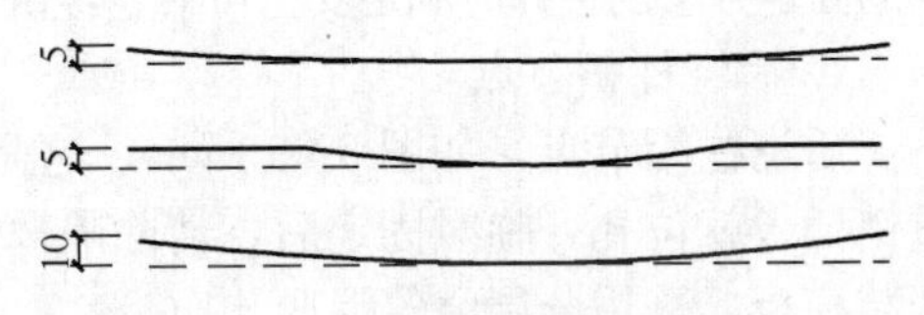

图 6-66　盆式提升示意图

（1）提升差异和同步控制

提升差异是指相邻柱间板的提升标高差，提升差异会在板中产生次应力，从而导致板的开裂。产生提升差异的原因很多，主要是由于机械工作的不同步、吊杆间松紧度不一致和楼板搁置不平造成的。

减小提升差异的办法应进行同步控制。同步控制多采用标尺法，此外还有水准自控仪和 SK—1 电子数字同步控制台进行升板施工的同步控制。标尺法是在柱上每隔 800～900mm 预先画出箭头标志并统一找平，在柱边板面上设立一支 1m 长的标尺，柱上箭头应对准标尺上的读数，若标尺读数不一致，说明产生提升差异。该法简单易行，但精度较低，不能集中控制，施工管理较困难，如图 6-67 所示。水准自控仪是利用互相连通的水面能自动找平的原理，并利用触点电气元件线路控制提升机的运转，使楼板同步上升。提升差异可控制在 3mm 以内。采用 SK—1 型电子同步控制台，可自动调整各提升机的提升差异，精度高，误差小。

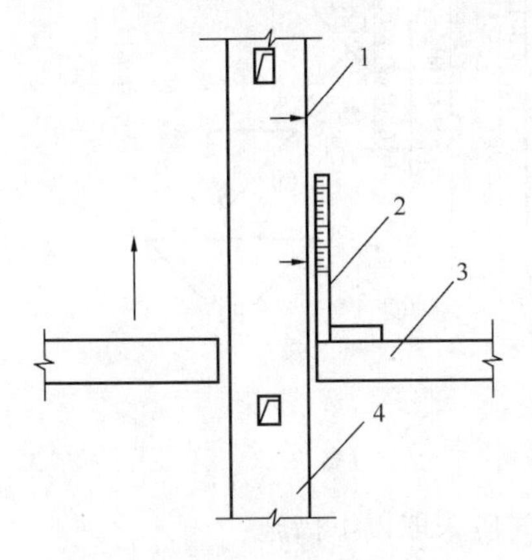

图 6-67　标尺法控制提升差异

1—箭头标志；2—标尺；3—板；4—柱

电动液压千斤顶提升装置的升高限位器及自整角机可控制同步提升，因而利用提升设备的这种同步性可以控制提升差异。

（2）群柱稳定措施

升板结构中，板未提升前，各柱子是一端固定，另一端自由的一群悬臂柱；板在提升阶段，板与柱之间是铰接，仍有一个自由度，是不稳定的；当板与柱节点全部固定后，才属安全体系。

板在提升阶段，中柱虽受荷较大，边柱和角柱受荷较小，但由于板通过承重销的摩擦与柱联系，对柱起铰接的水平连杆作用。所以在一个提升单元中，单柱稳定与群柱稳定，是相互依存和相互制约的。这是由于群柱的空间作用，改变了单柱的稳定条件，使荷载较大的中柱失稳受到约束，不一定先达到临界荷载；而受荷载较小的边柱和角柱，因受中柱的牵制使失稳提前。因此，升板结构中的柱，不可能单柱失稳，而是边柱、角柱和中柱同时失稳，最终导致群柱失稳。

为了保证施工安全，防止出现群柱失稳，应采取以下措施：

①必须根据提升程序，做好群柱稳定性验算。

②调整提升程序，上层板尽量压低提升高度，下层板尽快提升到设计标高，并予以固定。

③在提升上层板时，适当增设缆风绳拉住楼板，如图 6-68 所示。

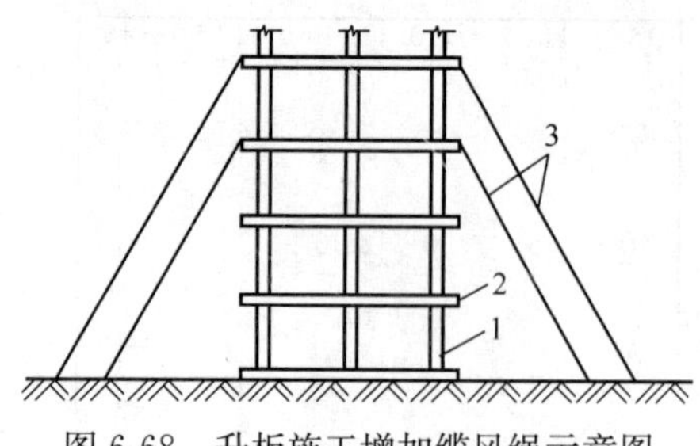

图 6-68　升板施工增加缆风绳示意图

1—柱子；2—楼板；3—缆风绳

④各层板临时搁置时，应在板孔四周用楔块与柱揳紧，使板柱形成一定程度的刚性连接。

⑤柱子吊装时，使柱子的承重销孔相互垂直交叉，以增强群柱在两个方向的稳定性。

6.5.2.5　板的固定

当板提升到设计标高就位后，应尽可能减少搁置差异。可用厚度不超过 5mm 的垫铁来调整搁置差异，以达到板的搁置差异不超过 5mm，同时，注意板的平面位置不超过 25mm。

板的固定方法可采用后浇柱帽节点、剪力块节点、承重销节点、预应力节点和齿槽节点等。板的固定方法的选择应满足安全可靠、经济合理和施工方便，并与建筑功能相适应的要求。

1. 后浇柱帽节点

后浇柱帽节点，如图 6-69 所示，这是目前常用的一种方法。板提升到设计标高后用承重销插入就位孔，临时固定后，清除隔离层，再在柱帽部位板底及柱周围焊接及绑扎钢筋，安装模板，采用分层浇筑混凝土（C30），并用插入式振捣器振捣密实，在达到板帽结合可靠之后加强养护。待混凝土达到一定强度后拆除模板，即形成后浇柱帽节点，这种节点整体性好，可减小板的计算跨度，节约节点耗钢量。

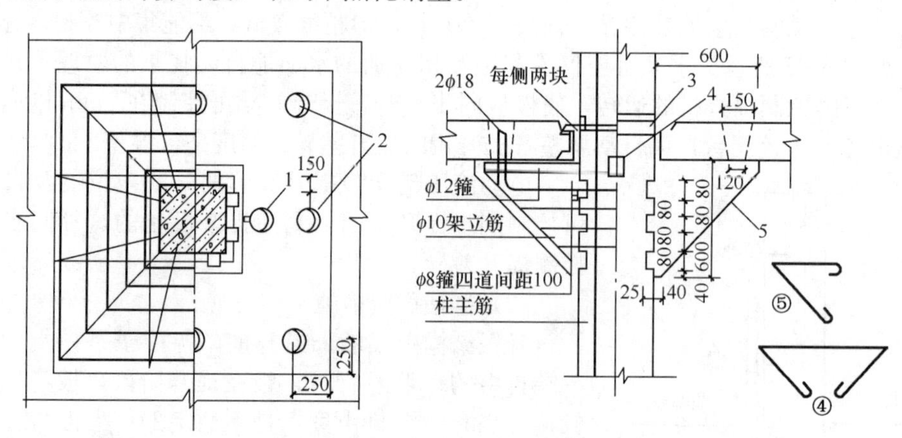

图 6-69　后浇柱帽节点

1—提升孔；2—灌浆孔；3—柱上预埋件；4—承重销；5—后浇柱帽

为提高板柱连接（柱帽节点）的整体性，设计与施工时应采取以下措施：

（1）板面灌浆孔中应安设 2ϕ8 短钢筋销钉，并在板底的柱面上留设迭槽。

（2）柱帽四角的钢筋必须与柱主筋焊接牢固。

（3）混凝土浇捣必须充分密实，且混凝土分两次浇筑，在第一次浇筑的混凝土未初凝前再浇筑第二次混凝土，可防止新浇筑的混凝土收缩过大而在帽顶与板底之间发生裂缝。

（4）混凝土应充分浇水养护。

2. 剪力块节点

剪力块节点，如图 6-70 所示，是使板四个面都支承在柱上，板柱连接节点整体性好，施工方便，传力可靠，且便于调整板的标高。但铁件加工要求较高，节点耗钢量较大。仅在荷载较大，且不带柱帽的升板结构中应用。

剪力块节点施工时是先在板下的柱面上预埋加工成斜口的承力钢板；待板提升到设计

（就位）标高后，在预埋钢板与楼板的提升环之间，用楔形钢板揳紧。

3. 承重销节点

承重销节点，如图 6-71 所示，是用焊接工字钢插入柱的定位孔内作承重销，再以销的悬出部分支承平板，板与柱之间另用楔块揳紧并焊牢，使之能传递弯矩。这种节点施工方便，使用效果好，用钢量较剪力块节点少。适用于无柱帽的民用升板结构建筑物。

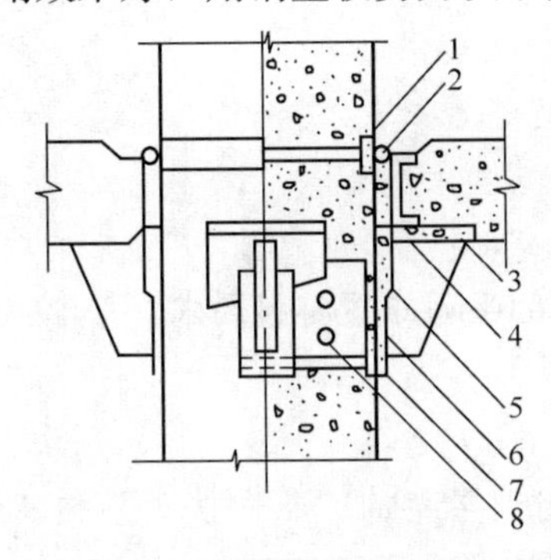

图 6-70　剪力块节点

1—预埋件；2—钢筋焊接；3—预埋钢板；4—细石混凝土；5—剪力块；6—钢牛腿；7—承剪预埋件；8—浇筑混凝土预留孔

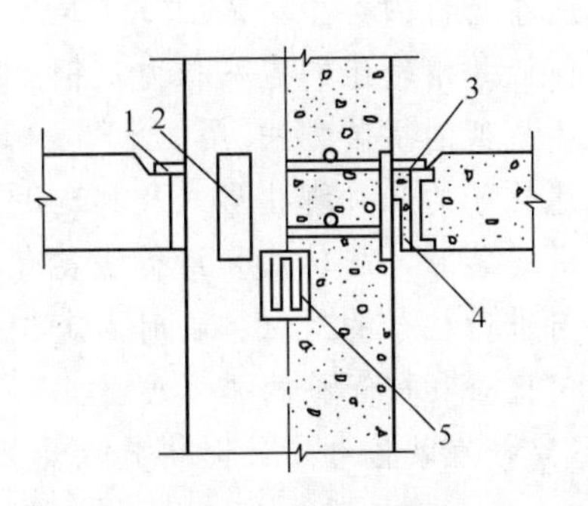

图 6-71　承重销节点

1—钢板焊接；2—每侧两块预埋件；3—细石混凝土；4—钢楔块（四边各两对）；5—承重销

4. 齿槽节点

齿槽节点是在格梁与柱子交接处，于梁端部与柱面部位都留有齿槽。当板提升就位后，在板与柱的齿槽空隙内浇灌混凝土，以此来承受剪力，但其承载力较小。适用于格梁式升板结构。

5. 预应力节点

预应力节点是一种预制的混凝土锥形柱帽节点（采用直径 2.84m，倾角 20°、C40 混凝土预制的一种截锥扁壳）。施工时先将预制混凝土柱帽套入柱内，然后将柱帽边缘伸出的钢筋与楼板浇筑在一起，柱帽与楼板同时提升，当楼板提升到达就位孔后，柱帽内配以径向和环向钢筋，施加预应力而成。这种节点可使楼板减薄，自重减轻，节约用料，降低造价，且柱帽可以在工厂预制，故又能减轻现场制作量。

上岗工作要点

本章主要介绍装配式钢筋混凝土单层工业厂房结构安装中常用的起重机械类型、性能及使用特点；构件的吊装工艺及平面布置；结构安装方案的拟定。重点分析了起重机的选择及各参数间的关系、起重机开行路线与构件平面布置的关系，以及影响结构安装方案的因素，着重阐述了起重机稳定性验算，还介绍了升板法施工工艺及装配式大板建筑的安装方法。

随着科技的发展，建筑施工向工厂化、标准化、机械化方向迈进，结构安装工程量所占的比例将会越来越大。

本章在学习的过程中，要求了解起重机械的类型、构造及原理，重点掌握起重参数及相互关系，能正确地选择起重机；了解单层工业厂房结构安装工作的全过程，掌握柱、吊车梁、屋架等主要构件的安装工艺及平面布置，能拟订吊装方案；了解升板法施工工艺及装配式大板建筑安装方法。

复习思考题

1. 起重机械有哪几类？各有何特点？各适用于哪些范围？

2. 试述爬升式塔式起重机和附着式塔式起重机的顶升原理。

3. 履带式起重机如何进行抗倾覆验算？

3. 常用卷扬机的类型及锚固方法是什么？

4. 如何计算滑轮组的跑头拉力及钢丝绳的允许拉力？

5. 简述屋架的拼装方法。

6. 试述柱子的几种绑扎形式及其适用条件。

7. 单机安装时，旋转法和滑行法各有何特点？对柱的平面布置有何要求？

8. 如何进行柱子的对位、临时固定和最后固定。

9. 如何检查和校正柱的垂直度？

10. 屋架扶直就位和安装时绑扎点是如何确定的？何谓屋架的“正向扶直”和“反向扶直”？

11. 屋架在预制阶段有几种布置方式？

12. 构件的安装工艺包括哪些方式？

13. 试分析结构安装分件安装法和综合安装法的优劣？

14. 结构安装工程如何保证工程质量？

练 习 题

1. 某单层工业厂房安装工程，柱的牛腿标高+8.000m，吊车梁长6m，起重机停机面−0.4m，试计算安装吊车梁时的起重高度。

2. 某单层工业厂房的跨度24m，柱距6m，天窗顶面标高为+18.000m，屋面板厚0.24m，现用履带式起重机安装屋面板，其停机面为−0.20m，起重臂底铰距地面的高度E=2.10m。试分别用数解法和图解法确定起重机的最小臂长。

3. 某单层工业厂房的跨度24m，柱距6m，安装柱时，起重机分别沿两纵轴跨内跨外开行，实测柱的绑扎点距柱脚8.20m，起重半径为7.0m，开行路线距柱轴线a=5.5m。试对柱进行预制平面布置。

4. 某单层工业厂房的跨度24m，柱距6m，安装屋架的起重半径为9.0m，起重机尾部到回转中心的距离为3.3m。试绘出安装阶段屋架的斜向布置就位图。

第7章 装饰工程

重 点 提 示

【职业能力目标】

通过本章学习，应达到如下目标：组织抹灰工程，饰面工程，铝合金及玻璃幕墙、油漆和涂料，裱糊等施工；编制装饰工程施工方案；懂得装饰工程质量要求和通病的防治。

【学习要求】

掌握抹灰、门窗、吊顶、隔墙、饰面、涂饰、裱糊等施工工艺；了解铝合金门窗及玻璃幕墙的安装要求、成品保护及检验；熟悉装饰工程施工中的质量要求及通病防治方法。

装饰工程包括抹灰、饰面、刷浆、裱糊、油漆、花饰等工程，是建筑施工的最后一个施工过程。具体内容包括：内、外墙面和顶棚的抹灰；内、外墙饰面和镶面；楼地面的饰面；内墙裱糊；花饰安装；门窗及玻璃幕墙；油漆及墙面涂料等。其作用是保护墙面免受风雨、潮气等侵蚀，改善隔热、隔声、防潮功能，提高卫生条件，增加建筑物美观和美化环境。

装饰工程施工工程量大、工期长、工序复杂、工程质量要求高，所占造价比重较高。因此提高装饰工程的机械化和工业化施工水平，大力发展和采用新型建筑装饰材料，尽可能采用干式施工和新的施工工艺及实现现代化的施工组织管理制度和方法是提高工程质量、加快施工进度、缩短工期和降低工程成本的根本途径。

7.1 抹灰工程

7.1.1 抹灰的分类与组成

抹灰工程按材料和装饰效果分为一般抹灰和装饰抹灰两大类。

一般抹灰用石灰砂浆、水泥混合砂浆、水泥砂浆、聚合物水泥砂浆、膨胀珍珠岩水泥砂浆和麻刀灰、纸筋灰、玻璃丝灰等材料。

一般抹灰按质量要求和相应的主要工序分为普通抹灰、中级抹灰和高级抹灰三种。普通抹灰为一底层、一面层两遍成活。主要工序为分层赶平、修整和表面压光；中级抹灰为一底层、一中层、一面层，三遍成活。要求阳角找方，设置标筋（又称冲筋）控制厚度和表面平整度，分层赶平，修整和表面压光；高级抹灰为一底层、几遍中层、一面层，多遍成活。要求阴阳角找方，设置标筋，分层赶平，修整和表面压光。

抹灰之所以要分层施工，是为了黏结牢固，控制平整度和保证质量。如一次涂抹太厚，由于内外收水快慢不同会产生裂缝、起鼓或脱落，亦造成材料浪费。抹灰层一般分为底层、

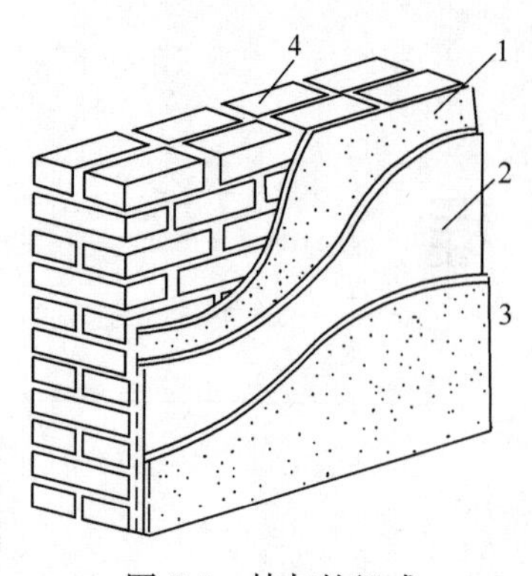

图 7-1　抹灰的组成
1—底层；2—中层；
3—面层；4—基体

中层（或几遍中层）和面层，见图 7-1。底层（又称头度糙或刮糙）的作用是与基体黏结牢固并初步找平；中层（又称二度糙）的作用是找平；面层（又称光面）是使表面光滑细致，起装饰作用。

各抹灰层的厚度根据基体的材料、抹灰砂浆种类、墙体表面的平整度和抹灰质量要求以及当地气候情况而定。抹水泥砂浆每遍厚度宜为 7～10mm；抹石灰砂浆和水泥混合砂浆每遍厚度宜为 5～7mm；抹灰面层用麻刀灰、纸筋灰等罩面时，经赶平压实后，其厚度一般不大于 3mm。因为罩面层厚度太大，容易收缩产生裂缝，影响质量与美观。抹灰的总厚度，应视具体部位及基体材料而定。顶棚为板条、空心砖、现浇混凝土时，总厚度不大于 15mm；顶棚为预制混凝土板时，总厚度不大于 18mm；内墙为普通抹灰时总厚度不大于 18mm；中级抹灰和高级抹灰总厚度分别不大于 20mm 和 25mm；外墙抹灰总厚度不大于 20mm；勒脚和突出部位的抹灰总厚度不大于 25mm。

装配式混凝土大板和大模板建筑的内墙面和大楼面底面，如平整度较好，垂直偏差少，其表面可以不抹灰，用腻子分遍刮平，待各遍腻子黏牢固后，进行表面涂料即可，总厚度为 2～3mm。

装饰抹灰种类很多，其底层多为 1∶3 水泥砂浆打底，面层可为水磨石、水刷石、干粘石、斩假石、喷涂、滚涂、弹涂、彩色抹灰等。

7.1.2　一般抹灰施工

7.1.2.1　施工顺序

在施工之前应安排好抹灰的施工顺序，目的是为了保护好成品。一般应遵循的施工顺序是先外后内，先上后下，先顶后地。先外后内，是指先完成室外抹灰，拆除外脚手，堵上脚手眼再进行室内抹灰。先上后下，是指在屋面防水工程完成后室内外抹灰最好从上层往下层进行；高层建筑施工，当采用立体交叉流水作业时，也可以采取自下而上施工的方法，但必须采取相应的成品保护措施。先顶后地，是指室内抹灰一般可采取先完成顶棚和墙面抹灰，再开始地面抹灰。一般应在屋面防水工程完工后进行室内抹灰，以防止漏水造成抹灰层损坏及污染。

7.1.2.2　基层处理

为了使抹灰砂浆与基体表面黏结牢固，防止抹灰层产生空鼓现象，抹灰前应对基层进行必要的处理。对凹凸不平的基层表面应剔平，或用 1∶3 水泥砂浆补平。对楼板洞、穿墙管道及墙面脚手架眼、门窗框与墙交接缝处，均应用 1∶3 水泥砂浆分层嵌缝密实。对表面上的灰尘、污垢和油渍等事先均应清除干净，并洒水润湿。墙面太光的要凿毛，或用掺加 10%108 胶的 1∶1 水泥砂浆薄抹一层。不同材料相接处，应用宽纸质胶带黏结，以防抹灰层因基体温度变化胀缩不一而产生裂缝。在内墙面的阳角和门洞口侧壁的阳角、柱角等易碰撞之处，宜用强度较高的 1∶2 水泥砂浆制作护角，其高度应不低于 2m，每侧宽度不小于 50mm。对砖砌体基体，应待砌体充分沉实后方可抹底层灰，以防砌体沉陷拉裂抹灰层。

7.1.2.3　抹灰施工

抹灰施工，按部位分为墙面抹灰和顶棚抹灰。

（1）中、高级墙面抹灰

为控制抹灰层厚度和墙面平整度，用水泥砂浆先做出灰饼和标筋，如图 7-2 所示，标筋干后进行底层抹灰。如用水泥砂浆或混合砂浆，应待前一层砂浆达到七八成干后，方可抹后一层。中层砂浆凝固前，亦可在层面上交叉划出斜痕，以增强与面层的黏结。

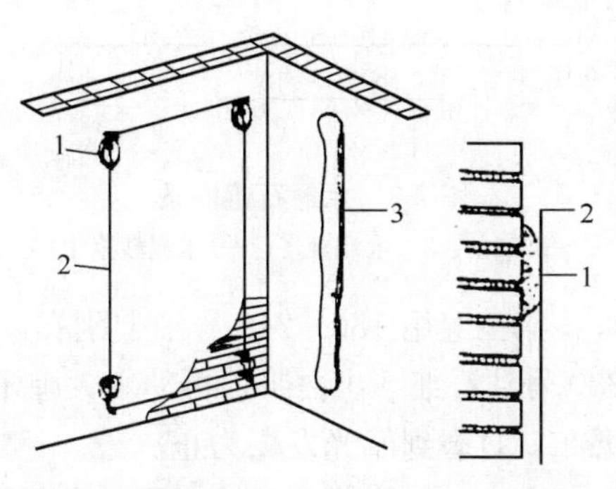

图 7-2　标筋示意图

1—灰饼；2—引线；3—标筋

（2）顶棚抹灰

顶棚抹灰应先在墙顶四周弹出水平线，以控制抹灰层厚度，然后沿顶棚四周抹灰并找平。顶棚面要求表面平顺，无抹纹和接槎，与墙面交角应成一直线。如有线脚，宜先用准线拉出线脚，再抹顶棚大面，罩面应两遍压光。

7.1.2.4　一般抹灰工程的质量标准

一般抹灰工程的面层，不得有暴灰和裂缝，各抹灰层之间及抹灰层与基层之间应黏结牢固，不得有脱层、空鼓等缺陷，其允许偏差应符合表 7-1 的要求。

表 7-1　一般抹灰质量的允许偏差

项次	项　目	允许偏差（mm）			检　验　方　法
		普通抹灰	中级抹灰	高级抹灰	
1	立面垂直度	—	5	3	用 2m 标线板和尺检查
2	表面平整度	5	4	2	用 2m 靠尺和塞尺检查
3	阴阳角方正	—	4	2	用 200mm 方尺检查
4	分格条（缝）直线度	—	3	—	拉 5m 线，不足 5m 拉通线，用钢直尺检查
5	阴阳角垂直	—	4	2	用 2m 托线板和尺检查

7.1.3　装饰抹灰施工

装饰抹灰是采用装饰性强的材料，或用不同的处理方法以及加入各种颜料，使建筑物具备某种特点的色调和光泽。随着建筑工业的发展和人民生活水平的提高，这方面有很大发展，也出现不少新的工艺。

装饰抹灰的底层与一般抹灰要求相同，只是面层根据材料及施工方法的不同而具有不同的形式。下面介绍几种常用的饰面施工。

7.1.3.1　水磨石

水磨石多用于地面或墙裙，其施工过程是：①待 1∶3 水泥砂浆打底的砂浆终凝后，洒水湿润，刮水泥素浆一道作为黏结层。②找平处理后，按设计的图案镶嵌分格条，分格条有黄铜条、铝条、不锈钢条或玻璃条，其作用除可做成花纹图案外，还可防止面层面积过大而开裂。安设时两侧用素水泥浆黏结固定，如图 7-3 所示。③然后再刮一层水泥素浆，随即将着色的水泥石渣浆（水泥∶石子＝1∶1～1∶2.5）填入分格网中，抹平压实，厚度要比嵌条

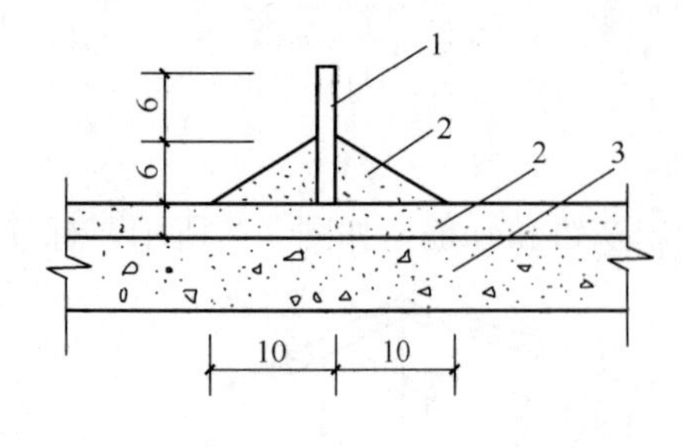

图 7-3 水磨石镶嵌条
1—玻璃条；2—水泥素浆；3—水泥砂浆中层

稍高 1～2mm。为使水泥石子浆罩面平整密实，可补撒一些石子，使表面石子均匀。④待收水后用滚筒辊压，再浇水养护。

水磨石分三遍进行：

第一遍用 60～80 号粗金刚石盘磨，磨至石子外露、磨平、磨匀、磨出全部分格条，再用水冲洗稍干后，然后用同色水泥浆填补砂眼一遍，养护 2d。

第二遍用 100～150 号中金刚石，磨至表面光滑，用水冲洗，稍干后，再抹一遍同色水泥浆，养护 2d。

第三遍用 180～240 号细金刚石，细磨至表面光亮，用水冲洗后，再涂刷草酸，最后用 280 号油石细磨出白浆，再冲水，晾干后打一层地板蜡。待地板蜡干后，再在磨石机上扎上磨布，打磨到发光发亮为止。

总之，对水磨石装饰工程的质量要求是：表面平整、光滑；石子显露均匀，色泽一致，条位分格准确；无砂眼、无磨纹；无漏磨。

7.1.3.2　*水刷石*

水刷石多用于外墙面。它的施工过程是：①待 1∶3 打底的水泥砂浆终凝后，在其上按设计分格弹线，根据弹线安装分格条（木条或塑料条），用水泥浆在两侧黏结固定，以防大片面层收缩开裂。②然后将底层浇水湿润后刮水泥浆（水灰比 0.37～0.4）一道，以增强与底层的黏结。③随即抹上稠度为 5～7mm、厚 8～12mm 的水泥石子浆（水泥∶石子＝1∶1.25～1∶1.5）面层，拍平压实，使石子密实且分布均匀。④在面层凝结前，即用棕刷蘸水自上而下刷掉面层水泥浆，使表面石子完全外露为止，并用水冲洗表面水泥浆。为使表面洁净，可用喷雾器自上而下喷水冲洗。水刷石的质量要求是：石粒清晰、分布均匀、色泽一致、平整密实，不得有掉粒和接槎的痕迹。

7.1.3.3　*干粘石*

干粘石是在水泥砂浆面上直接压粘石渣的工程做法。其施工过程是：①在已硬化的 1∶3 底层水泥砂浆层上按设计要求弹线分格，根据弹线镶嵌分格条。②将底层浇水润湿后，抹上一层 1∶2～1∶2.5 的水泥砂浆层，同时将配有不同颜色或同色粒径 4～6mm 的石子甩粘在水泥砂浆层上，并拍平压实。拍时不得把砂浆拍出来，以免影响美观，石子嵌入深度不小于石子粒径的 1/2，待有一定强度后，洒水养护。亦可用喷枪将石子均匀有力地喷射于黏结层上，用铁抹子轻轻压一遍，使表面平整。干粘石的质量要求是：石粒黏结牢固，分布均匀、不掉石粒、不露浆、不漏色、颜色一致。

7.1.3.4　*斩假石*

斩假石是仿制天然石料的一种建筑饰面工艺，是在抹灰底层上用斧子剁成有规律的槽缝，形成天然石材的质感饰面，又称为剁斧石。其施工过程是：①先用 1∶2.5 水泥砂浆打底，待养护硬化后，弹线分格并黏结分格条。②洒水润湿后，刮素水泥浆一道，随即抹 1∶1.25（水泥∶石渣）内掺 30%石屑的水泥石渣浆罩面层。③养护 2～3d，待强度达到设计强度的 60%～70%时，用剁斧将面层斩毛，面层的剁纹方向要一致，深浅要均匀，棱角和分格缝周边留 15mm 不剁。一般剁两遍，即可做出近似用石料砌成的墙。

7.1.3.5　*喷涂、滚涂与弹涂饰面*

（1）喷涂饰面

喷涂饰面是用挤压式灰浆泵或喷斗将聚合物水泥砂浆经喷枪均匀喷涂在墙面基层上的工程做法。根据涂料的稠度和喷射压力的大小，以质感区分，可喷成砂浆饱满，呈波纹状的波面喷涂和表面布满点状颗粒的粒状喷涂。其施工过程是：①1∶3水泥砂浆打底，喷涂前喷或刷一道胶水溶液（108胶∶水＝1∶3），使基层吸水率趋近于一致和喷涂层黏结牢固。喷涂层厚3～4mm，粒状喷涂应连续三遍成活，波面喷涂必须连续操作，喷至全部射出水泥浆但又不至流淌为好。在大面喷涂后，按分格位置用铁刮子沿靠尺刮出面层，露出基层，做成分格缝，喷涂层凝固后再喷罩面层。喷涂饰面的质量要求是：表面平整，颜色一致，花纹均匀，不显接槎。

（2）滚涂饰面

滚涂饰面的施工过程是：在基层上抹一层厚3mm的聚合物砂浆，随后用带花纹的橡胶或塑料滚子滚出花纹。滚子表面花纹不同，可滚出多种图案。待面层干燥后，喷涂有机硅水溶液。

滚涂砂浆的配合比为水泥∶集料（砂子、石屑或珍珠岩）＝1∶0.5～1∶1.0，再掺入占水泥含量20％的108胶和0.3％的木钙减水剂。滚涂分干滚和湿滚两种。干滚时，滚子不蘸水，滚出的花纹较大，工效较高；湿滚时，滚子反复蘸水，滚出的花纹较小。滚涂是手工操作，工效比喷涂低，但便于小面积局部应用。滚涂一次成活，多次滚涂易产生翻砂现象。

（3）弹涂饰面

滚涂饰面是在基层上喷或刷涂一遍掺有108胶的聚合物水泥色浆涂层，然后用弹涂器分几遍将不同色彩的聚合物水泥浆弹在已涂刷的涂层上，形成1～3mm大小的扁圆花点。通过不同的颜色组合和浆点所形成的质感，相互交错、互相衬托，有近似于干粘石的装饰效果；也有做成单色光面、细麻面、小拉毛拍平等多种花色。

弹涂施工过程是：在底层水泥砂浆上，洒水润湿，待干到60％～70％时，开始弹涂。先喷刷底色浆一道，弹分格线，贴分格条，弹涂器做头道色点，待稍干后弹涂器弹两道色点，最后进行个别修弹，再进行喷射或刷涂树脂罩面层。

弹涂器有手动和电动两种，后者工效高，适合于大面积施工。

7.1.3.6 装饰抹灰饰面工程的质量标准

抹灰质量标准和检验方法见表7-2。

表7-2 装饰抹灰质量允许偏差

项目	允许偏差（mm）							检验方法
	水刷石	水磨石	干粘石	斩假石	喷涂	滚涂	弹涂	
表面平整度	3	2	5	3	4	4	4	用2m靠尺和塞尺检查
阴阳角垂直	4	2	4	3	4	4	4	
立面垂直度	5	3	5	4	5	5	5	用2m托线板和尺检查
阴阳角方正	3	2	4	3	4	4	4	用200mm方尺检查
墙裙上口平直	3	3	—	3	—	—	—	
分格条（缝）直线度	3	2	3	3	3	3	3	拉5m线，不足5m拉通线，用钢直尺检查

7.2 饰面板（砖）工程

饰面工程就是将天然石饰面板、人造石饰面板和饰面砖安装或镶贴在基层表面所形成的装饰面层工程。饰面板块的种类繁多，而随着建筑工业化的发展，墙板构件转向工厂生产、现场安装，一种将饰面与墙板制作结合并一次成型的装饰墙板也日益得到广泛应用，此外，还有大块安装的玻璃幕墙等，进一步丰富和扩大了装饰工程的内容。

7.2.1 饰面材料的选用和质量要求

7.2.1.1 饰面板

（1）天然石饰面板

常用的天然石饰面板有大理石板和花岗岩。

大理石饰面板用于高级装饰，如门头、柱面、墙面等。要求板表面不得有隐伤、风化等缺陷，光洁度高，石质细密，无腐蚀斑点，色泽美丽，棱角齐全，底面平整。要轻拿轻放，保护好四角，切勿单角码放和码高，要覆盖好存放。

花岗石饰面板宜用于台阶、地面、勒脚、柱面和外墙面等。要求棱角方正，颜色一致，不得有裂纹、砂眼、石核等隐伤现象，当板面颜色略有差异时，应注意颜色的和谐过渡，并按过渡顺序将饰面板排列放置。

（2）人造石饰面板

常用的人造石饰面板有预制水磨石和人造大理石饰面板。用于室内外墙面、柱面等。要求表面平整，几何尺寸准确，面层石粒均匀、洁净、颜色一致。

7.2.1.2 饰面砖

常用饰面砖有釉面瓷砖、釉砖和锦砖等。要求饰面砖的表面光洁、色泽一致，不得有暗痕和裂纹。面砖的吸水率不得大于18%。

7.2.2 饰面板的安装

7.2.2.1 板块饰面的安装

一般情况下，小规格板材采用镶贴法，大规格板材（边长＞400mm）或镶贴高度超过1m时，采用安装法。

（1）小规格板材的施工

先用1∶3水泥砂浆打底划毛，待底层灰凝固后，弹出分格线。将已湿润的板材背面抹7～8mm厚水泥砂浆或2～3mm聚合物素浆粘贴，然后用木锤轻轻敲，并随时用靠尺找平找直。

（2）大规格板材的施工

大规格饰面板安装方法有水泥砂浆固定法（湿法安装）和螺栓或金属卡具固定法（干法安装）两种。

下面以大理石板安装为例，主要介绍传统的湿法安装施工工艺：

1）安装前的准备工作

①板材安装前，应先检查基层平整情况，如凹凸过大应进行平整处理。

②安装饰面板的墙面、柱面抄平后，分块弹出水平线和垂直线进行预排和编号，确保接缝均匀。

③将饰面板块用钻头打出 ϕ5mm 圆孔，穿上铜丝或镀锌铅丝，如图 7-4 所示。

④在基层事先绑扎好钢筋网，与结构预埋件连接牢固，如图 7-5 所示。其做法为在基层结构内预埋铁环，与钢筋网绑扎；或用冲击电钻在基层打 ϕ6.5～ϕ8.5mm，深 60mm 的孔，插入 ϕ6～ϕ8mm 短钢筋，外露 50mm 以上，并弯成钩代替预埋铁环。

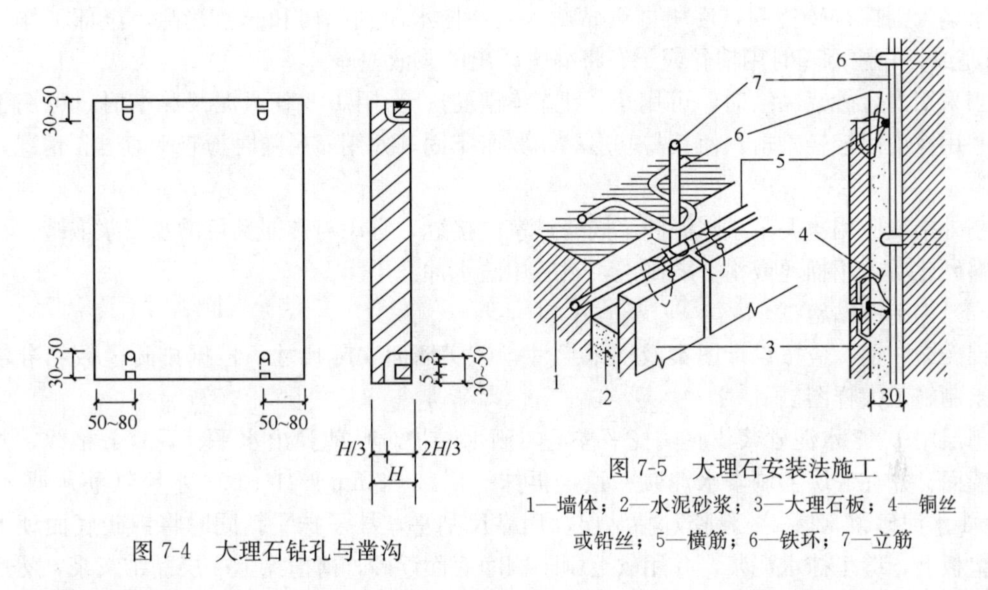

图 7-4　大理石钻孔与凿沟

图 7-5　大理石安装法施工

1—墙体；2—水泥砂浆；3—大理石板；4—铜丝或铅丝；5—横筋；6—铁环；7—立筋

2）安装

①饰面板安装时用铜丝或镀锌铅丝把板块与结构表面的钢筋骨架绑扎固定，防止移动。且随时用托线板靠直靠平，保证板与板交接处四角平整。

②板块与基层间的缝隙（即灌浆厚度）一般为 20～50mm。用 1∶2.5 水泥砂浆分层灌注，每层灌注高度 200～300mm，待初凝后再继续灌浆，直到距上口 50～100mm 停止。

③室内安装镜面或光面的饰面板，接缝处应用与饰面相同颜色的石膏浆或水泥浆填抹。室外安装的镜面或光面的饰面板接缝，干接时用干性油腻子填抹。

④安装固定后的饰面板，需将饰面清理干净，如饰面层光泽受到影响，可以重新打蜡出光。要采取临时措施保护棱角。

水泥砂浆固定法易产生回潮、返碱、返花等现象，影响美观。

干法安装也称为直接挂板法，是用不锈钢角钢将板块支托固定在墙上。不锈钢角钢用不锈钢膨胀螺栓固定在墙上，上下两层角钢的间距等于板块的高度。用不锈钢销插入板块上下边打好的孔内并用螺栓安装固定在角钢上，板材与墙面间形成 80～90mm 宽的空气层，最后进行勾缝处理。

这一方法可省去湿作业，并可有效地防止板面回潮、返碱、返花等现象，因此目前应用较多。一般在 30m 以下的钢筋混凝土墙面上采用，不适用于砖墙和加气混凝土墙面。

7.2.2.2　饰面砖镶贴

（1）釉面瓷砖镶贴施工

釉面瓷砖镶贴前应经挑选，使规格、颜色一致；并在清水中浸泡 2～3h；阴干或擦干；基层清扫干净，浇水湿润，用 1∶3 水泥砂浆打底，并找平划毛，打底后养护 1～2d，找规矩，弹水平线，计算纵横皮数，弹出控制线，定出水平标准和皮数，进行预排。接缝宽度应符合设计要求，一般宽约为 1～1.5mm。然后用废瓷砖按黏结层厚度用混合砂浆贴成灰饼，找出标准，灰饼间距约为1.5～1.6m。阳角处要两面挂直。镶贴时先浇水湿润底层，根据弹线稳好平尺板，作为贴第一皮砖的依据。贴时一般从阳角开始，由下向上逐层粘贴，使不成整块的留在阴角。

除采用掺108胶的水泥浆做黏结层可抹一行贴一行外，其他材料做黏结层时均应将小黏结砂浆均匀刮抹在砖背面，逐块进行黏贴。从涂抹水泥到贴砖和修整缝隙，全部工作宜在3h内完成，并注意随时用棉丝或干布将缝中挤出的浆液擦净。

当采用混合砂浆黏结时，可用小铲把轻轻敲击；当用108胶水泥浆黏结时，可用手轻压，并用橡皮锤轻轻敲击，使其与基层黏结紧密牢固。并用靠尺随时检查平直方正情况，修正缝隙。

室外接缝应用水泥浆或水泥砂浆嵌缝；室内接缝，宜用与砖同颜色的水泥浆嵌缝。待嵌缝材料硬化后，用棉丝或稀盐酸刷洗，然后用清水冲洗干净。

（2）锦砖镶贴施工

锦砖镶贴前，应按设计图案及图纸尺寸，核实墙面实际尺寸，根据排砖模数和分格要求，绘制施工大样图。

基层用1∶3水泥砂浆找底，找平楼毛，洒水养护。贴前弹出水平、垂直分格线，然后湿润墙面，并在底层上刷素水泥浆一道，再抹一层2～3mm厚1∶0.3水泥纸筋灰或3mm厚1∶1水泥砂浆（掺2%乳胶）黏结层，用靠尺刮平，抹子抹平。同时将锦砖底面朝上铺在木垫板上，缝里抹水泥浆，并用软毛刷子刷净底面浮砂，薄薄涂上一层黏结灰浆，然后逐张拿起，清理四边余灰，按平尺板上口沿线由下往上对齐接缝粘贴于墙上。粘贴时应仔细拍实，使其表面平整。待水泥砂浆初凝后，用软毛刷将护纸刷水润湿，约半小时后揭纸，并检查缝的平直大小，校正拨直。待嵌缝材料硬化后，用稀盐酸溶液刷洗，并随即用清水冲洗干净。

7.2.2.3 饰面工程质量标准和检验方法

饰面工程质量标准和检验方法见表7-3。

表7-3 饰面工程质量允许偏差

<table>
<tr><th rowspan="3" colspan="2">项　次</th><th colspan="8">允许偏差（mm）</th><th rowspan="3">检验方法</th></tr>
<tr><th colspan="3">天然石</th><th colspan="2">人造石</th><th colspan="3">饰面砖</th></tr>
<tr><th>光面
镜面</th><th>粗麻面
麻面
条纹面</th><th>天然石</th><th>水磨石</th><th>水刷石</th><th>外墙
面砖</th><th>釉面砖</th><th>陶瓷
锦砖</th></tr>
<tr><td colspan="2">表面平整</td><td>2</td><td>3</td><td></td><td>2</td><td>4</td><td>2</td><td>2</td><td>2</td><td>用2m靠尺和塞尺检查</td></tr>
<tr><td rowspan="2">立面
垂直</td><td>室内</td><td>2</td><td>3</td><td></td><td>2</td><td>4</td><td>2</td><td>2</td><td>2</td><td rowspan="2">用2m托线板检查</td></tr>
<tr><td>室外</td><td>3</td><td>6</td><td></td><td>3</td><td>4</td><td>3</td><td></td><td></td></tr>
<tr><td colspan="2">阳角方正</td><td>2</td><td>4</td><td></td><td>2</td><td>—</td><td>2</td><td>2</td><td>2</td><td>用200mm方尺检查</td></tr>
<tr><td colspan="2">接缝平直</td><td>2</td><td>4</td><td>5</td><td>3</td><td>4</td><td>3</td><td>2</td><td>2</td><td rowspan="2">拉5m线，不足5m拉通线，用钢直尺检查</td></tr>
<tr><td colspan="2">墙裙上口平直</td><td>2</td><td>3</td><td>3</td><td>2</td><td>3</td><td>2</td><td>2</td><td>2</td></tr>
<tr><td rowspan="2">接缝
高低</td><td>室内</td><td rowspan="2">0.3</td><td rowspan="2">3</td><td rowspan="2"></td><td rowspan="2">0.5</td><td rowspan="2">3</td><td>0.5</td><td>0.5</td><td>0.5</td><td rowspan="2">用钢直尺和塞尺检查</td></tr>
<tr><td>室外</td><td>1</td><td>1</td><td>1</td></tr>
<tr><td colspan="2">接缝宽度</td><td>0.5</td><td>1</td><td></td><td>0.5</td><td>2</td><td>+0.5</td><td>+0.5</td><td>+0.5</td><td>用尺检查</td></tr>
</table>

7.3 铝合金与玻璃幕墙

铝合金是以铝为基体而加入其他元素构成的新型合金，它除具备必要的机械性能外，还具有一些特殊的装饰性能，表面经阴阳电化处理后，具有古铜、青铜、金黄、银白等颜色，轻盈美观，适合室内吊顶、墙体和门窗等装饰。

7.3.1 铝合金吊顶施工

铝合金吊顶由龙骨、T形骨、铝角条、吊杆和饰板等组成。施工时，先在结构基层上，按设计要求弹线，确定龙骨及吊点位置。一般上人大龙骨的中距不应大于1200mm，吊点距离为900～1200mm；不上人大龙骨中距为1200mm，吊点距离为1000～1500mm。在墙面和柱面上，按吊顶高度要求弹出标高线，然后在吊点位置将龙骨与结构连接固定，可采用：在吊点位置用射钉枪射入一枚带孔的50mm钢钉，用18号铅丝将钢钉与龙骨固定；在吊点位置预埋吊箍，用吊杆连接，或用钻孔装入膨胀螺栓连接吊杆；另一端连接固定龙骨。采用吊杆时，吊杆端头螺纹部分长度不应小于30mm，以便于有较大的调节量。将大龙骨与吊杆连接固定后，按标高线调整大龙骨的标高，使其在同一水平面上，再用50mm钢钉，以500～600mm间距把铝角条钉在四周墙面上。然后于房间四周用尼龙线拉出十字中心线，按天花板规格纵横布设，组成吊顶的托层。饰面板的安装方式有两种：一种是搁置式，用于跨度较小的平顶，在龙骨架上逐块铺设即可；另一种是锚固式，即将铝合金条板或纸面石膏板等板块按设计要求用射钉或自攻螺丝固定于龙骨架上。TL型铝合金龙骨安装示意如图7-6所示。

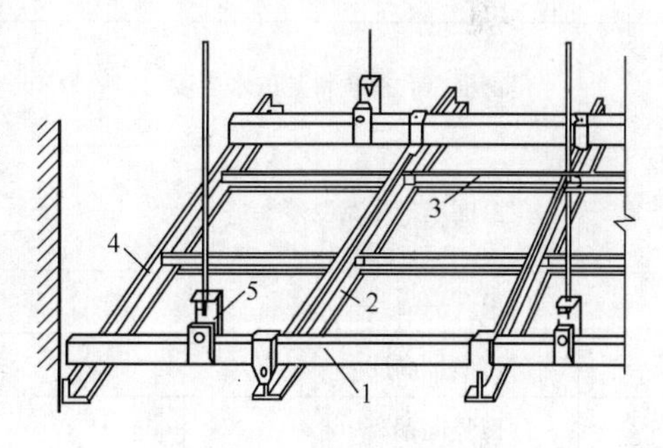

图7-6 TL型铝合金龙吊顶
1—大龙骨；2—大T；3—小T；
4—角条；5—大吊挂件

装饰板安装前，吊顶内的通风、水电管道及上人吊顶的人行道或通道消防管道应安装完毕。安装时顶龙骨必须固定牢固，并应互相交错拉牵，加强吊顶的稳定性。吊顶的水平面要均匀、平整，不能有起伏现象。T形龙骨纵横都要平直，四周铝角应水平。

7.3.2 铝合金门窗

铝合金门、窗框安装时间，应在主体结构基本结束后进行，铝合金门、窗扇安装时间宜在室内外装修基本结束后进行，同时注意不得损坏门窗上面的保护膜，以免土建施工时将其污染或损坏。由于铝合金的线膨胀系数较大，其安装要点是外框与洞口应弹性连接牢固，不得将门窗外框直接埋入墙体。

安装时将铝合金门、窗框临时用木楔固定，待检查其垂直度、水平度及上下左右间隙均符合要求后，用厚1.5mm的镀锌锚板将其固定在门窗洞口内。镀锌锚板是铝合金门、窗框与墙体固定的连接件，其一端锚固在门、窗框的外侧，另一端用射钉或膨胀螺栓固定在洞口墙体内。框与洞口的间隙，应采用矿棉条或毡条分层填塞，缝隙表面留5～8mm深的槽口，填嵌密封油膏。

玻璃安装应在框、扇校正和五金件安装完毕后进行。裁割玻璃时，一般要求玻璃侧面及上下都应与金属面留出一定间隙，以适应玻璃胀缩变形的需要。玻璃就位时应放在凹槽的中间，玻璃的下部不能直接坐落在金属面上，应用 3mm 厚的氯丁橡胶垫块将玻璃垫起，随即在凹槽两面用橡胶条或硅酮密封胶密封固定。

铝合金门、窗安装质量标准和检验方法见表 7-4。

表 7-4　铝合金门、窗安装质量允许偏差

项　次	项　　目		允许偏差（mm）	检 验 方 法
1	门窗槽口宽度要求	≤2000mm	±1.5	用 3m 钢尺检查
		>2000mm	±2	
2	门窗槽口对边尺寸之差	≤2000mm	≤2	用 3m 钢尺检查
		>2000mm	≤2.5	
3	门窗槽口对角线尺寸之差	≤2000mm	≤2	用 3m 钢尺检查
		>2000mm	≤3	
4	门窗框（含拼樘料）的垂直度	≤2000mm	≤2	用线坠、水平靠尺检查
		>2000mm	≤2.5	
5	门窗框（含拼樘料）的水平度	≤2000mm	≤1.5	用水平靠尺检查
		>2000mm	≤2	
6	门窗框扇搭接宽度差	≤2m^2	±1	用深度尺或钢尺检查
		>2m^2	±1.5	
7	门窗开启力		≤60N	用 100N 弹簧秤检查
8	门窗横框高度		≤5	用直钢尺检查
9	门窗竖向偏离中心		≤5	用线坠、钢板尺检查
10	双层门窗内外框、框（含拼樘料）中心线		≤4	用钢直尺检查

7.3.3　玻璃幕墙

玻璃幕墙是用金属杆件作骨架，玻璃作面板的建筑幕墙。金属件有铝合金、彩色钢板、不锈钢板等，玻璃可采用透明玻璃，也有各种镀膜玻璃。在我国玻璃幕墙的金属杆件以铝合金为主，彩色钢板及不锈钢板只占很小比重，所以本节主要介绍铝合金玻璃幕墙。

玻璃幕墙可分为明框玻璃幕墙、隐框玻璃幕墙、半隐框玻璃幕墙和全玻璃幕墙等。

明框玻璃幕墙是指由玻璃板镶嵌在铝框内所构成的幕墙构件嵌固于外露的横梁与立柱上，玻璃自重和风荷载先由铝框承受，再传到框架上，产生铝框分格鲜明的立面效果。玻璃与铝框间应留有空隙，以满足温度变化和主体结构产生的位移所需的活动空间。空隙可由橡胶条或耐候胶密封。

隐框玻璃幕墙是用结构胶将玻璃粘贴在铝框外侧，在外部立面上见不到框架及框格，可看到一块块玻璃分块缝形成全玻璃镜面。幕墙采用双层中空玻璃，两片玻璃也由结构胶黏合。结构胶是保证安全的关键。半隐框玻璃幕墙是将两对边粘在铝框上，两对边嵌在铝框内而形成半隐半明的幕墙形式。全玻璃幕墙是将玻璃肋条作为支承结构的全玻璃板外墙，高度不超过 4.5m 时，可采用下承式，超过 4.5m 时，宜用上挂式。肋与面玻璃用结构胶黏合。

7.3.3.1　玻璃幕墙材料

玻璃幕墙是由骨架材料、玻璃板材、密封填缝材料和结构黏结材料和其他小材料组成。

幕墙材料首先应符合国家现行行业标准的规定，应有出厂合格证，并具有足够的耐候性和耐久性，具备防风雨、防日晒、防盗、防撞击、保温隔热、防火等功能。

金属材料和零附件应进行表面热浸镀锌处理，铝合金应进行阳极氧化处理；应采用不燃性材料或难燃性材料；结构硅酮密封胶应有与接触材料相容性试验报告，并应有保险年限的质量证书。所谓相容性是结构硅酮密封胶与接触材料，如铝合金型材、玻璃、双面胶带等接触时，只起黏结作用，而不发生影响黏结性能的任何化学变化；玻璃是玻璃幕墙的主要材料之一，它不仅制约幕墙的各项性能，同时也是幕墙艺术风格的主要体现者，使用时应注意选择；密封材料有橡胶制品和密封胶，玻璃幕墙宜采用岩棉、矿棉、玻璃棉、防火板等作隔热保温材料，同时，应用铝箔或塑料薄膜包装复合材料作为防水或防潮材料。在主体结构和幕墙构件之间，应加设耐热硬质有机材料垫片，在连接处应加设橡胶片，并安装严密。

7.3.3.2　玻璃幕墙的安装施工

玻璃幕墙的安装施工可分为工厂组装单元式和现场组装元件式两种方法。

(1) 单元式幕墙安装

单元（半单元）式幕墙在工厂制作时一部分为元件（立柱、横梁），另一部分为小单元组件（包括用结构胶将玻璃和铝合金型材副框黏结在一起所组成的装配组件、金属板组件、花岗石板组件等），这些小单元组件高度比一个楼层高度小，不能直接安装在主体结构上，而要首先将立柱（横梁）安装在主体结构上，再将小单元组件固定在立柱（横梁）上。其施工主要流程如下：

①检查预留 T 形槽口位置，弹出幕墙安装位置线，并准确安装固定连接件，焊接牛腿。

②在外墙面上铺挂 V 形或 W 形防风胶带，起吊幕墙并垫两块减震圆垫于牛腿孔与幕墙孔内螺钉中间。

③将幕墙下端两块凹形槽插入下层幕墙上端的凸形槽中完成榫接连接。

④紧固连接螺丝，调整幕墙平直（用紧固螺栓、加垫方法）。

⑤将 V 形和 W 形橡胶带塞填到幕墙之间的圆形槽口内，用 $\phi 6$ 胶棒将胶带与铝框嵌固。

⑥安设室内窗台板和内扣板。

⑦填塞幕墙内表面与梁柱间 200mm 间隙的防火保温材料，并上封铝合金装饰板、下封 0.8mm 以上厚度镀锌钢板。

⑧用中性清洁剂对幕墙表面及外露构件进行清洁。

单元式玻璃幕墙现场安装施工示意，如图 7-7 所示。

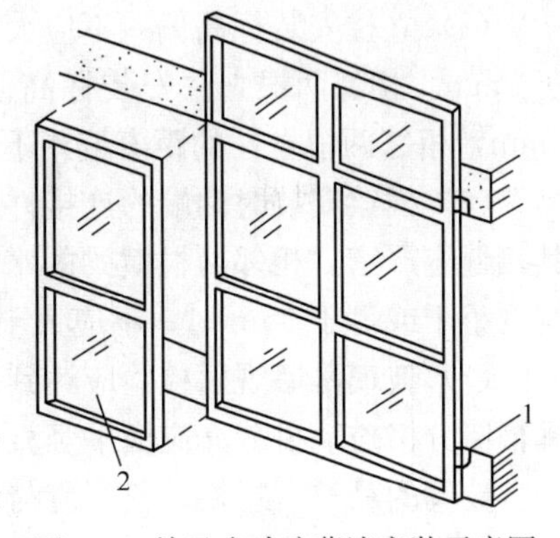

图 7-7　单元式玻璃幕墙安装示意图
1—楼板；2—分格窗

(2) 元件式幕墙安装

元件式幕墙安装是将工厂制作的幕墙单件材料运到施工现场，直接在结构上逐件依次进行安装。这种幕墙是通过立柱与楼板或梁连接，在立柱间加设横梁，以增加横向刚度和便于安装，形成幕墙镶嵌槽框格后安装固定玻璃，如图 7-8 所示。该法适用于明框幕墙、隐框和半隐框幕墙，目前应用较普遍。元件式幕墙安装工艺流程如下：

①预埋件检查。施工安装前，检查各连接位置预埋

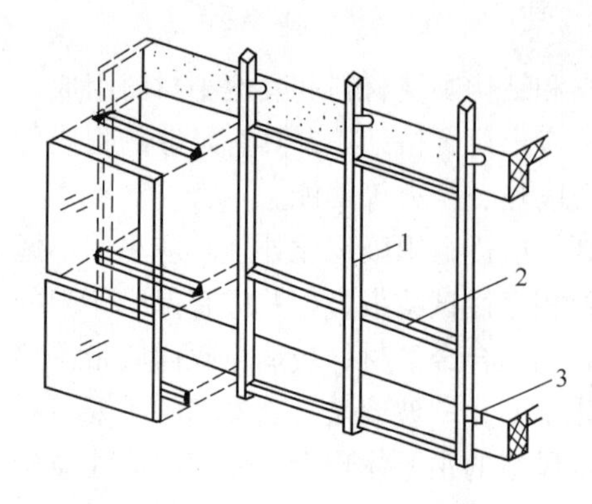

图 7-8　元件式玻璃幕墙安装示意图
1—竖向主龙骨；2—横向次龙骨；3—楼板

件是否齐全，位置是否符合设计要求。预埋件遗漏、位置偏差过大、倾斜时，要会同设计单位采取补救措施。预埋件标高误差不大于 10mm，轴线偏差前后不大于 20mm，左右不大于 30mm。

②放线定位。按图纸要求，用激光经纬仪依次将固定竖向龙骨连接件的位置放出纵横两个方向的控制线，并检查校核，以控制线确定各层连接件的外边线。

③装配立柱与横梁的连接件的配件及密封橡胶垫等。

④安装立柱。采用焊接或螺栓将连接件与主体结构埋件连接牢固。在连接件上安装立柱。立柱一般每两层 1 根，通过紧固件与每层楼板连接。立柱安装完 1 根即用水平仪调平、固定。立柱的接长可采用套筒连接。

⑤横梁安装。横梁与立柱的连接依据其材料不同，可以采用焊接、螺栓连接、穿插件连接或用角铝连接等方法。

⑥安装楼层间封闭镀锌钢板，将矿棉保温层粘贴在钢板上，并用铁钉、底片固定。

⑦安装玻璃。由人工在吊篮中用手动或电动吸盘器安装。用吸盘器将玻璃吸起，先嵌入内胶条，然后将玻璃安装在分格内，再嵌入外胶条，也可用嵌缝枪将密封胶注入缝隙中。

⑧用中性清洁剂对幕墙表面及外露构件进行清洁。

7.3.3.3　玻璃幕墙安装施工质量要求

（1）安装玻璃幕墙的钢结构、钢筋混凝土结构以及砖混结构的主体工程，应符合各类工程的结构施工及验收规范，即工程是合格乃至优良的。

（2）安装玻璃幕墙的构件及零附件的材料品种、规格、色泽、性能，应符合设计要求。

（3）构件安装前均应进行检验与校正。构件应平直、规整，不得有变形和刮痕。不合格的构件不得安装。

（4）玻璃幕墙与主体结构连接的预埋件，应在主体结构施工时按设计要求埋设。埋件应牢固、位置准确，埋件的标高偏差不应大于 10mm，埋件位置与设计位置的偏差不应大于 20mm。

（5）立柱安装标高偏差不应大于 3mm，轴线前后偏差不应大于 2mm，左右偏差不应大于 3mm。相邻两根立柱安装标高偏差不应大于 3mm，同层立柱的最大标高偏差不应大于 5mm，相邻两根立柱的距离偏差不应大于 2mm。

（6）横梁安装时两端的连接件及弹性橡胶垫应安装在立柱的预定位置，并应安装牢固，其接缝应严密。相邻两根横梁的水平标高偏差不应大于 1mm。同层标高偏差：当一幅幕墙宽度小于或等于 35m 时，不应大于 5mm，当一幅幕墙宽度大于 35m 时，不应大于 7mm。

（7）玻璃幕墙观感检验应达到：明框幕墙框料应横平竖直；单元式幕墙的单元拼缝或隐框幕墙分格玻璃拼缝亦应横平竖直，缝宽均匀，符合设计要求。

玻璃的品种、规格、色彩应与设计相符，整幅幕墙玻璃的色泽应均匀；不应有析碱、发霉和镀膜脱落等现象，玻璃的安装方向要正确。

幕墙的铝合金料不应有脱膜现象，彩色应均匀，并符合设计要求。装饰压板表面应平整，不应有肉眼可察觉的变形、波纹或局部压砸等缺陷。

幕墙的上下边及侧边封口、沉降缝、伸缩缝、防震缝的处理及防雷体系应符合设计要求；隐蔽节点的遮封装修应整齐美观；幕墙不得渗漏。

（8）玻璃幕墙工程抽样检验应符合下列要求：铝合金料及玻璃表面不应有铝屑、毛刺、油斑和其他污垢；玻璃应安装或黏结牢固，橡胶条和密封胶应镶嵌密实、填充平整；钢化玻璃表面不得有伤痕。

7.4 地 面 工 程

建筑地面包括建筑物底层地面和楼层地面。建筑地面的构造基本上可分为两部分，即基层与面层。基层包括承受荷载的结构层和为了功能需要所设的构造层。对基层的要求，视不同类型的面层而有所区别，但无论何种面层均需要基层具有一定的强度和表面平整度；面层是位于基层上画的饰面层，主要起装饰作用，并应具有耐磨、不起尘、平整、防水等性能。面层种类繁多，建筑地面按面层的材料、施工工艺及构造特点分有：整体式地面（包括水泥砂浆地面、现制水磨石地面、细石混凝土地面等）、板块地面（包括大理石地面、花岗石地面、预制水磨石地面、陶瓷地砖地面、陶瓷锦砖地面、劈离砖地面等）、木地面（包括木板地面、拼花木板地面、硬质纤维板地面等）、塑料板地面、地毯饰面等。

7.4.1 整体地面

（1）水泥砂浆地面

水泥砂浆地面面层的厚度应不小于 20mm，一般用硅酸盐水泥、普通硅酸盐水泥，水泥强度等级不低于 32.5 级，用中砂或粗砂配制，配合比为 1∶2～1∶2.5（体积比）。面层施工前，先按设计要求测定地坪面层标高，校正门框，将垫层清扫干净洒水湿润，表面比较光滑的基层，应进行凿毛，并用清水冲洗干净。铺抹砂浆前，应在四周墙上弹出一道水平基准线，作为确定水泥砂浆面层标高的依据。面积较大的房间，应根据水平基准线在四周墙角处每隔 1.5～2m 用 1∶2 水泥砂浆抹标志块，以标志块的高度做出纵横方向通长的标筋来控制面层厚度。

面层铺抹前，先刷一道含 4%～5%的 108 胶素水泥浆，随即铺抹水泥砂浆，用刮尺赶平，并用木抹子压实，在砂浆初凝后终凝前，用铁抹子反复压光三遍。砂浆终凝后用锯末等铺盖，洒水养护。当施工大面积的水泥砂浆面层时，应按设计要求留分格缝，防止水泥砂浆面层强度小于 5MPa 之前，不准上人行走或进行其他作业。

（2）细石混凝土地面

细石混凝土地面可以克服水泥砂浆地面干缩较大的弱点。这种地面强度高，干缩值小。与水泥砂浆面层相比，它的耐久性更好，但厚度较大，一般为 30～40mm。混凝土强度等级不低于 C20，所用粗集料要求级配适当，粒径不大于 15mm，且不大于面层厚度的 2/3。用中砂或粗砂配制。

细石混凝土面层施工的基层处理和找规矩的方法与水泥砂浆面层施工相同。

铺细石混凝土时，应由里向门口方向进行铺设，按标志筋厚度刮平拍实后，稍待收水，即用钢抹子预压一遍，待进一步收水，即用铁滚筒辊压 3～5 遍或用表面振动器振捣密实，直到表面泛浆为止，然后进行抹平压光。细石混凝土面层与水泥砂浆基本相同，必须在水泥初凝前完成抹平工作，终凝前完成压光工作，要求其表面色泽一致，光滑无抹子印迹。

钢筋混凝土现浇楼板或强度等级不低于C15的混凝土垫层兼面层时，可用随捣随抹的方法施工，在混凝土楼地面浇捣完毕，表面略有吸水后即进行抹平压光。混凝土面层的压光、养护时间和方法与水泥砂浆面层同。

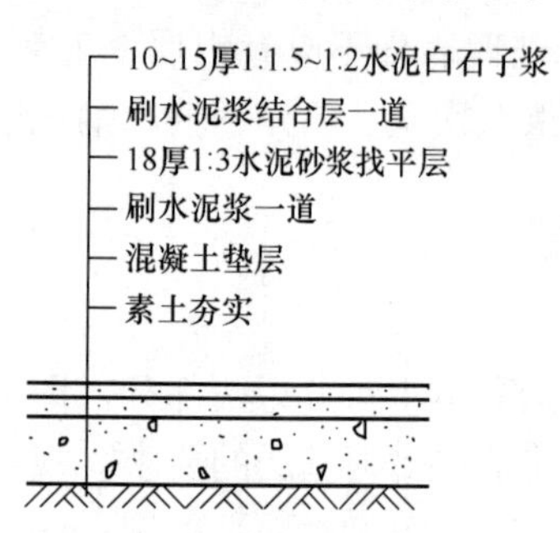

图7-9　水磨石地面构造

(3) 现制水磨石地面

1) 水磨石地面构造

水磨石地面构造如图7-9所示。

水磨石地面面层施工，一般是在完成顶棚、墙面等抹灰后进行，也可以在水磨石楼地面磨光两遍后再进行顶棚、墙面抹灰，但对水磨石面层，必须在最后进行磨光打蜡，并采取相应的保护措施。

2) 水磨石地面施工工艺流程

基层清理→浇水冲洗湿润→设置标筋→铺水泥砂浆找平层→养护→清理基层→弹分格线→嵌分格条→养护镶嵌分格条的水泥砂浆→清理、修理分格条内基层→刷水泥素浆结合层→铺抹水泥石子浆→清边拍实→滚筒辊压→抹平→养护→研磨、补浆、养护→清洗晾干→打蜡抛光→验收交工。

水磨石面层所用的石子应用质地密实、磨面光亮，如硬度不大的大理石、白云石等。石子应洁净无杂质，石子粒径一般为4～12mm；白色或浅色的水磨石面层，应采用白色硅酸盐水泥，深色的水磨石面层应采用普通硅酸盐水泥或矿渣硅酸盐水泥，其强度等级不低于32.5级，水泥中掺入的颜料应选用遮盖力强、耐光性、耐候性，耐水性和耐酸碱性好的矿物颜料。掺量不大于水泥用量的12%为宜。

3) 施工要点

①基层处理

将混凝土基层上的浮灰、污物清理干净。

②抹底灰

抹底灰前地漏或安装管道处要临时堵塞。在基层清理好后，应刷以水灰比为0.4～0.5的水泥浆。并根据墙上水平基准线，纵横相隔1.5～2m，用1：2水泥砂浆做出标志块，待标志块达到一定强度后，以标志块为高度做标筋，标筋宽度为8～10cm，待标筋砂浆凝结、硬化后，即可铺设底灰（其目的是找平）。然后用木抹子搓实，至少两遍。24h后洒水养护。其表面不用压光，要求平整、毛糙、无油渍。

③弹线、镶条

待底灰有一定强度后，方可进行弹线分格。先在底灰表面按设计要求弹上纵横垂直线或图案分格墨线，然后按墨线固定嵌条（铜条或玻璃条），并予以埋牢，如图7-10所示。

水磨石分格条的嵌固是一道很重要的工序，应特别注意水泥浆的粘嵌高度和水平方向的角度。

④罩面

分格条固定3d左右，待分格条稳定，便可抹面灰。

首先应清理找平层（底灰），对于浮灰渣或破碎分格条要清扫干净。为了面层砂浆与底灰黏结牢固，在抹面层前湿润找平层，然后再刷一道素水泥浆。抹面层宜自里向外，抹完一块，用铁抹子轻轻拍打，再将其抹平。最后用小靠尺搭在两侧分格条上，检查平整度与标高，最后用滚筒辊压。

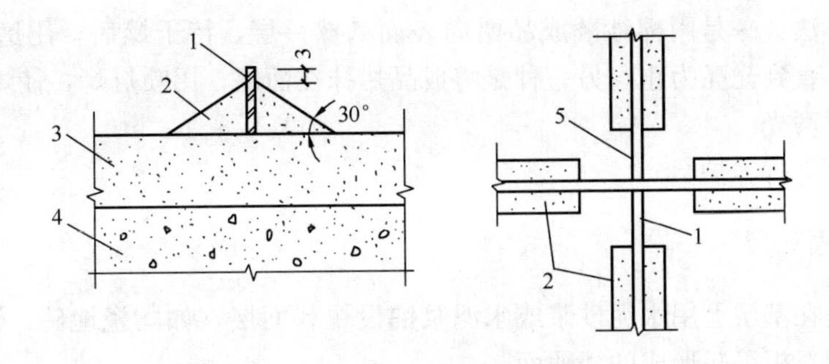

图 7-10　分格嵌条设置

1—分格条；2—素水泥浆；3—水泥砂浆找平层；4—混凝土垫层；
5—40～50mm 内不抹素水泥浆

如果局部超高，用铁抹子将多余部分挖掉，再将挖去的部分拍打抹平。用抹子拍打用力要适度，以面平和石粒稳定即可，面层抹灰宜比分格条高出 1～2mm，待磨光后，面层与分格条能够保持一致。

如果采用美术水磨石，宜先将同一色彩的面层砂浆抹完，再做另一种色彩，免得相混或色彩上有差异。在同一地面中使用深浅不同的面层，铺灰时宜先铺深色部分，再铺浅色部分。面层颜料的搅拌与掺量，石粒不同规格与不同色彩的掺量，应由专人负责。特别是添加的颜料数量，应严格计量。颜料拌入水泥中，先干拌均匀，然后再将洗净的石粒与水泥搅拌。水泥石粒浆的稠度为 6cm 左右。大面积施工前宜先做小样板，经设计单位确认后，方可大面积施工。

⑤水磨

水磨的主要目的是将面层的水泥浆磨掉，将表面的石粒磨平。

水磨石大面积施工宜用磨石机研磨，小面积、边角处，可用小型湿式磨光机研磨或手工研磨，石磨盘下应边磨边加水，对磨下的石浆应及时清除。

水磨石面一般采用“二浆三磨”法，即整修研磨过程中磨光三遍，补浆二次。

水磨主要控制两点：一是控制好开磨时间（表 7-5）；二是掌握好水磨的遍数。水磨石的开磨时间与水泥强度和气温高低有关，应先试磨，在石子不松动后方可开磨。开磨早，水泥石粒浆强度太低，则造成石粒松动甚至脱落。开磨时间晚，水泥石粒浆强度高，给磨光带来困难，要想达到同样的效果，花费的时间相应地要长一些。

表 7-5　水磨石面层开磨参考时间

平均温度（℃）	开磨时间（d）	
	机　磨	人工磨
20～30	2～3	1～2
10～20	3～4	1.5～2.5
5～10	5～6	2～3

⑥打蜡抛光

目的是使水磨石地面更光亮、光滑、美观。同时也因表面有一层薄蜡而易于保养与清洁。

打蜡前，为了使蜡液更好地同面层黏结，要对面层进行草酸擦洗。

打蜡常用办法：一是用棉纱蘸成品蜡向表面满擦一层，待干燥后，用磨石机扎上磨袋卷，摩擦几遍，直到光亮为止。另一种是将成品蜡抹在面层，用喷灯烤，使熔化的蜡液渗到孔隙内，然后再磨光。

打蜡后必须进行养护。

7.4.2 板块地面

块材地面是在基层上用水泥砂浆或水泥浆铺设块料面层（如陶瓷地砖、预制水磨石板、花岗石板、大理石板等）形成的楼地面。

（1）大理石板、花岗石板及预制水磨石板地面铺贴施工工艺

①地面施工前应进行选材，并将板材（特别是预制水磨石板）浸水湿润后晾干。铺贴时，板材的底面以有湿润感为宜。

②摊铺结合层，即在基层或找平层上刷一道掺有4%～5%108胶的素水泥浆，水灰比为0.4～0.5。随刷随铺水泥砂浆结合层，厚度10～15mm，每次铺2～3块板面积为宜，并对照拉线将砂浆刮平。

③铺贴施工时，要将板块四角同时着浆，四角平稳下落，对准纵横缝后，用木槌敲击中部使其密实、平整，准确就位。

④对铺贴有灌缝、嵌铜条要求的地面，应先将相邻两块板铺贴平整，留出嵌条缝隙，然后向缝内灌水泥砂浆，将铜条敲入缝隙内，使其外露部分略高于板面即可，然后擦净挤出的砂浆。

对于不设镶条的地面，应在铺完24h后洒水养护，2d后进行灌缝，灌缝力求达到紧密。

⑤上蜡磨亮板块铺贴完工，待结合层砂浆强度达到60%～70%即可打蜡抛光，3d内禁止上人走动。

（2）陶瓷地砖铺贴施工艺

铺贴前应先将地砖浸水湿润后晾干备用，以地砖表面有潮湿感但手按无水迹为准。

①在基层（楼层的结构层、地面的垫层），铺设1∶3水泥砂浆找平层（做法同水磨石地面）。

②弹线定位。根据设计要求弹出铺设面的标高线和平面的分块或十字中线。

③铺贴地砖。先洒水湿润找平层，再用1∶2水泥砂浆摊抹于找平层上做结合层，按定位线的位置铺于地面结合层上，用橡皮槌或木槌敲击地砖表面，使之与地面标高线吻合并达到密实，边贴边用水平尺检查平整度。

④擦缝。地面铺贴完成后，养护1～2d后再进行擦缝，擦缝时用水泥（或白水泥）调成干团，擦入缝隙中，使地砖的拼缝内填满水泥，再将砖面擦净。

（3）塑钢地面施工

塑钢地面按其材料的外形分为块材或卷材两种；按材质来分有软质、半硬质和硬质三种；按材料的结构分有单层、双层复合、多层复合三种。

1）半硬质聚氯乙烯塑钢地板（PVC地板）施工

塑钢地板块材应平整、光滑、无裂缝、色泽均匀、厚薄一致、边缘平直，板内不允许有杂物、气泡，并符合相应产品的各项技术指标。

胶粘剂常与地板配套供应，一般可按使用说明使用，铺贴时使用的主要工具有：梳形刮刀，橡胶双滚筒（或单滚筒）、橡皮榔头，橡胶压边滚筒，裁切刀，划线器等。

塑钢板材地面要求基层必须平整、结实，有足够强度，干燥（含水率不大于8%），无污垢灰尘或其他杂质。

①施工工艺流程

基层清理→弹线→预铺（干摆）→涂胶→铺贴地面板块→铺贴踢脚板→表面清理→打蜡光洁→保护成品→验收交工。

②施工方法

a. 弹线、分格、定位。以房间中心点为基准，弹出相互垂直的两条定位线。定位线有丁字、十字和对角等形式。然后根据板块尺寸和房间的长度尺寸，弹出分格线和四周加条边线。

b. 脱脂除蜡、裁切、试铺。将塑钢板放进75℃左右的热水中浸泡10～20min，取出晾干，再用棉纱蘸1∶8的丙酮汽油混合溶液涂刷进行脱脂除蜡。

c. 根据分格情况，在塑钢地板脱脂除蜡后进行试铺，试铺合格后，按顺序编号，以备正式铺贴。

d. 涂胶。将基层清理干净后先涂刷一层薄而均匀的底子胶（按原胶粘剂的重量加10%汽油和10%的醋酸乙酯搅拌均匀而成），干燥后将胶粘剂用梳齿形涂胶刀均匀地涂刮在塑钢地板背面和基层上，要求涂刮均匀、齿锋明显。涂刮面积一次不宜过大，一般以一排地板的宽度为宜。胶粘剂涂刮后在室温下暴露在空气中，使溶剂部分挥发，至胶层表面手触不粘手时，即可进行铺贴。

e. 地板铺贴。铺贴顺序是：先铺定位块和定位带，而后由里向外，或由中心向四周进行。铺贴时，将板材正面向上，轻轻放在已刮胶的基层上再双手向下挤出，相邻两块的接缝要平整严密。每铺贴2～3排后，及时用橡胶滚筒辊压，将黏结层中的气体赶出，以增强块材与基层的黏结力。

f. 踢脚板铺贴。踢脚板上口应弹线，在踢脚板粘贴面和墙面上同时刮胶，胶晾干后从门口开始铺贴。遇阴角时，踢脚板下口应剪去一个三角形切口，以保证贴的平整。

g. 表面清理。铺贴结束后，根据粘贴种类用毛巾或棉纱蘸松香水或工业酒精等擦拭表面残留或多余的胶液，用橡胶压边滚筒再一次压平压实，养护3天后打蜡即可。

2）软质聚氯乙烯卷材地面施工

软质塑钢卷材地面胶粘时，基层处理、刮胶和铺贴的方法与半硬质块材基本相同。

软质聚氯乙烯卷材在铺前应做预热处理，放入75℃左右热水浸泡约10～20min，至板面全部变软并伸平后取出晾干待用，但不得使用炉火或电热炉预热。

塑钢卷材应根据卷材幅度、每卷长度、花饰、设计要求和房间尺寸决定纵铺或横铺。一般以缝少为好。

塑钢卷材刮胶的方法与上述相同，铺贴时四人分两边同时将卷材提起，按预先弹好的搭接线，先将一端放下，再逐渐顺线铺设，若离线时应立即掀起移动调整，铺正后从中间往两边用手和橡胶滚筒辊压赶平，若有未赶出的气泡，应将前端掀起赶出。

7.4.3 木地板施工

木地板具有自重轻、保温隔热性能好、有弹性和一定耐久性、易于加工等优点。特别是硬木拼花地板，因其纹理美观，经涂料饰面和抛光打蜡后，更显得高雅名贵，故多用于室内高级地面装饰。

(1) 木地面的构造

木地面的基本构造是由面层和基层组成。

①面层

面层是木地面直接承受磨损的部位，也是室内装饰效果的重要组成部分。面层从板条的规格及组合方式来分，可分为条板面层和拼花面层两类。条板面层是木地面中应用较多的一种，条板宽度一般为50～150mm，长度在800mm以上。拼花面层是用较短的小板条，通过不同方式的组合，拼成多种图案的面层，常见的有正方格形、席纹形、人字形等拼花图案。

②基层

基层的作用主要是承托和固定面层，通过钉或粘的办法来达到牢固固定的目的。基层可分为木基层和水泥砂浆（或混凝土）基层。

木基层有架空式和实铺式两种。架空式木基层主要用于面层要求距离基底较大的场合，它主要由地垄墙、垫木、搁栅、剪刀撑、单层或双层木地板组成，如图7-11所示；实铺式木基层是将木搁栅直接固定在基底上，如图7-12所示。

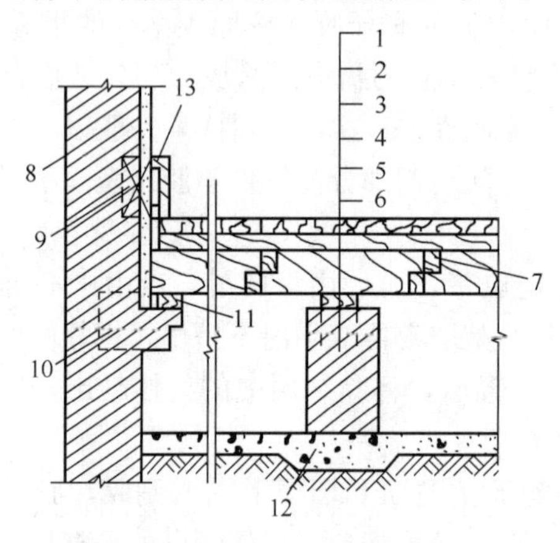

图7-11　架空式木基层构造

1—硬本地板；2—毛地板门；3—木搁栅；4—垫木；5—干铺油毡；6—地垄墙；7—剪刀撑；8—砖墙；9—预埋防腐木砖门；10—预埋铅丝；11—压槽木；12—素混凝土；13—踢脚板

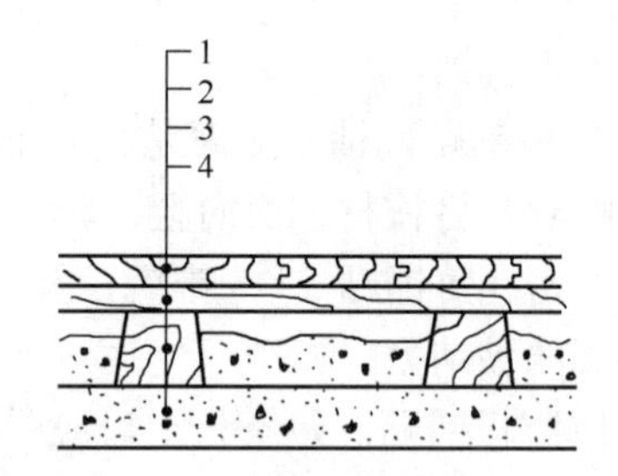

图7-12　实铺式木基层构造

1—硬木地板；2—毛地板；3—木搁栅；4—细石混凝土垫层

水泥砂浆（或混凝土）基层一般多用于薄木地板地面，将薄木地板直接用胶黏剂粘贴在水泥砂浆或混凝土基层上。薄木地板是指利用木材加工过程中剩余的短小木材加工而成的地面饰面材料。对于舞台及比赛场地的木地面，由于其对减震及整体弹性要求较高，一般采取在木搁栅下增设弹性橡垫来解决。

(2) 木基层施工

①架空式木基层

其施工要求如下：地垄墙（或砖墩）一般采用烧结普通砖、水泥砂浆或混合砂浆砌筑。顶面需铺防潮层一层，其基础应按设计要求施工，地垄墙间距一般不宜大于2m，以免木搁栅断面过大。垫木（包括压檐木）应按设计要求作防腐处理，厚度一般为50mm，可沿地垄墙通长布置，用预埋于地垄墙中的8号铅丝绑扎固定。木搁栅的作用主要是固定与承托面层，其表面应做防腐处理。木搁栅一般与地垄墙成垂直摆放，间距一般为400mm。安装时，先核对垫木（包括压檐木）表面水平标高，然后在其上弹出木搁栅位置线，依次铺设木搁栅。木搁栅离墙面应留出不小于30mm的缝隙，以利隔潮通风。木搁栅的表面应平直，安装时，要随时注意从纵、横两个方向找平。剪刀撑布置于木搁栅两侧面，间距按设计规定。设置剪刀撑的作用主要是增加木搁栅的侧向稳定，将各根单独的搁栅连成整体，也增加了整个楼面的刚度，还对木搁栅的翘曲变形起一定的约束作用。双层木地板的下层称为毛地板。一般是用宽度不大于120mm的松、杉木板条，在木搁栅上部满钉一层。铺设时，必须将毛地板下面空间内的杂物清除干净，否则，一旦铺满，便较难清理。毛地板一般采用与木搁栅成30°或45°角斜向铺设，但当采用硬木拼花人字纹时，则一般与木搁栅成垂直铺设。铺设时，毛板条应使榫眼向上，以免起鼓，相邻板条间缝不必太严密，可留有2～3mm的缝隙，相邻板条的端部接缝要错开。

②实铺式木基层

一般多采用梯形截面（宽面在下）的木搁栅，间距一般为400mm，利用预埋于现浇钢筋混凝土楼板上的镀锌铅丝或铁件将其固定在楼板上。

(3) 面层施工

面层按其铺设形式分为条形木板面层和拼花木板面层；按层数可分为单层和双层本地板，面层施工主要包括面层条板的固定及表面的饰画处理。固定方法有钉接固定和黏结固定两种。钉接固定就是用圆钉将面层条板固定到毛地板或木搁栅上，黏结固定则采用胶粘剂将板条粘到基层上。

(4) 木踢脚板施工

木地板房间的四周墙角处应设木踢脚板。踢脚板一般高100～200mm，常采用的是150mm、厚20～25mm。所用木材一般也应与木地板面层所用的材质品种相同。踢脚板预先抛光，上口抛成线条。为防翘曲在靠墙的一面应开槽；为防潮通风，木踢脚板每隔1～1.5m设一组通风孔，孔径一般为6mm。一般木踢脚板于地面转角处安装木压条或圆角成品木条。

7.5 涂料、刷浆和裱糊工程

涂料和刷浆是将液体涂料刷在木料、金属、抹灰层或混凝土上，等表面干燥后形成一层与基层牢固黏结的薄膜，以与外界空气、水气、酸、碱隔绝，达到防潮、防腐、防锈作用，同时也满足建筑装饰的要求。此外在室内装饰时，也常采用壁纸裱糊墙壁，以达到装饰的要求。

7.5.1 涂料工程

涂料包括适用于室内外的各种水溶型涂料、乳液型涂料、溶剂型涂料（包括油漆）以及清漆等。涂料品种繁多，使用时应按其性质和用途加以认真选择。选择时要注意配套使用，即底漆和腻子、腻子与面漆、面漆与罩光漆彼此之间附着力不致有影响。

7.5.1.1 涂料的种类

(1) 水溶型涂料

①聚乙烯醇水玻璃涂料（106内墙涂料）。以聚乙烯醇树脂水溶液和纳水玻璃为基料，掺以适当填充料、颜料及少量表面活性剂制成。这种涂料无毒、无味、不燃、价廉，是一种用途广泛的内墙涂料。

②聚乙烯醇缩甲醛涂料（SI—803内墙涂料）。是“106”的改进产品，耐水性与耐擦性略优于106内墙涂料。

③改性聚乙烯醇涂料。耐水性和耐擦性明显提高，既可用于内墙，也可用作外墙涂料。

（2）乳液型涂料

①聚醋酸乙烯乳胶漆。以合成树脂微粒分散于有乳化剂的水中，所构成的乳液为成膜物质。是一种中档内墙涂料，一般用于室内而不直接用于室外。

②乙一丙乳胶漆。以聚醋酸乙烯与丙烯酸脂共聚乳液为成膜物质，其耐水性、耐久性均优于聚醋酸乙烯乳胶漆，并具有光泽。

③苯一丙乳胶漆。以苯乙烯、丙烯酸脂及甲基丙烯酸三元共聚乳液为成膜物质，其耐久性、耐水性、耐擦性均属上乘，为高档内墙涂料。

（3）溶剂型涂料

①过氯乙烯外墙涂料　以过氯乙烯为主要成膜物质，饰面美观耐久，既可用于外墙也可用于内墙。

②丙烯酸脂外墙涂料　以热塑性丙烯酸树脂为主要成膜物质，是一种优质外墙涂料，寿命可达 10 年以上。

③聚氨酯系外墙涂料　以聚氨酯或与其他合成树脂复合作为成膜物质，是一种双组分固化型优质、高档外墙涂料，但价格较高。

④天然漆　有生漆、熟漆之分，性能好、漆膜坚硬、富有光泽，但抗阳光照晒、抗氧化性能较差，适用于高级家具及古建筑部件的涂装。

⑤人工合成漆

a. 调和漆。分油性和瓷性两种。油性调和漆的漆膜附着力强，耐大气作用好，适用于室内外金属及木材、水泥表面层涂刷。瓷性调和漆漆膜较硬、光亮平滑、耐水洗，但不耐气候，故仅适宜于室内面层涂刷。

b. 清漆。分油质清漆和挥发性清漆两类。油质清漆又称凡立水，常用有酚醛清漆、醇酸清漆等。漆膜干燥快，光泽透明，适用于木材、金属面罩光。挥发性清漆又称泡立水，常用于漆片，漆膜干燥快、坚硬光亮，但耐大气作用差，多用于室内木质面层打底和家具罩面。

c. 喷漆。由硝化纤维、合成树脂、颜料溶剂、增塑剂等配成。适用于室内外金属与木材表面喷涂。

此外还有各种防锈漆、防腐漆等特种油漆涂料。

7.5.1.2　涂料施工

涂料施工包括基层准备、打底子、抹腻子和涂刷等工序。

1. 基层准备

木材表面应清除钉子、油污等，除去松动节疤及脂囊，裂缝和凹陷处均应用腻子填补，用砂纸磨光。金属表面应清除一切鳞皮、锈斑和油渍等。基体如为混凝土表面和抹灰层，含水率均不得大于 8%。新抹灰的灰层表面应仔细除去粉质浮粒。为使灰层表面硬化，尚可采用氟硅镁溶液进行多次涂刷处理。

2. 打底子

打底子的目的是使基层表面有均匀吸收色料的能力，以保证整个油漆面的色泽均匀一致。

3. 抹腻子

腻子是由涂料、填料（石膏粉、大白粉），水或松香水等拌制的膏状物。抹腻子的目的是使表面平整。对于高级油漆需在基层上全面抹一层腻子，待其干燥后用砂纸打磨，然后再满抹腻子，再打磨，磨至表面平整光滑为止。有时还要和涂刷油漆交替进行。所用腻子，应按基层、底漆和面漆的性质配套选用。

4. 涂刷涂料

木质表面涂刷混色油漆，按操作工序和质量要求分为普通、中级、高级三级。金属面涂刷也分三级，但多采用普通或中级油漆，混凝土的抹灰表面涂刷只分为中级和高级二级。涂刷方式有刷涂、喷涂、擦涂及滚涂等。方法的选用与涂料有关，应根据涂料能适应的涂刷方式和现有设备来选定。

刷涂法是用鬃刷蘸涂料涂刷在表面上。其设备简单、操作方便，但工效低，不适于快干和扩散性不良的涂料施工。

喷涂法是用喷雾器或喷浆机将涂料喷射在物体表面上。一次不能喷得过厚，要分几次喷涂，要求喷嘴移动均匀。喷涂法的优点是工效高、漆膜分散均匀、平整光滑、干燥快。缺点是涂料消耗大，需要喷枪和空气压缩机等设备，施工时还应有通风、防火、防爆等安全措施。

擦涂法是用棉花团外包纱布蘸油漆在物面上擦涂，待漆膜稍干后再连续转圈揩擦多遍，直到均匀擦亮为止，此法漆膜光亮、质量好，但效率低。

滚涂法是用羊皮、橡皮或其他吸附材料制成的滚筒滚上涂料后，再滚涂于物面上。适用于墙面滚花涂刷。滚完 24h 后，喷罩一层有机硅以防止污染和增强耐久性。

弹涂法是通过电动弹涂机的弹力器分几遍将不同色彩的涂料弹在已涂刷的涂层上，形成1～3mm 大小的扁圆形花点。弹点后同样喷罩一层有机硅。

在整个涂刷油漆的过程中，油漆不得任意稀释，最后一遍油漆不宜加催干剂。涂刷施工时应在前一遍涂料干燥后进行下一遍涂料施工。每遍涂料都应涂刷均匀，各层必须结合牢固，干燥得当，以达到均匀而密实的效果，防止涂层起皱、发黏、麻点、针孔、失光、泛白等质量问题。

一般涂料工程施工时的环境温度不宜低于 10℃，相对温度不宜大于 60%。当遇有大风、雨、雾情况时，不可施工。

7.5.1.3 涂料工程质量要求

薄涂料表面质量应符合表 7-6 的要求；溶剂型混合涂料表面质量应符合表 7-7 的要求。

表 7-6 薄涂料表面质量要求

项次	项　目	普通级薄涂料	中级薄涂料	高级薄涂料
1	掉粉、起皮	不允许	不允许	不允许
2	漏刷、透底	不允许	不允许	不允许
3	返碱、咬色	允许少量	允许轻微少量	不允许
4	流坠、疙瘩	允许少量	允许轻微少量	不允许
5	颜色、刷纹	颜色一致	颜色一致，允许有轻微少量砂眼，刷纹通顺	颜色一致，无砂眼，无刷纹
6	装饰线、分色线（拉 5m 线检查，不足 5m 拉通线检查）	偏差不大于 3mm	偏差不大于 2mm	偏差不大于 1mm
7	门窗、灯具等	洁　净	洁　净	洁　净

表 7-7　溶剂型混合涂料表面质量要求

项 次	项　目	普通级涂料	中级涂料	高级涂料
1	脱皮、漏刷、返锈	不允许	不允许	不允许
2	透底、流坠、皱皮	大面不允许	大面和小面明显处不允许	不允许
3	光亮和光滑	光亮均匀一致	光亮光滑均匀一致	光亮足，光滑无挡手感
4	分色裹棱	大面不允许，小面允许偏差 3mm	大面不允许，小面允许偏差 2mm	不允许
5	装饰线、分色线（拉 5m 线检查，不足 5m 拉通线检查）	偏差不大于 3mm	偏差不大于 2mm	偏差不大于 1mm
6	颜色、刷纹	颜色一致	颜色一致刷纹通顺	颜色一致，无刷纹
7	五金、玻璃等	洁　净	洁　净	洁　净

注：1. 大面是指门窗关闭后的里、外面。
2. 小面明显处是指门窗开启后，除大面外，视线能见到的部位。
3. 设备、管道喷、刷银粉涂料，涂膜应均匀一致，光亮足。
4. 施涂无光乳胶涂料、无光混色涂料，不检查光亮。

7.5.2 刷浆工程

刷浆工程是将水质涂料喷刷在抹灰层的表面上，常用于室内外墙面及顶棚表面刷浆。

7.5.2.1　浆液类型

（1）石灰浆

用石灰膏加水调制而成。在室内为防止脱粉，一般加入 0.5%的食盐；在室外，除加食盐外，还需加入适量的废干性油。

（2）大白浆及可赛银浆

用大白粉或可赛银粉加水调制而成。为防止脱粉，将龙须菜加水熬制成胶兑入，以增强其附着力。

（3）水泥色浆

在普通水泥或白水泥中掺入适量的促凝剂（石膏、氯化钙等）、增塑剂（熟石灰）、保水剂（硬脂酸钙），颜料配制成水泥色浆。适用于内、外墙面喷、刷浆。

（4）聚合物水泥浆

以水泥为基料，适量掺入有机高分子材料（108 胶、乳液、木钙、甲基硅酸钠等）和颜料，并用水稀释至操作稠度，喷刷于墙体表面。

7.5.2.2　刷浆施工

在刷浆前，基层表面应平整、干燥，清除所有污垢、油渍、砂浆流痕等，表面缝隙、孔洞应用腻子填平并磨光。

刷浆或喷浆，一般都是多遍成活，要求做到颜色均匀不流坠，不漏刷，不透底，不显刷纹，不脱皮、起泡，每个房间要一次做完。室外刷浆如分段进行时，应以分格缝、墙的阴角处或水落管等为分界线，材料配合比应相同。喷浆时，门窗等部位应遮盖，以防玷污。

7.5.2.3　刷浆工程质量要求

刷浆工程质量应符合表 7-8 的要求。

表 7-8 刷浆工程质量要求

项次	项　目	普通刷浆	中级刷浆	高级刷浆
1	掉粉、起皮	不允许	不允许	不允许
2	漏刷、透底	不允许	不允许	不允许
3	返碱、咬色	允许有少量	允许轻微少量	不允许
4	喷点、刷纹	2m 正视喷点均匀、刷纹通顺	1.5m 正视喷点均匀、刷纹通顺	1m 正视喷点均匀、刷纹通顺
5	流坠、疙瘩、溅沫	允许少量	允许轻微少量	不允许
6	颜色、砂眼		颜色一致，允许有轻微少量砂眼	颜色一致，无砂眼
7	装饰线、分色线（拉5m线检查，不足5m拉通线检查）		偏差不大于 3mm	偏差不大于 2mm
8	门窗、灯具等	洁　净	洁　净	洁　净

7.5.3 裱糊工程

裱糊工程是将普通壁纸、塑料壁纸等，用胶黏剂裱糊在室内墙体上的一种装饰工程。该法施工进度快，壁纸美观耐用、易清洗、装饰效果好，多用于高级室内装修。

7.5.3.1 壁纸类型

（1）普通壁纸

普通壁纸系纸面纸基，透水性好、价格便宜，但不耐水、易断裂，现已很少采用。

（2）塑料壁纸

塑料壁纸是以聚氯乙烯塑料薄膜为面层，以专用纸为基层，在纸上涂布或热压复合成型的壁纸。其强度高、可擦洗，使用广泛。

（3）纤维织物壁纸

纤维织物壁纸是用玻璃纤维、丝、羊毛、棉麻等纤维织成壁纸。这种壁纸强度好，质感柔和，高雅，能形成良好的环境气氛。

（4）金属壁纸

金属壁纸是一种印花、压花、涂金属粉等工序加工而成的高档壁纸，有富丽堂皇之感，一般用于高级装修中。

7.5.3.2 裱糊施工

（1）基层处理

要求基层基本干燥，混凝土和抹灰层的含水率不大于 8%，表面应坚实、平滑、无飞刺、无砂粒。对于局部麻点须先批腻子找平，并满批腻子，砂纸磨平。腻子涂抹于基层上应坚实牢固，故常用聚醋酸乙烯乳胶腻子。然后，在表面上满刷一遍用水稀释的聚乙烯醇缩（108）胶作为底胶，使基层吸水不致太快，以免引起胶黏剂脱水而影响壁纸与基层的黏结。

（2）弹垂直线

为使壁纸粘贴的花纹、图案、线条纵横连贯，在底胶干后，根据房间大小、门窗位置、壁纸宽度和花纹图案进行弹线，从墙的阴角开始，以壁纸宽度弹垂直线，作为裱糊时的操作准线。

（3）裁纸

要求纸幅必须垂直，花纹、图案纵横连贯一致。裁边平直整齐，无纸毛、飞刺。分幅拼花裁切时，要照顾主要墙面花纹的对称完整，对缝和搭缝按实际尺寸统筹规划裁纸，纸幅应编号，按顺序粘贴。

(4) 壁纸润湿和刷浆

纸基壁纸和塑料壁纸吸水后，开始自由膨胀，幅宽方向的膨胀率为0.5%～1.2%，收缩率为0.2%～0.8%，约5～10min胀足。因此，施工时必须先将壁纸在水槽中浸泡5～10min，或刷胶后叠起静置10min，然后再上墙裱糊，被黏固在墙面上的壁纸随水分蒸发而收缩、绷紧，干后自行平整。玻璃纤维布不需湿润，以免起鼓。

普通壁纸应在基层表面涂刷胶黏剂，塑料壁纸应在基层和壁纸背面涂刷胶黏剂，玻璃纤维布应先在基层表面涂刷胶黏剂，并将墙布背面清理干净。刷胶应薄而均匀。阴阳角处应增涂胶黏剂1～2遍，墙面涂刷胶黏剂的宽度应比壁纸宽20～30mm。

(5) 裱糊

壁纸的粘贴，应先贴长墙面，后贴短墙面。每个墙面从显眼的墙角以整幅纸开始，将窄条纸的现场裁边留在不明显的阴角处，每一个墙面的第一条纸都要挂垂线。每贴一条纸时应先对花、对纹拼缝，由上而下进行，上端不留余量，先在一侧对缝保证壁纸粘贴垂直后对花纹拼缝，压实后再抹平整张壁纸。阳角转角处不留拼缝、包角要压实。当阴角不垂直时应改为搭接缝，搭接在前一条壁纸的外面。粘贴的壁纸应与挂镜线、门窗贴脸板和踢脚板紧接，不留缝隙。壁纸粘贴后，若发现空鼓、气泡时，可用针刺放气，再用注射针挤进胶黏剂，用刮板刮平压密实。壁纸纸面对褶上墙面，纸幅要垂直，先对花、对纹拼缝，由上而下赶平、压实。多余的胶黏剂挤出纸边，及时揩净以保持整洁。

(6) 成品保护

裱贴壁纸应尽量放在施工作业的最后一道工序；裱糊时空气湿度应低于85%，温度不应有剧烈变化；潮湿季节竣工后，白天应开窗通风，夜晚关窗，以防潮气侵入。

7.5.3.3 质量要求

裱糊工程质量应符合下列规定：壁纸、墙布必须粘贴牢固，表面色泽一致；不得有气泡、空鼓、裂缝、翘边、皱褶和斑污，斜视时无胶痕；表面平整，无波纹起伏，壁纸墙布与挂镜线、贴脸板和踢脚板紧接，不得有缝隙；各幅拼接横平竖直，拼接处花纹、图案吻合，偏差不大于0.5mm，不离缝、不搭接，距墙面1.5m处正视，不显拼缝；阴阳转角垂直，棱角分明，阴角处搭接顺光，阳角处无接缝；壁纸、墙布边缘平直整齐，不得有纸毛、飞刺，搭接应顺光，不得有漏贴、补贴和脱层等缺陷。

上岗工作要点

装饰工程是建筑工程的最后一道工序，根据装饰的位置和要求不同，装饰工程的种类比较繁多。在学习中主要掌握：对材料的质量要求；各工程的施工工艺和流程、施工要点、常见的质量通病及处理措施；工程的质量验收标准和检验方法。

随着科技的进步和对建筑装饰工程要求的提高，对新材料、新工艺的装饰工程应特别注意，例如特种门窗安装、玻璃幕墙的各种施工方法等。

对新型的装饰材料的使用，既要大胆，又要慎重，必须了解其性能，以免危害人体健康。

复习思考题

1. 试述装饰工程的作用、特点及所包含的内容。
2. 试述一般抹灰的分层做法操作要点及质量要求。
3. 装饰抹灰有哪些种类？试述水刷石、水磨石、干粘石的做法及质量要求。
4. 简述饰面砖的镶贴方法。
5，简述大理石及花岗岩板材的安装方法。
6. 简述铝合金门窗及塑料门窗的安装方法。
7. 油漆施工有哪些工序？如何保证施工质量？
8. 试述壁纸裱糊工艺及质量要求。

第8章 防水工程

重点提示

【职业能力目标】

通过本章学习，应达到如下目标：组织屋面防水、地下防水以及卫生间防水施工；编制防水工程施工方案；新型防水材料和防水工程常见的质量事故及处理办法。

【学习要求】

了解屋面防水、地下防水、卫生间防水的几种方案；了解新型防水材料在工程中的使用；掌握柔性防水、刚性防水的施工工艺；掌握屋面防水、地下防水以及卫生间防水因施工问题而造成渗漏的原因及堵漏技术；掌握工程常见的质量事故及处理办法。

建筑工程的防水是建筑产品的一项主要使用功能，它不仅关系到房屋建筑的使用寿命，而且直接影响到人们居住环境和卫生条件。建筑工程防水的目的就是使建筑物或构筑物在设计年限内，防止雨水和生产、生活用水以及地下水渗漏的影响，确保建筑结构、室内装潢和产品不受侵蚀和污染，以保证人民的生产和生活能够正常地进行。

建筑工程的防水技术按其构造做法可分为两大类，即结构构件自防水和采用不同材料的防水层防水。结构构件自防水，主要是依靠建筑构件材料自身的密实性及采用伸缩缝、坡度等构造措施以及嵌缝油膏、埋设止水带等，使得结构构件自身能有防水作用；采用不同材料防水层防水，是在建筑构件迎水面或背水面以及接缝处，另外附加防水材料做成的防水层，以达到建筑物防水的目的。这种做法又有两种，一种是刚性材料防水，如涂抹防水砂浆，浇筑掺有外加剂的细石混凝土或预应力混凝土等；另一种是柔性材料防水，如铺设各种防水卷材、涂布各种防水涂料等。结构构件自防水和刚性材料防水层的防水均属于刚性防水；各种卷材防水、涂料防水均属于柔性防水。

另外，按建筑工程不同的施工部位，又可分为：屋面防水工程、地下防水工程、卫生间和地面的防水工程、外墙防水工程以及储水池、储液池、水塔等构筑物的防水工程。

本章主要介绍屋面防水工程、地下防水工程和卫生间防水工程的施工。

8.1 屋面防水工程

建筑工程分不同的类型、不同的重要程度和不同的使用功能，因而对防水的要求也不尽相同。为了满足建筑物的使用功能的要求，同时又要避免不必要的浪费，国家标准《屋面工程质量验收规范》(GB 50207—2002) 根据建筑物的性质、重要程度、使用功能及防水耐用年限等，将屋面防水划分为四个等级，见表8-1。

8.1.1 卷材防水屋面

8.1.1.1 卷材防水屋面的构造

卷材防水屋面的构造，如图 8-1 所示，卷材防水屋面属于柔性防水屋面，它具有重量轻、防水性能好，对结构振动和微小变形有一定适应性等优点，但同时某些材料也具有易老化、易起鼓、耐久性差、修补找漏困难等缺点。

表 8-1 屋面防水等级

项 目	屋面防水等级			
	Ⅰ	Ⅱ	Ⅲ	Ⅳ
建筑物类别	特别重要的民用建筑和对防水有特殊要求的工业建筑	重要的工业与民用建筑，高层建筑	一般的工业与民用建筑	非永久性的建筑
防水层耐用年限	25 年	15 年	10 年	5 年
防水层选用材料	宜选用合成高分子防水卷材、高聚物改性沥青防水卷材、合成高分子防水涂料、细石防水混凝土等材料	宜选用高聚物改性沥青防水卷材、合成高分子防水卷材、合成高分子防水涂料、高聚物改性沥青防水涂料、细石防水混凝土、平瓦等材料	应选用三毡四油沥青防水卷材、高聚物改性沥青防水卷材、合成高分子防水卷材、高聚物改性沥青防水涂料、合成高分子防水涂料、沥青基防水涂料、刚性防水层、平瓦、油毡瓦等材料	可选用二毡三油沥青防水卷材、高聚物改性沥青防水涂料、沥青基防水涂料、波形瓦等材料
设防要求	三道或三道以上的防水设防，其中应有一道合成高分子防水卷材，且只能有一道厚度不小于 2mm 的合成高分子防水涂膜	二道防水设施，其中应有一道卷材，也可采用压型钢板进行一道设防	一道防水设防，或两种防水材料复合使用	一道防水设计

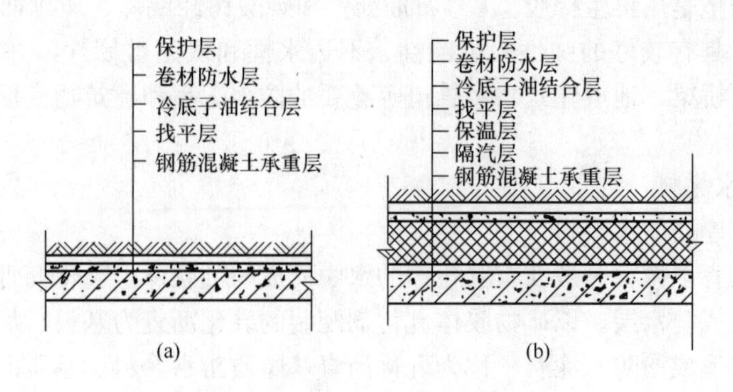

图 8-1 卷材防水屋面的构造

(a) 不保温卷材屋面；(b) 保温卷材屋面

8.1.1.2 卷材防水材料

（1）沥青基防水材料

沥青作为防水材料其使用方法很多，按施工方法可分为热用和冷用两种。热用是指加热沥青使其软化流动，并趁热施工；冷用是将沥青加溶剂或用乳化剂乳化成液体，于常温下施工。沥青除直接使用外，更多的是用以配制成各种防水材料制品，其制品有沥青防水卷材、沥青涂料、沥青胶和嵌缝密封材料等四大类。

1）沥青防水卷材

凡用原纸或玻璃布、石棉布、棉麻织品等胎料浸渍石油沥青（或焦油沥青）制成的卷状材料，称为浸渍卷材（有胎卷材）。将石棉、橡胶粉等掺入沥青材料中，经碾压制成的卷状材料称为辊压卷材（无胎卷材）。这两种卷材通称沥青防水卷材。

①普通原纸胎基油毡和油纸

采用低软化点沥青浸渍原纸所制成的无涂盖层的纸胎防水卷材叫油纸，当再用高软化点沥青涂盖油纸的两面，并撒布隔离材料后，则称为油毡。目前建筑工程中常用的有石油沥青油纸、石油沥青油毡和煤沥青油毡三种。按原纸 $1m^2$ 的质量克数，油毡分为 200、350 和 500 三种标号，油纸分为 200 和 350 两种标号。

纸胎基油毡防水层存在一定缺点，如抗拉强度及塑性较低，吸水率较大，不透水性较差，并且原纸由植物纤维制成，易腐烂、耐久性较差。此外，原纸的原料来源也较困难。

②新型有胎沥青防水卷材

新型有胎沥青防水卷材主要有麻布油毡、石棉布油毡、玻璃纤维布油毡、合成纤维布油毡等。这些油毡的制法与纸胎油毡相同，但抗拉强度、耐久性等都比纸胎油毡好得多，适用于防水性、耐久性和防腐性要求较高的工程。

塑性体和弹性体沥青防水卷材是分别用沥青和热塑性塑料改性或弹性体改性沥青浸渍胎基，两面涂以塑性体或弹性体沥青涂盖层，表面撒以细砂，矿物粒（片）料或覆盖聚乙烯膜所制成的防水卷材。塑性体沥青防水卷材和弹性体沥青防水卷材均适用于工业与民用建筑的屋面、地下室、卫生间等的防水防潮，以及桥梁、停车场、游泳池、隧道、蓄水池等建筑物的防水。前者尤其适用于高温或有强烈太阳辐照地区的建筑物防水；后者更适用于寒冷地区和结构变形频繁的建筑物防水。

③沥青再生胶油毡

沥青再生胶油毡是用再生橡胶、1 号石油沥青和碳酸钙经混炼、压延而成的无胎防水卷材。它价格较廉，具有较好的弹性、抗蚀性、不透水性和低温柔韧性，并有较高的抗拉强度。适用于水工、桥梁、地下建筑物、管道等重要的防水工程和建筑物变形缝处防水，可进行单层冷防水施工。

2）沥青基防水涂料

①乳化沥青基厚质防水涂料

乳化沥青是沥青以微粒分散在有乳化剂的水中而成的乳胶体。乳化沥青可涂刷或喷涂在材料表面作为防潮或防水层。以矿物胶体乳化剂配制的乳化沥青为基料，加入石棉纤维或其他无机矿物填充料形成的防水涂料，称为乳化沥青基厚质防水涂料。厚质沥青涂料更适用于女儿墙及屋顶排水沟处，可解决纸胎油毡不便施工和施工后易出现漏水等问题。

②橡胶沥青防水涂料及永久性沥青基薄质防水涂料

橡胶沥青防水涂料是以沥青为基料，加入改性材料橡胶和稀释剂及其他助剂等而制成的黏稠液体。由于这类涂料无有机溶剂挥发，不污染环境，而且克服了溶剂涂料不能在潮湿基层上直接施工的缺点，因而应用越来越广。橡胶沥青防水涂料的特点是耐水性强，由于橡胶的加入改善了沥青涂膜的性质，故在水的长期作用下涂膜不脱落、不起皮，抗渗性好、抗裂性优异，有较好的弹性和延伸性，尤其是低温下的抗裂性能更好，故适用于基层易开裂的屋面防水层。又因其耐化学腐蚀性好，故也可作木材、金属管道等的防腐涂层。

3）沥青胶与冷底子油

沥青胶是在熔化的沥青中加入粉状或纤维状的填充料经均匀混合而成。填充料粉状的如滑石粉、石灰石粉、白云石粉等，纤维状的如石棉屑、木纤维等，也可两者混用。沥青胶有热用和冷用的两种。

冷底子油是用汽油、煤油、柴油、工业苯等有机溶剂与沥青材料溶合制得的沥青涂料。它的黏度小，能渗入到混凝土、砂浆、木材等材料的毛细孔隙中，待溶剂挥发后，便与基材牢固结合，使基面具有一定的憎水性，为黏结同类防水材料创造了有利条件。因其多在常温下用作防水工程的打底材料，故名冷底子油。

4）建筑防水沥青嵌缝油膏

建筑防水沥青嵌缝油膏是以石油沥青为基料，再加入改性材料如废橡胶粉和硫化鱼油、稀释剂（松焦油、松节重油和机油）及填充料（石棉绒和滑石粉）等，经混拌所制成膏状物，为最早使用的冷用嵌缝材料。沥青嵌缝油膏的主要特点是炎夏不易流淌，寒冬不易脆裂黏结力较强，延伸性、塑性和耐候性均较好，因此广泛用于一般屋面板和墙板的接缝处，也可用作各种构筑物的伸缩缝、沉降缝等的嵌填密封材料。

（2）高聚物改性沥青卷材防水材料

高聚物改性沥青卷材是以合成高分子聚合物改性沥青为涂盖层，纤维织物或纤维毡为胎体，粉状、粒状、片状或薄膜材料为覆面材料制成的可卷曲的片状防水材料。

高聚物改性沥青卷材与传统的纸胎沥青相比，主要有两方面大的改进，一是胎体采用了高分子薄膜、聚酯纤维等，增强了卷材的强度、延性和耐水防腐性；二是在沥青中加入了高分子聚合物，改变了沥青在夏季易流淌、冬季易冷脆、延伸率低、易老化等性质，从而改善了油毡的性能。常用的高聚物改性沥青卷材主要有：SBS 改性沥青卷材、APP 改性沥青卷材、PVC 改性煤焦油卷材、再生胶改性沥青卷材、废胶粉改性沥青卷材等。

（3）合成高分子防水材料

合成高分子材料因其高弹性、大延伸、耐老化、冷施工及单层防水等诸多优点，已成为新型防水材料发展的主导方向，其产品主要有橡胶基、树脂基以及橡塑共混型的各种防水卷材及防水涂料和密封材料。

①橡胶基防水卷材

橡胶是有机高分子化合物的一种，具有高聚物的特征与基本性质，其最主要的特性是在常温下具有极高的弹性。在外力作用下它很快发生变形，变形可达百分之数百，但当外力除去后，又会恢复到原来的状态，而且保持这种性质的温度区间范围很大。橡胶分天然橡胶和合成橡胶两种。橡胶基防水卷材以橡胶为主体原料，再加入硫化剂、软化剂、促进剂、补强剂和防老化剂等助剂，经过密炼、拉片、过滤、挤出（或压延）成型、硫化、检验和分卷等工序而制成。橡胶基防水卷材系单层防水，其搭接处用氯丁橡胶或聚氨酯橡胶等黏合剂进行冷粘，施工工艺简单。主要品种有三元乙丙橡胶卷材、氯丁橡胶卷材、丁基橡胶卷材。

②树脂基防水材料

树脂基防水材料是一种高分子化合物，以树脂为基料，其主要品种有聚氯乙烯防水卷材、氯化聚乙烯防水卷材、聚氨酯防水涂料和丙烯酸酯防水涂料等。

③橡塑共混基防水材料

这一类防水卷材兼有塑料和橡胶的优点，弹塑性好，耐低温性能优异。主要品种有氯化聚乙烯-橡胶共混型防水卷材、聚氯乙烯-橡胶共混型防水卷材等。氯化聚乙烯卷材的伸长率只有100%，而与橡胶共混改性后，伸长率提高数倍，达450%以上，而且有些性能与三元乙丙橡胶卷材接近，其抗拉强度7.5MPa以上，直角撕裂强度大于25kN/m，低温冷脆温度－48℃（原－28℃）。这种卷材可采用多种黏结剂粘贴，冷施工操作较简单。

近年来，还出现了各种薄膜防水材料，如聚氨酯橡胶防水薄膜、异丁橡胶防水薄膜等。

8.1.2.3 卷材防水屋面施工

(1) 屋面结构层处理

屋面结构刚度的大小，对屋面变形大小起主要作用。为了减少防水层受屋面结构变形的影响，必须提高屋面的结构刚度。因此，屋面结构层最好是整体现浇混凝土。在必须采用装配式钢筋混凝土板时，相邻板的板缝底宽不应小于20mm；嵌填板缝时，板缝应清理干净，保持湿润，填缝采用强度等级不小于C20的细石混凝土。为增加混凝土密实性，宜在细石混凝土中掺入微膨胀剂，并振捣密实，板缝嵌填高度应低于板面10～20mm；当板缝宽度大于40mm或上窄下宽时，为防止灌缝的混凝土干缩受震动后掉落，板缝内应放置构造钢筋。

(2) 屋面找平层施工

找平层是铺贴卷材防水层的基层，其施工质量直接影响防水层和基层的黏结及防水层是否开裂。因而，要求找平层表面应压实平整，充分养护，排水坡度按设计要求做到准确无误。

找平层可采用水泥砂浆、细石混凝土或沥青砂浆。在采用水泥砂浆时，为提高找平层密实性，避免或减少因找平层裂缝而拉裂防水层，在水泥砂浆中可掺入微膨胀剂，同时，水泥砂浆抹平收水后应二次压光，并不得有酥松、起砂、起皮等现象。当找平层铺在松散的保温层上时，为增强找平层的刚度和强度，可采用细石混凝土找平层。当遇到基层潮湿不易干燥，工期又较紧的情况下，可采用沥青砂浆找平层。为避免由于温度及混凝土构件收缩而使卷材防水层开裂，找平层宜留分格缝，缝宽宜为20mm，缝内嵌填密封材料。分格缝兼作排汽屋面的排汽道时，可适当加宽，并应与保温层连通。分格缝应留设在板端缝处，其纵横缝的最大间距为：水泥砂浆或细石混凝土找平层不宜大于6m；沥青砂浆找平层不宜大于4m。找平层施工质量应符合表8-2的要求。

表8-2 找平层施工质量要求

项 目	施 工 质 量 要 求
材料	找平层使用的原材料、配合比必须符合设计要求或规范的规定
平整度	找平层应黏结牢固，没有松动、起壳、起砂等现象。表面平整，用2m长的直尺检查，找平层与直尺间的空隙不应超过5mm，空隙仅允许平缓变化，每米长度内不得多于1处
强度	采用全粘法铺贴卷材时，找平层必须具备较高的强度和抗裂性，采用空铺或压埋法铺贴时，可适当降低对找平层强度的要求
坡度	找平层的坡度必须准确，符合设计要求
转角	两个面的相接处，如女儿墙、天沟、屋脊等，均应做成圆弧（其半径采用沥青卷材时为100～150mm；采用高聚物改性沥青卷材时为50mm，采用合成高分子卷材时为20mm）

续表

项　目	施工质量要求
分格	分格缝留设位置应准确，其宽度及纵横间距应符合规范要求。分格缝应与板端缝对齐，均匀顺直，并嵌填密封材料
水落口	内部排水的水落口漏斗应牢固地固定在承重结构上，水落口所有零件上的铁锈均应预先清除干净，并涂上防锈漆。水落口周围的坡度应准确，水落口漏斗与基层接触处应留宽20mm、深20mm的凹槽，嵌填密封材料

(3) 基层处理剂的喷、涂

为使卷材与基层黏结良好，不发生腐蚀等侵害，在选用基层处理剂时，应与卷材材性相容。基层处理剂可采用喷涂法或涂刷法施工。施工时，喷、涂应均匀一致，当喷、涂多遍时，后一遍喷、涂应在前一遍干燥后进行，在最后一遍喷、涂干燥后，方可铺贴卷材。节点、周边、拐角处若与大面同时喷、涂，边角处就很难均匀，并常常出现漏涂和堆积现象，为保证这些部位更好地黏结，对节点、周边、拐角等处应先用毛刷或其他小工具进行涂刷。

(4) 卷材铺贴施工要点

①细部节点附加增强处理

屋面卷材在大面铺贴之前，应先按防水节点设计要求在檐口、檐沟、泛水、水落口、伸出屋面管道等屋面节点和排水比较集中的部位做好附加增强处理。女儿墙为砖墙时，卷材收头可直接铺压在女儿墙压顶下，压顶应做防水处理，如图8-2所示；也可在砖墙上留凹槽，卷材收头应压入凹槽内固定密封，如图8-3所示。

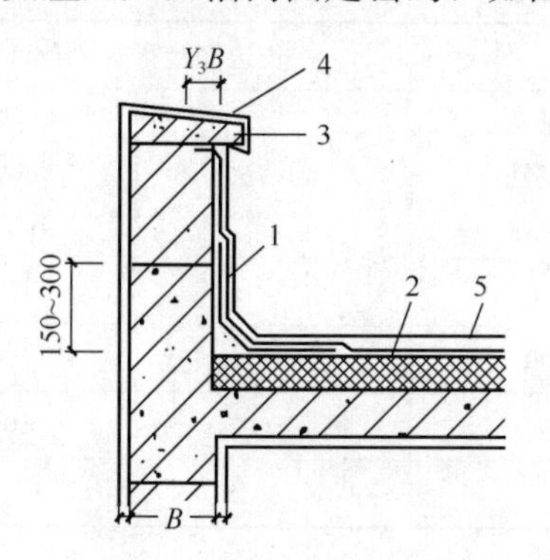

图8-2　卷材泛水收头

1—附加层；2—防水层；3—压顶；4—防水处理；5—保护层

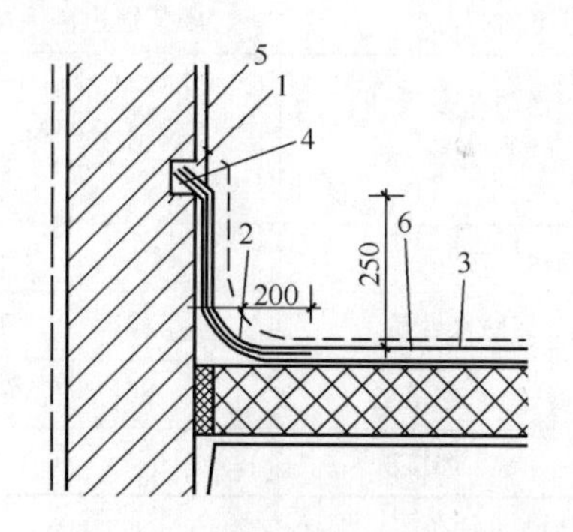

图8-3　砖墙卷材泛水收头

1—密封材料；2—附加层；3—防水层；4—水泥钉；5—防水处理；6—虚线表示上人屋面

伸出屋面管道周围的找平层应做成圆锥台，管道与找平层间应留凹槽，并嵌填密封材料，防水层收头处应用金属箍箍紧，并用密封材料封严，如图8-4所示。

②铺设方向

卷材的铺设方向应根据屋面坡度或屋面是否有振动来确定。当屋面坡度小于3%时，卷材宜平行屋脊铺贴；屋面坡度在3%～15%时，卷材可平行或垂直于屋脊铺贴；屋面坡度大于15%或屋面受振动时，沥青防水卷材应垂直于屋脊铺贴，高聚物改性沥青防水卷材和合成高分子防水卷材由于耐温性好，厚度较薄，不存在流淌问题，因此可平行或垂直于屋脊铺贴。卷材屋面的坡度不宜超过25%，当不能满足坡度要求时，应采取防止卷材下滑的措施

（如满贴法，钉钉法等）。在卷材铺设时，上下层卷材不得相互垂直铺贴。

③搭接方法及宽度要求

铺贴卷材应采用搭接法，并且上下层及相邻两幅卷材的搭接缝应错开，如图 8-5 所示。平行于屋脊的搭接缝应顺流水方向搭接，垂直于屋脊的搭接缝应顺年最大频率风向搭接。

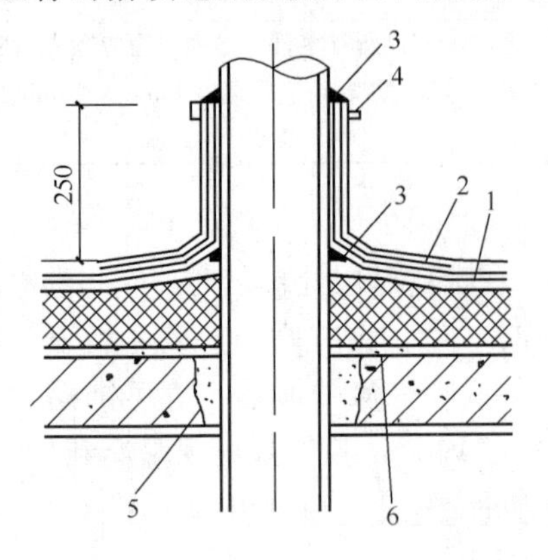

图 8-4　伸出屋面管道防水构造

1—防水层；2—附加层；3—密封材料；4—金属箍；5—细石混凝土填实；6—聚合物砂浆找平

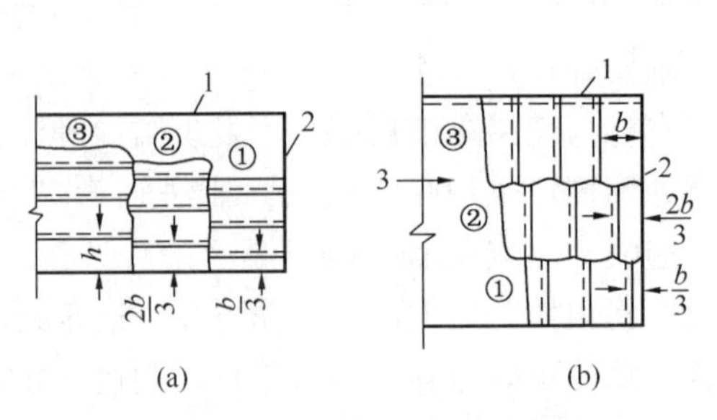

图 8-5　卷材铺贴方向

（a）平行于屋脊铺贴；（b）垂直于屋脊铺贴

①、②、③—卷材层次；b—卷材幅宽

1—屋脊；2—山墙；3—主导风向

各种卷材搭接宽度应符合表 8-3 的要求。

表 8-3　各种卷材搭接宽度

搭接方向		短边搭接宽度（mm）		长边搭接宽度（mm）	
铺贴方法 卷材种类		满粘法	空铺法 点粘法 条粘法	满粘法	空铺法 点粘法 条粘法
沥青防水卷材		100	150	70	100
高聚物改性沥青防水卷材		80	100	80	100
合成高分子防水卷材	黏结法	80	100	80	100
	焊接法	50			

（5）卷材与基层的粘贴

卷材与基层的粘贴方法可分为满贴法、空铺法、点粘法或条粘法。当卷材防水层上有重物覆盖或基层变形较大时，应优先采用空铺法、点粘法或条粘法。在距屋面周边 800mm 范围内卷材与基层、卷材与卷材间都应满粘。空铺法是指卷材与基层仅在四周一定宽度内黏结，其余部分不黏结的施工方法。条粘法是指卷材与基层采用条状黏结的施工方法，要求每幅卷材与基层黏结面不少于两条，每条宽度不小于 150mm。点粘法是指卷材或打孔卷材与基层采用点状黏结的施工方法，要求每平方米黏结不少于 5 个点，每点面积为100mm×100mm。

油毡铺贴应避免铺斜、扭曲和出现空鼓未黏结现象；避免沥青胶黏结层过厚或过薄，辊压时应将挤出的沥青胶及时刮平、压紧、赶出气泡并予封严。

（6）保护层的施工

油毡防水层的沥青胶结材料及油毡，在冷热交替作用下有伸张收缩，同时又在阳光、空气、水分等长期作用下，沥青将不断老化，逐渐由软变硬而发脆。绿豆砂等各种保护层可以减少阳光辐射对沥青的影响，降低沥青表面的温度，防止暴雨对防水层的冲刷等，从而大大延缓沥青的老化速度，提高防水层的寿命。

当屋面油毡铺贴完成并经检查合格后，应趁油毡层未冷，在油毡上面浇涂 2～3mm 厚的沥青胶，趁热立即均匀撒铺一层干净的预热 100℃左右的绿豆砂。要求绿豆砂清洁、干燥，粒径宜为 3～5mm，色浅、耐风化、颗粒均匀。绿豆砂保护层一半以上的粒径应嵌入沥青胶内，均匀、平整，也可用小辊筒轻压一道，然后将多余的绿豆砂清扫干净。

为延长屋面防水层的使用年限，目前普遍采用在层面防水层上加架空的预制板隔热层，这对降低室内温度亦有很好效果。注意卷材屋面不宜在零度以下施工。

(7) 屋面施工注意事项

①卷材屋面不宜在负温度下施工。如必须在负温度下施工时，应采取措施保证沥青胶的厚度。铺好后的防水层不得有龟裂及黏结不良现象。

②已施工完的油毡屋面，不得堆放重物或作运输通道，以免损坏卷材。

③潮湿基层上铺贴油毡容易出现大量气泡，为此应采用排气屋面施工方法。

8.1.2 涂膜防水屋面

在钢筋混凝土装配结构无保温层屋盖体系中，板缝采用油膏嵌缝，板面压光具有一定的自防水能力，并附加涂刷一定厚度的无定型液态改性沥青或合成高分子材料，经常温胶联固化或溶剂挥发形成具有弹性且有防水作用的结膜，或在板面找平层及保温层面找平层上采用防水涂料层，均为涂膜防水，它主要适用于防水等级为Ⅲ级、Ⅳ级的屋面防水，也可作为Ⅰ级、Ⅱ级屋面多道防水设防中的一道防水。

8.1.2.1 防水材料

(1) 防水涂料

防水涂料是一种流态或半流态物质，涂刷于基层表面后，经溶剂（或水分）的挥发，或各组分之间的化学反应，形成有一定厚度的弹性薄膜，使表面与水隔绝，起到防水与防潮的作用，根据配制涂料的基料不同，防水涂料可分为：沥青基防水涂料、高聚物改性沥青防水涂料和合成高分子防水涂料。

①沥青基防水涂料

沥青基防水涂料是以沥青为基料配制成的水乳型或溶剂型防水涂料。主要品种有膨润土乳化沥青防水涂料、石灰乳化沥青防水涂料、石棉乳化沥青防水涂料等。其中分为厚质型和薄质型两种类型。

②高聚物改性沥青防水涂料

高聚物改性沥青防水涂料是以沥青为基料，用合成高分子聚合物进行改性，配制成的水乳型或溶剂型防水涂料。主要品种有：氯丁胶乳沥青防水涂料、SBS 改性沥青防水涂料、APP 改性沥青防水涂料等。此类涂料均属薄质型防水涂料。

③合成高分子防水涂料

合成高分子防水涂料是以合成橡胶或合成树脂为主要成膜物质，配制成的单组分或多组分的防水涂料。其主要产品有：聚氨酯防水涂料、有机硅防水涂料、丙烯酸防水涂料等。

(2) 密封材料

工程上对密封（嵌缝）材料的基本要求是质量稳定、性能可靠。常用的密封材料有嵌缝油膏和聚氯乙烯胶泥两类。

①嵌缝油膏

嵌缝油膏是以石油沥青为基料，加入改性材料及其他填充料配制而成的。目前主要品种有沥青嵌缝油膏、沥青橡胶油膏、塑料油膏等。改性石油沥青密封材料一般为冷施工，当气温低于15℃或油膏过稠时，可用热水烫后再使用。严禁用煤油、柴油等稀释油膏，施工时应使嵌填的密封材料饱满、密实、无气泡孔洞等现象。

②聚氯乙烯胶泥

聚氯乙烯胶泥是一种热塑型防水嵌缝材料，由煤焦油、聚氯乙烯树脂和增塑剂、稳定剂、填充料等配制而成。配制过程分三个阶段，首先是混合阶段，即将各种材料充分混合，形成一均匀分散体；其次是塑化阶段；最后是成型阶段，即将塑化后的胶泥浇灌成型。其中，塑化阶段是一个重要工序，要求边加热、边搅拌，使之在130℃～140℃下保持5～10min，使其充分塑化，当浆料表面由暗淡无光变为黑亮时，表明胶泥已充分塑化。由于聚氯乙烯树脂热稳定性较差，当温度达到140℃时，开始分解出氯化氢，当温度超过140℃时，则发出强烈的刺激鼻腔、眼睛和喉咙的氯化氢气味，当温度低于110℃时，不仅大大降低密封材料的黏结性能，还会使材料变稠不便施工，因此在配制聚氯乙烯胶泥时，一定要严格控制好塑化温度。

8.1.2.2　涂膜防水屋面施工

(1) 自防水屋面板的制作要求

预应力或非预应力钢筋混凝土屋面板，其板面经辊压抹光后，自身具有防水能力，称为自防水屋面板。自防水屋面板必须有足够的密实性、抗渗性、抗裂性及抗风化和抗碳化性能。因此在制作自防水屋面板时，水泥应用普通硅酸盐水泥，强度等级不宜低于42.5级，砂宜用中砂，含泥量不超过2%，石子的最大粒径不超过板厚1/3且不超过15mm，含泥量不超过1%。每立方米混凝土中水泥最小用量不应少于330kg，水灰比不应大于0.55。混凝土宜采用高频低振幅平板振动器振捣密实，并抹平，待混凝土稍收水后，初凝前，第二次稍用力抹光；在混凝土初凝后，终凝前，第三次再压实抹光，自然养护时间不少于14d。在防水屋面板的制作、堆放、运输、吊装等过程中，必须采取有效措施，防止裂缝的出现，以保证防水的质量。

(2) 自防水屋面板板缝施工

屋面板板缝的处理和卷材防水屋面施工中对屋面板缝的处理相同，并还需在板端缝处进行柔性密封处理。对非保温屋面的板缝上应预留深度不小于20mm的凹槽，并嵌填密封材料。在油膏嵌缝前，板缝必须先用刷缝机或钢丝刷清除两侧表面浮灰杂物并吹净，随即满涂冷底子油一遍，待其干燥后，及时冷嵌或热灌油膏。油膏的覆盖宽度，应超出板缝每边不少于20mm。嵌缝后，应沿缝及时做好保护层。保护层有沥青胶粘贴油毡条、二油一布、涂刷防水涂料等做法。板缝的处理构造，如图8-6所示。

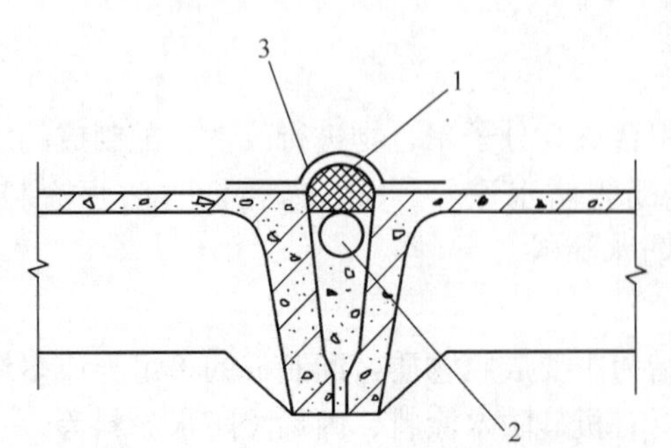

图8-6　板缝密封防水处理

1—密封材料；2—背衬材料；3—保护层

(3) 板面及找平层上防水涂料施工

当防水屋面板的板缝施工完毕或屋面找平层施工完毕并满足施工要求后，就可以进行防水涂料的施工。防水涂料在施工时，有加胎体增强材料和不加胎体增强材料两种做法。防水涂料在施工时应分层分遍涂布。待先涂的涂层干燥成膜后，才能涂布后一遍涂料。需要铺设胎体增强材料时，当屋面坡度小于15%，可平行于屋脊铺设；当屋面坡度大于15%时，应垂直于屋脊铺设，并由屋面最低处开始向上铺设；胎体材料长边搭接宽度≥50mm，短边搭接宽度≥70mm，上下层不能相互垂直铺设，搭接缝应相互错开不小于1/3幅宽。在铺设胎体材料时，不能拉得过紧，也不能有皱折和张嘴现象。屋面转角及立面的涂层应薄涂多遍，不得有流淌堆积现象。防水涂膜严禁在雨天、雪天施工，风力在五级风及其以上时也不得施工。涂膜防水层施工完毕后，应及时做好保护层。

8.1.3 刚性防水屋面

刚性防水屋面是指以水泥砂浆、混凝土等作为防水层材料的屋面工程。刚性防水屋面要求设计可靠，构造及节点处理合理；施工时材料质量和操作过程均应严格要求。主要适用于防水等级为Ⅲ级的屋面防水，也可用作Ⅰ、Ⅱ级屋面多道防水设防中的一道防水层，不适用于设有松散材料保温层的屋面以及受较大振动或冲击的屋面。

8.1.3.1 材料要求

水泥宜用普通硅酸盐水泥或硅酸盐水泥，当采用矿渣硅酸盐水泥时应采取减小泌水性的措施。水泥强度等级不宜低于42.5级，并不得使用火山灰质水泥；石子粒径不宜大于15mm，含泥量不应大于1%；砂宜采用中砂或粗砂，含泥量不应大于2%，拌合水应用不含有害物质的洁净水。为防止刚性屋面开裂，防水层内一般宜配置$\phi 4 \sim \phi 6$的钢筋网片。

8.1.3.2 细石混凝土屋面

(1) 屋面构造

细石混凝土刚性防水屋面，一般在屋面板上浇筑一层厚度不小于40mm，强度等级不低于C20的细石混凝土作为屋面防水层，如图8-7所示。为了使其受力均匀，有良好的抗裂性和抗渗能力，在混凝土中的应配置直径为4mm，间距为100～200mm的双向钢筋网片，且钢筋网片在分格缝处应断开，其保护层厚度不小于10mm。

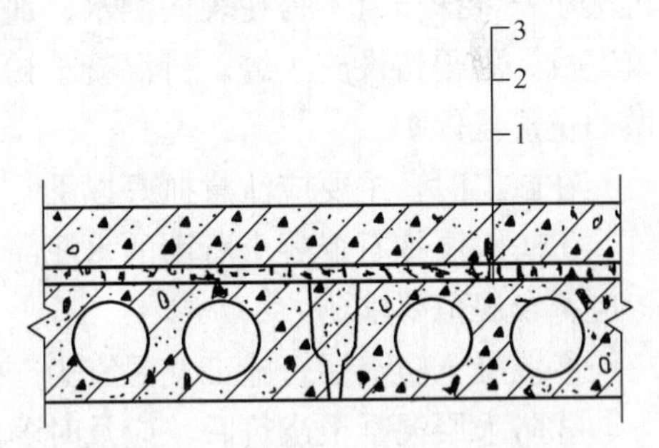

图8-7 细石混凝土刚性防水屋面

1—预制板；2—隔离层；3—细石混凝土防水层

(2) 分格缝的设置

分格缝的设置主要是为了减少防水层因温差、混凝土干缩、徐变、荷载和振动、地基沉陷等变形造成的防水层开裂。分格缝一般设在屋面板支承端、屋面转折处、防水层与突出屋面结构的交接处，并与板缝对齐。分格缝纵横分格不宜大于6m，面积以不大于20m² 为宜。分格缝宽度宜为20～40mm，截面宜做成上宽下窄。分格缝可用油膏嵌缝，屋脊和平行于流水方向的分格缝，也可做成泛水，用盖瓦覆盖，盖瓦应单边坐灰固定。分隔缝的构造如图8-8所示。

为减少结构变形对防水层的不利影响，宜在防水层与基层间设置隔离层。隔离层可采用纸筋灰或麻刀灰、低强度等级砂浆、干铺卷材等，也可以涂刷一道废机油并同时撒布滑石粉，厚度以2mm为宜。

(3) 细石混凝土屋面防水层施工

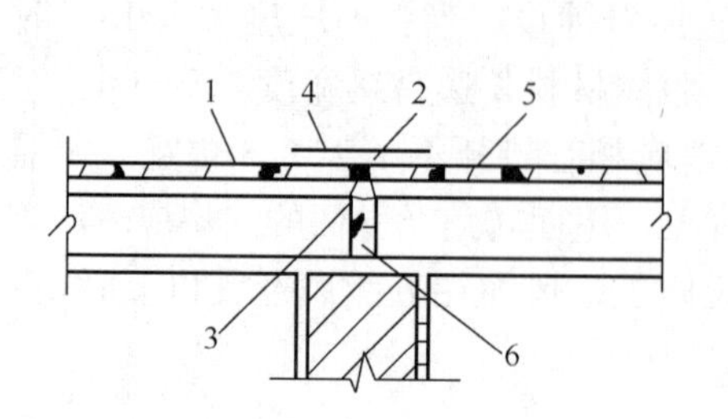

图 8-8　分格缝构造

1—刚性防水层；2—密封材料；3—背衬材料；4—防水卷材；5—隔离层；6—细石混凝土

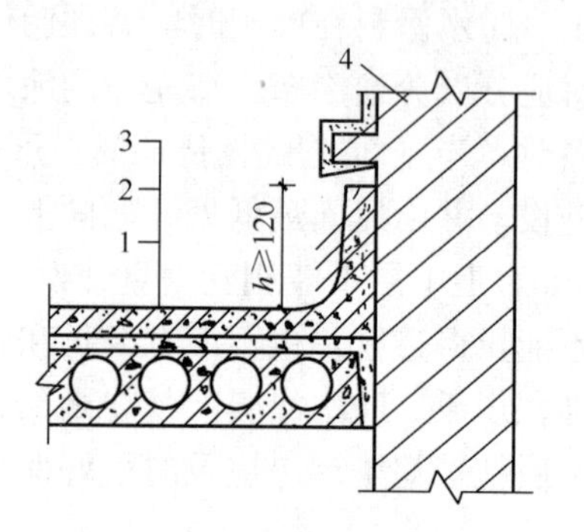

图 8-9　泛水施工

1—结构层；2—隔离层；3—细石混凝土防水层；4—砖墙

屋面所用的细石混凝土，厚度一般不小于 40mm，强度等级不低于 C20，施工时宜掺入膨胀剂、减水剂、防水剂等，以提高其抗裂和抗渗性能。屋面的泛水与屋面防水层必须一次做成，泛水高度不应低于 120mm，如图 8-9 所示。

混凝土浇筑前，应对基层进行处理，当屋面结构层为装配式钢筋混凝土板时，应用不小于 C20 的细石混凝土灌缝。当屋面板缝宽大于 40mm 或上窄下宽时，板缝内应设置构造筋，板端缝应进行密封处理。配制普通细石混凝土时，水灰比不应大于 0.55，每立方米混凝土水泥最小用量不应小于 330kg，砂率宜为 35%～40%，灰砂比宜为 1∶2～1∶2.5。为使混凝土具有良好的抗裂和抗渗能力，在混凝土的中上部可配置直径 $\phi4$～$\phi6$、间距为 100～200mm 的双向钢筋网片，网片位置应正确，并宜用点焊焊接，钢筋在分格缝处应断开，钢筋的保护层厚度不应小于 10mm。混凝土在浇筑时应用机械振捣，表面泛浆后抹平，收水后再次压光，抹压时不得在表面洒水、加水泥浆或撒干水泥，每个分格板块的混凝土应一次浇筑完成，不得留设施工缝。待混凝土初凝后，再取出分格条，分格缝采用油膏嵌缝，在缝口做油毡覆盖保护。

在施工时，主要应注意抓好以下几个方面的工作：

①防水层细石混凝土所用的水泥品种、水泥最小用量、水灰比以及粗细集料规格和级配等应符合规范要求。

②混凝土防水层，施工气温宜为 5℃～35℃，不得在负温和烈日暴晒下施工。

③防水层混凝土浇筑后，应及时养护，并保持湿润，养护时间不得少于 14d。

8.1.3.3　*水泥砂浆防水屋面*

水泥砂浆防水层屋面是用普通水泥砂浆或在砂浆中掺入一定量防水剂，进行分层涂抹，以提高屋面结构本身的抗渗防水能力，适用于无保温层的整体浇筑屋面，但不得用于高温和受振动的建筑。

水泥砂浆配合比一般为 1∶（2.5～3）（体积比），分层厚度一般为 10～15mm，总厚度为 20～30mm。施工时原材料质量必须合格，水泥宜用普通水泥，强度等级在 32.5 级以上。

基层表面要求坚实、粗糙、平整、干净，抹砂浆前应进行清理、浇水、刷（冲）洗、补平等工作，使基层表面潮湿、清洁、不留积水。防水层宜在结构层的混凝土表面收水后随即铺抹。否则应在结构拆模后再行铺抹。抹时应先刷水泥浆一道，接着边铺水泥砂浆边压实抹平，要求厚度均匀，坡度一致，每层应在前一层凝固后进行，最后一层砂浆表面在初凝后应进行二次抹压，终凝前抹压第三次，泛水做成圆角或钝角。抹时，应连续施工，避免留设施工缝。抹压后要平整，注意揉浆、收压工作，消除起壳、起砂或裂缝现象。

施工时还应避免在高温烈日下进行，以免出现干缩裂缝，最好在阴天或下午接近傍晚时进行施工，次日早晨用草垫或锯屑、稻壳覆盖，浇水养护不少于14昼夜，养护初期屋面不得上人。同时也避免在负温下施工。掺防水剂时，一般选用氯化物金属类防水剂（掺入量为水泥重量的3%～5%），或金属皂类防水剂（掺入量为水泥重量的5%～8%），或其他品种防水剂。使用时掺入砂浆和水中调均即可。

8.2 地下防水工程

随着建筑业的不断蓬勃发展，地下建筑日益增多，地下工程的防水技术也更为人们所关注。地下工程由于受地形条件的限制，地下水一般很难降到地下工程底部标高以下。因而，地下工程防水质量的好坏将直接影响到地下工程的寿命，因此必须在施工中认真对待，确保地下防水工程的质量。目前我国地下工程的防水形式主要有以下三类：

一类：防水混凝土结构方案。主要依靠提高混凝土本身的抗渗性和密实性进行防水。它既是承重围护结构，又具有可靠的防水性能。防水混凝土结构具有施工简单、工期较短、能改善劳动条件和节省工程造价等优点，是地下防水工程的一种主要形式。

二类：设防水层方案。即在建筑物（或构筑物）表面设防水层，使地下水与建筑物（或构筑物）隔离，以达到防水目的。常用的防水层有水泥砂浆、卷材、沥青胶结材料和金属防水层等。可根据不同的工程对象、防水要求及施工条件来选用。

三类：排水方案。利用渗排水、盲沟排水等措施，把地下水排走，以达到防水要求。它适用于地形复杂、受高温影响、地下水为上层滞水且防水要求较高的地下建筑。

在地下工程施工中，一般应采用"防排结合、刚柔并用、多道设防、综合治理"的原则，并根据建筑功能及使用要求，结合工程所处的自然条件、工程结构形式、施工工艺等因素合理地确定防水方案。

8.2.1 防水混凝土

防水混凝土是以调整混凝土配合比或掺外加剂等方法，来提高混凝土本身的密实性，使其具有一定防水能力的整体式混凝土或钢筋混凝土。目前，常用的防水混凝土，主要有普通防水混凝土和外加剂防水混凝土。

（1）普通防水混凝土

混凝土是一种非均质材料，它的渗水是通过孔隙和裂缝进行的，因此，应以控制其水灰比、水泥用量和砂率来保证混凝土中砂浆的质量和数量，以控制孔隙的形成，切断混凝土毛细管渗水通路，从而提高混凝土的密实性和抗渗性能。普通防水混凝土是在普通混凝土集料级配的基础上，通过调整和控制配合比的方法，以提高混凝土自身密实性和抗渗性的一种混凝土，提高混凝土抗渗性的措施主要有控制水灰比、水泥用量、砂率、灰砂比、坍落度等。

（2）外加剂防水混凝土

它是在混凝土中掺入适量外加剂，以此改善混凝土内部组织结构，增加密实性，提高其抗渗性的混凝土。常用的外加剂防水混凝土有：

①引气剂防水混凝土

它是在普通混凝土中掺加微量的引气剂配制而成的。混凝土中掺入引气剂后会产生许多微小均匀的气泡，增加了黏滞性，不易松散离析，显著地改善了混凝土的和易性，减少了沉降离析和泌水作用。硬化后的混凝土，形成了一个封闭的水泥浆壳，堵塞了内部毛细管通道，从而提高了混凝土的抗渗性。常用的引气剂有松香酸钠、松香热聚物等。

②三乙醇胺防水混凝土

这种防水混凝土是在混凝土中掺入水泥重量0.05%的三乙醇胺配制而成的。三乙醇胺防水剂能加快水泥的水化作用，使水泥结晶变细、结构密实。所以，三乙醇胺防水混凝土抗渗性好、早期强度高、施工简便、质量稳定。

另外，还有氢氧化铁防水混凝土和用特种水泥配制的防水混凝土（如加气水泥、膨胀水泥等），也具有良好的抗渗效果。

8.2.1.1 防水混凝土对材料的要求

（1）水泥

水泥强度等级不宜低于42.5级，在不受侵蚀性介质和冻融作用时，宜采用普通硅酸盐水泥、火山灰质硅酸盐水泥和粉煤灰硅酸盐水泥。如掺用外加剂，亦可采用矿渣硅酸盐水泥；如受侵蚀性介质作用，应按设计要求选用水泥。在受冻融作用时，应优先选用普通硅酸盐水泥，不宜采用火山灰质硅酸盐水泥和粉煤灰硅酸盐水泥。

（2）石子

一般选用卵石或碎石，颗粒的自然级配要适宜，石子最大粒径不宜大于40mm，吸水率不大于1.5%，含泥量不大于1%。

（3）砂

一般选用级配适宜的中粗砂，含泥量不大于3%。

（4）水

选用不含有害物质的洁净水。

（5）外加剂

根据工程需要采用减水剂、引气剂等外加剂，其掺量和品种应按产品说明书，并经试验确定。

8.2.1.2 防水混凝土的配合比设计

防水混凝土的配合比应通过试验确定。选定配合比时，考虑到实验室条件与实际施工条件的差异，应按设计要求的抗渗等级提高0.2～0.4MPa。其他各项指标如下：每立方米混凝土水泥用量不少于320kg；水灰比最大不超过0.6；砂率宜为35%～40%；灰砂比宜为1∶2～1∶2.5，坍落度为30～50mm，不宜大于50mm。

在掺用外加剂或采用泵送混凝土时可不受此限制，掺用引气型外加剂的防水混凝土，含气量应控制在3%～5%。

鉴于各种外加剂的性能、效果及技术要求各不相同，因此，必须根据工程结构和施工要求选用，并根据试验确定掺量，按相应的技术要求使用，以避免发生质量事故和不应有的浪费。

8.2.1.3 防水混凝土施工

防水混凝土的配料、搅拌、运输、浇捣、养护等均应严格按施工及验收规范和操作规程的规定进行，以保证防水混凝土工程的质量。

防水混凝土配料时，各种材料的称量应严格按规范进行。钢筋保护层厚度不应有负误差。留设保护层时，严禁用钢筋垫钢筋或将钢筋用铁钉、铅丝直接固定在模板上，以防止水沿钢筋浸入。

防水混凝土应采用机械搅拌，搅拌时间不少于 2min，掺外加剂的混凝土，外加剂应用拌合水均匀稀释，不得直接投入，搅拌时间为 2～3min。防水混凝土运输过程中不应产生离析现象及坍落度和含气量损失，混凝土在常温下应 30min 内运到现场，于初凝前浇筑完毕。混凝土浇捣过程中，自由倾落高度应不超过 1.5m，否则应使用串筒、溜槽等工具进行浇筑。浇筑过程中应分层，每层厚度不宜超过 300～400mm，相邻两层浇筑时间间隔不应超过 2h，夏季可适当缩短；混凝土应采用机械振捣，振捣至混凝土开始泛浆和不冒气泡为准，避免漏振、超振和欠振。防水混凝土一般进入终凝（浇筑后 4～6h）后即应覆盖，并浇水养护不少于 14d。凡掺早强型外加剂或微膨胀水泥配制的防水混凝土，应加强早期养护。拆模板时，结构表面温度与周围气温的温差不得超过 15℃，地下结构应及时回填，不应长期暴露，以免产生干缩和温差裂缝。

防水混凝土结构的抗渗性能，应以标准条件下养护的防水混凝土试块的试验结果评定。抗渗试块的留置组数可视结构的规模和要求确定，但单位工程不得少于两组。试块应在浇筑地点制作，其中一组应在标准条件下养护，其余试件应与构件在相同条件下养护。试块养护期不少于 28d，也不超过 90d。

（1）施工缝的施工

防水混凝土应连续浇筑，不宜留设施工缝。当必须留设施工缝时，墙体一般只允许留设水平施工缝，其位置不应留在剪力和弯矩最大处或底板与侧壁交接处，而宜留在高出底板上表面不小于 200mm 的墙身上，如图 8-11 所示。墙体设有孔洞时，施工缝距孔洞边缘不宜小于 300mm。如必须留设垂直施工缝，应留在结构的变形缝处。

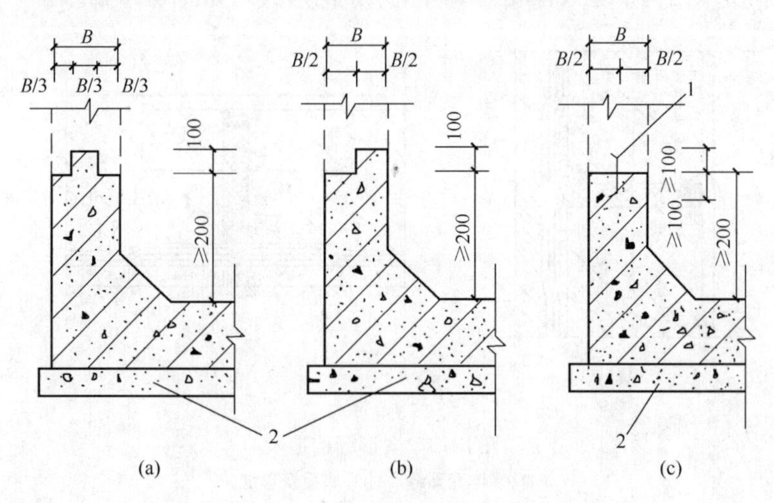

图 8-10　施工缝断面形式

（a）凸缝；（b）高低缝；（c）钢板止水板

1—钢板止水板；2—底板

在施工缝上继续浇筑混凝土前，应将施工缝处的混凝土表面凿毛，消除浮粒和杂物，用水冲洗干净，保持湿润，再铺上一层 20～25mm 厚的水泥砂浆，水泥砂浆所用材料和灰砂比应与混凝土的材料和灰砂比相同。

（2）预埋件与预留孔防水处理

所有预埋件和预留孔均应在混凝土浇筑前埋设，并进行检查校准，严禁浇后打洞。预埋铁件的防水做法如图 8-11 所示，穿墙管道防水处理如图 8-12 所示。止水环应与套管满焊严密，管道安装穿过套管后应临时固定，然后，一端与封口钢板焊牢，另一端用防水嵌缝材料填实，再用封口钢板封堵并焊牢。预埋件的端部或设备安装所需预留孔的底部，混凝土厚度均不得小于 200mm，否则应采取局部加厚或其他防水措施，以防渗漏。

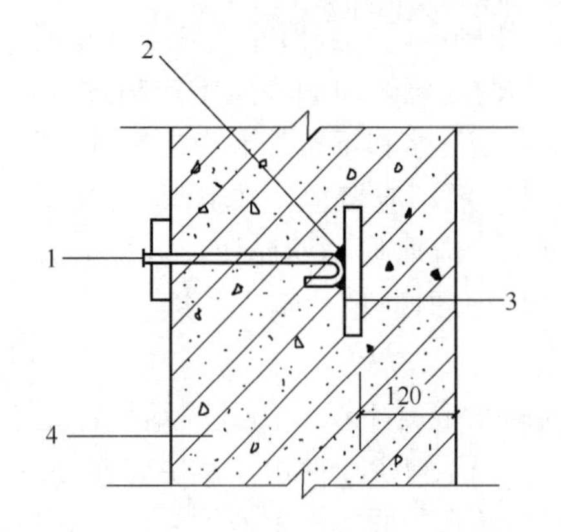

图 8-11 预埋件防水处理

1—预埋螺栓；2—焊缝；

3—止水钢板；4—防水结构

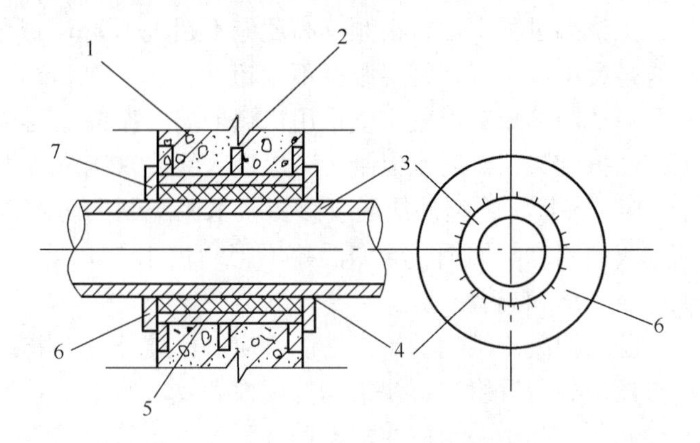

图 8-12 穿墙管道防水处理

1—防水结构；2—止水环；3—管道；4—焊缝；

5—预埋套管；6—封口钢板；7—沥青玛琋脂

(3) 结构变形缝防水处理

地下工程变形缝的设置应满足密封防水、适应变形、施工方便、容易检查的要求。常用的构造做法是在防水结构中埋入橡胶或塑料止水带的形式，如图 8-13 所示。

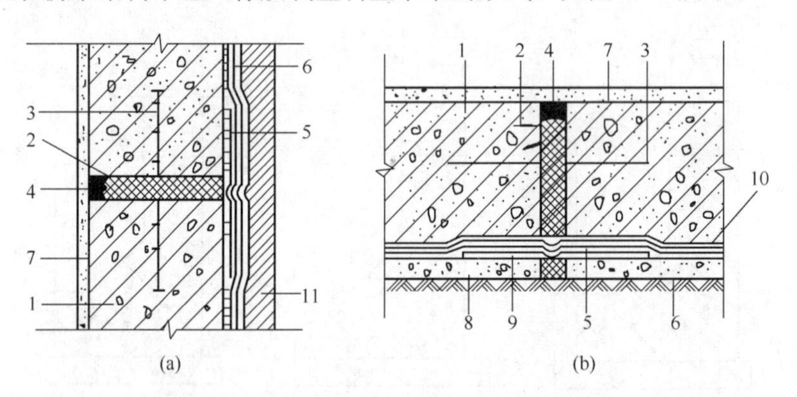

图 8-13 变形缝构造

(a) 墙体变形缝；(b) 底板变形缝

1—需防水的结构；2—浸过沥青的木丝板；3—止水带；4—填缝油膏；5—卷材附加层；

6—卷材防水层；7—水泥砂浆面层；8—混凝土垫层；9—水泥砂浆找平层；

10—水泥砂浆保护层；11—保护墙

安装止水带时，圆环中心必须对准变形缝中央，转弯处应做成直径不小于 150mm 的圆角，接头应放在水压最小且非转弯处。塑料止水带常采用热粘法，橡胶止水带可采用热粘法或冷粘法。埋入式止水带安装必须固定好位置，不得偏移。浇筑与止水带接触的混凝土时，应严格控制水灰比和水泥用量，并不得出现粗集料集中或漏振现象，对底板或顶板设置的止水带底部，应特别注意振捣密实，排出气泡。振捣棒不得碰撞止水带。

（4）后浇缝施工

后浇缝是大面积混凝土结构的刚性接缝，适用于不允许设置柔性变形缝且后期变形已趋于稳定的结构。断面形式可留成平直缝、阶梯缝或企口缝，结构钢筋不得断开。应注意使留缝位置准确、断口垂直、边缘混凝土密实。补缝混凝土应优先选用补偿收缩混凝土，强度等级应与两侧相同，浇筑时应做结合层并细致捣实，认真浇水养护，不得少于14d。

8.2.2 水泥砂浆防水层

水泥砂浆防水层是一种刚性防水层，主要依靠特定的施工工艺或掺加防水剂来提高水泥砂浆的密实性或改善其抗裂性，从而达到防水抗渗的目的。

8.2.2.1 分类及适用范围

水泥砂浆防水层适用能承受一定静水压力的地下和地上钢筋混凝土、小型素混凝土和砖砌体等结构的防水工程，不适用于遭反复冲击和有较大振动以及遭受腐蚀、冻融、高温的结构腐蚀工程。常见的水泥砂浆防水层有以下几种：

（1）刚性多层抹面水泥砂浆防水层。它是利用不同配合比的水泥浆（素灰）和水泥砂浆分层交叉抹压密实而成的具有多层防线的整体防水层，本身具有较高的抗渗能力。

（2）含无机盐防水剂的水泥砂浆防水层。在水泥砂浆中掺入占水泥重量3%～5%的防水剂（如氯化铁等），提高其抗渗性能。

（3）聚合物水泥砂浆防水层。掺入各种树脂乳液（如氯丁胶乳、丁苯胶乳等）的防水砂浆，其抗渗能力较高，可单独用于防水工程。

8.2.2.2 原材料和施工配合比

水泥砂浆防水层所用水泥宜采用不低于32.5级普通硅酸盐水泥或膨胀水泥，也可用矿渣硅酸盐水泥。应尽量减少水泥的干缩影响。砂浆用砂应控制其含泥量和杂质含量。掺外加剂时，宜选用氯化物金属盐类防水剂、膨胀剂和减水剂。

配合比应按工程需要通过试验确定。水泥净浆的水灰比应控制在0.37～0.4或0.55～0.60范围内。水泥砂浆宜用1∶2.5的比例，其水灰比在0.6～0.65之间，稠度70～80mm。如掺用外加剂或采用膨胀水泥时，其配合比应执行专门的技术规定。

8.2.2.3 刚性多层抹面水泥砂浆防水层施工

刚性多层抹面水泥砂浆防水层，在迎水面宜用五层交叉抹面做法，在背水面宜用四层交叉抹面做法。防水层施工步骤如下：

第一层，素灰层，厚2mm，起着与基层黏结和防水作用。先抹一道1mm厚素灰，用铁抹子往返用力刮抹，使素灰填实基层表面孔隙。随即在已刮抹过素灰的基层面再抹一道厚1mm的素灰找平层，找平后还要求用沾水毛刷按顺序刷均匀，以增加不透水性。

第二层，水泥砂浆层，厚4～5mm，起保护、养护、加固素灰层的作用。在第一层素灰初凝前随即抹1∶2.5水泥砂浆。为使两层牢固黏结在一起，形成一个整体，水泥砂浆层应稍压入素灰层厚度1/4左右，水泥砂浆初凝前，应将砂浆面扫出横向条纹，以利于与第三层结合。

第三层，素灰层，厚2mm，主要起防水作用。在第二层水泥砂浆终凝后，随即做第三层。操作方法同第一层。

第四层，水泥砂浆层，厚4～5mm，起防水和保护作用。操作方法同第二层，并在水泥砂浆凝固前将其压光。

第五层抹面做法与前四层和上述做法相同，第五层在第四层水泥砂浆抹压两遍后，用毛刷均匀地将水泥浆刷在第四层表面，随第四层一起抹实压光。

刚性多层做法防水层每层宜连续施工，如必须留施工缝时应留成阶梯坡形槎，每层槎间距宜为40mm，离阴阳角处≥200mm。防水层凝结后应立即进行养护，养护可防止防水层开裂并提高不透水性，一般在终凝后约8～12h覆盖湿草帘浇水养护，时间不少于14昼夜。

8.2.2.4　掺外加剂水泥砂浆防水层施工

掺外加剂水泥砂浆防水层不论迎水面或背水面均须分两层铺抹，表面应压光，总厚度不小于20mm。外加剂宜采用氯化物金属盐类防水剂、膨胀剂或减水剂。

8.2.3　卷材防水层

卷材防水层是用卷材和沥青胶结材料胶合而成的一种多层防水层，属柔性防水范筹。卷材防水具有良好的韧性和可变性，能适应振动和微小变形，且材料来源也较充足，作为地下工程防水层的一种，已被广泛采用。但因受材料和施工操作的局限，如沥青卷材吸水率大、耐久性差、机械强度低，直接影响防水层的质量。在施工上，卷材防水层用料多、操作繁杂、劳动条件差、出现渗漏修补困难。卷材防水层尽管存在不足之处，但只要严格按照规范认真操作，是可以达到理想的防水效果的。

8.2.3.1　适用范围及对基层的要求

卷材防水层只能起防水作用，不能单独受力承载，荷载需由防水结构承担。因此，适宜于卷材防水层的基层或基体是混凝土结构（基体）或抹在坚固结构上面的水泥砂浆、沥青、砂浆或沥青混凝土找平层（基层）。

卷材防水层是依靠结构的刚度由多层卷材铺贴制成的。因此，要求铺贴卷材的结构要坚固，结构形式要简单，粘贴卷材的基层或基体要平整清洁而干燥，不得有突出的尖角和凹坑或表面起砂现象。当用2m长的直尺检查时，直尺与表面间的空隙不应超过5mm，且每米长度内不得多于一处，空隙仅允许平缓变化。基层表面的阴阳角处，均应做成圆弧形或钝角。

卷材防水层经常承受的压力应不超过0.5MPa。沥青卷材能耐酸、耐碱、耐盐的侵蚀，而不耐油脂及溶解沥青的溶剂的腐蚀。因此，油脂和溶剂不得接触卷材防水层。

8.2.3.2　卷材及胶结材料选择

由于地下工程长期处于潮湿或侵蚀性介质的条件下，因此使用的卷材要求强度高、延伸率大，具有良好的韧性和不透水性，膨胀率小而且应具有良好的耐腐蚀性。

铺贴石油沥青卷材时必须用石油沥青胶结材料；铺贴焦油沥青卷材时必须用焦油沥青胶结材料，不得混用。沥青胶结材料的软化点，应较基层及防水层周围介质可能达到的最高温度高出20～25℃，软化点最低应不低于40℃。

8.2.3.3　卷材防水方案

地下防水工程通常是把卷材防水层设置在建筑结构的外侧，称为外防水，它与卷材防水层设在结构内侧的内防水相比较，具有以下优点：外防水的防水层在迎水面，受压力水的作用紧压在结构上、防水效果好；而内防水的卷材防水层在背水面，受压力水的作用容易局部脱开；外防水造成渗漏机会比内防水少。外防水有外防外贴法和外防内贴法两种施工方法。

（1）外防外贴法

施工时，先在垫层上铺贴底板卷材，并在四周留出卷材接头，然后浇筑墙身混凝土，待拆除侧模板后，再铺贴四周的卷材防水层，最后砌筑保护墙。外贴法卷材防水构造如图8-14所示。

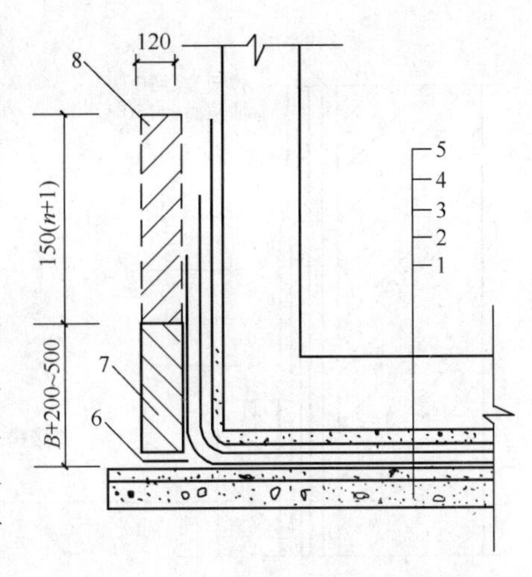

图 8-14　外贴法卷材防水构造

1—垫层；2—找平层；3—卷材防水层；4—保护层；5—构筑物；6—油毡；7—永久性保护墙；8—临时性保护墙

n—油毡层数

其施工程序是：首先浇筑需防水结构的底面混凝土垫层，并在垫层上砌筑永久性保护墙，墙下干铺油毡一层，墙高不小于结构底板厚度，另加200～500mm；在永久性保护墙上用石灰砂浆砌临时保护墙，墙高为150×（油毡层数+1）；在永久性保护墙上和垫层上抹1∶3水泥砂浆找平层，临时保护墙上用石灰砂浆找平；待找平层基本干燥后，即在其上满涂冷底子油，然后分层铺贴立面和平面卷材防水层，并将顶端临时固定。在铺贴好的卷材表面做好保护层后，再进行需防水结构的底板和墙体施工。需防水结构施工完成后，将临时固定的接槎部位的各层卷材揭开并清理干净，再在此区段的外墙外表面上补抹水泥砂浆找平层，找平层上满涂冷底子油。将卷材分层错槎搭接向上铺贴在结构墙上，并及时做好防水层的保护结构。

（2）内防内贴法

内防内贴法是先在地下结构物四周砌好保护墙，然后在墙面和底板垫层上铺贴防水卷材，最后浇筑地下结构物的混凝土。内贴法卷材防水构造如图 8-15 所示。

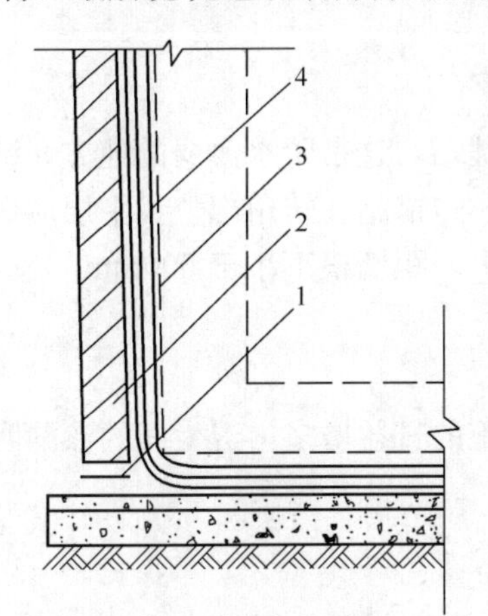

图 8-15　内贴法卷材防水构造

1—平铺油毡层；2—砖保护墙；3—油毡防水层；4—待施工的地下构筑物

其施工顺序是：先在垫层上砌筑永久保护墙，然后在垫层及保护墙上抹1∶3水泥砂浆找平层，待其基本干燥后满涂冷底子油，沿保护墙与垫层铺贴防水层。卷材防水层铺贴完成后，在立面防水层上涂刷最后一层沥青胶时，趁热黏上干净的热砂或散麻丝，待冷却后，随即抹一层 10～20mm 厚 1∶3水泥砂浆保护层。在平面上可铺设一层 30～50mm 厚 1∶3水泥砂浆或细石混凝土保护层，最后进行需防水结构的施工。

外防外贴法与外防内贴法相比，其优点在于：防水层绝大部分在结构外表面，故防水层较少受结构沉降变形影响；由于是后贴立面防水层，因此浇捣结构混凝土时不易损坏防水层，只需注意保护底板与留槎部位的防水层即可，施工后即可进行试水且易修补。缺点：工期长、施工繁琐、卷材接头不易保护好。因此，工程中只有当施工条件受限制时，才采用内贴法施工。

（3）特殊部位的防水处理

管道埋设件与卷材防水层连接处的防水处理，应在结构部位按设计要求埋设穿墙套管，套管上附有法兰盘。卷材防水层应粘贴在套管的法兰盘上，粘贴宽度至少 100mm，并用夹板将卷材压紧，夹板下面应设衬垫，如图 8-16 所示。

在变形缝处应增加沥青玻璃丝布油毡或无胎油毡做的附加层。在结构层的中部应埋设止

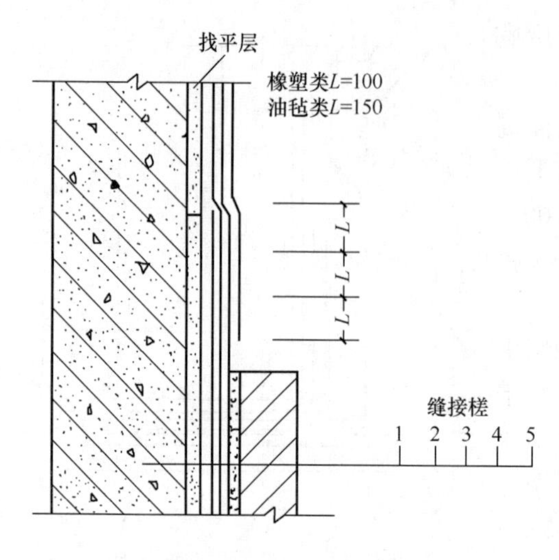

图 8-16　卷材防水层错槎接缝示意

1—围护结构；2—保护层；3—卷材防水层；4—砂浆找平层；5—永久保护墙

水带，止水带的中心圆环应正对变形缝中间。变形缝中用浸过沥青的木丝板填塞，并用油膏嵌缝。

8.2.3.4　铺贴卷材的施工

(1) 铺贴操作

地下防水层及结构施工时，地下水位要设法降至底部最低标高下 300mm，并防止地面水的流入，否则应设法排除。卷材防水层施工时，气温不宜低于 5℃，最好在 10～25℃时进行。卷材铺贴前应将干燥的找平层和油毡上的撒料清扫干净，按需要的长度裁剪反卷备用，并预先熬制沥青胶备用。卷材铺贴时底面宜平行于长边铺贴，墙面应自下而上铺贴，先将卷材下端用沥青胶粘贴牢固，向卷材和墙面交接处浇油，压紧卷材推油向上，用刮板将卷材压实压平，封严接口，刮掉多余的沥青胶。沥青胶厚度应均匀，一般为 1.5～2.5mm 厚，一层全部贴完后，再铺贴上一层。

(2) 卷材的搭接

墙面上卷材应按垂直方向铺贴，相邻卷材搭接宽度应不小于 100mm，上下层卷材的接缝应相互错开不小于 1/3 幅卷材宽度，在墙面上铺贴的卷材如需接长时，应错槎连接，上层卷材盖过下层卷材不应少于 150mm。

(3) 转角部位的加固

应特别注意阴阳角部位、穿墙管以及变形缝部位的油毡铺贴，这是防水薄弱的地方，铺贴比较困难，操作要仔细，并增贴附加油毡层及必要的加强构造措施。转角部位找平层应做成圆弧形。在立面与底面的转角处，卷材的接缝应留在底面上，距墙根不小于 600mm。

8.3　卫生间防水

随着我国城乡居民住宅条件的不断改善和宾馆等公共设施的日益增多，卫生间的渗漏问题愈来愈引起人们的重视。

8.3.1　渗漏现象及原因

8.3.1.1　楼面漏水

浇筑卫生间混凝土楼板时，由于模板支撑不牢，造成模板下沉变形，混凝土早期强度不高，随之变形而产生裂缝；有时混凝土振捣不密实，楼板中出现孔洞蜂窝。楼板四角未设构造钢筋，或者在施工中将负筋踩踏，在拆模及使用中，这些薄弱部位便会出现裂缝。预留孔位不准确，安装管道、卫生器时剔凿楼板，造成孔洞及洞四周的缝隙。先砌筑蹲台、土墩、隔板、小便槽，后进行防水层施工，地面积水从其下部没有防水层的部位渗漏。地面泛水未做好，积水无法由地漏排出，而由地面缝隙中泄出。

8.3.1.2　墙面渗水

墙根处面层未做坡度，墙根积水，如墙面空鼓开裂，积水便从空鼓开裂处吸附而上，形成墙面大片润湿。

8.3.1.3 管道滴漏

管道穿过楼板孔洞处，填补混凝土或砂浆不严实。管道离墙板太近，无法将孔洞填实，亦无法做好该处面层。铸铁管道、卫生器带有砂眼、裂缝，铸铁管接头在拧紧时被拧破裂。管口安装前未清除杂物、灰尘，接口难以连接密实。接口处油麻丝填嵌不严，砂浆填补不实，未养护，使接口处产生漏缝。横管接口下部环向间隙过小，难以处理，使该处成为薄弱部位，最易发生滴漏现象。

8.3.2 卫生间防水施工

8.3.2.1 卫生间防水材料的选择

卫生间一般有较多的管道穿过楼地面或墙体，平面形状较复杂且面积较小，如果采用防水卷材施工，因防水卷材的剪口或接缝较多，很难黏结牢固、封闭严密，难以形成一个整体的防水层，比较容易发生渗漏水的质量事故。卫生间一旦发生渗漏，维修、返工十分麻烦，费工费时，特别是投入使用后再返修，势必要影响正常工作秩序和居民的日常生活。大量的工程实践证明：以涂膜防水材料代替各种卷材防水材料，可大大改善卫生间的渗漏现象，使卫生间的地面和墙面形成一个没有接缝、封闭严密的整体防水层，从而确保卫生间的防水工程质量。

目前，我国用于卫生间防水的涂料主要有：聚氨酯涂膜防水涂料、SBS改性沥青涂料、氯丁橡胶沥青涂料、硅橡胶涂料、聚氯乙烯胶泥等。其中双组分聚氨酯涂膜防水涂料和SBS改性沥青涂料较为适合。

8.3.2.2 对卫生间楼地面的基本要求

卫生间的楼面结构层应采用现浇混凝土或整块预制混凝土板，混凝土必须振捣密实，其强度等级不应低于C30。楼面上的孔洞，一般采用芯模留孔的方法施工，位置应留准确，楼面结构层四周支承处除门洞外，应设置向上翻的边梁，高度不小于120mm，宽度不小于100mm。施工前先将基层表面的突出物、砂浆疙瘩等异物铲除，并进行彻底清扫。如发现有油污、铁锈等，要用钢丝刷、砂布和有机溶剂等彻底清扫干净。

8.3.2.3 卫生间防水施工

（1）卫生间防水施工程序：穿过楼板的管件施工→地漏、大便器、浴缸、面盆等用水器具施工→找平层施工→防水层施工→蓄水试验→保护层施工→面层施工。

（2）卫生间防水施工方法及要求

1）穿过楼板的管件施工

卫生间各种管道位置必须正确，单面临墙的管道，离墙应不小于50mm；双面临墙的管道，一边离墙不小于50mm，另一边离墙不小于80mm。穿过楼板的管件定位后，对管道孔洞、套管周围缝隙用掺膨胀剂的豆石混凝土浇灌严实，孔洞较大的应吊底模浇灌，对管根处应用中高档密封材料进行封闭，并向上刮涂30～50mm。敞开的管口应临时堵盖封严，以防掉进杂物，影响水流。

2）地漏、大便器、浴缸等用水器具施工

用水器具的安放要平稳，安放位置要准确，用水器具周边必须用中高档密封材料进行封闭。

①大便器处施工

蹲式或坐式大便器在楼板面上的铸铁管排水预留口，其位置必须准确并高出楼板面10mm，不可偏斜或低于楼板面。大便器排水口与铸铁管管口衔接处的缝隙，要用油灰填实抹平。大便器与冲洗管用胶皮碗绑扎连接时，碗的两端应用14号铜丝铺开并绑两道，不得用铁丝代替。坐式大便器的地脚镀锌螺栓，需在做地面时预先埋设牢固，露出地面的螺栓丝扣应加以保护，不可在做好防水层后再行剔凿。

②地漏、立管处施工

地漏安装时，应以墙体上的地面线为依据，地漏口标高以低于地面20mm，偏差不超过5mm为宜。立管处以高出地面10～20mm为宜。地漏、立管穿过楼板处的孔洞要认真处理，可以先用C20级细石混凝土（掺5%的防水剂）填实，再用1∶2半干硬性水泥砂浆抹面压光（或铺贴其他块料面层），注意湿润养护。接口处下部用油麻丝嵌严，上部用水泥掺加熟石膏抹口。

③浴缸处施工

浴缸在楼板面上的预留口应高出地面10mm。浴缸的排水铜管插入排水管内不可少于50mm。缝隙用油麻丝嵌严，再用油灰封闭。

3）找平层施工

将卫生间楼板面清扫并冲洗干净，不留余水，用拌好的1∶0.5素水泥浆均匀满刷一遍，然后及时进行细石混凝土找平层的施工，找平层一般为20mm厚1∶3水泥砂浆，找平层应平整坚实，表面平整度用2m直尺检查，最大间隙不应大于3mm，基层所有转角应做成半径为10mm的均匀一致的平滑小圆角。防水层施工前，基层的干燥程度必须达到防水涂料对含水率的要求，并应将基层表面的突起物、砂浆等铲平并清除干净，尤其应注意阴阳角、管道根部和地漏等部位的清理。

4）防水层施工

当找平层基本干燥，含水率不大于10%时，即可进行防水层施工。铺设防水材料时，穿过楼面管道四周处，防水材料应向上铺涂，并超过套管上口；在靠近墙面处，防水材料应按设计高度向上铺涂；如高度无规定时，应高出面层200～300mm。阴阳角和穿过楼板面管道根部应增加铺涂防水材料。防水材料的选择，可根据工程情况及使用标准确定，当使用高档防水涂料作防水层时，固化厚度≥1.5mm，中档防水涂料作防水层时，固化厚度≥2mm，低档防水涂料作防水层时，固化厚度≥3mm。

①聚氨酯防水涂膜施工流程

涂膜材料配制→涂布底胶→细部附加层施工→涂膜施工。

②氯丁胶乳沥青防水涂料施工流程

氯丁胶乳沥青防水涂料防水层一般按一布四涂施工。加筋布可用聚酯纤维无纺布或玻璃纤维布。工艺流程为：细部附加层施工→第一道涂膜（实干）→第二道涂膜，铺贴加筋布（实干）→第三道涂膜（表干）→第四道涂膜。

③硅橡胶防水涂料施工流程

细部附加层施工→第一道涂膜（表干）→第二道涂膜（实干）→第三道涂膜（表干）→第四道涂膜。

防水层施工过程中，严禁踩踏未干防水层。防水层施工完毕后应注意保护，未固化前不得上人和放置物品，固化后不得用硬物触碰和受重压。

5）蓄水试验

防水层施工完毕实干后，应进行蓄水试验，灌水高度应达到找坡最高点水位 20mm 以上，蓄水时间不少于 24h，如发现渗漏，修补后再做蓄水试验，不渗漏方为合格。

6）保护层施工

在蓄水试验合格，防水层实干后，再加盖 25mm 厚 1∶2 的水泥砂浆保护层，并对保护层进行保湿养护。

7）面层施工

面层施工时，预留管口要封堵，严防杂物落入管道。面层施工完毕再做蓄水试验，方法同第一次。在水泥砂浆保护层上可铺贴地砖或其他面层装饰材料，铺贴面层饰料所用的水泥砂浆宜加 108 胶水，同时要充填密实，不得有空鼓和高低不平现象。施工时，应注意卫生间内的排水坡度和坡向，在地漏周边 50mm 处，排水坡度可适当加大。应确保地面坡度 2%，地漏处坡度 3%～5%，并注意保护已做好的防水层和楼面管道根部，不得碰损移位。

8）安全措施

防水涂料多属易燃品，应分类储存在干燥、通风和远离火源的地方，专人看管，仓库及施工现场必须配备灭火器材，严禁烟火。有毒性的防水涂料，施工现场必须通风良好，必要时进行强力通风。施工人员应佩戴口罩和防护手套，禁用二甲苯直接洗手。

施工现场移动照明应采用 36V 低压照明。

8.3.3 卫生间渗漏的处理

8.3.3.1 楼地面渗漏处理

卫生间楼地面发生渗漏的主要原因有：楼地面裂缝引起渗漏；管道穿过楼地面部位渗漏；楼地面与墙面交接部位渗漏。

（1）楼地面裂缝引起的渗漏

在处理时可分为裂缝大于 2mm，裂缝小于 2mm 且大于 0.5mm 和裂缝小于 0.5mm 三种。对大于 2mm 的裂缝，应沿裂缝局部清除面层和防水层，沿裂缝剔凿宽度和深度均不小于 10mm 的沟槽，清除浮灰杂物、沟槽内嵌填密封材料，铺设带胎体增加材料的涂膜防水层，并与原防水层搭接封严。对小于 2mm 的裂缝，可沿裂缝剔除 40mm 宽面层，暴露裂缝部位，清除裂缝浮灰、杂物，并铺设涂膜防水层。对小于 0.5mm 的裂缝，可不铲除面层，在清理裂缝表面后，沿裂缝走向涂刷两遍宽度不小于 100mm 的无色或浅色合成高分子涂膜防水层即可。对裂缝进行修补后，均应做蓄水检查，无渗漏后方可修复面层。

（2）管道穿过楼地面部位引起渗漏

管道穿过楼地面部位引起渗漏的原因主要有；管根积水；管道与楼地面间裂缝；穿过楼地面的套管损坏。

对管根积水渗漏，应沿管根部轻剔凿出宽度和深度均不小于 10mm 的沟槽，清理浮灰、杂物后，槽内嵌填密封材料，并在管道与地面交接部位涂刷管道高度及地面水平宽度均不小于 100mm、厚度不小于 1mm 的无色或浅色合成高分子防水涂料。对管道与楼地面间的裂缝，应将裂缝部位清理干净，绕管道及管根部地面涂刷防水，应更换套管，对所更换的套管要封口，并高出楼地面 20mm 以上，根部进行密封处理。

（3）楼地面与墙面交接部位渗漏

楼地面与墙面交接部位渗漏的原因主要有：混凝土、砂浆施工的质量不良，存在微孔渗漏；板面、隔墙出现轻微裂缝；防水涂层施工质量不好或损坏。

堵漏措施：拆除卫生间渗漏部位的饰面材料，涂刷防水涂料；如有开裂现象，则应对裂缝先进行增强防水处理，再刷防水涂料。增强处理一般采用贴缝法、填缝法和填缝加贴缝法。贴缝法主要适用于微小的裂缝，可刷防水涂料并加贴纤维材料或布条，作防水处理。填缝法主要用于较显著的裂缝，施工时要先进行扩缝处理，将缝扩展成15mm×15mm左右的V形槽，清理干净后刮填嵌缝材料。填缝加贴缝法除采用填缝处理外，在缝表面再涂刷防水涂料，并粘纤维材料处理。

当渗漏不严重，饰面拆除困难，也可直接在其表面刮涂透明或彩色聚氨酯防水涂料。

8.3.3.2　*给排水设施渗漏处理*

卫生间内给排水设施的渗漏主要发生在卫生洁具与给排水管道连接处渗漏。当便器与排水管道连接处漏水引起楼面渗漏时，应凿开地面，拆下便器，重新安装。安装前，应用防水砂浆或防水涂料做好便池底部的防水层。当便器进水口漏水时，宜凿开便器与进水口处的地面进行检查。如皮碗损坏应更换皮碗，更换后，应用14号铜丝分两道错开绑扎牢固。卫生洁具在更换、安装、修理完毕，经检查无渗漏后，方可进行其他恢复工序。

8.4　防水工程常见质量事故及处理

8.4.1　卷材防水工程常见的质量事故与处理

卷材防水工程常见的质量事故及处理如下：

(1) 卷材防水层空鼓

现象：卷材铺贴后即发现鼓泡，一般由小到大，随气温的升高，气泡数量和尺寸增加。

治理：基层必须干燥，用简易检验方法测试合格后，方可铺贴；基层要打扫干净，选用的基层处理剂、黏结剂要和卷材的材性相匹配，经测试合格后方可使用；待涂刷的基层处理剂干燥后，涂刷黏结剂。卷材铺贴时，必须排除下面的空气，辊压密实。也可采用条粘、点粘、空铺的方法，确保排汽道畅通。有保温层的卷材防水屋面工程，必须设置纵横贯通的排汽槽和穿出防水层的排汽井。

(2) 卷材防水层裂缝

现象：防水层出现沿预制屋面板端头裂缝、节点裂缝、不规则裂缝渗漏。

治理：①选用延伸率大、耐用年限要高于15年的卷材。②在预制屋面板端头缝处设缓冲层，干铺卷材条宽300mm。铺卷材时不宜拉得太紧。夏天施工要放松后铺贴。

(3) 女儿墙根部漏水

现象：防水层沿女儿墙根部阴角空鼓、裂缝，女儿墙砌体裂缝，压顶裂缝，山墙被推出墙面，雨水从缝隙中灌入内墙。

治理：施工屋面找平层和刚性防水层时，在女儿墙交接处应留30mm的分格缝，缝中嵌填柔性密封膏；女儿墙根部的阴角抹成圆弧，女儿墙高度大于800mm时，要留凹槽，卷材端部应裁齐压入预留凹槽内，钉牢后用水泥砂浆或密封材料将凹槽嵌填严实。女儿墙高度低于800mm时，卷材端头直接铺贴到女儿墙顶面，再做钢筋混凝土压顶。

(4) 天沟、檐沟漏水

现象：沿沟底或预制檐沟的接头处，屋面与天沟交接处裂缝，沟底渗漏水。

治理：沟内防水层施工前，先检查预制天沟的接头和屋面基层结合处的灌缝是否严密和平整，水落口杯要安装好，排水坡度不宜小于1%，沟底阴角要抹成圆弧，转角处阳角要抹成钝角，用与卷材同性质的涂膜做防水增强层，沟与屋面交接处空铺宽为200mm的卷材条，防水卷材必须铺到天沟外帮顶面。天沟、檐沟出现裂缝，要将裂缝处的防水层割开，将基层裂缝处凿成“V”形槽，上口宽20mm，并扫刷干净，再嵌填柔性密封膏，在缝上空铺宽200mm的卷材条做缓冲层，然后满粘贴宽350mm的卷材防水层。

（5）变形缝漏水

现象：沿变形缝根部裂缝及缝上封盖处漏水。

治理：检查抹灰质量和干燥程度，扫刷干净，在根部铺一层附加层，附加卷材宽300mm，卷材上端要黏牢固（其余为空铺），在立墙和顶面，卷材要满粘贴，墙顶面盖一条与墙面同宽的卷材，贴好一面后，缝中嵌入衬垫材料，再贴好另一面，上面再覆盖一层卷材，卷材比墙外两边宽200mm，覆盖后黏牢，用现浇或预制钢筋混凝土盖板扣压牢固，预制盖板的接缝用密封膏嵌填密实。变形缝墙根部出现裂缝而渗漏水，要将裂缝处的卷材割开，基层扩缝后，嵌填防水密封膏，空铺卷材条后，再将原防水层修补、加强粘贴好；变形缝墙顶面卷材拉裂或破损时，应将混凝土盖板取下重新修复。

（6）水落口漏水

现象：沿水落口周围漏水，有的水落口面高于防水层而积水，或因水落口小造成堵塞而溢水。

治理：现浇天沟的直式水落口杯，要先安装在模板上，方可浇筑混凝土，沿杯边捣固密实。预制天沟，水落口杯安装好后要托好杯管周边的底模板。用配合比为1：2：2的水泥、砂、细石子混凝土灌筑捣实，沿杯壁与天沟结合处上面留20mm×20mm的凹槽并嵌填密封材料，水落口杯顶面不应高于天沟找平层。

8.4.2 涂膜防水工程常见的质量事故与处理

涂膜防水工程常见的质量事故及处理如下：

（1）涂膜防水层裂缝

现象：沿屋面预制板端头的规则裂缝，也有不规则裂缝或龟裂翘皮，导致渗漏。

治理：基层要按规定留设分格缝，嵌填柔性密封材料并在分格缝、排气槽面上涂刷宽300mm的加强层，严格涂料施工工艺，每道工序检查合格后方可进行下道工序的施工，防水涂料必须经抽样测试合格后方可使用。

（2）反挑梁过水洞渗漏水

现象：雨水沿洞内及周边的缝隙向下渗漏。

治理：过水洞周围的混凝土应浇捣密实，过水洞宜用完好、无接头的预埋管，管两端头应突出反挑梁侧面10mm，并留设20mm×20mm的槽，用柔性密封膏嵌填，过水洞及周围的防水层应完整、无破损，黏结要牢固，过水洞畅通。

（3）内水落口漏水

现象：水落口杯与构件结合处嵌填不密实，雨水沿缝隙渗漏。

治理：水落口杯和水落管在安装前，应检验合格，杯口应低于找平层，周围与混凝土接触处的缝隙必须用1：2：2的细石混凝土或1：2.5水泥砂浆嵌填密实，沿管周留设20mm×20mm的凹槽，槽内嵌填柔性密封材料，先做好杯口及周围的防水增强层，再进行防水层施工。

8.4.3 刚性防水工程常见的质量事故与处理

涂膜防水工程常见的质量事故及处理如下：

（1）裂缝

现象：产生有规则的纵、横裂缝，或不规则裂缝。

治理：

①水泥施工细石混凝土刚性防水层时宜选用32.5级普通硅酸盐水泥；石子最大粒径不宜大于15mm，级配良好；中砂含泥量不大于1%，根据不同技术要求，选用合适和合格的外加剂。

②普通细石混凝土应严格按配合比计量，水灰比不大于0.55，混凝土中最小水泥用量需大于330kg/m^3，含砂率宜在35%～40%之间，灰砂比为1∶2～1∶2.5。

③施工前检查基层，必须有足够的强度和刚度，表面没有裂缝，找坡后的排水要畅通，然后用石灰砂浆或黏土砂浆、纸筋石灰膏粉等抹基层面，做隔离层。

④按要求立好分格缝条，扎好钢筋网，确保钢筋网的位置在混凝土板块厚度的居中偏下，严格按配合比计量，将搅拌均匀的混凝土一次铺满一个分格缝并刮平，振捣密实，在分格缝边和细部节点边要拍实拍平。隔12～24h，二次压实抹平抹光。认真湿养护7d。

当刚性防水层出现裂缝等不良现象而渗漏水时，应采取下述措施处理：

①对有规则的裂缝，沿裂缝用切割机切开，槽宽20mm，深20mm，剪断槽内钢筋。局部裂缝，可切开或凿成“V”形槽，上口宽20mm，深度大于15mm。清理干净后，槽内嵌填柔性防水材料。

②对不规则的裂缝，裂缝宽度小于0.5mm时，可在刚性防水层表面，涂刮两层合格的防水涂料。

③有裂缝、酥松或破损的板块，需凿除后按原设计要求重新浇筑刚性防水层。

（2）分格缝漏水

现象：沿分格缝位置漏水。

治理：施工细石混凝土刚性防水层时，分格条要保持湿润，并涂刷隔离剂，沿分格条边的混凝土辊压时，要拍实抹平，待混凝土干硬后，扫刷干净分格缝的两侧壁，涂刷基层（两侧壁）处理剂，当表干时，缝底填好背衬材料，要选用合格的柔性防水密封材料嵌缝，待固化后嵌批密封膏，检查其黏结是否牢固，如有脱壳现象，须清理掉重新嵌填。

8.5 防水工程施工方案实例

8.5.1 工程概况

某医院综合病房楼工程，建筑面积50019m^2，地下1层、地上16层，建筑物檐高67.04m，基础采用筏片基础，地下室防水采用微膨胀混凝土自防水和外贴双层SBS卷材防水相结合，主体为框架—剪力墙体系。屋面采用两道SBS卷材防水，上铺麻刀灰隔离层，面贴缸砖保护。该屋面防水工程经质量检验坡度合理，排水通畅，女儿墙、泛水收头顺直、规矩，管道根部制作精致，经过一个夏季的考验，未发现有渗漏现象，防水效果良好。

8.5.2 屋面构造层次

（1）缸砖面层，1∶1水泥砂浆嵌缝；

(2) 麻刀灰隔离层；

(3)) Ⅲ+ⅢSBS卷材防水层；

(4) 20mm厚1∶3水泥砂浆找平层；

(5) 1∶6水泥焦渣找坡层，最薄处30mm厚，坡度为3%；

(6) 60mm厚聚苯板保温层；

(7) 现浇混凝土楼板。

8.5.3 施工工艺流程

屋面防水层的施工工艺流程为：基层清理→涂刷基层处理剂→细部节点处理→铺贴防水卷材→收头密封→蓄水试验→隔离层施工→保护层施工。

(1) 清理基层

铲除基层表面的凸起物、砂浆疙瘩等杂物，并将基层清理干净。在分格缝处埋设排汽管，排汽管要安装牢固、封闭严密；排汽道必须纵横贯通，不得堵塞，排汽孔设在女儿墙的立面上，如图8-17所示。

(2) 涂布基层处理剂

基层处理剂采用溶剂型橡胶改性沥青防水涂料，涂刷时要厚薄均匀，在基层处理剂干燥后，才能进行下一道工序。

(3) 细部节点处理

在大面积铺贴卷材防水层之前，应对所有的节点部位进行防水增强处理。

(4) 铺贴防水卷材

采用热熔法施工，火焰加热器加热卷材时应均匀，不得过分加热或烧穿卷材；卷材表面热熔后应立即滚铺卷材，卷材下面的空气应排尽，并辊压黏结牢固，不得空鼓；卷材接缝部位必须溢出热熔的改性沥青胶；铺贴的卷材应平整顺直，搭接尺寸准确，不得扭曲、皱折。

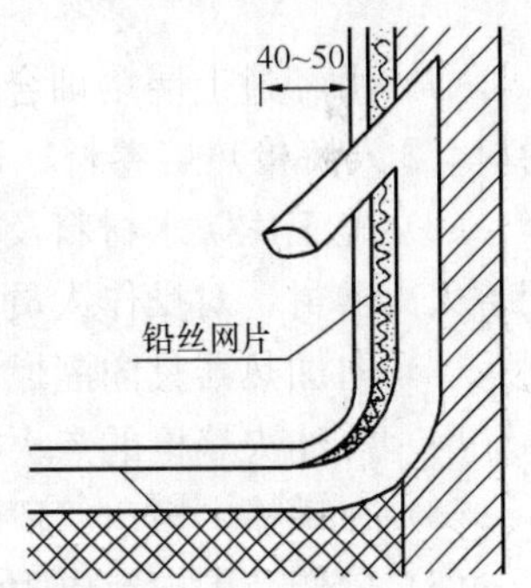

图8-17 排气孔

(5) 收头密封

防水层的收头应与基层黏结并固定牢固，缝口封严，不得翘边。

(6) 蓄水试验

按标准试验方法进行。

(7) 隔离层、保护层施工

将防水层表面清理干净，铺设缸砖保护层。保护层与女儿墙、山墙之间应预留宽度为30mm的缝隙，并用密封材料嵌填密实。

8.5.4 质量要求

(1) 材料要求

所用防水材料的各项性能指标必须符合设计要求（检查出厂合格证、质量检验报告和试验报告）。

(2) 找平层质量要求

找平层必须坚固、平整、粗糙，表面无凹坑、起砂、起鼓或酥松现象，表面平整度，以2m的直尺检查，面层与直尺间最大间隙不应大于5mm，并呈平缓变化；要按照设计的要求准确留置屋面坡度，以保证排水系统的通畅；在平面与突出物的连接处和阴阳角等部位的找平层应抹成圆弧，以保证防水层铺贴平整、黏结牢固；防水层作业前，基层应干净、干燥。

（3）卷材防水层铺贴工艺要求

铺贴工艺应符合标准、规范的规定和设计要求，卷材搭接宽度准确。防水层表面应平整，不应有孔洞、皱折、扭曲、烫伤现象。卷材与基层之间，边缘、转角、收头部位及卷材与卷材搭接缝处应粘贴牢固，封边严密，不允许有漏熔、翘边、脱层、滑动、空鼓等缺陷。

（4）细部构造要求

水落口、排气孔、管道根部周围、防水层与突出结构的连接部位及卷材端头部位的收头均应粘贴牢固、密封严密。

（5）质量控制

施工过程中应坚持三检制（自检、互检、专检），即每一道防水层完成后，应由专人进行检查，合格后方可进行下一道防水层的施工。竣工的屋面防水工程应进行闭水或淋水试验，不得有渗漏和积水现象。

8.5.5 劳动组织与安全

（1）由经过上岗培训合格的防水专业操作人员施工，5 人为一个操作组：1 人定位铺设卷材、2 人持枪热熔卷材，1 人辊压排气，1 人封边；

（2）施工用防水材料及辅助材料属于易燃品，故在存料库及现场一定要严禁烟火，并应配备灭火器材，对操作人员进行灭火器具使用和灭火知识培训；

（3）向加热器具内灌燃料时要避免溢出或洒在地面上，防止点火时引起火灾；

（4）汽油火焰枪的点火枪嘴不得面对人，以免造成烫伤事故；

（5）在挑檐、檐口等危险部位施工时，施工人员必须佩戴安全带；

（6）操作范围内有电力线路时，四周应设防护，以免触电；

（7）垂直运输材料时，应采取防护措施防止高空坠落等事故发生。施工班组应设有安全员，并建立相应的施工安全制度。施工前安全员应对班组进行安全交底。

上岗工作要点

本章内容包括屋面防水工程、地下防水工程以及卫生间防水三部分。建筑防水按采用防水材料和施工方法不同分为柔性防水和刚性防水，柔性防水是采用柔性材料，主要包括各种防水卷材和防水涂料，经施工将其铺贴或涂布在防水工程的迎水面，达到防水目的；刚性防水采用的材料主要是普通细石混凝土、补偿收缩混凝土和块体刚性材料等，依靠混凝土自身的密实性并配合一定的构造措施达到防水的目的。各种防水工程质量的好坏，除与各种防水材料的质量有关外，主要取决于各构造层次的施工质量，因此要严格按照相关的施工操作规程和规范的规定进行施工，严格把好质量关。

建筑防水工程的质量应在施工过程中进行控制，每一道工序经检查合格之后方可进行下一道工序的施工，这样才能达到工程各部位不漏水、不积水的要求。防水工程的质量检验包括材料的质量检验和防水施工的检验。

屋面防水工程存在高空、高温、有毒和易燃等不安全因素，在施工中要特别重视安全防护，以防止火灾、中毒、烫伤、坠落等事故的发生。

复习思考题

1. 屋面防水等级如何划分？各防水等级的防水层耐用年限怎样？
2. 各防水等级的屋面设防要求如何规定？
3. 卷材防水屋面适用于什么等级的屋面防水？
4. 某屋面防水层采用三毡四油卷材防水，为几道防水设防？
5. 防水卷材有哪些种类？各种卷材的材料组成及特性如何？
6. 屋面防水可采用哪些方法？各种方法的优缺点和适用范围是什么？
7. 试述卷材屋面的组成及施工要求。
8. 刚性防水屋面是怎样防水的？有什么优缺点？
9. 刚性防水屋面中，普通细石混凝土和补偿收缩混凝土在材料组成上有什么不同？
10. 地下防水工程怎样设防？常用的防水方法有哪些？
11. 地下防水工程中、结构自防水有哪些优点？
12. 为什么说结构自防水的关键是防水混凝土的配制？
13. 地下防水工程混凝土施工缝有哪几种形式？施工缝不宜留设于哪些部位？
14. 试述地下防水工程中，水泥砂浆防水层的组成和各层的工法。
15. 简述地下防水工程中外防外贴法和外防内贴法的工艺流程。
16. 楼地面防水主要指建筑物中的哪些部位？
17. 简述楼地面防水工程中采用涂膜防水的操作要点。
18. 楼地面防水层施工完毕后，怎样检验其防水效果？

参考文献

［1］ 危道军，李进．建筑施工技术［M］．北京：人民交通出版社，2007.

［2］ 焦红．现代建筑施工技术与项目管理［M］．上海：同济大学出版社，2007.

［3］ 中国建筑教育协会，危道军．施工员（工长）专业管理实务［M］．北京：中国建筑工业出版社，2007.

［4］ 毛鹤琴．土木工程施工［M］．武汉：武汉理工大学出版社，2006.

［5］ 徐波．建筑业 10 项新技术（2005）应用指南［M］．北京：中国建筑工业出版社，2005.

［6］ 姚谨英．建筑施工技术［M］．北京：中国建筑工业出版社，2004.

［7］ 上海市建筑业联合会，工程建设监督委员会．建筑工程质量控制与验收——新版验收规范实施指南［M］．北京：中国建筑工业出版社，2003.

［8］ 重庆建筑大学，同济大学，哈尔滨工业大学．土木工程施工（上册）［M］．北京：中国建筑工业出版社，2003.

［9］ 祖青山．建筑施工技术［M］．北京：中国环境科学出版社，2003.

［10］ 廖代广．土木工程施工技术（第二版）［M］．武汉：武汉理工大学出版社，2002.

［11］ 中华人民共和国建设部．建筑装饰装修工程质量验收规范［S］，北京：中国建筑工业出版社，2002.

［12］ 中华人民共和国建设部．建筑地基基础工程施工质量验收规范［S］．北京：中国建筑工业出版社，2002.

［13］ 陕西省发展计划委员会编写组．砌体工程施工质量验收规范［S］．北京：中国建筑工业出版社，2002.

［14］ 中华人民共和国建设部．建筑地基处理技术规范［S］．北京：中国建筑工业出版社，2002.

［15］ 徐占发，建筑施工［M］．北京：机械工业出版社，2001.

［16］ 钟晖等．土木工程施工［M］．重庆：重庆大学出版社，2001.

［17］ 王士川等．建筑施工［M］．北京：冶金工业出版社，2001.

［18］ 雍本．装饰工程手册［M］．北京：中国建筑工业出版社，1997.

［19］ 建筑施工手册编写组．建筑施工手册［M］．北京：中国建筑工业出版社，1997.

［20］ 郭正兴，李金根．建筑施工［M］．江苏：东南大学出版社，1996.